"十三五"国家科技重大专项"致密气成藏机理与富集规律研究"(编号:2016ZX05047-001-002)
国家自然科学基金"沉积盆地埋藏过程对砂岩压实程度的控制作用研究"(编号:41672124)
联合资助

致密砂岩动态储层评价

刘 震 夏 鲁 卢朝进 刘静静 等著

石油工业出版社

内 容 提 要

本书针对静态储层评价存在的漏洞，提出了动态储层评价原理和方法。在剖析现有储层评价基本原理和方法的基础上，从成岩阶段和成藏过程两个方面进行对比分析，运用数值模拟方程和物理模拟实验阐述了储层烃类充注的级差效应，揭示了成藏期后储层物性变化规律，系统论述了动态储层研究思路、评价方案、参数体系及评价流程。

本书适用于从事油气勘探研究工作的科研生产技术人员以及石油、地质院校相关专业的师生参考使用。

图书在版编目(CIP)数据

致密砂岩动态储层评价/刘震等著. —北京：石油工业出版社，2019.1
ISBN 978 – 7 – 5183 – 2787 – 4

Ⅰ. ①致… Ⅱ. ①刘… Ⅲ. ①致密砂岩 – 砂岩储集层 – 评价 Ⅳ. ①P618.130.2

中国版本图书馆 CIP 数据核字(2018)第 171064 号

出版发行：石油工业出版社
（北京安定门外安华里2区1号楼　100011）
网　　址：www.petropub.com
编辑部：(010)64523543　图书营销中心：(010)64523633
经　　销：全国新华书店
印　　刷：北京中石油彩色印刷有限责任公司

2019年1月第1版　2019年1月第1次印刷
787×1092毫米　开本：1/16　印张：19.5
字数：496千字

定价：160.00元
（如出现印装质量问题，我社图书营销中心负责调换）
版权所有，翻印必究

《致密砂岩动态储层评价》编写人员

刘　震　夏　鲁　卢朝进　刘静静

刘俊榜　刘明杰　蔡长娥　曹东升

杨　豪

前　言

油气赋存在储层中,故油气勘探的核心之一是找寻有利的储层。在储层分布已明确的基础上,对储层进行含油气评价成为判别储层是否有利的关键。尤其是随着全球油气需求的持续增长与常规油气产量的不断下降,以及勘探理论和技术的不断进步,以致密油气藏为代表的具有较大资源潜力的非常规油气逐渐成为新的研究和勘探开发热点,日益受到国内外同行的高度关注。如何对低孔渗储层和致密储层进行评价？常规储层评价方法是否适用于致密储层？现有的储层评价方法是否存在漏洞？能否建立一套非常规致密储层的评价方法？这一系列问题的涌现,对传统的储层评价方法提出了新的质疑和要求,引起了油气储层工作者的反思。

笔者基于上述科学问题,并针对静态储层评价存在的漏洞,提出了"动态储层评价原理和方法"。强调现有的储层评价方法只是对储层现今特征的表征,忽略了成藏期后储层性质的变化,只是一种静态的储层描述方法,不能有效地预测储层的含油气性。本书从剖析现有储层评价的缺陷入手,通过储层成岩阶段演化与成藏过程两个方面的对比分析,发现砂岩储层物性在沉积期后的埋藏过程中一直受成岩作用的影响而变化,盆地深部成岩环境中的储层物性也存在明显变化；油气成藏后砂岩储层在压实作用和胶结作用的影响下,仍保持孔隙度减小的趋势。成藏期储层物性是油气能否成藏和含油多少的关键,而现今的储层物性特征不能反映成藏期储层性质,也与储层含油气性关系不明显。只有对储层演化过程进行动态分析,特别是对成藏期储层性质与含油气性关系进行评价,才能抓住储层评价的本质,才能更有效地预测储层的含油气性。

本书共分十章。第一章详细介绍了现有储层评价的基本原理和方法,包括经典方法、主流方法、储层评价的发展趋势以及近年来出现的新方法；第二章论述了现有储层评价方法在勘探和开发中面临的挑战并深入分析了问题的根源；第三章为砂岩储层孔隙结构特征及应用,包括微米—纳米孔喉的成因及演化；第四章阐明了砂岩储层孔隙度演化规律,包括破坏性成岩作用和建设性成岩作用对孔隙度演化的影响以及砂岩孔隙度演化定量模型；第五章从数值模拟方程和物理模拟实验两方面系统阐述了储层烃类充注的级差效应,包括达西流与非达西流、储层临界物性、烃类充注动力学方程以及物性—流体动力耦合关系；第六章揭示了成藏期后储层物性变化规律,包括烃类充注、物理压实、化学沉淀和溶解等作用对物性变化的影响；第七章为动态储层评价的基本原理,系统论述了动态研究思路、评价方案、参数体系及评价流程；第八、第九、第十章是动态储层评价方法的应用实例,分别以鄂尔多斯盆地延长组、北非 HBR 区块三叠系、伊通盆地和牛庄洼陷深部储层为例系统介绍了动态储层评价成功应用的关键技术、典型方案和显著效果。

本书前言由刘震编写；第一、第二章由卢朝进执笔；第三章由曹东升和刘震编写；第四章由刘明杰和卢朝进执笔；第五章由夏鲁和刘震执笔；第六章由卢朝进和刘震执笔；第七章由夏鲁和刘震执笔；第八章由夏鲁、刘静静和刘震执笔；第九章由杨豪、刘震和卢朝进编写；第十章由蔡长娥、刘明杰、卢朝进和刘震执笔；参考文献由卢朝进编写。全书由刘震和卢朝进统稿。

尽管笔者竭尽全力编著本书，但由于知识水平有限，书中难免有不足之处。欢迎读者提出批评和改正意见，争取再版时使其更加完善。

目　　录

第一章　储层评价基本原理和方法 ……………………………………………… (1)
　　第一节　经典方法 ……………………………………………………………… (1)
　　第二节　主流方法 ……………………………………………………………… (4)
　　第三节　发展趋势 ……………………………………………………………… (26)

第二章　勘探和开发中储层评价面临的挑战 …………………………………… (37)
　　第一节　油气勘探中的储层评价问题 ………………………………………… (38)
　　第二节　油气开发中的储层评价问题 ………………………………………… (58)

第三章　砂岩储层孔隙结构及演化特征 ………………………………………… (61)
　　第一节　孔隙结构的分析技术和表征方法 …………………………………… (61)
　　第二节　砂岩孔隙结构的主要影响因素 ……………………………………… (77)
　　第三节　孔隙结构的演化特征 ………………………………………………… (86)
　　第四节　储层孔隙结构的应用 ………………………………………………… (99)

第四章　砂岩储层孔隙度演化规律 ……………………………………………… (103)
　　第一节　压实作用减孔规律 …………………………………………………… (103)
　　第二节　胶结作用减孔规律 …………………………………………………… (119)
　　第三节　溶蚀作用增孔规律 …………………………………………………… (122)
　　第四节　埋藏成岩过程中砂岩孔隙度演化模型 ……………………………… (133)

第五章　砂岩储层烃类充注的级差效应 ………………………………………… (140)
　　第一节　达西流与非达西流 …………………………………………………… (140)
　　第二节　储层临界物性特征 …………………………………………………… (142)
　　第三节　储层烃类充注的动力学方程 ………………………………………… (155)
　　第四节　储层烃类充注的物性—流体动力耦合关系 ………………………… (161)
　　第五节　储层烃类充注的级差效应总结 ……………………………………… (171)

第六章　成藏期后储层物性变化规律 …………………………………………… (175)
　　第一节　晚期机械压实作用 …………………………………………………… (175)
　　第二节　晚期胶结作用 ………………………………………………………… (190)
　　第三节　晚期溶蚀作用 ………………………………………………………… (199)

第七章　动态储层评价原理和评价参数 ………………………………………… (210)
　　第一节　动态储层评价原理 …………………………………………………… (210)

第二节　动态储层评价方案 ………………………………………………………（214）
　　第三节　动态储层评价流程 ………………………………………………………（218）
第八章　应用实例一——鄂尔多斯盆地延长组低孔渗及致密砂岩动态储层评价 ……（220）
　　第一节　地质概况及储层特征 ……………………………………………………（220）
　　第二节　动态储层评价方案 ………………………………………………………（233）
　　第三节　动态储层评价应用效果分析 ……………………………………………（240）
第九章　应用实例二——北非阿尔及利亚 HBR 区块致密石英砂岩动态储层评价 ……（251）
　　第一节　地质概况及储层特征 ……………………………………………………（251）
　　第二节　动态储层评价方案 ………………………………………………………（254）
　　第三节　应用效果分析 ……………………………………………………………（270）
第十章　其他应用实例——伊通盆地和牛庄洼陷 ………………………………………（273）
　　第一节　伊通盆地西北缘深层砂岩储层评价 ……………………………………（273）
　　第二节　东营凹陷牛庄洼陷沙三段储层评价 ……………………………………（279）
参考文献 …………………………………………………………………………………（288）

第一章 储层评价基本原理和方法

储层是油气勘探开发的直接目的层,储层研究是油田勘探开发的一项重要基础工作。随着勘探程度的提高和勘探技术的进步,油气储层评价成为当今石油勘探开发的重要基础研究内容,正确认识储层的性质及变化规律对于提高钻探成功率、降低勘探成本、节约勘探投资及提高油气产能等都有重要的影响,开展和加强储层研究具有重要的科学意义和生产意义。

第一节 经典方法

国际上有关储层的研究最早要追溯到20世纪50年代初期,原苏联科学院院士密尔钦科著有的《油矿地质学》,曾是中国石油院校的专业课教材。其主要研究内容是在油藏范围内油层的地质问题,最终归结到油气储量计算。随后,Robison于1966年提出了据岩石表面结构和毛细管压力特征的分类评价方法。他通过测定近2000块岩样的储集性质(包括孔隙度、渗透率和孔喉分布)和毛细管压力(选用排驱压力(P_d)、最小非饱和的孔隙体积(S_{min})和描述毛细管压力—饱和度曲线几何形状的系数(c)三个参数),并且在双目立体显微镜下观察了岩石磨光面的表面结构,将砂岩储层分为轻度交代的砂岩、受压实交代的砂岩、受孔隙充填所交代的砂岩、高度交代的砂岩四类(表1-1)。

表1-1 砂岩储集岩的分类评价(据Robinson,1966)

类型	目测特征 主要的	目测特征 次要的	储集性质 孔隙大小分布	储集性质 孔隙度、渗透率	标志
Ⅰ轻度交代的砂岩	颗粒状的	多孔表面结构外观	$c=G, P_d=L, S_m=L$	$\phi=E, K=E$	轻度胶结,好的储集岩
Ⅱ受压实交代的砂岩	颗粒状的(较/致密)	致密表面结构外观	$c=G, P_d=M, S_m=L$	$\phi=F-G, K=G$	可以有很好的胶结,但仍是差的储集岩
Ⅲ受孔隙充填所交代的砂岩	颗粒状的	充填表面结构外观	$c=G, P_d=M, S_m=M-H$	$\phi=G, K=F-G$	难于评价渗透率
Ⅲ受孔隙充填所交代的砂岩	颗粒状的(但很致密)	致密表面结构外观	$c=G, P_d=M, S_m=M$	$\phi=F-G, K=G$	类似于Ⅱ类,差的储集岩
Ⅳ高度交代的砂岩	致密到不清楚	光滑表面结构外观	$c=P, P_d=H, S_m=H$	$\phi=L, K=L$	非储集岩可以做盖层

表中从毛细管压力曲线所取资料的符号意义如下:

c系数	排驱压力P_d(lb/in²)表示最大连通孔隙大小(μm)	最小非饱和孔隙体积S_m(%)	孔隙度ϕ(%)	空气渗透率K(mD)
0.1~0.5(好,G)	<10(十分低,VL) >24μm	<10(低,L)	<5(低,L)	<1(低,L)
0.6~1.0(中,M)	10~25(低,L)24~8μm	10~20(中等,M)	5~15(中等,F)	1~10(中等,F)
0.6~1.0(中,M)	25~100(中等,M)8~2μm	10~20(中等,M)	15~25(好,G)	10~100(好,G)
>1.0(差,P)	>100(高,H) <2μm	>20(高,H)	>25(十分好,E)	>100(十分好,E)

在中国,油气储层评价方法学科的提出来自于生产实践,是广大的石油地质工作者在长期工作中的领悟——储层是勘探开发中的主要研究对象,没有储层就没有一切。在油田现场上,最早流行的是储层的四性(即电性、物性、岩性和含油气性)对比法,是罗蛰潭教授于20世纪80年代初提出的。他认为储层地质研究应该以四性研究为中心,而四性研究中应以物性和孔隙结构为核心,并在1984年进行了储层地质学讲座,形成了油气储层地质学的雏形。

20世纪80年代是油气储层地质学迅速发展并得到公认的时期。中国石油天然气总公司将油气储层研究提高到中国石油工业的第三次革命高度,使一大批石油地质工作者投入到储层研究的行列,形成了一些不同的学派。下面主要介绍当时最为广泛使用的评价方法及原理。

王允诚等(1980)根据中国4个大区12个油田1000多块砂岩井下岩样所做的水银注入法毛细管压力——饱和度曲线资料,并结合铸体薄片有关孔隙类型的鉴定,提出了根据孔隙类型和毛细管压力特征来进行分类评价的方法,将中国主要砂岩储集岩的储层归纳为好—非常好的储层、中上等—中下等储层、差—很差的储层以及非储层(表1-2)。他认为以原生粒间孔及次生溶蚀孔为主要孔隙类型的砂岩具有高孔隙度、高渗透率和低排驱压力、低饱和度中值毛细管压力以及低的最下非饱和孔隙体积百分数的特征,而以杂基内微孔隙、晶体再生长晶间孔隙为主要孔隙类型的砂岩则具有低—中等的孔隙度、低渗透率和高排驱压力、高饱和度中值毛细管压力以及高的最小非饱和孔隙体积百分数的特征。

表1-2 根据砂岩储集岩的孔隙类型、毛细管压力参数的分类评价(据王允诚,1980)

类别	亚类	孔隙类型 主要的	孔隙类型 次要的	粒度范围	物性 孔隙度(%)	物性 渗透率(mD)	汞毛细管压力特征 排驱压力(0.1MPa)	汞毛细管压力特征 饱和度中值毛细管压力(0.1MPa)	汞毛细管压力特征 最小非饱和孔隙体积(%)	最大连通孔喉半径(μm)	评价
I	a	A或E	B、I、C	细—中(粗)	>25	>600	<0.2	0.7~2	<20	>37.5	非常好
I	b	A或E	B、D、C	中—细	20~30	100~600	0.2~1	2~15	<20	7.5~37.5	很好
I	c	A或E和B	C	中—极细	20~30	100~300	0.2~1	15~30	<30	7.5~37.5	好
II	a	B和G	A、E、I	细—极细	13~20	10~100	1~3	5~15	20~35	2.5~7.5	中上等
II	b	B和G	A、E	细—极细	13~20	5~50	3~5	15~30	20~35	1.5~2.5	中等
II	c	B和G	E	细—粉	12~18	1~20	5~7	15~50	25~35	1.07~1.5	中下等
III	a	B或F	D、I	细—极细	9~12	0.2~1	7~9	30~60	25~45	0.83~1.07	差
III	b	B或F	D、II	细—粉	7~9	0.1~0.5	9~11	60~90	35~45	0.68~0.83	很差
IV		B或F	II	极细—粉	<6(油) <4(气)	<0.1	>11	>90	>45	<0.68	非储集岩

I$_a$—大孔隙,粗喉道,有的喉道和孔隙很难区分,孔隙分选极好;I$_b$—大孔隙,中等喉道,孔隙分选好;I$_c$—大中小孔隙都有,中等喉道,孔隙分选不太好;II$_a$—中等孔隙,较细的喉道,孔隙分选较好;II$_b$—小孔隙,较细的喉道,孔隙分选不太好;II$_c$—小孔隙,细喉道,孔隙分选差;III$_a$—小孔隙,很细的喉道,孔隙分选较好;III$_b$—几乎都是喉道或晶间孔,孔隙分选好;IV—孔隙极少,几乎全部是很细的晶间孔,孔隙分选好。

裘怿楠等(1994)突破了定性评价的范畴,提出了储层半定量综合分类评价方法。其具体方法如下:首先利用专家系统或数学地质方法选取代表参数;第二步是根据区域性地质勘探及开发情况,结合单井的产能,确定出关键性参数的最有利值(G)与最不利值(P)(如孔隙度$G=25,P=5$);第三步是由有经验的专家对所选参数在评价中占的分量进行评议,确定每项参数的权重系数(即对储层贡献的大小),用 0~1 之间的小数表示,各项权重系数的和为 1;第四步是计算单项得分(S_m),对于参数值越大表示储层性能越好的参数用 $S_m = x/(G-P)$(x 参数的平均值)来计算单项得分,对于参数值越小表示储层性能越好的参数用 $S_m = (P-x)/(P-G)$ 来计算单项得分;第五步是计算综合评价指标,方法是将前面得到的单项得分乘以各自的权重系数求和。最后根据综合评价指标对储层进行分类评价(表 1-3)。该方法的优点是可以全面考虑储层的多个控制因素,并且通过量化的权重系数来区分每个参数的重要性,最终用 0~1 之间的储层综合评价指标将储层分类评价数字化,同时该方法也适用于任何地区的单井和区域储层分类评价,只是不同地区所选取的重要参数不同。但是该方法的缺点是过于依赖经验,权重系数是人为设定,这就造成不同的学者可能得出不同的结果。

表 1-3 储层定量综合分类评价(据裴怪楠等,1994)

分类	储层综合评价指标(REI)标准	评价
Ⅰ	0.8~1	好
Ⅱ	0.6~0.8	较好
Ⅲ	0.3~0.6	中
Ⅳ	0~0.3	差

随着非常规储层逐渐受到关注,纪友亮(1996)提出了根据砂岩的孔喉结构、岩石类型、有效厚度、含油性和产能区分常规储层和非常规储层的分类和评价方法。他以中国东部中新生代断陷湖盆能够获得工业油气流的储层的有效孔隙度下限为 12%、渗透率下限为最低可达 1.0mD,与此对应的喉道半径中值为 0.5μm、有效孔喉半径约为 1.0μm 为基础,将砂岩储层分为常规储层和非常规储层。常规储层埋深一般小于 4000m,可进一步分为高渗、中渗和低渗三类储层;非常规储层埋深大于 4000m,也分进一步分为致密储层、很致密储层和超致密储层三个亚类(表 1-4)。

表 1-4 东濮凹陷沙三段碎屑岩储层分类表(据纪友亮,1996)

指标		常规储层				非常规储层		
	储层类型	高渗	中渗	低渗		致密层	很致密层	超致密层
				中孔低渗	低孔低渗			
物性	孔隙度(%)	>27	20~27	15~25	12~15	10~12	8~10	<8
	渗透率(mD)	>500	100~500	10~100	1.0~10	0.1~1.0	0.02~0.1	<0.02
岩性		中、细砂岩、粗粉砂岩		细、粉砂岩、含泥粉砂岩		灰质、云质(或泥质)粉细砂岩		
基质含量(%)		灰质、云质<10,泥质 3~8		灰质、云质<10,泥质 8~15		灰质、云质>15 或泥质>15,或硅质>10		
单层有效厚度(m)		>1.0		>1.5		>2.0~5.0		
有效喉道半径(μm)		>4.0		>1.5		>1.0		>0.35
S_o(%)		>75				60~75		<60
自然产能		工业油气流				气<2×10⁴m³/d	气<0.5×10⁴m³/d	气显示
分布深度(m)		<2500	<3200	<3500		>3500		>4000

第二节 主流方法

储层评价方法的选择是每位研究者都必须面对的现实问题,目前储层评价的方法主要包括:地质经验法、权重分析法、层次分析法、模糊数学法、人工神经网络法、分形几何法、变差函数法、聚类分析、灰色关联分析法和各种测井方法等。

一、地质经验法

地质经验法是一种根据研究区自身的特点,选取岩性、物性等参数对储层进行综合分类评价的一种方法,目前在储层评价研究中被广泛应用。胡明毅等(2006)以川西前陆盆地上三叠统须家河组致密砂岩储层为例,根据前人研究成果及川西须家河组储层的实际情况,确定了评价分类的标准。将储层分为4类:Ⅰ类储层为孔隙度和渗透率较高,孔隙度平均大于6%,渗透率大于0.1mD,溶蚀作用和破裂作用发育,是研究区最好的储层;Ⅱ类储层孔隙度和渗透率一般,孔隙度4%~6%,渗透率0.1~0.05mD,溶蚀作用或破裂作用较发育,是目前研究区须家河组最主要的储层;Ⅲ类储层孔隙度和渗透率均较低,孔隙度3%~4%,渗透率0.01~0.05mD,溶蚀作用或破裂作用不太发育,是目前研究区较为主要的储层;Ⅳ类储层孔隙度和渗透率均很低,孔隙度小于3%,渗透率小于0.05mD,溶蚀作用和破裂作用都不发育,一般情况下难以成为储层,但局部由于裂缝提供主要的渗流通道的前提下可成为有效储层(表1-5)。朱春俊等(2011)对大牛地气田低渗透储层进行了成因分析及评价,根据地质经验,从岩石类型、物性、孔隙结构参数和孔隙类型4方面阐述了不同类型储层的特征,先将储集岩按照组或段分组,再针对性地共分为Ⅰ、Ⅱ、Ⅲ、Ⅳ类,进行分类评价。地质经验法的最大优点是充分体现储层成因影响因素,评价标准来源于勘探生产实践,在本地区应用效果好。缺点是评价研究中定量的分析及统计计算不足,而且由于不同油田和不同区块储层地质特征差异大,评价方法和标准推广较难,效果很难保证(表1-6)。

表1-5 川西须家河组储集层分类(据胡明毅等,2006)

标准	类型			
	Ⅰ	Ⅱ	Ⅲ	Ⅳ
孔隙度(%)	>6	4~6	3~4	<3
渗透率(mD)	>0.1	0.1~0.05	0.01~0.05	<0.05
溶蚀作用	强	较强	一般	不发育
破裂作用	发育	较发育	可见	少见

二、权重分析法

权重分析法是一种较为简单的半定量储层评价方法。该方法将研究对象全部原始变量的有关信息进行集中分析,确定不同因子的权重以及相应的评价标准,完成权重评价。其基本思路及步骤可以概括为四步。

(1)因子分析:将研究对象全部原始变量的有关信息进行集中分析,探讨其内部关系,进而将多变量综合成为少数因子,用以展示原始信息之间的联系。然后进一步探讨产生诸因子相关关系的内在原因。最后根据诸因子对所研究事物的影响程度,确定其加权系数。

表1-6 大牛地气田目的层段储集岩分类评价表(据朱春俊等,2011)

目的层	分类	岩石类型	物性 孔隙度(%)	物性 渗透率(mD)	孔隙结构参数 排驱压力(MPa)	孔隙结构参数 中值压力(MPa)	孔隙结构参数 最大喉道半径(μm)	孔隙结构参数 孔喉值半径(μm)	孔隙类型
盒二段+盒三段	Ⅰ	含砾粗粒、砾质粗粒和细—中砾岩屑砂岩为主	>12	>0.8	<0.5	<5	>0.5	>0.3	残余粒间孔、溶蚀孔
盒二段+盒三段	Ⅱ	含砾粗粒岩屑砂岩为主,少量砾质粗粒岩屑砂岩及中粒岩屑砂岩	8~12	0.5~0.8	0.50~0.75	5~20	0.50~0.35	0.1~0.3	局部溶蚀粒(内)间孔,残余粒间孔
盒二段+盒三段	Ⅲ	粗粒岩屑砂岩和岩屑石英砂岩及中粗粒石英砂岩	4~8	0.1~0.5	0.75~1.00	20~30	0.15~0.35	0.1~0.02	晶间孔
盒二段+盒三段	Ⅳ	中粒岩屑砂岩和岩屑石英砂岩及中细粒石英砂岩	<4	<0.1	>1	>30	<0.15	<0.02	晶内孔、晶间微孔
盒一段+山西组	Ⅰ	含砾粗粒、砾岩粗粒、细—中砾岩屑石英砂岩和岩屑砂岩为主	>8	>0.8	<0.5	<10	>0.30	>0.2	溶蚀孔、粒间余孔、晶间孔
盒一段+山西组	Ⅱ	含砾粗粒岩屑砂岩为主,少量砾质粗粒岩屑砂岩及中粒岩屑砂岩	8~10	0.5~0.8	0.5~1.0	10~20	0.30~0.20	0.2~0.04	溶蚀孔、晶间孔
盒一段+山西组	Ⅲ	粗粒和中粒岩屑砂岩为主	4~5	<0.1	>1.0	>20	0.15~0.20	0.02~0.04	粒间微孔、晶间孔
太原组	Ⅱ	中粗粒砂岩岩屑石英砂岩为主,少量含砾粗粒、粗粒和中粒岩屑石英砂岩	5~8	0.5~0.8	0.50~0.75	3~10	0.50~0.35	0.05~0.3	溶蚀孔、晶间孔
太原组	Ⅲ	粗粒岩屑砂岩和岩屑石英砂岩	4~5	0.1~0.5	0.75~1.00	>20	0.15~0.35	0.02~0.04	粒间微孔、晶间孔

(2)权重赋值:基于诸因子对研究对象的影响程度不同,对其进行分类,确定其影响级别,分别赋予相应的数值。数值越大,代表该因子的影响程度越大。

(3)权重计算:将诸因子所取得的赋值乘以其体现的加权系数,相加取得"权重"得分。

(4)综合评价:对于研究对象已经体现出的性质,确定其相应的评价标准,与"权重"得分相比较,完成权重评价。

利用此方法,刘克奇等(2005)选用有效厚度、孔隙度、渗透率、含油饱和度及泥质含量参数对东濮凹陷卫城81断块沙四段储层进行了评价研究。利用综合评价分数将油层划分为三类:综合评价分数1~0.7为Ⅰ类;综合评价分数0.7~0.4为Ⅱ类;综合评价分数小于0.4为

Ⅲ类,为开发方案的调整奠定了基础(表1-7)。黄易等(2012)以中拐五八区石炭系火山岩储层为例,利用权重分析法将火山岩储层分为三类,并且与相应的井位油气显示情况匹配度较高。权重分析法的优点是比单纯的地质经验法向定量化方向迈进了一大步,缺点是不同参数权重值的确定受人为经验因素影响较大,不同的研究者确定的权重值可能差异较大,从而导致评价结果间存在较大的差异性(表1-8)。

表1-7 卫城81断块沙四段储层"权重"综合权衡评价分类(据刘克奇等,2005)

小层号	油层组	$P(He) \times 0.3$	$P(\phi) \times 0.1$	$P(K) \times 0.3$	$P(S_o) \times 0.2$	$P(V_{sh}) \times 0.1$	综合权衡评价分数	类别
1	$S_4 1^1$	0.11	0.09	0.23	0.20	0.03	0.66	Ⅱ
2	$S_4 1^2$	0.10	0.10	0.22	0.19	0.02	0.62	Ⅱ
3	$S_4 1^3$	0.08	0.10	0.30	0.17	0.02	0.67	Ⅱ
4	$S_4 1^4$	0.10	0.09	0.23	0.19	0.02	0.64	Ⅱ
5	$S_4 2^1$	0.09	0.08	0.17	0.18	0.02	0.54	Ⅱ
6	$S_4 2^2$	0.12	0.09	0.15	0.17	0.03	0.55	Ⅱ
7	$S_4 2^3$	0.09	0.08	0.16	0.16	0.03	0.52	Ⅱ
8	$S_4 2^4$	0.12	0.08	0.15	0.17	0.02	0.52	Ⅱ
9	$S_4 2^5$	0.19	0.10	0.26	0.19	0.03	0.77	Ⅰ
10	$S_4 3^1$	0.16	0.08	0.15	0.17	0.02	0.58	Ⅱ
11	$S_4 3^2$	0.30	0.10	0.23	0.19	0.03	0.84	Ⅰ
12	$S_4 3^3$	0.20	0.09	0.17	0.18	0.03	0.66	Ⅱ
13	$S_4 3^4$	0.18	0.08	0.14	0.16	0.02	0.55	Ⅱ
14	$S_4 3^5$	0.16	0.10	0.14	0.16	0.02	0.58	Ⅱ
15	$S_4 4^1$	0.16	0.10	0.20	0.17	0.02	0.65	Ⅱ
16	$S_4 4^2$	0.19	0.10	0.13	0.17	0.01	0.59	Ⅱ
17	$S_4 4^3$	0.10	0.09	0.07	0.13	0.00	0.40	Ⅱ
18	$S_4 4^4$	0.11	0.08	0.10	0.11	0.02	0.43	Ⅱ

注:表中$P(He)$、$P(\phi)$、$P(K)$、$P(S_o)$、$P(V_{sh})$分别为储层各参数单项评价分数。

表1-8 中拐五八区石炭系火山岩储层主控因素赋值(据黄易等,2012)

主控级别	古地貌	裂缝发育区	岩性	断裂	赋值
Ⅰ级	缓坡	Ⅰ级	火山角砾岩、安山岩	发育区	3
Ⅱ级	高点陡坡	Ⅱ级	凝灰岩、玄武岩	较发育区	2
Ⅲ级	洼地	Ⅲ级	花岗岩	不发育区	1

三、层次分析法

层次分析法是美国著名运筹学家,匹兹堡大学教授 Saaty T. L. 于20世纪70年代中期提出的。该方法是应用简单的数学工具结合运筹思想将复杂的问题分解为各个组成因素,并按支配关系分组形成层次结构,通过综合各因素之间的相互影响关系及其在系统中的作用来确定各因素的相对重要性。用层次分析法解决实际问题,关键是将一个复杂的系统分解为若干层次或子系统,建立层次结构,构造判断矩阵,进而确定系统中各因素的相对重要性。

王建东等(2003)选用孔隙度、渗透率、粒度中值、渗透率变异因数、泥质体积分数以及目前含油饱和度等参数,应用层次分析法,对大庆萨尔图油田北二区东部密井网试验区储层进行了评价,与研究区储层特征具有很好的一致性(表1-9)。张凌云等(2009)利用层次分析法对百色盆地致密储层进行了定量评价研究,将那读组储层划分为三种不同的类型,使得该方法不仅适用于储层的评价,还适用于储层产量预测和流体性质识别,满足油田开发的要求。层次分析法的最大优点是将一个复杂的系统结构分解为若干层次或子系统,确定系统中各因素的相对重要性,将复杂的问题简单化。该方法的缺点是层次划分具有较大的随意性,其合理性不便验证。

表1-9 大庆萨尔图油田北二区东部储层综合定量评价结果(据王建东等,2003)

层位	渗透率(mD)	孔隙度(%)	φ(泥质)(%)	粒度中值(mm)	变异因数	含油饱和度(%)	综合评价指标	分类
SII_2	1155	28.5	8.0	0.727	0.146	41.2	0.59	II
SII_3^1	519	27.2	13.7	1.107	0.081	46.6	0.32	III
SII_3^2	600	25.5	10.0	1.194	0.096	35.6	0.41	III
SII_4^1	557	30.0	11.2	0.962	0.110	57.9	0.49	II
SII_6	755	31.6	7.7	0.217	0.096	52.7	0.61	I
SII_7	785	26.7	7.3	0.970	0.148	63.3	0.56	II
SII_8	3465	27.7	6.5	0.685	0.158	59.4	0.85	I
SII_1^0	1815	26.8	12.1	1.101	0.135	50.0	0.57	II
SII_1^1	3	21.3	22.0	0.624	0.054	29.9	0.30	IV
SII_1^3	5	19.3	15.3	0.786	0.104	6.0	0.31	III
SII_1^5	169	25.8	7.7	0.910	0.075	40.9	0.42	III
SII_1^6	2132	30.5	5.1	0.796	0.147	39.7	0.69	I
PI_2^1	1554	26.0	8.7	1.805	0.109	52.5	0.46	II
PI_3^2	95	23.4	10.7	1.300	0.101	41.7	0.35	III
PI_7	1657	29.0	13.9	1.143	0.084	43.8	0.50	II
权重	0.222	0.158	0.147	0.144	0.170	0.159		

值得注意的是,王强等(2014)改进了层次分析方法,采用三标度法代替传统的九标度法建立比较矩阵,再通过极差法将比较矩阵转化为判断矩阵。这样可避免传统九标度法建立判断矩阵时的不一致性,使特征值的计算量大大减少,具有简便、快速、易于操作等优点(表1-10)。

表1-10 三标度法评价矩阵标度与含义(据王强等,2014)

标度	含义
0	表示因素u_i与u_j比较,不太重要
1	表示因素u_i与u_j比较,同等重要
2	表示因素u_i与u_j比较,明显重要

利用改进的层次分析法,优选孔隙度、渗透率、泥质含量等评价指标,对研究区目的层储层物性参数进行定量评价,最后确定各因素的权重系数,并依据综合评价因子对太原组、山西组、下石盒子组、上石盒子组储层进行分类。实践应用结果表明,该分类结果与油田实际勘探开发效果一致。张航等(2015)基于三标度法的层次分析法,优选孔隙度、渗透率、含水饱和度等相关评价指标(表1-11),对部分关键井的小层进行储层综合定量评价,使得储层分类更加合理,油田实际勘探开发与分类结果方向一致,吻合度高。

表1-11 储层评价层次排序(据张航等,2015)

指标层	准则层(权重)			层次总排序(权重)
	储集性质(0.20)	渗流性质(0.40)	非均质性(0.40)	
孔隙度	0.40	0	0	0.08
渗透率	0	0.50	0	0.20
含水饱和度	0.20	0	0	0.04
泥质含量	0	0	0.099	0.04
砂体厚度	0.20	0	0	0.04
变异系数	0	0	0.310	0.13
分选系数	0	0	0.180	0.07
粒径中值	0	0.25	0.100	0.19
沉积微相	0.20	0.25	0.310	0.27
CR	0	0	0.010	0.01

四、模糊数学法

模糊数学是引用隶属函数的概念建立数学体系,隶属函数可以用[0,1]区间内的任意值来描述一个对象是否属于该集合,不仅仅局限于精确函数那样取1(属于)或0(不属于)。

因此隶属函数具有描述事物渐变过渡的能力。模糊数学在承认数学精确性的同时,向模糊性逼近。武春英等(2008)以鄂尔多斯盆地白于山地区延长组长4+5油层组为例,运用模糊数学综合评判法,确定孔隙度、渗透率、排驱压力、孔喉均值、分选系数是储层评判对象因素集(表1-12)。魏漪等(2011)以长庆G油田L井区的典型低渗透油层为研究对象,针对其储层的影响因素多、关系复杂等特点,应用模糊数学的方法,在已取得的储层的17项参数的基础上,对其进行了多因素综合评价。朱伟等(2013)以哈萨克斯坦滨里海盆地东南部三叠—侏罗系陆源碎屑岩地层为例,采用基于模糊数学的评价方法,通过多元回归分析、最小二乘法优化地质要素,确定孔隙度、渗透率、含油饱和度、砂岩厚度作为关键地质因素,建立了模糊数学关系模型,克服了常规的储层含油气性评价过程中诸多不确定因素带来的复杂化和主观性问题(表1-13和表1-14)。通过多个模型比较,做出判断,确定了$J_2 II$和$T II$储层为本区优势储层,为该区进一步油气开发提供参考依据。模糊数学法最大的优点是可以克服常规含油气性及其优劣程度评价过程中许多不确定因素带来的诸多不便,更客观地评价储层。在运用模糊数学法进行储层评价时,首先要建立地质因素模糊体系,结合研究者的地质经验等给出隶属度函数,确定不同地质要素的隶属度。其缺点是该过程受多种因素影响,不确定性很强,从而在一定程度上影响到储层评价结果的准确性。

表1-12 白于山地区延长组储层分类评价标准(据武春英等,2008)

类别	孔隙类型	粒度范围	孔隙度(%)	渗透率(mD)	排驱压力(MPa)	孔喉均值(μm)	分选系数	评价
I	粒间孔、溶蚀孔	粗砂、中砂	15~25	10~100	0.1~0.3	8.7~9.7	2.6~3	中上等
II	粒间孔、溶蚀孔	细-极细砂	10~15	2~10	0.3~0.5	9.7~10.5	2.3~2.6	中等
III	微孔、溶蚀孔	粉砂	5~10	0.01~2	0.5~0.9	10.5~11.5	2.1~2.3	差
IV	微孔	粉砂	1~5	0.01~0.1	0.9~1.2	11.5~12.5	1.75~2.1	极差

表1-13 滨里海盆地地质因素隶属度值(据朱伟等,2013)

面积(km²)	砂岩厚度(m)	孔隙度(%)	原油饱和度(%)	压力(MPa)	原油体积系数
0.4764	0.1589	0.2509	0.523	0.8278	0.7018
0.4826	0.2473	0.4302	0.613	0.8872	0.7018
1.0000	0.6945	0.7904	0.640	0.8517	0.6097
0.2854	0.1638	0.5350	0.662	0.8880	0.6097

表1-14 滨里海盆地储层模糊数学综合评价(据朱伟等,2013)

层位	储量(10^4t)	加权平均型评价结果	排序
J_2 I	92.55	0.4441	4
T III	93.08	0.4929	3
J_2 II	167.13	0.5228	2
T II	890.73	0.7832	1

五、人工神经网络法

人工神经网络是一种用来模拟人脑思维过程的计算模型,由处理单元(神经元)、网络结构、学习算法三个基本要素构成。神经元是其基本成分,通常是一个多输入单输出的非线性单元;网络结构是指神经元之间的连接方式;学习算法即神经网络获取知识的步骤与方法。神经网络有多种算法,并因此构成了不同的神经网络类型。其中数学意义明确、步骤分明、思想直观、容易理解的误差逆传播算法(Eorrr Back-Porpagation,简称BP)得到了最为广泛的应用。它主要利用已知的学习样本集,用误差反向传播算法进行训练并建成网络,实现对储层的描述和评价。姜延武等(2001)利用BP法将荧光录井、气测录井参数量化及标准化处理,建立以五参数为输入模式样本的人工神经网络解释模型,对储层特征进行描述,在吉林探区以试油层指标进行网络训练,四类层的回代检验率总体达到95%,对未试油层训练解释。与反馈试油结果对比,正判率为83.3%,适合现场随钻快速评价储层的需要。虽然BP神经网络技术在识别岩性和流体性质方面具有一定的优点,但由于BP神经网络的建模和预测是以已知的先验知识为条件,具有一定的局限性(图1-1)。

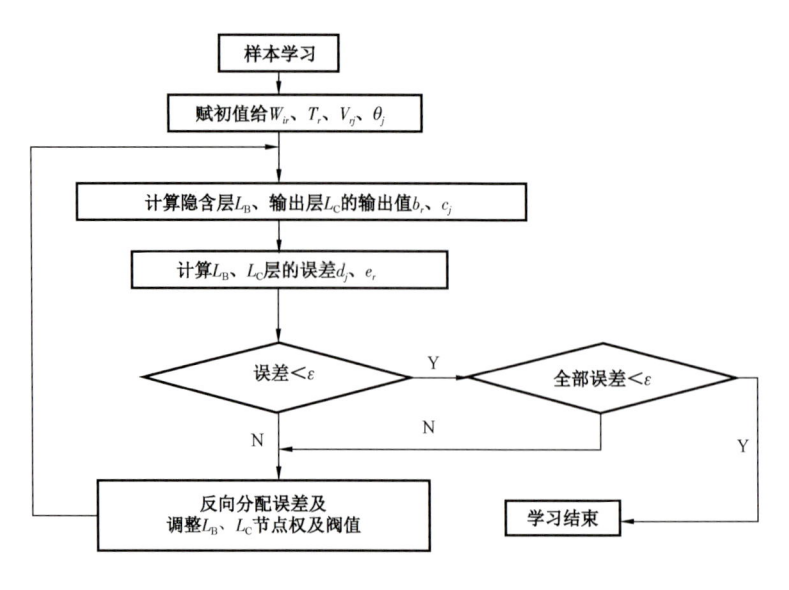

图 1-1 BP 结构流程图(据姜延武等,2001)

为了克服 BP 神经网络方法的局限性,Saemi 等(2007)利用遗传算法设计神经网络,对储层渗透率进行了评价,该方法在波斯湾南帕尔斯气田应用效果较好。伍泽云等(2009)加入了神经元数目自适应最优选取的模块,借助自适应 BP 神经网络技术建立了适合研究区长 6 段的储层分类判别模型,并将其判别结果与综合判别结果对比,吻合程度较高(图 1-2)。任培罡等(2010)基于自组织神经网络的结构和原理(图 1-3),建立了岩性和流体样本数据集,利用自组织神经网络对样本数据集进行了训练和纠错,得到了数据集的聚类结果,通过选择合适的测井曲线和网络权值,以样本数据集的聚类结果作为分类基础,对岩性和流体进行了识别,获得了较好的效果,实际资料处理结果与岩心分析资料对比,吻合度高。Shafiei 等(2013)基于人工神经网络和粒子群算法,发展了一种评价天然裂缝碳酸盐岩储层蒸汽驱性能的筛选工具。人工神经网络法的优点是具有较强的自组织性、适应性和较高的容错能力,与其他算法相比,计算量小。它可以通过学习和训练,进行模型结构的自组织,可以在没有已知样本的情况

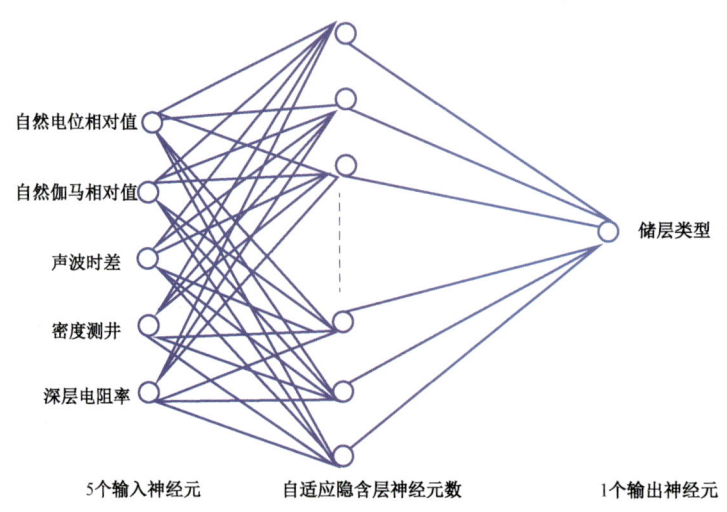

图 1-2 适应 BP 拓扑结构图(据伍泽云等,2009)

— 10 —

下直接对未知样本进行分析,调整参数以反映观察事件的分布(郑璇等,2013)。而缺点是在神经网络的建模和预测时以已知的先验知识为条件,因此具有一定的局限性。

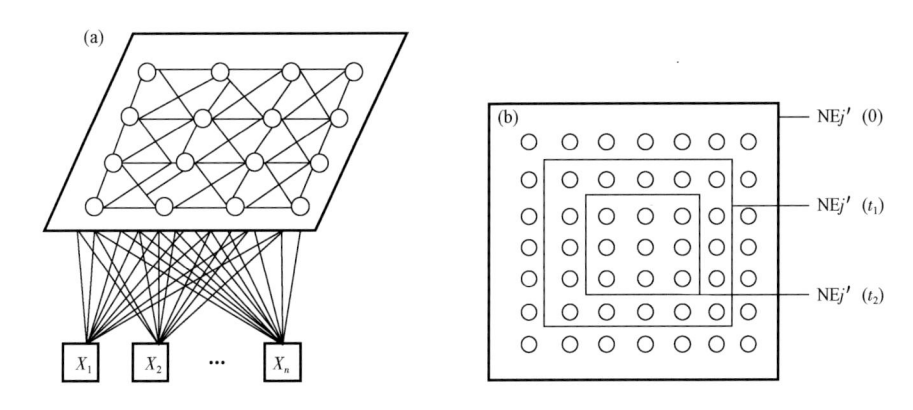

图1-3 自组织特征神经网络图(据任培罡等,2010)

六、分形几何法

分形(Fractal)是对那些具有自相似性的不规则结构或构形的总称。它的重要特征是自相似性,即局部与整体以某种方式相似,而图形整体不随测量尺度的改变而改变。定量描述这种具有自相似性的研究对象的参数称为分形维数。分形几何为描述自然界不规则的、非线性的、复杂形态的事物提供了一种有效的数学工具。分形曲线及相应的分形维数可用于定量描述砂岩孔隙结构的特征,而且具有比较明显的物理意义,反映出砂岩孔隙结构的局部与整体相似的特性,即自相似性;而表征砂岩孔隙结构具有自相似性的分形曲线的斜率即为分形维数,它反映了孔隙结构的非均质性程度。根据分形几何理论,在三维欧氏空间内的分形结构,其分形维数越大,表明该分形结构的复杂程度越大,非均质性越强。

自20世纪90年代之后分形理论开始大量地应用于油气储层构造裂缝的预测。王域辉(1993)介绍了分形理论可以应用于沉积岩空隙、岩石物性、油田构造和裂缝油藏等;何光明(1993)应用分形理论解决地震解释中油气预测和地质剖面中裂缝预测;张吉昌(1996)指出储层构造裂缝的复杂形态及其分布具有分形特征,并且应用分形方法预测了储层构造裂缝的分布;张立强等(1998)根据分形几何学的基本原理,并依据压汞资料,计算了博格达山前带侏罗系储层孔隙结构的分形维数及分形下限,将博格达山前带分为三类储层(图1-4);李中锋等

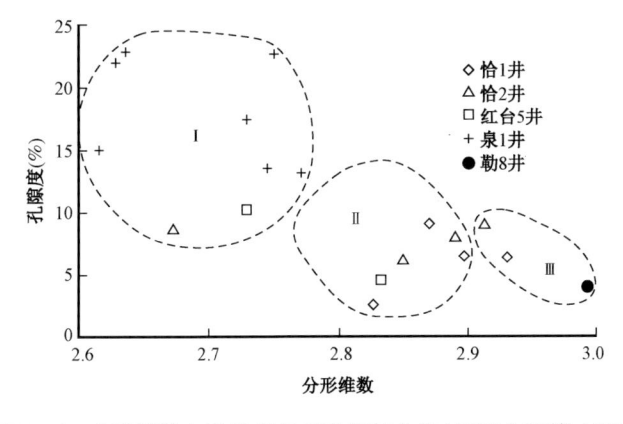

图1-4 分形维数与孔隙度关系及储层分类(据张立强等,1998)

(2006)在前人对孔隙结构分形特征研究的基础上,利用分形几何理论,建立了描述储层孔径分布的分形几何公式和储层毛细管压力曲线的分形几何公式,还利用岩心压汞测试资料,建立了描述孔隙结构的分形几何模型,探讨了砂岩孔隙结构的分形特征,推导出了油水相对渗透率的理论预测公式,进行了相对渗透率曲线预测(表1-15)。预测结果表明,预测曲线与理论曲线是一致的,可用于长期水驱后油水相对渗透率的预测和不同储层相渗曲线的归类,指导油田开发。

表1-15 砂岩储层物性参数与分形维数(据李中锋等,2006)

岩心编号	1	2	3	4	5	6	7
渗透率(mD)	3630.0000	1535.0000	509.0000	200.0000	76.9000	10.8000	2.6200
孔隙度(%)	35.5000	33.7000	25.1000	20.7000	30.6000	27.7000	16.0000
微观均质系数	0.2290	0.2780	0.2320	0.2200	0.1470	0.0850	0.2130
孔隙分形维数	2.3200	2.2500	2.0000	2.0900	2.7690	2.8150	2.7110
孔喉几何因子	0.0992	0.1124	0.1273	0.1490	0.5452	0.7547	0.7836
分形孔隙比例(%)	66.5000	63.3000	60.0000	60.4000	77.4000	57.5000	72.9000

值得注意的是,变尺度(R/S)分析方法是目前应用最广泛也最成熟的分形统计方法之一。该方法是赫斯特多年研究尼罗河水逐年变化规律时提出的。刘丽丽等(2008)利用声波时差(AC)数据与其他测井资料,运用变尺度分形技术对长庆铁边城油田元48井区长$4+5_2^{1-2}$储层进行了综合分类评价,分类结果与实际生产吻合性好(图1-5)。杨红梅等(2012)鉴于西峰油田裂缝资料的有限性和复杂性,采用分形几何中的变尺度分形(R/S)方法对常规测井曲线进行处理,来识别裂缝的发育情况。分形几何法最大的优点是可以定量评价储层分布规律和非均质性,缺点是要求研究对象具有自相似性和自反演性。

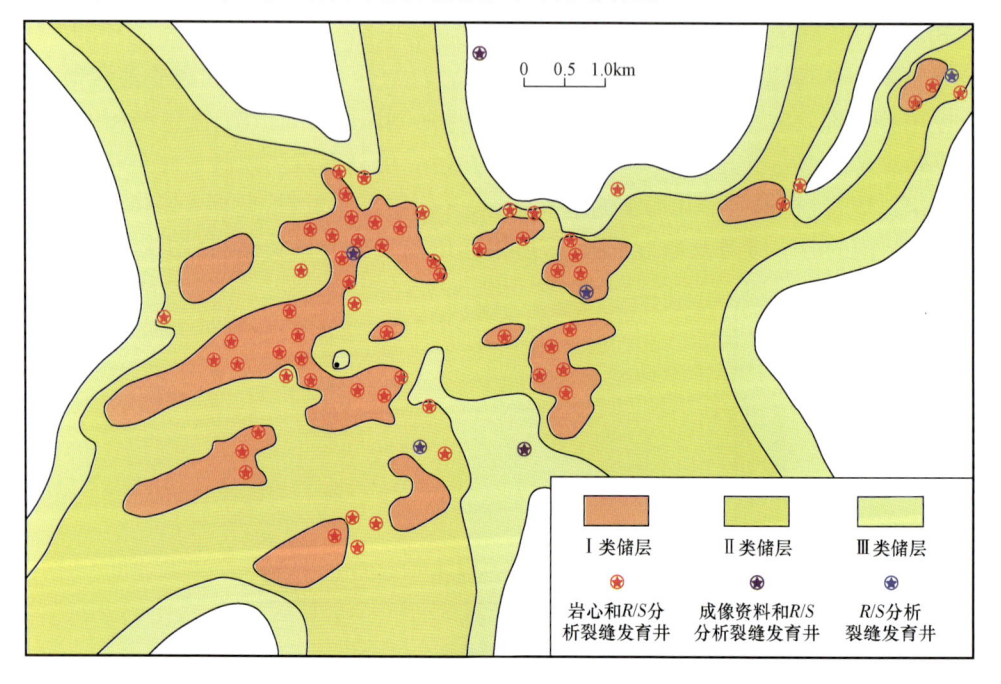

图1-5 元48井区长$4+5_2^{1-2}$储层分类评价(据刘丽丽等,2008)

七、变差函数法

变差函数在地质统计学中主要用来描述区域化变量的空间几何特性。经典的随机建模算法,包括序贯指示模拟、序贯高斯模拟等,都要用到变差函数。在进行随机模拟时需要预先定义研究区内的变差函数参数,主要包括主方向(通常指连续性最好的方向)、次方向(与主方向垂直)以及垂向上的变程值、块金值和基台值。对整个研究区设置一个理论变差函数模型,这样能够精确地描述地质变量在空间中的变化特征,然后再进行模拟计算(康永尚等,2009)。

变差函数不但是各种预测和模拟算法的基础,而且能通过变程、块金常数、基台值等参数以及变差图来刻画区域变量的性质。早在1993年,刘泽容等利用变差函数的性质来预测储集体的大小分布范围以及定量研究储层平面和层内的非均质性。陈凤喜等(2008)运用变差函数研究苏里格气田69口井的区域储层砂体的规模预测,并与常规插值方法作的等厚图及剖面图进行了对比,表明该方法可以很好地表征储集砂体的非均质性,可较为精确地对储层进行规模预测。李武广等(2011)以杨家坝油田为例,对变差函数法在储层评价及开发中的应用进行了研究,利用渗透率数据按沉积微相类型计算了不同储层变差函数的变程,通过变程反映变量的影响范围,对储层进行精细的描述(表1-16)。

表1-16 不同微相渗透率变程统计表(据李武广等,2011)

微相	变差函数角度		
	0°	45°	90°
前缘席状砂	251.17	210.28	376.40
分流河口沙坝	265.60	273.90	236.30
水下分流河道	194.26	352.78	280.78
滩砂	417.24	399.66	377.13
滩坝	430.45	341.76	416.93

变差函数法最大的优点是通过对不同性质储层发育规模和规律的统计,借助变差函数法实现未知区域的储层评价和预测,较好地实现了定性的地质研究和定量的统计预测在储层评价研究中的结合,缺点是研究结果受样本代表性的影响较大,具有一定的局限性。

八、聚类分析法

聚类分析法是目前储层分类评价中应用比较广泛的方法之一,应用效果较好。聚类分析又称点群分析,是按照客体在性质上或成因上的亲疏关系,对客体进行定量分析的一种多元统计分析方法。它能根据样品的许多观测指标(自变量参数)和具体计算样品之间的相似程度,把相似的样品归为一类,同时依据关系密切程度的大小形成一个由大到小的分级、分类系统。目前常用的分类指标有距离系数和相似系数两种。

高志军等(2009)以王集油田东区的砂岩储层为研究对象,运用聚类分析理论,优选孔隙度、渗透率、含油饱和度和储层的小层厚度四个变量作为储层评价因数,对该区砂岩储层进行评价,采用聚类分析法确定各评价因数的权重系数,应用聚类综合评价方法对该区目的层段砂岩储层质量进行了分类评价,并研究了其储层平面分布的特征(表1-17)。杨波等(2010)以城壕油田西259井区为例,运用了聚类分析中的Q型分层聚类法,研究了长3_2^1储层的类型,并对样品进行归类,得出储层的空间展布规律(图1-6)。唐骏等(2012)以鄂尔多斯盆地姬塬

地区长 8_1 储层为例,选择资料丰富的 20 口井的小层参数数据,首先应用 Q 型聚类分析对该区域长 8_1 储层进行了分类(图 1-7),得到了评价分类指标,然后利用判别分析法对 Q 型聚类分析的分类指标进行了验证,综合给出了储层评价的定量化描述。结果表明,该方法与其他评价方法的结果具有一致性,在砂岩储层的评价中是可行的,有一定的应用价值。陈欢庆等(2015)在进行辽河盆地西部坳陷某试验区于楼油层定量评价时也采用了聚类分析法,首先通过储层地质成因分析,确定储层发育主要控制因素,然后选取最能体现这些因素的特征参数,基于 SPSS 聚类分析然间平台进行统计分析,最终获取储层评价分类的结果(图 1-8)。

表 1-17 王集东区储层综合评价分类(据高志军等,2009)

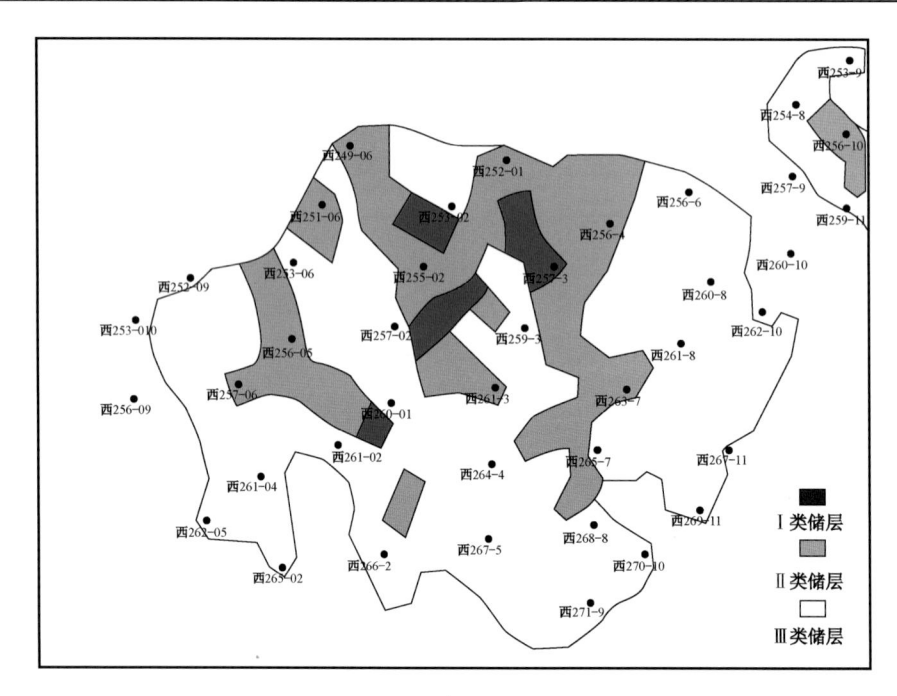

类别	样品(小层)	评价
Ⅰ	Ⅱ2^1、Ⅱ2^2、Ⅱ4^2、Ⅳ3^4	好
Ⅱ	Ⅴ4^2、Ⅵ1^2、Ⅵ1^3、Ⅶ3^{1-2}	较好
Ⅲ	Ⅲ8^2、Ⅳ3^1、Ⅳ6^4、Ⅳ7^1、Ⅳ8^2	良
Ⅳ	Ⅱ1^2、Ⅱ4^5、Ⅲ1^2、Ⅲ2^1、Ⅲ2^2、Ⅲ4^1、Ⅲ4^{1-2}、Ⅲ4^2、Ⅲ5^1、Ⅲ6^1、Ⅲ6^{1-2}、Ⅲ6^2、Ⅲ8^1、Ⅲ8^{1-2}、Ⅳ2^1、Ⅳ4^1、Ⅳ7^2、Ⅴ4^3、Ⅴ5^1、Ⅶ2^1、Ⅶ3^1、Ⅶ4^2	较差
Ⅴ	Ⅵ2^1	差

图 1-6 西 259 井区长 3_2^1 储层分类(据杨波等,2010)

聚类分析法评价储层的最大优点是将地质成因定性分析和聚类算法定量分析紧密结合,缺点是需要在分类过程中不断调整参数、选择不同参数的权重以及聚类算法,工作量较大,且只适合井资料丰富、储层非均质性强,空间差异大,裂缝不发育的区域。

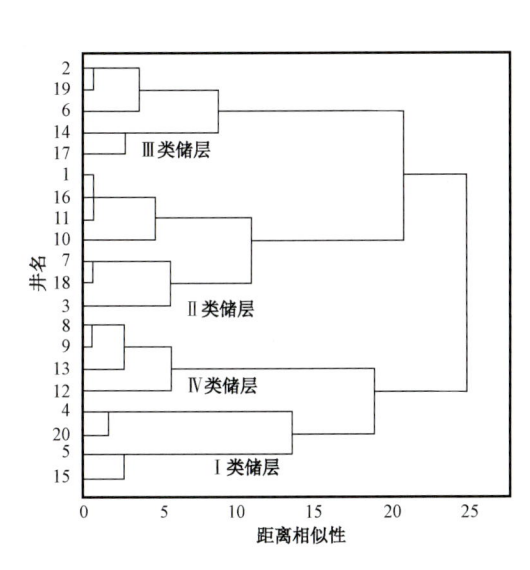

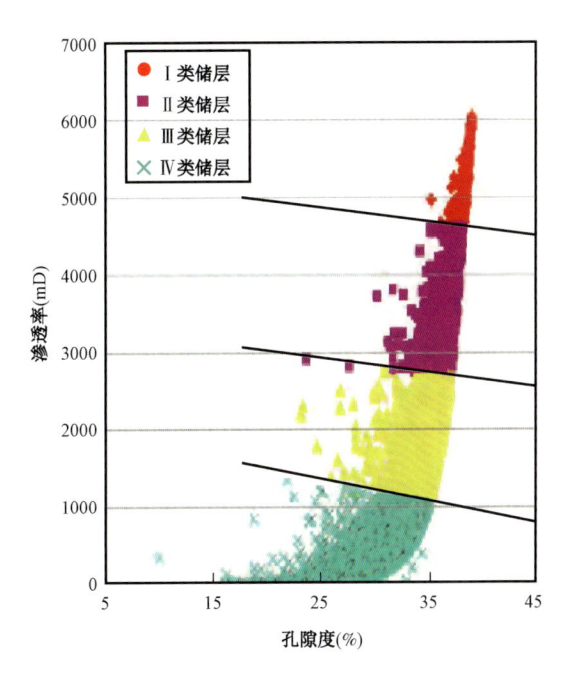

图1-7 聚类判别分析谱系(据唐俊等,2012)

图1-8 辽河盆地西部坳陷某试验区于楼油层各单层储层评价分类结果孔渗关系特征(据陈欢庆等,2015)

九、灰色关联分析法

灰色关联分析法是灰色系统理论的重要组成部分,是根据因素间时间序列曲线的相似程度来研究、分析事物之间关联性的一种方法。灰色关联分析的目的是寻求系统中各个因素的主要关系,找出影响目标值的重要因素,从而掌握事物的主要特征。其实质上是动态发展态势的量化分析比较,涉及母序列与子序列的选定,关联系数、关联度、权重系数和综合评价因子的计算等。

刘吉余等(2005)采用据储层综合定量评价方法及灰色关联分析法原理,研制了灰色关联分析法储层综合定量评价软件。选择大庆萨尔图油田北二区东部密井网试验区萨Ⅱ油层组和葡Ⅰ油层组为研究对象,进行沉积单元划分、对比、沉积微相及储层非均质性等项研究。在此基础上,选择评价参数齐全的沉积单元进行储层灰色关联分析法对大庆萨尔图油田北二区储层进行了综合评价,建立储层分类标准。从综合评价指标来看:大于0.7为Ⅰ类储层;0.55~0.7为Ⅱ类储层;0.4~0.55为Ⅲ类储层;小于0.4为Ⅳ类储层(表1-18)。夏学领等(2009)利用灰色系统理论关联分析法确定储层评价过程中的权系数,进而以葡北油田部分井为例,对储层进行了综合定量评价。涂乙等(2012)利用灰色关联度分析法对青东凹陷9口关键井、21个储层单元的物性参数定量评价,确定储层评价指标的权系数,进而对储层进行综合定量评价,避免了用单因素评价储层中出现评价结果相互矛盾、不唯一等问题,并且以储层砂层组为单元进行评价,使得评价结果更加精细,其储层分类结果与油田实际勘探开发方向一致,吻合度很高(表1-19)。宋土顺等(2012)运用灰色系统理论对储层进行综合评价,以延吉盆地大砬子组二段为例,在前人研究成果的基础上增加了胶结物质量分数和砂地比等参数,对储层进行综合定量评价。许宏龙等(2015)以双河油田438块核三段Ⅲ油组1小层为例,并选取与储层相关的孔隙度、渗透率、砂厚、砂地比、泥质含量及变异系数等6个评价指标,通过灰色关联分析法求得各个指标的权系数,得出研究区各个储层单元的综合评价因子。在此基础上,用拐点法确定储层评价的分类阀值,从而对双河油田438块核三段Ⅲ油组1小层储层进行综合定量评价研究(表1-20)。

表1-18 大庆萨尔图油田某区块储层综合定量评价分析标准(据刘吉余等,2004)

分类标准	灰色系统理论法	层次分析法	主成分分析法
Ⅰ类储层	>0.70	>0.60	>0.25
Ⅱ类储层	0.55~0.70	0.45~0.60	-0.05~0.25
Ⅲ类储层	0.40~0.55	0.30~0.45	-0.4~-0.05
Ⅳ类储层	<0.40	<0.30	<-0.4

表1-19 青东凹陷油田部分关键井沙三段、沙四段储层综合评价分类(据涂乙等,2012)

井号	层位	渗透率(mD)	孔隙度(%)	深度(m)	含水饱和度(%)	泥质含量(%)	粒径(mm)	变异系数	溶蚀作用(%)	分选系数	Q因子	储层分类
QD5-2	Es_3^x	0.10	0.59	0.47	0.01	0.55	0.26	0.42	0.15	0.43	0.36	Ⅲ
QD5-2	Es_4^{scs}	0.11	0.62	0.33	0.08	0.82	0.33	0.24	0.34	0.47	0.37	Ⅲ
QD5-7	Es_3^z	0.27	0.86	0.48	0.09	0.86	0.59	0.16	0.26	0.63	0.49	Ⅱ₂
QD5-7	Es_3^x	0.25	0.85	0.44	0.11	0.85	0.37	0.00	0.10	0.62	0.44	Ⅱ₂
QD8	Es_3^s	1.00	0.84	0.46	0.05	0.68	0.74	0.02	0.18	0.39	0.55	Ⅱ₁
QD8	Es_3^z	0.59	0.71	0.38	0.10	0.61	0.48	0.47	0.07	0.39	0.46	Ⅱ₂
QD8	Es_3^x	0.82	0.81	0.34	0.04	0.83	0.74	0.41	0.10	0.51	0.56	Ⅱ₁
QD8	Es_4^{scs}	0.24	0.70	0.27	0.78	0.19	0.23	0.22	0.07	0.31	Ⅲ
QD11	Es_3^x	0.21	0.73	0.35	0.15	0.71	0.96	0.36	0.44	0.37	0.46	Ⅱ₂
QD11	Es_4^{scs}	0.19	0.71	0.25	0.12	0.80	0.78	0.32	0.33	0.11	0.39	Ⅲ
QD11	Es_4^{scx}	0.01	0.39	0.14	0.06	0.52	0.19	0.38	0.50	0.30	Ⅲ
QD14	Es_3^s	0.10	0.19	0.34	0.00	0.63	0.10	0.01	0.44	0.24	Ⅳ
QD14	Es_3^z	0.28	0.85	0.25	0.11	0.82	0.00	0.23	0.00	0.53	0.36	Ⅲ
QD15	Es_3^x	0.78	0.78	0.39	0.06	0.86	0.81	0.68	0.35	0.43	0.59	Ⅱ₁
QD15	Es_4^{scs}	0.84	1.00	0.34	0.04	0.94	0.48	0.69	0.44	0.54	0.60	Ⅰ
QD17	Es_3^z	0.15	0.57	0.36	0.01	0.34	0.56	0.49	0.27	0.16	0.33	Ⅲ
QD17	Es_3^x	0.36	0.71	0.33	0.04	0.60	0.74	0.59	0.20	0.40	0.45	Ⅱ₂
QD17	Es_4^x	0.12	0.59	0.17	0.14	0.66	0.15	0.51	0.10	0.09	0.27	Ⅳ
L76	Es_3^z	0.27	0.67	0.25	0.01	0.62	0.37	0.32	0.34	0.56	0.38	Ⅲ
L76	Es_4^{scx}	0.07	0.50	0.00	0.03	0.43	0.52	0.17	0.18	0.00	0.19	Ⅳ
QD121	Es_3^x	0.42	0.71	0.14	0.06	0.77	0.74	0.53	0.11	0.70	0.47	Ⅱ₂
权重系数		0.1532	0.1088	0.0215	0.0092	0.1180	0.1134	0.0812	0.0169	0.1073		

表 1-20 双河油田 438 块 H₃Ⅲ-1 部分关键井储层综合评价分类(据许宏龙等,2015)

井号	层号	渗透率(D)	孔隙度(%)	变异系数	泥质含量(%)	砂地比	砂岩厚度(m)	REI	分类
438	H₃Ⅲ-1	0.1261	0.7867	0.24	0.24	1.0000	1.0000	0.4558	Ⅲ
447	H₃Ⅲ-1	0.3375	0.9699	0.33	0.40	1.8637	0.9222	0.5584	Ⅱ
450	H₃Ⅲ-1	0.1396	0.7679	0.84	0.81	0.9493	0.8667	0.6426	Ⅰ
466	H₃Ⅲ-1	0.1061	0.7335	0.03	0.50	0.9294	0.9444	0.4299	Ⅲ
2203	H₃Ⅲ-1	0.3269	0.8726	0.00	0.67	0.7808	0.8741	0.5088	Ⅱ
2209	H₃Ⅲ-1	0.0652	0.6649	0.54	0.36	0.7031	0.6963	0.4291	Ⅲ
3101	H₃Ⅲ-1	0.2569	0.8952	0.57	0.67	0.9404	0.9769	0.6290	Ⅰ
3103	H₃Ⅲ-1	0.0976	0.7060	0.33	0.50	0.9542	0.9111	0.4814	Ⅲ
3140	H₃Ⅲ-1	0.9999	1.0000	0.12	0.70	0.8736	0.8370	0.7504	Ⅰ
3201	H₃Ⅲ-1	0.1044	0.6846	0.49	0.69	0.8881	0.9741	0.5411	Ⅱ
3205	H₃Ⅲ-1	0.1369	0.7428	0.20	0.49	0.8630	0.8407	0.4524	Ⅱ
3240	H₃Ⅲ-1	0.3732	0.9055	0.50	0.00	0.9897	0.9259	0.5432	Ⅱ
4001	H₃Ⅲ-1	0.1281	0.6914	0.41	0.83	0.8531	0.9852	0.5520	Ⅱ
4005	H₃Ⅲ-1	0.1466	0.7162	0.22	0.72	0.9294	0.9444	0.5125	Ⅱ
T4006	H₃Ⅲ-1	0.2718	0.7829	0.41	0.41	0.8593	0.8704	0.5263	Ⅱ

用灰色关联分析法进行储层评价,可以综合考虑各个参与评价的参数,避免单一的、不精确的数字化处理,量化评价结果,提高储层综合评价的准确度,使结果更为科学、客观、合理,并且计算简单,所需数据量小,与油田实际生产数据一致,并且能有效解释同一优势相下储层产能存在差异性的问题。缺点是对储层成因影响因素缺乏系统深入的分析,在评价标准建立和指标权重确定时容易产生偏差,从而影响评价效果。

十、各种测井方法

测井技术作为评价和描述储层的一种十分有效的工具,在储层分类评价研究中一直发挥着十分重要的作用。对于碳酸盐岩缝洞型储层评价,FMI 测井、地层倾角测井等具有常规方法无法比拟的优势。韩晓渝等(1995)利用测井孔洞综合概率法对资阳地区震旦系白云岩储层进行了综合评价。李建林等(2008)通过分析其常规测井系列的特点,研究储层裂缝所对应的测井响应特征,应用 SPSS 统计软件对三种裂缝发育模式作多元判识,得到了三类裂缝的判别关系式,回判率达到 98%。杨斌等(2010)通过建立各类储层电性测井响应交会图版,首次归纳出各类储层的电性响应特征范围,综合运用神经网络参数解释模型、交会图版和电性响应特征标准表,对川东沙罐坪石炭系气藏储层各井进行处理识别,评价识别结果与产能测试结果有较好的吻合性(表 1-21)。张晓明(2012)通过对自然伽马能谱中铀曲线的分析,将玉北地区鹰山组划分为四个岩性段,通过成像测井资料和岩心分析资料,结合测试资料,对四个岩性段铀曲线特征及其储层发育特征进行了分析,初步建立了储层有效性判别方法,在玉北地区油气勘探中获得了良好效果。

表 1-21 三类储层的常规电性识别表(据杨斌等,2010)

储层类型		I 类储层	II 类储层	III 类储层
声波时差	(μs/ft)	(52.48~57.33)[54.1]	(48.07~52.98)[50.74]	(45.55~52.01)[49.23]
	(μs/m)	(172.13~188.04)[177.45]	(157.67~173.77)[166.43]	(149.40~170.59)[161.47]
补偿中子(%)		(8.69~11.15)[10.02]	(3.04~9.64)[5.59]	(2.09~6.74)[3.79]
深侧向电阻率(Ω·m)		(87.66~215.56)[122.04]	(189.66~493.74)[319.89]	(218.41~1609.27)[618.18]
自然伽马(API)		(10.63~34.56)[18.02]	(16.96~34.5)[25.59]	(15.52~45.55)[28.63]

注:表中数字表示为(最小值—最大值)[平均值]。

随着石油勘探的发展,国内外发现的火成岩油气藏愈来愈多。火成岩作为一种特殊的油藏类型,正在引起越来越大的关注。火成岩储层测井评价研究是继砂岩、碳酸盐岩等储层之后的测井储层评价的另一重要领域。十多年来,国内外火成岩储层测井评价已从交会图定性分析发展到用岩心分析资料建立裂缝性储层的测井解释模型,半定量、定量评价裂缝。成像测井和核磁测井的纵向、横向分辨率高,经过地质刻度,可以较精细地识别岩性和裂缝,在解释火成岩方面有良好的效果。陈钢花等(2001)在岩心观测的基础上,对胜利油田、长庆油田十几口井的地层剖面微电阻率扫描图像进行了精细解释,给出了火山角砾岩、凝灰岩及岩浆岩等岩性的测井响应特征和在 FMI(地层微电阻率扫描成像测井)图像上的识别模式。丁中一等(1998)以丘陵油田作为研究实例,提出了联合破裂值和能量值来定量预测裂缝发育的二元法,并对丘陵油田储层中构造裂缝的发育情况进行了数值模拟(表 1-22)。陈忠等从构造裂

表 1-22 二元法对各井段裂缝密度的预测值

井号	七克台组					三间房组					西山窑组				
	A (kg·cm)	I	β_o (条/m)	β (条/m)	$r(\%)$	A (kg·cm)	I	β_o (条/m)	β (条/m)	$r(\%)$	A (kg·cm)	I	β_o (条/m)	β (条/m)	$r(\%)$
L2	45	0.78	—	0.54	—	522	0.75	0.57	0.53	6.16	106	0.71	—	0.51	—
L3	4045	0.71	—	0.49	—	18493	0.78	—	0.55	—	5619	0.91	—	6.07	—
L4	1056	0.91	—	1.59	—	342	0.87	1.14	0.89	21.81	552	0.78	0.15	0.55	268.45
L5	49	0.87	0.49	0.60	23.24	142	0.73	0.49	0.52	6.35	22	0.75	1.93	0.58	70.13
L7	157	0.81	—	0.71	—	522	0.81	—	1.07	—	251	0.71	—	0.47	—
L8	359	0.80	—	0.91	—	6626	0.80	—	0.57	—	175	0.81	0.48	0.73	51.63
L9	1865	1.06	2.20	2.39	8.43	1373	1.10	2.20	1.90	13.49	140	1.07	—	0.69	—
L10	289	0.73	—	0.51	—	392	0.76	0.53	0.54	1.59	532	0.63	0.46	0.45	1.14
L11	387	0.74	—	0.56	—	5957	0.74	—	0.54	—	536	0.79	—	0.55	—
L12	196	0.88	—	0.75	—	191	0.85	—	0.74	—	206	0.58	—	0.42	—
L13	141	0.91	—	0.69	—	47	0.93	—	0.60	—	147	0.96	—	0.70	—
L14	36	0.71	—	0.50	—	50	0.71	—	0.50	—	10	0.53	—	0.38	—
L22	748	0.91	—	1.29	—	5299	0.91	5.73	5.76	0.46	1466	0.97	2.14	1.99	6.82
L23	506	0.87	—	1.05	—	1044	0.91	0.98	1.58	61.22	34	1.00	—	0.59	—
L24	1138	0.81	—	1.67	—	1852	0.77	—	0.55	—	555	0.72	0.51	0.51	0.19
L25	966	0.81	—	0.52	—	1508	0.82	1.84	2.04	10.63	860	0.71	—	0.45	—
L26	1533	0.70	—	0.50	—	3087	0.72	—	0.51	—	1505	0.75	—	0.51	—

缝形成的古构造应力场出发,根据弹性力学理论,利用有限元数值模拟法,研究了牛心坨油田储层裂缝方位及密度分布等。刘呈冰等(1999)系统地论述了全面评价低孔裂缝—孔洞型碳酸盐岩及火成岩储层的思路和方法。传统的根据双孔介质模型用中子孔隙度与声波孔隙度之差来计算裂缝孔隙度的方法当地层孔隙度较高且不含气时才较为合适,而双侧向电阻率测井方法不论是油层还是气层都正好突出了裂缝的作用(图1-9)。目前,根据不同的裂缝产状模型,建立深浅双侧向电阻率方程式及其变形计算裂缝孔隙度的算法被大多数人所采用,范宜仁(1999)、潘保芝(2003)、李善军(1996)、代诗华(1998)、邓攀(2002)等都曾用这种方法计算出了各自研究区块内的火成岩裂缝孔隙度,取得了较为满意的结果。

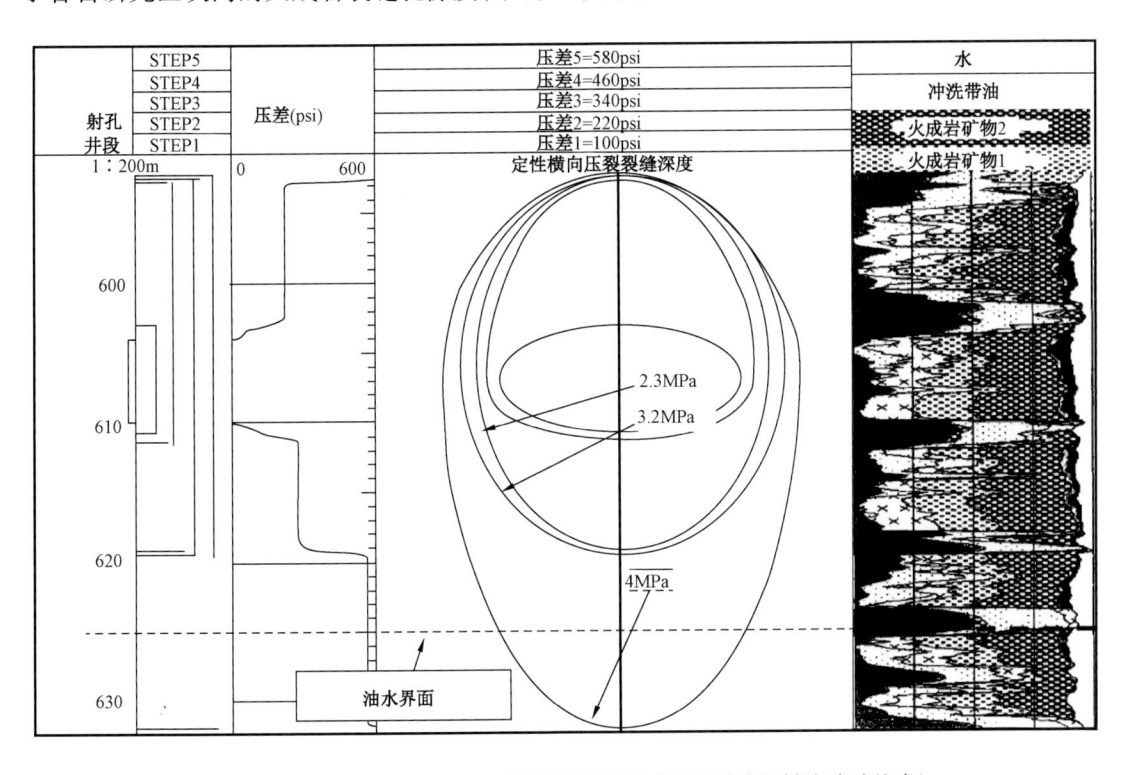

图1-9 用 IMPACT/FRACHT 预测压裂裂缝高度的实例(低孔碳酸盐岩)

此外,随着社会对油气资源需求量的不断增加,非常规油气藏的勘探和开发备受关注。致密砂岩储层在漫长的地质历史时期经历复杂的成岩和构造作用改造,现今一般表现为岩性致密、孔隙小、喉道细、孔喉连通性差且非均质性强的特征(曾联波等,2007a,2008a),而常规测井技术具有很大的局限性。为了解决这一问题,Kuuskraa 和 Campayna(1995)等用地下含气致密砂岩层中的黏土等系数与地层中含水电阻率之间关系来构建一种模型。通过这种模型的构建,有效地避免了地下砂岩透镜体的影响。因为这种沉积物形态的存在导致地下砂岩性质的各向异性特征,并且导致孔隙度变化剧烈,含水量不同,电阻率也不同。所以,建立的模型可以准确地判断这些砂岩透镜体的各种性质,将这种影响的不确定性降到最低。

Ding 等(2002)受到了地下致密含气砂岩油气藏构造的毛细管压力与 J 函数有一定关系的启迪,提出了所谓的 JMOD 解释模型。该方法可以有效地改进含气致密砂岩储层参数的计算精度,并计算出各种测井参数等有效信息。此外,核磁共振测井方法可以有效、精确地预判出井下岩石地层中的各种流体参数和体积,能够精确的预测出固态、液态、气态的不同地层变化。Abu-Shanab等(2005)将核磁共振测井(NMR)和密度测井(DEN)等经验应用到孔隙度各参数的确定中来。该方法可以有效地校正测井孔隙度参数的计算,大大提升了含气致密砂岩油气藏构造各参数计算的精确度。较之以前的方法,该方法由于考虑到了地下岩石中岩性的变化以及岩石中流体填充物的变化,因此地下岩石的地球物理性质各向异性的影响也较大。Abu-Shanab等成功地将该方法应用到实际生产中,该方法能够结合其他测井方法,并得到了较为理想的测井解释结果。

致密含气砂岩的评估需要多种参数共同参与。刘吉余等(2004)提出系统方法、重要组成和逐层分辨法对致密含气砂岩进行整体评价方式的改变,对致密含气砂岩的评估有着重要意义。杨正明(2006)通过各种试验方式,将新的有效地评估参数引进到新的评价系统中,确立了有效地评价体系。核磁共振测井方法可以有效、精确地预判出井下岩石地层中的各种流体参数和体积(表1-23)。孟祥水(2003)和周守信(2004)提出的新方法,能够精确的预测出固态、液态、气态的不同地层变化。如果单独通过整体参数或者单体静止参数进行归纳,会对致密含气砂岩的评估带来片面的效应。文龙等(2005)得出结论,如果将地层中的不同因素等加入评估系统中,则效果更佳精准。

表1-23　大庆外围低渗透油层储层评价结果(据杨正明等,2006)

油田	丰度 (10^4 t/km^2)	有效驱动因子	喉道半径 (μm)	有效厚度 (m)	启动压力梯度 (MPa/m)	可动流体比率 (%)	综合评价值
肇源	3.11	0.75	0.57	0.26	1.52	1.83	0.93
龙虎泡	0.53	0.89	0.29	0.83	0.99	1.52	0.98
肇州	0.98	0.90	0.71	0.69	1.66	1.94	1.23
永乐	0.76	1.13	1.00	0.91	1.81	2.08	1.46
升平	3.19	1.41	0.75	0.75	1.69	1.97	1.51
宁芳屯	1.74	1.63	1.01	0.62	1.82	2.09	1.55
头台	3.07	0.96	0.60	0.57	1.56	2.11	1.62
榆树林	2.10	1.82	1.09	1.02	1.90	2.18	1.78
尚家	3.93	2.97	2.01	1.27	2.66	2.67	2.57

致密含气砂岩的测井综合评价出现了更多的新方法新技术。赵俊峰等(2008)为有效识别和精确评价以"双孔介质"为特征的东濮凹陷三叠系致密砂岩裂缝性储层,通过对电成像测井资料的地质应用研究,完善了其在裂缝定性识别与定量评价、地层产状描述、井旁构造分析、地应力分析及岩性识别方面的应用。用岩心刻度电成像测井(EMI),再用电成像测井刻度常规测井,在地质条件及测试资料的约束下,总结出三叠系砂岩裂缝性储层的测井响应特征,进而形成了一套划分裂缝性储层的有效方法。据已测试的10口井分析,该评价方法的测井解释符合率达84.3%,提高了测井对三叠系裂缝性储层的识别能力(图1-10)。张松扬(2010)通过分析大牛地气田上古生界致密储层的"四性"关系,深化了对大牛地气田上古生界低孔隙度、低渗透率致密含气储层测井响应特征的认识,分类提取了测井特征参数,建立了适用于大牛地气田的测井识别与评价技术,提出了对储层进行产能预测评价的方法——测井参数优化合成法;利用孔隙度、有效储层厚度、密度、电阻率、泥质含量、声波时差和含气饱和度,分不同层组建立了无阻流量的合成系数公式以及无阻流量的估算公式(表1-24)。实际资料处理结果表明,预测产量与实际产量较吻合,为油气井后期测试投产提供了依据。

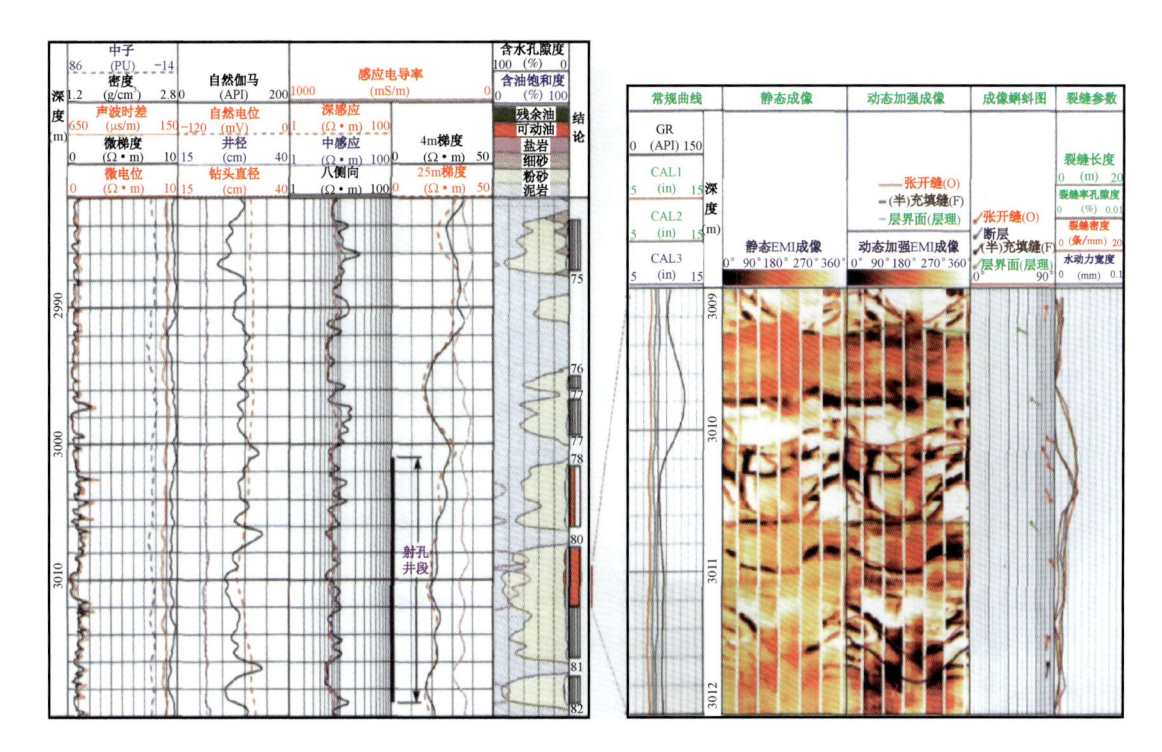

图1-10 卫77-3井三叠系含油层段测井综合评价(据赵俊峰等,2008)

表1-24 估算流量与测试流量效果分析(据张松扬,2010)

层位	井号	合成系数	$Q_T(10^{-4}m^3/d)$	$Q_E(10^{-4}m^3/d)$	$\Delta Q(10^{-4}m^3/d)$
盒三段和盒二段	XX3	1454.570	57.950	54.971	-2.979
	X4	634.234	20.300	20.796	0.496
	XXX3	370.882	11.546	9.825	-1.721
	XXXXX4	724.351	12.384	24.550	12.167
盒一段	X10	40.685	6.369	6.573	0.204
	X6	24.664	4.515	4.059	-0.456
	X22	10.534	2.710	1.841	-0.869
	X4	5.056	2.696	0.981	-1.715
山西组	X13	17.822	7.030	5.927	-1.103
	X10	20.800	6.369	7.022	0.653
	XX6	13.250	3.638	4.245	0.607
	X15	6.136	3.590	1.629	-1.960
太原组	XX7	33.091	10.910	10.565	-0.345
	X23	8.696	2.923	2.167	-0.756
	X25	9.719	2.560	2.519	-0.040
	X22	8.831	2.220	2.214	-0.006

韩成等(2012)基于吐哈盆地致密砂岩储层埋深大、物性差、非均质性强的特点,利用压汞、薄片和常规岩心分析等实验资料和各种测井信息相结合的方法,开展孔隙结构评价和储层分类,并且使用二维核磁共振MRF点测法识别流体性质,提高了致密砂岩储层油气、水判别的准确性和符合率。对于砂泥岩薄互层,由于其受围岩影响,自然伽马等曲线幅度变化小,常规

测井仪器难以得到地层的真电阻率值,使得测井解释中含油气薄层砂岩往往被漏掉。为了提取能够反映地层圆周平均电阻率的响应特征,刘春成等(2013)近年来通过技术攻关,形成了基于 OBMI 成像的砂泥岩薄互层有效厚度测井评价技术。首先对倾角测井曲线或成像测井图上的噪声脉冲进行过滤、校正,提取出电导或电阻异常,通过对比倾角测井曲线和背景曲线,去除非均质性影响;然后针对全井段或分层段对倾角测井或成像测井曲线进行相交组分提取,合成一条能够反映地层真实信息的高分辨率电阻率曲线(图1-11),其垂向分辨率比常规微电阻率测井高许多,可以进行薄互层分析及岩性相划分。

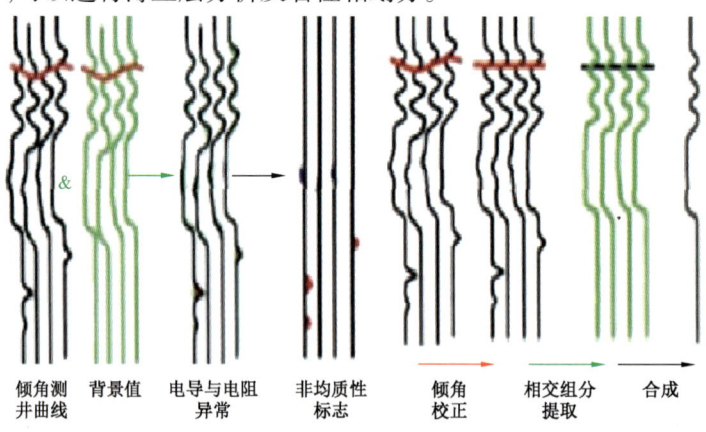

图 1-11　OBMI 微电阻率处理示意图

深水油气勘探开发钻遇越来越多未压实的浅部储层,在地层含气的情况下,传统的单极声波测井受气层、井况变化、测井操作过程及高温高压下仪器稳定性等因素的影响,往往在含气软地层不能准确测量到地层的纵波、横波信息。为此,刘春成等(2013)创新提出了含气超疏松浅层纵波提取技术,即以目前先进的阵列声波全波测井技术为背景,从岩石物理实验和井孔声场理论出发,首先利用频域相关法从频散模式波阵列波形中提取出相慢度频散曲线,再利用统计方法确定截止频率附近的相慢度就能够得到真正的地层时差。图 1-12 中黑圆点代表了模式波的相慢度频散曲线,图

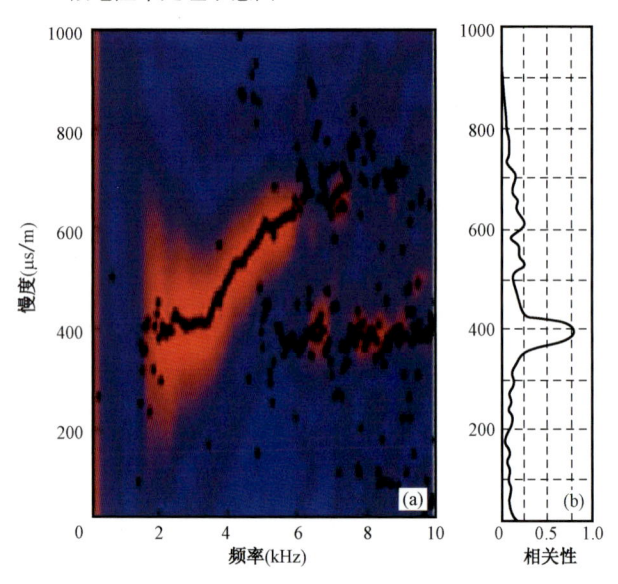

图 1-12　频散模式波相慢度频散曲线(a)及其频域相关统计图(b)

1-12b 中实线的极大值对应的时差即为截止频率附近的相慢度。对偶极弯曲波来讲,该时差为地层横波时差;对软地层泄露模式纵波来讲,该时差为地层纵波时差。应用表明,用该方法从软地层泄漏模式纵波提取的地层纵波时差消除了频散效应的影响。利用这项创新技术处理尼日利亚某浅部气层井段的现场声波测井资料,结果显示,非气层井段的两条纵波时差曲线基本重合,但在气层井段只有从偶极波形才能提取地层纵波时差,其变化趋势与横波时差基本一

致(图1-13)。与传统方法相对比,新方法得到的纵波时差的合成地震记录与地震剖面吻合得也更好(图1-14),充分验证了频散—慢度分析法在超疏松浅气层中提取的纵波时差准确、可靠。

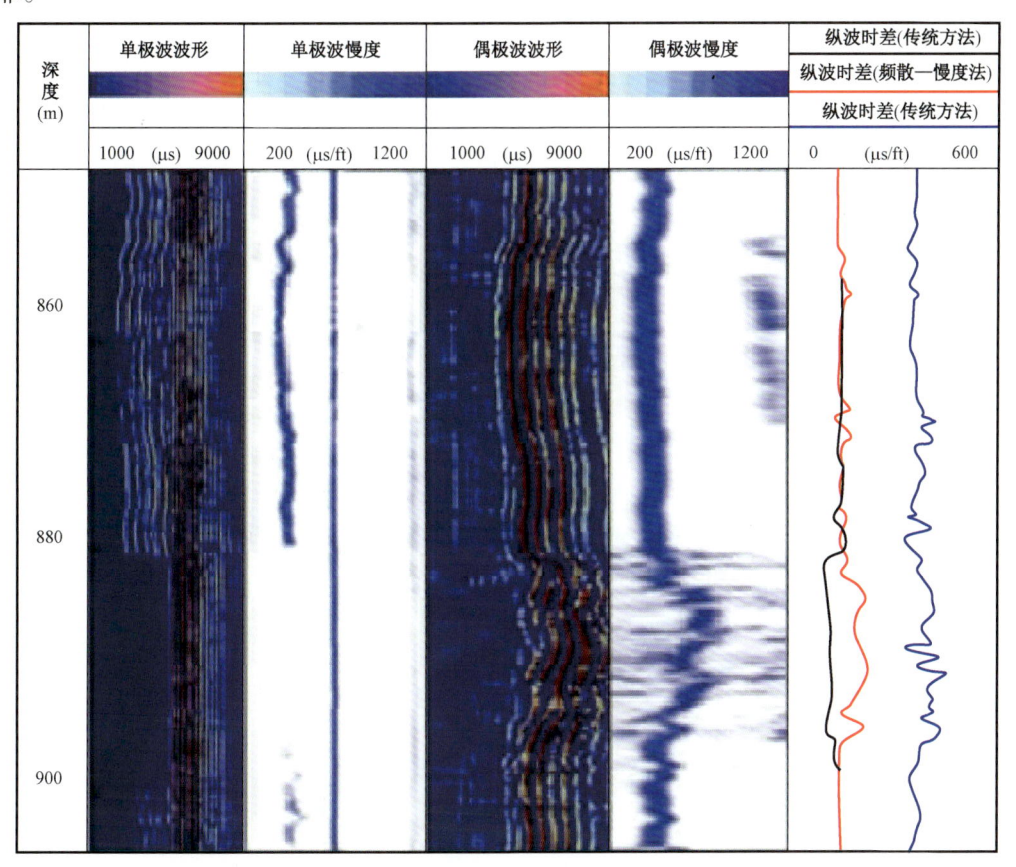

图1-13 尼日利亚超疏松浅气层多极子声波测井处理图(据刘春成等,2013)

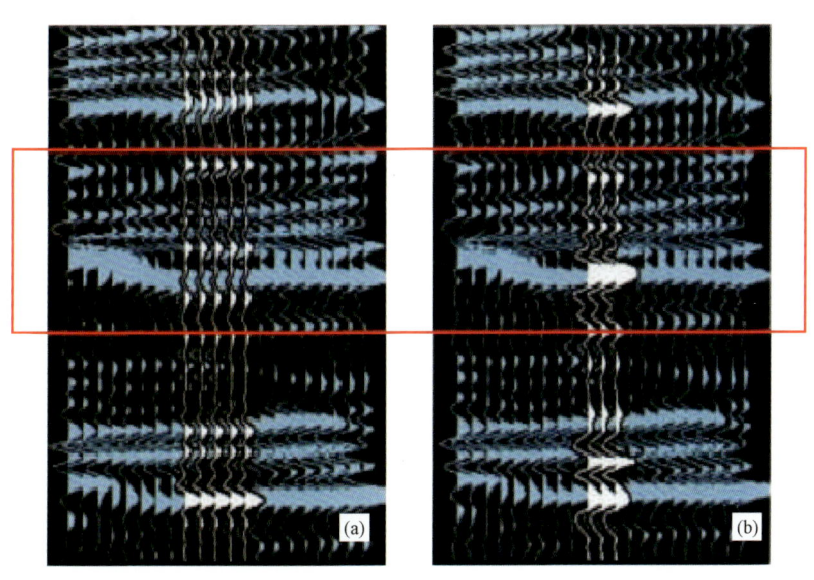

图1-14 传统方法(a)与新方法(b)提取的尼日利亚某井地层
纵波时差的合成记录对比图(据刘春成等,2013)

随着煤炭能源的日益枯竭及带来的环境问题,加之石油能源的储量又不充足的压力之下,对新能源的需求异常迫切的突显出来,而页岩气以其储量大、分布广等特点,逐渐成为其中的佼佼者,开发利用前景一片大好。受美国以及加拿大等国近几年在页岩气勘探、开采所取得成功的影响,使人们逐渐认识到页岩气开发研究的重要性(李亚男,2014)。页岩气储层评价主要为了求取储层孔隙度和含油气饱和度,为了进一步获得页岩气层中游离气含量的高低。其中孔隙度的测井评价在油气勘探中已经发展相当成熟,利用三孔隙度测井资料(中子测井、密度测井、声波测井)在砂岩储层、石灰岩储层、火山岩储层都有丰富的研究。页岩中的孔隙度(GRI法)与声波时差、密度之间成良好线性关系;在新技术方法以及国外的新仪器,如核磁共振测井仪,其精度目前还不能测量到有机质内部孔隙,斯伦贝谢最新仪器元素扫描测井(Litho-scaner)可以直接测量到碳元素的含量,对于烃源岩和页岩气评价将发挥积极作用,但是成本较高,与页岩气大规模、低成本的要求相悖的。自从著名的阿尔奇公式建立以来,含气饱和度的评价又发展出 W-S 模型、西门杜公式等。对不同孔隙结构类型应用多种饱和度评价方法。对于泥页岩储层一般认为井筒周围不存在冲洗带,而针对泥页岩导电能力的研究,Sneider 等(1987)认为地层中黏土矿物表面的附加导电与地层水矿化度共同影响泥页岩的导电能力,并随矿化度的不同,黏土的附加导电的能力也不一样,致使阿尔奇公式在泥质砂岩中不适用。而页岩气吸附气含量的测井评价方法研究较少,Rick Lewis 等(2004)发表斯伦贝谢页岩气测井评价方法中指出,其吸附气含气计算同样依据 Langmuir 方程。S.L(1999)评价 Paris 盆地时利用煤层进行试验获得参数。中国吉利明等(2012)对有机质和不同类型黏土的吸附性开展了大量实验工作,为页岩气吸附含量评价提供参考数据(图1-15);王祥等(2010)在开展页岩等温吸附实验中发现黏土矿物在其中参与吸附。Kearey 和 Brooks 等(1991)还利用成像测井识别页岩的沉积层理发育规律。

各种测井方法在储层评价研究中已经得到了广泛应用,该方法的优点是资料容易获取,评价结果体现定量化,可以批量处理数据,同时可以与其他方法紧密结合,扬长避短。当然该方法也存在一些缺陷,例如受测井仪器和解释人员经验的影响,评价结果可能与地质实际存在一定偏差,同时受成本和地质条件的限制,一些测井方法的应用和推广受到限制(表1-25)。

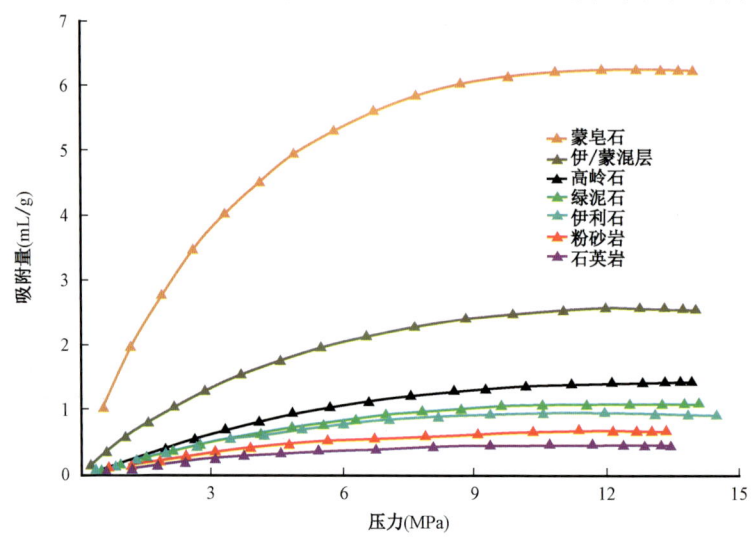

图1-15 各种实验样品65℃甲烷等温吸附曲线(据吉利明等,2012)

表 1−25 常见储层评价方法一览表

储层评价方法名称	基本原理	适用性	优点	缺点
地质经验法	根据地质经验,选择岩性、物性等参数对储层进行综合分类评价	应用于研究较成熟的老区	具有深入的地质成因分析基础,在本地区适用性强	定量的分析计算不足,评价方法和标准较难推广
权重分析法	将研究对象全部原始变量的有关信息进行集中分析,确定不同因子的权重,确定相应的评价标准	研究区基础资料较丰富,研究者经验丰富	定性化地质研究与定量化计算统计研究相结合	不同研究者确定的权重数差异大
层次分析法	应用简单的数学工具结合运筹思想将复杂的问题分解为各个组成因素,并按支配关系分组形成层次结构,通过综合各因素之间的相互影响关系及其在系统中的作用来确定各因素的相对重要性	对储层性质主控因素具有明确认识的区域	将复杂的问题简单化	层次划分具有较大的随意性,其合理性不便验证
模糊数学法	引用隶属函数的概念建立数学体系,用[0,1]区间内的任意值来描述一个对象是否属于该集合,以此实现储层的分类和评价	资料丰富的地区,研究者数理基础扎实,效果好	可以克服常规含油气性及其优劣程度评价过程中的许多不确定因素带来的诸多不便,更客观评价储层	地质因素模糊体系建立过程受多种因素影响,不确定性很强,一定程度上影响到储层评价结果的准确性
人工神经网络法	主要利用已知的学习样本集,用误差反向传播算法进行训练并建成网络,实现对储层描述和评价的目标	对储层的基本性质有一定程度的认识,具有一定研究基础的地区	计算更省时、更客观、更准确	在神经网络的建模和预测时以已知的先验知识为条件,因此具有一定的局限性
分形几何法	用分数维度的视角和数学方法描述和研究客观事物,也就是用分形分维的数学工具来描述研究客观事物	研究者具备一定的计算机技术和数学基础	可以定量评价储层分布规律和非均质性	要求研究对象具有自相似生和自反演性
变差函数法	通过变程、块金常数、基台值等参数以及变差图刻画区域变量的性质	储层沉积微相类型简单、规模稳定、变化小的区域	将地质统计学方法应用至储层评价研究中,通过统计不同性质储层发育规模和规律的统计,借助变差函数工具实现未知区域的储层评价和预测	研究结果受样本代表性的影响较大,具有一定的局限性
聚类分析法	按照客体在性质上或成因上的亲疏关系,对客体进行定量分析的一种多元统计分析方法	井资料丰富、储层非均质性强,空间差异大,裂缝不发育的区域	将地质成因定性分析和聚类算法定量分类紧密结合	需要在分类过程中不断调整参数选择、不同参数的权重以及聚类算法,工作量较大
灰色关联分析法	根据因素间时间序列曲线的相似程度来研究、分析事物之间关联性的一种方法	储层性质控制因素以一种或两种为主,较简单	将复杂的储层评价过程转化为系统的数学运算过程,增强了储层评价研究的定量研究精度	对储层成因影响因素缺乏系统深入的分析,在评价标准建立和指标权重确定时容易产生偏差,影响评价效果

续表

储层评价方法名称	基本原理	适用性	优点	缺点
各种测井方法	利用储层的岩电关系、声波、核磁等性质,刻画储层性质的优劣,实现储层分类与评价	测井资料丰富、测井系列齐全、测井物性解释符合率高的区域	资料容易获取,评价结果体现定量化,可以批量处理数据,同时可以与其他方法紧密结合,扬长避短	受测井仪器和解释人员经验的影响,评价结果可能与地质实际存在一定偏差,同时受成本和地质条件的限制,一些测井方法的应用和推广受到限制
各种地震方法	利用储层岩性、孔渗以及含流体性质地震的反射特征来表征和预测储层,刻画储层物性及含油性的状况,实现储层分类评价	地震资料品质好、井震标定较准确的区域	可以通过储层预测刻画不同性质的储层在空间发育的宏观规律	地震资料在应用时必须用井资料标定,而且受技术本身分辨率的局限,目前在砂泥岩薄互层储层评价方面还存在诸多问题

第三节 发展趋势

综合分析前人对储层评价研究的工作,结合自身科研实践,笔者总结认为,储层评价研究的发展趋势主要包括以下几个方面。

一、储层评价研究资料更加丰富,储层综合评价成为趋势

朱宝峰等(2009)基于塔中地区碳酸盐岩储层 29 井层典型试井资料,结合物探资料与措施效果统计规律,评估了井眼与储集体相对空间位置,将试井曲线类型与地震反射现象相结合,有效评价了储层发育程度和发育规模,为储层改造提供了科学的决策依据,提高了储层改造的有效率,取得了很好的地质效果;贾培锋等(2015)通过对大庆油田和长庆油田典型致密油储层岩心进行实验研究,运用统计学方法和数值模拟方法,优选了平均喉道半径、可动流体百分数、脆性指数、地层压力系数、启动压力梯度、原油黏度 6 个参数用于致密储层评价,提出了致密油储层综合分类评价方法,将致密储层按综合分类系数分为 4 类(表 1-26);叶礼友等(2012)根据四川盆地川中地区上三叠统须家河组低渗透砂岩含水气藏储层、渗流及开发的

表 1-26 大庆油田龙西区块综合评价结果(据贾培锋等,2015)

区块	油层	平均喉道半径(μm)	可动流体百分数(%)	启动压力梯度(MPa/m)	地层压力系数	脆性指数(%)	原油黏度(mPa·s)	综合评价系数	评价类别
龙西	扶余	1.65	45.28	0.12	1.25	44.50	3.22	6.18	Ⅱ类
	高台子	1.49	36.04	0.15	1.16	50.06	2.30	5.98	Ⅱ类
州 602-4	扶余	0.27	46.40	0.32	1.27	44.50	7.62	2.56	Ⅲ类
齐平 2	高台子	0.34	39.03	0.31	1.12	50.06	1.45	4.30	Ⅲ类
红河	长 9	1.95	31.42	0.10	0.77	37.04	3.73	5.31	Ⅱ类
	长 8	0.84	28.24	0.19	0.76	36.48	3.20	3.88	Ⅲ类
吴仓堡	长 9	0.66	59.93	0.15	0.78	37.04	1.93	5.17	Ⅱ类

静、动态特征,构建了渗透率、孔隙度、含气饱和度、有效储层厚度、主流喉道半径、阈压梯度和可动水饱和度的储层分类评价7参数体系,建立了相应的储层综合分类评价方法,并且对18口气井井控储层进行了分类评价,新的储层分类评价方法准确度达到90%,比常规评价方法提高了40%。

二、储层评价的方法向定量化方向发展

过去,中国储层分类评价主要采用定性分类评价方法。Robinson(1996)根据岩石储集性(包括孔隙度、渗透率和孔喉分布)、表面结构以及毛细管压力特征(选择排驱压力、最小非饱和的孔隙体积以及C系数三个参数)将砂岩储层分为轻度交代的砂岩、受压实交代的砂岩、受孔隙充填所交代的砂岩、高度交代的砂岩四类;王允诚(1980)根据孔隙类型和毛细管压力特征将中国一些主要砂岩储集岩的油气层归纳为好到非常好的储集岩、中等储集岩、差的储集岩、非储集岩四类;纪友亮(1996)根据砂岩的孔喉结构、岩石类型、有效厚度、含油性和产能,以中国东部中新生代断陷湖盆能够获得工业油气流的储层的有效孔隙度下限为12%、渗透率下限为最低可达1mD、与此对应的喉道半径中值为0.5μm,有效孔喉半径约为1.0μm为基础,将砂岩储层分为常规储层和非常规储层。

周丽梅等(1999)主要选取了孔隙度、渗透率、排驱压力、饱和度中值压力、主要流动喉道半径平均值、退出效率等7项参数进行Q型聚类分析,结合储层其他特征将大丘构造S组储层分为高孔高渗中—粗喉道平直—较平直的好储层、高孔中渗中喉道较弯曲的较好储层、中孔中低渗中—细喉道弯曲型中等储层、中低孔低渗细喉道弯曲—极弯曲差储层四个等级(表1-27)。

表1-27 大丘构造S组储层分级评价表(据周丽梅等,1999)

级别	主要岩性	孔喉主要分布区间	喉道类型	ϕ(%)	K(mD)	P_{c10}(MPa)	P_{c50}(MPa)	S_p	W_e(%)	R_z(μm)	评价
一级	中粗砂岩	2.345~37.500	平直—较平直	>19	>30	<0.3	<1.5	3.1~3.7	>40	10~20	好
二级	细中砂岩	1.170~37.500	较弯曲	15~20	10~35	0.2~0.5	0.8~2.5	2.9~3.5	27~40	8~12	较好
三级	细砂岩	1.172~4.680	弯曲	10~17	5~20	0.3~0.7	1.5~5	2.5~3	22~34	4~9	中等
四级	粉砂岩	<1	极弯曲	<10	<8	>0.7	>5	<2.5	<30	<4	差

李耀华(2000)根据储层岩性、物性、储集空间类型、毛细管压力曲线及孔喉特征将准噶尔盆地南缘储层划分为中高孔渗型储层、中低孔渗型、低孔低渗型三种类型;王振奇等(2001)综合考虑储层宏观储集物性特征参数(孔隙度和渗透率),微观孔隙结构特征参数(压汞参数、铸体薄片图像分析参数)及储层岩石学特征参数,将安棚深层系砂岩储层划分为Ⅰ类较好储层、Ⅱ类较差储层、Ⅲ类非有效储层(表1-28)。

随着研究的进一步深入,学者们逐渐提出储层半定量化—定量化评价方法。裘怿楠等(1994)根据专家系统并应用数学地质方法确定了权系数,提出了储层定量综合分类评价方法;张琴等(2008)采用"主因素"定量评价方法对东营凹陷古近系沙河街组碎屑岩储层质量进行了评价,首先选取储集性能参数:孔隙度、渗透率、颗粒分选性、泥质含量、粒径、埋藏压实程

度、溶蚀作用及胶结作用强度等参数作为储层质量评价参数,按灰色关联分析法计算其他子因素相对于母因素——孔隙度的权重系数,然后采用极大值标准化法计算各评价参数的单项分数,求取储层质量综合评价因子 Q;宋子齐等(2011)针对陕北斜坡中部特低渗透储层长 6_1 小层样品,分别利用压实损失孔隙度、胶结损失孔隙度、溶蚀增加孔隙度、孔隙度、渗透率及面孔率等特征性参数,通过灰色理论集成,进行被评价参数与评价指标的矩阵分析、标准化(图 1-16)。

表 1-28 安棚深层系砂岩储层分类评价表(据王振奇等,2001)

参数		Ⅰ类	Ⅱ类	Ⅲ类
孔隙度(%)		9.6~13.1 (10.68)	3.2~11.1 (7.17)	0.5~7.1 (3.45)
渗透率(mD)		13~85 (35.25)	0.28~6.8 (1.61)	0.02~1.73 (0.14)
排驱压力(MPa)		0.04~0.1 (0.078)	0.25~0.97 (0.52)	0.5~20
中值毛细管压力(MPa)		0.12~0.29 (0.21)	0.70~4.39 (1.62)	2.0~∞ (>7.03)
最小非饱和孔隙体积(%)		5.76~6.39 (5.98)	1.6~38.5 (15.44)	0.93~86.31 (30.97)
不同大小喉道所控制的孔隙体积百分数	<0.1μm	2.96~6.05 (4.48)	4.43~18.32 (9.61)	3.87~88.66 (34.1)
	0.1~1μm	15.52~27.69 (22.75)	38.07~82.48 (64.63)	0.01~80.91 (32.6)
	1~10μm	58.75~71.82 (64.81)	0~32.32 (8.85)	0~5.81 (1.03)
	>10μm	1.4~3.31 (1.99)	0~4.35 (1.47)	0~8.12 (1.32)
面孔率(%)		10.64	2.05~4.89 (3.68)	0.03~3.97 (1.21)
平均孔宽(μm)		87.67	43.02~124.01 (77.68)	16.87~71.94 (35.56)
喉道类型		片状、弯片状	片状、管束状	管束状
孔隙组合类型		次生溶孔型,残余粒间孔型	次生溶孔与微孔复合型	微孔型
沉积微相		水道、河口坝主体	水道、河口坝侧缘、前缘席状砂	水道间

注:括号内为平均值。

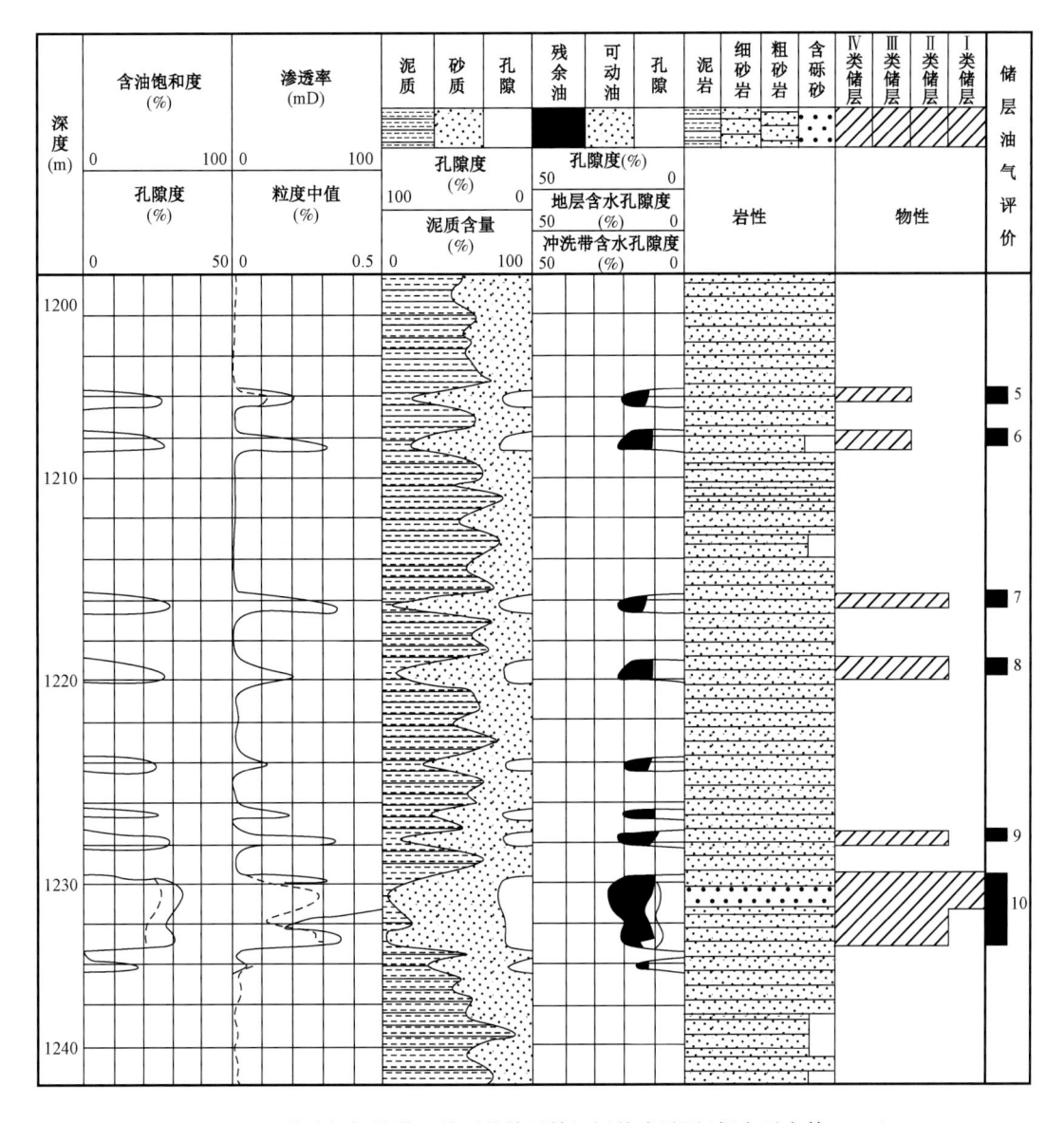

图 1-16 洪浩尔舒特洪 6 井测井储层精细评价成果图(据宋子齐等,2011)

三、数学方法的应用

综合成岩过程中参数演化定量分析的多种信息,筛选出Ⅰ类、Ⅱ类成岩储集相"甜点";何琰(2011)基于以往的评价方法存在多解性及相互矛盾等问题,提出了模糊综合评判与层次分析相结合的储层定量评价方法,并建立了定量评价模型。将该方法运用于包界地区须家河组储层的定量评价,选取储层的平均孔隙度、平均渗透率、有效厚度、砂地比、泥质含量建立评价集,确定了参数分类的隶属函数及隶属度,并尝试应用层次分析法确定了参数的权重。通过试采资料检验,该方法的评价结果与试采结果吻合程度很高(表 1-29)。

景成等(2014)基于 SULG 东区致密气藏下石盒子组盒 8 段上部成岩储集相特征研究,通过岩心鉴定不同类别成岩储集相的测井响应特征及其参数敏感性的综合评价分析结果,建立了成岩储集相测井多参数定量分类综合评价指标体系,利用灰色理论集成及相关分析技术,实现了利用测井资料定量综合评价划分致密气藏成岩储集相及其优质储层"甜点"(图1-17)。

表1-29 包界地区须家河组测试层段储层类型(据何琰,2011)

井号	试油层位	试油井段(m)	产油量	产气量	产水量	储层类型
包24	须二段	1756~1766		63800		Ⅰ
包27	须二段	1684~1702	0.58	16500	18.8	Ⅱ
	须四段	1564~1610		700		Ⅳ
包36	须二段	2286~2314	0.20	10500	12.0	Ⅱ
	须四段	2116~2152		微量		Ⅳ
包浅001-16	须二段	1838~1890		微量	15.3	Ⅲ
	须四段	1697~1781		微量	12.6	Ⅳ
	须六段	1584~1598		12500		Ⅲ
足2	须四段			3600		Ⅲ

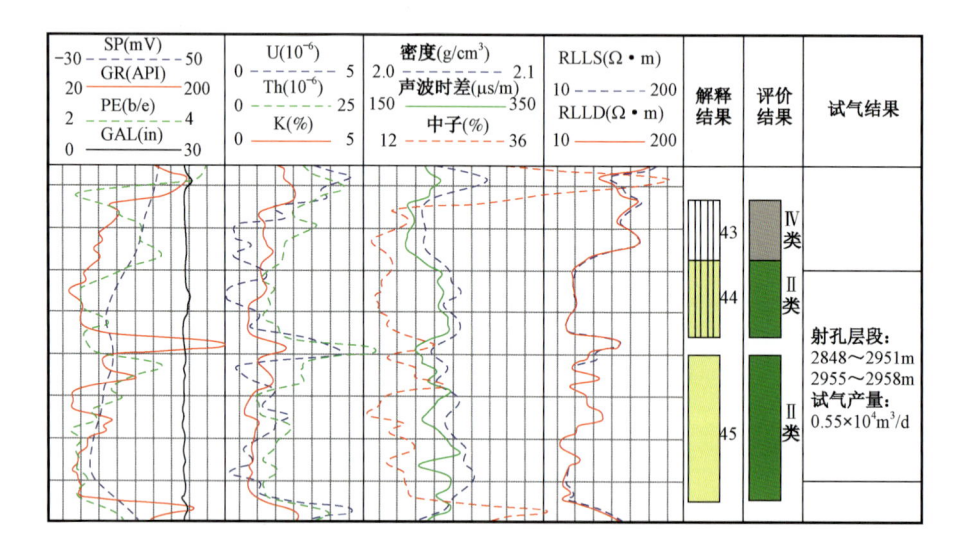

图1-17 Z65井盒8段上部致密气藏储层成岩储集相测井多参数综合评价成果(据景成等,2014)

四、地质成因分析逐渐引起不同研究者的注意

该项研究一方面使得储层评价的选择更科学、更具代表性,另一方面使得评价方法的选择和评价结果更加合理,更符合地下地质实际。高峰等(2013)在分析了准噶尔盆地白家海凸起西山窑组一段低渗储层主要受两大方面地质作用的控制的地质成因基础上(一为砂岩自身的物质特征,储层碎屑颗粒细、塑性岩屑含量多、高岭石孔隙—接触式胶结;二为成煤环境)认为:塑性颗粒含量决定了储层物性,而水动力条件控制了塑性颗粒的含量,西山窑组一段沉积时地形平缓部分的各类水道(主河道和水下分流河道)水动力较强,塑性颗粒含量少,定为Ⅰ类储层;形成于地形略有转折部位的河口坝,沉积速率大于河道,导致塑性颗粒含量较河道多,储层物性较河道差,定为Ⅱ类优质储层。吴健等(2015)针对北部湾盆地高放射性储层,先分析地层具有高放射性的主要原因是富含钾长石,结合区域构造和沉积特征,进一步指出这是近物源、短距离搬运和快速沉积的结果,针对高放射性储层的测井响应特征,根据电阻率、孔隙度

曲线以及录井资料对其进行综合识别,采用多矿物最优化模型与中子—密度交会相结合的方法,计算出地层的泥质含量和孔隙度;也可得到地层中主要矿物组分的体积含量(图 1-18 和图 1-19)。

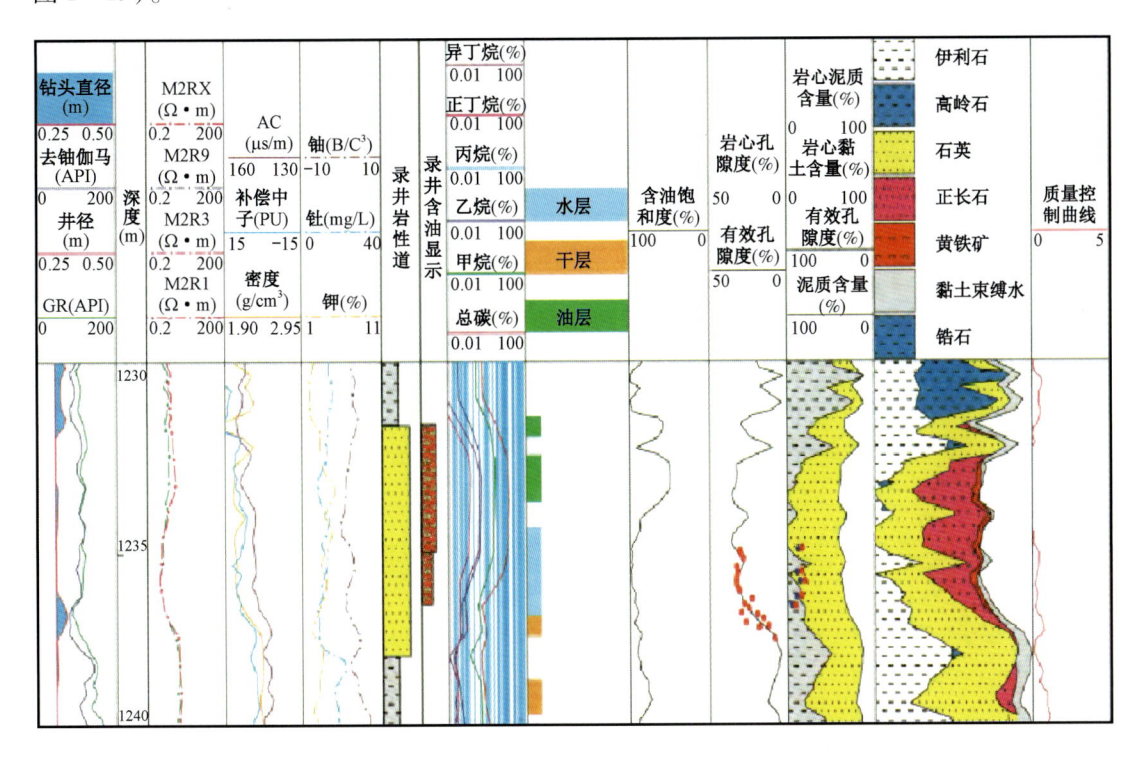

图 1-18　井高放射性储层测井综合解释成果(据吴健等,2015)

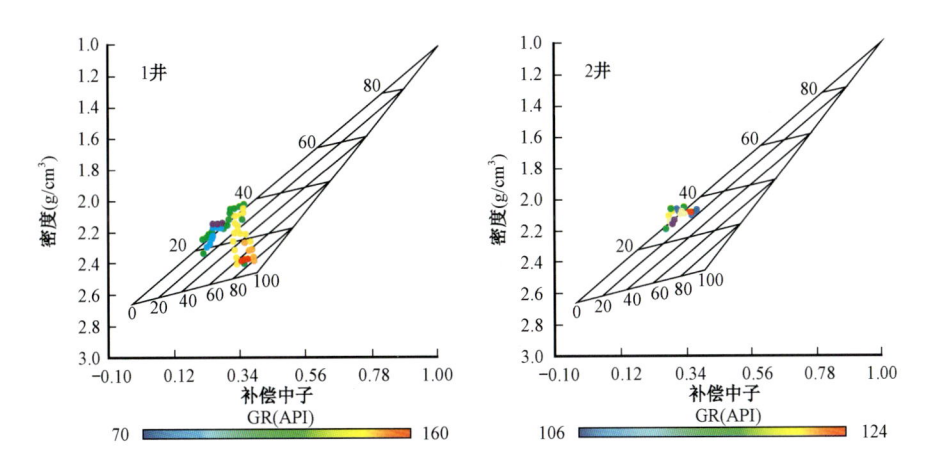

图 1-19　利用中子—密度交会法确定地层泥质含量和孔隙度(据吴健等,2015)

五、储层评价研究向精细化方向发展

研究内容不仅仅局限于储层整体性质的评价,储层非均质性、储层孔隙结构等储层属性评价逐渐引起了更多研究者的关注。通过多学科信息进行孔隙结构评价是目前的主要研究方法。Dubost 等(2004)利用岩心分析测试和储层描述的方法对储层渗透率的非均质性进行了评价,同时对评价结果进行了数值模拟和生产历史拟合;刘忠群等(2001)根据薄片、孔渗、压

— 31 —

汞结合数理统计分析了孔隙结构与物性、产能的关系,并将大牛地气田山西组储层孔隙结构分成三类(表1-30);林景晔(2004)提出了峰点孔喉半径的概念并研究了齐家—古龙凹陷的孔隙结构;胡勇等(2007)利用CT、压汞、核磁和薄片进行了火山岩孔隙结构分类,将储层分为孔隙型、裂缝型和致密型三种,研究了不同类型的气—水渗流特征(表1-31);关利群等(2010)根据铸体薄片和压汞资料研究了安塞油田的孔隙结构类型,将孔隙分为原生粒间孔隙、溶蚀粒内孔隙、微孔隙和微裂隙;李潮流等(2010)构造了一个由孔隙度、最大连通孔隙半径、分选系数组合而成的孔隙结构综合评价指数;周勇等(2011)将露头、岩心与薄片、电镜、X射线衍射等相结合分析了莱阳凹陷下白垩统莱阳储层的孔隙结构。

表1-30 大牛地气田山西组储层分类评价表(据刘忠群等,2001)

类别	ϕ(%)	K(mD)	p_d(MPa)	R_m(μm)	$p_{c_{50}}$(MPa)	主要岩性	评价
Ⅰ	>9	1~7	0.15~0.35	0.4~0.8	3~10	粗粒岩屑石英砂岩	好
Ⅱ	5~9	0.9~2.5	0.15~0.35	0.4~0.7	3.5~9	粗粒岩屑石英砂岩、岩屑砂岩	中
Ⅲ	<5	0.1~1	0.35~0.65	0.1~0.4	15~48	中粒—粗粒岩屑砂岩	差

表1-31 不同孔隙类型大庆火山岩残余水饱和度(据胡勇等,2007)

取值	孔隙型			裂缝型		
	孔隙度(%)	渗透率(mD)	残余水饱和度(%)	孔隙度(%)	渗透率(%)	残余水饱和度(%)
最大值	26.5	34.4000	54.0	15.9	0.270	88.8
最小值	8.9	0.0074	38.7	6.5	0.039	56.5
平均值	17.1	5.7000	47.8	12.3	0.150	67.6

六、非常规储层评价研究成为储层评价研究的热点领域

Aghighi等研究了致密砂岩气储层横向渗透率各向异性对水力压裂缝和重复水力压裂缝评价和设计的影响。张松扬(2010)针对大牛地气田低渗、低孔致密岩性气藏,建立了一套适用的测井识别与评价技术;韩成等(2012)针对吐哈盆地致密砂岩储层埋深大、物性差、非均质性强的特点,利用二维核磁共振MRF点测法识别流体性质,提高了致密砂岩储层油、气、水判别的准确性和符合率;宋子齐等(1997)通过确定特低渗透储层有效厚度下限,将地层电阻率作为地质背景条件,分析岩性和电性特征及其相应的统计标准,充分利用测井资料分析、识别影响特低渗透储层参数变化特征及有效油气成分;齐宝权等(2011)利用电成像测井资料对不同地质特征的拾取、裂缝的有效性评价、地应力的分析,经过对Wx井页岩气储层部分物性参数的初步处理,有针对性地选取测井项目,探索出了对页岩气的测井解释模式(图1-20);郭少斌(2013)等以中国上扬子古生界7口页岩气井岩心样品测试数据为基础,首先从总含气量入手,讨论储层含气性影响因素,进而运用灰色关联理论,进行储层评价,同时参考前人成果和经验数据,提出了储层评价方案和储层空间图像特征(图1-21);赵佳楠等(2013)以松辽盆地南部为研究区,以白垩系青山口组为研究目的层,采用烃源岩质量、储层特征和资源潜力分析的"三位一体"页岩气储层综合评价方法,分析青山口组页岩气形成条件,评价青山口组的有机质丰度、储层特征和产能。

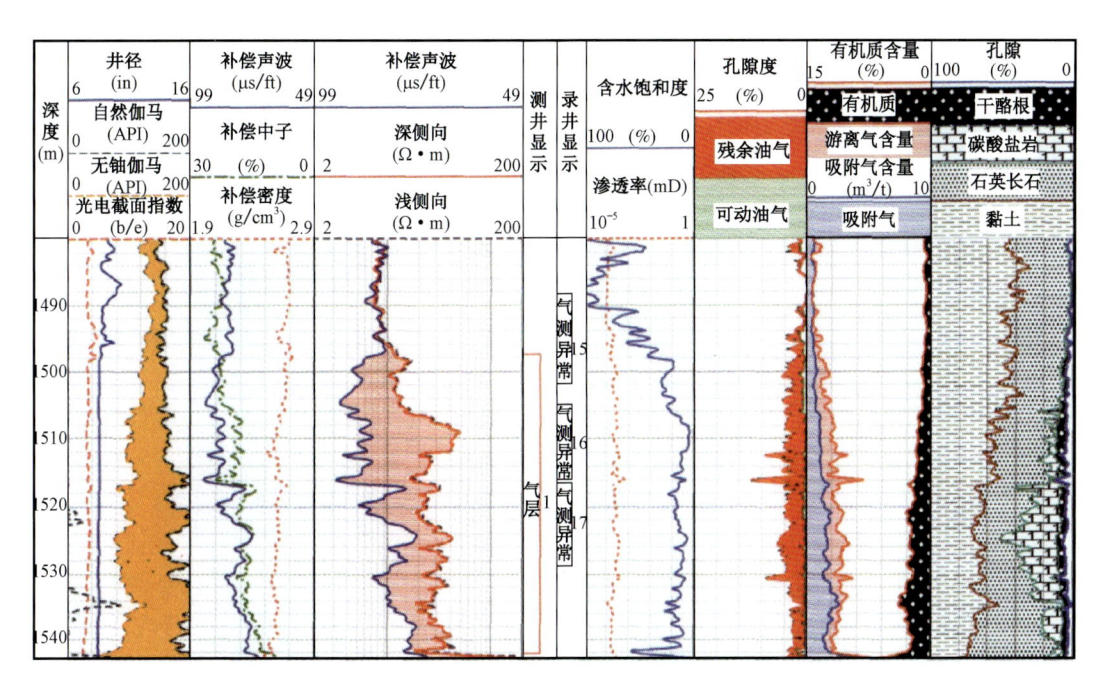

图 1-20 WX 井某层段储层参数处理成果图(据齐宝权等,2011)

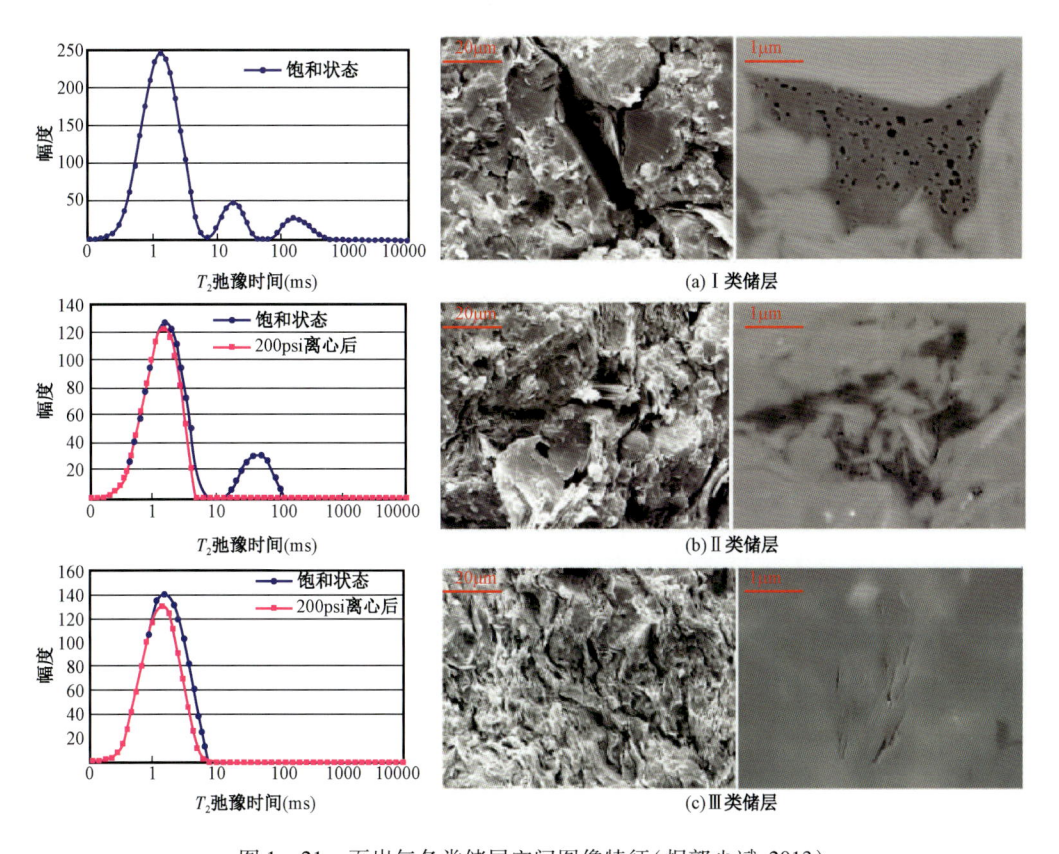

图 1-21 页岩气各类储层空间图像特征(据郭少斌,2013)

七、储层评价研究的新方法和新技术不断出现

例如,岩心 CT 扫描成像技术、核磁共振技术和恒速压汞分析测试技术等使得储层评价研究向微观和定量化有了很大进步(陈欢庆等,2013)。例如何雨丹等(2005)对核磁共振 T_2 谱分布评价岩石孔径分布的方法进行了改进;邵维志等(2009)研究了核磁共振测井在储层孔隙结构评价中的应用。通过大量的实验室核磁共振谱和压汞曲线的对比分析,提出了利用二维分段等面积法计算 T_2 谱与压汞曲线之间刻度转换系数和横向刻度系数,以及大、小孔径的纵向刻度系数,使计算得到的伪毛细管压力曲线与实验室压汞测量的毛细管压力曲线的一致性得以大大提高(图 1-22);林玉保等(2008)利用恒速压汞和恒压压汞法对喇嘛甸油田高含水后期储层孔隙结构特征进行了研究,两种方法均表明岩样在长期水驱后孔喉增大,大孔喉是流体渗流的主要通道(图 1-23)。此外,由于页岩气储层岩性复杂、物性差、非均质性强,利用常规测井方法很难完成对页岩气储层的定量解释,因而国外的测井公司通常使用一些新的测井方法来开展对页岩气储层的评价工作。如利用 ECS 测井通过确定储层中硅、钙、硫、铁、钛、氯、钆、钡和氢的含量定量评价储层中的矿物组分;利用 FMI 测井来完成对页岩气储层裂缝的识别、描述以及对裂缝孔隙度的定量评价;利用 NMR 测井对页岩气储层开展物性评价。针对页岩气储层孔隙度、渗透率极低的特点,斯伦贝谢旗下的 TerraTek 公司开发了一种被称为致密岩石分析(TRA)的岩石热解分析技术,可以对岩石颗粒密度、孔隙度、流体饱和度、渗透率和含气页岩总有机质含量等进行分析和描述(赵晨阳等,2015)。

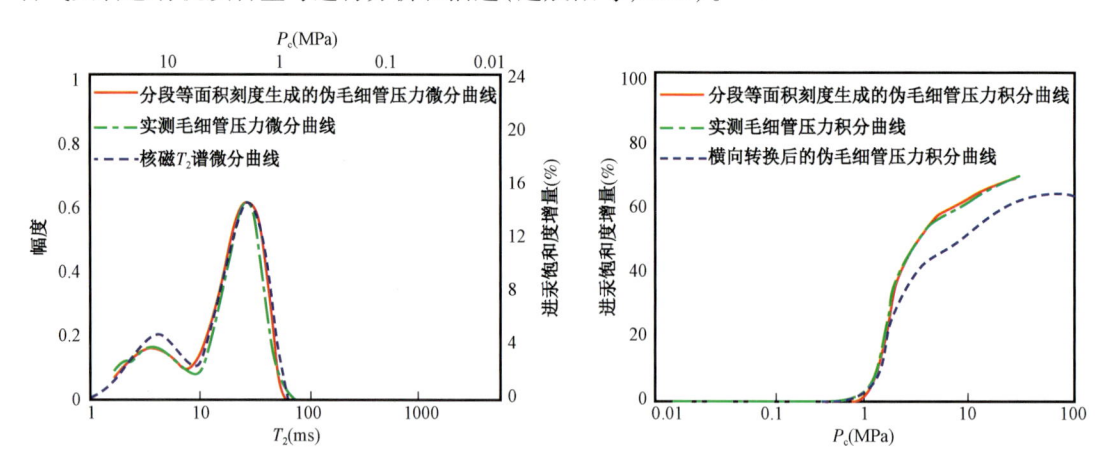

图 1-22 核磁共振测井在储层孔隙结构评价中的应用(据邵维志等,2009)

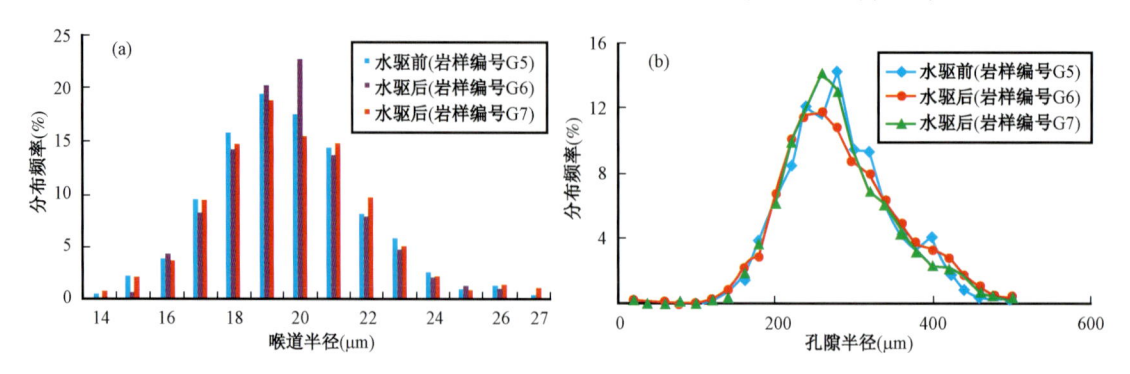

图 1-23 渗透率为 2000mD 岩样水驱前后喉道半径、孔隙半径分布频率图(据林玉保等,2008)

八、该加强地震方法和技术在储层评价研究中应用的力度

充分发育地震资料对于储层宏观发育特征定量刻画的作用,促进储层评价研究向定量化方向发展。目前,储层地震预测技术大体上可分为地震相分析方法、地震反演方法和地震属性分析技术三大类。这些都是以常规的地面地震反射纵波法勘探为基础的储层地震预测技术,也是当前储层地震预测技术的主体。此外,一些发展中的前缘技术,如利用地震纵横波差异研究储层特征的多波多分量地震技术、利用井眼激发接收的井间地震技术、重复观测的时移地震技术、利用钻头作为震源的随钻地震技术等,为储层地震预测增添了丰富的技术手段(王俊琴,2007)。卫平生(2013)结合储层地质和地球物理勘探技术最新动态,进一步定义了石油地震储层研究的概念,提出的石油地震储层研究"四步法"(包括储层地质研究、储层地球物理模拟及方法实验、储层地震地质解释及表征、储层综合评价及建模)和6项关键技术(测井分析技术、岩石地球物理模拟实验技术、储层地震预测、流体预测、储层建模和三维可视化)(图1-24)。

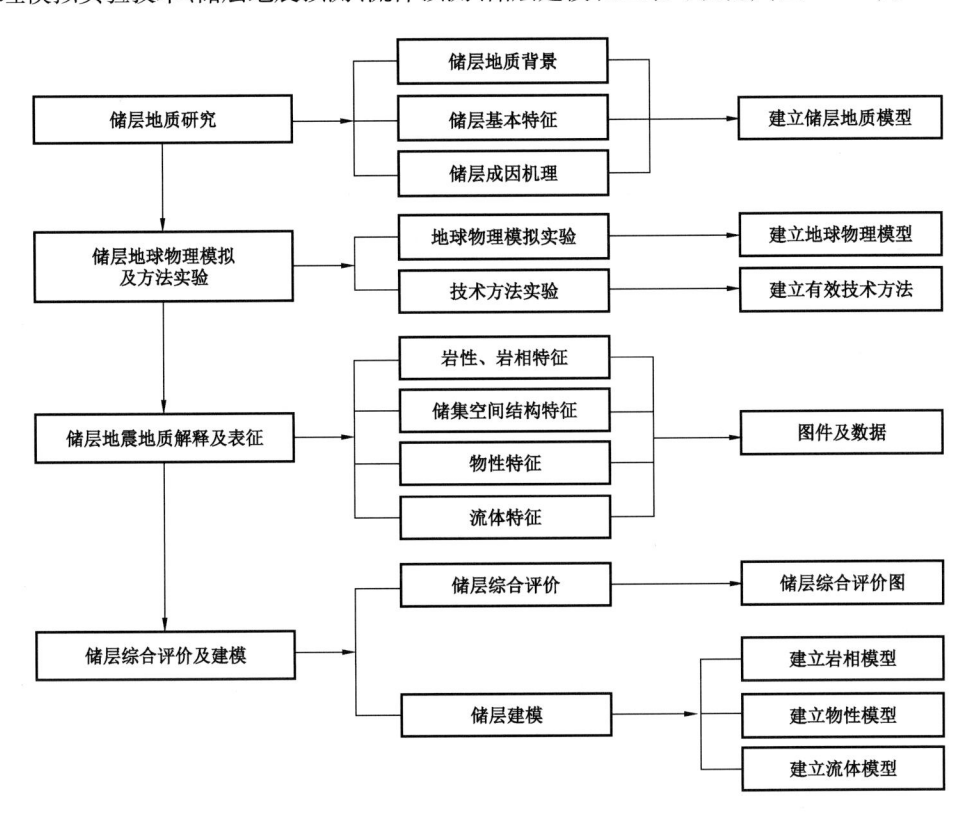

图1-24 石油地震储层研究"四步法"的研究内容与成果标志(据卫平生等,2013)

九、评价结果的合理性验证是储层评价研究未来重要的发展方向之一

通过该项工作,一方面可以避免评价结果出现错误,另一方面可以进一步完善参数的选取和评价方法的选择等,极大地提升储层评价研究的水平。储层聚类分析评价是一项系统工程。除了在评价参数选择之前进行精细的地质成因分析,在参数选择时挑选最能体现储层属性影响因素的参数,分类过程中选择合适的计算方法外,在完成储层评价时还应该对储层评价结果的合理性进行验证和分析。如果结果不合理,还应该调整评价参数、不同参数的权重等,这样

多次反复修改,最终获取较合理的储层分类结果。陈欢庆等(2015)在对辽河盆地西部凹陷某试验区于楼油层进行储层评价时,提出了对储层评价结果进行合理性验证的原则:(1)在参数选择上,选择充分体现储层性质影响因素的参数;(2)分析过程中优选计算方法和数据标准化处理算法,以保证软件自带的分类评价结果正判率超过85%;(3)保证每种分类评价结果均有一定的数量比重,剔除少数奇异值的影响;(4)对比分类结果之间不同参数的关系,保证所有参数在聚类过程中均发挥作用,确保聚类分析的综合性和合理性;(5)将储层评价结果平面展布图与沉积微相平面展布图进行对比,如果两者具有很好的相关性和一致性,即证明本次储层评价结果的合理性。评价结果的合理性验证是储层评价研究中不可或缺的重要组成部分,目前还没有引起研究者的足够重视,应该在实践中加强这方面的工作力度。

第二章　勘探和开发中储层评价面临的挑战

目前行业应用的储层评价体系,主要是针对现今的储层发育特征和性质进行评价,用现今的静态储层参数去评价成藏期时储层的性质,现今的静态储层评价参数究竟能否客观的反映油气成藏时储层的质量,过去鲜有讨论。并且在实际勘探中,普遍存在具有相同的沉积环境及其他成藏条件的砂体,或表现为现今低孔渗砂岩储层含油,而高孔渗砂岩含水甚至为干层的异常情况;或表现为孔渗条件接近的砂岩储层,含油气性及含油气级别存在较大差异。如图2-1a 所示,鄂尔多斯盆地西部山西组一段(以下简称山一段)不同产量储层的物性在高值区域差别不明显,气显示井和低产气井也有孔渗条件较好的(崔琳,2014);图2-1b 和图2-1c 中显示四川盆地(陈莹莹,2015)和松辽盆地的气水层分布杂乱,气层中有孔渗条件较差的,干层中也有物性条件较好的;图2-1d 至 f 显示了鄂尔多斯盆地和准噶尔盆地的储层物性与含油饱和度关系杂乱,油浸、油斑散点分布范围较广(张国印等,2015;李红南等,2014)。为何现今储层性质的优劣与含油程度的分布会有矛盾?孔隙度和渗透率是如何影响油气在储层中的分布?这些问题都反映出现今的静态储层评价参数已经无法满足实际勘探开发的需要;那么,现今的静态储层评价无法满足实际生产的需要究竟是评价思路的偏差还是评价方法的不当导致的,其中存在的科学问题究竟是什么?

(a) 鄂尔多斯盆地西部山一段(据崔琳,2014)

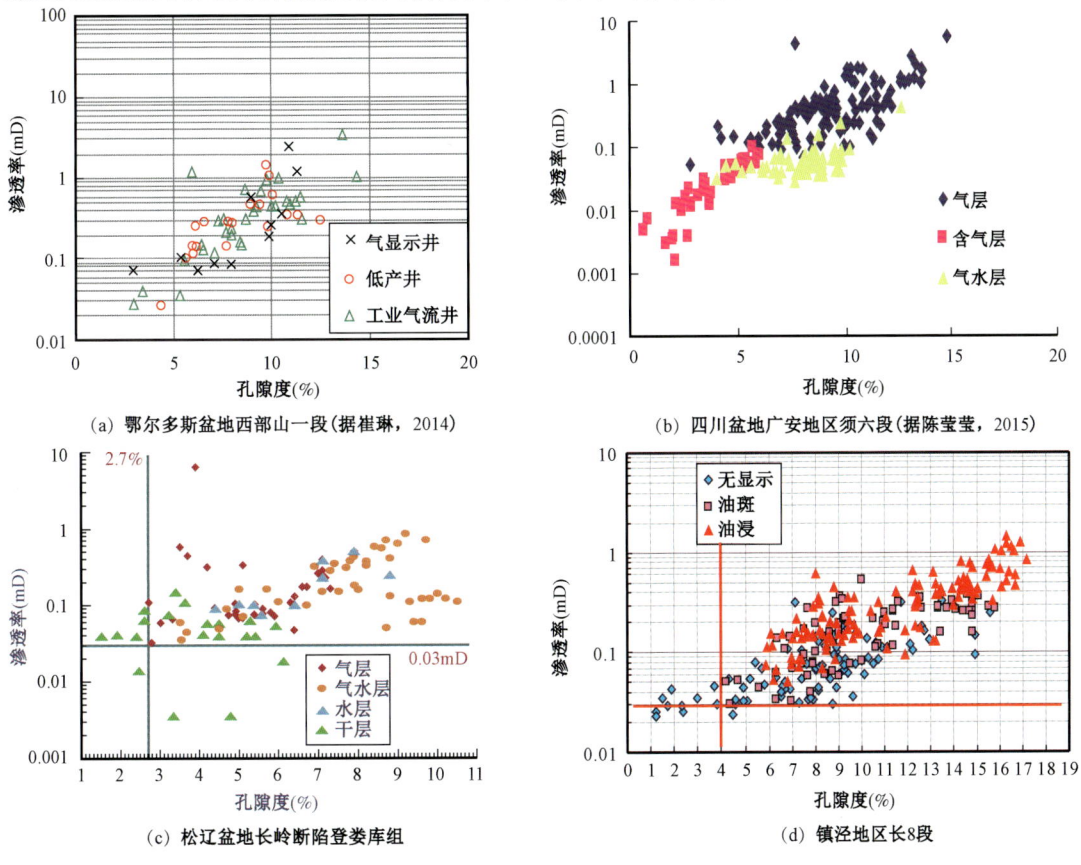

(b) 四川盆地广安地区须六段(据陈莹莹,2015)

(c) 松辽盆地长岭断陷登娄库组

(d) 镇泾地区长8段

图2-1　典型盆地不同层段储层孔渗特征与含油气性关系图

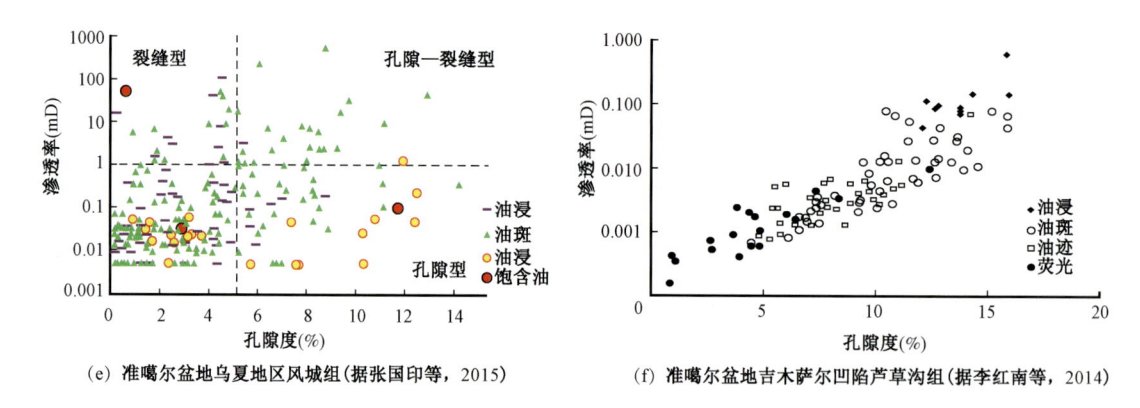

(e) 准噶尔盆地乌夏地区风城组(据张国印等,2015)　　(f) 准噶尔盆地吉木萨尔凹陷芦草沟组(据李红南等,2014)

图 2-1　典型盆地不同层段储层孔渗特征与含油气性关系图(续)

第一节　油气勘探中的储层评价问题

中国含油气盆地逐渐进入较高油气勘探程度,油气勘探技术难度逐年加大,生产作业成本逐渐上升;同时,随着非常规油气勘探进程的不断发展,全球油气资源将迎来二次扩展(邹才能等,2012),在勘探领域、勘探环境、勘探层次等方面的困难逐步显现,随之而来的是对勘探理论和勘探技术的要求不断地完善和提高。尤其是针对低孔渗和致密油气的勘探,储层的研究是其中的核心和重点,那么储层评价方法是否具科学性、严谨性和可行性是影响储层评价的关键,故现今静态的储层评价体系所存在的问题就是需要努力和发展的方向。

一、成岩作用影响储层发育的问题

成岩作用研究是储层发育和演化研究的核心,也是储层评价的基础。但对于低孔渗及致密砂岩储层成岩作用的研究仍存在诸多问题认识不明,尤其是对储层孔隙发育影响最重要的压实作用、胶结作用和溶蚀作用的研究仍存在一定的争议。

1. 深层是否存在机械压实

传统的观点认为,机械压实作用只发生在中浅层,到了深层机械压实作用就消失了(Agersborg 等,2011;Bernaud 等,2006;Giles,1997;Mondol 等,2007;Ramm 等,1992,1994),同时由于烃类的侵位,会抑制胶结作用和溶蚀作用(罗静兰等,2006),即成藏后砂岩储层物性只发生较小的变化。

在大量调研前人成果的基础上,结合笔者近些年针对致密砂岩油气藏的研究工作发现,实际资料与深层压实终止论不符,在深部的致密砂岩中仍可见到砂岩压实现象。如图 2-2 所示,在线性坐标下孔隙度随埋深的增加表现为指数递减,当达到一定埋深后孔隙度变化很微弱,最终趋势是不再变化。但是同样的数据在半对数坐标下,表现为孔隙度随埋深的增加线性递减,且递减趋势一直存在。同样地,通过双轴承压模拟实验发现,随着上覆压力的增加,砂岩储层孔隙度一直表现为减小趋势(图 2-3)。

在镜下薄片也观察到不同深度段砂岩压实的现象,以鄂尔多斯盆地西峰地区延长组八段(以下简称长 8 段)为例,随着深度的增加(1780.5~2112.1m),石英颗粒的接触关系从颗粒点—线或线接触(图 2-4a,b)到颗粒—凹凸接触(图 2-4c),再到塑性颗粒的变形(图 2-4d)和刚性颗粒的变形(图 2-4e),最后直至刚性颗粒破裂(图 2-4f)。

(a)直线坐标　　　　　　　　　　　(b)半对数坐标

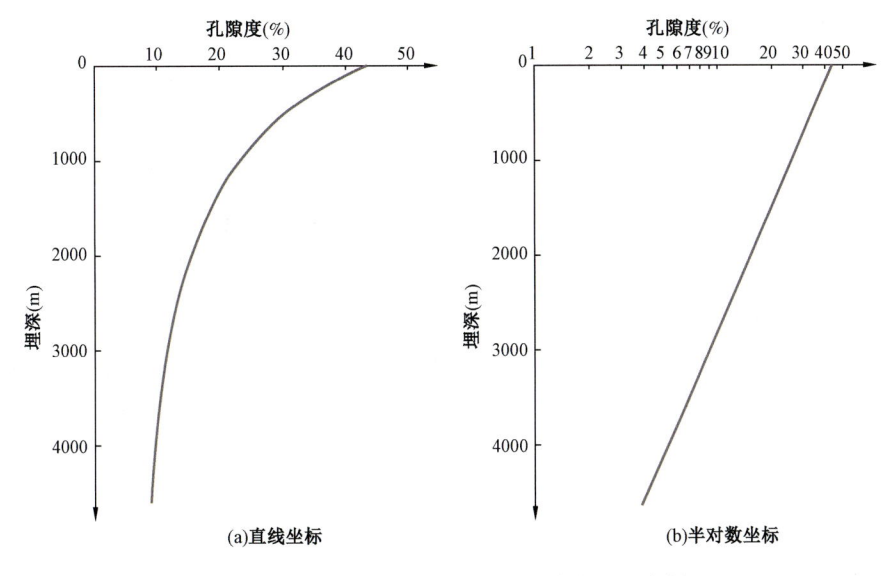

图 2-2　直线坐标与半对数坐标砂岩孔隙度—深度剖面对比

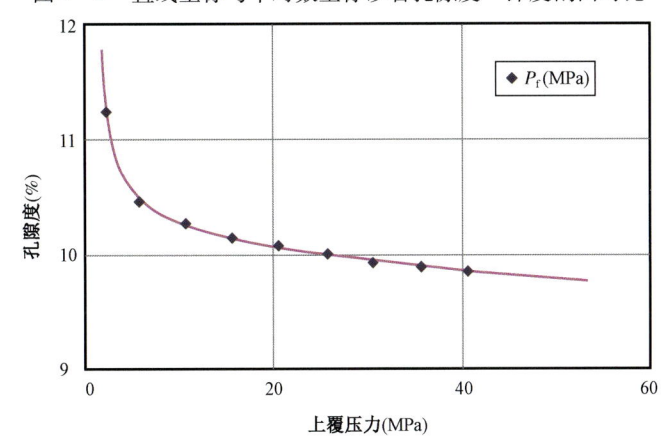

图 2-3　鄂尔多斯盆地延长组西 17 井孔隙度与上覆压力关系图

2. 油气侵位对成岩作用的影响

自 1920 年 Johnson 提出烃类侵位可以抑制碎屑岩储层的成岩作用以来,人们对这一问题进行了广泛而长期的探讨。国内关于油气侵位对成岩作用的影响尚处定性研究阶段,只是提出油气侵位对成岩有抑制作用这样一种观点,至于如何影响或者影响程度有多大等均未涉及。一些学者(Marchand 等,2002;Worden R. H. 和 Morad,2000;Walderhaug 等,2000)将油气充注对成岩作用的影响概括为三个方面。

(1)抑制石英和伊利石胶结。油气充注对石英胶结的影响与其充注速度和时间有关,早期快速的油气充注对石英胶结有明显的抑制作用。如图 2-5 所示,在该油气藏的水区和油区,石英胶结丰度及孔隙度差别较大。油区的石英胶结速率比水区的要低(图 2-5c),水区的平均胶结速率为 $(6.3 \pm 0.9) \times 10^{-20}$ mol/(cm²·s),油区的平均胶结速率为 $(1.5 \pm 1.8) \times 10^{-21}$ mol/(cm²·s)。而油气充注较晚则对石英胶结的抑制作用不太明显,如图 2-6 所示,Unit 2 油区,油气充注是最近发生的(15Ma),油水界面上下的石英胶结丰度相差很小,油区平均值为 $(10.7 \pm 1.2)\%$,水区平均值为 $(11.1 \pm 1.2)\%$。烃类充注使成岩环境发生较大变化,导致孔隙水中无机离子浓度降低,烃类流体同时阻碍矿物与离子之间的质量传递,伊利石生长受到抑制(胡海燕,2004)。

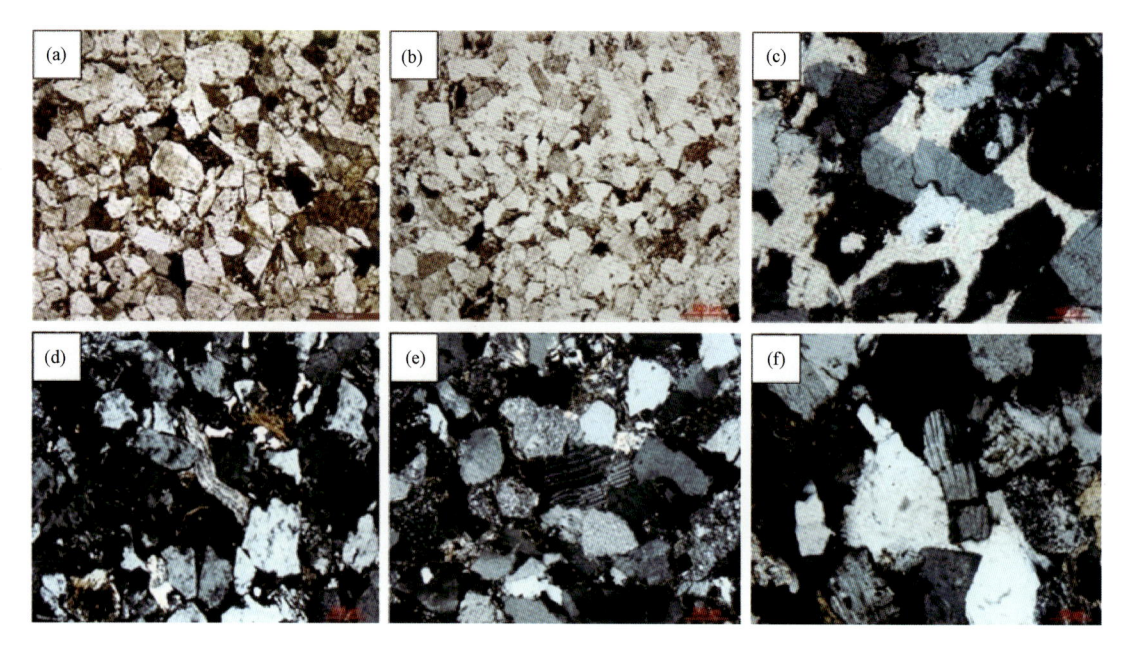

(a)颗粒点—线接触,西211井,1780.5m,长8段,×5,单偏光;(b)颗粒线接触,西203井,1873.6m,长8段,×5,单偏光;(c)颗粒凹凸接触,西32井,1940m,长8段,×20,正交光;(d)云母等塑型颗粒变形,西33井,1996.5m,长8段,×10,正交光;(e)长石等刚性颗粒变形,西23井,2090.7m,长8段,×10,正交光;(f)长石颗粒破裂,西180井,2112.1m,长8段,×20,正交光

图2-4 鄂尔多斯西峰地区长8段压实作用特征

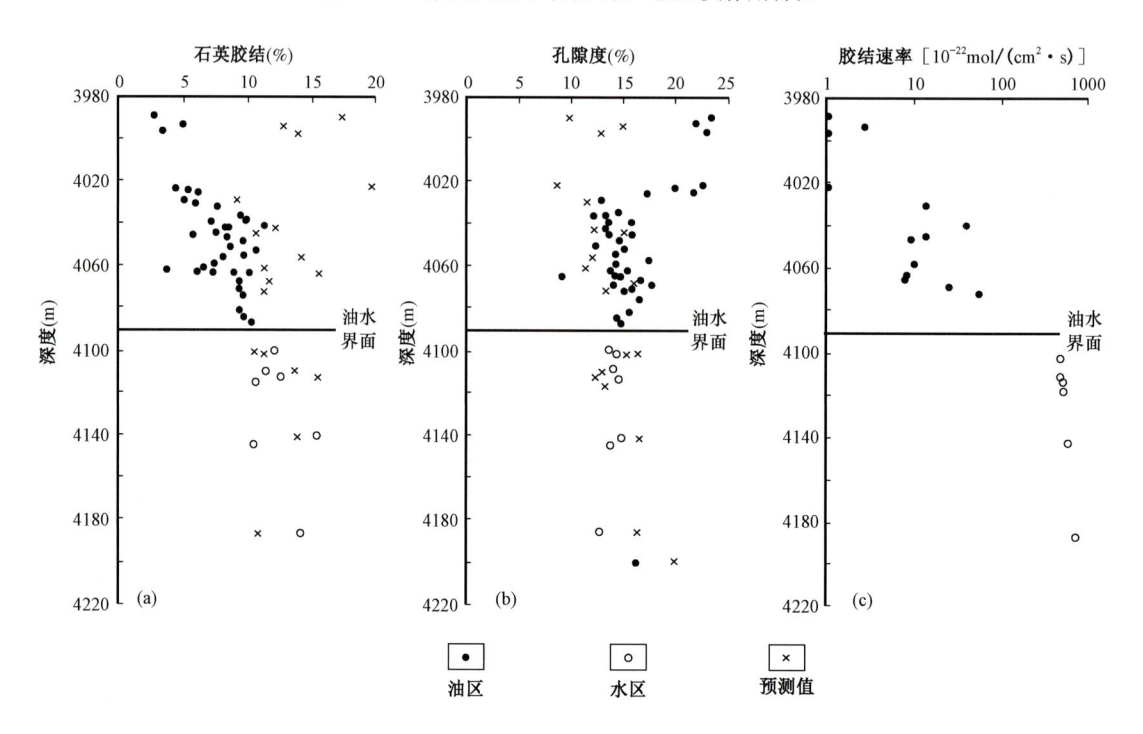

图2-5 英国北海Miller油气藏油水界面上下石英胶结丰度、孔隙度及胶结速度分布(据Marchand等,2002)

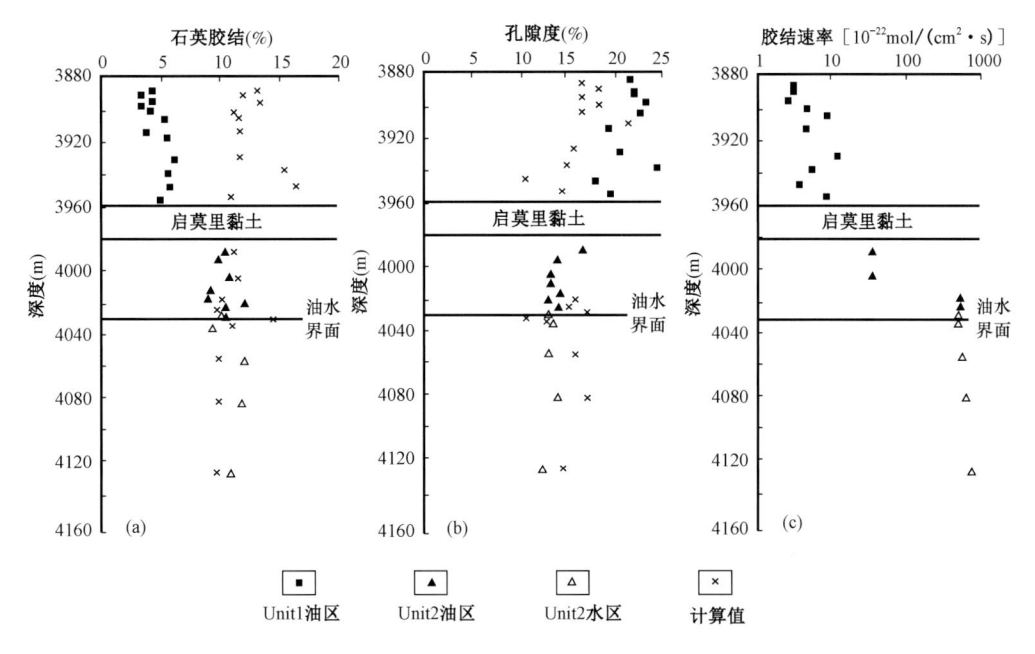

图 2-6 英国北海 Brace Unit 1 和 Brace Unit 2 油气藏石英胶结丰度、
孔隙度及胶结速率分布（据 Marchand 等，2002）

（2）油气中所包含的有机酸溶蚀深部孔隙，为深部油气成藏增加了储集空间。在热裂解和热催化过程中，干酪根上丰富的含氧基团在热降解早期被释放出来，产生多种羧酸和酚类；另一方面，原油微生物的降解，游离氧的氧化作用，石油的热降解，以及由围岩矿物中的高价元素组成的离子或化合物等与有机质之间发生的作用，也可产生有机酸（张枝焕等，1998）。有机质热演化过程中有机酸和 CO_2 的释放，降低了孔隙水的 pH 值，这些酸性孔隙水在高温高压作用下，对易溶矿物长石、方解石等的溶解作用进一步加强，进而增加了储集空间。

（3）由于干酪根成熟后生成超过原干酪根本身体积的石油、天然气，且生成的烃类和水使地层中单相流动变为多相流动，油气形成产生的超压能缓冲压实作用，这有利于深部原生孔隙的保存。

这三个方面实质上都为深部油气成藏改善了储层基础，对深部油气勘探具有非常现实的意义。

中国储层地质领域大多数人接受了这一观点。王琪等（1998）研究认为由于石油侵位作用的影响，使成岩反应在水—油—岩三相介质中进行，从而抑制了多数自生黏土矿物的沉淀作用，导致成岩演化序列的不连续性，但同时又保存了许多有效的储集空间，使麦盖提斜坡区砂岩平均孔隙度保持在 7%，高于隆起区，成为最有利勘探区域（图 2-7）。陈纯芳等（2002）对黄骅坳陷板桥和歧北凹陷深层沙河街组碎屑岩储层储集物性分布特征及其影响因素分析表明：烃类的早期侵入对于深层碎屑岩储层具备良好的储集空间及含油气性创造了条件。蔡进功等（2003）在分析了东营凹陷古近系碎屑岩储层的矿物微观特征、组合关系及其在沉积剖面上的分布特征、主要成岩作用及其地球化学过程的基础上，重点讨论烃类充注对储层成岩演化的控制作用：与未被烃类充注的砂岩相比，被烃类充注的砂岩的石英次生加大和钾长石的钠长石化程度要低，抑制晚期方解石胶结物的充填，长石类及碳酸盐类矿物的溶解十分强烈，次生孔隙很发育；储层含油饱和度较低时会促进伊利石生长，只有在含油程度较高时伊利石生长才受到抑制（图 2-8）。孟元林等（2010）系统的统计和分析了松辽盆地中浅层大量的孔隙度和含油饱和度岩心分析数据，认为油气注入储层之后，可以有效地抑制储层的成岩作用，保护孔

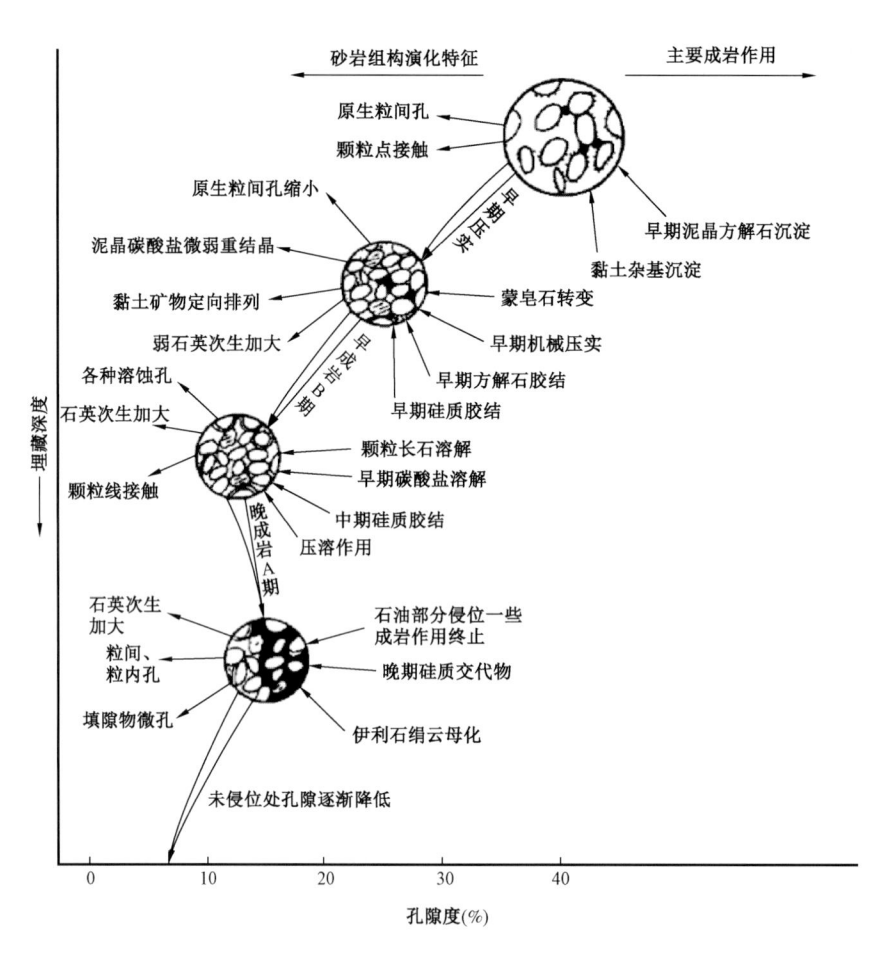

图 2-7 麦盖提斜坡区石炭系细砂岩成岩演化与孔隙演化关系(据王琪等,1998)

隙,而且油气注入越早,越有利于孔隙的保护。

然而,近年来也有人认为,烃类侵位不能有效抑制胶结作用,如石英自生加大、自生黏土的胶结作用(Cuiec,1987;Ramm,1994),最典型的是 Ramm 提出的一个反例,即 Viking 地堑的 Tarbort 组、Etine 组、Statfyord 组和 Osberg 组的含油饱和度与孔隙度间相关性极差,相关系数分别为 0.063、0.048、0.188 和 0.270,而该地区 Ness 组的含油饱和度与孔隙度呈负相关关系,这说明油气侵位不能有效抑制碎屑岩储层的成岩作用、减缓储层孔隙的衰减。蔡春芳等(2001)通过岩矿观察,并综合油田水化学、氢氧锶同位素和流体包裹体均一化温度等资料,提出该区志留系烃类侵位后因淡水注入而使烃类被氧化,所产生的有机酸促进了钾长石、石英等矿物的溶解,导致了次生孔隙的发育,但未能阻滞石英的次生加大;渤海湾盆地黄骅坳陷和辽河坳陷的统计也表明,油气侵位对碎屑岩成岩作用的抑制不明显,储层孔隙度和含油饱和度相关性极差(高建军,2006)。闫建萍等(2009)对松辽盆地齐家—古龙地区扶杨油层详细研究表明晚成岩阶段发生的油气侵位未能阻止石英的次生加大和部分自生矿物的沉淀;孟元林等(2004)通过对松辽盆地北部大量含油饱和度与储层孔隙度实测数据统计结果表明,整体上含油饱和度与孔隙度之间既有正相关也有负相关(图2-9),两者没有确定的相关性。进一步分单井分别统计,并一一做出了所有钻井含油饱和度与孔隙度的相关曲线后,结果发现这些相关曲线,可分为正相关、弱相关(或无相关性)和负相关三大类(图2-10至图2-12),各自均具有明显的特征。综上所述,前人对于油气侵位对成岩演化的影响还存在分歧,需要进一步研究。

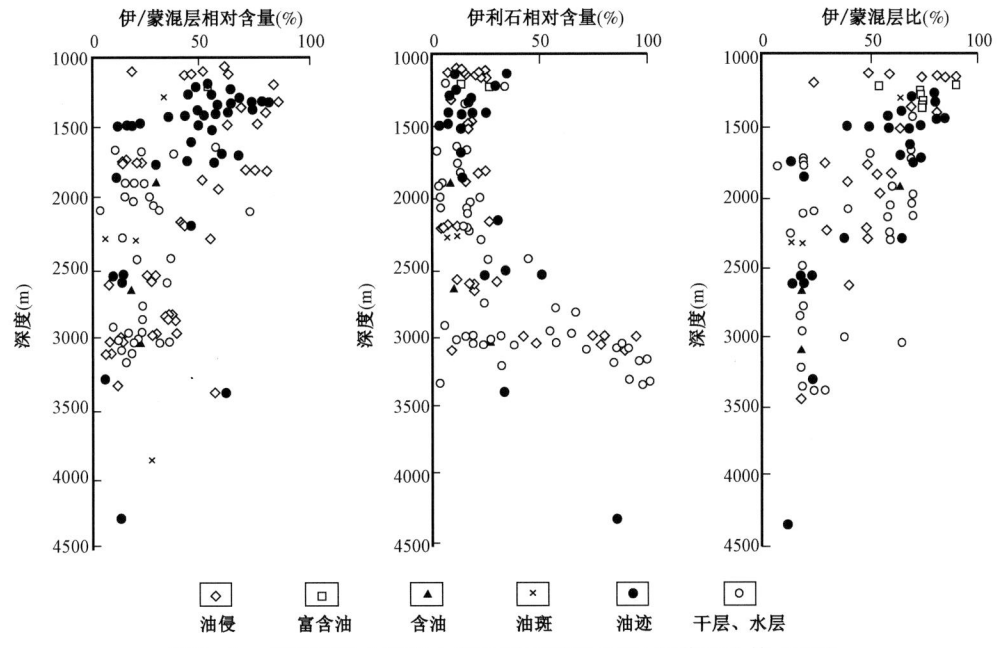

图 2-8 东营凹陷北带黏土矿物随深度变化图（据蔡进功等，2003）

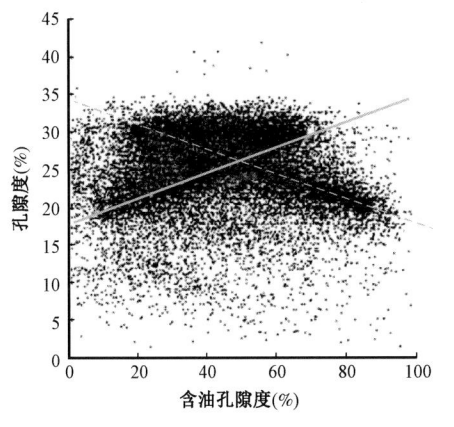

图 2-9 松辽盆地北部中浅层含油饱和度与孔隙度相关性（据孟元林等，2010）

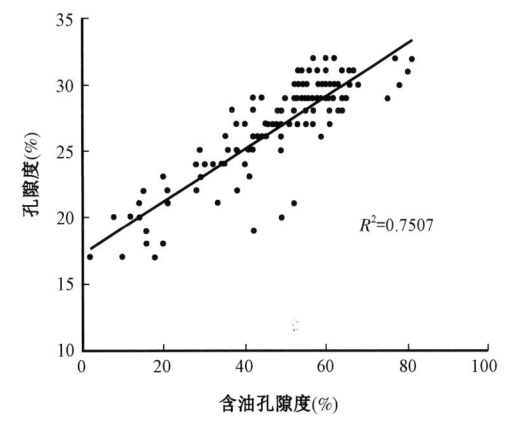

图 2-10 S166 井 SⅡ 油层组孔隙度和含油饱和度的关系（据孟元林等，2010）

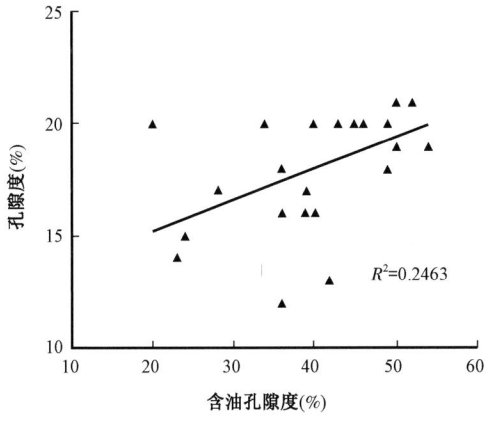

图 2-11 朝阳沟地区 C811 井 FⅡ$_3$ 单油层孔隙度和相关曲线（据孟元林等，2010）

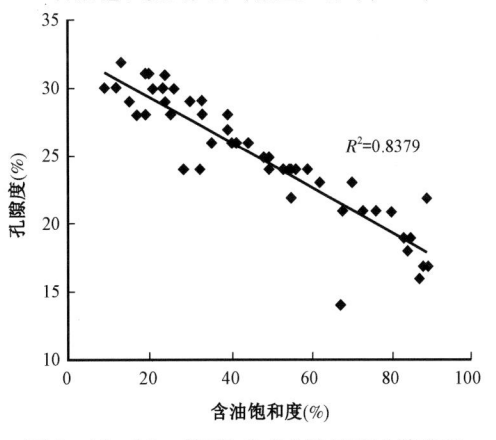

图 2-12 L7-J1711 井 SⅠ 油层组孔隙度和含油饱和度相关曲线（据孟元林等，2010）

二、油气成藏动态过程对储层影响的问题

对储层的研究最终要与油气成藏结合起来,也就是说,能否形成油气藏除了储层是否有效之外还应考虑油气成藏条件;而油气成藏过程也在不断地影响着储层的发育和演化,两者之间联系非常紧密,但同时也比较复杂。故在储层评价时,应考虑两方面的条件:一要考虑油气成藏期时,储层的物性条件,这直接影响了储层对于油气成藏是否有效;二是要考虑成藏期的古动力条件,在成藏期时储层对于油气充注有效的前提下,决定着油气能否进入储层的就是古动力条件。基于以上两个方面的考虑,引出如下科学问题。

1. 成藏期后的孔隙度变化

王金琪(1993)在研究川西地区超致密砂岩含气问题时认为砂岩储层演化的总趋势是随着埋深不断致密化,大致在中—晚侏罗世砂岩达到超致密阶段(<7%)(图2-13)。董贞环等(1996)对川西大量成岩、黏土、进烃等资料研究后认为:在砂岩埋深约3000m,原生孔隙逐步消失,次生孔隙增加,计算进油期以次生为主的孔隙度为10%~12%,最高可达15%,与Schmidt(1976)的演化模式相符。虽然砂岩储层孔隙中的流体经过了石油侵位和油裂解成气的过程,但成藏前后砂岩孔隙度随埋深不断降低。

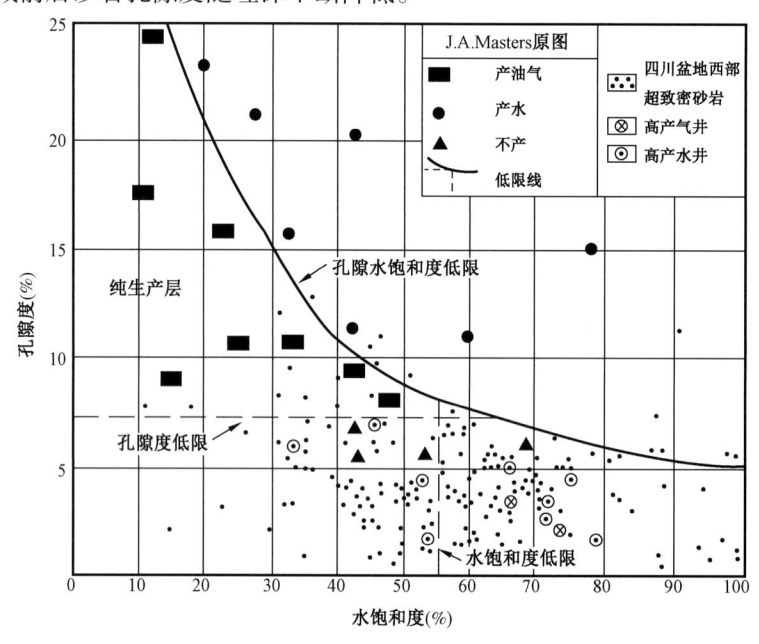

图2-13 川西地区超致密砂岩孔隙度—水饱和度图(据王金琪,1993)

当大量烃类进入尚处于早期成岩阶段的砂岩中,烃类孔隙流体的存在可以通过抑制砂岩中自生矿物胶结作用来减少原生孔隙的损失,这个观点很多年前就已经提出(Johnson,1920),并被沉积地质学家和油气地质学家广泛接受(王飞宇等,1997,1998;Haszeldine等,2003;孟元林等,2010;Sathar等,2012)。当烃类物质占据大量尚未损失的原生孔隙时,将大量孔隙水排出造成孔隙水与碎屑颗粒分离,使孔隙水与碎屑颗粒之间的水—岩相互作用基本无法进行,砂岩中水—岩反应的减弱必然导致一些诸如早期或晚期过度强烈的石英胶结作用(Giles等,1992)、碳酸盐胶结作用(Neilson等,1998)以及晚期纤维状伊利石形成(Giles等,1992)等破坏原生孔隙的成岩作用停滞。如果烃类侵位过程对砂岩储层原生孔隙的保存真的有效,那么含

烃砂岩的较好储层质量应该与停滞的成岩作用有关,而含水砂岩的较差储层质量则与持续的成岩作用有关。实际上,砂岩储层孔隙度演化受到很多因素的影响,烃类侵位与孔隙保存之间的关系远没有想象中那么简单。很多学者将从烃类聚集的构造高点到水体聚集的构造边缘或跨越油水界面上下的砂岩孔隙度对比作为烃类侵位抑制成岩作用的证据(Marchand 等,2001)。如在英国北海 Miller 油田内油水界面之上可以找到一些石英次生加大含量小于5%的砂岩,但在油水界面之下便找不到这样的储层(Taylor 等,2010)。然而,由于通常缺乏含水区砂岩段的常规岩心,绝大多数研究实例缺少严格评价孔隙流体类型对成岩作用潜在影响的重要依据——油水区砂岩之间胶结物体积和孔隙度类型的定量对比。因而目前烃类物质通过抑制胶结作用而阻止原生孔隙损失的假设并未得到详细数据的支持。另外,即便偶尔能找到含烃带与含水带的岩心进行对比,有时却会出现一些令人意外,甚至事与愿违的结果。如挪威大陆架中段(Haltenbanken)中侏罗统 Garn 组砂岩中自生伊利石在跨越一些油水界面后未发生明显的含量变化(Ehrenberg 和 Nadeau,1989);北海中侏罗统 Brent 群砂岩储层中含烃带和与之相反的含水带之间孔隙度并不存在系统差异(Giles 等,1992);东欧 Baltic 盆地寒武系含油和含水砂岩的孔隙度和石英胶结物含量也无明显差异(Molenaar 等,2008);英国北海 Miller 油田侏罗系 Brae 组砂岩油水界面上下砂岩中石英次生加大含量的分布范围大体一致(Taylor 等,2010)。除了这些意外,石英、碳酸盐和钠长石胶结物中出现的含烃流体包裹体常作为烃类侵位抑制成岩作用的反驳证据(Walderhaug,1996;邓秀芹等,2011;刘明洁、刘震等,2014;图2-14)。

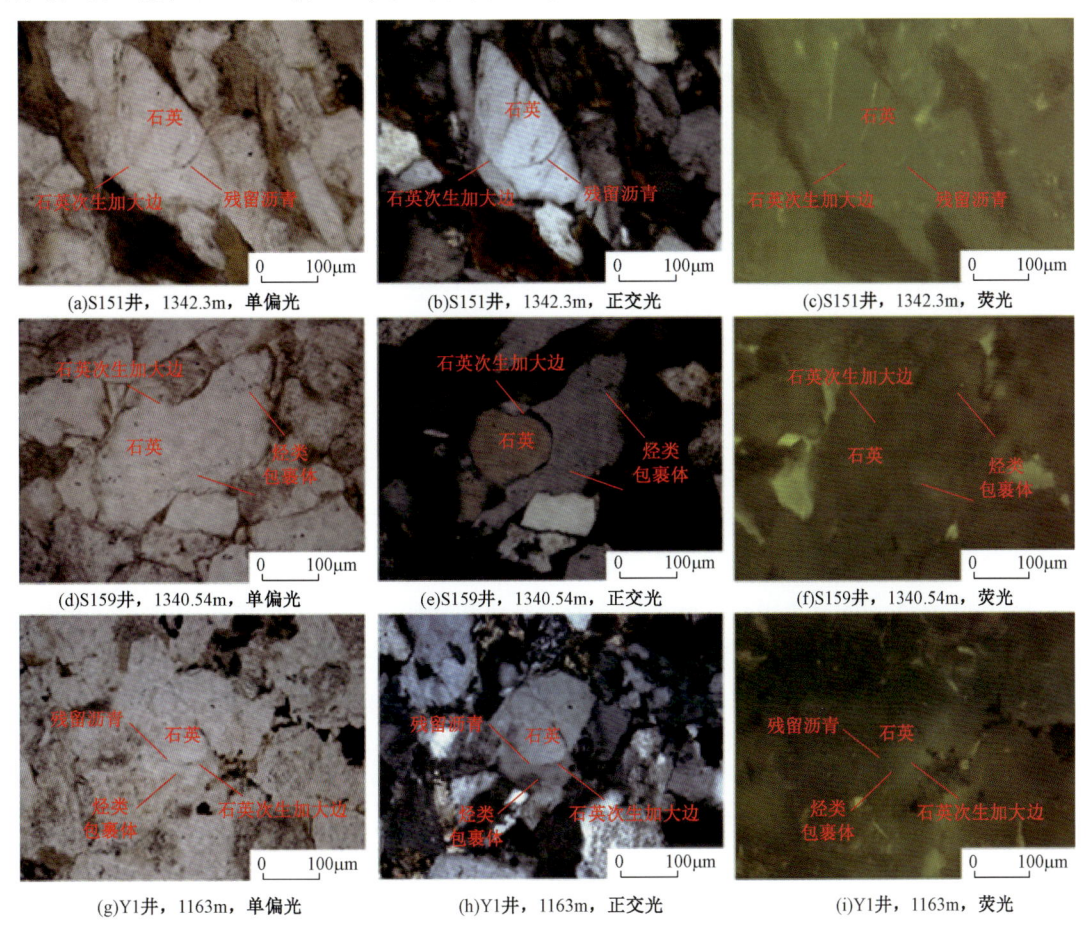

(a)S151井,1342.3m,单偏光 (b)S151井,1342.3m,正交光 (c)S151井,1342.3m,荧光
(d)S159井,1340.54m,单偏光 (e)S159井,1340.54m,正交光 (f)S159井,1340.54m,荧光
(g)Y1井,1163m,单偏光 (h)Y1井,1163m,正交光 (i)Y1井,1163m,荧光

图2-14　鄂尔多斯盆地西峰—安塞地区延长组砂岩储层镜下烃类包裹体特征

烃类如石油等侵位于储层孔隙间,可以使成岩环境发生重大改变、原始孔隙保留。不论是早期的浸润还是稍后的注入都会抑制破坏性成岩作用的产生或者发展速度(王多云等,2003)。Nedkvitne 等(1993)和 Gluyas 等(1994)研究表明,在石油到达砂岩之后,成岩作用仍在继续活跃。可见,油气侵位与富集对砂岩成岩作用的影响非常复杂。比如碳酸盐沉淀,在深部储层中油层与水层或油水层之间碳酸盐矿物存在明显的差别,与原油充注从而导致碳酸盐矿物的沉淀作用受到抑制有着必然的联系。袁东山等(2007)对东营凹陷中央隆起带不同含油级别储层中方解石含量分布统计表明,含油程度越高其方解石胶结物含量越少(图2-15)。主要原因是石油的充注一方面限制了地层水流动,另一方面造成地层水pH 值降低,不利于碳酸盐沉淀(张枝焕等,2000;袁东山等,2005)。然而刘群等(2007)据此将巴斜2井岩性鉴定资料分别按照显示含油、油斑油迹、油浸三种做比较。结果可以看出,含油性越好的井碳酸盐含量也同时较高,可见研究区储层内石油的侵入给储层造成的影响不足以用来解释巴斜2井高孔隙度的原因,实际上巴彦塔拉构造带砂岩物性还受到CO_2注入的影响。

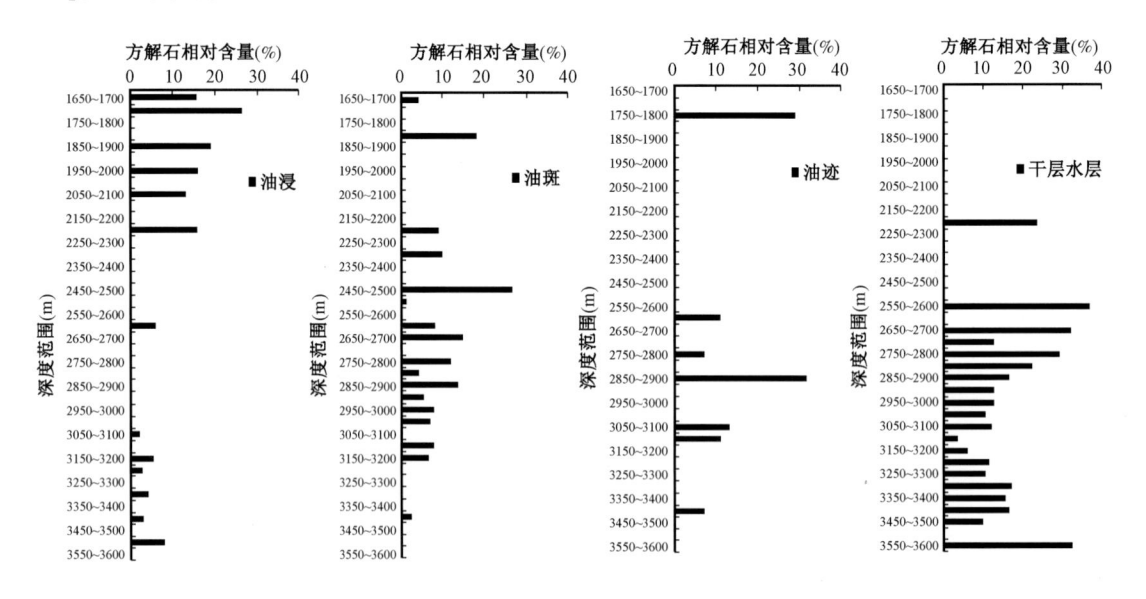

图2-15 东营凹陷中央隆起带不同含油级别储层中方解石含量分布图

研究表明,天然气的富集对砂岩储层成岩作用的影响与石油富集对其产生的影响存在一定的差异。罗静兰等(2006)研究了石油侵位对鄂尔多斯盆地不同地区上三叠统延长组砂岩储层的影响,认为油的富集阻碍了晚期成岩阶段石英和碳酸盐胶结物的沉淀,从而导致含油饱和带砂岩中的自生石英和晚期碳酸盐胶结物的含量低于含水饱和带砂岩。因为烃类是多种碳氢化合物的混合物,它对各种组成自生矿物的无机盐类没有溶解和沉淀能力,因此,含油带砂岩孔隙中烃类物质的聚集有效地抑制了成岩作用的继续进行。油的富集对伊利石和绿泥石薄膜的形成没有产生明显的影响,相反这些薄膜的存在可能对油气的聚集起了促进作用。刘小洪、罗静兰(2008)深入研究了天然气侵位对鄂尔多斯盆地上古生界砂岩储层的影响,认为气的富集阻碍了晚期成岩阶段水云母(伊利石)的生成以及碳酸盐胶结物的沉淀,从而导致含气丰度较高的砂岩(气层、差气层)中的水云母(伊利石)和晚期碳酸盐胶结物的含量低于含气丰度较低的砂岩(含气砂岩)以及不含气砂岩(干层)。气的富集对石英加大边及高岭石的形成没有产生明显的影响,相反它可能对其形成起到了促进作用,具体表现在气层砂岩的石英加大边及高岭石的含量明显高于其他层段(图2-16)。

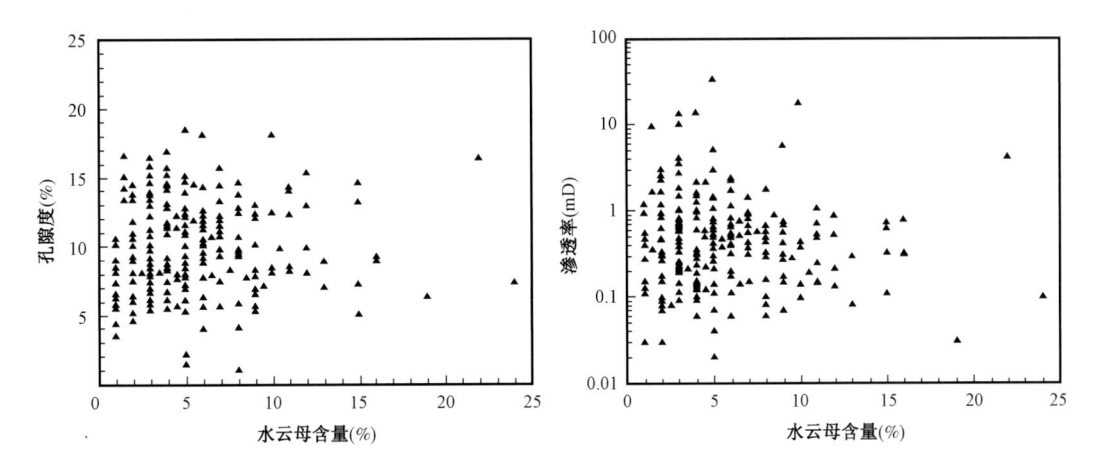

图2-16 渗透率/孔隙度—水云母及伊/蒙混层关系图(据刘小洪等,2008)

马新华(2005)认为在大规模生排烃后,榆林气田中心部位成岩作用基本停止,上倾部位气水过渡带成岩作用持续进行。

刘小洪、罗静兰(2008)在研究鄂尔多斯盆地上古生界砂岩储层成岩作用与孔隙度演化时将研究区分为西部地区(最大埋深超过3100m)和东部地区(最大埋深小于3100m)。研究发现两个地区成藏期后含气砂岩孔隙度演化存在较大差异:西部地区砂岩在天然气大规模充注之后已进入晚成岩B-C期,不再发生压实、压溶作用以及溶解作用,而发生胶结(伊利石、高岭石和绿泥石)和含铁碳酸盐的交代作用;东部地区砂岩埋深较小,在天然气大规模充注之后达到晚成岩A_2期,不再发生压实和溶解作用,但却遭受较强烈的压溶和胶结(伊利石、高岭石、绿泥石和石英次生加大)以及少量含铁碳酸盐的交代。

陈颖、杨友运与何天翼(2009)在研究鄂尔多斯盆地中东部山西组储层展布规律时发现成藏期后凝灰质石英砂岩和岩屑砂岩的孔隙度演化存在明显不同:石英砂岩在天然气大规模充注后依然发生各类成岩作用,但溶蚀作用明显变弱;岩屑砂岩的原生粒间孔很快消亡,可胶结作用和蚀变作用在成藏期后依然进行。

李艳霞等(2012)认为榆林气田本溪组、太原组及山西组的煤系烃源岩在早—中侏罗世期间,开始进入生烃门限,主要生成少量烃类气体和一些液态烃类,同时伴随有大量酸性流体产出,如CO_2、乙酸等。这一时期与烃类共生的盐水包裹体均一温度基本上在110~130℃,其对应的烃类充注时间主要是早—中侏罗世(图2-17)。由于生烃作用产生大量的酸性流体进入储层,同时构造抬升迫使地层温度和压力下降,地层水中SiO_2快速达到饱和状态,形成硅质胶结。

张创、孙卫(2013)研究了鄂尔多斯盆地延安地区二叠系石盒子组八段(以下简称盒8段)储层的成岩作用,认为该砂岩储层在天然气大规模充注后(R_o约为1.3%),压实作用非常微弱并逐渐消失,晚期有机质成熟形成的有机酸带来的溶蚀作用和淀晶高岭石的沉淀非常强烈并很快停止,混层黏土矿物与高岭石向伊利石的转化和含铁碳酸盐的胶结、交代作用依然还在继续。

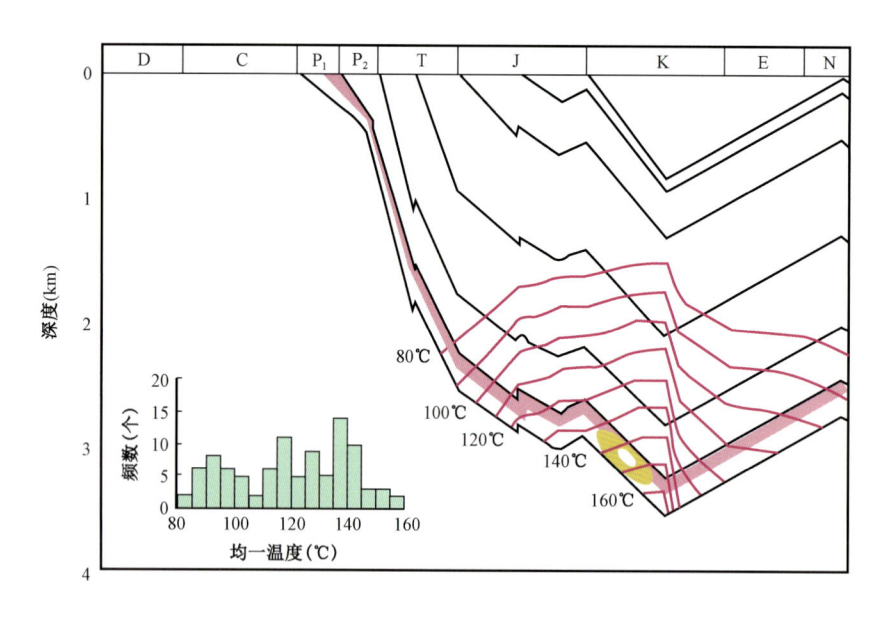

图 2－17　榆林气田山西组气藏成藏演化模式（据李艳霞等，2012）

曹青、柳益群(2013)在研究鄂尔多斯盆地东部上古生界致密储层成岩与成藏耦合关系时指出盆地东部不同岩性砂岩经历了类似的成岩演化过程,在天然气大规模充注后不再发生机械压实、压溶作用,而继续发生方解石、白云石的胶结作用和溶解作用(图 2－18)。

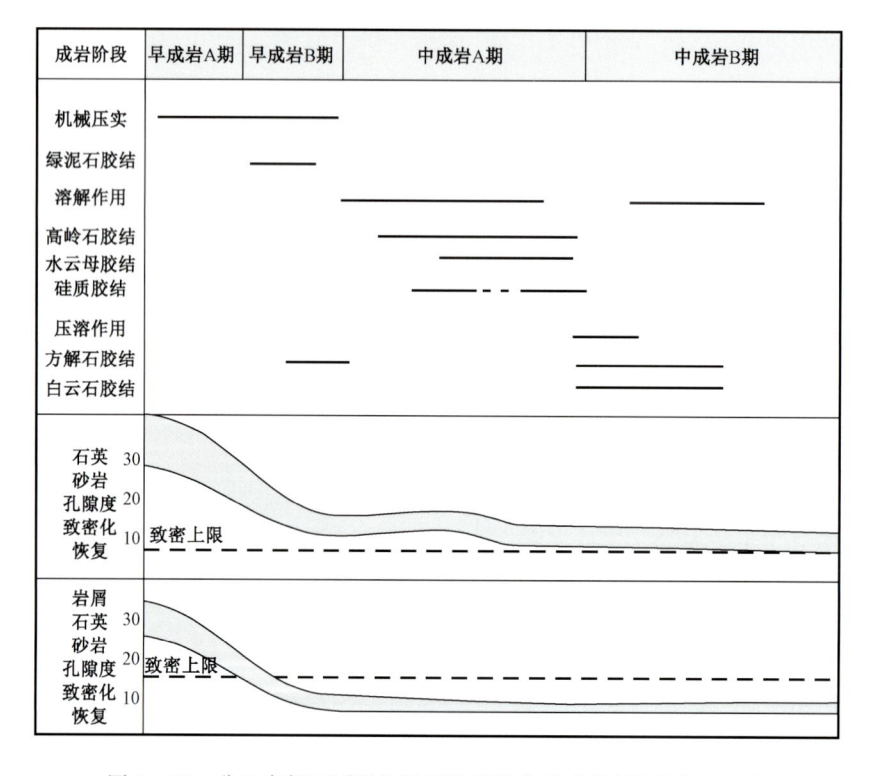

图 2－18　盆地东部不同岩性砂岩孔隙演化示意图（据曹青，2013）

杨欢、屈红军(2014)认为鄂尔多斯盆地东部上古生界含气砂岩成岩演化序列可归纳如下:绿泥石膜胶结Ⅰ→石英次生加大Ⅰ→绿泥石薄膜Ⅱ→石英次生加大Ⅱ→高岭石胶结Ⅰ→溶蚀作用Ⅰ→高岭石胶结Ⅱ→伊利石胶结→溶蚀作用Ⅱ→方解石胶结→烃类充注。可见,他们认为在天然气大规模充注后砂岩不再发生胶结和溶蚀作用(图2-19)。

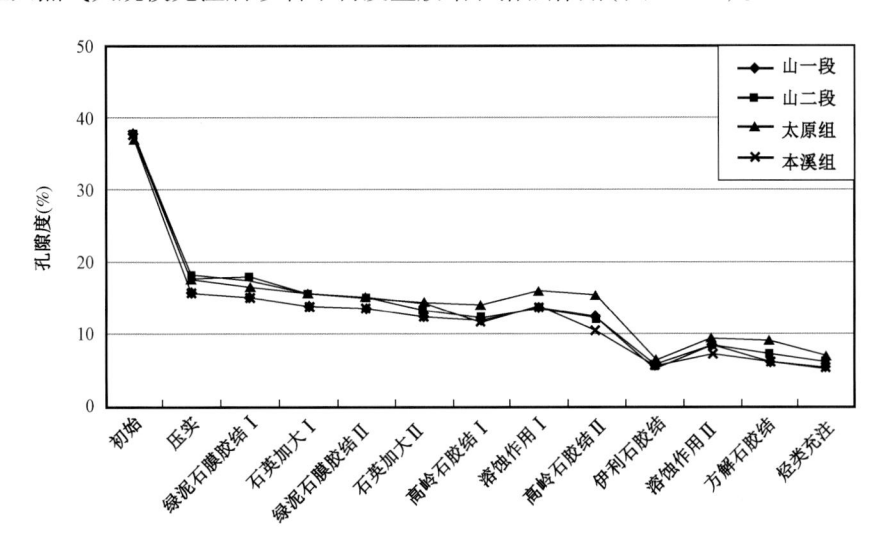

图2-19 孔隙演化恢复曲线图(据屈红军等,2014)

王圣涛等(2015)对乌审召二叠统山一段、盒8段成岩作用与孔隙演化进行了研究,认为该区东部和西部埋藏条件差异大,孔隙演化特征有较大区别。西部岩屑砂岩、岩屑石英砂岩、石英砂岩原始孔隙度均值为33.5%、34.2%和35.0%,经过早成岩A至晚成岩B-C期后,孔隙度均值为9.8%、10.5%和9.3%;东部岩屑砂岩、岩屑石英砂岩的原始孔隙度均值为34.2%和33.7%,演化至今分别为9.7%和9.4%。从他们所做的砂岩成岩演化表可以看出,在中侏罗世—早白垩世(晚成岩A_2期),有机质达到成熟阶段,是生烃的高峰(刘成林等,2005);在天然气大规模充注之后,砂岩储层不再发生机械压实作用而继续经历压溶、胶结(混层黏土、伊利石、高岭石、绿泥石、含铁碳酸盐和硅质)和溶解作用。这与刘小洪、罗静兰等(2008)在西部地区储层的研究成果非常相似,只是最后一期溶蚀更晚一点(图2-20)。

由此可见,对于碎屑岩储层成藏期后孔隙度的变化的研究仍存在很大的争议,压实作用、溶蚀作用和胶结作用的作用强度究竟是大还是小,仍需要进一步的深入研究。

2. 油气充注动力条件和形成机制

由于砂岩体油藏特征的特殊性,目前国内外学者对其成藏动力研究方面存在很大分歧。有些国外学者认为压实作用是油气排驱的必要驱动力。Magara(1975)在研究初次运移的机制时提出,毛细管压力是烃源岩中生成的油气向储层中初次运移的动力,毛细管压力差是导致油气自围岩进入孤立砂岩体的主要动力。Berg(1975)、庞雄奇等(2000)、张云峰(2001)和邹才能等(2005)认为毛细管力引导油气聚集形成岩性油气藏。陈章明等(1998)通过实验模拟认为烃源岩内砂岩透镜体成藏主要动力是砂—泥岩孔喉的毛细管力和烃源岩排烃压力。Stainforth和Reinders(1990)认为烃浓度差是油气进入储层的主要动力。Apbe(1995)则认为未知重力运动使油气聚集成藏。陈荷立(1995)研究认为差异突破压力(异常高压)是透镜体成藏的根本动力,烃源岩外无缝隙沟通的砂岩透镜体成藏动力不仅与毛细管力和烃源岩排烃压力

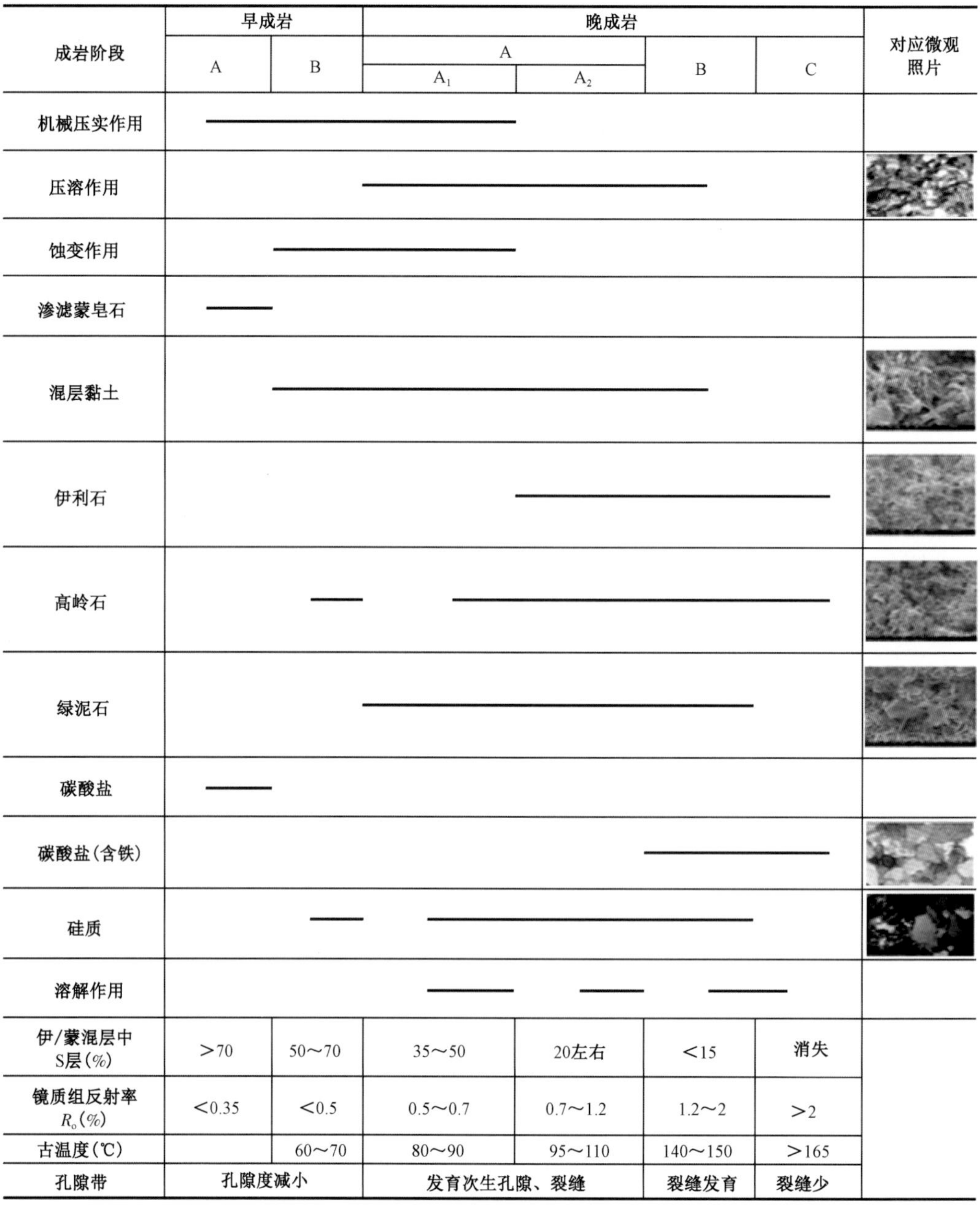

成岩阶段	早成岩 A	早成岩 B	晚成岩 A A₁	晚成岩 A A₂	晚成岩 B	晚成岩 C	对应微观照片
机械压实作用	————	————	————				
压溶作用			————	————	————		■
蚀变作用		————	————	————			
渗滤蒙皂石	————						
混层黏土		————	————	————	————		■
伊利石				————	————	————	■
高岭石		————	————	————			■
绿泥石			————	————	————	————	■
碳酸盐		———					
碳酸盐(含铁)					————	————	■
硅质		————	————	————	————		■
溶解作用			————	————	————		
伊/蒙混层中 S层(%)	>70	50～70	35～50	20左右	<15	消失	
镜质组反射率 R_o(%)	<0.35	<0.5	0.5～0.7	0.7～1.2	1.2～2	>2	
古温度(℃)		60～70	80～90	95～110	140～150	>165	
孔隙带	孔隙度减小		发育次生孔隙、裂缝		裂缝发育	裂缝少	

图 2-20 乌审旗地区盒 8 段、山一段砂岩成岩演化表(据王圣涛等,2015)

有关,也与浮力条件作用有关;曾溅辉等(1998)认为异常高压系统下岩性油气藏油气运移的驱动力主要为压实或欠压实作用下产生的地层压力差;陈章明等(1998)通过实验模拟认为烃源岩内砂岩透镜体成藏主要动力是砂—泥岩孔喉的毛细管力作用和烃源岩排烃压力;王捷等(1999)认为差异突破作用使砂岩透镜体成藏,油藏主要形成于超压体系,最好在封存箱内;郝芳(2003)认为周期性(幕式)瞬态流动是沉积盆地流体流动的重要方式,烃源岩主生烃期强超压驱动是有机母质幕式排烃的主要动力学机制(图 2-21)。

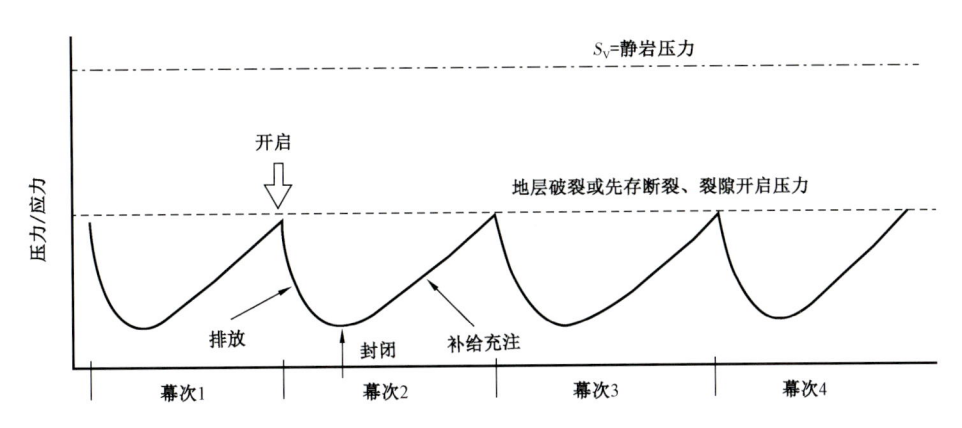

图 2-21　压力的周期性积累引起的地层周期性破裂或先存断层、裂隙的
周期性开启及其伴生的幕式流体流动(据郝芳等,2003)

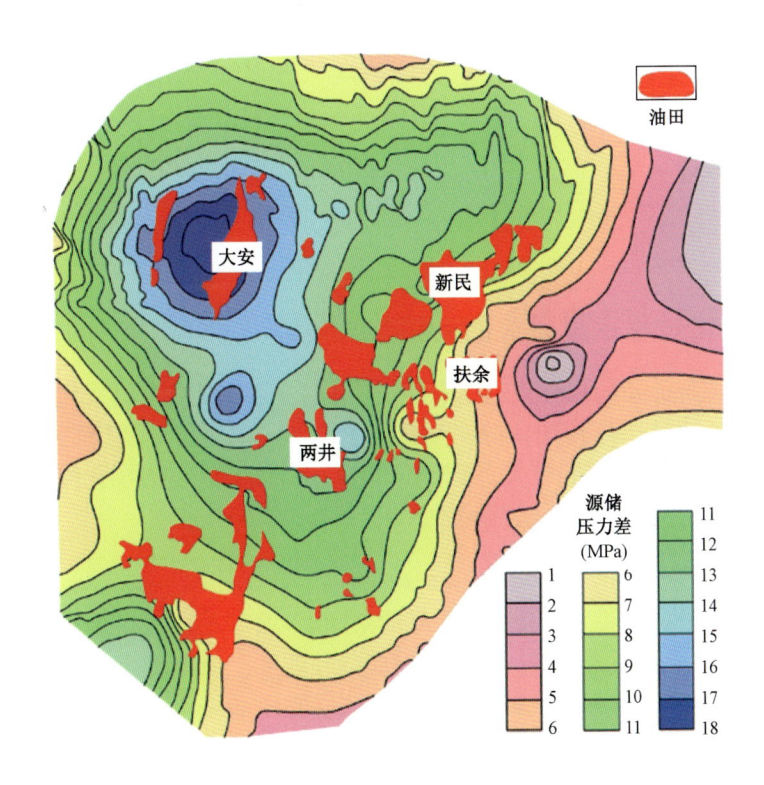

邱楠生等(2003)、邹才能等(2005)则认为岩性油气藏的主要成藏动力可能是地层压差,而不是浮力(图 2-22);王宁等(2000)、宋书君等(2003)认为东营凹陷岩性油藏成藏动力是烃源岩的剩余围岩压力,成藏阻力是砂体周缘的突破压力,并提出了岩性圈闭成藏的评价参数——成藏指数的概念;姚泾利(2007)认为姬塬地区延长组石油运移的动力以浮力和异常压力为主,特别是长 7 段烃源岩生烃增压造成的异常高压是石油大规模运移的主要动力,如图 2-22 所示,利用等效深度法推测耿 75 井长 7 段压力系数可高达 1.52,异常高压不仅可使石油沿连通砂体、微裂缝往上部长 6 段、长 4+5 段运移,还可以使部分石油往下部长 8 段、

图 2-22　扶新隆起 K_1qn_1—K_1q_4 源储压力差及源下油藏分布图(据邹才能等,2005)

长9段运移成藏,而浮力作用则有利于石油充注到储层之后地再运移(图2-23);王峰(2007)认为在一般储层中油气二次运移的相态主要以游离相为主,运移动力主要是浮力和水动力;史建南(2009)认为超压发育为原油运移提供了强大的驱动力和隐性的输导通道,控制了流体的流动机制与流动样式及其运移路径和聚集区域;二次运移成藏方面也有很多不同的观点。前人对于成藏动力条件研究较多,但是缺少定量研究,对于油气充注临界研究也较为缺乏。

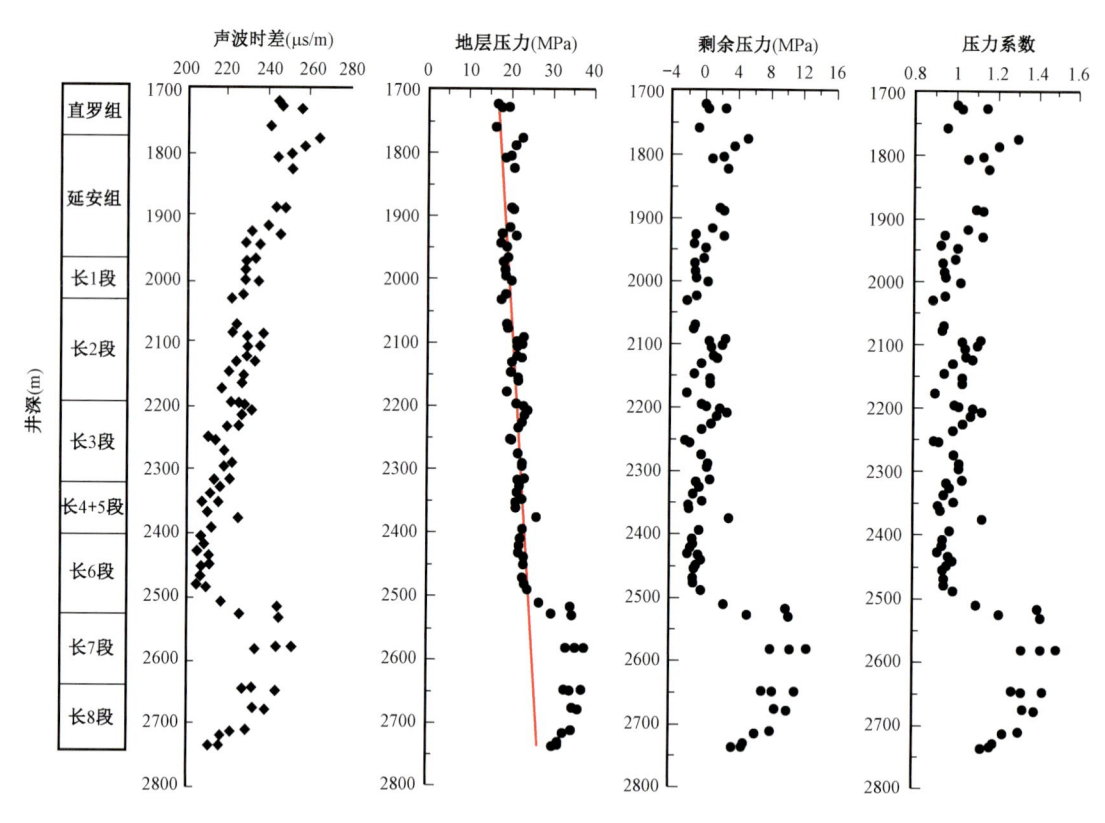

图2-23 G75井声波时差与孔隙压力特征(据姚泾利等,2007)

三、储层演化过程定量研究的问题

储层现今孔隙特征是其在埋藏过程中原生孔隙经压实、胶结充填后保存下来的原生孔隙和埋藏过程中形成的且保存到现今的次生孔隙的总和。要获得地质历史时期储层的孔隙特征,就需要对储层孔隙演化进行恢复(陈林等,2014)。目前,恢复储层孔隙演化的研究方法主要有反演回剥法和正演物理模拟法两种方法(王艳忠,2010)。

1. 反演回剥法

反演回剥法是指在储层原始孔隙度恢复的基础上,通过各种成岩作用对储层孔隙度的影响程度和影响时间分析,恢复地质历史时期储层的孔隙度。由于确定成岩作用发生的时间非常困难,长期以来国内外学者只是利用反演回剥法的原理,根据成岩序列以及各种自生矿物和溶孔的面积百分比,定性—半定量的建立储层孔隙演化模式。如刘锐娥等(2002)研究认为苏里格庙盒8段含凝灰质石英砂岩次生溶蚀大致可分为早期溶蚀和晚期溶蚀两个阶段,分别受沉积水介质、生物化学甲烷期的酸性介质控制以及与有机质热演化脱羧基、古侵蚀面或裂隙系统的淋滤、溶解作用有关。其孔隙演化模式为:原始孔隙度为38.2%,早成岩阶段压实和早期胶结作用使孔隙度降为9.8%,生物化学甲烷期的早期溶解作用又贡献了1%的孔隙度,晚成岩阶段有机酸和二氧化碳对凝灰质及不稳定岩屑如凝灰质岩屑、火山岩屑的溶蚀提高了9.3%的孔隙度(图2-24)。

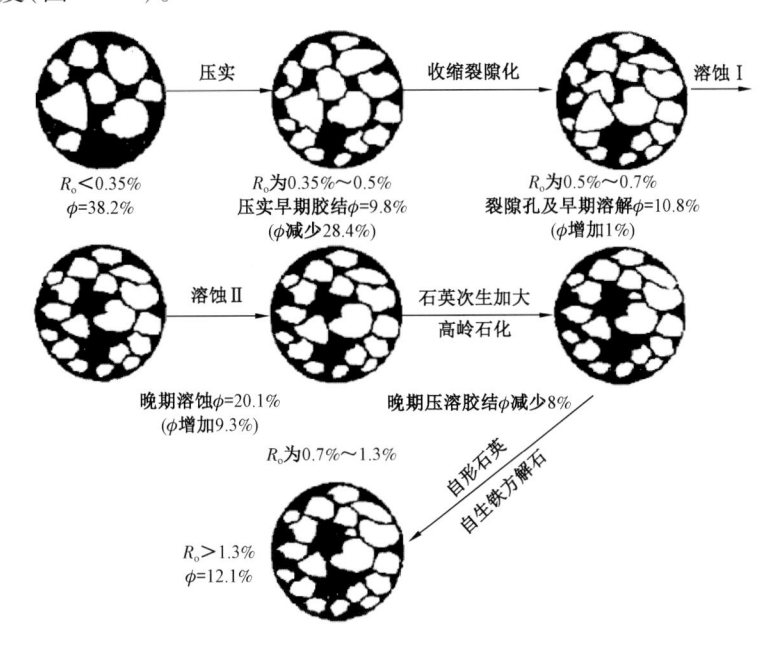

图2-24 盒8段含凝灰质石英砂岩的孔隙演化模式(据刘锐娥等,2002)

何宏等(2005)在假定渤南洼陷沙河街组储层砂岩原始孔隙度为40%的情况下,认为在早期压实作用导致孔隙度降低约10%之后,发生黏土包壳,一般降低孔隙度0~2%。部分砂岩没有经历早期碳酸盐胶结作用,该砂岩压实和压溶作用相当强烈,可进一步使孔隙度降低约15%。于是,那些砂岩经历了强烈机械压实后,一般仅残存孔隙度3%~5%(图2-25)。

近年来,随着流体包裹体分析技术的逐渐成熟和广泛应用,使得确定成岩作用发生的时期和埋藏深度成为现实,利用反演回剥法恢复储层孔隙演化史才得以真正的建立,具体研究方法可以概括如下。

第一,恢复储层原始孔隙度。砂岩储层原始孔隙度恢复主要使用 Beard 和 Weyl(1973)提出的碎屑岩初始孔隙度计算方法,即初始孔隙度 = 20.91 + 22.90/分选系数。

第二,确定成岩作用对储层孔隙度的影响程度。成岩作用对储层孔隙度的影响程度是指各种成岩作用(如胶结作用和溶解作用)降低(或增加)储层孔隙度的量。目前,国内外学者主要利用铸体薄片鉴定、扫描电镜分析等方法,通过统计各种成岩作用产物(如碳酸盐胶结物、石英次生加大等)、孔隙在岩石中所占的比例(用面积百分比表示)来确定各种成岩作用对储层孔隙度的贡献(陈瑞银等,2007;王琪等,2005;图2-26),如统计方解石胶结物含量为10%,则认为方解石胶结作用降低了10%的孔隙。需要注意的是,由于岩石是空间三维体,面积百分比与孔隙度存在一定差异。

第三,确定成岩作用发生时期。在成岩过程中,不同时期的自生矿物形成时的温度、压力及流体成分均可真实地记录在流体包裹体中(刘建清等,2005),因此,可以利用流体包裹体均一温度,确定成岩作用序列和期次(王成等,2007;樊爱萍等,2006;张忠民等,2003;孙永传等,

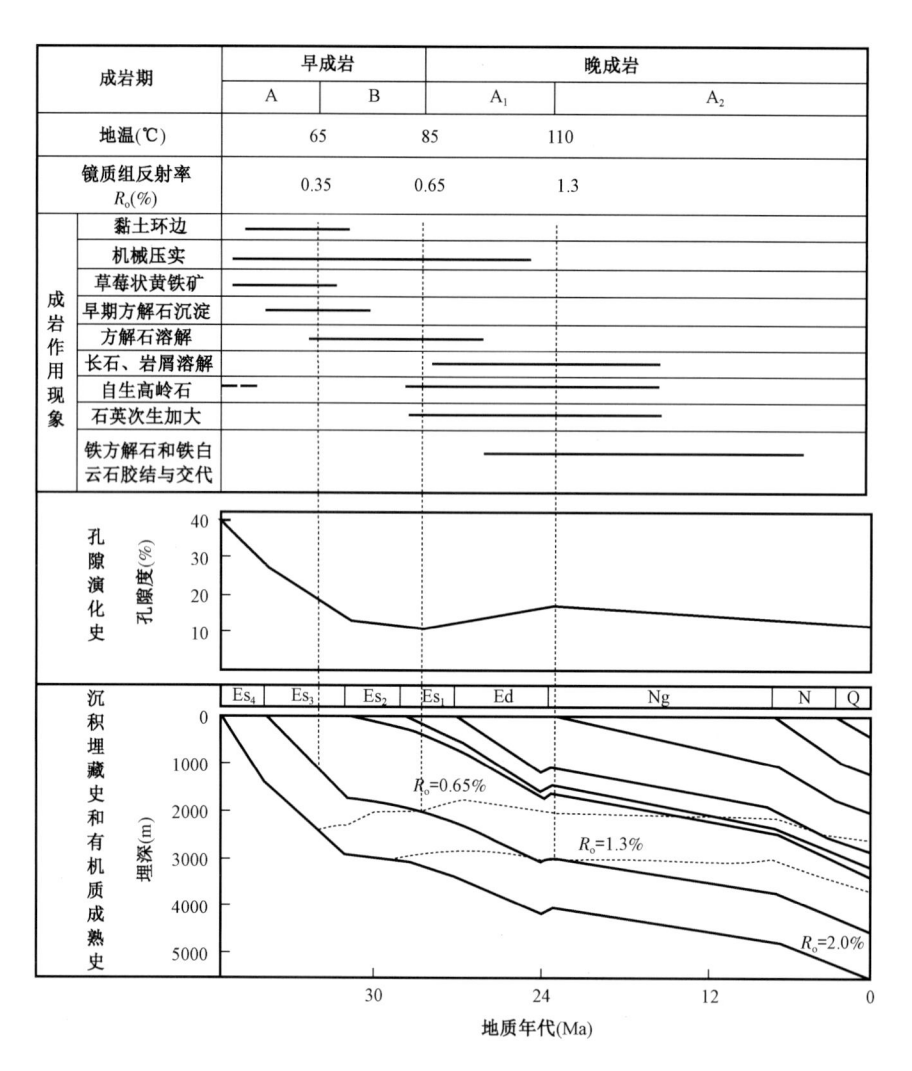

成岩期	早成岩		晚成岩	
	A	B	A₁	A₂
地温(℃)	65	85	110	
镜质组反射率 R_o(%)	0.35	0.65	1.3	

图 2-25 沙三段底部成岩作用史、孔隙演化史和沉积埋藏史与
有机质演化史间的匹配关系(据何宏等,2005)

1995),结合埋藏史和热史分析,确定各成岩作用发生的时期和埋藏深度(陈振林等,1996;王成等,2007;张忠民等,2003)。如松南18井登娄库组砂岩胶结物中包裹体均一温度表明,包裹体的形成温度主要在 100~130℃之间,其次为 80~90℃,这说明胶结物的形成有两期,结合埋藏史和热史研究成果,可以确定第一期胶结物形成于距今 100Ma 左右,第二期胶结物形成于距今 90Ma 以后,它们对应的地层埋深为 1700~2700m 和 1500~1700m,其成岩环境分别为深埋藏和浅埋藏环境(陈振林等,1996)。最后,对不同期次的自生矿物和溶解孔隙根据其形成的先后进行回剥,如最晚形成的胶结物的体积和现今孔隙体积之和即为胶结物出现之前的孔隙体积,逐步回推各种成岩现象,恢复不同时期储层孔隙度,建立储层孔隙度演化曲线(图 2-27)。

王瑞飞等(2007)采用反演回剥的方法分别对鄂尔多斯盆地中南部沿 25、西南部庄 40 两区块延长组长 6 段砂岩的成岩作用和孔隙演化进行分析。孔隙度演化的定量研究表明:相似的成岩演化阶段,孔隙度的演化不同。两区块初始孔隙度相近,沿 25 区块为 34.91%,庄 40 区块为 33.42%;但机械压实过程中,沿 25 区块孔隙损失率为 40.33%,庄 40 区块孔隙损失率为

图 2-26 铁边城地区长 6 砂岩主要成岩作用类型与孔隙演化模式(据王琪等,2005)

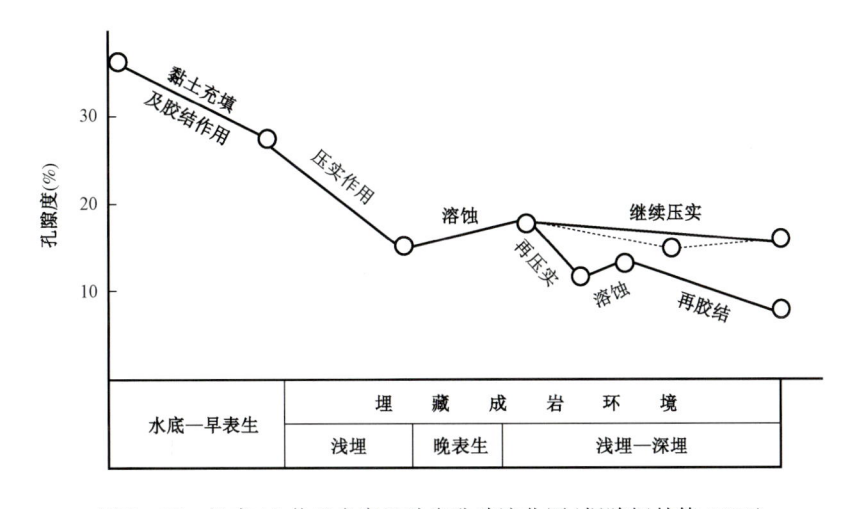

图 2-27 松南 18 井登娄库组砂岩孔隙演化图(据陈振林等,1996)

55.45%。胶结、交代过程中,沿 25 区块孔隙损失率为 46.86%,庄 40 区块为 36.51%。后期溶蚀过程中,沿 25 区块次生孔隙空间主要为浊沸石溶孔,次生溶孔占比例为 55.76%;庄 40 区块次生孔隙空间主要为长石、岩屑溶孔,次生溶孔占比例为 73.51%。张大智等(2008)利用反演回剥法恢复东营凹陷不同沉积相储层孔隙演化,取得了良好的效果,如樊 14 井 3232m 含砾粗砂岩,颗粒间全部被石英次生加大边和铁方解石胶结物所充填,面孔率 1%;面孔率铁方解石胶结物包裹体平均均一温度 90℃,区间值 87.2~90℃,形成深度 2143m,时间为明化镇组沉积初期,去掉铁方解石胶结物的体积后,剩余的孔隙空间占岩石面积的 10%,即面孔率为 10%;石英加大边内包裹体平均均一温度 80℃,区间值 64~84℃,形成深度 1857m,时间为东营组沉积末期—馆陶组沉积中期,再去掉石英加大边的体积后,剩余的孔隙空间占岩石面积的30%,即面孔率为30%;由此方法恢复樊14井3232m含砾粗砂岩孔隙演化为,原始面孔率为40%,埋深到1857m之前面孔率为30%,埋深到2143m之前面孔率为10%,现今面孔率为1%(表2-1、图2-28)。马奔奔等(2015)以沙四上亚段近岸水下扇义284井3750m细砂岩为例,采用反演回剥的方法对地史时期近岸水下扇砂砾岩储层的物性进行了恢复,可知对储层物性演化起到重要影响的有压实作用、碳酸盐胶结、碳酸盐灰泥重结晶作用、酸性溶解及油气充注,并建立了近岸水下扇不同亚(微)相储层物性演化模式。葛家旺等(2015)基于岩石薄片、阴极发光、X射线衍射、扫描电镜及储层物性等资料,对HZ-A地区文昌组砂岩储层特征、成岩作用和孔隙度演化进行了详细研究;采用孔隙度参数演化的定量分析方法,建立了储层孔隙度定量演化模式:储层初始孔隙度约35.1%,持续性的埋藏压实导致原生孔隙减少15.4%,早期胶结减少孔隙3.4%,之后酸性流体进入发生溶蚀增孔7.2%,晚期胶结作用损失孔隙度11.5%,结果形成低孔低渗储层(表2-2)。

表2-1 成岩过程中孔隙度演化(据王瑞飞等,2007)

区块	初始孔隙度(%)	压实损失孔隙度(%)	压实损失率(%)	早期胶结损失孔隙度(%)	早期胶结损失率(%)	溶蚀作用增加孔隙度(%)	晚期胶结损失孔隙度(%)	晚期胶结损失率(%)	计算目前孔隙度(%)	误差(%)
沿25	34.91	14.08	40.33	14.45	41.39	5.57	1.91	5.47	10.04	0.51
庄40	33.42	18.53	55.45	6.51	19.48	7.38	5.69	17.03	10.07	0.30

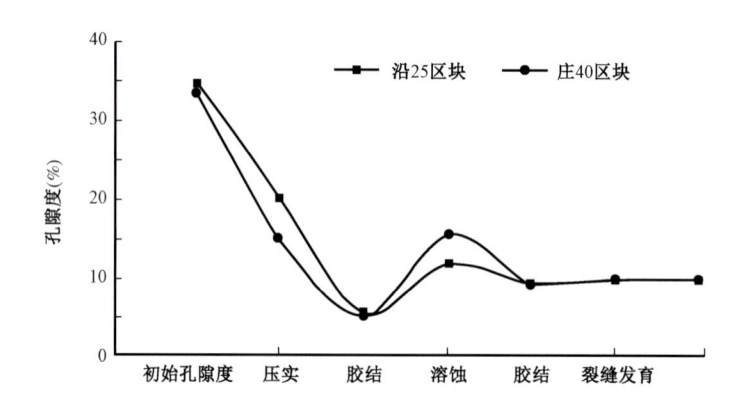

图2-28 成岩演化阶段孔隙度演化模式图(据王瑞飞等,2007)

表2-2 文昌组孔隙定量演化的参数统计(据葛家旺等,2015)

岩性	孔隙演化参数	数值	不同成岩阶段对应的孔隙度变化
储层埋深:3500~4050m;岩性:辫状河三角洲细砾岩、不等粒粗砂岩主,少量中砂岩	初始孔隙度(%)	35.1	
	压实后孔隙度(%)	19.7	
	压实损失孔隙度(%)	15.4	
	溶蚀孔隙度(%)	7.2	
	胶结损失孔隙度(%)	14.9	
	早期胶结损失孔隙度(%)	3.4	
	晚期胶结损失孔隙度(%)	11.5	
	物性分析孔隙度(%)	12	

反演回剥法恢复储层孔隙演化的方法优点是采用真实岩样,能够真实反映储层的孔隙结构。然而这类方法目前存在的问题主要有三个:(1)未确定各成岩作用发生的绝对时间及相应储层的古埋深。(2)孔隙度与面孔率之间的关系尚不明确;部分学者认为薄片面孔率近似等同岩石孔隙度(McCreesh等,1991;张学丰等,2009),而另外一些学者则认为面孔率不等同于孔隙度,并采用回归拟合的方法建立面孔率与孔隙度之间的转化关系(陈瑞银等,2007;周晓峰等,2010)。(3)恢复结果未进行各成岩阶段压实作用校正,而是将压实作用损失的所有孔隙度全部归结到早成岩阶段;沉积物进入埋藏阶段之后,压实作用伴随于整个埋藏成岩过程(操应长等,2011;Chester等,2004),并且不同地温梯度下压实作用的强度也不相同(寿建峰,2004),因此需要对各成岩作用阶段进行机械压实与热压实作用校正。

2. 正演物理模拟实验法

正演物理模拟实验法是指在沉积盆地实际地质条件的约束下,利用物理模拟方法模拟不同类型碎屑储层在埋藏、成岩过程中物性参数的演化过程,即 ϕ、K 与深度的关系,用此关系式来推断相应类型储层在地质历史时期的变化过程(张大智等,2008)。目前,国内外物理模拟实验研究主要集中在次生孔隙形成机理方面(刘锐娥等,2002;季汉成等,2007;黄福堂等,1998;杨俊杰等,1995;罗孝俊等,2001;黄思静等,1995),有关碎屑岩储层埋藏成岩过程中物性参数变化模拟才刚刚起步。杨俊杰等(1995)对近地表表生条件(40℃、常压,开放体系)和埋藏成岩作用的温压条件(从75℃、20MPa到100℃、25MPa,封闭体系)下,方解石、白云石相对含量不同的碳酸盐岩的溶蚀特征进行了物理实验模拟,实验结果见表2-3。刘国勇等(2006)以中砂级纯净石英碎屑为实验介质,参照东营凹陷实际地质情况(地温梯度选取3.8℃/100m,压力系数选取1.1,岩石密度选取2.4g/cm³,水的密度选为1.0g/cm³),确定出不同深度的温度和压力条件,开展了压实模拟实验(图2-29和图2-30)。纪友亮(2008)根据胜利油区古近—新近系的地层条件开展了"加压—加入碱性流体—加入酸性流体—加温—加压"综合物理模拟实验,来模拟储层物性参数的演化过程。

表2-3 不同温压条件下不同组成的碳酸盐岩的溶蚀速度变化率(杨俊杰等,1995)

岩性	岩石组成(C/D)	Ca[mg/(L·h·℃)]	Mg[mg/(L·h·℃)]	Ca、Mg合量[mg/(L·h·℃)]
含云灰岩	84/16	0.0064	0.0064	0.011
微晶云岩	2/98	0.0200	0.0130	0.033

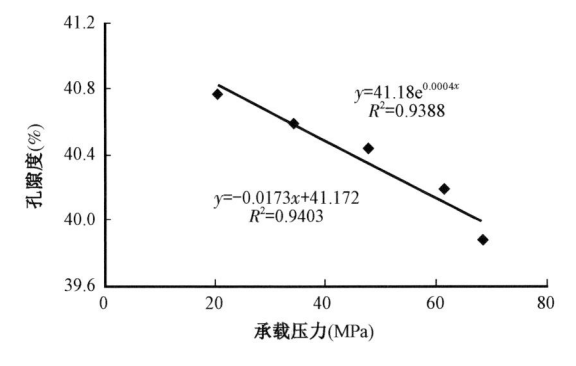

图2-29 压实过程中石英砂体孔隙度随承载压力变化曲线图(据刘国勇等,2006)

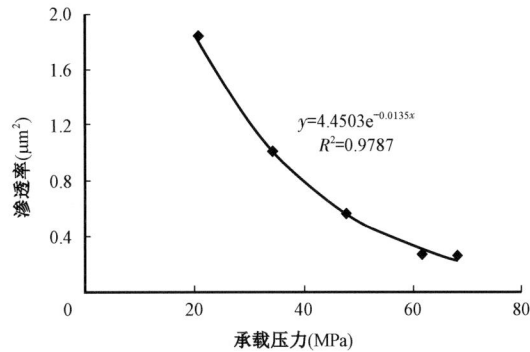

图2-30 压实过程中石英砂体渗透率随承载压力变化曲线图(据刘国勇等,2006)

正演物理模拟实验法可以模拟实际地层的埋藏成岩过程中储层物性参数的连续变化情况,但是,物理模拟实验往往受实验条件的限制,特别是短暂的实验"时间"不好与漫长的"地质历史时期"相比,因此结果可靠度与准确度有待提高。随着油气勘探程度的不断提高,对地质历史时期孔隙度演化恢复精度的要求也越来越高,急需发展更为精确的地质历史时期砂岩储层孔隙度演化恢复方法(王艳忠等,2013)。

第二节　油气开发中的储层评价问题

由于沉积时水动力条件的不同,沉积环境的差异,导致了储层的非均质性。储层的非均质性是客观存在的,它决定了一个油田内一套储层层系中的各油层组、砂岩组、小层及单砂体之间存在着不同程度的差异,这些差异是决定勘探开发战略的重要依据。储层研究的最终目的是对储层做出符合实际地质条件的分类与评价,随着油田勘探开发工作的日益深入,储层评价工作愈来愈受到国内外专家的重视。由于影响储层地质特征的因素是复杂而多方面的,所以只有选取合适的评价参数、评价方法,对储层进行综合评价,才能提高钻井的成功率,并为开发方案的制定、开发动态分析、油藏工程研究、油藏数值模拟,以及开发方案调整等项工作奠定可靠的地质基础(刘吉余等,2004)。目前主要存在以下的问题。

一、评价标准问题

受资料条件、地质特征以及研究目标等因素的影响,目前储层评价研究还没有建立公认的、规范的评价标准,不同的地区评价标准差异很大,这对于已有研究成果的推广和引用十分不利。如王允诚等(1980)根据中国4个大区12个油田1000多块砂岩井下岩样的毛细管压力—饱和度曲线资料,提出孔隙度大于20%,渗透率大于100mD的储层为好到非常好的储层;而纪友亮(2009)针对东濮凹陷文南地区沙三段,研究认为孔隙度大于27%,渗透率大于500mD的储层为高渗储层。

二、有效评价参数问题

评价参数的选取受地质条件的复杂性、多样性、特殊性所控制。当前油藏评价工作以渗流机理为出发点,从单一参数向多参数综合评价发展。目前,常规油气储层应用较多的参数是孔隙度、渗透率,其他参数例如含油饱和度、有效厚度、泥质含量等也有使用,但评价参数在不同地区差异性很大,还没有公认的参数标准。面对孔喉更为微小,渗透性更差的低渗透油藏,常规储层评价参数不再全部适合,需要将启动压力梯度和可动流体等参数纳入评价,综合考虑非线性渗流。如刘克奇等(2005)针对东濮凹陷卫城81断块沙四段选用有效厚度、孔隙度、渗透率、含油饱和度及泥质含量进行储层综合评价(表2-4);贾培锋等(2015)通过对大庆油田和长庆油田典型致密油储层岩心进行实验研究,运用统计学方法和数值模拟方法,优选了平均喉道半径、可动流体百分数、脆性指数、地层压力系数、启动压力梯度、原油黏度6个参数用于致密储层评价(表2-5);魏漪等(2011)以厚度加权平均的计算方法,对各项参数集总,通过参数之间的相关分析,结合储层的孔隙结构等方面的研究,最终选出13项影响储层评价的主要因素对G油田H储层进行定量评价。这13项影响因素为:岩性参数(砂层厚度、油层厚度);物性参数(孔隙度、渗透率、有效孔隙体积、可动流体体积);电性参数(电阻率);含油性参数

(储层含油饱和度);孔隙结构参数(主流喉道半径、流动带指数);存储渗流参数(存储系数、渗流系数);单井产能参数(试油日产油量)。

表2-4 卫城81断块沙四段各储层参数数据(据刘克奇等,2005)

小层号	油层组	h(m)	ϕ(%)	K(mD)	S_o(%)	V_{sh}(%)
1	$S_4 1^1$	2.86	14.73	10.36	49.52	22.31
2	$S_4 1^2$	2.57	15.15	9.81	47.71	25.00
3	$S_4 1^3$	2.12	15.71	13.55	42.98	25.29
4	$S_4 1^4$	2.58	14.65	10.50	47.46	24.62
5	$S_4 2^1$	2.30	14.21	7.56	43.67	24.15
6	$S_4 2^2$	3.00	14.01	6.59	41.38	20.34
7	$S_4 2^3$	2.15	14.44	7.07	39.64	22.197
8	$S_4 2^4$	2.93	13.82	5.57	41.98	22.64
9	$S_4 2^5$	4.88	15.21	11.57	45.86	19.53
10	$S_4 3^1$	4.00	13.17	6.71	41.67	23.76
11	$S_4 3^2$	7.57	15.82	10.26	46.79	21.92
12	$S_4 3^3$	5.02	14.61	7.54	44.49	22.38
13	$S_4 3^4$	4.47	13.44	4.74	39.2	23.18
14	$S_4 3^5$	4.07	14.59	6.42	40.67	23.47
15	$S_4 4^1$	4.06	15.78	9.10	42.30	23.62
16	$S_4 4^2$	4.71	15.41	5.73	42.80	28.15
17	$S_4 4^3$	2.64	13.45	3.25	33.04	29.91
18	$S_4 4^4$	2.86	12.57	4.36	28.36	22.98

表2-5 致密油藏储层评价方法(据贾培锋等,2015)

参数	界限			
	Ⅰ类	Ⅱ类	Ⅲ类	Ⅳ类
平均喉道半径(μm)	>2.0	1.0~2.0	0.5~1.0	<0.5
可动流体百分数(%)	>65	50~65	35~50	20~35
启动压力梯度(MPa/m)	<0.1	0.1~0.5	0.5~1.0	>1.0
原油黏度(mPa·s)	<2	2~5	5~8	>8
压力系数	>1.5	1.2~1.5	0.9~1.2	0.7~0.9
储层脆性指数(%)	>60	40~60	20~40	>20

三、定性和定量研究方法结合的问题

目前多数研究者热衷于对模糊数学、灰色关联分析等数学方法的研究和探索。如武春英等(2008)以鄂尔多斯盆地白于山地区延长组长4+5油层组为例,运用模糊数学综合评判法,确定孔隙度、渗透率、排驱压力、分选系数、孔喉均值是储层评判对象因素集。朱伟等(2013)以哈萨克斯坦滨里海盆地东南部三叠—侏罗系陆源碎屑岩地层为例,采用基于模糊数学的评价方法,通过多元回归分析、最小二乘法优化地质要素,确定孔隙度、渗透率、含油饱和度、砂岩厚度作为关键地质因素,建立了模糊数学关系模型。而真正将地质成因定性分析和数学统计定量运算紧密结合的研究实例还很少。

小　　结

由上述问题的分析表明,制约储层评价的关键问题主要有三点。

(1)由于储层的演化是一个漫长而复杂的地质过程,在不同时期储层所表现的物性是不一样的。而现今的评价方法是用现今储层的物性来评价油气充注时储层质量的优劣;但是在被油气充注的砂岩储层,经过之后复杂的变化到现今,储层物性究竟谁如何变化的? 含油气储层物性现今虽然致密,但在油气充足时就一定是致密的吗? 所以如何在"将今论古"的思想指导下,恢复成藏期时储层的物性,以此为根据评价储层的优劣是本书所要解决的一大难题。

(2)前人所采用的评价方法主要依据现今储层所表现出的不同特征而相应制定,主要局限于对现今的砂岩储层进行评价,属于"静态"的储层评价。然而,储层评价的最终目的是通过对砂岩储层的评价,寻找出优质储层的分布进而指导油气勘探。由于砂岩储层在关键成藏期与现今之间仍经历了一个长时间的成岩作用,储层性质会随着时间和成岩作用的演化而一直变化,为一个"动态"的过程。因此不能简单地只对现今储层进行"静态"评价,而应在需要考虑砂岩储层孔隙度演化的基础上对关键成藏期砂岩储层进行评价。

(3)如何准确的、定量的厘定储层演化过程中每个阶段对储层孔隙增减的贡献率,是储层研究的热点和难点。储层演化过程是十分复杂的,每种成岩作用在不同成岩阶段对储层孔隙演化的贡献是不同的。如若采用传统的单因素分析,多因素综合的思路对储层孔隙演化进行定量恢复是相当复杂的,且准确性不高,只能达到半定量化的程度,那么是否能换一个思路,从不同成岩作用对储层孔隙的增加或减少的角度对储层孔隙演化的每个阶段进行定量恢复?

基于上述的关键问题,本书所提出了"动态"储层评价概念。在明确影响储层动态过程的成岩作用类型,进行储层微观结构研究以及成岩作用的精确定量模拟,从而更加准确的恢复古孔隙度,剖析储层致密化过程,明确油气充注对储层演化的影响,进而更加全面地进行储层动态评价。本方法从本质上抓住储层评价的核心问题(刘震等,2015)。

第三章　砂岩储层孔隙结构及演化特征

油气储层的孔隙结构是指储层岩石所具有的孔隙和喉道的几何形状、大小、分布及其相互连通关系的总和。储层的微观孔隙结构直接影响着储层的储集和渗流能力（胡志明，2006；杨正明等，2007）。随着中国石油勘探向低孔低渗甚至致密砂岩等非常规砂岩油藏转移，人们逐渐发现常规油气藏的评价、预测、开发方法已经不能很好的应用于实践。譬如岩石物性与含油性不能很好地对应，物性中的孔隙度和渗透率的相关性随着孔渗的减小也越来越差，孔隙结构与物性参数的对应关系变差（王国亭等，2013），只用物性参数不能合理的表征评价储层性质。

大量的勘探开发实践也表明，储层岩石的微观孔隙结构直接决定了油气藏产能的差异分布（杨正明等，2007）。孔隙结构的非均质性造成开发过程出现了许多亟待解决的问题，如注水压力高、含水上升快、启动压力大等，这些问题都在不同程度上影响着油田的开发效果（郝乐伟等，2013）。

另外，储层岩石孔隙结构参数是储层评价的重要指标，如何客观地确定这些参数，是勘探和开发领域一直致力解决的问题。因此，研究储层的微观孔隙结构特征对于储层进行合理的分类评价，进而查明储层的分布特征，提高油气产能及油气采收率具有十分重要的意义。

第一节　孔隙结构的分析技术和表征方法

以往的储层表征和评价分类方法往往基于储层的物性参数，但是在低孔低渗和致密的砂岩储层中人们发现孔隙度和渗透率变化的不一致性（黄思静，2011；祝海华等，2014），同一地区相同孔隙度砂岩其渗透率却相差了一个数量级（Keith等，2004）。其根本原因还是孔隙结构的不同，即岩石微观孔隙结构控制其物性特征（王瑞飞等，2008；魏虎等，2013；毕明威等，2015）。而且由于储层非均质性和敏感性较强，以往的研究方法和评价标准已经不能很好地适应实践（李海燕，2012；王国亭，2013）。因此，一些新的孔隙结构分析方法和评价参数不断涌现，成为研究热点。但目前评价分类的标准和参数很大程度上依赖于分析技术的限制，不同的分析技术得到的参数具有各自不同的地质意义；不同分析方法研究的尺度也不相同，得到的参数具有系统误差。

一、孔隙结构基本参数

前人对孔隙结构参数的研究很多，而且很多学者仍不断提出新的参数。本文认为孔隙结构参数可以分为定性和定量两种类型。

1. 定性参数

常见定性孔隙结构参数主要是孔隙类型和压汞曲线形态。不同孔隙组合是划分储层类型的重要参数，孔隙类型也控制着一些储层孔隙结构参数的相关性。例如裂缝型孔隙使得渗透率与孔隙度的相关性变差：渗透率大大增加，而孔隙度的变化较小（范俊佳等，2014）。孔隙类型也影响着压汞曲线的特征。砂岩储层孔隙类型分类方案较多(表3-1),早期的分类多按孔隙成因分为原生孔隙、次生孔隙和混合成因孔隙等类型。

表3-1 常见孔隙类型分类方案

按成因分类	1. 原生孔隙	① 颗粒支撑的原生粒间孔隙 ② 粒间基质充填不满所遗留下来的孔隙 ③ 基质内部有杂基支撑的孔隙 ④ 原始岩屑粒内孔隙
	2. 次生孔隙	① 溶蚀孔隙(包括颗粒、基质、胶结物、交代物溶孔) ② 破裂孔隙(一些层理缝和矿物解理缝也属此类) ③ 收缩孔隙(矿物发生脱水或重结晶收缩而产生的裂缝) ④ 晶间孔隙(重结晶作用和胶结作用产生的晶体之间的孔隙)
	3. 混合成因孔隙	
按孔隙产状及溶蚀作用分类	1. 粒间孔隙(颗粒填隙物或孔隙均看不到溶蚀现象)	①完整粒间孔隙 ②剩余粒间孔隙 ③缝状粒间孔隙(粒间孔隙基本被充填,只剩缝隙)
	2. 粒内孔隙	
	3. 填隙物内孔隙	
	4. 裂缝孔隙	
	5. 溶蚀粒间孔隙	①部分溶蚀粒间孔隙 ②印模溶蚀粒间孔隙 ③港湾状溶蚀粒间孔隙 ④长条状溶蚀粒间孔隙 ⑤特大溶蚀粒间孔隙 ⑥溶蚀粒内孔隙(处于颗粒内部,数量众多,往往呈蜂窝状或者串珠状) ⑦溶蚀填隙物内孔隙 ⑧溶蚀裂缝孔隙
按孔隙直径大小分类	1. 超毛细管孔隙	孔隙直径大于500μm,裂缝大于250μm,服从静水力学的一般规律
	2. 毛细管孔隙	孔隙直径 0.2~500μm,裂缝 0.1~250μm
	3. 微毛细管孔隙	孔隙直径 <0.2μm,裂缝 <0.1μm;在通常温压下流体在这种孔隙中不能流动

由于原生孔隙和次生孔隙有时难于辨认,后来人们也发现越来越多的次生孔隙,甚至在一些油气田中,几乎全为次生孔隙或主要为次生孔隙;这种成因分类逐渐被人们淡化了。Pittman等(1970)从几何形态上将孔隙分为:粒间孔隙、溶蚀孔隙和微孔隙;但这种分类方法并未充分考虑次生作用,因为次生孔隙并非全为溶蚀成因。Schmidt 等(1979)借用碳酸盐岩储层孔隙分类的术语,将砂岩次生孔隙结构分为:粒间孔隙结构、特大孔隙结构、印模孔隙结构、组分内孔隙结构、裂缝结构,然后根据次生作用类型划分15个亚类;这种分类方法虽然突出了次生作用,但对于原生孔隙不够重视,同时,其亚类划分过于烦琐不便于应用,而且个别孔隙类型间如胶结物内和交代物内孔隙难于区分(张创,2009)。王允诚等(1981)将孔隙类型分为:粒间孔隙、杂基内微孔隙、矿物解理缝和岩屑内粒间微孔、纹理及层理缝、溶蚀孔隙、晶体再生长晶间

隙、收缩空隙和构造裂缝;并对国内一些地区的常规储油砂岩进行研究,发现油层的产能与砂岩的孔隙度、渗透率、毛细管压力参数及孔隙类型有关,认为孔隙的成因、类型及其大小分布规律的研究十分重要。

压汞曲线不仅是孔喉半径分布和孔隙体积的函数,也是孔喉连接方式的函数,更是孔隙度、渗透率的函数。可以直观地反映岩石的孔隙和喉道的分布特征以及连通情况,至今仍是储层分类的重要依据(图3-1)。

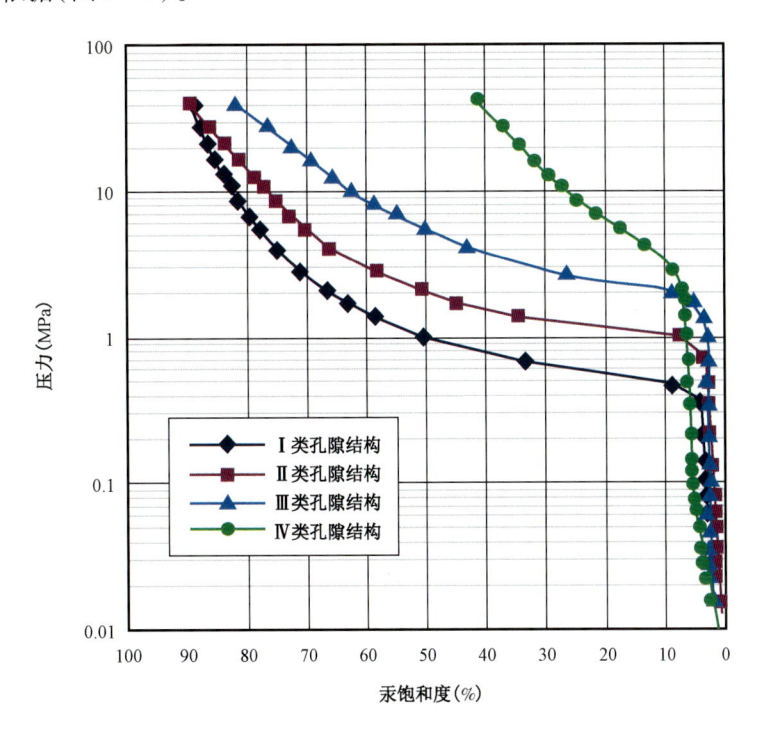

图3-1 研究区典型毛细管压力曲线特征及孔隙类型的划分(据蔡玥,2015)

2. 定量参数

定量的孔隙结构参数较多,一般认为可以分为三大类:反映孔喉大小的参数、反映孔喉分选特征的参数、反映孔喉连通性及控制流体运动特征的参数。

1)反映孔隙大小的主要参数

(1)孔喉半径及孔喉大小分布:是以能够通过孔隙喉道的最大球体半径来衡量的,孔喉半径的大小受孔隙结构影响极大。若孔喉半径大,孔隙空间的连通性好,液体在孔隙系统中的渗流能力就强。地层中液体流动条件取决于孔隙喉道的结构,孔喉数量、半径大小、截面形状、液体与岩心的接触面大小等都将起一定的作用。

(2)最大孔喉半径 R_d 及排驱压力 P_d:指非润湿相(汞)开始进入岩样所需要的最低压力,它是汞开始进入岩样最大连通孔喉而形成连续流所需的启动压力,也成为阈压或门槛压力。在排驱压力下汞能进入的孔喉半径即岩样中最大孔喉半径 R_d。

(3)毛细管压力中值 P_{50}:是指含汞饱和度为50%时所对应的毛细管压力值,P_{50}越小,反应岩石渗滤性能越好。

(4)孔喉平均值和孔喉半径中值:是孔喉半径总平均值的量度。

(5)主要流动孔喉半径平均值 R_z：指累计渗透率贡献值达95%以上的孔喉半径值。R_z 越大，储集物性越好。

(6)难流动孔喉半径 R_{min}：当渗透率贡献值累计达99.9%时，所对应的喉道半径称为难流动孔喉半径。此时非润湿相为难以排驱润湿相，故 R_{min} 相当于岩石中流体难流动的临界孔喉半径。

2)反映孔喉分选特征的主要参数

(1)孔喉分选系数(S_p)：是指孔隙喉道的均匀程度，其经验公式不赘述。S_p 越小，孔隙喉道越均匀，分选越好。

(2)孔喉歪度(S_{kp})：用以度量孔隙喉道频率曲线的非正态特征，有特定经验公式，在其他特征相同或相似的条件下，储层孔隙喉道歪度粗，则驱油效率高，否则反之。

(3)孔喉峰态(K_p)：可以反映孔隙喉道分布频率曲线尖锐程度，K_p 越大，说明孔隙喉道多集中于某一半径区间的小范围内，非均质性弱。

(4)孔喉分布的峰数(N)、峰值(X)、峰位(R_v)。峰数(N)是指孔隙喉道频率曲线中峰的个数；峰值(X)：是指占孔隙喉道体积百分比最高的孔喉半径处的体积百分数；峰位(R_v)：是指孔隙喉道分布峰值处所对应的孔喉半径。

(5)均质系数(α)：表征岩样孔隙中每个喉道半径 r_i 相对于最大喉道半径(r_{max})的偏离程度对汞饱和度的加权。α 的变化范围在 $0\sim1$ 之间，α 越大，孔隙喉道分布越均匀。

3)反映孔隙喉道连通性的常用参数

(1)退汞效率(W_e)：是注入压力从最大降到最小时，于岩样中退出的水银体积占压力最大时注入的水银总体积的百分数，该数值反映了非润湿相毛细管效应的采收率。

(2)最小非饱和孔喉体积百分数(S_{min})：是指当向岩样注入水银的仪器达到最高工作压力时，未被水银侵入的孔隙喉道总体积百分数，S_{min} 大代表岩石孔隙喉道所占的总体积大。

(3)迂曲度(L)：反映孔隙喉道的连通和复杂程度，即喉道的弯曲程度，迂曲度越大，孔隙结构越复杂，驱油效率越低。

(4)孔隙结构系数(ϕ)：表征了测试岩样的孔隙结构与理论上等长、等截面积的平行圆形毛细管束模型之间的差别，它的数值表示了对影响这种差别的各种综合因素的度量。

(5)孔喉配位数(配位数)：为连通每一个孔隙的喉道数量，是孔隙系统连通性的一种度量，在单一六边形网络的配位数为3，在三重六边形网络中为6。

(6)孔隙曲折度(弯曲系数)：是指在孔隙空间系统中，两点之间沿连通孔隙的距离与两点间直线距离之比值，在一维空间表现孔隙结构特征。曲折度越接近于1，对流体渗流越有利，因为流体在流动过程中受通道迂回的阻力最小。

(7)视孔喉体积比(V_R)：是度量空隙体积与喉道体积的数值。

(8)结构均匀度($\alpha \cdot W_e$)：反映了进汞曲线与退汞曲线的特征，表征了岩石孔隙结构的均匀程度和连通程度。

二、孔隙结构分析方法

储层岩石孔隙结构研究属于以岩石样本为基础的微观分析，以获取样本的岩性、组分、基质与胶结物、层理特征、孔喉大小及分布等信息，而这些都是肉眼难以观察到的，因此目前孔隙结构的研究主要在实验室依靠仪器设备来实现。不同的方法获得的参数是不一样的，所得参数所代表的孔喉类型也是不同的,具有一定的系统误差。由于孔隙结构的表征与其测试技术的发展紧密相关,对于孔隙结构方法的了解有助于我们理解不同孔隙结构参数的地质意义。

在研究的早期,储层孔隙结构的研究基本局限于在铸体图像孔隙和高压压汞资料的基础上,对孔喉分布特征进行细化描述,并结合孔喉大小对其进行成因解释。随着相关测试技术的发展,孔喉表征对象从常规砂岩储层向致密砂岩和泥页岩延伸,不断深化对后两者孔喉分布规律的认识,同时将常规砂岩、致密砂岩和泥页岩中的孔喉分布特征进行有目的的对比分析。

于兴河等(2015)将孔隙结构研究方法分为三大类:毛细管压力曲线法(一维)、图像分析法(二维)和三维孔隙结构模拟法(表3-2)。认为各种方法所测的孔隙结构参数基本相同,但是其技术难度和测量精度却差异明显。焦堃(2015)将孔隙结构的研究方法分为:图像分析技术(包括薄片、电镜扫描)、流体注入技术(压汞法,气体等温吸附)、非流体注入技术(核磁共振、CT扫描)。马旭鹏(2010)认为实验室研究岩石孔隙结构的方法归纳起来可分为两大类:一类为直接观测法,包括岩心观测、铸体薄片法、图像分析法和扫描电镜法等;另一类为间接测定法,主要是压汞毛细管压力法等。邹才能等(2014)则将实验室研究岩石孔隙结构特征的描述方法分为三类:一类是间接测定法,如毛细管压力曲线法,包括半渗透隔板法、压汞法和离心机法等;第二类为直接测定法,包括铸体薄片法、扫描电镜法及CT扫描法等;还有数字模拟法,包括铸体模型法、数字岩心孔隙结构三维模型重构技术等。

表3-2 非常规致密储层孔喉测量表征技术(据于兴河等,2015)

	技术方法		适用性	样品尺度	测量精度	测得孔隙结构参数
毛细管压力曲线法(一维定量评价)	压汞分析		常规储层	cm	10nm～10μm	孔隙体积、孔径大小及分布
	恒速压汞		简易快速		2nm～1μm	
	核磁共振(CMR)		精度高	mm	8nm～80μm	
	氮气吸附测试				0.75～15nm	
	压汞—比表面联合分析		精度较高	mm～cm	1nm～1μm	
图像分析法(二维精细刻画)	普通显微镜		简单快速	cm	μm～mm	孔喉形态、大小及分布特征
	扫描电子显微镜	普通扫描电镜(SEM)	常规储层	mm～cm	3～15nm	
		场发射扫描电镜(FSEM)			0.5～2.0nm	
		环境扫描电镜(ESEM)	方法较新精度较高适用范围较广		1nm	
	激光共聚焦显微镜(LSCM)				0.1μm	
三维孔隙结构模拟法(三维空间表征)	聚焦离子束显微镜(FIB)			mm	5～10nm	孔隙体积、孔径分布、形态及连通性等
	聚焦离子—电子双束显微镜				1.0～1.9nm	
	CT扫描	微米CT扫描			μm～mm	
		纳米CT扫描			1～10nm	

1. 薄片法

铸体薄片是将染色树脂注入样品孔隙中,在一定温压下使树脂固结后制成薄片,在偏光显微镜下观察孔隙、喉道的二维空间结构等参数(图3-2)。铸体薄片的最大优点在于:孔隙被染色树脂灌注后能方便地观察孔隙空间,避免人工诱导孔或缝,能提供岩石结构、粒径、分选、磨圆等基础信息及粒间填隙物及含量、孔隙类型、孔隙发育程度等信息。铸体薄片孔隙特征图像分析可得到孔隙直径的面积频率、累计频率、面孔率、平均孔隙直径、平均比表面、孔喉配位数、均值系数与标准偏差等参数。

(a) 长石砂岩　　　　　　　　　(b) 岩屑砂岩

(c) 中砂岩　　　　　　　　　　(d) 细砂岩

图 3-2　铸体薄片反映的孔隙结构

根据体视学理论，三维空间内特征点的特征可以用二维截面内特征点的特征值来表征，用图像分析方法对二维图像进行扫描，并对特征点的像素群进行检测和编辑处理，得到二维图像的特征值（张创，2009）。但是薄片这样的二维测量方法得到的视孔隙度或者面孔率与岩心实际的孔隙度并不一致，具有一定的系统误差，需要合理的校正才能使用。例如用薄片获得的孔隙分形维数小于 2（杨建，2008），而用压汞资料获得的分形维数则介于 2～3 之间（杨飞，2011）。而且张创等（2014）也发现在恢复砂岩初始孔隙度时由于薄片切面效应带来的"视分选性"与真实分选性有较大差异，应尽量根据筛析粒度资料得到样品的粒度和分选，仅在缺乏筛析粒度资料时，用样品薄片与标准图版进行对比。并且填隙物内的微孔往往较为细小，在普通偏光显微镜下难以鉴定，造成在孔隙度低值区与气测孔隙度具有比较大的相对误差，所以薄片分析技术在低孔渗砂岩储层测量中精度有限。铸体薄片法二维孔隙图像放大倍数相对有限，且无法获取孔喉真实的三维分布和连通情况等信息。

2. 毛细管压力曲线法

储层岩石的毛细管压力和湿相（或非湿相）饱和度关系曲线称之为岩石的毛细管压力曲线（图 3-3）。它是研究岩石孔隙结构特征最重要的资料，其测定方法主要包括：半渗透隔板法、压汞法和离心机法。

应用毛细管压力曲线的形态特征及其特征参数，可定性和定量地研究储层的孔隙结构，评价储层的储集性能。从毛细管压力曲线上能够获得反映孔喉大小的参数：最大孔喉半径、孔喉半径中值；反映孔喉分选性的参数：分选系数、孔喉歪度和孔喉丰度等；反映孔喉连通性和渗

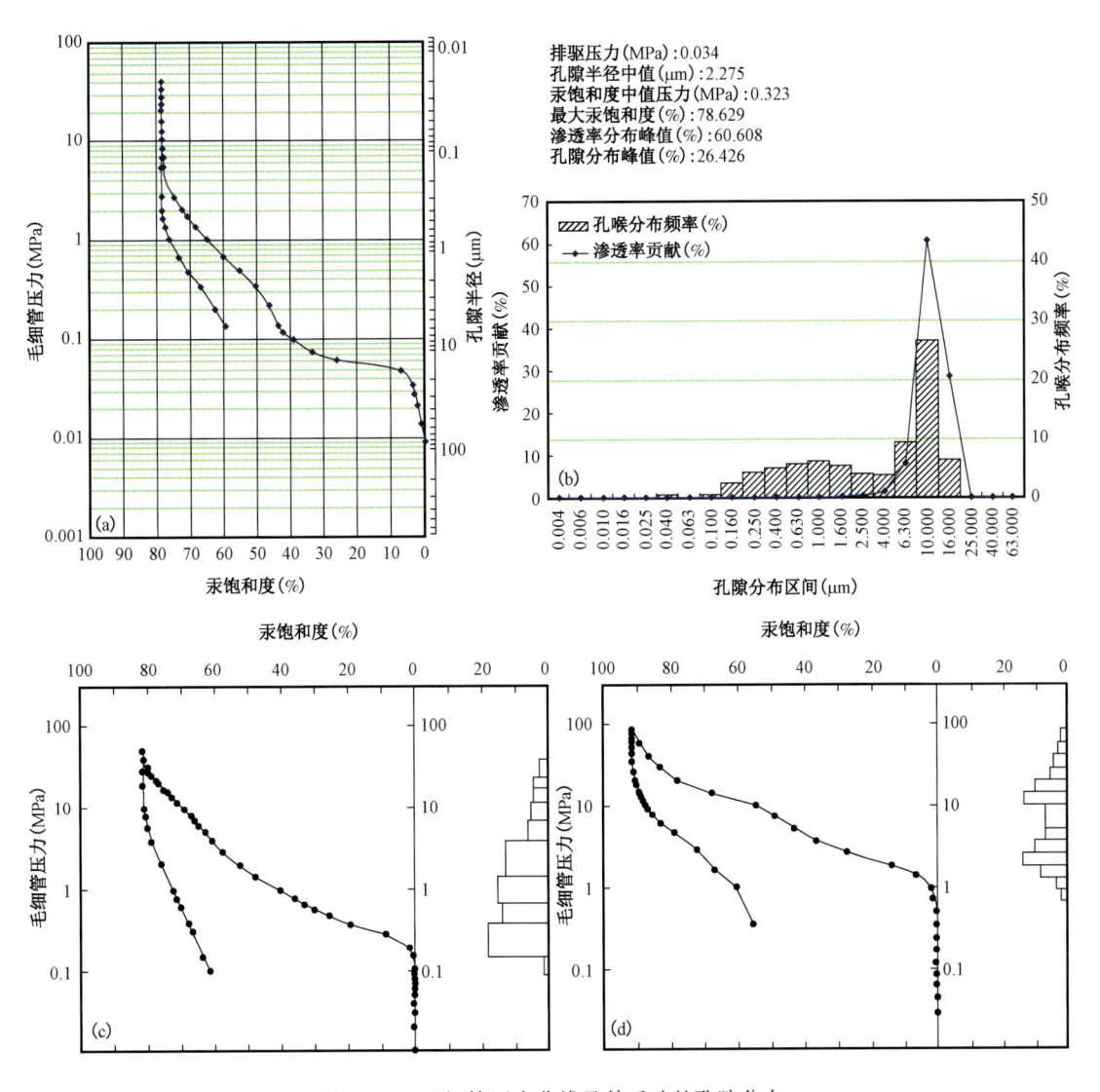

图 3-3 毛细管压力曲线及其反映的孔隙分布

流能力的参数:排驱压力、压力中值和驱油效率等,用于孔隙结构评价和表征。

半渗透隔板法是一种标准的、经典的测量岩石毛细管压力的方法。该法是通过在装有半渗透隔板的岩心室内充满非湿相流体(油或气体),对非湿相施以排驱压力,记录一系列的压力值及其对应的累计排出水体积,据此绘制的曲线即为驱替毛细管压力曲线。半渗透隔板法具有最高的精度,且最符合地下实际条件,测量精度较高,但是其测试过程速度较慢,需要时间长,仅适合理论研究。

离心机法是依靠离心机高速旋转产生的离心力,代替外加排驱压力来达到非湿相流体驱替湿相流体的目的。离心机在一定速度下旋转,由于油水密度差不同而产生不同的离心力,其差值与孔隙介质内流体相间毛细管压力相平衡,岩样中液体在该离心力下被驱替出来,记录平衡时驱出的液体体积,计算该离心力下的饱和度。不断改变转速,记录驱出液体体积,得到毛细管压力与饱和度的关系曲线。离心机法测定的过程简单方便,结果也较准确,重复性好、精度高;然而高速离心机属于大型设备,造价昂贵,不适合普遍使用。

压汞法就是将非湿相流体水银注入被抽真空的岩心内,当某一注汞压力与岩样孔隙喉道的毛细管阻力达到平衡时,便可测得该注汞压力及在该压力条件下进入岩样内的汞体积。在对同一岩样注汞过程中,可在一系列测点上测得注汞压力及其相应压力下的进汞体积,即可得到压汞曲线(杨飞,2011)。压汞法不但操作简便快捷,结果精度也较高,符合储层真实情况,因此是目前获得岩石毛细管压力曲线的主要手段;可快速准确测量岩石孔隙度、孔径等参数,但仅适用于相互连通微孔,测试微孔尺寸范围有限,主要为 3.6nm ~ 1mm。

压汞法具体又可以分为三种类型:常规压汞法、恒速压汞法和高压压汞法。

常规压汞技术是基于平行毛细管束的理论,认为只有当注入压力提高到小喉道半径所对应的压力时,汞才能进入被小孔隙和小喉道所遮挡的大孔隙和大喉道,这样便将这些大孔隙和大喉道的体积算进了此时的注入压力所对应的喉道半径进汞量中。这也造成了常规压汞所得的喉道分布较真实喉道分布更偏向细端,其分析结果只能给出不同喉道半径及对应喉道控制体积的分布,由于该分布掺杂了孔隙体积的因素,所以并不准确。而且常规压汞无法得到喉道的数量分布,只能用体积分布近似数量分布,这对于以原生粒间孔为主的孔隙结构来说可能误差不大,但是对于后期成岩作用比较强、次生孔隙发育的孔隙结构来说就会有比较大的误差。因此,常规压汞能够快速准确地测定岩石连通孔喉的大小、分布、有效孔喉体积等参数,但无法准确地区分孔隙、喉道的具体信息(毕明威等,2015)。

恒速压汞技术是在保持界面张力与接触角不变的情况下,以非常低的进汞速度将汞注入岩石孔隙体积,是在准静态过程中进行的,当汞突破喉道的限制进入孔隙体的瞬间,汞在孔隙空间内以极快的速度发生重新分布,从而产生一个压力降落,之后压力回升至把整个孔隙填满,然后进入下一个喉道。因孔隙半径与喉道半径存在数量级的差别,通过检测进汞压力的波动就可以将孔隙与喉道区分开来,实现对喉道和孔隙数量与大小的精确测量。这样就不会产生小孔喉遮挡大孔喉的现象,所以,恒速压汞所得的喉道分布更接近于多孔介质的真实喉道分布。根据进汞压力的升降来获取微观孔隙结构参数信息,能够直接获取孔隙、喉道的个数分布,分别提供孔隙、喉道的毛细管压力曲线,给出孔隙、喉道半径和孔喉半径分布等岩石微观孔隙结构特征参数,提供反映孔隙、喉道发育程度及孔隙、喉道之间的配套发育程度(孔喉半径比)等信息。恒速压汞实验测试能够提供的孔隙、喉道及总体毛细管压力曲线,可以直观、定量地反映储层样品的有效喉道体积及其所控制的有效孔隙体积的分布特征。李珊(2013)总结认为恒速压汞技术优于常规压汞之处在于:首先能将喉道和孔隙分开,分别提供孔隙和喉道的毛细管压力曲线;其次能准确、直接测量孔隙和喉道的大小及分布;最后模型中可假设多孔介质由直径大小不同的喉道和孔隙构成,更符合低渗、特低渗储层小孔细喉或细孔微喉的结构特征。但是恒速压汞的最高进汞压力为 6.2055MPa,与之对应的喉道半径约为 0.12μm。将半径小于 0.12μm 的喉道及其所控制的孔隙称为无效喉道或无效孔隙(王瑞飞等,2009)。恒速压汞的最高进汞压力远低于常规压汞的最高进汞压力,故最小喉道半径较高,这也是恒速压汞技术的不足。

高压压汞的原理和常规压汞相似,但是最高进汞压力达到 200MPa 左右,也就是可以测量大于 3.6nm 的孔喉系统。这就意味着常规压汞检测不到的微小的纳米孔喉也会被探测到,对于以纳米孔喉系统为主体的页岩和致密砂岩等非常规油气储层意义重大。

3. 扫描电镜法

扫描电镜(SEM)的原理类似于电视摄像,采用电子束作光源,通过电磁场使电子束偏转并聚焦,再轰击到被分析的样品之上,然后接收到电子信号成像。利用高能电子束对岩心扫描并激发出各种物理信号,通过对信号的接收、放大和成像等处理后即可得到岩心的形貌相和表面相等,对微观孔隙结构表征具有重要意义。作为研究岩石孔隙结构特征的主要手段之一的扫描电镜能够清楚地观察到储层岩石的主要孔隙类型:粒间孔、微孔隙(包括粒内溶孔、杂基内微孔隙、微裂缝)、喉道类型(包括点状、片状和缩颈喉道)和测定出孔喉半径等参数(图3-4)。扫描电镜可观测不同尺度二维微孔形貌、孔喉大小,如利用场发射扫描电镜可获取孔径大于5nm的微孔二维平面图像,但对于孔喉的三维分布和孔喉连通情况等信息无从获取。

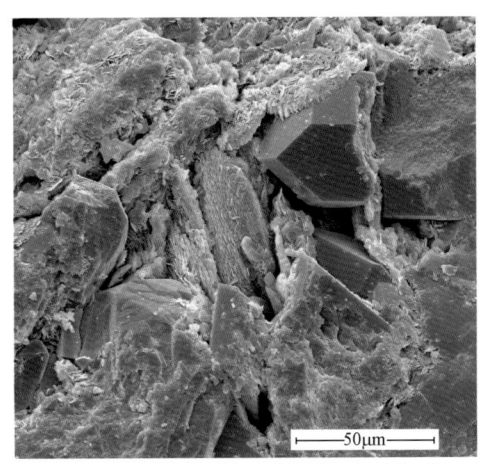

(a)石英具次生加大,粒间孔分布绿泥石、自生石英 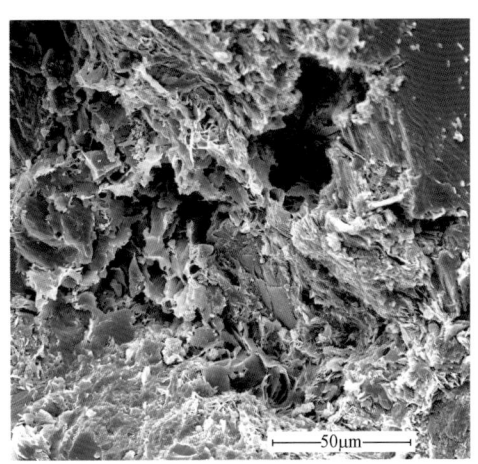　　(b)间孔分布伊利石、绿泥石

图3-4　扫描电镜孔隙结构图像

4. CT扫描法

X射线断层成像技术(Radiation X-Ray Computed Tomography,X-CT)为近年发展起来的一种利用X射线对岩石样品全方位、大范围快速无损扫描成像,最终利用扫描图像数值重构孔喉三维结构特征的技术方法。CT扫描法又叫层析成像法,是发射X射线对岩心做旋转扫描,在每个位置可采集到一组一维的投影数据,再结合旋转运动,就可得到许多方向上的投影数据;综合这些投影数据,经过迭代运算就可以得到X射线衰减系数的断面分布图,这就是重建岩心断面CT图像的基础。该技术可针对不同尺寸样品进行微米—纳米CT分析,获取纳米、微米与毫米级多尺度孔喉结构特征(图3-5),精确定位不同孔喉在样品中的准确位置,避免传统压汞法、气体吸附法等间接测量结果仅反映孔喉结构整体信息,无法反映致密储层微观孔喉分布非均质性特征的弊端。

在应用中,由于致密砂岩储层以纳米级孔喉为主,兼有微米级孔喉,孔喉直径一般为300～2000nm,喉道呈席状、弯曲片状,连通性较差的微观孔喉结构特征,需要将纳米级CT(Nano-CT,最大分辨率50nm)与微米级CT(Micro-CT,最大分辨率0.7μm)相结合,才能全面表征致密砂岩储层微观孔喉结构。岩心的CT扫描能够提供岩石孔隙结构、充填物分布、颗粒表面结构、构造及物性参数等。CT扫描法的最大优点是对岩心没有损伤,结果可以重复,且测量速度快,但是由于该方法测量过程较为复杂,需要较多费用和时间,所以并不常用(杨飞,2011)。

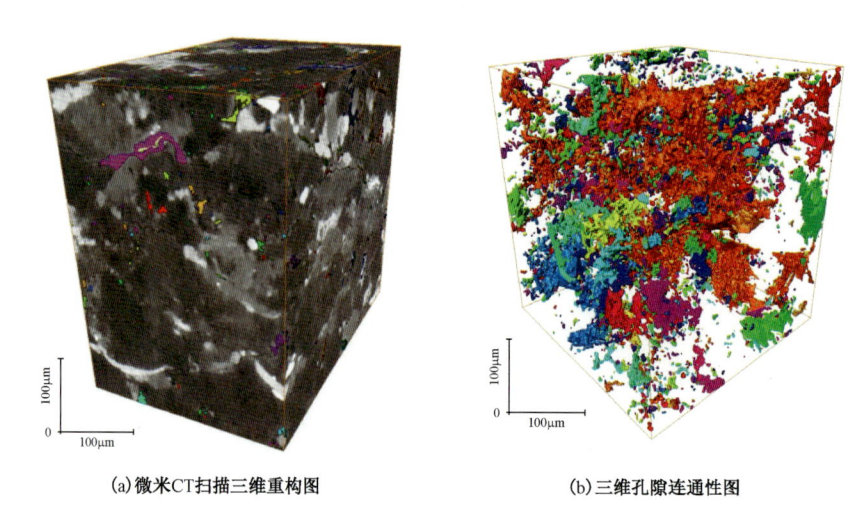

(a) 微米CT扫描三维重构图　　　　　　　(b) 三维孔隙连通性图

图 3－5　微米 CT 扫描图及连通孔隙分布

5. 聚焦离子束法

聚焦离子束法是利用离子束在亚微观尺度对岩石不断剥蚀扫描获取一系列高分辨率二维图像,最终将若干二维图像进行数值重构,获取岩石微观结构的几何特征,如孔喉分布及其特殊形状。聚焦离子束法和 X－CT 扫描法可以较全面地了解微观孔喉三维空间分布特征,但聚焦离子束技术由于剥蚀岩石区域较小,属于微米级别区域观察,并且花费时间较长,成本较高,且有损扫描,难以广泛应用于孔喉尺寸范围跨越纳米—微米多尺度的致密砂岩储层(毕明威等,2015)。聚焦离子束法和 X－CT 扫描法均可较全面地了解微观孔喉三维空间分布特征(图 3－6)。

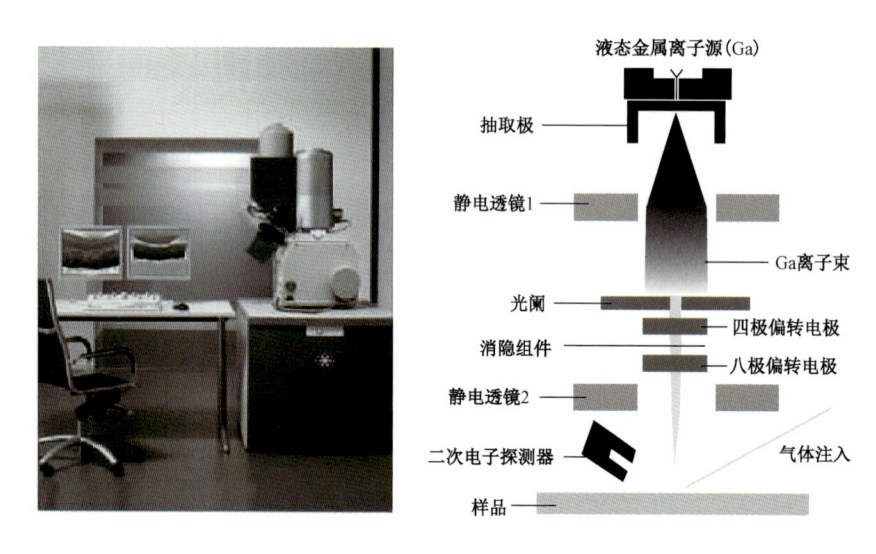

图 3－6　聚焦离子束设备与原理图

6. 气体吸附法

气体吸附法是测量多孔材料比表面积和孔隙结构的常用方法。气体吸附法测定比表面积利用的是多层吸附的原理。物质表面(颗粒外部和内部通孔的表面)在低温下发生物理吸附,假定固体表面是均匀的,所有毛细管具有相同的直径;吸附质分子间无相互作用力;可以有多分子层吸附且气体在吸附剂的微孔和毛细管里会进行冷凝。所以吸附法测得的表面积实质上是吸附质分子所能达到的材料外表面和内部通孔的内表面之和。气体吸附法测定孔径分布利用的是毛细冷凝现象和体积等效交换原理,即将被测孔中充满的液氮量等效为孔的体积。毛细冷凝指的是在一定温度下,对水平液面尚未达到饱和,而对毛细管内的凹液面可能已经达到饱和或过饱和状态的蒸气将凝结成液体的现象。由毛细冷凝理论可知,随着 P/P_0 值的增大,能够发生毛细冷凝的孔半径也随之增大。脱附现象是从大孔到小孔依次发生的,通过测定样品在不同 P/P_0 下凝聚的氮气量,可绘制出孔径与孔体积的曲线图(图3-7)。

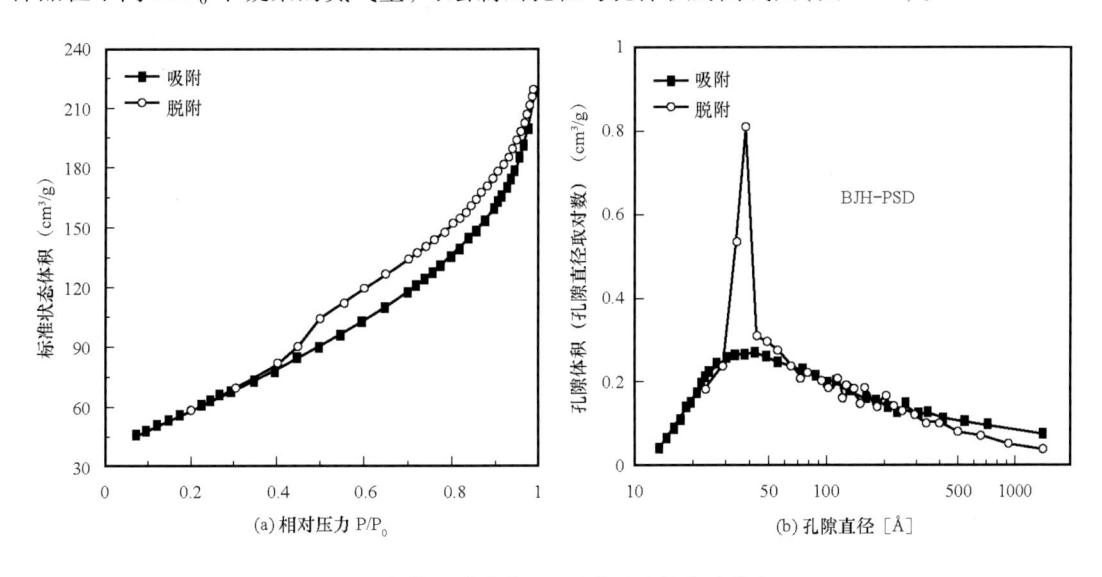

图3-7　气体吸附曲线(a)及其反映的孔隙分布(b)

气体吸附法可以测定岩石的比表面积、孔径大小,但无法测定封闭微孔,且对比表面积较小的致密砂岩测定误差较大(白斌,2013;毕明威等,2015)。也有研究表明气体吸附法测量孔径的适用范围为纳米级;通过和压汞法进行比较,发现在测大孔样品时,虽然孔径无法测定,但比表面积值是可信的。样品的比表面积大于 $1m^2/g$ 时,结果较一致;但当比表面积小于 $1m^2/g$ 时,采用氩气所得结果较为可靠。

7. 测井资料分析法

室内实验研究岩石孔隙结构往往容易受到岩石样品尺寸大小的限制,不能很好地反映一定地区的储层孔喉结构特征,而且很难与储层宏观参数建立关系,在没有岩心的情况下就无法描述孔隙结构。而测井资料恰恰具有"平面上"和"纵向上"的优势,而且覆盖范围广,数据全面的特点,对于岩心取样较少的地区,利用测井资料研究微观孔隙结构可以取得较好效果。目前能反映岩石孔隙结构的测井资料主要有核磁共振测井法和电阻率测井法。

杨锦林(1998)等对传统的岩石导电物理模型和 Archie 公式进行了改进,通过定义岩石孔隙结构参数 S 来反映储层孔隙孔喉的曲折程度及其大小,S 值越大,孔隙喉道越大越直,储层越好。毛志强等(2000)采用网络模型模拟岩石孔喉大小及分布、水膜厚度、孔隙连通性等微观孔隙结构特征参数的变化对含两相流体岩石电阻率的影响,得出了影响油气层电阻率变化规律的两个主要因素分别是孔隙连通性(以孔喉配位数表示)和岩石固体颗粒表面束缚水水膜厚度;认为孔隙连通性差的储层具有较高的电阻率;相反,当岩石颗粒表面束缚水水膜厚度增加时,储层的电阻率则明显降低。

  核磁共振测量的是孔隙内氢核的弛豫信号,经过反演得到核磁共振 T_2 谱。T_2 谱能反映孔径分布,表征孔隙度、渗透率、束缚水饱和度等物性参数(图3-8)。核磁共振成像是在一维核磁共振基础上发展起来的,通过线性梯度场和自旋回波脉冲技术可对岩心任意切面进行扫描得到成像图,直观反应流体的赋存状态及孔隙结构。高敏等(2000)利用一定数量岩心毛细管压力资料和核磁共振测井资料对比建立了 T_2 谱分布与岩石孔隙结构参数之间的关系。运华云等(2002)通过对岩心的核磁共振 T_2 谱分布与压汞孔喉半径分布对比,发现两者具有较好的相关性,进而从理论上推导出毛细管压力曲线和核磁共振 T_2 谱分布的转换关系。赵杰等(2003)通过对不同岩性(包括砂岩、砂砾岩和泥质粉砂岩等)的岩心实验表明,核磁共振 T_2 谱分布和毛细管压力曲线的转换系数 C 与岩石的孔渗比具有对数线性关系,转换系数随孔渗比的增大而减小;转换系数还受到岩石中的顺磁物质的影响,随着顺磁物质含量的增加,转换系数增大。从而建立了核磁共振 T_2 谱分布和毛细管压力曲线的转换系数与岩石孔渗比和顺磁物质含量的对应关系。张超谟等(2007)等利用NMR T_2 谱分布研究了孔隙结构的分形性质,推导了利用NMR资料求取分形维数的方法,通过对实际资料的处理发现,该方法对各种储层都适用,能够用于表征储层物性。前人从不同角度研究了孔隙结构参数与核磁共振谱之间的关系,可以通过分析核磁 T_2 谱得到孔隙半径等参数,从而对岩石储集性能进行评价,但是对于不同地区有着不同的转换模型和系数,并不统一。

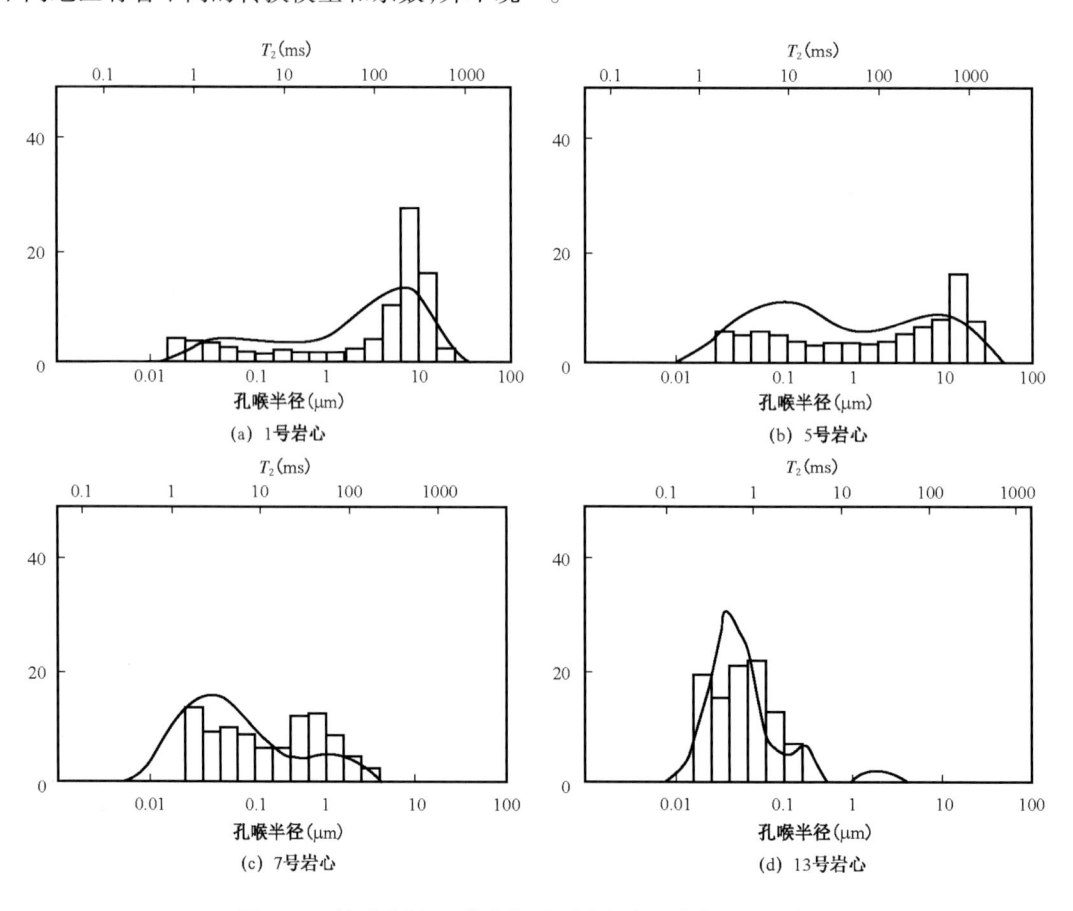

图3-8 核磁共振 T_2 分布与压汞孔喉半径分布对比示意图

8. 分析技术对比

以往孔隙结构研究常用的测试方法(如薄片鉴定),分析尺度一般在毫米级别;通过常规的扫描电镜技术和普通的 CT 扫描可以实现微米级别的微观孔隙结构特征的分析。扫描电镜侧重表面形态的观察,而 CT 扫描可以深入到样品内部,在不破坏样品的前提下实现内部孔隙结构特征的观察和定量描述。在 CT 扫描过程中,通过对样品进行切片扫描和空间三维图像反演,得到样品在三维空间中的孔隙结构特征。通过特殊的制样技术和扫描电镜相结合,可以观察到纳米级别的孔隙微观特征,如离子束聚焦—扫描电镜。通过高精度的 Micro-CT 或 Nano-CT 技术也可以实现纳米级别的微观孔隙观察和测试。建立不同尺度的微观测试方法,使人们根据研究对象和目的选用合适的测试技术,实现微观级别的观察和描述,从而获得全新的认识(尤源等,2013)。

Nelson 等(2009)统计对比了常规储层、致密砂岩储层和页岩中孔隙尺度的分布特征。结合以往公开发表的数据建立了各类储层及非储层中微观孔喉尺度分布图(图 3-9)。从图中可以很直观地看到各种孔隙结构研究方法的尺度适用范围。

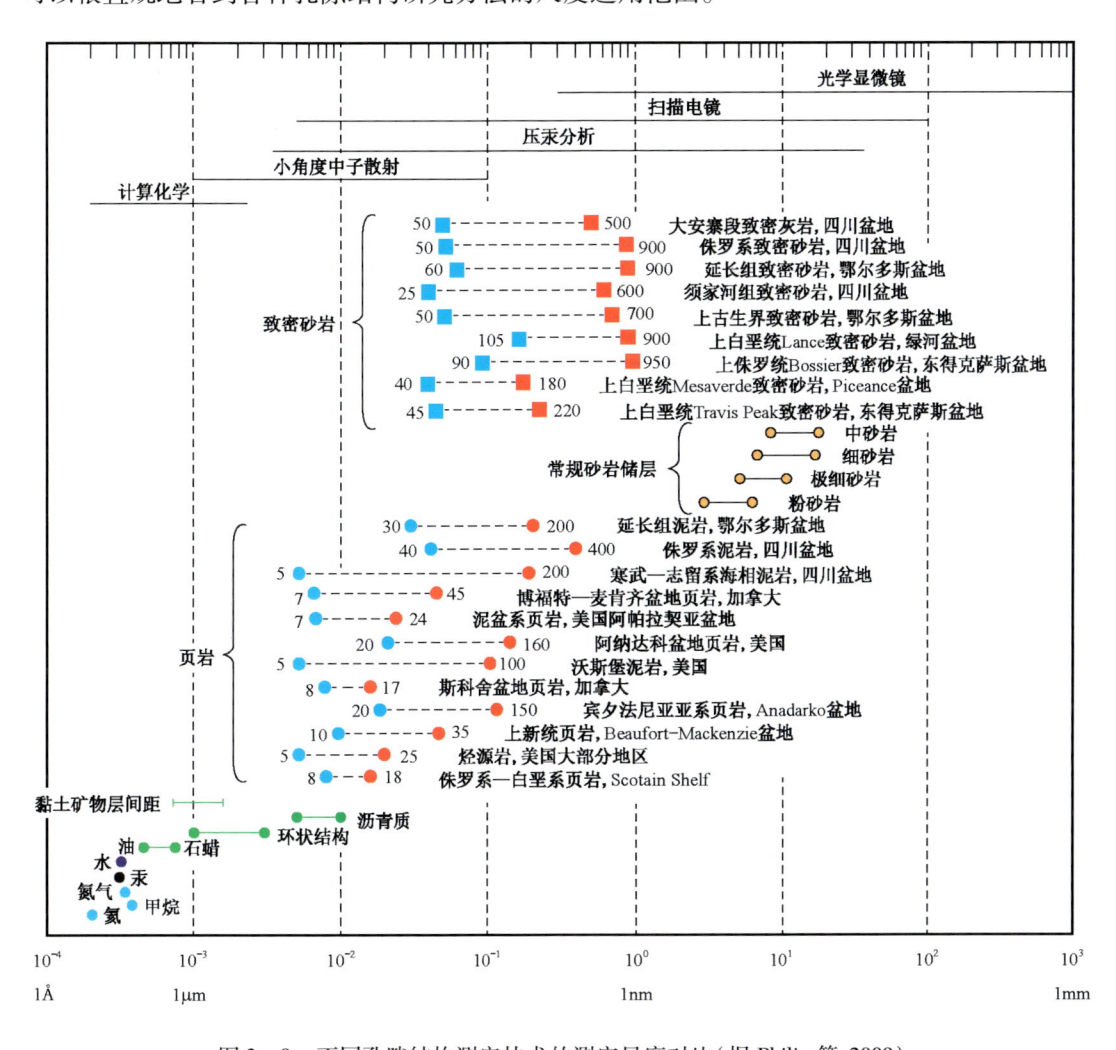

图 3-9 不同孔隙结构测定技术的测定尺度对比(据 Philip 等,2009)

三、孔隙结构的表征方法

近几十年来，不少学者利用某些孔隙结构特征参数来表征储层微观孔隙结构，其中在对中、高渗透储层进行评价时，常常用单个或者多个孔隙结构参数来表征。常用的有毛细管压力曲线的形态、孔隙和喉道类型等定性的参数；还有渗透率、孔隙度、主流喉道半径、平均孔隙半径、平均喉道半径、中值孔喉半径、平均孔喉半径、进汞效率等定量的参数。

杨正明等（2006）以产能、储层有效厚度、喉道半径、可动流体比率、启动压力梯度和有效驱动因子六个参数作为低渗透油田储量综合评价指标。万永清等（2011）利用最大进汞梯度峰值，结合起始排驱压力和岩心孔隙度等参数，作为评价致密砂岩孔隙结构的重要指标，克服了用压汞参数不能有效表征致密砂岩微观结构的困难，建立了一套适合吐哈盆地致密砂岩孔隙结构评价的新方法，取得了较好的评价效果。蔡玥（2015）研究认为鄂尔多斯盆地姬塬地区长8储层平均孔隙半径、平均喉道半径、中值孔喉半径、平均孔喉半径4项参数与渗透率的相关性均大于孔隙度，其中渗透率与常规压汞所得的平均孔喉半径相关性最为明显，相关系数达0.9以上。所以平均孔喉半径的大小更能反映储层微观条件下整体的致密状态。毕明威等（2015）也认为主流喉道半径与渗透率、有效孔喉体积以及分选系数之间都存在好的正相关关系，主流喉道半径不但对储层渗流能力起主要控制作用，而且可以很好地反映储层的孔喉分布、有效储集空间及非均质性等微观孔隙结构特征（图3－10）。

也有一些学者提出了新的参数来表征孔隙结构，廖明光等（1997）根据压汞曲线提取了一个新参数RA，用于表示内部连通成有效孔隙系统时的孔喉半径，并通过实例分析认为该参数对于储层评价有重要作用，其值越大，储层越好。马旭鹏（2010）认为储层品质指数与喉道半径成正比，与曲折度成反比；与其他参数相比，其数值的大小变化对孔隙结构的优劣变化反映最灵敏。黄思静等（2011）认为无论是碳酸盐岩还是碎屑岩储集岩，孔隙度—渗透率的关系是岩石结构（杂基含量、碎屑的粒度和分选性）、自生矿物构成和孔隙构成的反映，并可以作为孔隙结构参数和孔隙构成的表征；提出了截止孔隙度的概念，其定义为，由储层孔隙度—渗透率关系曲线确定的要获得某一特征渗透率所需要的孔隙度临界值，当孔隙度小于该临界值时，储层将不具有所给定的特征渗透率。该数值越小，某一给定的特征渗透率对应的孔隙度越小，需要排除的孔隙度越少，孔隙度截止值越低，储层质量越好。该孔隙度值代表了与该特定渗透率对应的流体流动的截止，同时该数值所代表的是那些需要排除的对于所给渗透率来说是没有足够渗透性的孔隙度。Pittman（1992）在研究砂岩储层孔隙结构与油气运移的关系时，在提供的方法基础上，提出了砂岩储层孔隙结构参数"峰点孔喉半径"（r峰）的新概念，储层峰点孔喉半径的物理意义是单位压差下进汞量最大的位置；所以一旦油气突破峰点孔喉半径，含油饱和度能迅速增加，也只有突破峰点孔喉半径，储层才成为有效的油层。

但对于低渗透储层，因其渗透率低，流体流动过程中存在非线性和启动压力梯度，并受到液—固界面的影响，所以，常用的渗透率、孔隙度、中值半径及产能等参数难以表征对储层性质进行有效评价（王尤富等，1999）。鉴于致密砂岩储层的特点及其复杂的孔隙结构，国内外不少学者通过数学地质手段对该类储层的微观结构进行了表征评价，如唐海发等（2006）利用R型主因子分析对表征储层物性、孔隙结构的13个参数进行优选，确定孔隙度、渗透率、主要流动喉道半径、最大孔隙半径和排驱压力5个参数作为储层分类评价的指标，并利用Q型聚类分析将储层微观孔隙结构划分为3种基本类型及4种亚类。宋子齐等（2011）在成岩过程的基础上进行孔隙演化分析推演，得出各成岩阶段孔隙演化参数，分别利用压实损失孔隙度、胶

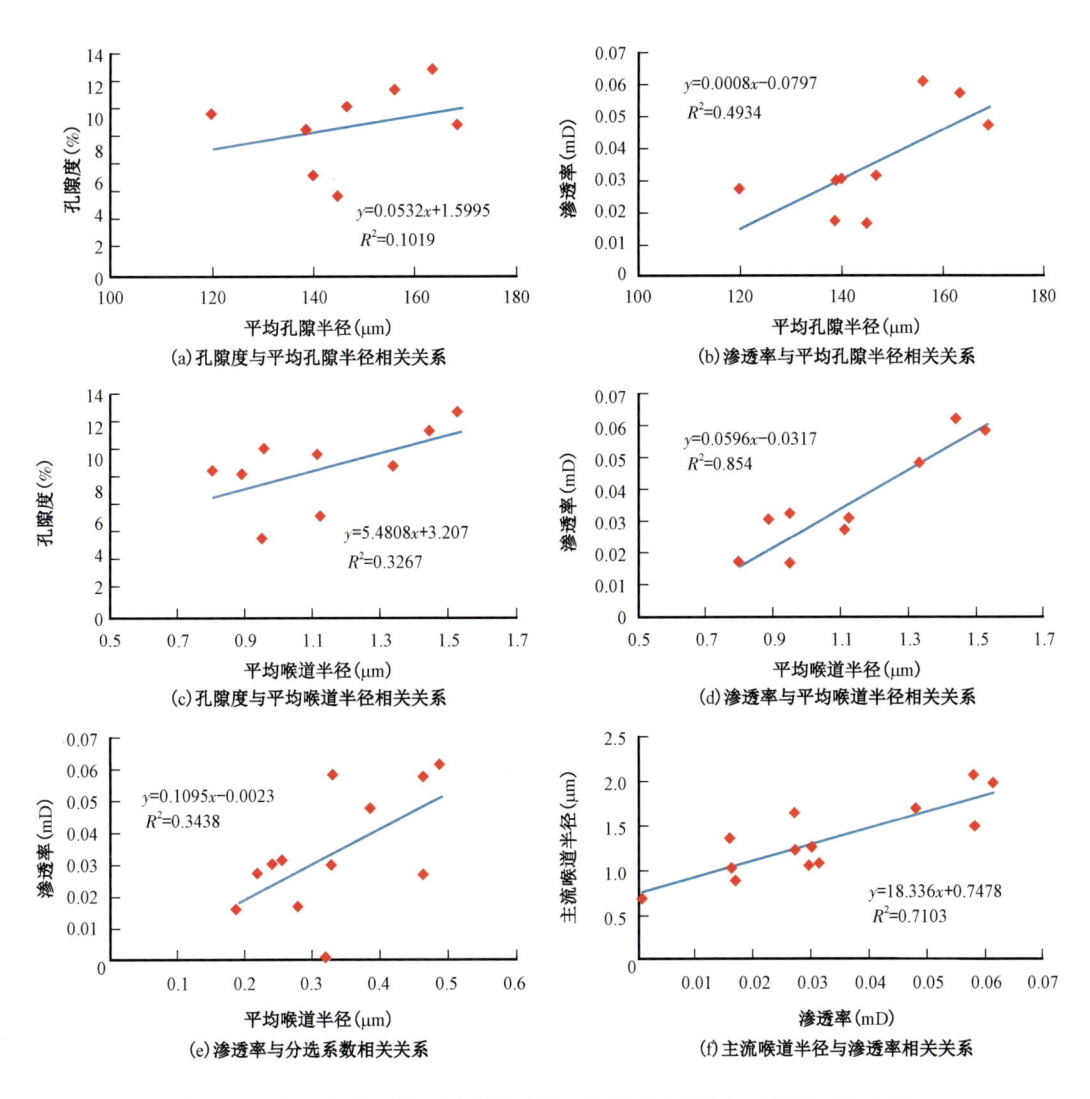

图 3-10 不空孔隙结构参数与孔隙度和渗透率的相关性（毕明威等，2015）

结损失孔隙度、溶蚀增加孔隙度、孔隙度、渗透率及面孔率等特征性参数，通过灰色理论集成，进行被评价参数与评价指标的矩阵分析、标准化、标准指标绝对差的极值加权组合放大及综合归一分析处理，综合成岩过程中参数演化定量分析的多种信息对储层进行表征。李海燕等（2012）以压汞法测定的孔喉参数作为样本，应用聚类分析和 Bayes 判别分析方法，选取 7 种宏观和微观非均质参数，在建立 4 类微观孔隙结构判别函数的基础上，对储层进行了微观孔隙结构识别（表 3-3）。

表 3-3 储层分类参数及标准（据李海燕等，2012）

储层分类	K(mD)	ϕ(%)	R_d(μm)	R_m(μm)	P_d(MPa)	P_{c50}(MPa)	S_p	α	S_{max}	样品个数
Ⅰ类	10~40	16.7	1.26	0.417	0.449	2.16	0.58	0.183	74.32	18
Ⅱ类	1~10	12.4	0.93	0.324	0.849	5.27	0.44	0.121	65.03	11
Ⅲ类	0.1~1	8.1	0.67	0.210	1.020	7.91	0.38	0.096	42.75	14
Ⅳ类	0.01~0.1	3.6	0.42	0.140	1.980	9.18	0.17	0.058	25.55	9

注：K 为渗透率；ϕ 为孔隙度；R_d 为最大孔喉半径；R_m 为孔喉半径均值；P_d 为排驱压力；P_{c50} 为中值压力；S_p 为分选系数；α 为均质系数；S_{max} 为最大进汞饱和度。

可以看出，以上学者进行储层表征的主要思路是优选出一个或多个与储层性质相关性较好，而且可以有效地区分不同类型储层的孔隙结构参数，并且进一步分析其所代表的地质意义。这样优选出的参数只能针对特定地区的储层进行有效的表征。

仅依靠少量参数通常还不能反映孔隙结构的真实情况，而模拟研究则能解决这一问题。目前微观孔喉网络模型是模拟岩石孔隙结构较为成熟的一种方法。胡雪涛等（1999）根据数值模拟和渗流理论建立了微观随机网络模型，模拟了岩石孔隙的各种形态特征和渗流性质，为精细数值模拟提供了基础；李振泉等（2005）建立了三维孔喉网络模型，在不同储层条件下模拟了各种参数对剩余油分布规律的影响，结果显示对于不同储层，孔隙结构对剩余油分布的影响不同；吴诗勇等（2010）等分别利用压汞曲线和SEM图像建立了孔隙结构的微观网络模型，并展示了孔隙结构的三维特征，实践证明，模拟结果与实际情况相符。

随着不断发展的计算机及图像分析技术被应用到孔隙网络建模中，三维数字岩心技术逐渐得以实现；数字岩心，顾名思义是能够表征岩石微观结构的数字化模型。随着计算机技术、图像处理技术及CT技术的发展，数字岩心越来越能够精确描述岩石内部结构特征。目前，三维数字岩心的建模方法主要分为两大类：微CT扫描和数值重建方法。微CT扫描可直接获取岩心的三维衰减投影图像，之后利用图像处理方法进行三维重建；数值重建方法则以岩心二维样本（如铸体薄片）的统计信息资料（如孔隙度、两点相关函数、粒度分布规律等）为约束条件，采用若干数学算法来建立三维数字岩心，比较典型的重建算法有高斯随机场、模拟退火、过程模拟、顺序指示模拟、多点统计法和马尔科夫链蒙特卡洛随机场重建法。1997年Hazlett提出了另外一种随机法——模拟退火法，该方法较高斯场法的优势在于，在建立数字岩心时，它将更多反映岩石的信息考虑进来，从而使所建立的模型与真实的多孔介质更加接近。然而，随机场法所建立的岩心数字模型有时与真实岩石在传导性质方面有很大差异，无法描述大范围内孔隙空间的传导性。Oren等在2002年提出了过程法用于解决上述问题，并应用这种方法重建了砂岩的数字模型，该模型可以较好地重现真实岩石的几何性质和传导性质。朱洪林（2014）通过对比各种数值重建算法的计算速度、建模质量及适用性，对数值重建方法进行了综合评价（表3-4）。

表3-4 岩心孔隙结构数值重建方法汇总（据朱洪林，2014）

数值重建方法	代表性研究学者	方法特点
高斯随机场法	Joshi（1974）、Quiblier（1984）、Ioannidis（1995）	重建结果连通性差
模拟退火法	Hazlett（1997）、Yeong和Torquato（1998）	可以考虑任意多的约束条件，连通性差
顺序指示模拟法	朱益华（2007）、Keehm（2003）	重建结果连通性差
过程模拟法	Bakke（1997）	连通性好，仅适用于成岩过程简单的岩石
多点统计法	Okabe和Blunt（2004）、张挺（2009）	连通性好，适用范围广，重建速度慢
马尔科夫链蒙特卡洛法	Wu（2004）	连通性好，适用范围广，重建速度快
高斯随机场+模拟退火法	Hidajat（2002）	重建速度快，连通性差
过程法+模拟退火法	刘学锋（2010）、赵秀才（2009）	连通性好，但过程复杂，适用于简单成岩

第二节 砂岩孔隙结构的主要影响因素

孔隙结构是控制储层物性的根本原因,孔隙结构的成因较为复杂,是一个动态的演化过程;沉积物所在的沉积环境就已经开始影响沉积物孔隙结构,沉积作用对碎屑岩矿物成分、结构、分选、磨圆和杂基含量等都有明显的控制作用,而这些因素又对储层物性具有不同程度的影响。随着埋藏深度的增加,成岩作用和构造运动不断对储层进行改造,致使储层的微观孔隙结构更加复杂化;其中溶蚀作用对孔喉起到建设性作用,而压实作用和胶结作用则对孔喉起破坏性作用。

孔隙结构的影响因素较多,前人在这方面也进行了大量的研究。张龙海等(2006)认为由于沉积和成岩的共同作用,造成储层中孔隙类型多样、孔隙结构复杂及非均质性强。另外,寿建峰等(1998)通过研究塔里木、准噶尔、吐哈、松辽、开鲁等盆地和东濮凹陷砂岩孔隙的发育和保存规律,其研究表明地温场、地质年代和盆地沉降方式对砂岩孔隙的演化和保存有制约作用。罗静兰等(2010)和屈红军等(2011)从物源和沉积相角度出发,提出母岩区的性质、沉积微相类型、水动力条件等均可对优质储层的发育及储层储集性能演化起到重要的影响。吕成福(2010)认为影响储层孔隙发育的因素有很多,诸如:母岩性质、气候、沉积环境、岩石组分、结构以及成岩作用等都对其有很大的影响。通过大量的数据分析和综合研究认为,沉积环境的宏观控制作用与成岩作用的后期改造作用是影响研究区孔隙发育的主要因素。由于对低孔低渗甚至是致密砂岩油藏的勘探研究需要,学者们不仅从定性角度分析成岩作用,更多地从定量角度分析成岩作用特征,以成岩相、成岩数值模拟和动力成岩作用等思路来量化分析(寿建峰等,2006;刘震等,2007;潘高峰等,2011)。

可以看出虽然不同学者总结的控制因素并不相同(表3-5),但是都可以归结为沉积、成岩、构造三个方面。沉积相控制着储层的粒度、分选、结构,孔隙水条件等进而控制储层的成岩演化过程。成岩作用是孔隙结构演化的主要动力,特别是浅埋阶段以后压实作用以外的其他成岩作用逐渐变强,对储层的性质起到了控制作用。而构造最明显的作用是会在储层中产生大量的裂缝,极大限度地改变储层的渗透率,进而可以影响储层的成演过程,此外学者们也发现初始孔隙度、热史、埋藏方式也会对孔隙结构的演化有一定的影响。

表3-5 孔隙结构影响因素

主要影响因素	研究区块	研究学者
沉积作用、成岩作用		兰叶芳等(2011)
地温场、地质年代、盆地沉降方式	塔里木、准噶尔、吐哈、松辽、开鲁等盆地	寿建峰等(1998)
母岩区的性质、沉积微相类型、水动力条件	鄂尔多斯盆地	罗静兰(2010)、屈红军(2011)
沉积微相、胶结作用、溶蚀作用	志丹地区延长组	赵虹等(2014)
沉积环境、成岩作用	酒东坳陷	吕成福(2010)
埋藏深度、埋藏时间		潘高峰等(2011)

一、沉积相对孔隙结构的影响

不同沉积相带砂体的厚度、粒度、分选、杂基含量等均存在差异,即使在同一沉积相带中,由于水动力条件的变化,沉积物成分也有所不同,导致储层性质也会有差异。而且成岩作用与沉积(微)相具有密切的关系,相关的研究成果很多。高建军等(2005)认为碎屑岩的碎屑颗粒成分与流体成分主要受沉积相的影响与控制。因此,沉积相是影响成岩作用的一个重要因素。

例如庆阳地区长 8 储层绿泥石环边相仅在三角洲分流河道和河口坝砂体中分布,构成了该区优质储层(张金亮等,2004)。吐哈盆地中三叠统辫状河三角洲前缘分流河道和河口坝砂体中陆源杂基含量低、分选性较好,有利于保存原生孔隙,同时这些原生孔隙的存在也为后期溶蚀作用提供了通道和空间,次生孔隙较发育,物性普遍较好;而平原辫状河道、河道间等砂体的压实强度大,溶蚀作用弱,储集性差(张立强等,2001)。辽河坳陷西部凹陷南段扇三角洲各沉积微相中,河口坝砂体成熟度高,且长石和碳酸盐胶结物的含量相对较高,有利于溶解物质的迁移,因而溶蚀作用和次生孔隙最发育;辫状分流河道和心滩微相以机械压实作用为主;河口坝和沼泽微相以胶结作用为主,原因是其砂层薄,邻近泥岩区,砂岩胶结物中的方解石主要来源于相邻的泥岩(孟元林等,2006)。高辉等(2007)认为安塞油田沿 25 区块长 6 储层为一套三角洲前缘相沉积,经过统计比较发现,河道砂层的物性好于河口坝及分流间湾,河口坝砂层的物性好于分流间湾,可见沉积微相对特低渗透的成因影响较大。张创(2009)对高邮凹陷阜宁组三段的砂岩孔隙结构与沉积相的关系统计分析(表 3-6)发现:水动力强的水下分流河道岩石粒度相对较粗、分选好、杂基含量少,因而物性好,河口坝次之,水动力较弱的前缘席状砂物性最好。蔡玥(2015)总结指出沉积环境对储层储集性能的影响可以体现在沉积构造、砂体展布、碎屑和填隙物的成分及含量、颗粒粒度、分选及磨圆等各个方面,是决定优质储层发育的物质基础。

表 3-6 各沉积微相物性统计(据张创等,2006)

沉积微相		孔隙度(%)	渗透率(mD)
水下分流河道	最大值	24.90	105.000
	最小值	12.10	1.000
	平均值	20.30	6.440
河口坝	最大值	22.30	10.900
	最小值	4.80	0.586
	平均值	18.13	2.030
前缘席状砂	最大值	21.10	5.080
	最小值	4.50	0.034
	平均值	12.69	1.750
研究区总计	最大值	24.90	105.000
	最小值	4.50	0.034
	平均值	17.69	5.370

吕成福等(2010)研究发现酒东坳陷营尔凹陷下白垩统储层中不同沉积环境形成的岩石其结构成熟度和成分成熟度不同,沉积埋藏后孔隙流体性质也有差异,进而导致储层的孔隙度出现差异。在相同的沉积背景下不同沉积相引起的结构成熟度差异是孔隙发育最直接的控制因素,因为粒级和分选度的差异直接决定着储层原始孔隙度,并严重影响压实作用破坏原生孔隙的程度和次生孔隙的改造程度。但是沉积相是一个相对笼统的定性的概念,不同地区的沉积相对储层孔隙结构的影响方式需要具体问题具体分析。

二、岩性对孔隙结构的影响

岩性首先会影响沉积物的粒度和圆度等初始参数,不同岩性的压实过程也是不同的,随后的胶结和溶蚀作用也会有差别,这些作用会对孔隙结构造成截然不同的差异。例如朱国华和裘怿楠(1984)发现含柔性碎屑组分多的砂岩中的成岩作用以机械压实作用为主,而纯石英砂岩中的成岩作用以胶结作用为主;而且次生溶孔的丰度与砂岩类型有关,其含量在富含长石和长石质岩屑的砂岩中可达4.06%~5.51%,在纯石英砂岩中只有0.65%~2.23%。Porter等(1986)和Houseknecht(1988)则认为颗粒粒度是控制压实强度的主要因素,颗粒越细越易压实,细粒度的泥岩沉积物压实强度最大,而粗粒度的砂层压实强度较小。在沉积作用、成岩作用和构造作用相似的条件下,渗透率与粒度显示正相关(黄思静等,2001)。Pittman等(1991)和李忠等(2000)的测试结果显示在同等粒度条件下,岩屑含量越高越易压实,且细粉粒砂岩渗透率随净围压增加而显著减小。曹耀华(1998)通过岩石力学实验证明基性火山岩不仅孔隙度较低,且孔隙难以在超深层保存下来;中酸性火山岩及火山碎屑岩不仅孔隙度较高,且岩石骨架抗压强度大,孔隙能在超深层中被保存下来;颗粒较细的砂岩和较粗的砾岩抗压能力较强,孔隙易在超深层被保存,而中等粒径的碎屑岩孔隙不易保存。Lundegard(1992)和姜在兴等(2002)则提出影响物性的主要因素是颗粒粒度和分选好坏,而颗粒组分的影响远不及上述各种因素。寿建峰等(2006)针对中细—细砂岩粒度条件下,研究不同石英含量的砂岩在压实作用后物性的差异,结果显示粒度大小一致的条件下,砂岩石英含量高而抗压实,原始孔渗保留相对较好。姜正龙等(2009)利用济阳坳陷实测孔隙度数据做出了砂岩、粉砂岩、泥岩的孔隙度随深度的变化曲线,也证明岩性确实会影响储层性质的演化(图3-11)。操应长等(2011)也认为砂岩的机械压实作用主要受粒度、分选及刚性颗粒含量的影响。邱隆伟(2013)通过对压汞数据的分析认为储层结构参数和石英含量之间的关系不明显,但是与长石及岩屑含量间则具有较明显的相关关系,特别是在长石含量大于4%、岩屑含量大于15%的情况下,其相关性则更加明显,排驱压力随长石、岩屑含量的升高而呈现下降的趋势,平均孔喉半径则随之变大。相对而言,岩屑含量的影响更加明显。祝海华等(2014)对川南地区三叠系须家河组19口井2030个样品的孔渗数据统计发现须家河组砂岩中不同岩性孔隙度明显不同,其中钙质砂岩、粉砂岩及杂砂岩物性最差,孔隙度普遍小于2.00%,岩屑质石英砂岩物性最好,平均孔隙度5.93%,次为长石岩屑质石英砂岩和岩屑砂岩,平均孔隙度分别为4.98%和3.65%。

可以看出:砂岩的岩性主要包括颗粒的粒度和矿物力学性质不但决定了初始孔隙结构,而且还影响了砂岩在埋藏成岩过程中孔隙结构的演化路径(图3-11和图3-12)。

三、成岩作用对孔隙结构的影响

成岩作用研究认为其对储层的影响是双方面的,既存在积极的建设性成岩作用也有造成物性变差的破坏性成岩作用。其中压实作用、碳酸盐和黏土矿物等自生矿物的胶结是导致储层物性变差的主要因素;而绿泥石黏土薄膜的存在以及溶蚀作用的发育则使原生的粒间孔隙得以保存并且使次生的溶蚀孔隙得以形成,从而对储层物性的改善产生积极作用。因此在储层的成岩演化过程中,这两大因素相对的优劣会从根本上决定储层物性的好坏。成岩作用不仅改造了砂岩储层的孔隙结构和储油物性,而且在构成油藏圈团条件和油藏边界区的低渗透带等方面起了重要作用(朱国华等,1984)。

前人在孔隙结构的研究过程中,砂岩储层的成岩作用研究是必不可少的,因为成岩作用对

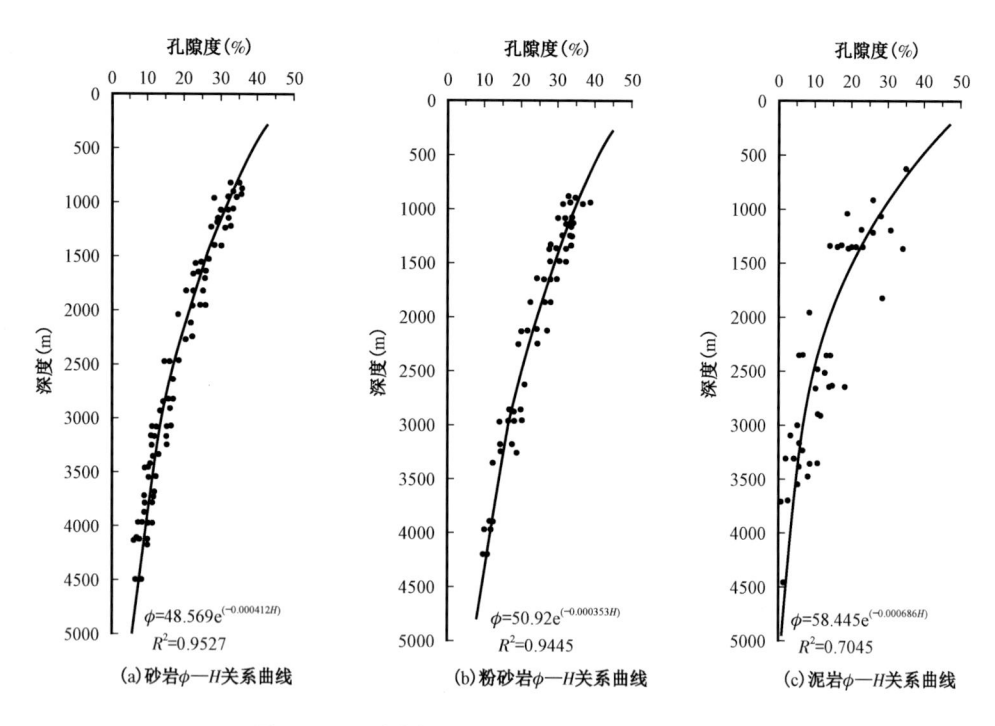

图 3-11 不同岩性的压实曲线(据姜正龙,2009)

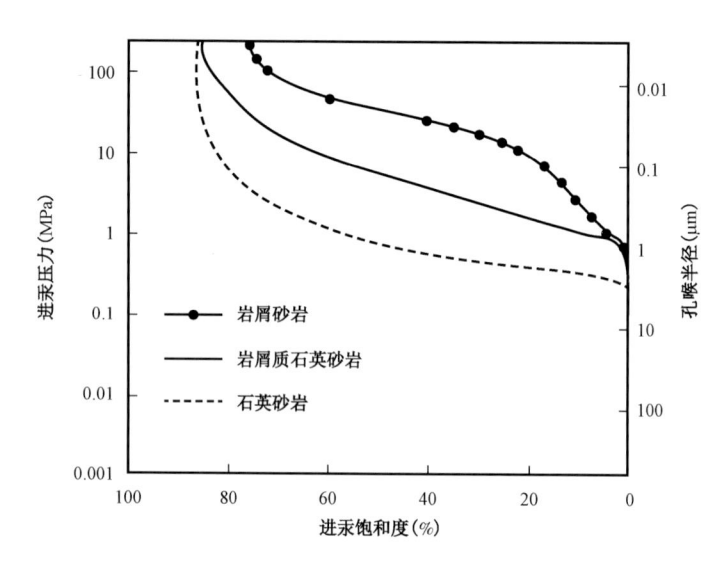

图 3-12 不同岩性压汞曲线特征(据李臻等,2009)

于孔隙结构的影响是非常普遍的。各成岩作用对孔隙度演化的研究已经发展到定量的阶段(潘高峰、刘震等,2011),但是成岩作用对于孔隙结构影响的定量研究鲜有涉及。总结前人的研究可以发现,对于储层性质影响较大的成岩作用主要有:压实作用、溶蚀(溶解)作用、胶结作用、油气充注等。

1. 压实作用对孔隙结构的影响

一般都认为浅埋以机械压实作用为主,深埋以压溶作用为主;随埋深的持续增大,在一定深度压溶作用将逐渐替代机械压实。压实作用是使得早期松散堆积的砂质沉积物开始固结成岩的首要成岩作用,表现为碎屑颗粒之间的孔隙减少、软性岩屑压扁变形或呈假杂基、刚性颗粒入塑性颗粒和刚性碎屑石英产生微裂缝及长石沿解理破裂(图3-13)。压实作用开始初期,砂岩储层颗粒接触方式以漂浮状和点接触为主,同时也多呈现出基底式和孔隙式的胶结类型;随着沉积物埋藏深度的增大,砂岩颗粒趋向紧密以线接触为主,局部可呈缝合线接触关系,而储层胶结类型则以接触式和无胶结物式为主。沉积物在压实作用的初期堆积较为松散,颗粒呈点状接触或者漂浮状分布,形成基底式或孔隙式胶结,容易被压实;而在成岩作用中晚期,随埋深增加,颗粒趋于更紧密堆积,可压实空间已较为有限,但是有证据表明在中深埋藏的条件下物理压实对于孔隙度的减少也有较大贡献(刘明洁等,2014)。但是一个很重要的问题是以往只考虑压实作用随埋藏深度的作用,而忽略了埋藏时间因素的影响(刘震等,2015)。

(a)结构致密、颗粒定向排列、以线接触为主,黄213井,2672.4m,长8$_1$亚段,(-)

(b)云母等塑性组分被挤压变形,耿68井,2294.1m,长8$_1$亚段,(-)

(c)片状云母挤压变形,罗220井,2687.13m,长8$_2$亚段,×150

(d)颗粒被压产生断裂,罗33井,2818.50m,长8$_1$亚段,×250

图3-13 压实作用对孔隙结构的影响(据蔡玥,2015)

2. 胶结作用对孔隙结构的影响

胶结作用是从孔隙溶液中沉淀出矿物质(胶结物)将松散的沉积物固结起来的作用。胶结作用是沉积物转变成沉积岩的重要作用,也是使沉积地层孔隙度和渗透率降低的主要原因之一(图3-14)。常见的胶结类型有:硅质胶结、碳酸盐胶结、硫酸盐胶结、黏土矿物胶结。碎屑岩中还有一些其他类型的胶结物,如自生长石、浊沸石和含钛矿物,含量较少,分布也比较局限。其中比较常见的是自生长石。在研究孔隙结构时涉及的胶结物主要有:绿泥石胶结、石英、长石次生加大作用、碳酸盐胶结作用、浊沸石的胶结作用。

胶结类型较多,对于孔隙结构的影响也较为复杂。朱国华和裘怿楠(1984)认为石英次生

(a) 片状绿泥石，J42-21井，3067.45m　　(b) 伊利石充填孔隙，S179井，3143.15m　　(c) 碳酸盐胶结，J42-21井，3067.45m

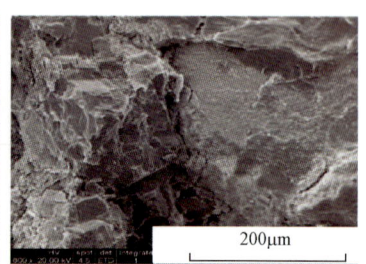

(d) 石英次生加大，J43-15井，3112.47m　　(e) 高岭石充填孔隙，S241井，3188.50m　　(f) 高岭石充填孔隙，J42-21井，3067.45m

图 3-14　胶结作用对孔隙结构的影响

加大改造了砂岩的孔隙结构，使很多颗粒间成嵌合接触。将原来具连通性、分选性良好的孔喉系统切割成一系列大小不等的孔喉系统，大大降低了其孔喉的分选程度。石英次生加大与砂岩孔喉分选的关系是十分明显的。石英次生加大破坏了孔喉的分选性，也改变了流体在孔道中的渗流方式，流体往往沿少数大孔道渗流。

也有学者研究发现胶结作用和压实作用共存并相互制约。如果早期胶结作用不发育，那么压实作用就较强烈，孔隙度和渗透率会迅速降低。反之，早期形成的赋存于粒间的胶结物可以阻碍压实作用的进程。而在主要压实期后形成的赋存于粒间的胶结物对压实作用几乎不产生影响。

柳益群（1995）认为绿泥石充填于原生粒间孔的部分空间，但又使剩余粒间孔免于被机械压实作用所破坏，浊沸石的形成堵塞了原生孔隙，但阻止进一步的压实压溶，为以后的溶蚀提供了结构和物质基础；龙玉梅（2002）研究认为绿泥石环边就形成于成岩早期，使抗压实的三角形粒间孔得以保留。其余分布于粒间的胶结物主要形成于机械压实作用后或主要机械压实作用后期，对机械压实作用的影响不强烈；但是最近也有学者指出绿泥石薄膜抵抗压实作用的能力有限，原因是绿泥石薄膜仅发育于压实作用弱的区域及颗粒接触为点接触的地方（姚径利等，2011）。

龙玉梅（2002）认为碳酸盐早期胶结作用虽然阻止了压实作用，但对孔隙的充填形成难以改造的致密储层，导致粒间孔隙全部丧失殆尽，次生孔隙难以发育，非均质性增强；于雯泉等（2010）则认为早期的碳酸盐胶结为后期有机酸的溶蚀提供了物质基础，而晚期碳酸盐胶结却是减少孔隙度的最重要因素。

可以看出，不同研究区目的层的主要胶结作用是不相同的，对储层的控制强度和原理也不尽相同。

3. 溶解作用对孔隙结构的影响

孔隙是油气赋存的主要场所和运移的重要通道，因此其形成及分布是储层研究的核心之一。胶结物(如碳酸盐胶结物、沸石胶结物及石膏胶结物等)溶蚀作用是碎屑岩储层中常见的次生孔隙(图3-15)。目前的研究成果表明,浅层发育的流体超压、烃类的早期充注、颗粒包膜和颗粒环边以及次生溶解作用是深层异常高孔隙度储层产生的主要机制,其可归纳为增孔型成因机制和保孔型成因机制(远光辉等,2015),可见溶蚀作用是异常高孔隙度增孔的最主要因素。胶结物溶蚀能够有效改善储层物性已基本得到石油地质学家的一致认可(Schmidt等,1977;朱筱敏等,2006)。但在缺少不整合或断裂体系等优势的运移通道时,埋藏成岩阶段胶结物的溶蚀规模依旧存在很大的争议(Bloch等,2002;远光辉等,2013)。

(a) 长石颗粒被溶蚀,里59井,长8段,2316.9m(×100-) (b) 石英颗粒被溶蚀,里59井,长8段,2317.74m(×100-)

图3-15 砂岩中的溶蚀作用(据姚泾利,2013)

前期的溶蚀作用研究侧重于对酸性水溶蚀孔隙形成与分布的研究(钟大康等,2007),重要原因便是中国陆相碎屑岩储层多以长石砂岩、岩屑砂岩为主,长石、岩屑及碳酸盐胶结物溶蚀孔隙组成了主要次生孔隙类型(朱国华等,1984;李忠等,1994)。而且对碱性环境下砂岩成岩作用及其对储层孔隙的影响研究较少,20世纪90年代末才有少数学者开始讨论碱性环境下硅质、火山物质的溶蚀作用(祝海华等,2015)。邱隆伟等(2002)通过对泌阳凹陷的研究认为,受碱湖沉积环境影响,核桃园组在埋藏过程中硅质普遍发生溶蚀,形成了大量的硅质溶蚀孔隙;田建锋等(2011)认为鄂尔多斯盆地延长组沉积早期火山物质的碱性溶蚀是孔隙发育的主要原因。

砂岩储层常常会经受不同程度的溶蚀作用改造形成多种类型的次生孔隙,对改善砂岩储层的储集性能起到了积极作用。但在缺少不整合或断裂体系等优势的运移通道时,埋藏成岩阶段胶结物的溶蚀规模依旧存在很大的争议。

4. 烃类充注对孔隙结构的影响

烃类的充注使得储层的流体性质改变,成岩作用也会受到较大影响,因此油气的充注对于储层结构的变化也会有重要的意义。Johnson(1920)最早提出了烃类侵位或油气注入可以抑制碎屑岩储层的成岩作用以来,人们对这一问题进行了广泛而长期的探讨。目前大都认为存在的烃类孔隙流体可以通过限制砂岩中自生矿物的胶结作用来减少损失的原生孔隙(朱国华等,1984;于兴河等,2009);烃类侵位对石英次生加大起到一定的抑制作用(图3-16),从而保存了原生孔隙,但其不能全部阻止石英次生加大的形成(胡海燕等,2004);烃类侵位抑制了自生伊利石的沉淀作用,晚成岩阶段油气侵位抑制了碳酸盐胶结物的沉淀(罗静兰等,2006)。也有学者在研究中注意到,胶结作用的强弱与烃类充注强度有关系,油气的充注会对成岩作用产生不同程度的影响,但并不一定会使成岩作用完全终止(Walderhang,1996),当石油充注到一定程度后,胶结作用将会停止(袁东山等,2007)。

(a) 烃类充注下的石英次生加大,
桥24井,4074.09m,20×10+

(b) 干层中的石英次生加大,
桥24井,4072.09m,20×10-

图3-16　烃类充注对石英次生加大的影响(据王国娜,2011)

大量的研究表明不同地区的油气充注对于成岩的影响程度确实不同。例如渤海湾盆地埕岛东斜坡地区东三段砂体成藏对应于早成岩B阶段,油气过早进入砂岩体,充填了孔隙,抑制了成岩作用的进行,使原生孔隙得以良好的保存(操应长等,2002)。也有人认为,烃类充注不完全阻止成岩反应的进行,蔡进功等(2003)发现东营凹陷储层含油饱和度较低时会促进伊利石生长,只有在含油程度较高时伊利石生长才受到抑制。Ramm等(1994)的研究表明,Viking地堑储层的含油饱和度和孔隙度之间的相关性极差,相关系数为0.063~0.270,说明石油侵位与储层孔隙度的相关性不强,石油注入不能有效抑制碎屑岩储层的成岩作用。可见,胶结作用的强弱与烃类充注强度有一定关系,油气的充注会对成岩作用产生不同程度的影响,但并不一定会使成岩作用完全终止。也有学者认为烃类侵位促进了碳酸盐矿物和长石的溶解,有利于储层砂岩次生孔隙的发育(胡海燕等,2004)。

在某些地区受膏盐层的影响,储层中含有大量硫酸盐,油气充注后,烃类发生硫酸盐还原反应,沥青残留,堵塞孔隙,沥青充填孔隙是研究区孔隙度降低的主要原因之一(于雯泉等,2010)。沥青占据大部分孔隙,而且主要占据了较大的孔隙,降低了孔隙之间的连通率,造成储层孔隙度、渗透率大幅度降低,使晚期生成的油难以再进入该储层。

烃类的充注对于储层结构的影响较为复杂,对于胶结作用的减缓或阻止以及对溶解作用促进是建设性作用,而沥青充填是破坏性作用。

四、其他因素对孔隙结构的影响

学者们也提出了一些其他的影响因素。张创(2013)认为埋藏史决定了储层在埋藏过程中所经受的最大有效应力,所处的温度场、压力场及有机酸进入储层的时间、途径、方式及速率。热史控制了有机质的热演化及其产生的有机酸对储层的溶蚀作用,同时也影响着胶结物的沉淀与黏土矿物的转化。地质年代决定的成岩作用的时间效应则可对温度进行补偿的研究也证明,储层经历各成岩作用的时间,是除埋藏史和热成熟度外砂岩储层孔隙度的重要控制因素之一。刘成林等(2005)认为不同盆地类型有不同的成岩演化,克拉通盆地经历地史时间长,构造运动旋回多,导致成岩环境多变,成岩作用复杂;裂谷盆地地史时间短暂,构造运动旋回少,埋藏速率大,成岩序列和孔隙演化史简单;前陆盆地则介于前两者之间。陈永峤等

(2004)提出同一盆地不同部位成岩演化也可能不同,并导致储层性质差异明显。除盆地背景外,构造活动也是不可忽略的因素,如法国 Balazuc 储层成岩演化明显受控于裂缝的形成,裂缝的产生虽然为储层提供了流体运移的通道,但后期流体循环导致了石英、白云石等自生矿物的沉淀,使储层物性变差(Charlotte 等,1996)。侧向上的构造挤压变形作用会影响砂岩成岩压实进程和储集空间类型,它主要以物理作用方式改变砂岩的形态和体积,并使砂岩的成岩压实演化具有突变性(寿建峰等,2003)。另外,寿建峰等(1998)从定量的角度揭示了孔喉变化的影响因素,其研究表明地温场、地质年代和盆地沉降方式对砂岩孔隙的演化和保存有制约作用,地温梯度每增加1℃,砂岩孔隙度平均减小约7%(图3-17);地质年代每增加1Ma,砂岩孔隙度降低0.009%~0.018%,地层超压最大可保存5%~7%的孔隙度(图3-18)。

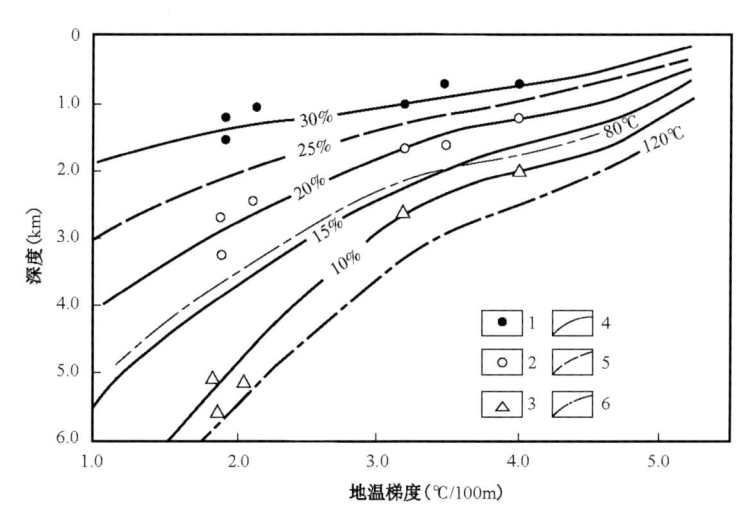

1—30%孔隙度点;2—20%孔隙度点;3—10%孔隙度点;4—等孔隙度线;5—内插孔隙度线;6—等地温线

图3-17 地温场与(长石)岩屑砂岩孔隙度的关系(据寿建峰等,1998)

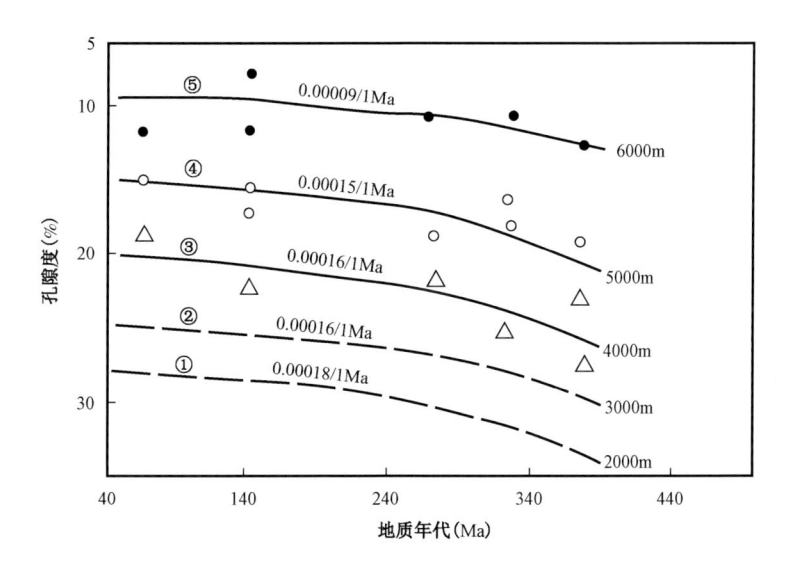

①至⑤为等深线;①、②为推测等深线;实心圆、空心圆和三角形分别为6000m、5000m和4000m等深线数据点

图3-18 地质年代与砂岩孔隙度的关系(据寿建峰等,1998)

由于储层孔隙的研究逐渐趋于定量化,所以有些学者也提出了一些定量的影响因素。如埋深、埋藏时间、初始孔隙度、热成熟度、成岩强度等。这也说明定量表达孔隙结构的演化过程,量化表达不同因素对于孔隙结构影响,是孔隙结构评价和预测的重要方向。

第三节 孔隙结构的演化特征

储层孔隙结构及孔隙演化研究在油气勘探中有着诸多应用。如油气微观成藏机理与油气充注临界孔喉条件确定;油气运移与捕集过程中毛细管力的作用;储层下限确定与储层分类;储量计算中含油饱和度的计算;驱油效率分析与驱油机理研究;以及基于孔隙网络模型的岩电关系和测井响应方程的建立等。孔隙度演化模拟对于研究储层成岩演化过程、成岩阶段物质迁移、分析储层物性主控因素及最终预测储层质量,均具有重要意义。

前人在孔隙结构和孔隙度演化的研究及其应用上取得了丰硕的成果。但应该看到,在孔隙结构表征方面,前人工作主要集中于孔隙及喉道的分类方法、分布特征、组合特点与孔隙结构分类评价方面。即对孔隙结构整体面貌进行描述的较多,而结合孔隙结构成因对孔隙结构演化的系统研究较为薄弱。以往的研究往往将孔隙结构的影响因素归结于沉积环境、成岩作用、构造变动等定性的因素,但是一些定量化影响参数的研究对储层预测更具有指导作用。

一、埋藏时间对孔隙结构的影响

砂岩的各类成岩作用要在一定的温度区间内进行,在此温度区间经历的时间越长,则成岩反应越充分,对储层组构和孔隙的改造就越充分,其直观表现为岩石固结程度的提高与孔隙空间的减小。

实际上在20世纪80年代初期,人们就已经发现了埋藏时间对地层孔隙度有很重要的影响。Siever(1983)在研究了地层埋藏历史和成岩反应动力学后指出,地下的许多反应可能都是时间和地温历史的函数。Schmoker(1988)继1984年研究碳酸盐岩孔隙度与其热成熟度关系之后,研究了砂岩孔隙度与热成熟度之间的内在联系,并发现砂岩孔隙度与热成熟度之间是幂函数关系。Bloch(1991)研究表明,在岩性相似且是正常压力条件下,砂岩孔隙度是其热历史(用镜质组反射率表示)的函数。刘震等(1997)在研究二连盆地洪浩尔舒特凹陷下白垩统泥岩后指出,泥岩孔隙度与镜质组反射率之间的最佳经验关系可能是幂函数关系。刘震等(2007)通过岩石力学黏弹塑性应力—应变模型的数学推导结果与实际沉积盆地地层孔隙度与埋深和地层年代的密切关系结合室内沉积物压实物理模拟实验与实际地层压实曲线的差异性分析均表明,埋藏条件下,埋深和埋藏时间对地层孔隙度演化都起着重要的作用。与埋深因素相比,埋藏时间对孔隙度演化的影响同样重要;因此,砂岩储层的地质年代是孔隙度的重要控制因素之一。

张创(2013)研究认为地质年代对砂岩储层孔隙度的影响机制主要表现为三方面:(1)在一定温度范围内经历的时间越长,允许胶结物沉淀的时间就越长;(2)压实过程中,储层沉降速度越慢,压实快速减孔期持续的时间跨度越大,则有效应力作用时间也较长,地层的蠕变特性表现得较为充分,往往压实程度也更高;(3)地质年代与储层孔隙度的关系另一方面表现为,与地质时间相关的烃源岩热演化形成的有机酸对储层的溶蚀作用。

但是孔隙结构与时间的关系目前鲜有学者提及,可以肯定的是砂岩压实过程中的黏性变形和塑性变形,以及成岩作用都受到时间的控制,都需要一定的持续时间才能对储层的演化起到控制作用,时间因素的研究有待进一步加深。

二、埋藏过程中孔隙结构的变化特征

随储层埋深增加,在有效应力不断增大的情况下,岩石表观体积和孔隙度不断减小,是被广泛认同的。储层埋藏过程中所承受的最大有效应力,是压实造成孔隙变化主要控制因素;从岩石力学的角度来看,有效压力是压实作用的本质动力,但由于储层埋深与孔隙度的关系更为直观,分析孔隙度随埋深增大而减小的特征也成为诸多学者研究压实减孔规律的常用方法。很多压实模型都说明埋深是影响砂岩压实成岩过程的最重要因素。Selley(1978)收集整理了许多盆地中砂岩和泥岩孔隙度与埋深关系的数据表明:不论是砂岩还是泥岩,其孔隙度都是随埋深增加而明显降低而且发现浅处(约500m以内)地层孔隙度急剧降低,到深处3000m以下孔隙度变化很小。由于常规砂岩储层的物性和孔隙结构具有较好的相关性,以物性特别是孔隙度的演化规律研究为主,很少关注孔隙结构的演化过程,研究技术和方法的限制也是一个重要的原因。但是随着孔渗的逐渐减小,物性和孔隙结构的对应关系变差,研究孔隙结构的演化规律是十分必要的。

1. 浅埋藏阶段孔隙结构变化特征

很多学者研究发现,砂岩的孔隙度在浅埋藏阶段以压实作用为主,而且此时孔隙度急剧下降,随后孔隙度减孔率逐渐降低,中间出现了孔隙变化的拐点,这一现象在实际剖面和实验室物理模拟试验中均得到了很好的验证;但是实验室模拟和实际地质数据有一定的差异,特别是拐点出现的深度。

刘国勇(2006)通过模拟实验研究表明:模拟埋藏初期,孔隙度随承载压力的增加而大幅度减小,出现了一个陡变过程,这是因为在自然条件下,已经沉积的碎屑颗粒在压实的初期存在一个位置调整的过程。在这个过程中,碎屑颗粒主要有两种表现:刚性碎屑表面的脆性微裂纹及其位移和重新排列;碎屑颗粒的紧密填集。随着外加压力的不断增加,压实作用会不断增强,长石碎屑颗粒会发生滑动、转动、位移、变形和破裂(图3-19),进而导致颗粒的重新排列和某些结构构造的改变,达到一个位能最低的紧密堆积状态,在这个过程中就会出现一个孔隙度的陡变阶段。随着碎屑颗粒达到稳定堆积状态,当承载压力继续增加时,碎屑颗粒不会再发生以上变化,只是堆积的紧密程度进一步增加,孔隙度也只是慢慢减小,于是就出现了孔隙度的缓变带。当压力到达设定值以后,随着时间的推移,孔隙度仍然会减少,但幅度较小,这是由于时间因素对于压实有一定的影响,这也提醒我们在研究压实作用的时候应该充分考虑时间因素的影响。在压实过程中,长石砂岩孔隙度和渗透率的变化具有明显的分段性:在压实过程的初期出现了一个陡变带,随后出现了一个缓变带。实验数据分析表明,在压实过程中,孔隙度和承载压力之间存在良好的线性关系,孔隙度和渗透率之间存在良好的半对数关系,渗透率和承载压力之间存在良好的指数关系。这些关系的存在不因砂体成分的变化而改变。

孙龙德等(2013)利用成岩物理模拟实验装置,设计不同的温压条件,模拟储层沉积成岩后经受的早期慢速压实—后期快速压实作用,再现不同沉降阶段储层孔隙的演化特征,量化不同孔隙类型及含量。实验结果显示,砂岩面孔率的变化呈现出明显的4段性特征(图3-20):第1阶段为埋深0~2000m的早成岩阶段,即长期的浅埋藏阶段以原生孔为主,溶蚀孔含量自埋深1000m开始逐步增加;第2阶段为埋深2000~5000m的中成岩A_1阶段,储层处于长期浅埋—后期快速深埋的过渡阶段,面孔率由18%左右减小至13%左右,减孔率为27.8%,此阶

(a) 塑性颗粒的变形　　　　　　　　　　　(b) 脆性颗粒的破裂

Q—石英;CR—碳酸盐;F—长石;P—孔隙空间

图 3-19　机械压实造成的孔隙结构的变化

段原生孔快速减小、溶蚀孔快速增加,砂岩颗粒间以点—线状接触为主,孔隙类型以原生粒间孔为主,见较多溶蚀孔;第 3 阶段为埋深 5000~8000m 的中成岩 A_2—B 阶段,处于晚期快速深埋阶段,此阶段由于压实作用的逐渐增强原生孔面孔率持续降低,溶蚀孔面孔率处于最大发育阶段,总面孔率由 13% 降低到 11% 左右,减孔率为 15.4%,自埋深 5000m 开始出现大量颗粒裂纹,砂岩碎裂对颗粒溶蚀具有促进作用并有利于孔隙连通;第 4 阶段为埋深 8000~10000m 的晚成岩阶段,碎屑颗粒达到稳定堆积状态,随埋深增加堆积紧密程度进一步增加,原生孔含量及溶蚀孔含量逐渐降低,导致砂岩总面孔率持续降低,一般为 10% 左右甚至更低。另外也可以发现试验模拟的孔隙度比相同深度实际地质资料的统计值要大,这很可能是没有考虑时间变量的影响(刘震等,2007)。

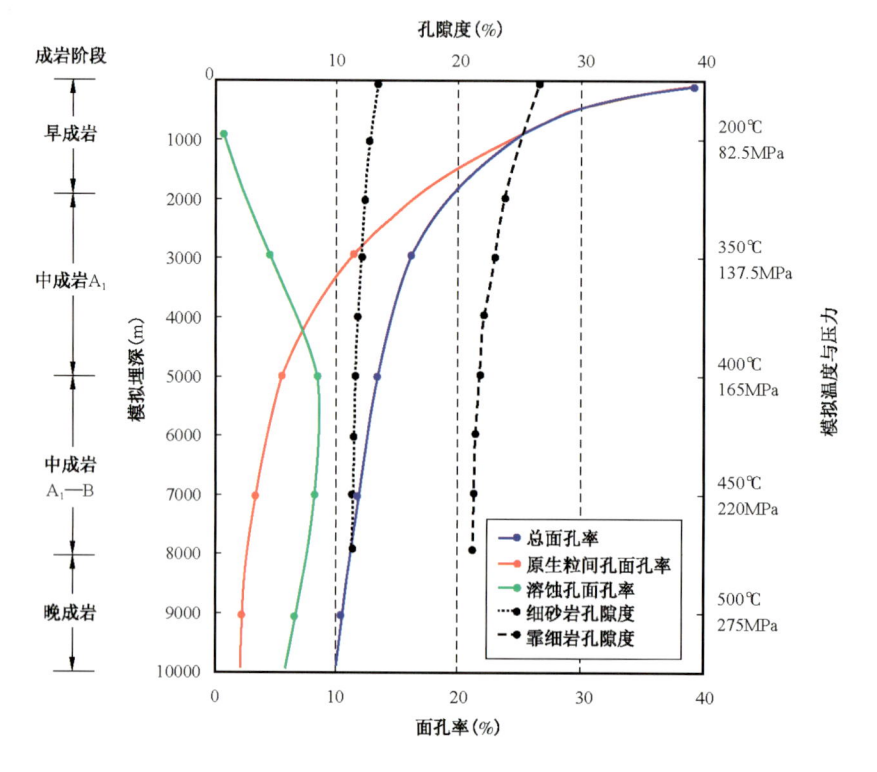

图 3-20　成岩物理模拟深部储层孔隙类型与演化特征(据孙龙德等,2013;曹耀华等,1998)

在实际地质条件下的研究中也发现了类似的规律。郑浚茂(1989)认为机械上不稳定的成分,例如较软的岩屑,容易在埋藏过程中降低孔隙度,但是当骨架颗粒中存在足够的(50%)碎屑石英,那么软碎屑的影响较小。当石英的含量为50%~100%的时候,石英含量与空隙之间几乎为直线关系。当石英含量小于50%时,开始阶段曲线的斜度发生明显改变,孔隙度的下降率增大。而且认为粗砂的机械压实作用要比细砂岩进行的快,这是因为细沙粒沉积物的颗粒接触点多,颗粒滑动调整的时候摩擦阻力大。罗静兰等(2014)在研究岩石学组成及其成岩演化过程时提出高塑性岩屑砂岩的主要成岩作用事件发生在早成岩作用阶段。高含量的塑性岩屑(平均17.9%)受早期成岩阶段压实作用的影响发生塑性变形、吸水膨胀及假杂基化,凝灰质杂基的蚀变产物使大量粒间孔与喉道堵塞。砂岩中的塑性岩屑含量与孔隙度,特别是渗透率呈较明显的负相关关系,高塑性岩屑砂岩经历早成岩阶段后,孔隙基本丧失或丧失殆尽,成为低孔低渗储层,部分甚至成为致密储层。张创(2013)认为浅埋藏期弱碱性成岩环境中形成的早期碳酸盐胶结物,在造成孔隙度损失的同时,其对骨架颗粒的支撑作用使压实损失孔隙度较少,同时为后期溶蚀提供了物质基础。但过量的早期碳酸盐胶结物又将使粒间孔完全封闭,酸性孔隙水无法进入其中进行溶蚀。由于压实过程不可逆,晚期胶结物的形成则只能充填孔隙,堵塞喉道,降低储层物性。同时,经压实后剩余的粒间孔的保存程度,则决定了成岩后期孔隙水的渗流环境,进而影响了后期胶结和溶蚀的强度。

对于压实速率减缓拐点出现的深度也是具有较大的争议。Selley(1978)和McCulloh等(1976)收集了许多地区孔隙度与埋深之间关系的资料,统计分析认为在浅埋藏阶段(500m以内)孔隙度急剧降低,3000m以下变化很小。任征平等(1996)在研究东海西湖凹陷南端砂岩储层特征及其控制因素时,发现原生粒间孔主要分布在埋藏较浅的龙井组中,从浅至深逐渐减少,380m以下基本消失。曹耀华(1998)研究认为埋深小于1000m孔隙损失量和损失率最大,4000m是一个拐点,4000~5000m是一个过渡带。埋深小于4000m孔隙损失量和损失率较大,埋深大于5000m孔隙损失量和损失率很小,随深度增加,孔隙度基本保持不变。

浅埋藏阶段以机械压实为主,砂体基本没有固结成岩,胶结作用微弱或不发育,仍然以点接触为主。对于浅埋藏阶段的研究主要是实验室的物理模拟实验研究,但实验和实际统计资料都表明此时孔隙度急剧下降,主要是以颗粒的相对滑动及定向排列、脆性颗粒的破裂、塑性颗粒的弯曲变形为主,颗粒达到一个位能最低的紧密堆积状态,出现一个孔隙度的陡变阶段。但是由于储层岩性以及成岩环境的不同,这一过程的强烈程度和终止深度有所不同。例如由于脆性和塑性颗粒百分含量的差异导致储层孔隙结构演化路径不同(Pittman等,1991),细粒的砂岩单位面积内颗粒之间的接触点个数相对较多,颗粒之间滑动的摩擦阻力也会相对较大。

2. 中、深埋藏阶段孔隙结构变化特征

关于中深层的定义,不同学者的认识差异较大。曹耀华(1998)认为随着油气勘探开发的不断深入,中浅层油气资源量不断减少,勘探目标将逐渐转向深层(>4000m)和超深层(>6000m)。2005年,中国国土资源部发布的《石油天然气储层计算规范》将埋深为中深层、深层和超深层分别界定为2000~3500m、3500~4500m和大于4500m。寿建峰等(2006)研究界定西部盆地的深层储层埋深一般大于4500m,东部盆地一般大于3500m。朱光有等(2009)结合盆地地温梯度特征,将中国东部含油气盆地的深层定义在5500m以下,中西部含油气盆地的深层定义在7000m以下。张惠良(2014)认为按照目前国内外对深层储层的定义,中国东部地区埋深超过3500m、西部地区埋深超过4000m即为深层储层。邹才能指出一般将4500~6000m定义为

深层,大于6000m定义为超深层。钻井工程中将埋深为4500~6000m的地层作为深层,埋深大于6000m的地层作为超深层(王永生,2012)。

在中、深埋藏阶段的最大特点是机械压实作用的减孔率相对降低,其他成岩作用对于孔隙结构变化的控制作用较强,孔隙结构的特征与浅埋藏阶段有较大差异(表3-7)。于兴河等(2015)认为对常规中—高孔渗储层而言,描述孔隙结构的核心在于孔喉中值半径与平均孔喉半径,这两个参数与储层的渗透率具有较好的对应关系。然而,对于低渗致密气藏而言,它们与渗透率的相关性较差。王瑞飞等(2008)也认为在中、高渗透砂岩储层中,均值系数与物性具有较好的相关性,而在超低渗透储层中该相关性变差。

表3-7 非常规油气致密砂岩储层与常规油气砂岩储层特征对比(据于兴河,2015)

类型	非常规油气致密砂岩储层	常规油气砂岩储层
储层岩石组分	长石、岩屑含量相对较高	石英含量高,长石、岩屑含量低
成岩演化	中、晚期成藏	多为中成岩B期以前
孔隙类型	次生孔隙为主	原生、次生混合孔隙
孔喉连通性	席状、弯曲片状喉道,连通差	短喉道,连通好
孔隙度(%)	3~10	10~30
渗透率(mD)	<1	>1
含水饱和度(%)	45~70	25~50
岩石密度(g/cm^3)	2.65~2.74	<2.65
毛细管压力	较高	低
储层压力	多为异常地层压力	一般正常至略低于正常
应力敏感性	强	弱
原地采收率(%)	15~50	75~90

一些学者对于中、深埋藏阶段孔隙结构的演化规律研究取得了一定的成果。杨正明等(2006)就提出对于低渗透储层,物性越好,喉道半径分布越分散,贡献范围越宽,大喉道对渗透率的贡献显著增大;反之,喉道半径分布越集中。渗透率越小,喉道半径分布范围越窄,其峰值喉道半径越小,且主要集中于细喉道一侧,喉道分选较好;反之,渗透率越大,喉道半径分布范围越宽,喉道分选变差(李珊等,2013)。储层越致密,喉道半径分布范围越小、小喉道所占比例越高,喉道占有效储集空间的比例也越高(毕明威等,2015;蔡玥等,2014)。

在中、深埋藏阶段孔隙结构发生的最突出的变化是部分储层的孔隙结构开始普遍发育纳米孔喉系统,只在局部发育微米—毫米级孔隙,这一变化使得孔隙结构参数和流体的流动特性也发生了转变。

1)纳米孔喉的定义

在国内邹才能等(2011)最早在非常规储层中发现了纳米级孔隙新类型,与传统常规储层孔隙特征具有很大差异(表3-8)。研究认为致密砂岩气储层存在介于300~900nm的纳米级孔隙,国内页岩一般主体存在80~200nm的纳米级孔隙。在此基础上,提出了纳米孔隙的概念,从而将微观孔隙类型进一步划分为微米级孔隙(1mm~1μm)与纳米级孔隙(<1μm)。纳米级孔隙的发现丰富了孔隙类型,并且通过三维扫描重构数据计算表明,与宏观孔隙、微米级孔隙相比,致密砂岩以纳米级孔隙为主要连通性孔隙类型,孔隙占总孔隙类型85%以上。主

要分布在烃源岩层及与其大面积紧密接触的近源致密储层系中,涵盖了页岩油、页岩气、煤层气、致密砂岩油、致密砂岩气、致密灰岩油等,储层孔喉直径一般为纳米级。

表3-8 油气储层孔隙类型与特征对比表(据邹才能,2011)

类型	毫米级孔隙	微米级孔隙	纳米级孔隙
孔隙半径大小	>1mm	1μm~1mm	<1μm
孔隙类型	原生、次生孔隙	原生、次生孔隙	原生孔隙为主
流体运移规律	服从达西定律	基本服从达西定律	非达西定律
孔隙分布位置	粒间、粒内	粒内为主	晶间、粒内、有机质内
孔隙中流体赋存状态	游离油气	游离油气为主,吸附油气为辅	游离、吸附
孔喉连通性	孔喉连通性好	连通较好	连通或孤立
孔隙形状	规则、条带状	不规则形	椭圆、三角、不规则
比表面积		小	大,可达200m²/g
孔隙度(%)		12~30	3~12
覆压基质渗透率(mD)		>0.1	≤0.1
毛细管压力	无	低	较高
观测手段	肉眼、放大镜等	显微镜、常规SEM等	场发射扫描电镜、纳米CT等

纳米油气是指用纳米技术研究和开采聚集在纳米级孔喉储集系统中的油气,包括页岩油和气、致密油和气等,一般储层以纳米孔喉为主,局部发育微米—毫米级孔隙。纳米油气的主要特征是:(1)源储共生,致密储层与油气连续分布;(2)源内滞留或短距离运移;(3)以扩散作用、分子作用等为主,非浮力聚集;(4)一般单井无自然工业产量,需研发纳米系列技术。

2)纳米孔喉的特点

邹才能等(2011)在实验中发现多种类型纳米级孔隙,包括杂基及颗粒内微孔、纳米孔、自生矿物晶间隙及微裂缝,它们是致密砂岩中重要的油气储集空间。颗粒内纳米孔主要为长石溶蚀、黏土矿物溶蚀、石英溶蚀形成:长石颗粒边缘呈残蚀状,表面遭受溶蚀,凹凸不平,形成一系列25~200nm的纳米孔,形态为三角形或近圆形;石英颗粒纳米孔主要为表面刻蚀坑,形态不规则,以长条形为主,孔径主体集中于200~500nm;黏土矿物纳米孔为片状矿物之间的孔隙,以绿泥石和伊利石为主,孔径100~500nm,连通性较好。自生矿物晶间隙:包括片状高岭石晶间隙及柱状钠长石晶间隙,其中片状高岭石叠加生长形成的晶间隙发育,最大可达250nm,柱状钠长石晶簇叠加生长,单晶之间保留20nm左右的晶间隙。微裂缝主要与石英、长石等脆性颗粒相伴生,裂缝多呈弯曲状,缝宽约200nm,切穿颗粒,延伸长度可达数十微米。认为油气水在纳米孔喉中渗流能力差,相态分异难,主要依靠超压驱动,油气被滞留吸附,在源储共生致密层系中大面积连续分布(邹才能等,2012)。

3)纳米孔喉的成因

于兴河等(2015)总结了国内外致密砂岩储层的特征发现:现今埋深均大于2000m,并且认为在中成岩阶段(R_o为0.5%~0.7%),烃源岩中的有机质脱羧形成大量有机酸,这些有机酸对硅酸盐矿物具有很强的溶蚀作用。在此阶段,储层已受到强烈的压实,大部分原生孔隙已经消失,储层物性普遍变差,再加上煤系地层在成岩早期缺乏大量易溶胶结物,使有机酸水溶液的溶蚀作用受到一定限制,因而只能在原生孔隙保存较多的部位对硅酸盐矿物(如长石和岩屑等颗粒)进行溶蚀,从而形成一定量的次生溶蚀孔隙。此外,由于酸性水溶液必须要有运移溶蚀通道,因此溶蚀作用多发育在不整合面、层序界面以及断层裂缝附近的储层中。而且这些储层中还要保留一部分原生粒间孔隙,这样有机酸性水才有可能进入并发生溶蚀作用。因此,沉积时水动力较强、粒度较粗的有利沉积相带是次生溶蚀孔隙的主要发育区。晚成岩阶段,大量有机酸水溶液的形成有利于石英的次生加大。在富含石英的砂岩中,强烈的压实和压溶作用使得原生粒间孔隙被石英加大或石英自形晶体充填,因而容易使煤层上、下的砂岩地层形成大规模的低孔低渗储层,尤其是粒度较细的砂岩互层更易形成致密储层。通过研究致密砂岩的盆地压实曲线与埋藏史发现,大多数盆地经历了早期持续深埋和后期抬升剥蚀浅埋,其持续深埋往往造成强烈的压实作用。从苏里格气田和美国Piceance盆地的埋藏史曲线(图3-21)同样能看出此特点。而且从国内外所报道的致密砂岩气储层形成的地质年代来看,无一例外均为前新生界。由此可见,长期的持续埋藏与压实是砂岩致密的根本性机理。

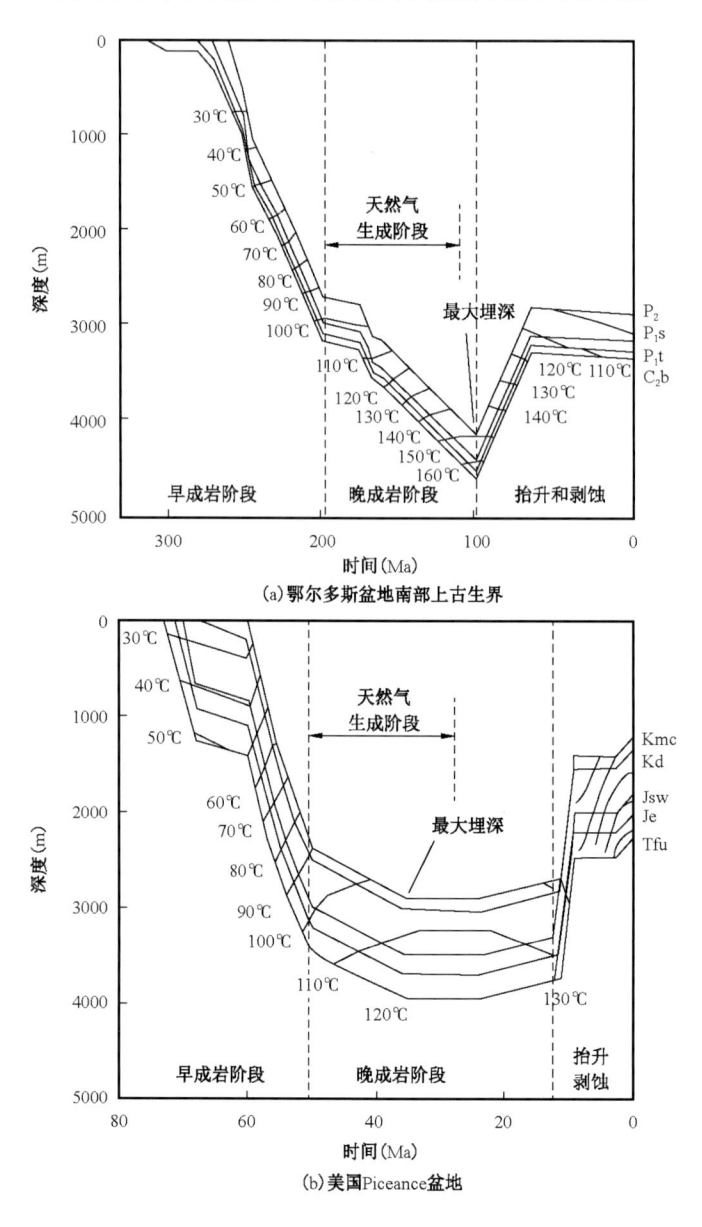

图3-21 致密砂岩储层埋藏史曲线(据于兴河等,2015)

殷艳玲(2015)在对胜利油田渗透率小于5mD的致密砂岩岩心(现今埋深3000m左右)进行了孔隙结构分析研究发现:当岩心渗透率小于2.0mD时,岩心中大于1.0μm的喉道所占比例急剧降低,不大于0.4μm喉道所占比例逐渐增加,并慢慢占据主导地位。伴随主流喉道半径的急剧降低,致密砂岩的渗流能力也急剧下降,开发难度增大。随后对比了大庆油田、长庆油田和胜利油田渗透率相近的三个不同级别致密砂岩岩心的喉道分布(图3-22)。对于空气渗透率为0.30mD左右和1.50mD左右的岩心,三个油田砂岩岩心喉道分布差异较大,胜利油田砂岩喉道分布明显是最不利的,不仅分布范围窄,而且呈尖峰状;对于空气渗透率为3.00mD左右的岩心,无论从喉道分布宽度还是分布频率来看,三个油田岩心喉道分布差异不大。从三个油田不同渗透率级别砂岩喉道分布的对比来看,胜利油田砂岩喉道更为细小且分布集中,因而胜利油田致密油藏开发的难度更大。可以看到,胜利油田的砂岩储层在3000m左右埋深时已经由微米级孔喉半径向纳米级孔喉半径过渡。

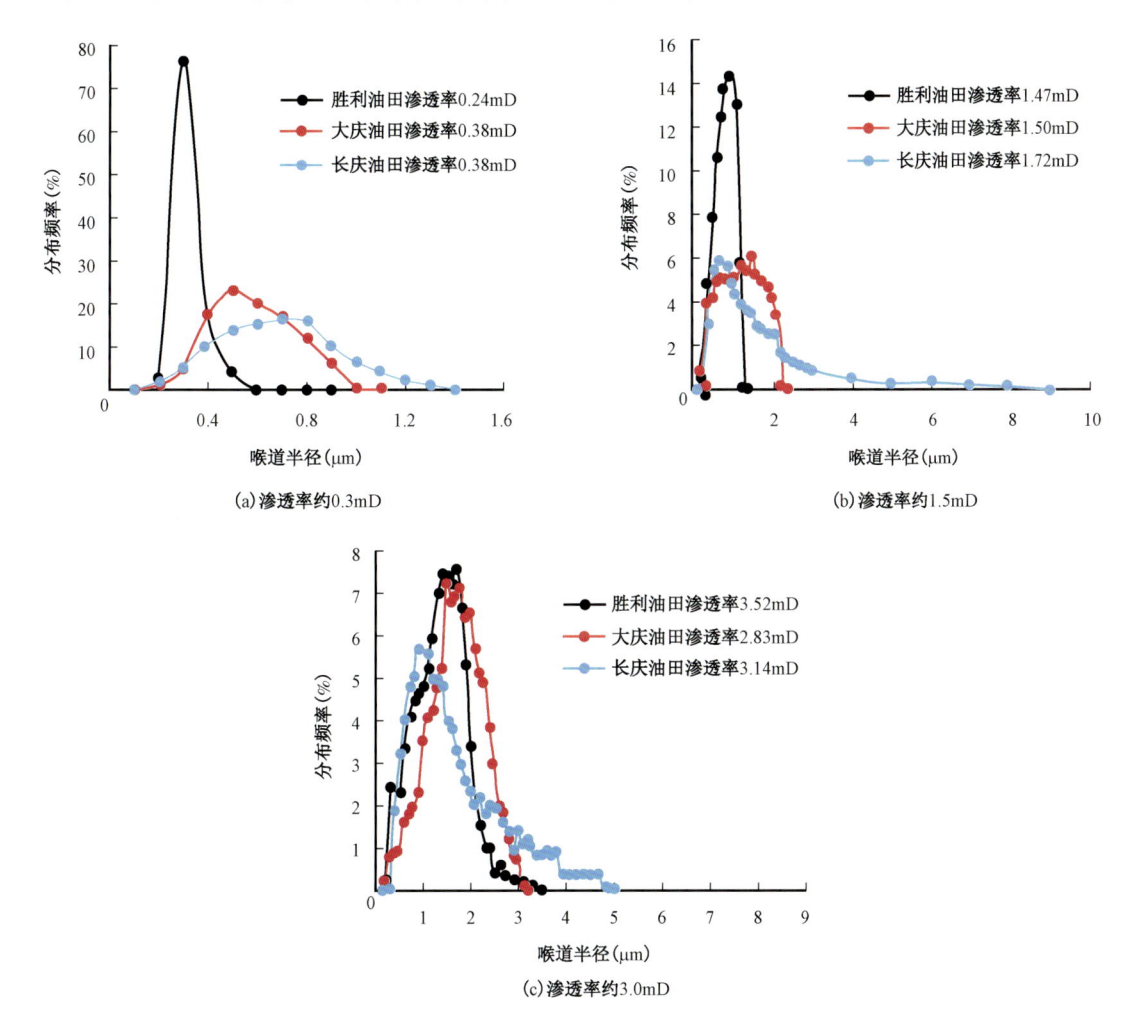

(a) 渗透率约0.3mD

(b) 渗透率约1.5mD

(c) 渗透率约3.0mD

图3-22 不同渗透率砂岩喉道分布(据殷艳玲,2015)

何涛等(2013)对鄂尔多斯盆地内恒速压汞实验结果分析,认为长7致密砂岩储层(现今埋深2000m左右)平均孔隙半径为162μm,长8低渗储层平均孔隙半径为155μm,两类储层孔隙半径非常接近。长7储层平均喉道半径为0.33μm,长8储层平均喉道半径为0.85μm,喉道半径均为纳米级别但是却相差较大。

祝海华等(2015)研究认为目前处于中成岩 A_2 期。曹青(2013)研究认为鄂尔多斯盆地东部上古生界的成岩作用已经达到中成岩 B 期阶段,最大埋深大于 3600m,最高古地温约 180℃,镜质组反射率多介于 1.2%~2.2% 之间。盒 8 段孔喉中值半径多介于 0.01~0.2μm 之间,山二段和太原组孔喉中值半径多介于 0.1~1μm 之间。气层物性统计结果显示山二段孔隙度主体介于 3%~9% 之间,盒 8 段和太原组孔隙度相对略高,主体介于 4%~12% 之间;盒 8 段气层渗透率主体介于在 0.1~1mD 之间,山二段和太原组气层渗透率主体介于 0.05~1mD 之间。不同分选程度和成熟度的砂岩,孔隙演化过程存在较大差异,将研究区上古生界成岩致密演化分为三大类:盒 8 段、太原组岩屑石英砂岩和山二段石英砂岩(表 3-9)。长 8 储层的埋藏深度和沉积时间均大于长 7 储层,但平均孔隙半径和平均喉道半径两个孔隙结构参数均大于上覆长 7 段储层,山二段和太原组的孔隙结构也好于上覆的盒 8 段;同一地区的储层经历的构造变化是同步的,可见埋藏深度和时间并非孔隙结构的决定因素,储层岩性和成岩作用等对于纳米孔喉的发育影响不能忽略。

表 3-9 鄂尔多斯东部上古生界不同类型砂岩孔隙演化表(据曹青,2013)

成岩阶段		主要成岩作用类型	孔隙的增减率		
			盒 8 段岩屑石英砂岩	山二段石英砂岩	太原组岩屑石英砂岩
原始孔隙度(%)			24~34	26~36	26~36
早成岩		机械压实作用	减少 65%	减少 55%	减少 65%
		黏土充填胶结作用	减少 1%	减少 1%	减少 1%
三叠系沉积结束时孔隙度(%)			8.2~11.6	11.4~15.8	8.8~12.2
中成岩	A	硅质胶结作用(Ⅰ)	减少 7%	减少 16%	减少 7%
		溶蚀作用	增加 4%	增加 2%	增加 8%
		硅质胶结作用(Ⅱ)	减少 3%	减少 6%	减少 3%
		黏土充填胶结作用	减少 15%	减少 15%	减少 16%
	B	碳酸盐胶结作用	减少 6%	减少 6%	减少 3%
		碳酸盐溶解作用	增加 1%	增加 1%	增加 1%
现今孔隙度(%)			6.0~8.5	6.8~9.5	6.9~9.7

罗文军等(2012)在研究川西坳陷须家河组时,认为大邑地区砂岩普遍已达到晚成岩阶段,少数处于中成岩 B 期,但是在早成岩阶段 A 期为浅埋藏(埋深<1500m)成岩环境,沉积物弱固结—半固结,孔隙类型主要为原生粒间孔。早期胶结作用使孔隙度略微下降 0.1% 左右。早期溶蚀对储层影响小,约增加孔隙度 1%。此时储层初始孔隙度一般由 40% 下降至 20%。早成岩阶段 B 期埋深在 1500~2500m,沉积物进入快速埋藏阶段。随压实作用进一步增强,粒间孔急剧缩小,压实作用约造成 5% 的孔隙度损失,其次石英次生加大约使孔隙度减少 1%,黏土矿物胶结也造成约 2% 左右孔隙度损失;第一期裂缝增加孔隙度约为 0.2%,此时储层孔隙度约为 13%。中成岩阶段 A 期埋深急剧增大,达 2500~4000m;随着埋深增加,地温进一步升高,达 94~140℃ 时烃源岩进入生油高峰期,大量有机酸生成;有机

酸沿裂缝将部分长石、岩屑和杂基溶解,形成粒间溶孔和粒内溶孔,原生粒间孔大部分损失而使储层致密化。该成岩阶段溶蚀作用使孔隙度增加约3%,但同时发生的第二期石英次生加大约损失孔隙度1%,硅质充填约损失孔隙度0.2%,第二期方解石胶结使孔隙度损失约3.5%,黏土矿物胶结约损失孔隙度约2%,压实作用使孔隙度降低约2%。此时储层孔隙度约为7%~8%,在中成岩A末期,储层已经基本致密化。中成岩阶段B期埋深达4000~5100m,岩石进一步压实,颗粒大部分呈线—凹凸接触;压溶作用普遍发育,使得石英颗粒沿接触边缘溶解,石英次生加大边及硅质沉淀充填次生孔隙。该成岩阶段储层进一步致密;第三期碳酸盐胶结使孔隙度减少0.9%,石英次生加大和硅质充填使孔隙度减少约1%,压实作用使孔隙度降低约1%,此时储层孔隙度为4%~5%。晚成岩阶段埋深达大于5100m,古温度为175℃以上,储层进一步致密化。在部分溶孔中发育铁质胶结物和硅质继续充填,最晚一期铁方解石和铁白云石(189~201.2℃)造成孔隙度减少0.7%。因此,目前四川盆地的须家河组致密砂岩储层处于中成岩A期末,埋深大于4000m以后基本致密,孔喉半径以纳米孔喉为主。

安劲松等(2011)对准噶尔盆地车排子地区侏罗系低渗砂岩储层孔隙结构特征研究发现:车排子地区岩石类型以岩屑砂岩为主,石英含量为24.2%~29.2%,长石含量为9.7%~25.5%,岩屑含量为48%~61.4%;此外低变质的千枚岩及板岩、泥岩、片岩等塑性岩屑普遍存在。侏罗系储层孔隙度为3.1%~22.1%,平均值为12.3%;渗透率为0.1~123.5mD,平均值为21.4mD,属于低孔低渗、特低渗储层。侏罗系成岩作用较强烈,颗粒以点—线、线接触为主,胶结类型为压嵌—孔隙、压嵌,胶结作用比较发育。侏罗系的R_o值为0.46%~0.63%,最大热解峰温为430~452℃,I/S混层比为50%~70%和15%~50%,侏罗系处于成岩作用的早成岩阶段B期—中成岩阶段A期。通过铸体薄片图像分析资料,对该区低渗储层孔隙类型进行研究,主要为粒间孔、残余粒间孔、粒间溶孔和粒内溶孔,其他类型的孔隙不太发育。统计结果表明:孔径为51.9~80.1μm,中等偏小,孔喉的分布也主要是小于1μm的纳米孔喉。准噶尔盆地车排子地区侏罗系地层埋深大多在2000~4000m之间(黄江荣等,2008),说明要成为致密的砂岩储层既纳米孔喉系统普遍发育的成岩阶段至少为中成岩阶段A期,埋深需要大于2000m。

秦红等(2014)在库车坳陷东部地区研究认为下侏罗统煤系地层致密砂岩普遍埋深较大,最大埋深为6000~7000m,现今埋深一般为3000~5000m,孔隙度为1%~12%,渗透率为0.1~100mD。目前储层处于中成岩阶段A_2—B期。早成岩阶段,由于受到煤系地层酸性水的影响,沉积物中缺乏早期碳酸盐岩支撑颗粒间孔隙,压实作用导致储层孔隙快速减小;中成岩阶段发生长石及岩屑溶蚀现象,粒内及粒间的溶蚀孔隙有效地改善储层物性,溶蚀作用主要发育在粒度较大或裂缝发育、地层水易于流动的储层中;晚期碳酸盐胶结加剧储层的致密程度,局部可见的石英变质现象体现快速埋藏时期强烈的构造挤压作用对储层的影响,并在储层中广泛发育粒内裂纹(图3-23)。赖锦等(2014)研究总结认为克拉苏构造带巴什基奇克组储层成岩演化程度较高,已达中成岩阶段A期,强烈的埋藏压实和胶结作用导致储层物性急剧变差,储层致密化严重。张惠良等(2014)应用CT扫描研究了巴什基奇克组致密砂岩微米级孔隙空间形态及特征。结果表明,基质孔隙主要为粒间及粒内溶孔、黏土矿物晶间孔,受强烈压实作用影响,残余孔隙平面连通性差,多呈孤立状或微连通状。有效储集层的储集空间由构造裂缝及微米级孔隙、纳米级孔喉组成,基质孔隙半径主要为 2~100μm,基质喉道半径主要为 10~500nm,裂缝开启度主值区为 100~300μm。总结发现库车凹陷的致密砂岩储层相对埋深较大(最大埋深大于 6000m),但是成岩阶段至少为中成岩阶段 A 期。

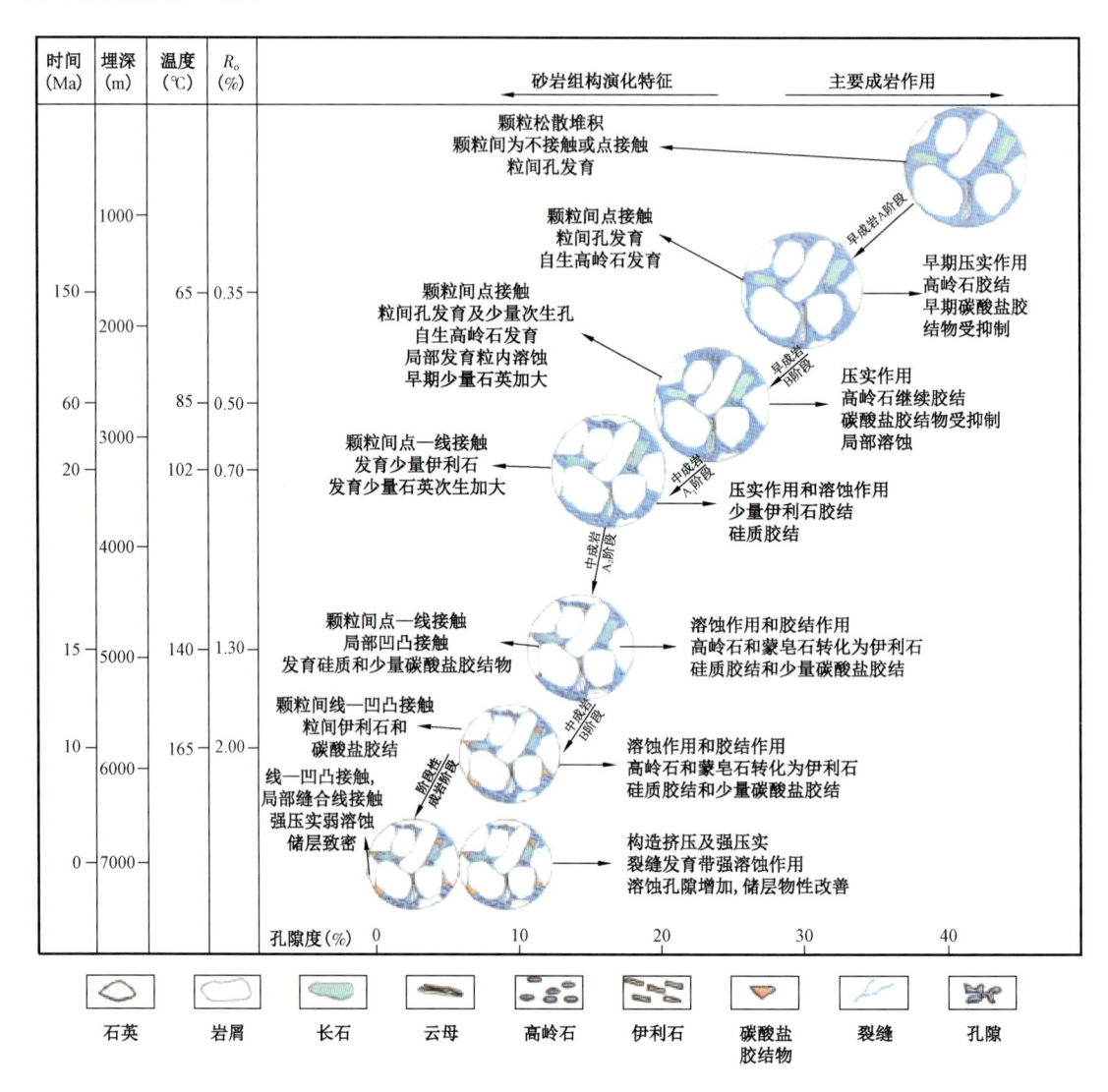

图 3-23 库车坳陷东部下侏罗统储层孔隙演化模式(据秦红等,2014)

汇总国内典型致密砂岩储层的特征(表 3-10)。尽管现今埋深相差较大,但地质历史时期最大深埋需要超过 2000m,成岩阶段至少为中成岩阶段 A_1 期,纳米孔喉才开始大规模发育。值得注意的是表中的储层深度是现今的埋藏深度,鄂尔多斯的上古生界和四川盆地的须家河组(张金亮等,2002)在埋藏过程中的最大埋深均超过 3000m,也就是说致密砂岩气储层的最大埋深需要超过 3000m,这也和王金琪(2000)对于中国主要含气砂岩埋藏过程的总结结果一致(图 3-24)。

表 3–10 中国主要含油气盆地典型致密砂岩气储层特征（据邹才能等，2012）

	鄂尔多斯	四川盆地	松辽盆地南	松辽盆地北	吐哈盆地	准噶尔盆地	塔东志留系	塔里木盆地	库车西部深层白垩系巴什基奇克组
地层	石炭—二叠系	二叠系家河组	白垩系登娄库组	白垩系登娄库组	侏罗系水西沟群	侏罗系八道湾组	塔东志留系	库车东部侏罗系	库车西部深层白垩系巴什基奇克组
沉积相	河流,辫状河,曲流河三角洲,滨浅湖滩坝	辫状河,曲流三角洲,扇三角洲,滨浅湖滩坝	河流,辫状河,曲流河三角洲	辫状河三角洲,曲流河三角洲	辫状河三角洲	辫状河三角洲,曲流河三角洲	滨岸,辫状河三角洲	河流,曲流河,辫状河三角洲,扇三角洲	辫状河,辫状河三角洲,扇三角洲
岩石类型	岩屑砂岩,岩屑石英砂岩,石英砂岩	长石岩屑砂岩和岩屑砂岩	长石岩屑砂岩,岩屑砂岩	岩屑长石砂岩,长石岩屑砂岩和长石砂岩	长石岩屑砂岩	长石岩屑砂岩和岩屑砂岩	中、细粒岩屑砂岩	岩屑砂岩	含灰质细粒岩屑砂岩,不等粒岩屑砂岩
埋深 (m)	2000～5200	2000～5200	2200～3500	2200～3300	3000～3650	4200～4800	4800～6500	3800～4900	5500～7000
分布面积 (km²)	18	6		5	1.5	4.5	24		
单井产量 (10⁴m³/d)	2.6～8.1（改造后）	微量,压后2.3	0.4～15	0.7～4	0.45～9.79		2.90～5.65	微量～6.6	17.8339（大北101）
成岩阶段	中成岩 A_2 — B	中成岩 A—B	中成岩 A_2	中成岩 A—晚成岩	中成岩 B—晚成岩	中成岩 A_1 — A_2	中成岩 A—B	中成岩 A—B	中成岩 A—B
孔隙类型	残余粒间孔,粒内溶孔,高岭石晶间孔	粒间、粒内溶孔,颗粒溶孔,微裂隙	残余粒间孔,颗粒溶孔,粒内溶孔	细小粒间孔隙,微孔,粒内溶孔	粒内、粒内溶孔	粒间孔,溶孔,颗粒溶孔,基质收缩孔,微孔	残余粒间孔,粒内溶孔	粒间、粒内溶孔,颗粒溶孔与微裂缝	残余粒间孔,颗粒溶孔与粒内溶孔,杂基内微孔
孔隙度中值 (%)	6.6950	4.1998	3.1994		5.0121	9.1000	6.5133	2.7800	
孔隙度均值 (%)	6.93	5.65	3.35	1.51～10.8	5.16	9.04	6.98	6.49	3.36
样品数 (个)	6.015	39.999	61.000		25.000	51.000	1019.000	4720.000	
渗透率中值 (mD)	0.2291	0.0567	0.0342	0.01～1.44	0.0469	0.4550	0.2047	0.3930	0.06
渗透率均值 (mD)	0.6042	0.3510	0.2240		0.1058	1.2500	3.5720	1.1260	
样品数 (个)	5849	32351	52		25	43	988	4531	

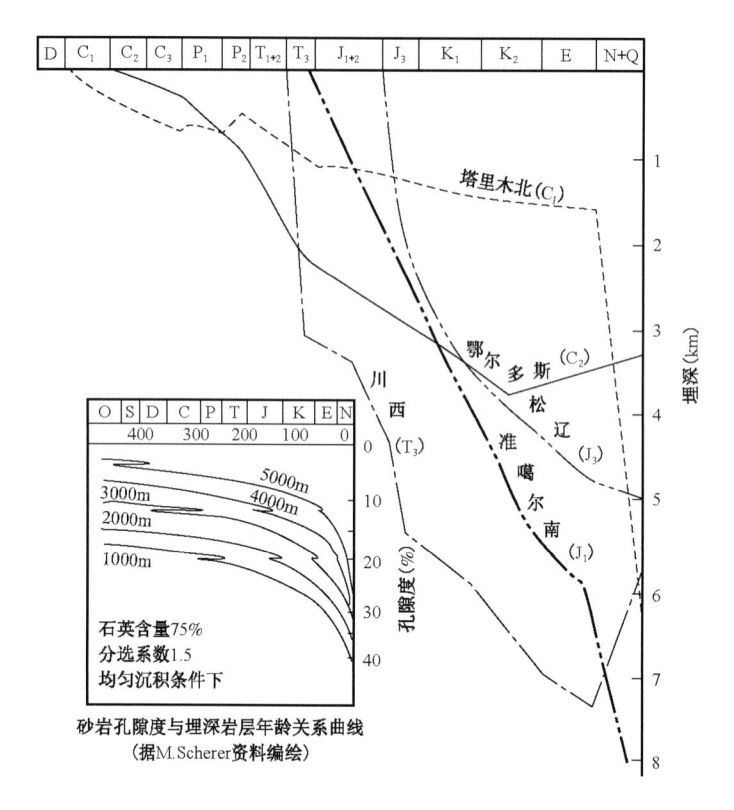

图 3-24　中国主要含气致密砂岩埋藏曲线图(据王金琪,2000)

三、不同成岩阶段孔隙结构变化特征

目前常规的成岩作用只注重研究现今特定地层所处的成岩阶段,而对成岩演化史的研究较为薄弱,成岩作用的定量化研究更少,成为孔隙度演化和孔隙结构演化规律研究的瓶颈。其次,盆地内成岩作用的研究过分依赖于钻井取心的分析化验,只能对若干个井点的成岩作用进行研究,而不能从盆地或凹陷的尺度上进行成岩作用平面上的研究和成岩阶段预测。

储层质量定量评价和成岩作用数值模拟分为过程模拟和效应模拟两大类(Wood 等,1994)。前者主要是对单项成岩作用的模拟,旨在探索成岩作用的机理,如石英次生加大和黏土矿物转化的化学动力学模型;后者不考虑具体的地质过程,只考虑地质作用的综合结果常见的有储层物性与深度或有机质成熟度的经验模型等,它们各有优缺点。

孔隙结构演化的定量研究很大程度上是建立在成岩作用的定量研究的基础上,但是目前的成岩作用多为定性的描述性研究,仅有少数学者开展了定量化探索。孟元林等(2003)综合了过程模拟和效应模拟的优点,通过各成岩参数随时间变化规律的模拟综合研究成岩史,划分成岩阶段。建立了这两种模型相结合的综合模型:模型主要考虑了温度、压力、流体和时间 4 种因素对成岩作用的影响,选取古地温 T、镜质组反射率 R_o、甾烷异构化指数 SI、黏土矿物伊/蒙混层中蒙皂石的含量 S 和自生石英含量 V_q 这 5 项参数作为成岩作用过程综合模拟的主要参数。在埋藏史、地热史的基础上,通过模拟 R_o、SI、S、V_q 这 4 项参数在时空领域内的分布,计算成岩指数 I_D,然后划分成岩阶段、模拟了成岩演化史。朱筱敏等(2007)通过储层流体—岩石相互作用模拟来探讨不同黏土矿物的溶蚀作用机理及其对次生孔隙的贡献大小,成功地恢复了孔隙度的演化史,但是只是对于溶蚀作用进行了定量研究,而且没有进一步对孔隙结构的演化进行研究。袁波等(2009)则从实际地质情况入手,建立概念模型,结合钻井资料和地震资料反映的成岩作用有关地质、地球物理和地球化学参数,如地层厚度、岩性、时代、剥蚀量、古地表温度、今地温、压力、岩石热导率、镜质组反射率、伊/蒙混层中蒙皂石的含量、甾烷异构化指数和石英次生加大体积分数等。然后,建立反映成岩演化指标的数学模型,并求解有关方程组。对准噶尔盆地中央1区块侏罗系三工河组的成岩作用进行了模拟预测,不但建立了单井纵向成岩演化序列,并且得到了平面上的成岩演化阶段和空间展布特征(图3-25)。何东博等(2004)根据成岩阶段划分原理,选取效应模拟方法进行成岩作用数值模拟,利用成岩阶段划分来表征不同成岩演化强度下的成岩作用结果。结合运用作用模拟方法(如孔隙压实模型、自生石英模型等)。采用温度、镜质组反射率、伊/蒙混层黏土矿物转化率、石英加大含量、最大热解峰温、甾烷霍烷异构化指数等成岩阶段划分指标,并将这些地质变量定义为成岩参数,通过反演成岩参数来模拟成岩演化过程,并通过模拟成岩参数的空间分布建立储层成岩阶段的空间分布格架,进而进行储层评价和预测。

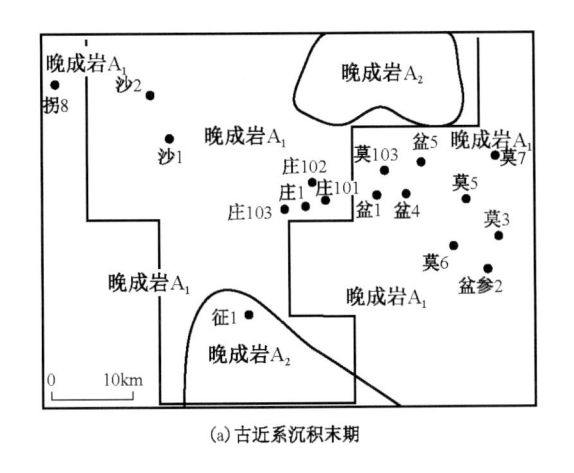

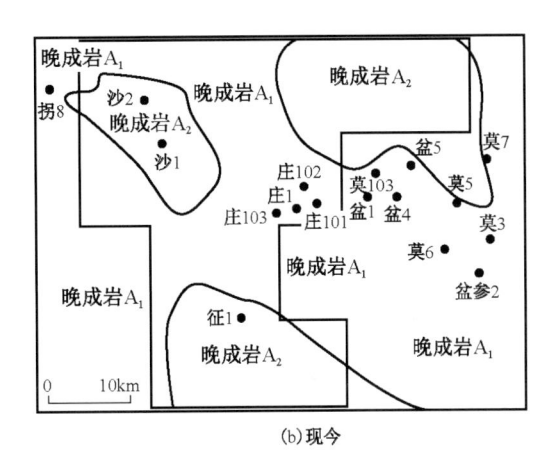

图 3-25 准噶尔盆地中部1区块三工河组成岩阶段预测

目前的成岩作用模拟预测只能对成岩作用的强度进行预测,而成岩作用对于孔隙度和孔隙结构的影响还处于定性或者半定量的分析阶段,只有个别的成岩作用与孔隙度演化关系实现了定量的模拟预测。成岩作用复杂多样,且相互耦合、共同作用,有待进一步研究。

第四节 储层孔隙结构的应用

孔隙反映了流体在岩石中的储集能力,喉道的形状、大小、孔喉比等孔隙结构参数则影响孔隙对流体的储集和渗透能力。在不同水动力条件下形成的各种沉积相,其对应砂体的粒度、分选、组成和发育程度也都有差异,加上后期成岩作用对沉积物原始孔隙的强烈改造,使微观孔隙结构具有复杂多样性。特别对于孔渗性能差、非均质性强的储层而言,渗透率和孔隙度的对应关系越来越复杂。即使在同一地区,相同的孔隙度或者孔隙半径条件下,渗透率会出现数量级的差异,物性参数已经不能很好地表征评价储层性质。因此,分析储层的孔隙结构,研究宏观物性参数和微观的孔隙结构参数的对应关系及控制原理和地质成因机制是研究的重点。深入研究微观孔隙结构特征不仅有利于制定勘探开发策略,而且可以在油田开发后期的工作中,帮助查明剩余油分布规律,提高油气采收率(杨飞,2011)。总结前人的研究,发现目前孔隙结构主要应用于储层的评价分类、勘探预测和油气开发三个方面。

一、储层评价方面的应用

储层评价是石油地质研究的主要方向,同时也是油气勘探开发前期必须精细完成的地质工作,其对后期油气勘探、有利区块预测及油气开发有重要意义。不同地区储层特征的差异造成储层含油性及渗流机制存在不同,为有效指导油气的勘探与开发工作,应开展针对研究区实际情况的储层评价研究。

储层的评价、表征和分类是密不可分的,储层的表征和分类是储层评价的重要组成部分;只有选用合适的参数对不同储层进行表征,才能进一步进行储层分类和评价工作;储层表征的优劣很大程度上取决于能否有效区分不同储层。

储层表征已经在前文做过详细叙述,在这里不展开叙述。储层的分类方案研究也很多,其中的定性参数如压汞曲线的形态代表着孔喉的分布特征,同时一定程度上可以反映孔喉的类型和大小,是储层分类中应用较广的方法之一,但是难以定量化描述。目前,结合多学科信息优选多个孔隙结构参数评价储层是目前的主要研究方法。如谢庆邦(1988)在划分低渗透储层孔隙结构时,首先按实际资料的数理统计规律将孔隙和喉道按大小进行分级,进而结合两者划分孔隙结构;刘忠群等(2001)根据薄片、孔渗、压汞结合数理统计分析了孔隙结构与物性、产能的关系,并将大牛地气田山西组储层孔隙结构分成三类;魏钦廉等(2009)运用压汞排驱压力、饱和压力中值压力、束缚水饱和度三个参数对低渗透砂岩储层的孔隙结构进行划分;李潮流等(2010)构造了一个由孔隙度、最大连通孔隙半径、分选系数组合而成的孔隙结构综合评价指数。

在测井评价方面,国内外学者针对非均质碎屑岩储层测井评价开展了大量工作,在孔隙结构、宏观测井响应及岩石物理数值模拟等取得了较大的进展,推动了非均质碎屑岩储层的测井精细评价,但仍存在需进一步深化。(1)将微观孔隙结构与测井响应进行有机结合实现地层条件下的储层参数计算及孔隙结构评价;(2)定量研究微观孔隙结构对岩石物理性质的影响并建立基于孔隙结构的储层参数模型;(3)将微观孔隙结构参数及泥质、地层水等属性融入岩电参数建立通用的饱和度模型;(4)充分应用核映射、支持向量机、小波分析等现代数学算法优化建模,提高测井评价精度(葛新民,2013)。

常规储层评价方法众多,主要都是以沉积相、岩石学特征、储层物性等进行综合分析,这种评价方法多偏向于从宏观的角度定性地反映储层的特征。前人的研究主要通过对毛细管压力曲线特征的定性判断或对实际资料的统计分析对储层孔隙结构进行分类,而对微观孔隙结构与宏观储层物性之间的相关关系重视不够,从而难以反映出不同孔隙结构类型的储层岩石物性的差异性。通过对微观孔隙结构特征参数与储层宏观物性参数关系的相关性分析,优选出孔隙结构分级参数,并运用数据构形方法确定出孔隙结构分级界限,进而建立孔隙、喉道分级标准,对储层孔隙结构进行分类评价更为合理。蔡玥(2015)在研究中以微观孔隙结构特征为侧重,将其与储层物性充分结合,同时采取沉积环境与成岩作用相联系的思路,将孔隙结构类型、平均喉道半径、排驱压力等反映致密砂岩储层特征的新参数纳入储层评价体系当中,并充分参考动态生产资料,优选评价参数,为低孔低渗以及非常规砂岩储层的评价提供了新的思路。

生产实践和前人研究表明,孔隙结构对于流体在储层中的保存和运移有直接影响,但不同储层具有不同的微观孔隙结构,其各项参数、评价指标也不尽相同。分析孔隙结构参数与物性参数的对应关系，找出与物性相关性较高的参数，并且合理解释这种对应关系的地质意义，进而用物性参数来对孔隙结构进行分类评价是目前较为通用的方法。但是评价过程中存在一个矛盾，容易获得的简单参数不能很好地表征划分储层，而精确的评价技术工艺复杂、花费较多、参数较难获得，不能很好的应用于勘探开发实践。如何能减少评价的参数，简单快速、定量有效的评价区分不同类型储层，是研究的主要难题。

二、储层预测方面的应用

储层预测对于寻找有利勘探目标、确定部署方向至关重要。目前，中国常规储层物性预测还处于定性—半定量阶段，主要以孔隙度和渗透率为依据。其中，孔隙发育程度是评价储层质量好与差的重要指标之一，也是目前主要的评价参数之一。一般目的层的孔隙度、渗透率的测量数据往往是井眼中的若干数据点，不能覆盖到整个层位，研究目的区域孔隙度演化规律成为解决这一问题的方法之一，而基于数学模型的孔隙度定量模拟是准确分析孔隙度的有效手段。储层孔隙度的影响因素有沉积环境、埋藏史、热演化史及成岩作用等，诸多因素共同控制了砂岩孔隙度演化规律。因此，综合考虑各种影响因素，明确各因素对孔隙演化的控制原理以及影响的函数关系和权重才能获得精确的孔隙度演化模型。

近年来，国内学者在孔隙度定量模拟方面进行了大量研究，并取得了一些研究成果。同理，孔隙结构是控制物性参数的根本原因；研究孔隙结构的演化规律更加直接有效，但是难度也更大，特别是对于低孔低渗甚至是致密油气藏来说，相同孔隙度的岩心，其渗透率和孔隙结构相差较大，孔隙结构参数与孔隙度的回归相关性差，不能很好地用孔隙度来表征储层。所以对于孔隙结构的直接研究成为现阶段的难点。尤源等（2013）也认为微观孔隙结构的预测非常重要，但难度较大，需要建立孔隙结构特征与沉积、成岩和成藏模式间的关系。反过来，致密油储层微观孔隙结构特征对于定量评价致密油储层的成岩作用、恢复孔隙演化历史、建立成藏模式也具有重要意义。因此，微观孔隙结构的准确表征及科学预测对于确定有利区分布、快速发现勘探目标意义重大。

三、油藏开发方面的应用

注水开发油田，水驱油效率一直是人们关注的重点，影响水驱油效率的主要因素包括油水黏度比、储层的润湿性和储层的微观孔隙结构特征。在孔隙结构对注水开发的制约上面，一些学者出于不同的考虑，提出了一些表征孔隙结构的新参数，通过试验建立这些参数和驱油效率的关系，来预测具不同孔隙结构储层的采收率，在一些地区也获得了良好的效果。但总的来说，由于储层的微观孔隙结构特征对水驱油效率的影响机理较为复杂，且在不同地区、不同层段储层中表现出不同的规律，很难用一种统一的模式去解释，因此就某个研究区得出的结论很难进行推广。因此，张创（2009）提出应该在深入研究储层孔隙结构特征、剖析其成因的基础上，结合储层岩石的渗流特征，寻找研究区储层含油饱和度的分布状况和油水渗流的规律性，分析研究这些规律性对油田开发的影响，从中找出相应的对策，以改善油田开发的整体效益。

与中、高渗透储层不同，特低—超低渗透储层孔隙结构复杂，具有较高的启动压力梯度和较强的压力敏感性，在开采过程中储层易受伤害，从而直接影响开发效果，因此应制定与其相适应的开发措施，以提高开发效益（林景晔，2004；胡志明，2006）。王瑞飞（2008）在研究中还发现，相同的孔隙度具有不同的渗透率以及孔隙度变化较小而渗透率变化较大的现象。岩石孔道通过流体的能力是一个统计平均值，大孔道对渗流和渗透率的贡献更大，而中、小孔隙对储集能力贡献更大一些。这也就要求超低渗透砂岩储层开发时,要重视小孔喉部分的动用。自然条件下,致密油储层不具备工业开采能力,采用适当的储层改造措施是有效动用的途径。在鄂尔多斯盆地采用大型水力压裂可以实现缝网的连通,从而创造有利的流通条件,动用致密储层中的油气。在储层改造过程中,准确地认识储层微观孔隙结构特征是筛选储层改造方式、优选改造参数的必要条件。

储层孔隙结构及孔隙演化研究在油气勘探中有着诸多应用。诸如油气微观成藏机理与油气充注临界孔喉条件,油气运移与捕集过程中毛细管力的作用,储层下限确定与储层分类,储量计算中含油饱和度的计算,驱油效率分析与驱油机理研究,剩余油的分布和挖潜以及基于孔隙网络模型的岩电关系和测井响应方程的建立等。

小　　结

(1)与常规油气藏不同,低孔渗油气藏渗透率和孔隙度以及孔隙结构参数对应关系较差,压敏性和非均质性较强,需要选取合适的孔隙结构参数进行表征评价。孔隙结构演化过程中影响因素较多,目前的研究主要针对一些定性的因素,定量化参数研究更有利于孔隙结构的表征和预测。

(2)在砂岩储层成岩初期的浅埋藏过程中孔隙度急剧减小,砂岩的孔隙以毫米—微米级别为主。通过颗粒的破裂、变形、重新排列以及某些结构构造的改变,达到一个位能最低的紧密堆积状态,出现一个孔隙度的陡变阶段。

(3)砂岩储层在中、深埋藏阶段才会发育纳米孔喉系统,进而形成非常规油气储层。致密砂岩储层的孔喉基本以纳米级为主,部分低孔低渗或特低孔特低渗砂岩的孔喉半径也会小于$1\mu m$,在纳米孔喉系统中孔隙结构参数之间的关系以及流体流动特征都与常规油气藏不同,需要区别研究。

(4)国内典型致密砂岩储层现今埋深相差较大,但地质历史时期最大深埋需要超过2000m,成岩阶段至少为中成岩阶段A_1期,纳米孔喉才开始大规模发育;致密砂岩气储层的最大埋深需要超过3000m。

第四章　砂岩储层孔隙度演化规律

随着成岩作用和成岩动力学研究的不断深入(耿斌,2004;李忠等,2006;鲜本忠等,2006;樊爱萍等,2009;刘宝珺,2009),进一步认识到储层成岩作用对储层原始物性的改造决定了储层的储集性能,而储集性能又是油气成藏的关键因素,因而在油气勘探领域储层物性变化过程逐渐为众多学者所重视。目前对砂岩储层成岩作用的研究大多集中在定性的描述和分析阶段,勘探开发中过多关注储层特征的表征(罗静兰等,2001;邱隆伟等,2001;季汉成等,2008,2009;杨仁超等,2012)。依据动态成藏观点,现今储层物性并不能代表成藏期油气充注时储层的储集性能,因此只有定量分析砂岩储层所经历的成岩作用过程,明确不同成岩作用对砂岩成岩过程的影响程度,才能有助于开展成藏条件分析,并更好地指导油气勘探。本章基于对压实作用、胶结作用和溶蚀作用的定量化分析,并结合埋藏成岩过程对储层孔隙演化进行定量化模拟,提出不同盆地类型中的砂岩储层孔隙度演化规律,为动态储层评价提供了科学依据和理论指导。

第一节　压实作用减孔规律

与其他成岩作用相比,压实作用是指沉积物沉积后在其上覆水体或沉积层的重荷下,或在构造形变应力的作用下,发生水分排出、孔隙度降低、体积缩小的作用。其主要表现为使砂岩孔隙度变小。

对于砂岩压实作用的研究,前人除了对砂岩储层压实作用特征进行表征外,还对压实作用其他方面做了大量的工作。李军等(2001)通过对库车前陆盆地构造压实作用的研究,认为构造压实作用一方面使储层致密物性变差,一方面又因储层致密化易产生裂缝从而改善储层物性。王旭等(1993)通过对塔里木东北地区三叠系、侏罗系砂岩压实作用的研究,分析压实作用主要受控于岩石特征、沉积背景和埋藏史,并将研究区压实作用分级,指出强压实区有利于生油气,弱压实区有利形成良好的储层。肖丽华等(2011)通过对渤海湾盆地、莺歌海盆地和松辽盆地压力的研究,指出超压抑制了碎屑岩机械压实作用,并尝试在超压背景下对砂岩储层孔隙度进行预测。Houseknecht(1987)通过砂岩压实作用和胶结作用对砂岩孔隙度降低相对重要性的对比,指出在决定最终孔隙度方面压实作用比胶结作用重要得多,强调在进行储层砂岩分析和埋藏成岩作用模拟时,必须结合对压实作用的评估。Lander等(1999)、刘国勇等(2006)及操应长等(2011)通过模拟实验对砂岩压实作用进行研究,再现了压实作用过程,以此定性分析了压实作用对砂岩储层物性的影响。

可以看出,前人研究主要集中于压实作用定性的描述、分析及趋势性预测,而针对压实作用过程影响储层物性的定量研究工作相对比较少。笔者近年来在致密砂岩油气藏的研究过程中发现实际资料与深层压实终止论不符,在深部的致密砂岩中仍可见砂岩压实现象。通过前人大量研究成果的调研,发现深部储层压实作用消失的观点缺乏有力的理论支持。

地层孔隙度演化规律不仅是基础地质学研究的基本规律(如地层成岩作用、岩石力学等)之一,也是许多地质应用领域(如埋藏历史分析、古构造恢复和古地层压力预测等)中不可缺少的重要理论依据。

在沉积盆地中,地层孔隙度随埋藏深度的增加总体上呈现出逐渐减小的趋势。Selley 收集整理了许多盆地中砂岩和泥岩孔隙度与埋深关系的数据,编制了未变质盆地中地层孔隙度与埋深关系散点交会图。该图清楚表明,不论是砂岩还是泥岩,其孔隙度都是随埋深增加而明显降低,而且发现浅处(约 500m 以内)地层孔隙度急剧降低,到深处 3000m 以下孔隙度变化很小。

早在 20 世纪 30 年代 Athy 就已经指出(图 4-1),在正常压实条件下泥岩孔隙度与埋深之间存在指数关系,现今人们在分析泥岩(甚至砂岩)压实程度时大都运用这个指数关系式来表达碎屑岩孔隙度与埋深的定量关系。显然,碎屑岩地层孔隙度与埋藏深度有密切联系,而且经推断可以知道,地层孔隙度在埋藏成岩过程中的演变存在一定的规律性。正常压实条件下泥岩孔隙度与埋深之间存在指数关系,现今人们在分析泥岩(甚至砂岩)压实程度时大都运用这个指数关系式来表达碎屑岩孔隙度与埋深的定量关系。显然,碎屑岩地层孔隙度与埋藏深度有密切联系,而且经推断可以知道,地层孔隙度在埋藏成岩过程中的演变存在一定的规律性。

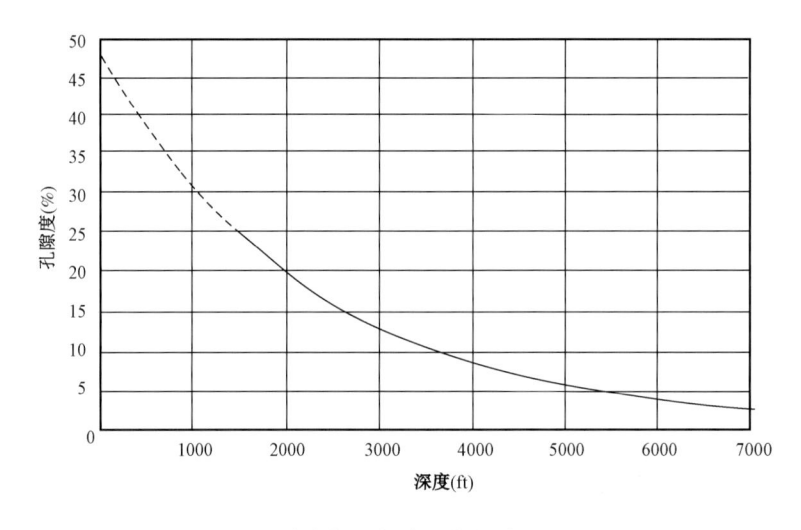

图 4-1　孔隙度与深度关系曲线(据 Athy,1930)

但大量证据表明:影响地层孔隙度变化的因素很多,埋深只是其中一个因素。通常认为改变碎屑岩孔隙度的成岩作用包括两大类:一类是降低地层孔隙度的作用,主要是机械压实作用和胶结作用,其次为压溶作用、蚀变作用和重结晶作用;另一类是增加地层孔隙度的作用,主要是溶解作用。即使是在认为机理最为简单的机械压实作用中,地层孔隙度的变化也不仅仅与埋深有关,还要受到诸如沉积物组分、粒度、分选、早期胶结物的存在与否、地温梯度和异常高压带等因素的影响。因此,简单地用埋深来表达地层孔隙度是不够准确的。Scherer 指出,埋深不是成岩作用的最好指示,因为成岩作用与时间有关。通过对全球各盆地共约 428 个岩心的分析,Scherer 认为地下砂岩的孔隙度主要与埋藏时代、最大埋深、碎屑石英含量和分选等参数有关。其指出的孔隙度预测经验公式只适用于胶结程度很低或未胶结、无强烈溶解作用、埋深超过 500m、年龄超过 3Ma、很小或无剪切应力的砂岩孔隙度预测。

实际上在 20 世纪 80 年代初期,人们就已经发现了埋藏时间对地层孔隙度有很重要的影响。Sieve 在研究了地层埋藏历史和成岩反应动力学后指出,地下的许多反应可能都是时间和地温历史的函数。Schmoke 继 1984 年研究碳酸盐岩孔隙度与其热成熟度关系之后,研究了砂岩孔隙度与热成熟度之间的内在联系,他发现砂岩孔隙度与热成熟度之间是幂函数关系。Bloch 研究表明,在岩性相似且是正常压力条件下,砂岩孔隙度是其热历史(用镜质组反射率表示)的函数。刘震等(1997)在研究二连盆地洪浩尔舒特凹陷下白垩统泥岩后指出,泥岩孔隙度与镜质组反射率之间的最佳经验关系可能是幂函数关系。由于地层热成熟度是地温历史和经历地质时间的双重函数,故可以推断,很多人的研究结果都表明了地层孔隙度与埋藏时间有关系,只是尚不清楚埋藏时间与孔隙度变化之间的具体控制关系(图 4-2)。

前人大量的研究一致认为,快速埋藏容易产生欠压实现象。所谓埋藏速率的快慢实际上是用埋藏时间来衡量的,而欠压实则是指地层具相对过高的孔隙度。因此,可以看出前人的研究成果支持"地层欠压实的形成与埋藏时间有关"这一观点。

本书试图根据盆地的实际资料和数学推导,证实埋藏时间对地层孔隙度有很重要的影响,并提出了压实作用过程中地层孔隙度受埋深和埋藏时间双重作用控制的数学模型。

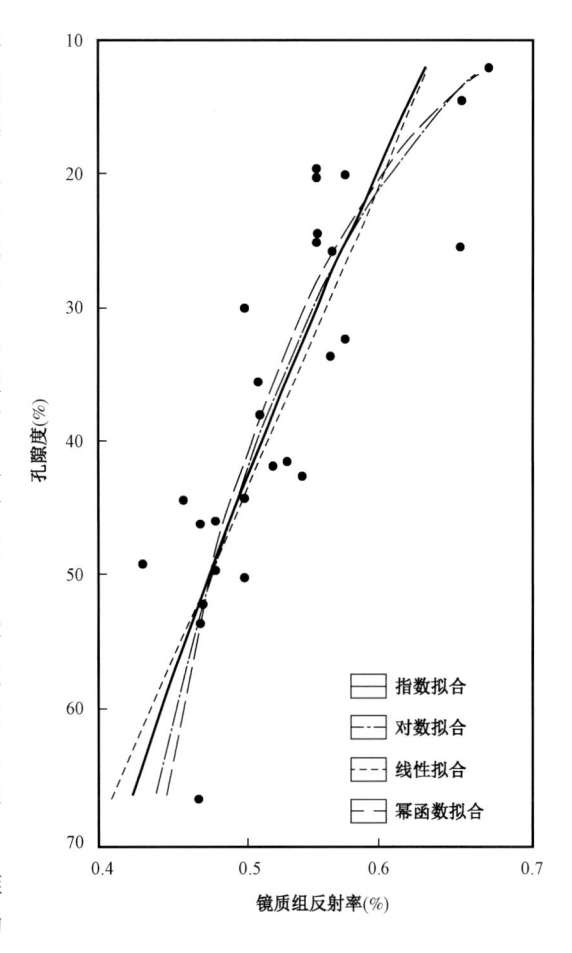

图 4-2 洪浩尔舒特凹陷泥岩孔隙度与镜质组反射率交会图(据刘震等,1997)

一、压实作用对储层孔隙度的影响

机械压实作用通常被理解为中浅层砂岩所经历的主要成岩作用,而深层的压实作用长期以来被人们所忽视。近年来,随着致密砂岩成因分析的深入,愈来愈多的资料表明盆地深层仍然存在压实作用。本书通过井孔砂岩浅层与深层孔隙度变化趋势分析、镜下砂岩压实作用的证据和砂岩压实作用模拟实验三个方面论证了埋藏过程中自始至终存在机械压实作用。同时研究表明机械压实作用是导致砂岩减孔最重要的原因,机械压实作用远远超过胶结作用产生的减孔效应。

1. 井孔砂岩孔隙度变化趋势

井孔砂岩孔隙度随埋深增大而减小,符合 Athy(1930)模型。在中浅层由于不考虑砂岩孔隙度增风效应,在对数坐标下的孔隙度与直线坐标下的埋藏深度交会图上,会表现出孔隙度随埋深增加正比例减小的趋势。本书选取鄂尔多斯盆地典型井,分析半对数坐标下砂岩孔隙度与埋深关系,对比深层与中浅层砂岩孔隙度演化趋势,发现两个现象。即一是深层砂岩压实趋势与中浅层砂岩压实趋势完全一致;二是深层砂岩压实减孔趋势与中浅层砂岩压实减孔趋势平行。

1)深层砂岩压实趋势与中浅层压实趋势完全一致

长期以来,很多人认为压实作用只发生在中浅层,到了深层压实作用就消失了。但是实际上在砂岩孔隙度与埋深图上可以看到深层仍然存在减孔现象,而且深层减孔趋势与中浅层减孔压实趋势重合。以镇泾地区 HH38 井为例,分析砂岩孔隙度深度关系(图 4-3)可以发现,在酸化窗口之上,砂岩孔隙度在半对数坐标下随埋深增加呈线性递减趋势,进入酸化窗口后,砂岩由于溶蚀增孔效应孔隙度变大,孔隙度偏离正常压实趋势,越过酸化窗口后,孔隙度仍保持随埋深增加而线性减小的趋势,且与酸化窗口之上的正常压实趋势完全一致。

2)深层砂岩压实减孔趋势与中浅层压实减孔趋势平行

深层砂岩压实减孔趋势还可表现出另外一种现象,即表现为深层砂岩减孔趋势与中浅层压实减孔趋势平行的特征。分析鄂尔多斯盆地姬塬地区 Y71 井砂岩孔隙度深度关系图(图 4-3)、准噶尔盆地莫深 1 井压实曲线(图 4-4)和准噶尔盆地腹部侏罗系砂岩埋深与孔隙度关系图(图 4-4)表明:在酸化窗口之上,半对数坐标下中浅层砂岩孔隙度随埋深增加呈线性递减趋势,进入酸化窗口后,砂岩由于溶蚀增孔效应孔隙度变大而偏离正常压实趋势,此后随着埋深的增加,在溶蚀增孔的基础上孔隙度始终保持随埋深增加而线性减小趋势,呈现出深层砂岩相对于中浅层砂岩压实趋势整体平行偏移的特点。

(a)HH38 井砂岩孔隙度深度关系图   (b)Y71 井砂岩孔隙度深度关系图

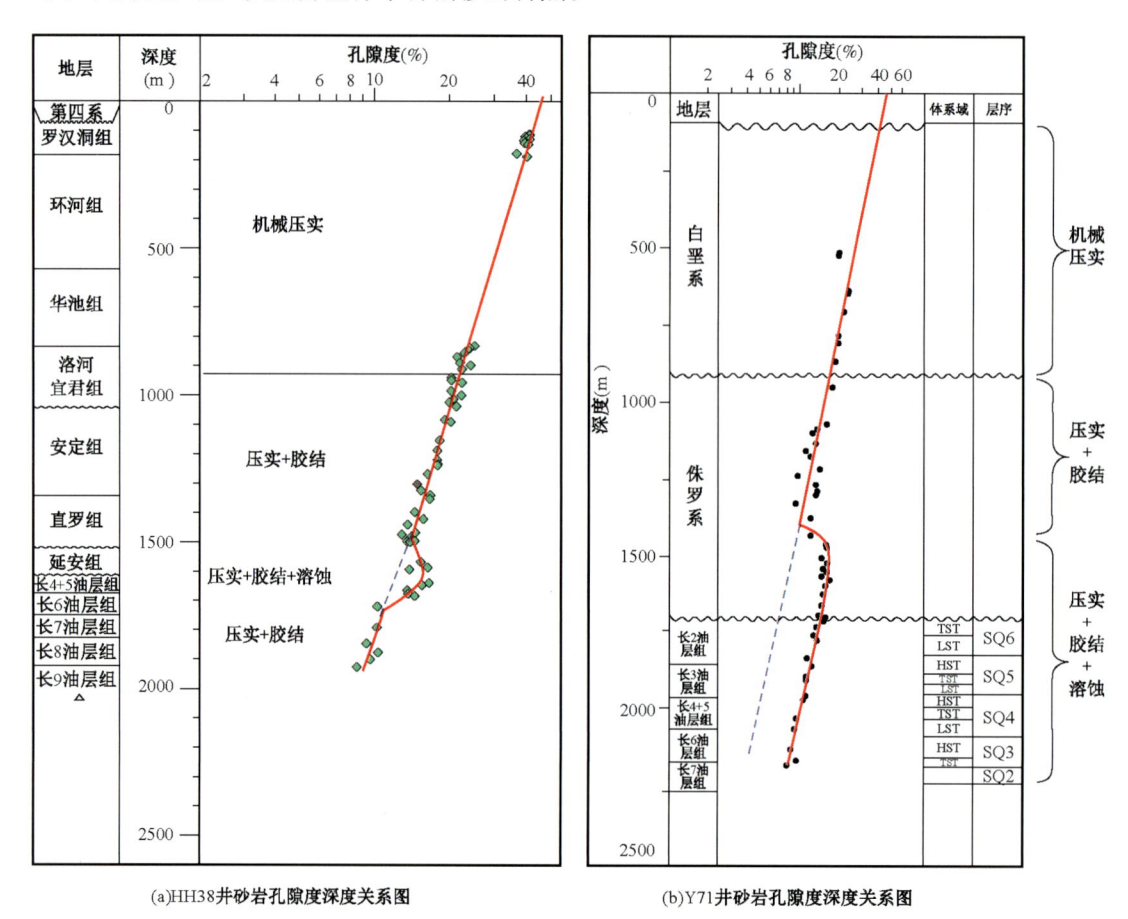

图 4-3 鄂尔多斯盆地砂岩孔隙度深度关系图

从上述两种情况可以看出,在砂岩沉积后的埋藏过程中始终存在着压实作用。压实作用不仅在中浅层中存在,在长期以来被人们所忽视的深层依然存在(图 4-3 和图 4-4)。

(a)莫深1井压实曲线

(b)准噶尔盆地腹部侏罗系砂岩埋深与孔隙度关系图
(据金振奎,2011,修改)

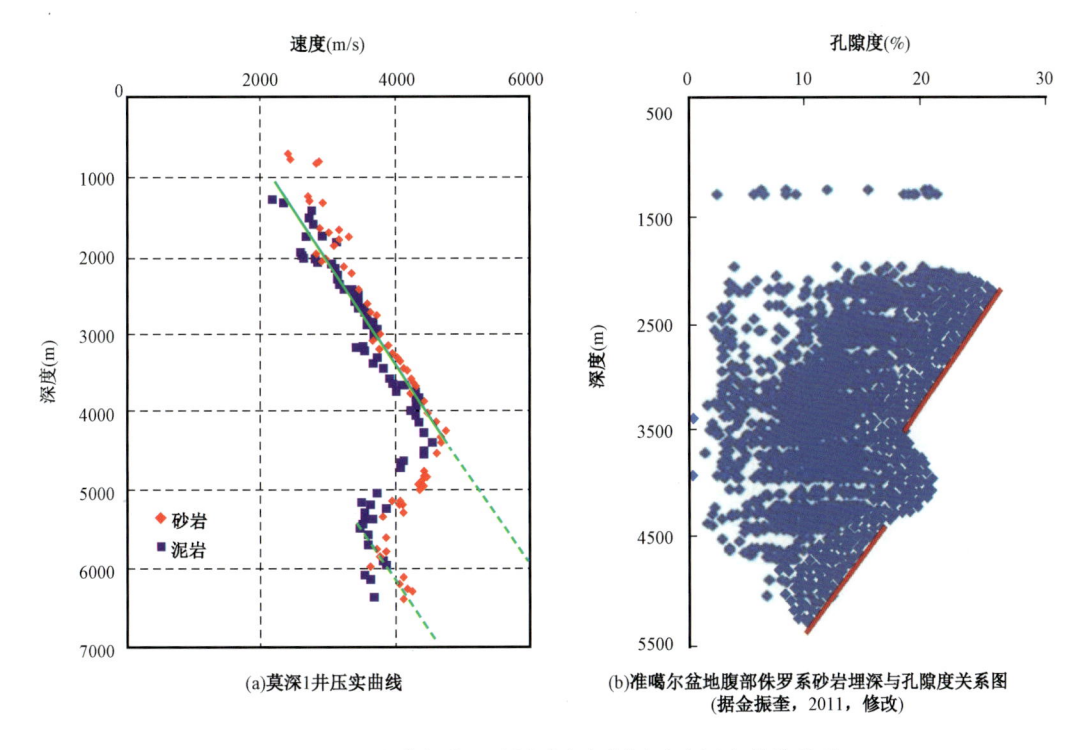

图4-4 准噶尔盆地浅层砂岩与深层砂岩压实趋势关系

2. 镜下砂岩颗粒压实作用证据

镜下砂岩矿物颗粒表现出的特征能反映砂岩所经受的压实作用。本书选取不同时代不同埋深的砂岩,通过镜下薄片的观察来分析砂岩的压实作用特征。研究表明压实作用一直存在于成岩过程中,且随埋深的增加压实作用强度变大。

1)深埋致密砂岩压实现象——以塔里木盆地古生界为例

塔里木盆地古生界志留—泥盆系碎屑岩储层现今埋藏深度大多在3500~6000m之间,其中泥盆系东河砂岩以刚性颗粒为主,压实作用整体属于中等压实强度,颗粒间以点接触为主,部分线接触(图4-5a)。与东河砂岩相比,志留系埋深更大,压实作用更强,颗粒间以线接触为主,可见到塑性颗粒发生变形和云母片被压弯的现象(图4-5b)。随着埋深的增加,压实作用继续增强,云母等塑性颗粒会发生断裂(图4-5c),当压实作用达到一定程度时,刚性颗粒如长石会产生双晶弯曲变形的现象(图4-5d)。

2)浅埋藏致密砂岩压实现象——以鄂尔多斯盆地中生界为例

(1)镇泾地区延长组砂岩压实作用。

鄂尔多斯盆地镇泾地区延长组压实作用表现在:颗粒发生压实定向,常见于岩屑含量较高的细砂岩与粉砂岩中,由于埋深增加,地层压力增大,使云母、长石等碎屑颗粒长轴近于水平方向定向排列(图4-6a);塑性颗粒压弯变形,如云母、泥岩岩屑、泥岩及灰泥内碎屑、黑云母和少量火山岩岩屑受压弯曲、伸长或被硬碎屑嵌入(图4-6b);随着埋深逐渐增加,颗粒接触渐趋紧密,压实作用主要表现为压溶,会出现石英、长石颗粒凹凸接触现象(图4-6c);当上覆压力超过颗粒抗压强度时,石英、长石和花岗岩岩屑等刚性颗粒被压裂,颗粒沿其薄弱面破裂,产生微细应力纹和裂缝(图4-6d)。

(a) 颗粒点—线接触，S1井，4562.3m，泥盆系，单偏光，×40(据刘娅铭，2006)

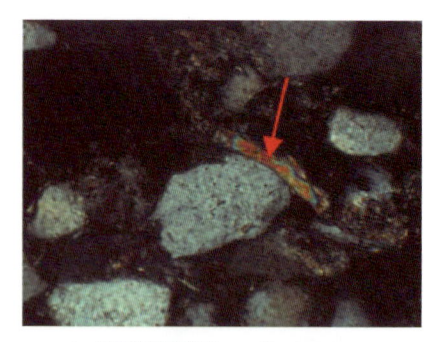

(b) 云母片压弯变形，S1井，4642.3m，志留系，正交光，×200(据刘娅铭，2006)

(c) 白云母片变形断裂，BK2井，5520m，志留系，正交光，×100(据丁鸿儒，2012)

(d) 长石双晶变形弯曲，BK2井，5634m，志留系，正交光，×100(据丁鸿儒，2012)

图4-5 塔里木盆地古生界砂岩储层镜下压实作用特征

(a) 黑云母挤压变形，长条状碎屑颗粒定向排列，HH16井，1804.08m，长8段，单偏光，×50

(b) 云母与岩屑压弯变形，ST2井，1722.3m，长6段，正交光，×100

(c) 石英、长石颗粒的凹凸接触，HH26井，2125.3m，长8段，单偏光，×50

(d) 长石沿双晶纹压裂，HH101井，2122m，长8段，正交光，×100

图4-6 鄂尔多斯盆地镇泾地区延长组砂岩储层镜下压实作用特征

(2)姬塬地区延长组砂岩压实作用。

鄂尔多斯盆地姬塬地区延长组压实作用表现为:在成岩作用早期浅埋藏阶段,压实作用主要以机械压实作用为主,颗粒间主要表现为点接触或线接触(图4-7a);塑性颗粒如泥质碎屑、云母等因压实弯曲变形(图4-7b);随着埋深的进一步增加,常见的片状矿物如云母片、长条状矿物如石英等颗粒呈现出定向排列的趋势,在镜下具有一定的方向性(图4-7c);当砂岩埋藏到一定深度后,碎屑颗粒趋于最紧密堆积,在颗粒接触处出现压溶现象,表现为凹凸接触和缝合线接触关系(图4-7d)。

(a) 石英、长石颗粒点、线接触,Y121井,1821.8m,长4+5段,正交光,×100

(b) 云母颗粒压实变形,Y181井,1844.24m,长4+5段,正交光,×100(据石彬,2008)

(c) 石英颗粒定向排列,G73井,2251.7m,长4+5段,单偏光,×50(据徐波,2008)

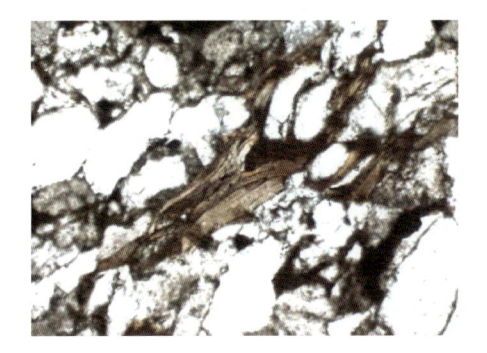

(d) 石英颗粒凹凸接触、缝合线接触,G166井,2447.5m,长4+5段,单偏光,×100(据石彬,2008)

图4-7 鄂尔多斯盆地姬塬地区延长组砂岩储层镜下压实作用特征

3)深埋砂岩压实现象——以苏北盆地高邮凹陷新生界为例

苏北盆地高邮凹陷古近纪砂岩压实作用表现为:由于高邮凹陷古近纪砂岩普遍埋深较大,砂岩分选较好缺少塑性的岩屑,压实作用主要表现在颗粒的相互接触关系上。在埋藏早期机械压实较弱,颗粒之间主要表现为点接触,局部可见线接触(图4-8a);随着埋深逐渐加大压实作用变强,颗粒之间主要表现为紧密的线接触(图4-8b);压实作用程度逐渐增强,颗粒接触的部位开始出现压溶现象,使颗粒呈现出凹凸接触的特点(图4-8c);当压实作用达到一定程度后,由于上覆压力过大,会使岩石颗粒发生破裂产生压裂纹(图4-8d)。

3. 砂岩压实作用实验模拟结果

本文利用双轴承压物性测定实验,在测定不同压力条件(上覆地层压力和侧向地层压力)对应的砂岩孔隙度数据,通过分析模拟上覆负荷压力的围压和砂岩孔隙度之间的关系,来证明压实作用一直存在于成岩过程中。

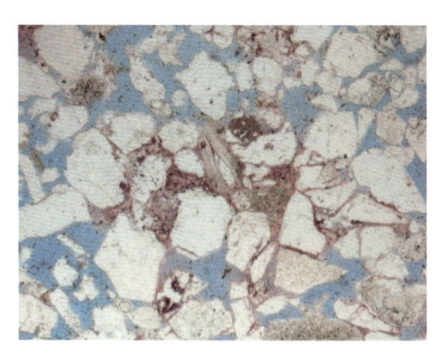

(a) 颗粒呈点接触，局部见线接触，Y33井，2295.75m，$E_2s_1^5$，铸体，×50

(b) 颗粒呈紧密线接触，SS33井，3323.27m，$E_2d_1^1$，正交光，×100

(c) 颗粒呈凹凸接触，Y22-1井，3591m，$E_2d_1^1$，正交光，×100

(d) 颗粒压裂纹，HX88井，2587m，$E_2d_1^1$，正交光，×100

图4-8 苏北盆地高邮凹陷古近纪砂岩储层镜下压实作用特征

1) 实验原理和装置

双轴承压实验就是给砂岩样品施加一个轴压和一个围压来分别模拟上覆地层压力和侧向地层压力，其中围压是由人工控制的，以5MPa的增量逐渐增加，轴压则是通过地下岩层的平衡关系来确定，石油进入到样品是通过样品两端电阻率的突然增大和计量管中液位的增加来确定。在此过程中，利用超声波测量仪直接测定与围压和轴压相对应的砂岩孔隙度值。

2) 实验数据分析

本文以鄂尔多斯盆地西峰油田X17井为例，对长$_8^1$亚段砂岩样品进行压实作用模拟。

由于实验中的围压代表上覆地层负荷压力，分析上覆压力与孔隙度关系(图4-9)可知，孔隙度与围压呈现出良好的幂函数关系，表明随着上覆地层负荷增大，砂岩孔隙度会逐渐变小。将孔隙度置于对数坐标下并与线性坐标下的上覆负荷交会作图，孔隙度会呈现出随围压增大线性减小的现象。这一现象与常见的覆压实验中，当覆压逐渐超过现今埋深的等效压力后，孔隙度仍然持续减小的趋势一致(图4-10)。

通过压实模拟实验表明：随着砂岩的埋深，上覆地层负荷的增加，压实作用一直会对砂岩孔隙度表现出减小的效应。

二、压实过程中地层孔隙度演化函数

由岩石力学基本理论可知，岩体是由岩块及各岩块之间的弱面和不连续面构成，而岩块是

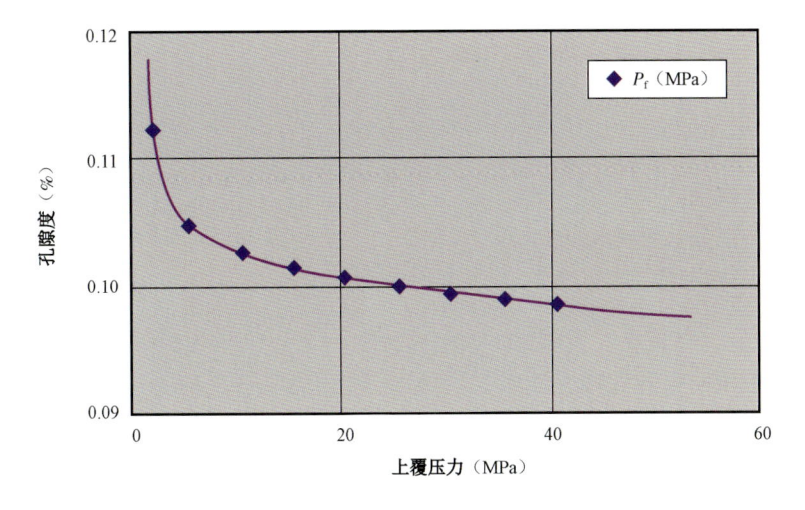

图4-9 X17井孔隙度与上覆压力关系图

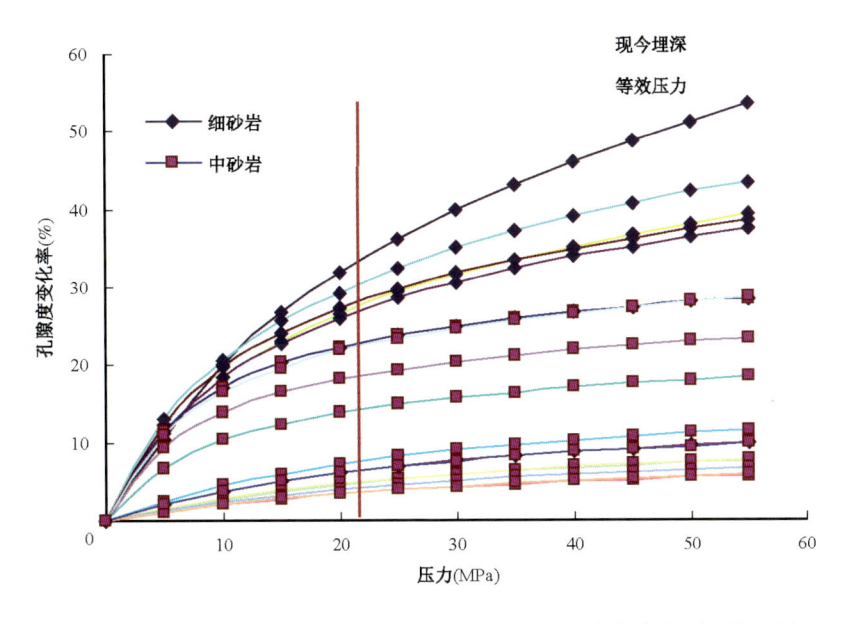

图4-10 鄂尔多斯盆地镇泾地区长8段砂岩孔隙度变化率与覆压关系图

连续的岩石块体,是组成岩体的基本实体。孔隙结构型岩块受载时表现出复杂的力学性质:当时间延长时,由于岩块中原子和离子的热运动,弹性变形会消失,进而转变为塑性变形,应力随之减小。但由于岩块中存在内摩擦,加载后不能立即达到最终的变形,而是随时间的延长而逐渐增加(即蠕变效应)。

显然,孔隙性地层在埋藏压实过程中所发生的变形既不是纯弹性变形也不是纯塑性变形,而是存在内摩擦作用的黏弹塑性变形。既然孔隙性地层的受力变形过程是黏弹塑性变形过程,那么其应力应变关系就不能用简单的虎克定律(完全弹性变形模型)来表示,也不能用完全塑性变形模型来表示,而需要用黏弹塑性应力—应变模型来表达。笔者认为,黏弹塑性应力—应变模型是最适用于砂泥岩地层压实变形的应力—应变模型。其中 Bingham 模型更适合于表达砂泥岩地层的受力变形过程。Bingham 黏弹塑性应力—应变模型的形式如下

$$\frac{d\varepsilon}{dt} = \frac{1}{E}\frac{d\sigma}{dt} + \frac{1}{\eta}(\sigma - \sigma_0) \qquad (\sigma > \sigma_0) \tag{4-1}$$

式中 σ——应力；
ε——应变；
E——杨氏模量；
η——黏性系数；
σ_0——瞬间施加应力；
t——受力时间。

Bingham 模型说明黏弹塑性介质受力变形时，其应变率 $\frac{d\varepsilon}{dt}$ 受应力率 $\frac{d\sigma}{dt}$ 和应力差 $(\sigma - \sigma_0)$ 的双重影响。若采用一维模型的形式，可以知道，当孔隙性介质小幅度变形时，应变量(ε)约等于孔隙度减小量 $\Delta\phi$ 即

$$\varepsilon \approx \Delta\phi \tag{4-2}$$

另有，地层垂向受力与地层平均密度成正比，即

$$\sigma = \rho_s g Z \tag{4-3}$$

式中 ρ_s——地层平均密度，g/cm^3；
Z——地层埋深，m。

因此，式(4-1)变为

$$\begin{cases} \dfrac{d\phi}{dt} = A\dfrac{dZ}{dt} + BZ + C \\ A = \dfrac{\rho_s}{E}g \\ B = \dfrac{\rho_s}{\eta}g \\ C = -\dfrac{\rho_0}{\eta}g \end{cases} \tag{4-4}$$

从式(4-4)可以看出，地层孔隙度的变化率与埋深和埋藏速率有关。因此，可以认为地层孔隙度的变化必然与埋藏时间有关。

对于一个埋藏速率为 k 的等速埋藏过程，对式(4-4)两边求积分，将得到下式

$$\phi = AZ + \frac{1}{2}BZt + Ct + \phi_0 \tag{4-5}$$

ϕ_0 为初始孔隙度。显然，在一个等速埋藏阶段，地下地层的孔隙度不但与阶段最终埋深 Z 有关，而且与经历的阶段总时间 t 有关，另外与该变形阶段的初始孔隙度 ϕ_0 也有关系。从式(4-5)也可以看出，对于一定的岩层和给定的阶段，A、B、C 和 ϕ_0 这 4 项参数可以视为常量，这样地层孔隙度就变成埋藏深度和经历时间的双元函数式(4-6)。这个函数属于二次曲线形式，相对比较复杂：

$$\phi = aZ + bZt + ct + \phi_0 \qquad (4-6)$$

从式(4-6)中可以看出,在一个等速埋藏过程中孔隙度在受埋深影响的同时,也受到埋藏时间的影响,而且埋深与埋藏时间对孔隙度影响作用的级别是相同的。从这个意义讲,埋藏时间对孔隙度的影响作用是相当大的,相同埋深时不同埋藏时间所对应的孔隙度完全不相同。

由于地层沉积埋藏过程一般不为等速埋藏形式,埋藏过程变化比较复杂。但地层沉积埋藏过程总是按时间先后逐层叠加上覆地层,这样可以把一个埋藏速率变化复杂的埋藏过程视为若干个等速埋藏子过程的叠加,这样在每一个等速埋藏阶段其孔隙度变化就符合式(4-6),即地层孔隙度是埋深和经历时间的双元函数。

三、典型盆地地层埋深和地质年代对孔隙度双重的影响

为了进一步证实埋深和埋藏时间对地层孔隙度的共同作用,笔者先后在三大类沉积盆地中分析了地层埋深和地质年代与地层孔隙度的关系。具体做法是,在每一个沉积盆地中,按照图4-11中的两种取样方式,分别取出相同埋深不同年代地层孔隙度(图4-11a)和不同埋深相同年代孔隙度数据(图4-11b),然后分别编制相同埋深条件下地层年代和孔隙度关系图以及相同地层年代条件下孔隙度和埋深关系图,这样就可以从两个不同的角度分别来讨论埋深和地质年代对地层孔隙度的影响作用。

(a)相同埋深不同年代孔隙度取样   (b)不同埋深相同年代孔隙度取样

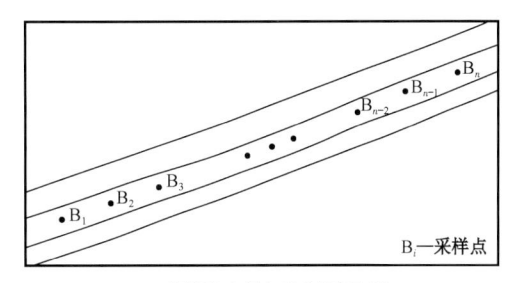

图4-11 不同地质时代和不同埋深条件地层孔隙度取样示意图

1. 济阳坳陷东营凹陷古近系泥岩孔隙度(裂谷盆地)

东营凹陷位于渤海湾盆地济阳坳陷南部,是一个典型的开阔型单断箕状凹陷。西以青城凸起和滨县凸起与惠民凹陷相邻,北至陈家庄凸起,南抵鲁西南隆起和广饶凸起,东与青坨子凸起为界,东西长约90km,南北宽约65km,面积约5700km²。

东营凹陷古近系属于近海湖泊沉积。孔店组在凹陷内分布普遍,地层沉积厚度大,埋藏比较深,仅有20多口井钻遇。在凹陷的北部钻井揭示孔一段的厚度约1000m,砂岩总厚度占地层厚度的21.6%,孔二段厚度约200m,岩性为灰绿色、灰色泥岩夹粉砂岩。在凹陷南部钻井揭示孔店组厚度超过1600m,上部岩性以棕红、紫红色泥岩为主,夹红色、黑色粉细砂岩,顶部发育玄武岩;中部主要为紫红色泥岩夹薄层粉细砂岩;下部地层的顶部有薄层灰质砂岩,岩性以黑色、红色泥岩夹较少薄层粉细砂岩为主。沙四段下部地层的厚度1000余米,底部为红色砂泥岩互层,下部夹有盐岩和石膏,上部为灰色、暗灰色即棕红色泥岩组成的杂色含盐段;沙四段中部为灰色含盐沉积,以盐岩层为主,夹泥质岩、碳酸盐岩和含泥盐岩及硬石膏;沙四段上部为灰质岩段,岩性主要由灰色泥岩夹油页岩、石灰岩、生物灰岩和薄层砂岩组成。沙三段下部岩性为深灰色泥岩与灰褐色油页岩不等厚互层,夹少量灰色石灰岩及白云岩,厚度100~

300m;中部岩性以灰色、深灰色巨厚泥岩为主,夹有多组浊积砂岩或薄层碳酸盐岩,厚度一般为300~500m;上部为灰色、深灰色泥岩与粉砂岩互层,夹钙质砂岩、含砾砂岩和薄层碳质页岩。沙二段厚50~300m,下部岩性为深灰绿色、灰绿色泥岩与砂岩、含砾砂岩互层,夹碳质泥岩;沙二段上部是由紫红色、灰绿色泥岩和浅灰色砂岩、含砾砂岩、砾状砂岩组成的正旋回。沙一段最大厚度为500m,以灰色泥岩为主,下部以藻屑隐晶白云岩、生物白云岩及油页岩为特征;中部以生物灰岩、鲕状白云岩及管状白云岩为特征;上部是碎屑岩段,以灰色、灰绿色泥岩夹砂岩为特征。东营组厚达200~800m,岩性主要以砾岩、含砾砂岩,粉细砂岩与红、紫红、灰绿色泥岩互层。

图4-12是东营凹陷古近系泥岩孔隙度分别与深度和地质年代的交会图。从图4-12a中可以看出泥岩孔隙度随埋深的增加逐渐减小。同时发现不同层位的压实程度变化存在差异,即东营组与沙三段的泥岩孔隙度与埋深散点趋势线呈现出明显的分离,东营组泥岩压实程度要比沙三段泥岩压实程度低得多(约13%)。也就是说,在现今埋深相同情况下,由于地质年代的差别,就会造成较老地层的孔隙度比年轻地层的孔隙度小约13%。笔者认为这种偏差的最好解释就是地质时代作用的结果。

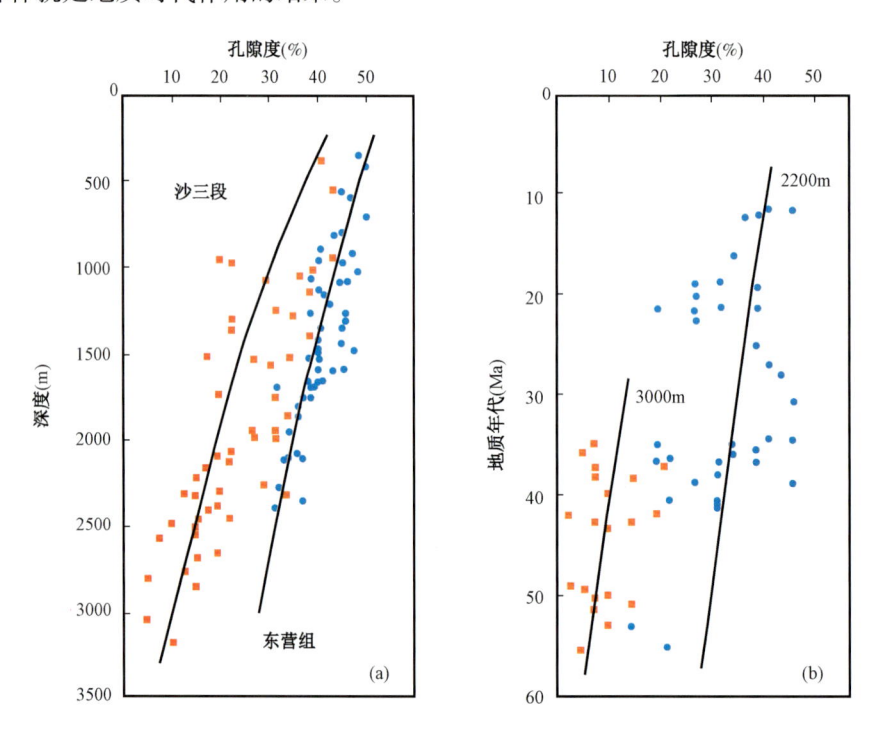

图4-12 济阳坳陷东营凹陷古近系泥岩孔隙度与深度和地质年代交会图

从图4-12b中进一步可以看出:在相同埋深条件下,泥岩孔隙度随地层年代的增加逐渐减小。同时可以看出,埋藏较浅时(<2200m),以机械压实作用为主,泥岩表现出孔隙度随地层年代的增加而逐渐减小的趋势。也就是说,东营凹陷古近系泥岩在埋藏期后孔隙度逐渐减小的现象是埋深和埋藏时间的双重作用的结果。

2. 准噶尔盆地东部上古生界—中生界泥岩孔隙度(挤压盆地)

准噶尔盆地为中国西部大型挤压型沉积盆地。盆地东部以陆南凸起和克拉美丽山为北界,南界为博格达山前的阜康断裂带,东界为石树沟凹陷—吉木萨尔凹陷,西边向昌吉坳陷和东道海子坳陷自然延伸,东西长约160km,南北宽约150km,面积约$214\times10^4km^2$。

钻井揭示中二叠统分布范围较广,下部为湖相暗色泥岩,中部为湖相白云岩、白云质泥岩和砂岩,顶部是一套泥岩。下三叠统下部(韭菜园子组)为厚层紫褐色泥岩,夹薄层灰色泥质粉砂岩、粉砂岩和细砂岩及细砾岩;下三叠统上部为灰色、灰绿色、紫褐色泥岩与砾质泥岩互层,夹厚层灰绿色砂岩;中—上三叠统为灰色泥岩与泥质粉砂岩互层,夹灰色细砂岩、碳质泥岩和煤线。中—下侏罗统全区广泛分布,八道湾组为厚层灰色、灰绿色砂岩、砾状砂岩、灰色泥岩、砂质泥岩互层夹薄层灰黑色碳质泥岩和煤层。三工河组为厚—中厚层灰色泥岩、砂质泥岩夹白色细砂岩、含砾砂岩、粉砂岩;西山窑组主要为灰色、灰绿色泥岩、砂质泥岩以及细砂岩和粉砂岩夹煤层及碳质泥岩;中—上侏罗统头屯河组为一套薄层灰绿色泥岩、砂质泥岩、细砂岩夹棕褐色泥岩及紫红、灰黄色泥岩条带;齐古组以棕红色或浅褐色泥岩、砂质泥岩为主,与厚层灰绿色泥质粉砂岩、砂岩不等厚互层,底部岩性为灰色细砂岩及砾岩。

图4-13是准噶尔盆地东部泥岩孔隙度与深度和地质年代的交会图。图4-13a表明二叠系泥岩的交会点总体上位于低孔隙度一侧,而侏罗系泥岩的交会点则偏向高孔隙度一侧,即在相同埋深时二叠系泥岩的压实程度要高于侏罗系泥岩的压实程度,孔隙度约低5%。也就是说,在相同深度条件下,较老地层的压实程度明显高于较年轻地层的压实程度。埋藏时间影响了泥岩孔隙度的变化,年代越老,孔隙度越小。

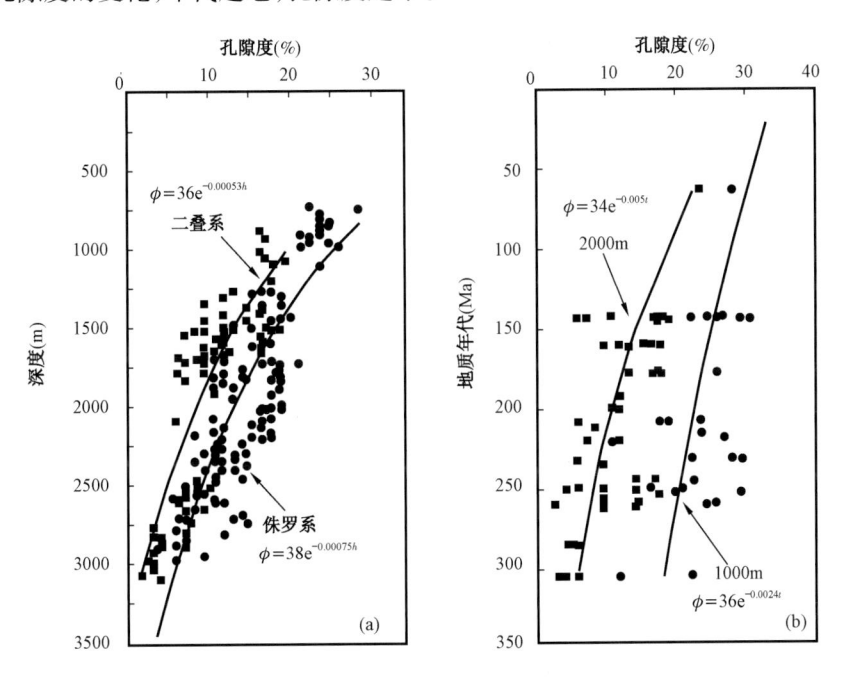

图4-13 准噶尔盆地东部泥岩孔隙度与深度和地质年代交会图

从图4-13b中进一步可以看出,在相同埋深条件下,泥岩孔隙度随地层年代的增加逐渐减小。同时可以看出,不论是埋藏较浅时还是埋藏较深时,都表现出孔隙度随地层年代的增加而逐渐减小的趋势。也就是说,准噶尔盆地东部泥岩在压实过程中孔隙度逐渐减小的现象也是埋深和埋藏时间双重作用的结果。

3. 柴达木盆地茫崖坳陷新生界砂岩孔隙度(压扭性盐湖盆地)

柴达木盆地位于青藏高原北部,是在前侏罗纪柴达木地块基础上发育起来的中—新生代陆内沉积盆地。柴达木盆地南界为东昆仑中央断裂，北界为宗务隆山断裂，西界为阿尔金断裂，盆地东西长约850km，南北宽150~300km，面积约$1211×10^4km^2$。盆地内发育了古生界、中生界和新生界，沉积岩最大连续厚度超17000m。茫崖坳陷位于柴达木盆地西部，面积约$4×10^4km^2$，是新生界主要发育的地区。

茫崖坳陷新生界自下而上划分为6个组。路乐河组主要分布在阿拉尔—红柳泉—东柴山—黄石地区，西部最厚达1000多米，主要是砂泥岩互层；下干柴沟组分布在整个茫崖坳陷，厚度一般大于1000m，下段(E_3^1)以棕红色砂、砾岩为主，岩性较粗，上段(E_3^2)以灰—深灰色泥质岩及碳酸盐岩为主，岩性较细，自下而上组成反映湖水推进的正旋回；上干柴沟组(N_1)的厚度在500~850m之间，以半咸水—咸水湖相泥质岩为主，河流相砂质岩次之；下油砂山组(N_2^1)的岩性比上干柴沟组的粗，以棕灰、灰黄色砂岩，棕红色泥质粉砂岩，钙质泥岩为主，地层最厚可达2900m；上油砂山组(N_2^2)岩性较粗，在西部南区为灰棕色砂岩、泥岩与灰色砾状砂岩互层，西部北区为灰色泥岩夹泥灰岩、砂岩；狮子沟组分布较为局限，在西部南区主要为灰色砾岩、砂岩与棕红色砂质泥岩的间互层，而在西部北区以灰色泥岩、砂质泥岩为主。

图4-14是柴达木盆地茫崖坳陷新生界砂岩孔隙度与深度和地质年代交会图。其中图4-14a反映了下干柴沟组上段(E_3^2)上部和下油砂山组(N_2^1)下部两套地层中砂岩的压实程度。很明显，在相同年代的地层中，虽然随着埋深的增加，这两个层段的砂岩孔隙度均在逐渐减小，但是这两层段砂岩孔隙度随埋深减小的轨迹却存在显著的差别：浅层下油砂山组(N_2^1)底部的砂岩孔隙度明显偏高，在15%~40%之间分布，而深层下干柴沟组上段(E_3^2)上部砂岩孔隙度却明显偏低，在5%~18%之间分布。也就是说，现今两个层段的压实程度存在明显的差异：在相同埋深条件下，两个层段的砂岩孔隙度平均相差10%以上，这就暗示了地质年代的差异在压实成岩过程中起到了重要的作用。

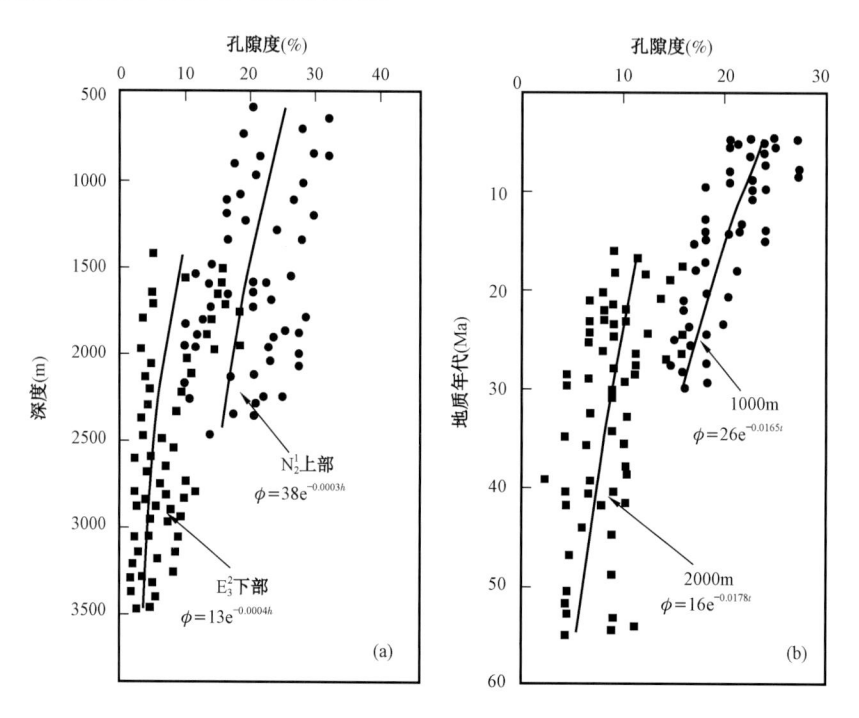

图4-14 柴达木盆地茫崖坳陷古近系—新近系砂岩孔隙度与深度和地质年代交会图

(a) N_2^1上部 $\phi=38e^{-0.0003h}$；E_3^2下部 $\phi=13e^{-0.0004h}$

(b) 1000m $\phi=26e^{-0.0165t}$；2000m $\phi=16e^{-0.0178t}$

从图4-14b中进一步可以发现:在相同埋深条件下,砂岩孔隙度随地层年代的增加逐渐减小。同时还可以看出,不论是埋藏较浅时还是埋藏较深时,都表现出孔隙度随地层年代的增加而逐渐减小的趋势。这就是说,柴达木盆地茫崖坳陷新生界砂岩在压实过程中孔隙度逐渐减小的过程也是埋深和埋藏时间双重作用的结果。

四、实际地层压实曲线与压实物理模拟结果的差异性分析

笔者在研究中发现,沉积盆地现今砂泥岩的压实曲线特征与室内砂泥岩物理模拟的压实结果之间存在明显的差别,认为这个差别归因于压实时间。

1. 典型沉积盆地的砂泥岩压实特征

砂泥岩地层速度是地层压实程度的直接反映。图4-15代表中国三个沉积盆地的典型砂泥岩压实曲线。该图表明:不论是东部伸展盆地还是西部挤压盆地,也不论是年轻地层还是比较古老的地层,它们在压实曲线上都存在一个共同的特征,即砂泥岩压实曲线都表现出压实程度存在两段特征,中浅层压实曲线比较平滑,随深度增大,压实程度逐渐增加,但到了中深层,

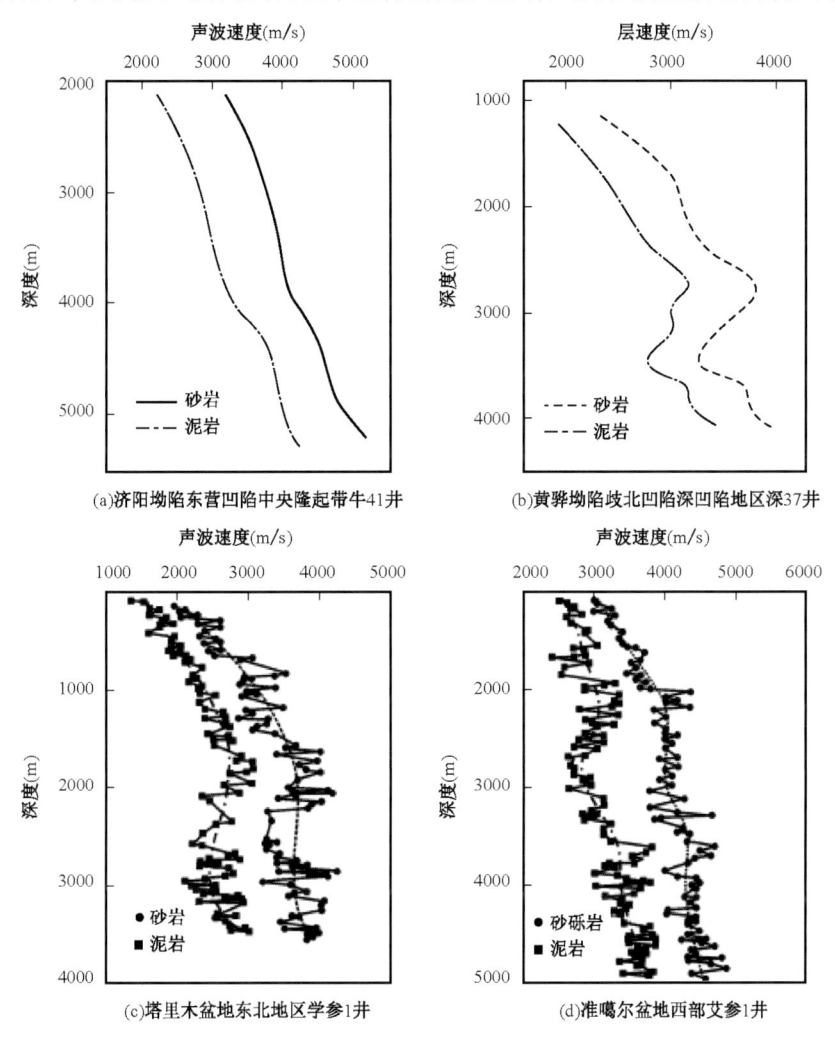

(a) 济阳坳陷东营凹陷中央隆起带牛41井

(b) 黄骅坳陷歧北凹陷深凹陷地区深37井

(c) 塔里木盆地东北地区学参1井

(d) 准噶尔盆地西部艾参1井

图4-15 典型沉积盆地砂泥岩压实曲线示意图

压实曲线出现波动起伏,压实程度在总体增加的趋势下局部会出现欠压实现象,这应该是成岩作用形成的次生孔隙所为。显然实际地层的压实曲线比较复杂,绝不是一条孔隙度随埋深单调递减的曲线。

2. 室内压实物理模拟实验的砂泥岩压实特征

在实验室条件下,利用与实际岩层十分接近的材料(如干黏土和石英砂)可以模拟砂泥岩地层的压实过程。贝丰等(1985)在实验室对干黏土、干纯石英砂及其混合物作了压实模拟实验,并得出了相应的压实曲线(图4-16)。这些不同的压实曲线反映了一个共同的特征,即地层孔隙度随模拟上覆地层压力呈指数形式降低,不论是干黏土、纯石英砂岩还是两者不同比例混合物,其压实曲线总体上比较平滑,浅层(500m以下)压实比较快,中深层(500m以上)压实曲线变得非常平直,代表岩石压实程度直接逼近极限压实程度。

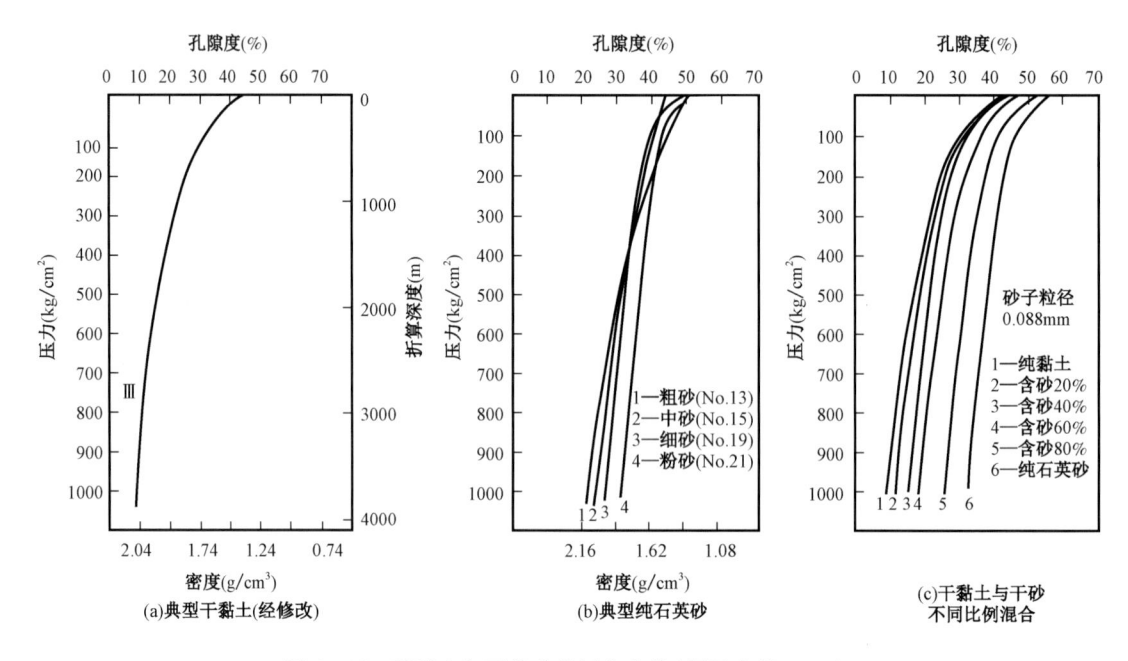

图4-16 干黏土与石英砂的压实曲线(据贝丰等,1985)

陈发景等对湖北武汉东湖的现代淤泥和三个沉积盆地的古代泥岩沉积物分别进行了压实模拟实验(图4-17)。其实验结果表明:不论是现代沉积物还是古代沉积物,在压实初期,其孔隙度均呈现快速减小的特征,到了一定深度(200m左右)以后,孔隙度减小速度变慢,孔隙度埋深曲线变得平直。

对照实际沉积盆地与室内物理模拟的砂泥岩压实结果可以看出,两者之间存在明显的差别。即与实际沉积盆地相比,室内物理模拟的砂泥岩压实曲线更为简单,更为平滑,没有出现砂岩的次生孔隙带和泥岩的欠压带。长期以来人们都对这种现象提出过疑问,但并未找到令人满意的答案。

仔细对比沉积盆地实际地层条件与室内物理模拟实验的两种压实曲线,可以发现以下两种主要差别。(1)正常压实趋势段的深度范围相差很大。实际地层条件下正常压实趋势一般可以延伸到2000m以下;但室内物理模拟实验时,正常压实趋势一般不超过500m。(2)欠压实特征明显不同。实际地层条件下一般2000m以下就要出现地层欠压实现象;但室内物理模拟实验时,却都没有出现地层欠压实现象。

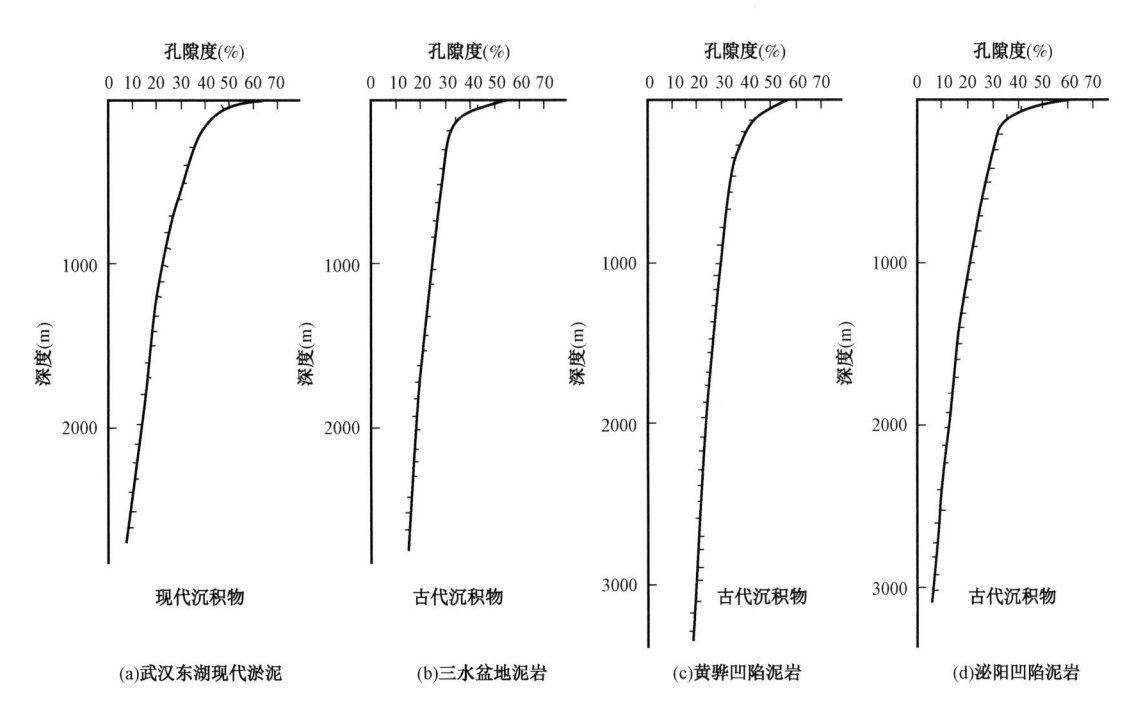

图 4-17 现代淤泥和盆地古代泥岩压实模拟曲线特征(据陈发景等,1989,修改)

实际上,室内物理模拟实验者为了逼近地下地层条件,都充分考虑了实验材料和实验温度等条件,实验中基本上符合地下的真实条件。实际沉积盆地与室内物理模拟砂泥岩压实程度的巨大差异主要由时间因素所致。实际地层条件下的砂泥岩压实曲线都经历了数百万年甚至更长的地质年代,在这个漫长的地质过程中,地下地层的岩石发生了机械压实和较复杂的化学成岩作用,形成了浅层的正常压实趋势段和中深层的欠压实段。而室内物理模拟实验所用的时间不过几天,相比之下几乎为瞬时施压,地层的蠕变特性不可能表现出来,而且应该是纯粹的机械压实,没有时间发生化学成岩反应。因此,可以认为室内物理模拟实验是没有时间因素作用(作用时间约为零)的压实模拟实验,造成岩石的压实曲线比较简单、比较平直,与实际地层条件的压实曲线形成巨大反差。

上述分析进一步表明,时间因素在地层孔隙度演化过程中起到十分重要的作用。当其他条件(如埋深)相同时,经历时间的不同,会使地层孔隙度出现完全不同的结果。

第二节 胶结作用减孔规律

关于胶结作用对于储层质量的影响,前人已经进行大量研究,但仍存在争议,其焦点主要是对于早期胶结作用虽然阻塞大量原生孔隙,但是对于早期压实作用占主导的减孔作用趋势具有一定的抗压实作用,导致部分原生孔隙的保存(Manning 等,1997;Taylor 等,2000;黄思静,2003,2007;张敏强等,2007)。但针对低孔渗及致密砂岩储层的研究表明,胶结作用主要表现为减孔作用,其主要胶结物类型分为硅质胶结物、碳酸岩胶结物和自生矿物(张哨楠,2008;李易隆等,2013)。

一、硅质胶结物

砂岩中硅质胶结物的物质来源主要与如下机制有关。

黏土矿物演化释放硅质并造成自生石英沉淀,该反应是砂岩孔隙中游离硅质的重要来源反应,其方程式为:

$$4.5K^+ + 8Al^{3+} + 蒙皂石 \Longleftrightarrow 伊利石 + Na^+ + 2Ca^{2+} + 2.5Fe^{3+} + 2Mg^{2+} + 3Si^{4+}$$

砂岩中的蒙皂石或伊/蒙混层通过该反应最终转变为伊利石,并释放出大量硅离子。由于蒙皂石向伊利石的转变是温度的函数,因而深埋藏地层会比浅部地层具有更丰富的硅离子和硅质胶结物(黄思静,2007)。

另一种机制是长石溶解释放硅质并造成自生石英的沉淀。长石溶解释放的硅质是碎屑岩地层中自生石英沉淀的主要物质来源,无论是钾长石还是斜长石,其溶解产物均有二氧化硅,基本反应方程式为:

$$2KAlSi_3O_8 + 2H^+ + H_2O \Longleftrightarrow Al_2Si_2O_5(OH)_4 + 4SiO_2 + 2K^+$$

$$2NaAlSi_3O_8 + 2H^+ + H_2O \Longleftrightarrow Al_2Si_2O_5(OH)_4 + 4SiO_2 + 2Na^+$$

化学反应表明,钾长石和斜长石都可以有相当数量的游离硅质产生。如果有机酸作为长石的溶解介质,大量长石溶解的深度也应大致在相当于大量产生有机酸对应温度的地层中,而硅质胶结物的大量沉淀也应出现在相对深埋地层中,即至少在早成岩晚期之后的时间段中。因而大多数砂岩中自生石英沉淀作用都发生在压实作用使得颗粒间关系基本固定之后。其沉淀作用造成的岩石机械强度增加对岩石孔隙的保持没有实际意义,其占据的孔隙空间使岩石孔隙度进一步降低,此类现象普遍存在于中国不同类型的盆地中。

罗兰静等(2006)对鄂尔多斯盆地延长组致密砂岩储层成岩作用的研究表明,次生石英加大对延长组三角洲相储层孔隙减少起主要作用。吕正祥等(2009)对川西须家河组致密砂岩储层的研究中发现,石英的次生加大在阻塞孔隙的同时,硅质胶结物沉淀于长石溶解生成的次生孔隙中,使次生孔隙不发育,储层质量降低。在松辽盆地营城组和沙河子组储层成岩作用的研究中,王果寿等(2012)认为早期产生的石英和长石的次生加大阻塞了大量原始孔隙。张兴良等(2014)在研究鄂尔多斯二叠系下石盒子组盒8段成岩作用的基础上,对孔隙的损失进行定量评价,研究表明胶结损失减孔平均为10.01%,可以看出胶结作用对孔隙的损失起至关重要的作用。

二、碳酸岩胶结物

碳酸岩胶结物是很多含油气盆地砂岩中最重要的胶结物类型,具有分布普遍性、形成多期性、成因多样性等重要特点(Carlos等,2001;刘四兵等,2014)。碳酸盐胶结物的存在对储层造成严重的负面影响,主要表现为碳酸盐岩胶结物占据储层孔隙空间使砂岩孔隙度降低,储层质量变差;作为致密胶结带,将厚的储层分割成若干薄层,增强储层的非均质性(Chia等,2003)。

张永旺等(2009)对东营凹陷古近系储层碳酸岩胶结物形成的主控因素进行分析表明,控制碳酸岩胶结物发育和分布的主控因素很多。其中主要包括:(1)强烈的构造运动,促进了流体的交换,并为流体在孔隙中的流动提供了空间和动力,导致碳酸岩胶结物比较发育;(2)不同沉积相带碳酸岩胶结物发育程度也不一样,近岸水下扇和深水浊积扇等分选较差的沉积相为碳酸岩胶结物发育的有利相带,其中深水浊积扇被湖泊相泥岩包围,形成封闭的成岩环境,最有利于碳酸岩胶结物的发育;(3)在泥夹砂型的岩性组合中,砂岩的厚度越大,碳酸岩胶结物含量越高,表明砂岩中碳酸岩胶结物的形成与泥岩夹层中析出的碳酸钙有关。

  刘四兵等(2014)对川西须家河组须四段储层中,碳酸岩胶结物的成岩流体演化特征进行详细研究,提出该区碳酸岩胶结物的水岩相互作用模式。(1)早期连晶方解石胶结物主要是大气淡水与海水混合流体的水岩作用的产物;(2)钙屑砂岩中白云石胶结物显示"自产自销"的特征,是埋藏过程中的产物,其氧同位素偏重;(3)当水岩作用体系处于开放环境中,有机质参与的长石溶蚀是碳酸岩胶结物沉淀的重要来源;(4)当水岩作用体系处于封闭环境中,矿物转化是碳酸盐岩胶结物主要的物质来源(图4-18)。

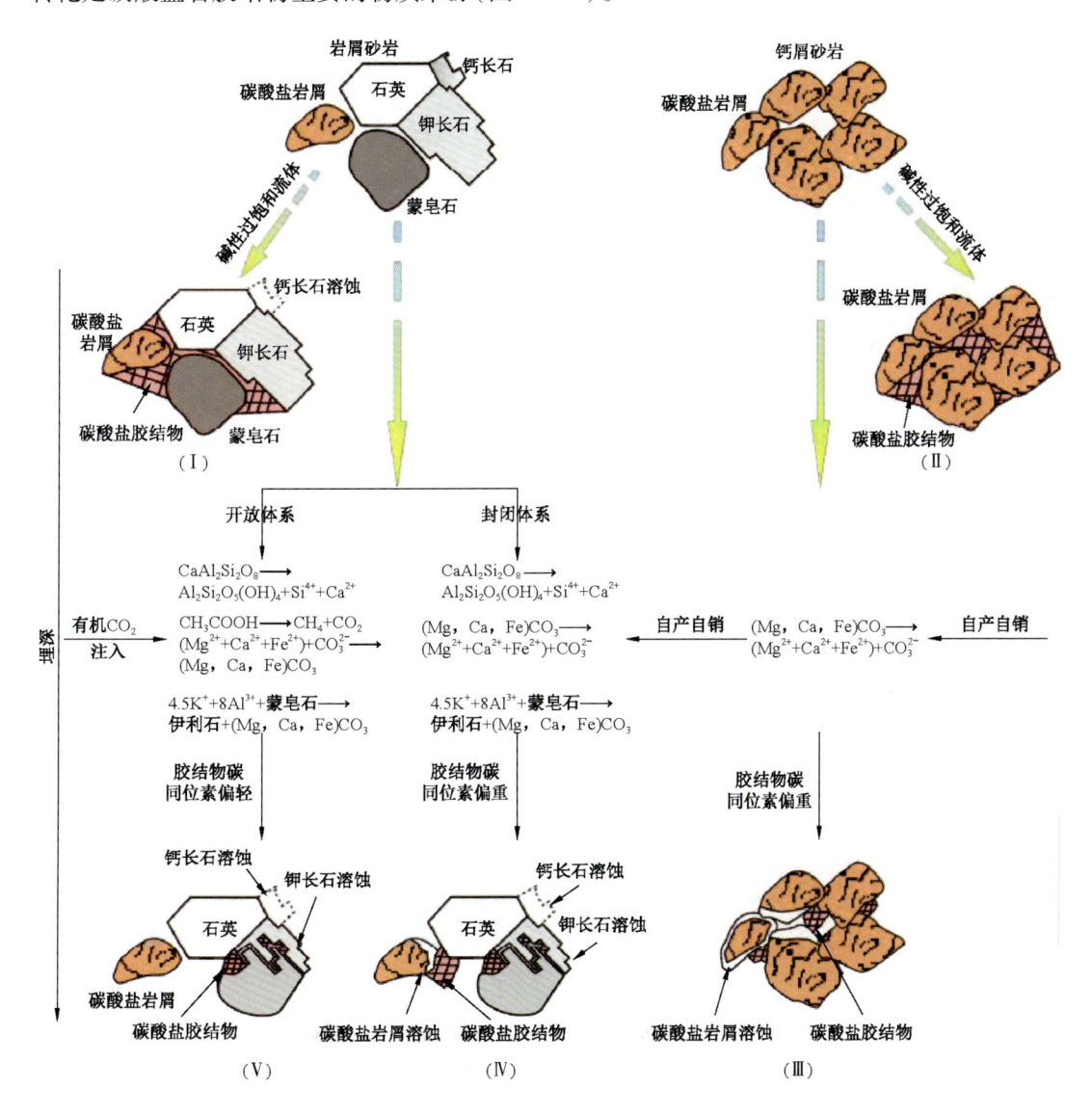

图4-18 碳酸岩胶结物的水岩相互作用模式

钟大康等(2007)针对早期碳酸岩胶结物对砂岩孔隙演化的影响进行研究表明,在岩石没有受到充分压实之前的早期碳酸岩胶结作用有利于岩石孔隙的保存,并为后来的碳酸岩胶结物溶蚀提供物质基础;早期碳酸岩胶结物发生越早、越强烈、占据的粒间孔隙越多,后期可能产生的次生孔隙量越大。若碳酸岩胶结物产生多在发生充分压实之后,则生成的次生孔隙量有限。

孙海涛等(2010)对砂岩透镜体表面与内部碳酸岩胶结物做的差异及成因进行分析表明,碳酸岩胶结物能够侵入透镜体内部 1~3m 处。其形成原因包括闪岩早期较好的初始孔渗条件,足够的二氧化碳、钙、镁等组分,以及砂岩透镜体和周围泥岩的成岩作用及流体的传递。

三、黏土矿物胶结

黏土矿物对储层物性的影响各不相同。绿泥石多以孔隙衬里的形态产出,对储层物性具有双重影响,一方面环边生长的绿泥石阻碍了孔隙水和颗粒的进一步反应,有效抑制了石英的次生加大,有利于原生粒间孔隙的保存;另一方面,当绿泥石含量过高,呈片状或斑点状充填时,又会占据粒间孔隙,阻塞喉道。高岭石常呈六方片状、蠕虫状几何体出现。高岭石可以从孔隙溶液中直接沉淀形成,同时,成岩过程中酸性流体不断对长石颗粒及黏土杂基的铝硅酸盐矿物淋滤,也可以形成高岭石。伊利石形成阶段较晚,多由钾长石蚀变而成,也可由高岭石、蒙皂石等黏土矿物的重结晶或富钾的碱性孔隙水沉淀而成,充填于孔隙中(罗静兰等,2006;王峰等,2014)

第三节 溶蚀作用增孔规律

矿物水解是水岩系统中最重要的过程。有机质热演化溶蚀机制是储层形成次生孔隙的重要机制,1979 年 Schmidt 和 McDonald 提出的碳酸溶蚀假说(有机质脱羧机制)和 1986 年 Meshri 提出的有机酸溶蚀假说(有机酸电离机制)是典型成果。在碎屑岩储层成岩过程中,烃源岩中有机质热演化能够释放大量有机酸并强烈溶蚀铝硅酸盐和碳酸盐矿物,进而形成规模性次生孔隙的观点为石油地质学家所普遍接受(远光辉等,2013)。

自从 1984 年 Surdam 和他的学生提出"有机酸对次生孔隙的形成有着重要意义"的观点之后,大量相关的地球化学实验也随即展开。有机酸对砂岩储层中主要的碎屑颗粒石英、长石以及主要的胶结物黏土矿物、碳酸盐产生溶蚀作用(郭春清等,2003)。

在 20 世纪 80—90 年代,人们普遍认为有机酸在碎屑岩储层的孔隙形成过程中的作用巨大,直到 20 世纪 90 年代以来,人们才开始注意到了开放—半开放体系中大气淡水对砂岩骨架颗粒溶解产生次生孔隙的现象(黄思静等,2003)。CO_2 气是一种可溶于水形成酸性流体的"活性气体",当 CO_2 进入到含水砂岩时,成岩流体将转变成弱酸性流体,其形成的酸性流体可引起储集砂岩中长石等可溶性矿物的溶解和碳酸盐等新矿物的沉淀,从而影响到砂岩的孔隙度和渗透率,进而改变储集砂岩的物性(徐梅桂等,2013)。东营凹陷碎屑岩储层溶蚀作用很普遍,主要为长石和碳酸盐胶结物溶蚀,石英是砂岩中占绝对优势且相对稳定的碎屑矿物,一般不发生溶解,个别井较深部位偶见溶解现象(于川淇等,2013)。溶解力很强的酸性水进入砂岩或砂砾岩中,导致在碱性孔隙水中比较稳定的方沸石矿物发生溶蚀而形成方沸石溶蚀孔隙(表 4-1)(韩守华等,2007)。

表 4-1 夏子街—玛湖西斜坡方沸石溶蚀特征(据韩守华等,2007)

井号	层位	井段(m)	孔隙度(%)	渗透率(mD)	主要岩性	火山岩屑含量(%)
X1528	$T_2k_1^3$	1626.71~1694.05	17.40	5.480	粗砂岩、砂砾岩	51.86
夏29	$T_2k_1^3$	1519.15~1560.60	13.82	2.360	含砾不等粒砂岩、砂砾岩	65.00
夏65	$T_2k_1^3$	1560.13~1603.02	15.22	4.630	砾状不等粒砂岩	68.38
玛7	$T_2k_1^3$	3437.01~3438.91	9.00	0.848	砾岩	91.75
X1520	T_1b_1	1853.66~1887.80	12.74	1.060	含砾不等粒砂岩、砂砾岩	86.67
夏65	T_1b_1	1608.76~1624.89	11.60	2.200	砂质砾岩	73.00
玛003	T_1b_1	3442.91~3468.39	13.33	6.000	细中砂岩	52.00
X1520	T_1b_2	1891.61~1929.32	11.38	1.830	中砂岩	76.40
夏22	T_1b_2	1645.90~1651.10	13.76	13.950	砂砾岩	72.00
夏检303	T_1b_2	1986.18~2031.69	9.75	18.950	砾状中粗粒砂岩	58.67

进一步研究发现,碳酸盐胶结物和少量长石及岩屑在中等埋藏深度发生酸性溶蚀,而石英骨架颗粒和泥质、微晶石英杂基在深埋藏阶段发生碱性溶蚀,从而形成"酸性+碱性"叠加溶蚀次生孔隙带,成为控制工区目的层储层质量的主控因素(王京等,2006)。

当然也有不同的看法,认为早期充注油气中的有机酸会溶蚀砂岩地层中的长石和岩屑等矿物,造成高岭石和石英沉淀,对储层的发育与保存不大有利。即使长石颗粒完全溶蚀其产生的孔隙增量也只有14.3%左右,大部分空间被溶蚀产物高岭石占据,而且高岭石堵塞喉道,降低渗透率(蔡春芳等,1997)。因此,砂岩储层要有较大改善,必须将溶蚀产生的离子迁移,这样高岭石才不会原地沉淀,次生孔隙才能得以保存。北海深部砂岩储层物性改善就是因为长石溶蚀产物产生的离子等被幕式排放的超压流体迁移带出溶蚀区域的缘故(胡海燕等,2009)。

甚至有人认为同一地区可能存在不同期次、不同成因的溶蚀作用。譬如认为延长组砂岩溶蚀作用大致分两个时期:深埋藏期因有机质演化成烃与地层水相溶形成大量有机酸,对长石等碎屑颗粒产生溶蚀形成粒间溶孔、粒内溶孔、溶蚀缝、铸模孔等次生孔隙。另一个阶段是早白垩世末的燕山运动,将延长组抬升至地表附近,长3段以上地层遭受大气淡水的淋滤作用,形成大量的次生孔隙。相对于长3段以上地层接受大气淡水淋滤作用的溶蚀而言,长8段、长6段溶蚀作用相对较弱(万友利等,2013)。

综上所述,砂岩溶蚀作用非常复杂。除了参与溶蚀的矿物和颗粒种类较多,每一种矿物的溶蚀反应化学方程各不相同,且发生溶蚀的环境和阶段也不唯一。更为特别的是,现今观察到的溶蚀现象可能是多种矿物多期溶蚀的叠加结果,要想恢复成岩过程中的溶蚀历史难以想象。

因此,难怪人们普遍感到溶蚀过程难以定量恢复。但是,溶蚀作用也有自身的特点。首先溶蚀作用的出现具有阶段性,表明矿物颗粒发生溶蚀需要一定的地质条件,并非整个埋藏成岩阶段都产生溶蚀,这样就将问题限制在某个特定时间阶段,简化了分析的条件。

另一方面,从溶蚀反应化学方程来看,尽管不同矿物溶蚀反应的反应物和生成物类型及数量差异较大,但从目前普遍可以接受的观点来看,溶蚀化学反应基本符合反应速率与反应物浓度成正比这一相同的化学动力学原理。也就是说,溶蚀作用遵循相似的化学动力学模型。

更重要的是,虽然不同矿物的溶蚀作用结果差别较大,但不同矿物溶蚀作用之间相互可能是独立的。从一般意义上讲,不同矿物的溶蚀效应之间可能是线性关系,及总的增孔效应等于每一种矿物溶蚀增孔效应之和。

笔者正是从上述三个方面入手,按照成岩过程分段、效应合成和动力学相似原理,成功建立了溶蚀成岩动力学定量模型,并在此基础上推导出砂岩溶蚀增孔定量模型。

一、砂岩溶蚀作用的分段特性

砂岩发生溶蚀作用表现出显著的分段性,其实质是溶蚀作用需要一定的温压等条件,这给认识和把握溶蚀规律带来契机。

1. 次生孔隙发育在中深部地层

历经地质演化后,砂岩地层表现出不同的孔隙度特征。这主要缘于两个方面:一方面是地层沉积作用的差异,包括矿物组成、粒度和分选性等;另一方面是由于地层沉积后经历的成岩作用或成岩过程的不同。本研究区范围小,主要目的层都属于相同的沉积亚相,因此沉积作用造成的砂岩孔隙度差异较小,这一点也可以从单井砂岩孔隙度剖面正常压实趋势和地表孔隙度具有相似性得到验证。同时,分析得出四类砂岩孔隙度剖面模式的主要区别就在于次生增孔段出现的位置和形态不同(图4-19至图4-23),说明砂岩孔隙度演化主要受成岩作用控制。

图4-19至图4-23清楚表明,砂岩溶蚀增孔段是局部的,或为单段,或为双段,甚至有可能会出现多段。但是共有的特点是,中浅层没有发现溶蚀增孔现象,溶蚀增孔主要出现在中深层范围。显然,溶蚀增孔作用需要达到一定的埋深条件才能发生。

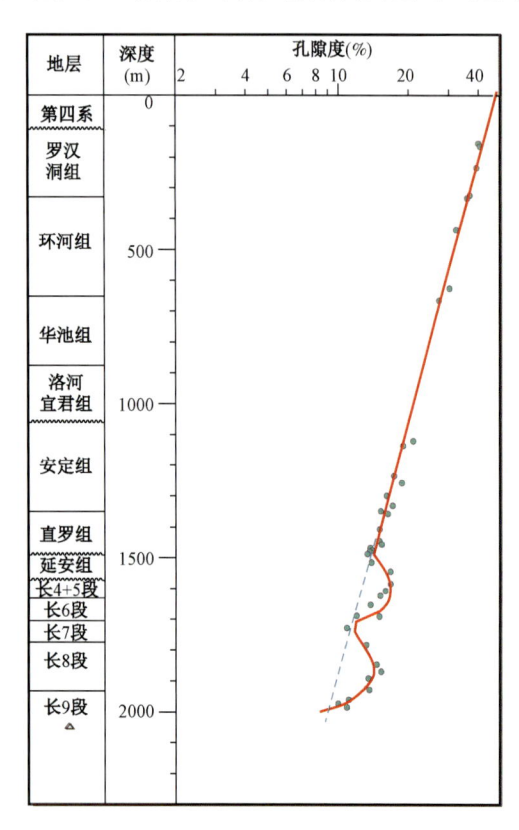

图4-19 镇泾地区红河21井砂岩孔隙度深度关系图

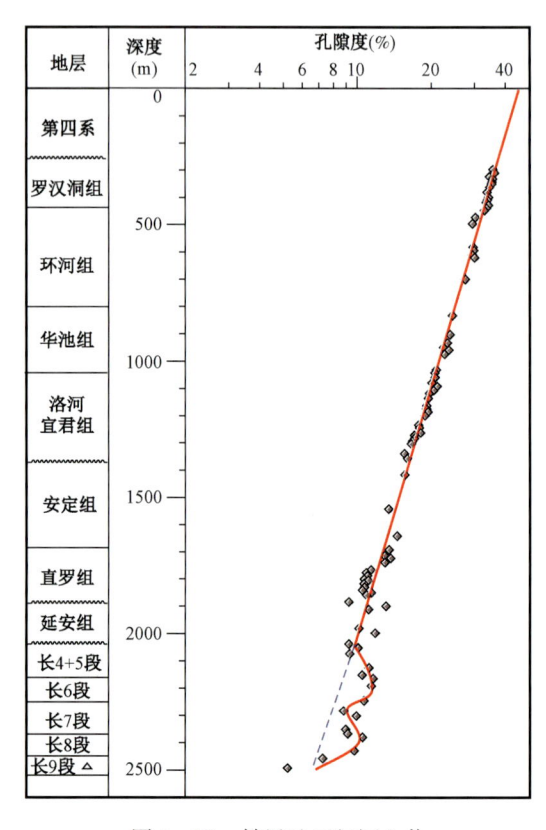

图4-20 镇泾地区红河3井砂岩孔隙度深度关系图

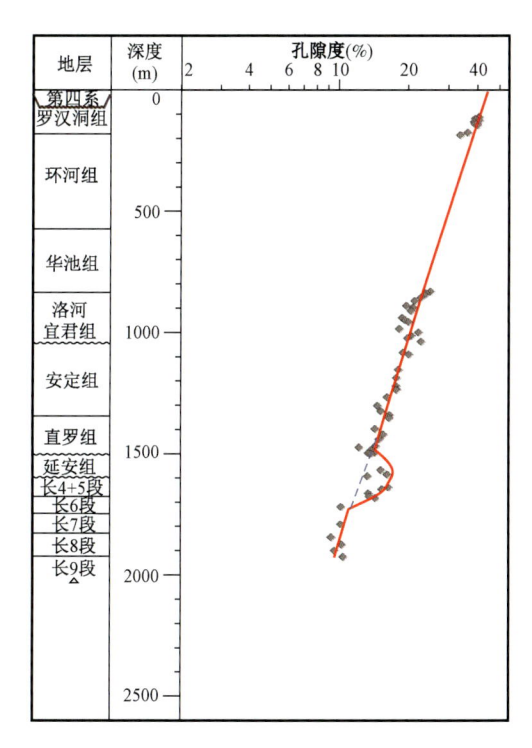

图 4-21 镇泾地区红河 38 井砂岩孔隙度深度关系图

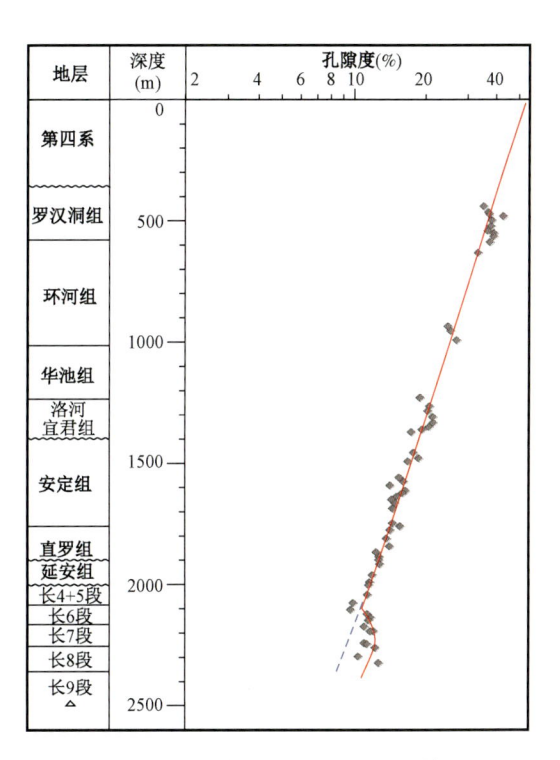

图 4-22 镇泾地区红河 1053 井砂岩孔隙度深度关系图

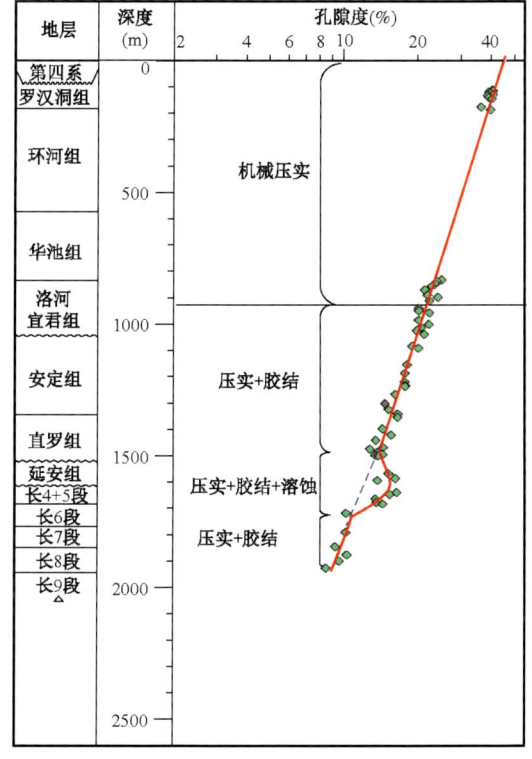

(a) 镇泾地区红河38井数据点为人工拾取

(b) 镇泾地区红河5井全部细砂岩层段数据

图 4-23 镇泾地区细砂岩孔隙度剖面及成岩作用分段特征

— 125 —

2. 溶蚀作用的地质概念模型

复杂的溶蚀作用及溶蚀过程可以简化为原始骨架颗粒的溶蚀与先期胶结物的溶蚀之和。原始骨架颗粒的溶蚀主要是指长石颗粒、石英颗粒和岩屑颗粒发生的溶蚀作用，先期胶结物溶蚀主要指自生方解石、浊沸石等易溶胶结物发生的溶蚀作用（图4-24）。

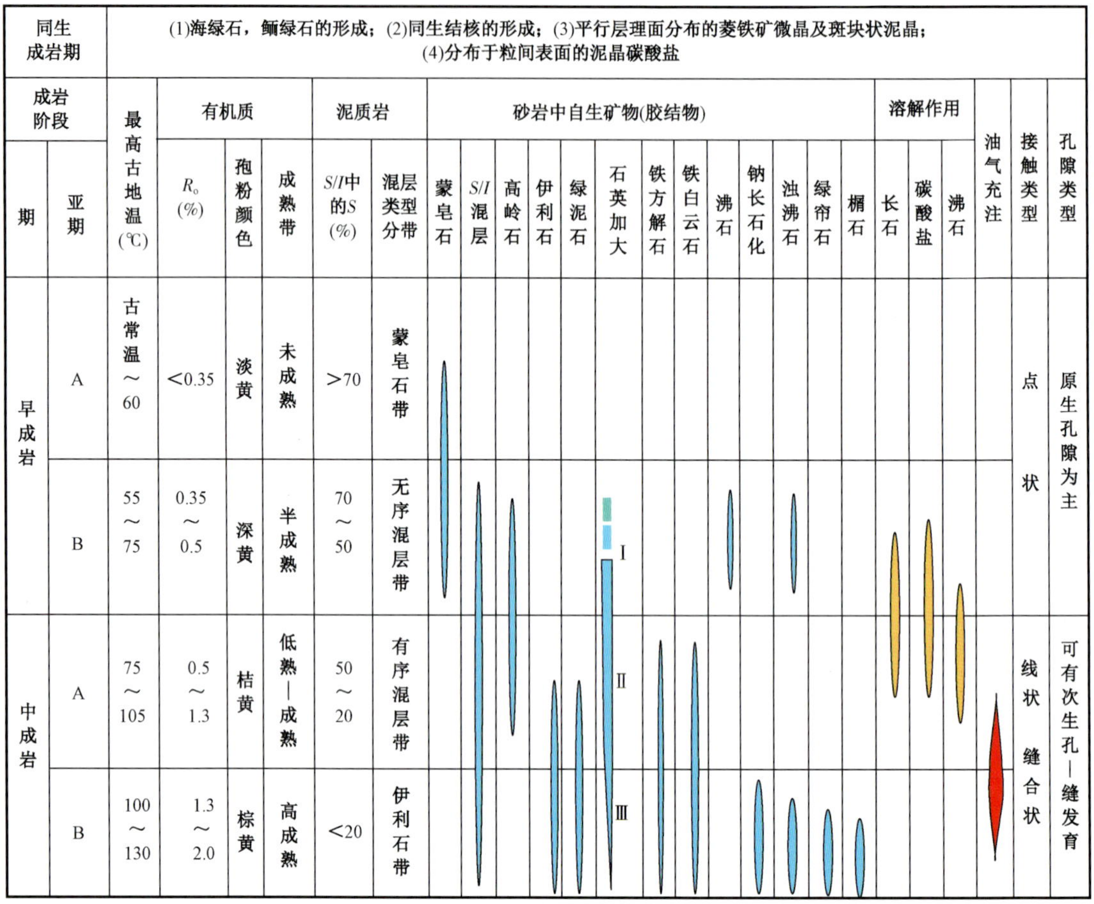

图 4-24 镇泾地区长 8 段地层成岩序列

一般来讲，砂岩孔隙度增加模型就是指原始骨架颗粒的溶蚀与先期胶结物的溶蚀之和形成的孔隙度总增量。

但是，近年来越来越多的人考虑到，溶蚀产生的新增孔隙空间在后期成岩过程中对压实和胶结作用是否会有影响。图 4-25 表示在总的溶蚀作用产生的孔隙度增大总量中，部分溶蚀空间可能在后期的压实和胶结过程中被消除了，实际的增孔效应要打个折扣。同时，常识也告诉我们，越疏松的材料越容易压实固结，相反越致密的物质越不容易压实。但有趋势性的压实和胶结减孔作用与溶蚀空间的压实和胶结作用量不宜区分，笔者认为模拟出总的溶蚀增孔量就足够了。

二、砂岩溶蚀动力学增孔模型

镇泾地区延长组储层孔隙度增大的原因是次生溶蚀孔的发育。溶剂、可溶矿物、流体活跃

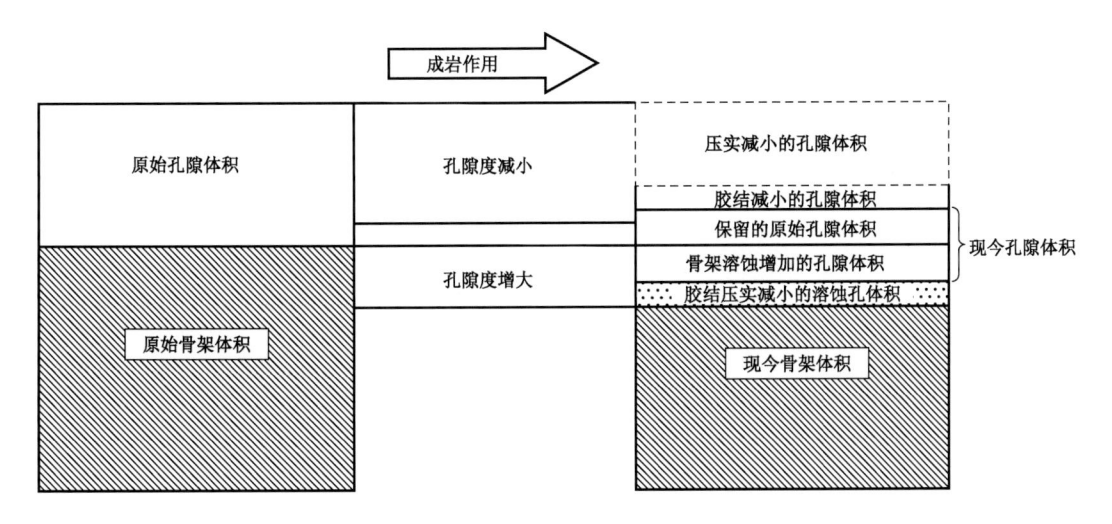

图 4-25 成岩作用对砂岩孔隙度影响示意图

性是次生溶蚀作用发生的必要条件,三者在时间、空间上匹配的差异导致了次生溶蚀孔隙发育程度不同。本次研究结合正演和反演方法,先从现今孔隙度特征入手确定次生孔隙大小,然后基于溶蚀增孔机理正演次生孔隙形成过程。

首先计算没有次生孔隙情况下的剩余孔隙度 ϕ_n,则现今实测的孔隙度 ϕ_t 和 ϕ_n 的差值 $\Delta\phi$ 就是次生增孔量。如果次生增孔量 $\Delta\phi$ 不大于0则地层不存在次生孔隙,说明其形成次生溶蚀孔隙的必要条件不具备。反之,如果 $\Delta\phi$ 大于0,该地层发生过次生溶蚀作用,次生孔隙发育的三个条件及其匹配关系也一定满足。模拟次生溶蚀孔隙次生发育过程,需要知道次生孔隙开始形成到结束的时间段,以及孔隙度在溶蚀窗口内和溶蚀过后的演化模型。

1. 溶蚀机理及溶蚀窗口

1)溶蚀机理选择处理

不同矿物不同阶段的溶蚀程度肯定存在差异,造成的孔隙度变化量也不尽相同。但由于成岩反应符合基本的化学反应动力学规律,故可以参考酸性溶蚀模型来模拟和逼近总体溶蚀效应。

2)溶蚀增孔温度窗口概念

镇泾地区延长组次生孔隙缘于有机质热解形成的有机酸性水对碳酸盐矿物和长石等矿物的溶解。Surdam 等在深入研究有机酸对砂岩成岩作用影响时指出,60~140℃是地层干酪根热离解形成短链羧酸的主要阶段,而 70~90℃有机酸浓度最大。后来 Carothers 等的研究进一步证实了这一点。

成岩序列研究表明,镇泾地区长8段砂岩溶蚀孔隙开始形成于早成岩B期,对应的古地温范围为 65~85℃;中成岩A期对应地层温度为 75~105℃,有机质开始成熟,早期排出大量有机酸,为溶蚀孔隙大量发育时期;中成岩B期地温达到 90~130℃,烃源岩进入高成熟阶段,开始大量排烃,是石油的主充注时期(图 4-26),油气大量进入储层,油气混入和前期溶蚀作用导致有机酸浓度降低,同时油气侵位抑制了溶蚀增孔作用,孔隙度增大过程基本停止。

通过溶蚀孔隙成因和成岩序列研究,确定酸性溶蚀温度窗口为 70~90℃。在地层温度小于70℃时地层缺少有机酸,不能形成大量的溶蚀孔隙,而当地温高于90℃时由于酸浓度降低

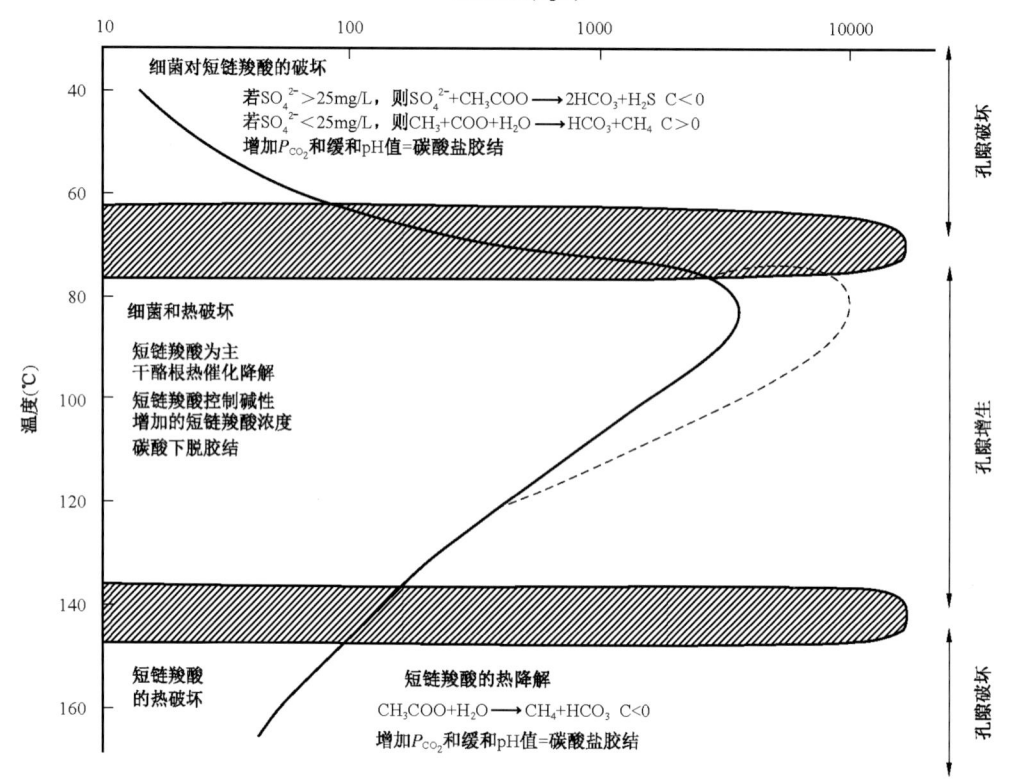

图 4-26　油田水中短链羧酸分布图(据 Carothers,1978)

和石油侵位,溶蚀作用也很微弱。

2. 溶蚀增孔窗口内孔隙度增大动力学模型

本文利用溶蚀反应化学动力学一级反应方程,建立了全新的溶蚀增孔数学模型。主要溶蚀矿物化学反应方程式表现出巨大的差异性。

长石溶蚀作用化学反应方程式为:

$$2KAlSi_2O_5 + 2CH_3COOH + 9H_2O \longrightarrow Al_2Si_2O_5(OH)_4 + 2K^+ + 4H_4SiO_4 + CH_3COO^- \tag{4-7}$$

碳酸盐岩溶蚀化学反应方程式为:

$$Ca_3CO_3 + H^+ \longrightarrow Ca^{2+} + CO_2 + H_2O \tag{4-8}$$

根据化学动力学原理,反应速率与浓度成正比,即矿物溶解速率与有机酸浓度成正比,因此可以得到上述溶蚀反应速度与浓度的关系:

$$\frac{\partial N_s}{\partial t} = k_1 C \tag{4-9}$$

式中　N_s——反应物物质量,mol;
　　　C——浓度,mol/L;
　　　k_1——比例常数。

矿物溶解速率即是物质量的变化率，地层中溶蚀矿物的量与其自身的体积成正比，而溶蚀矿物体积等于溶蚀增加的孔隙度，因此孔隙度随浓度变化率为：

$$\frac{\partial \phi_s}{\partial t} = k_1'C + c_0' \qquad (4-10)$$

式中　ϕ_s——溶蚀形成的孔隙度，%；

　　　k_1'——比例常数；

　　　t——反应时间，Ma；

　　　c_0'——待定常数。

1978 年 Carothers 等研究指出，油田水中有机酸浓度随温度变化曲线近似于抛物线，最大浓度对应 80℃ 左右，因此可以建立有机酸浓度与温度的关系：

$$C = aT^2 + bT + c_1 \qquad (4-11)$$

在特定的时间段中埋深与时间成正比例关系：

$$z = k_2 t + c_2 \qquad (4-12)$$

式中　z——埋深，m；

　　　k_2, c_2——待定常数。

温度与埋深为线性关系：

$$T = k_3 z + c_3 \qquad (4-13)$$

式中　c_3——待定常数。

把式(4-12)代入式(4-13)再代入式(4-11)可得到有机酸浓度与时间的关系：

$$C = a_1't^2 + b_1't + c_1' \qquad (4-14)$$

把式(4-14)代入式(4-10)可得酸化窗口内孔隙度变化率模型：

$$\frac{\partial \phi_s}{\partial t} = a't^2 + b't + c' \qquad (4-15)$$

式中　$a_1', b_1', c_1', a', b', c'$——待定常数。

把式(4-15)时间转换为地史时间，设定模型的时间范围，即小于地层温度首次达到 70℃ 的时间 t_1，大于首次达到 90℃ 的时间 t_2，代入边界条件：$t - t_1 = 0$ 时 $\phi_s = 0$ 且孔隙度变化率为 0；$t - t_2 = 0$ 时 $\phi_s = \Delta\phi$，增孔率曲线关于中心对称即：

$$\begin{cases} \dfrac{\partial \phi_s}{\partial t} = a(t-t_1)^2 + b(t-t_1), t_2 \leqslant t \leqslant t_1 \\ \phi_s = 0, t = t_1 \\ -\dfrac{b}{2a} = \dfrac{t_1 + t_2}{2} \\ \phi_s = \Delta\phi, t = t_2 \end{cases} \qquad (4-16)$$

解方程(4-16)可得地层溶蚀增孔量在酸化窗口内的函数模型：

$$\phi_s = -\frac{2\Delta\phi}{\Delta t^3}(t-t_1)^3 + \frac{3\Delta\phi}{\Delta t^2}(t-t_1)^2 \qquad (4-17)$$

式中 t_1——地层温度首次达到70℃的时间，Ma；

t_2——地层温度首次达到90℃对应的时间，Ma。

3. 溶蚀增孔窗口后孔隙度演化特征

根据孔隙度剖面上现今溶蚀孔隙带展布特征，结合溶蚀孔隙成因分析，认为地层沉降超过酸化窗口后溶蚀增孔作用基本停止。(1)溶蚀孔隙包括粒内和铸模孔，这部分孔隙抗压性比较强；(2)溶蚀孔隙形成后，油气大量充注，烃类充注使孔隙流体压力增大，较高的流体压力能抑制地层被压实；(3)油气侵位有效抑制了大规模水岩化学反应，能减少胶结作用引起的孔隙度减小；(4)在继续沉积过程中上覆压力增加不可避免地对地层产生压实作用，但这种压实作用和溶蚀孔隙形成前的效应趋势是一致的，已包括在孔隙度减小模型中。因此溶蚀孔隙在后期容易被优先保存下来。

通过上述分析孔隙度增大模型包括三个阶段。第一阶段，地层进入酸化窗口之前，由于酸化溶蚀发生的条件不满足 ϕ_s 为0；第二阶段，地层进入酸化窗口内，累计溶蚀增孔量 ϕ_s 是现今次生增孔量 $\Delta\phi$ 和时间 t 的三次函数；第三阶段，地层继续深埋超过酸化窗口后溶蚀孔隙不再变化 $\phi_s = \Delta\phi$，因此孔隙度增大过程为一分段函数：

$$\phi_s = \begin{cases} 0, t > t_1; \\ -\frac{2\Delta\phi}{\Delta t^3}(t-t_1)^3 + \frac{3\Delta\phi}{\Delta t^2}(t-t_1)^2, t_1 \geq t > t_2 \\ \Delta\phi, t \leq t_2 \end{cases} \qquad (4-18)$$

可以利用式(4-18)计算任意时间点上砂岩的溶蚀孔隙度，各点顺序组合就是砂岩次生孔隙度演化过程，以红河1井长8段砂岩溶蚀增孔过程为例(图4-27)。

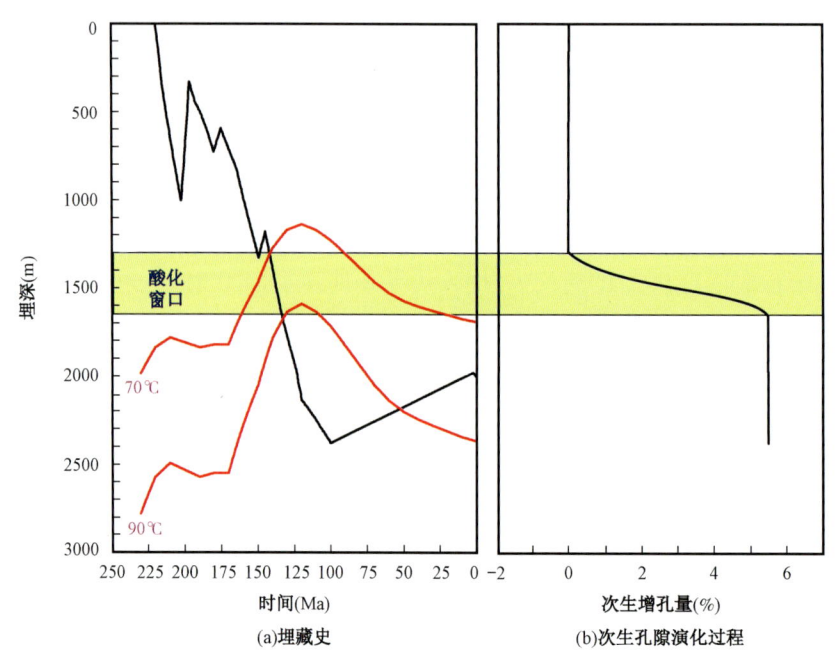

图4-27 红河1井长8段砂岩孔隙度增大过程模拟

(1)该井长8段从距今220Ma开始沉积,在225—145Ma这一阶段地层埋深较浅,地层温度小于70℃,溶蚀孔隙还没形成,溶蚀增孔量为0。

(2)145—130Ma,早白垩世地层经历一次热事件,地温梯度达到4.4℃/100m,长8段地层温度处在70~90℃之间,进入酸化增孔窗口发生酸化溶蚀作用,这一过程孔隙度累计增加了5.6%。

(3)130Ma之后,地温继续上升,有机酸减小,同时石油大规模充注,这些因素导致酸性溶蚀作用基本停止。55Ma时地层再次进入酸化增孔温度窗口,但排酸期已过,所以这一阶段的溶蚀增孔量保持不变为5.6%。

三、镇泾地区延长组砂岩溶蚀孔隙度增加特征

根据溶蚀增孔定量模型,可以模拟酸化窗口内的颗粒溶蚀增孔过程。

1. 孔隙度演化实例分析

在目的层埋藏史和热史研究基础上,利用砂岩孔隙度演化模型可以恢复砂岩地层在任一时间点上的孔隙度,为了说明溶蚀孔隙发育和不发育两种情况下砂岩孔隙度的演化过程,本书以研究区内两个实际地层点为例演示孔隙度演化模拟过程。两个点的数据均来源于红河1井:第一个地层点现今埋深2005m,现今孔隙度为13%,次生孔隙较为发育;第二个地层点现今埋深2167m,现今孔隙度6.7%,没有明显的次生溶蚀孔隙。

1)次生孔隙发育的砂岩孔隙度演化特征

以红河1井2005m地层孔隙度演化过程为例。

(1)红河1井长8段从距今220Ma开始沉积,沉积孔隙度为47%;

(2)此后地层在上覆地层的沉积作用下持续沉降,在202.5Ma,即延长组沉积末期埋深达到1000m,孔隙度因为机械压实减小到22%;

(3)203—154Ma地层开始抬升,这一时期内地层的深度小于其经历过的最大埋深,所以深度对孔隙度没有影响,但上覆地层压力始终存在,时间效应持续作用,使孔隙度减小了1.5%;

(4)154—150Ma之间地层持续下降,埋深在1000~1400m之间,超过了之前经历的最大埋藏深度,上覆压力持续增加,地层被进一步压实,同时地层开始出现胶结作用,孔隙度下降到19%;

(5)150—145Ma地层再次抬升,期间经历的时间跨度较小,孔隙度减小很微弱;

(6)145—140Ma地层快速沉降,压实和胶结作用使得孔隙度下降到18.5%;

(7)140—130Ma地层经历一次热事件,地温快速上升进入酸化窗口,有机酸溶蚀可溶矿物形成次生溶蚀孔隙,到130Ma油气大量充注时次生溶蚀增孔量达到5.6%,同时,由于埋深持续增加,压实和胶结作用使孔隙度减小了4.6%,因此,总孔隙度增加了1%,达到19.5%;

(8)130—100Ma地层快速沉降,烃源岩大量排烃,圈闭进入主成藏期。有机酸减少石油侵位导致酸化作用停止,在100Ma(早白垩世末)时达到最大埋深,孔隙度减小了5%,达到14.5%;

(9)100—现今地层抬升,受时间效应的影响孔隙度在这短时间内减小了1.5%,下降到现今正常趋势下的13%,孔隙度演化结束(图4-28)。

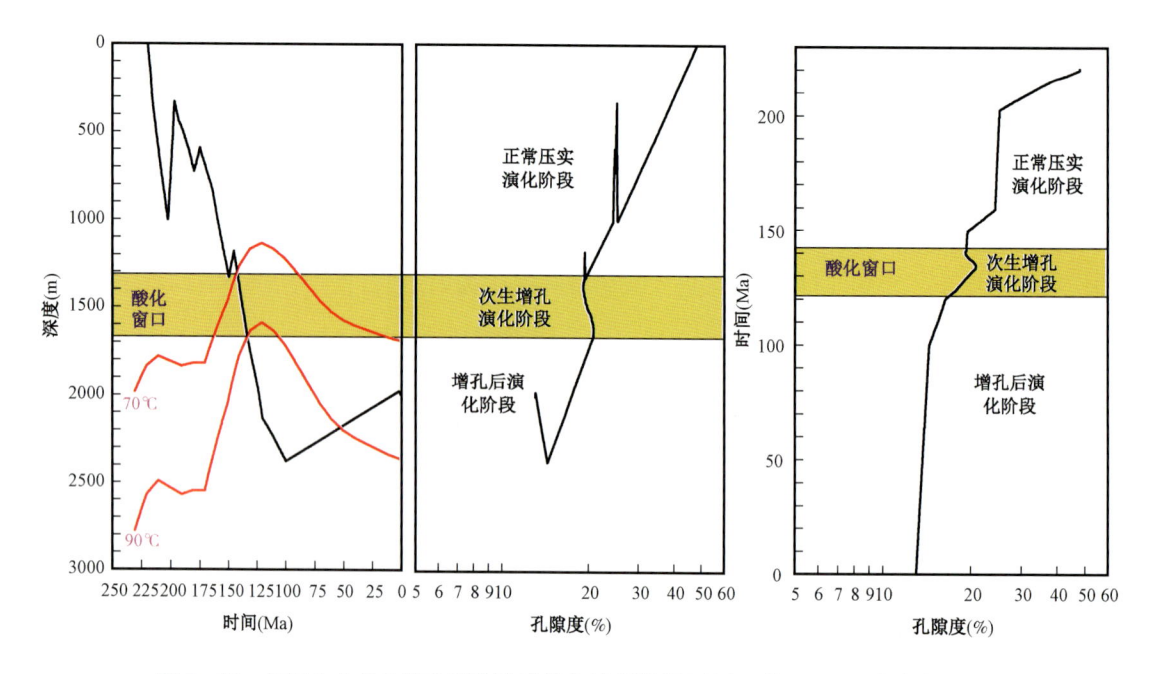

图 4-28　红河 1 井长 8 段砂岩孔隙度演化过程模拟（现今埋深 2005m，孔隙度 13%）

2）次生孔隙不明显地层的孔隙度演化特征

以红河 1 井 2167m 地层孔隙度演化过程为例。

(1) 该地层从距今 220Ma 开始沉积，沉积孔隙度 47%；

(2) 此后地层在上覆地层的沉积作用下持续下降，在 202.5Ma 即延长组沉积末期的埋深达到 1184m，孔隙度因为机械压实减小到 21%；

(3) 203—154Ma 地层抬升，埋深小于经历过的最大埋深，所以深度对孔隙度没有影响，但上覆地层压力始终存在，时间效应持续作用，孔隙度减小了 1.5%；

(4) 154—150Ma 地层持续沉降，埋深为 1184~1354m，超过了之前经历的最大埋藏深度，地层再次被压实，同时地层发生胶结作用，两者使孔隙度下降到 18.5%；

(5) 150—145Ma 地层再次抬升，持续时间短，孔隙度变化微弱；

(6) 145—140Ma 地层快速深埋，压实和胶结作用使得孔隙度下降到 17.5%；

(7) 140—130Ma 地温快速上升，地层进入酸化窗口，但是从现今孔隙度剖面上看并没有明显的次生溶蚀孔隙形成，说明次生孔隙形成的条件不满足，孔隙度因为压实和胶结作用持续减小，到本阶段结束时孔隙度减小了 4.6%，达到 12.9%；

(8) 130—100Ma 地层快速沉降，在 100Ma 时达到最大埋深 2508m，孔隙度减小了 4.9%，达到 8%；

(9) 100—现今地层以抬升为主，受时间效应影响孔隙度减小了 1.3%，下降到 6.7%，孔隙度演化结束（图 4-29）。

2. 孔隙度演化特征及影响因素

镇泾地区延长组地层横向上埋藏史存在差异，不同部位输导系统发育特征不同，进入酸化窗口时地层流体性质及活性不同，导致压实、胶结和溶蚀增孔作用不同，从而经历了不同的孔隙度演化过程，呈现出不同的演化结果。

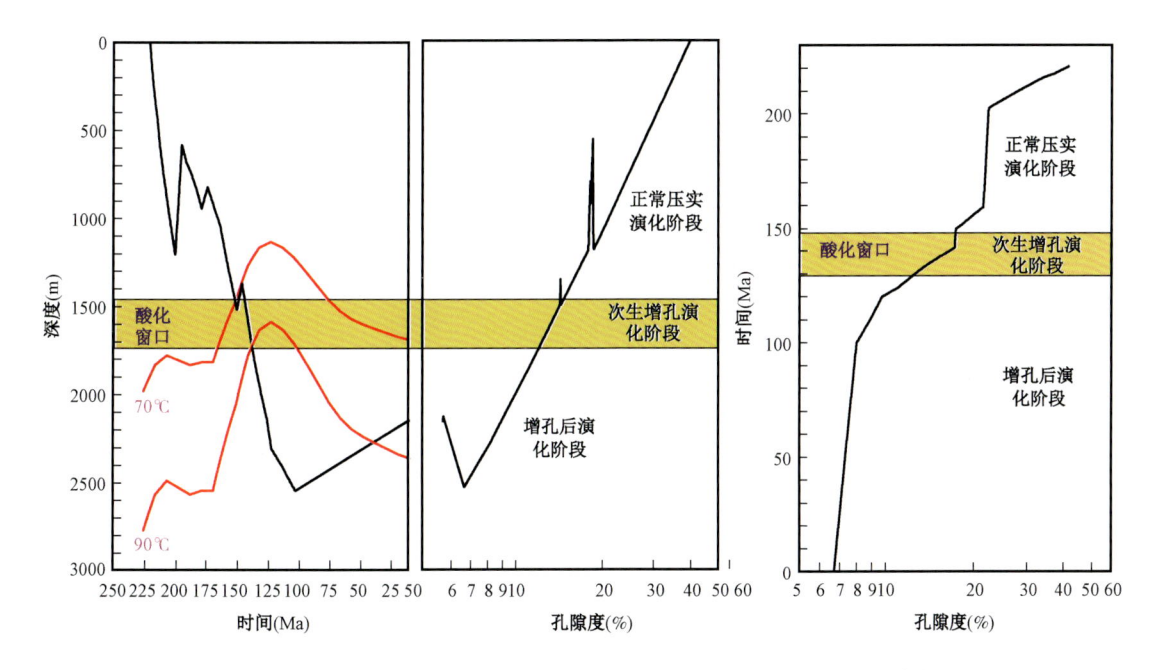

图 4-29　红河 1 井长 8 段砂岩孔隙度演化过程模拟（现今埋深 2167m，孔隙度 6.7%）

代家坪地区地层埋深较大，区域内发育一条小型断层沟通了储层与烃源岩，早期有机酸溶蚀形成大量的次生孔隙，有利于后期油气充注成藏；而后期石油侵位有效保护了孔隙，形成相对高孔渗带。区内断裂沿北东向尖灭在红河 3 井附近，其输导能力向北东方向逐渐减弱，次生孔隙也逐渐减少。

川口地区存在一条北东—南西向大断裂（F_2），具有较好的输导能力。在红河 105 井区溶蚀孔隙主要位于长 8 油组，向北次生孔隙的发育位置逐渐上移，到曙光油田次生孔隙主要发育在长 6 段和延安组。西部红河 105 井区地层埋深较大，输导条件好，溶蚀孔隙形成时间明显早于东北部镇泾 5 井区，有利于油气早期在西部充注成藏。

何家坪地区发育一条北东—南西向断裂（F_3），对油气和早期的有机酸沟通有积极作用，但由于其埋深相对较浅，泥岩内有机质含量低，次生孔隙形成时间比代家坪和川口地区晚，向东部迅速减弱。

从孔隙度演化过程来看，在具有效输导系统沟通有机酸的情况下，北部次生溶蚀孔隙形成和充注时间要早于南部，西部优于东部。

第四节　埋藏成岩过程中砂岩孔隙度演化模型

笔者提出最基本的埋藏类型——匀速沉降时孔隙度受深度、时间影响的双元函数关系，后来建立了一般性的孔隙度演化函数，但是没有讨论不同埋藏过程中孔隙度变化的差异。寿建峰、朱国华、罗静兰等已经通过实际资料统计出三类具体的盆地埋藏历史对孔隙度演化的影响，并且得出裂谷盆地型对保存孔隙最为不利，克拉通盆地型次之，而前陆盆地型最有利的结论。温宽如试图从岩石力学形变入手，推导并比较三类盆地孔隙度演化与埋藏速率之间的关系。考虑到在实际地质年代中，在不同的时间段内，地层埋藏速率可能会有较大差异，进而引起地层孔隙度变化的不同。笔者正是从这一点出发，依据数学推导，定量对比了不同埋藏过程

— 133 —

的孔隙度变化程度,得出不同类型的盆地在埋藏过程中岩石孔隙度的演化关系。

一、变速埋藏过程压实成岩的孔隙度演化函数形式

对于一个变速埋藏过程,可以看作多个匀速埋藏过程的线性叠加,因此有下式:

$$Z = \sum_{i=1}^{n} k_i \Delta t_i \qquad (4-19)$$

式中　Z——总埋藏深度;
　　　k_i——第i段的沉积速率;
　　　Δt_i——第i段经历的沉积时间。

但是式(4-19)不方便用来推导积分,需要转变成另一种形式:

$$Z = Z_{i-1} + k_i t \qquad (4-20)$$

式中　Z_{i-1}——第i段沉积前已经达到的埋藏深度;
　　　k_i——第i段的沉积速率;
　　　t——在第i段中所经历的沉积时间;
　　　Z——在t时刻所达到的埋藏深度。

同样对式(4-20)两边求积分,代入将得到下式:

$$\phi = AZ + B\sum_{i=1}^{n}\left(Z_{i-1} + \frac{1}{2}\Delta Z_i\right)\Delta t_i + Ct + \phi_0 \qquad (4-21)$$

式中　ϕ_0——初始孔隙度;
　　　Z_{i-1}——第i段沉积前已经达到的埋藏深度;
　　　ΔZ_i——第i段的埋藏深度。

显然,在一个变速埋藏阶段,地下地层的孔隙度不但与阶段最终埋深Z和经历的阶段总时间t有关,而且与阶段埋藏速率k_i以及阶段埋藏时间Δt_i有关,另外与该变形阶段的初始孔隙度ϕ_0也有关系。这个函数是求和形式,相对比较复杂,复杂之处在于时间和深度的双元关系部分。为了简化问题,在此提出一个统一的变量深度时间指数S,对应于任一埋藏速率为k_i,时间Δt_i内的深度时间指数表达为

$$\Delta S_i = \left(Z_{i-1} + \frac{1}{2}\Delta Z_i\right)\Delta t_i \qquad (4-22)$$

总的时间深度指数可由各个不同的时间段间隔的时间深度指数之和求得,即

$$S = \sum_{i=1}^{n}\left(Z_{i-1} + \frac{1}{2}\Delta Z_i\right)\Delta t_i \qquad (4-23)$$

这样一来,式(4-23)可化为简单的求和形式:

$$\phi = A(\Delta Z_1 + \Delta Z_2 + \Delta Z_3 + \cdots + \Delta Z_{n-1} + \Delta Z_n) + B(\Delta S_1 + \Delta S_2 + \Delta S_3 + \cdots + \Delta S_{n-1} + \Delta S_n) + C(\Delta t_1 + \Delta t_2 + \Delta t_3 + \cdots + \Delta t_{n-1} + \Delta t_n) + \phi_0 \qquad (4-24)$$

式(4-23)的双元函数部分S看起来比较复杂,但是其实质是很简单的,引用下面的示意图(图4-30)很容易解释,即埋藏史曲线与时间轴所围成的封闭区间的面积(阴影部分的面积)正

好反映了 S 的大小,而对应其中的任一个埋藏阶段 Δt_n,它对孔隙度变化的贡献表现为该段时间埋藏史曲线与对应的时间轴所围成的梯形区间的面积,即 ΔS_n。从图 4-30 可以看出:对于变速的埋藏过程,孔隙度依然是埋藏时间和埋藏深度的函数,但是它是一个过程量,而不是一个状态量。对于最简单的等速埋藏型,有 $S = 1/2Z_t$,此时公式成立。再把公式推广至包含广阔的地质历史时期,地层沉降速率受诸多因素影响,其变化并不是线性的,而是呈现曲线变化形态,此时,可以把漫长的地质时期分为很多细小的时间段,在每个短暂的时间段内总是可以看作线性变化的,此时式(4-24)仍然适用,同样可以得到 S 的大小依然是埋藏史曲线与时间轴所围成的封闭区间面积的重要结论。因此,该结论具有普适性。

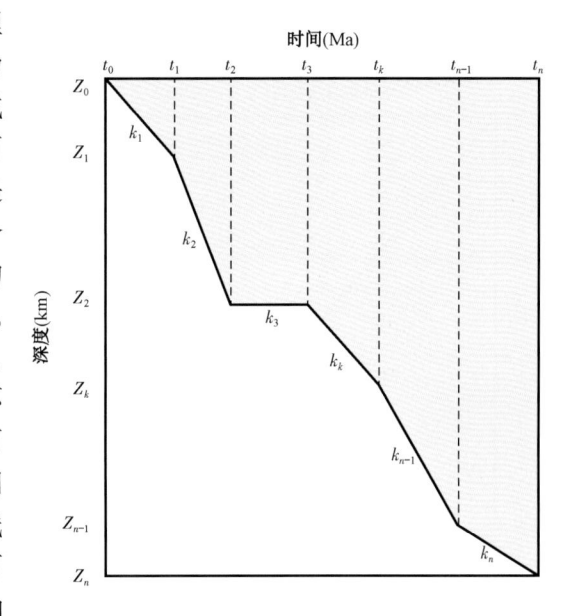

图 4-30 深度时间指数示意图

在此前的研究中,有学者已经意识到孔隙度与热成熟度之间存在某种内在关系,并通过实际统计来建立孔隙度与热成熟度之间的关系。刘震等在研究二连盆地洪浩尔舒特凹陷下白垩统泥岩后指出,泥岩孔隙度与镜质组反射率之间的最佳经验关系可能是幂函数关系。由于地温梯度是常量,那么地温是埋深的一次函数,这样烃源岩成熟度与孔隙度的变化都是时间和深度的函数。这也说明两者之间确实存在某种内在关系,只是到底是指数关系还是幂函数关系尚有待更进一步的研究。

二、四种典型埋藏过程压实程度定量对比

在本次研究中,根据埋藏速率的不同,将盆地埋藏过程分为四种类型:恒速埋藏型、减速埋藏型、加速埋藏型和埋藏中断型。下面对四种埋藏过程进行逐一研究。

1. 恒速埋藏型

在图 4-31 中,盆地持续沉降,不断接受新的沉积,也就是说,在盆地的整个埋藏历史中,埋藏速率都相同。根据式(4-19)有

$$\phi = AZ_2 + \frac{1}{2}BZ_2 t_2 + Ct_2 + \phi_0 \qquad (4-25)$$

2. 减速埋藏型

在图 4-32 中,盆地也是不断地沉降,接受新的沉积,但是埋藏速率不同。t_0 至 t_1 时段的埋藏速率大于第一种情况,t_1 至 t_2 时段的埋藏速率又变小,但是最终埋藏时间和埋藏深度都和第一种情况的相同。根据式(3-13)则有

$$\phi = AZ_2 + B\left[\frac{1}{2}Z_1\Delta t_1 + Z_1(t_2 - t_1) + \frac{1}{2}(Z_2 - Z_1)(t_2 - t_1)\right] + Ct_2 + \phi_0 \qquad (4-26)$$

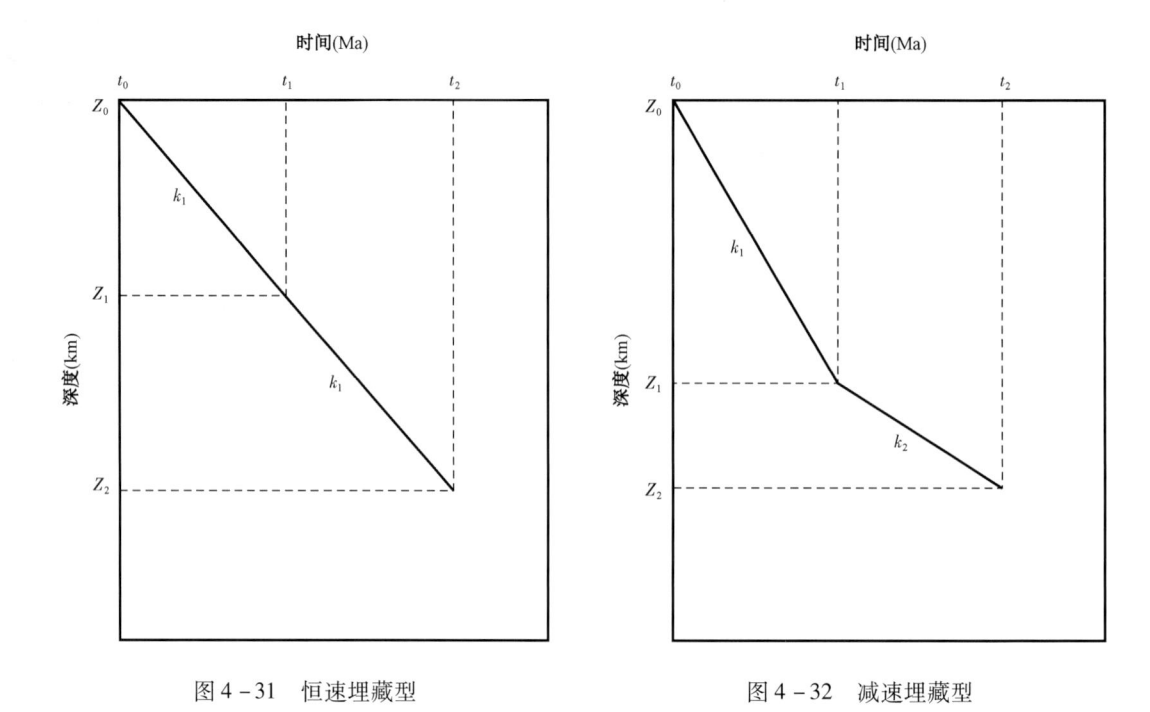

图 4-31　恒速埋藏型　　　　　　　图 4-32　减速埋藏型

3. 加速埋藏型

在图 4-33 中,盆地也是不断地沉降,接受新的沉积,但是埋藏速率不同。t_0 至 t_1 时段的埋藏速率小于第一种情况,t_1 至 t_2 时段的埋藏速率又变大,但是最终埋藏时间和埋藏深度都和第一种情况的相同。根据式(4-26)有

$$\phi = AZ_2 + B\left[\frac{1}{2}Z_1\Delta t_1 + Z_1(t_2 - t_1) + \frac{1}{2}(Z_2 - Z_1)(t_2 - t_1)\right] + Ct_2 + \phi_0 \quad (4-27)$$

与式(4-26)相比,形式基本一样,只是两种情况的 k_1 和 k_2 的大小不一样。

4. 埋藏中断型

在图 4-34 中,盆地在埋藏过程中发生过沉积中断,即无沉积作用。在 t_1 至 t_2 时段内盆地的埋藏深度不变,发生无沉积作用或沉积速率等于剥蚀速率;而在 t_0 至 t_1 时段,盆地的沉积速率较快,沉积的厚度依然和前面三种情况相等,同样有:

$$\phi = AZ_2 + B\left[\frac{1}{2}Z_1t_1 + Z_1(t_2 - t_1)\right] + Ct_2 + \phi_0 \quad (4-28)$$

5. 四类埋藏过程对孔隙度演化影响的比较

根据事先的假设,三类盆地最终达到相同的埋藏终止状态,即深度和时间相同。由式(4-24)可知,四种埋藏类型所对应的其他函数项都相等,只是双元变化因子 S 的大小不一致。而前文的推导已经得出深度时间指数 S 是埋藏速率曲线与时间轴所围成的封闭区间面积的重要结论,因此只需比较四条埋藏史曲线与时间轴所围成的封闭区间面积的大小(图 4-30)。很容易得到埋藏中断型(Ⅳ)对孔隙度的影响最大,减速埋藏型(Ⅱ)对孔隙度的影响其次,恒

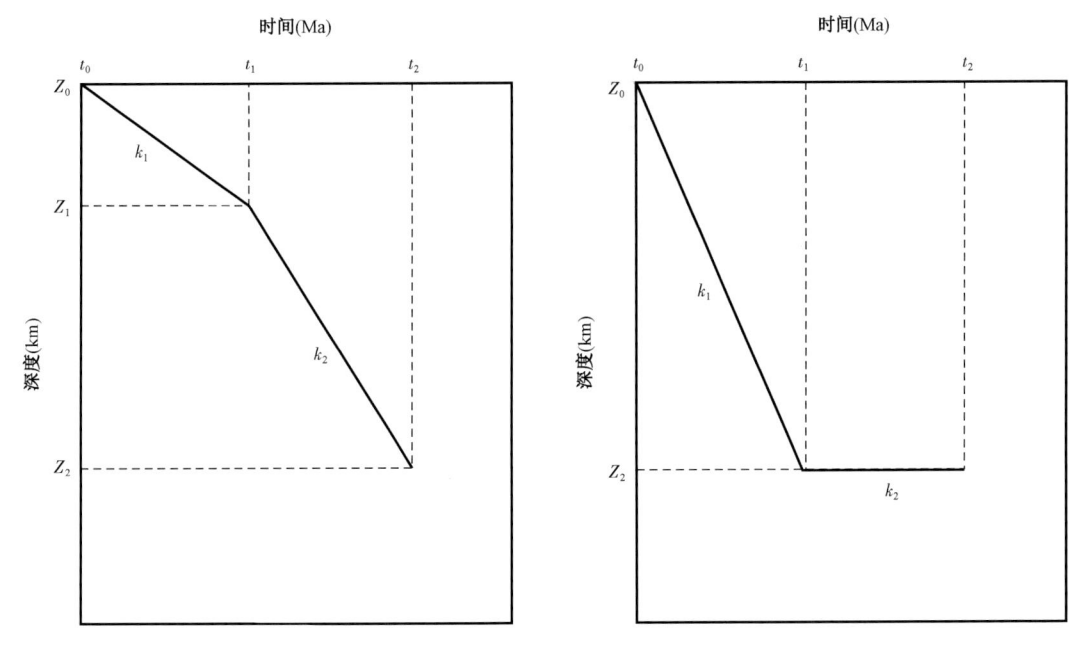

图 4-33　加速埋藏型　　　　　　图 4-34　埋藏中断型

速埋藏型（Ⅰ）对孔隙度的影响再次，加速埋藏型（Ⅲ）对孔隙度的影响最小。由于时间和深度的变化对孔隙度的影响表现为减小孔隙度，因此早期盆地沉降速度较快，后期沉积较慢的减速型沉降盆地孔隙度的损失最大。而埋藏中断型只是其中的极端情形，该类型的盆地在很短的时间即达到最大的埋深。减速埋藏型的盆地孔隙度之所以损失较大是因为早期的快速沉降使得岩石在很短的时间达到较大的埋藏深度，显然岩石在较短的时间内就进入较大的埋深时，意味着岩石将在后期较长时间承受较大的压力，孔隙度会损失较大，这也更进一步说明埋藏深度和埋藏时间对孔隙度演化的双元函数关系。

三、三类典型沉积盆地埋藏过程应用分析

1. 实例分析

在南海的形成、发展过程当中，南海北部大陆边缘盆地经历了裂谷期、后裂谷热沉降期和新构造活动期三大阶段，形成了现今的构造格局。北部湾盆地和珠江口盆地均隶属于南海北部大陆边缘盆地，都经历了以上三个构造活动阶段。两个盆地各沉积了不同的地层，沉降史也不一样，但是它们具有相似的沉积构造背景，因此在横向上具有一定的可对比性。北部湾盆地流沙港组和珠江口盆地文昌组相当，时代上都相当于始新世，本书以两者为例进行对比。

位于北部湾盆地乌石凹陷的 A1 井，在主裂谷期沉积了厚 1894m 的流沙港组（未见底），而在后裂谷热沉降期和新构造活动期仅沉积了 2083m 的地层，属于减速埋藏型沉积。统计该井深度在 3500m 左右的流沙港组地层孔隙度发现：最大孔隙度值为 12%，平均值为 8%，孔隙度值整体较小。而位于珠江口盆地文昌 A 凹陷的 B2 井，在主裂谷期沉积了厚度为 157m 的文昌组，而在后裂谷热沉降期和新构造活动期沉积了 3437m 的地层，尤其值得注意的是在新构造活动期近 5Ma 时间就沉积了厚 1031m 的地层，属于典型的加速埋藏型沉积。同样统计该井 3500m 左右的文昌组地层孔隙度发现：最大的孔隙度值为 18%，平均值为 9.5%，孔隙度值整

— 137 —

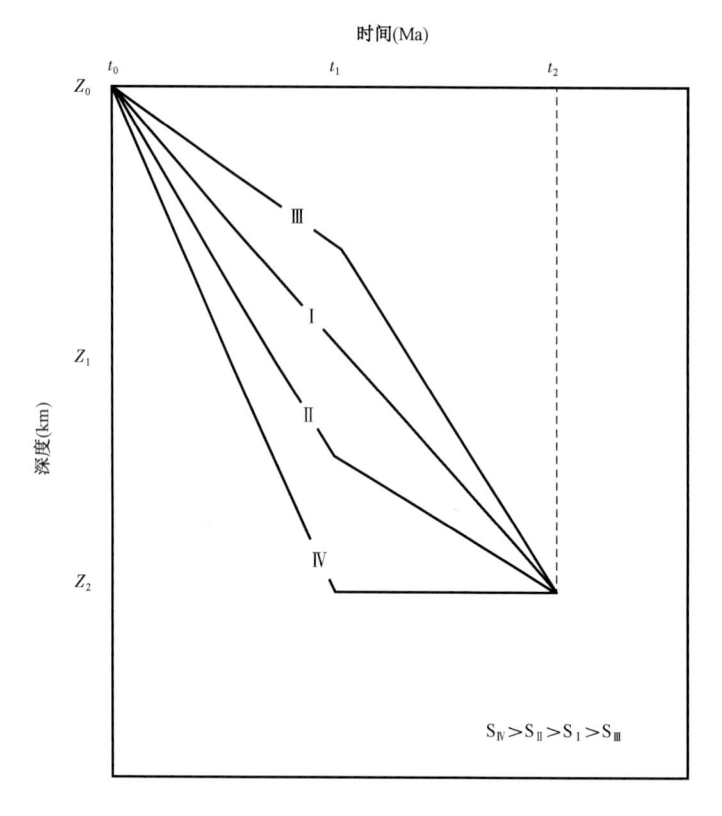

图 4-35 四种埋藏类型深度时间指数 S 比较示意图
Ⅰ—恒速埋藏型；Ⅱ—减速埋藏型；Ⅲ—加速埋藏型；Ⅳ—埋藏中断型

体较大。

A1 井的流沙港组和 B2 井的文昌组都经历了相同的埋藏时间（45Ma 左右），达到相同的埋藏深度（3500m 左右），但是埋藏史各不相同，前者属于减速埋藏型，后者属于加速埋藏型，最终对两者的孔隙度影响也不一样。减速埋藏型孔隙度整体偏小，孔隙度损失较大；加速埋藏型孔隙度整体偏大，孔隙度保持较好。这一结果进一步证实了前文分析和论证的可靠性。

2. 砂岩压实减孔基本趋势

盆地埋藏过程是沉积盆地在一定的大地构造环境中发生的，埋藏历史的不同反映了构造背景的性质。通过前文的研究可以发现，同一岩层经历了不同的埋藏轨迹最终达到相同埋藏终止状态，其孔隙度的保存量存在差异。

（1）前陆盆地型：前陆型盆地早期缓慢浅埋，晚期快速深埋。这种类型对应了前文所讨论的加速埋藏型，由于该类型孔隙度的损失较小，故前陆型盆地压实成岩作用对孔隙的保存最为有利。

（2）裂谷盆地型：裂谷型盆地早期快速深埋，晚期缓慢浅埋。这种埋藏类型对应了前文的加速埋藏型，由于该类型的孔隙度损失最大，故裂谷型盆地压实成岩作用对孔隙的保存最为不利。

（3）克拉通盆地型：克拉通型盆地沉降速率保持恒定。这种埋藏类型对应了前文的恒速埋藏型，由于该类型的盆地孔隙损失居中，故这种类型盆地的压实成岩作用对孔隙的保存居于以上两者之间。

小　　结

　　(1)单井砂岩孔隙度变化趋势、砂岩镜下结构和压实模拟实验证实了压实作用一直存在于成岩作用过程中,并且通过直接影响砂岩孔隙度间接影响了砂岩的成岩作用。压实作用是砂岩减孔最主要的原因,在成岩过程中压实作用对砂岩成岩作用的影响程度要远远超过胶结作用产生的减孔效应。碎屑岩孔隙度演化函数的数学推导结果、实际沉积盆地地层孔隙度与埋深和地层年代的密切关系以及室内沉积物压实物理模拟实验与实际地层压实曲线的差异性分析均表明,埋藏条件下,埋深和埋藏时间对地层孔隙度演化都起着重要的作用。与埋深因素相比,埋藏时间对孔隙度演化的影响同样重要。任何忽略埋藏时间因素的孔隙度演化函数都是不健全的模型。

　　(2)砂岩次生溶蚀增孔具有窗口特征,主要发生在 70~90℃ 的温度窗口内,发现孔隙度增大模型是时间的三次函数。利用成岩反应化学动力学一级反应方程,简化溶蚀作用形式,按照成岩过程分段、效应合成和动力学相似原理,成功建立了溶蚀成岩动力学定量模型,并在此基础上推导出砂岩溶蚀增孔定量模型。砂岩溶蚀增孔定量模型的提出,有助于成岩动力学向量化方向发展。

　　(3)盆地埋藏史是控制孔隙度演化的一个重要参数,盆地经过不同的埋藏轨迹,其岩石的最终孔隙度不一样。换句话说,孔隙度是与盆地埋藏过程联系在一起的一个过程量,而不是一个仅取决于最终埋藏状态(达到的埋深和经历的时间)的一个状态量。早期沉降速率较快,晚期沉降速率较慢的岩石孔隙度损失最大;匀速沉降的岩石孔隙度损失其次;早期沉降速率较慢,晚期沉降速率较快的岩石孔隙度损失最小。前陆盆地型压实成岩作用对孔隙的保存最为有利,裂谷盆地型压实成岩作用对孔隙的保存最为不利,克拉通盆地型压实成岩作用对孔隙的保存居中。

第五章　砂岩储层烃类充注的级差效应

　　储层物性的级差效应是指开发地质中渗透率级差对油气渗流的影响。本章探讨的则是油气成藏过程中烃类充注物性级差效应。近年来,由于广泛开展了低渗储层成藏机理的研究,必须直面储层非均质性这一关键问题,需要将储层非均质性的研究引入它对油气成藏与分布的控制和影响之中(于翠玲,2007),从而加深对储层演化规律和油气成藏动态过程的认识。目前,对成岩作用影响下的储层非均质性及含油性研究主要侧重于对次生孔隙成因及分布(Schmidt 等,1982;Chi 等,2003;Zhang 等,2008)、厚层砂岩内不同类型隔夹层成岩作用成因、分布及其对储层质量的影响等方面(Morad 等,1993,2000;McBride 等,1995;钟广法等,1995;Worden 等,2000;Davis 等,2006;Sun 等,2007;Arribas 等,2012),也有不少学者从有机和无机流体—岩石相互作用过程角度对储层非均质性演化进行探索(Hawkins,1978;公繁浩等,2011;胡才志和罗晓容,2015)。然而很少有人从地层孔隙动力学(刘震等,2015)的角度研究储层孔渗非均质对烃类充注的影响以及储层物性—流体动力的动态耦合过程中产生的级差效应。

　　本章研究成果表明,砂岩储层中的油气充注可以从多个不同的层次去理解,而每个层次又可以划分为不同的级别。级别不同的油气充注由于充注效率的差异而导致储层的含油程度不同,充注效率的高低与储层物性在空间上非均质性密切相关。本章首先从渗流力学的角度探讨了油气渗流与储层现今含油气物性下限的内在联系,进而引出储层临界物性的概念;然后从数值模拟和物理实验两个角度综合研究了储层物性—流体动力的耦合关系及其对烃类充注和油气富集的影响,最后从储层物性、流体动力和含油程度三个层次全面论述了储层非均质性对烃类充注所产生的级差效应。这部分内容是地层孔隙动力学研究的精髓,也正是动态储层评价的重要理论基础。

第一节　达西流与非达西流

　　储层岩石中多数孔隙是连通的,流体在多孔介质中的流动称为渗流。孔隙介质中的渗流可以分为两类。一类是达西流,即符合达西定律的流态。达西定律是研究地下流体运动的主要实验法则和基本定律,是指单位时间内地下水渗透过砂层的稳定流量 Q 与水力坡度 J 以及过水断面面积 W 成正比,即 $Q = KJW$,式中 K 是比例系数,即渗透系数(毛昶熙等,2003)。另一类是非达西流,即不符合达西定律的流态,可分为低速非达西流和高速非达西流。一种情况是当渗流速度增大到一定值之后,除产生黏滞阻力外,还会产生惯性阻力,此时流动由线性渗流转变为非线性渗流;还有另一种情况:对于低渗透性致密岩石,在低速渗流时,由于流体与岩石之间存在吸附作用,或黏土矿物表面形成水化膜,这时会存在一个启动压力梯度,在低于启动压力梯度的范围内流量与压差之间的线性关系遭到破坏,亦不符合达西定律(杨胜来和魏俊之,2004)。

一、储层物性与流动方式

　　储层的渗透率与流体的流动方式密切相关。当岩石的渗透率较高时,流体表现为达西渗流,而渗透率很低时只能发生非达西渗流(图5-1),当压力梯度很低时,流体不流动,因而存在一个启动压力梯度,而且渗透率越低,启动压力梯度越大。

(a)达西渗流曲线特征

(b)低速非达西渗流特征曲线

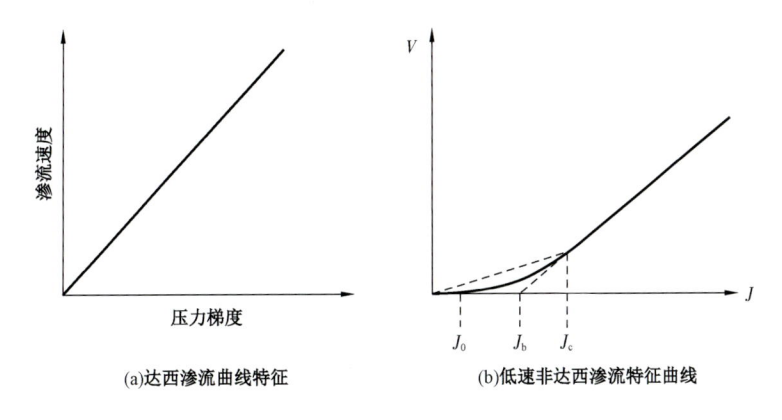

图5-1 达西渗流与非达西渗流特征对比

常规储层中的流体流动多表现为达西流,而在致密砂岩储层成藏过程中,流体渗流过程以非达西流为主。前人大量研究表明,当砂岩储层的渗透率小于0.1mD时启动压力梯度急剧增加(图5-2a和图5-2b)。这是因为当孔隙度减小到一定值后渗透率接近于零,例如长7段砂岩孔隙度小于13%后,渗透率趋近于零(图5-3a);芦草沟组砂岩孔隙度小于12%后,渗透率趋近于最低值(图5-3b);苏里格上古生界砂岩孔隙度小于10%后,渗透率趋近于零(图5-4)。

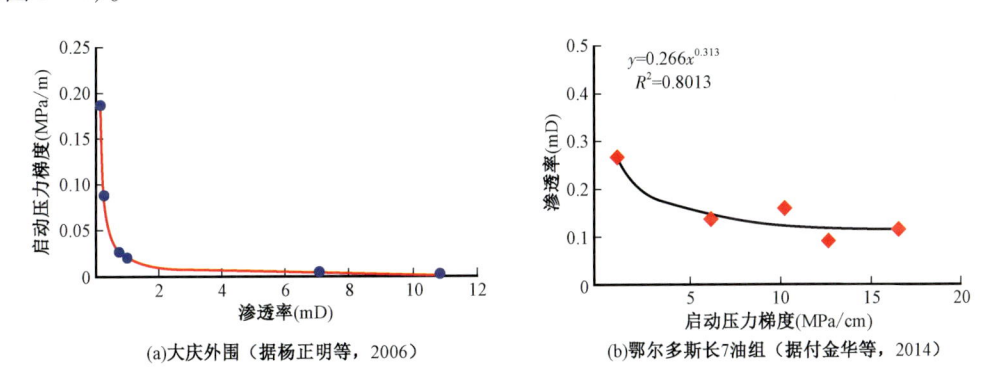

(a)大庆外围(据杨正明等,2006)

(b)鄂尔多斯长7油组(据付金华等,2014)

图5-2 致密储层启动压力梯度与渗透率关系图

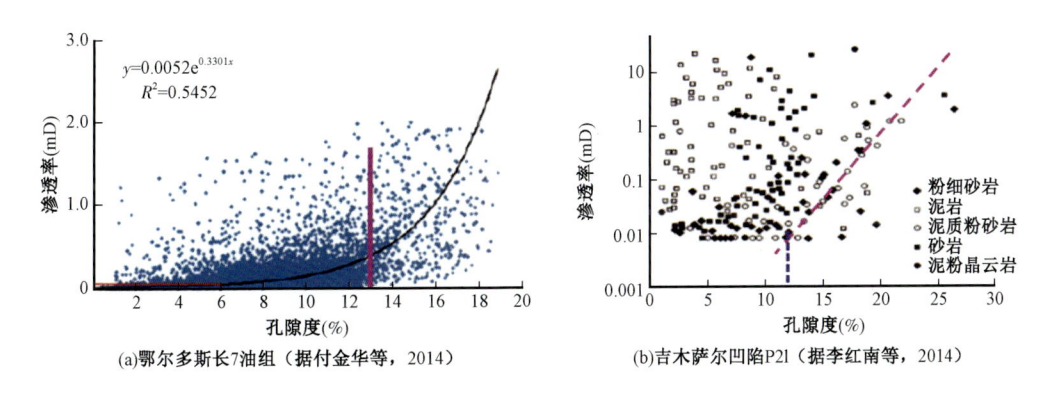

(a)鄂尔多斯长7油组(据付金华等,2014)

(b)吉木萨尔凹陷P2l(据李红南等,2014)

图5-3 致密储层孔隙度与渗透率关系图

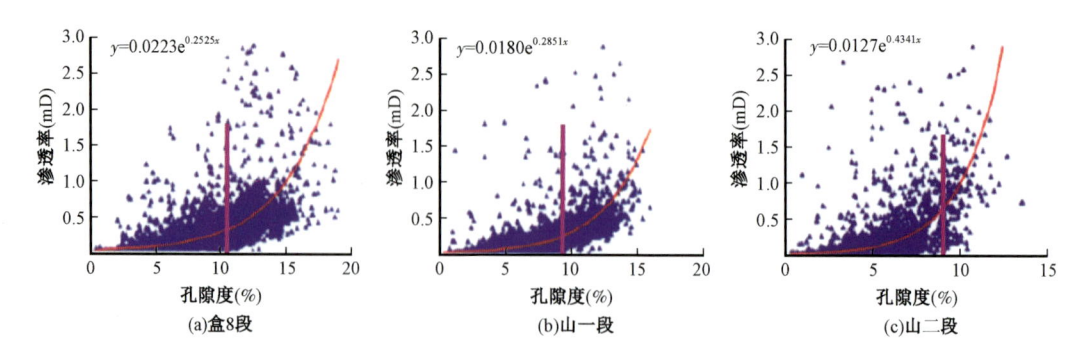

图 5-4　苏东地区上古生界砂岩气层孔隙度与渗透率关系图(据黎菁等,2012)

二、启动压力梯度突变点与含油气物性下限关系

对于低渗透性致密岩石,由于流体与岩石之间存在吸附作用,或黏土矿物表面形成水化膜,当压力梯度很低时,流体不流动;当外加压力梯度大于启动压力梯度后,液体才开始流动。岩石越致密,需要的启动压力梯度越大,当岩石致密到一定程度,即达到使渗流受阻的物性界限时,启动压力梯度往往会变得非常大,从而出现一个突变点。另一方面,低渗透性致密岩石存在含油气物性下限,当低于这一界限时,储层无油气显示,只有高于这一物性下限才会出现各种类型的油气显示。在油气成藏期,如果储层物性比使油气渗流受阻的物性界限还低,油气就难以高效充注,因为充注动力达不到启动压力梯度突变后的高值。

从图 5-5 可以看出致密砂岩储层渗流受阻的物性界限(启动压力梯度突变点)与储层现今含油气物性下限密切相关。

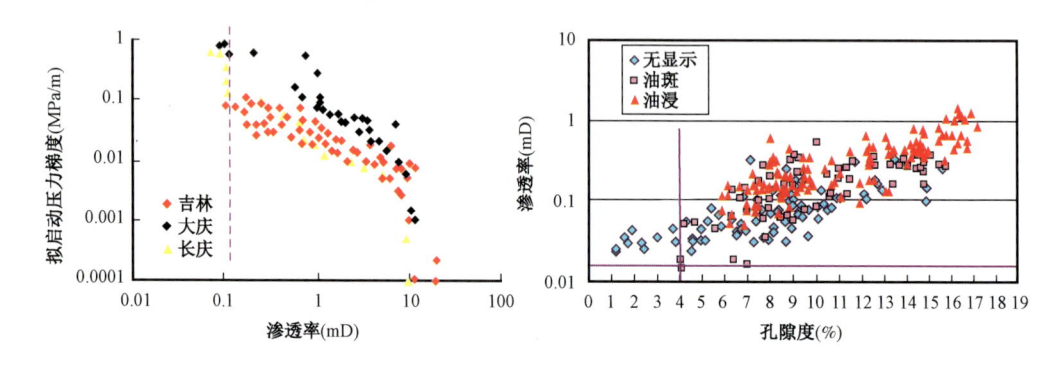

图 5-5　致密储层非达西流上限与含油气物性下限对比图

第二节　储层临界物性特征

油气通过在成藏期的运移进入储层聚集成藏,因此油气能否顺利充注进入砂体与砂岩储层性质密切相关,前人(崔永斌,2007;邵长新,2008;肖思和,2004;侯雨庭,2003;丁晓琪,2005)讨论了储层物性下限的概念。刘震等(2004,2012)提出储层临界物性新概念,是指成藏期油气能够进入砂岩储层必须满足的孔隙度和渗透率的边界极限条件。当砂岩物性条件在成藏期大于储层临界物性时,油气就能顺利充注进入砂岩储层从而聚集成藏。储层临界物性与有效储层物性下限是两个不同的概念,储层临界物性是指在一定的动力场背景下,油气能够充注进

入砂岩储层的物性极限条件,通过物理模拟实验证明其是油气成藏过程中客观存在的一个物质条件;而有效储层下限是指在现今勘探开发技术下能够产出工业油气的储层物性下限值,是一个随生产技术进步不断变化的参数,即通常所说的"储层无下限"。随着低渗透储层尤其是非常规的致密砂岩储层研究的不断深入,储层临界物性在储层评价、深化油气成藏机理等方面具有重要的理论和实践意义。

一、现今含油气物性下限及存在问题

"储层含油气物性下限"是在现今经济、技术条件下可采储层的最小有效孔隙度和最小渗透率。"储层临界物性"被定义为在一定地层压力条件下,油气能进入储层所需的最小孔隙度及渗透率,这与前人提出的"有效储层下限""有效储层含油下限"不同。它是一个历史性的参数,是主成藏时期所对应的油气充注临界物性,反映了油气成藏效果的下限。油气的运移和聚集是一个动态的过程,成藏相关的各个要素在地史时期内相互影响、相互制约不断调整,最终形成现今的油气系统。油气充注发生在成藏时期,充注成藏期之后,由于受到成岩作用以及构造作用等多种因素的影响,储层的含油特征与物性发生了很大变化,相对应的油气充注临界物性与现今的储层含油物性下限之间也就不能对等了。然而储层现今的含油物性下限与油气充注临界物性之间还是有着必然的联系,储层临界物性是现今储层能否成藏含烃的原因之一,现今储层含油物性下限是储层临界物性经历成藏期后一系列复杂地质历史过程的一个反映。

目前在储层含油气物性下限的研究中存在一些问题。首先,低孔渗砂岩储层的物性下限难以确定,含油(气)饱和度测定的难度增大。其次,现今含油气物性下限与有效储层下限并不一致,低孔渗储层物性下限比常规油藏有效储层下限低很多。另外,现今含油气物性下限不同于成藏期的储层物性下限。

1. 鄂尔多斯盆地镇泾地区长 8 段低孔渗砂岩现今含油物性下限

目前,国内外确定现今储层含油物性下限常用方法有测试法、经验统计法、试油法、最小有效孔喉半径法、束缚水饱和度法和分布函数曲线法等。为了保证结果的可靠性,避免采用单一方法统计现今含油物性下限可能造成的误差,在结合镇泾地区的测井资料、岩心录井资料和试油数据的基础上,利用试油资料法和含油产状法综合确定了储层现今含油物性下限。

1)试油数据统计储层含油物性下限

对试油数据统计发现:干层孔隙度分布范围在 8% ~ 15% 之间,渗透率分布在 0.05 ~ 0.60mD 之间;水层孔隙度主要分布于 3% ~ 17% 之间,渗透率分布于 0.009 ~ 1.072mD;产油层孔隙度呈多峰分布于 4% ~ 14%,渗透率分布呈多峰分布于 0.01 ~ 1.00mD(图 5 - 6)。由于干层的样本容量小,其统计结果或许不能反映真实的地质情况。统计结果表明:储层物性越好,其含油级别较高的几率也越大,说明物性对于储层的含油气性有明显的控制作用。孔隙度小于 4%,渗透率小于 0.01mD 则没有明显的含油特征,因此确定这两个值为从试油数据得到的储层含油孔隙度和渗透率下限。

2)岩心数据统计储层含油物性下限

一般油田储层含油级别达到油砂和含油(岩心含油面积在 50% 以上)都是有效储层,某些油田储层含油级别在油浸(岩心含油面积在 25% ~ 50%)也可出油,含油级别为油斑则难以出油。本书研究目的是获取石油成藏物性下限,含油级别为油斑及油斑以上的岩心都认为发生过油气充注。

长 8 段储层孔隙度与渗透率交会图显示:无油气显示岩心的孔隙度分布在 1%~16% 之间,渗透率分布在 0.02~0.35mD 之间;油斑岩心的孔隙度分布于 4%~16%,渗透率分布在 0.03~0.59mD;油浸岩心的孔隙度分布于 6%~18%,渗透率分布在 0.06~1.26mD 之间 (图 5-6)。可以看出储层物性条件越好含油级别越高,表明物性对长 8 段储层含油性有一定控制作用;同时,出现物性较好的水层,表明长 8 段岩性圈闭油气成藏的控制因素复杂。

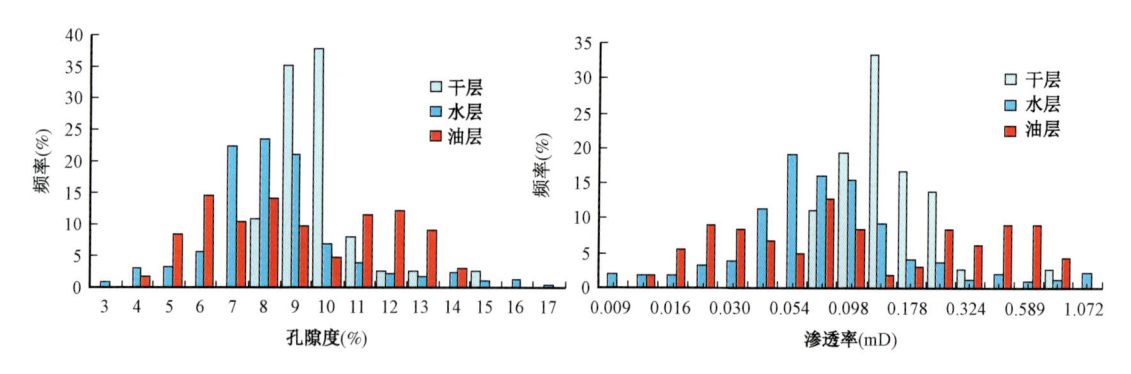

图 5-6 镇泾地区长 8 段储层不同试油结果孔隙度与渗透率分布直方图

具有含油特征岩心的最低孔隙度和渗透率分别是 4% 和 0.03mD,据此确定长 8 段储层现今含油孔隙度下限为 4%,渗透率下限为 0.03mD。如图 5-7 所示,镇泾地区长 8 段地层岩心孔隙度渗透率在半对数坐标系统下投点呈直线带状分布,表明长 8 段储层渗透率与孔隙度呈指数关系。因此,确定了孔隙度下限可以计算渗透率下限,为了简化与应用,物性下限研究重点针对孔隙度。

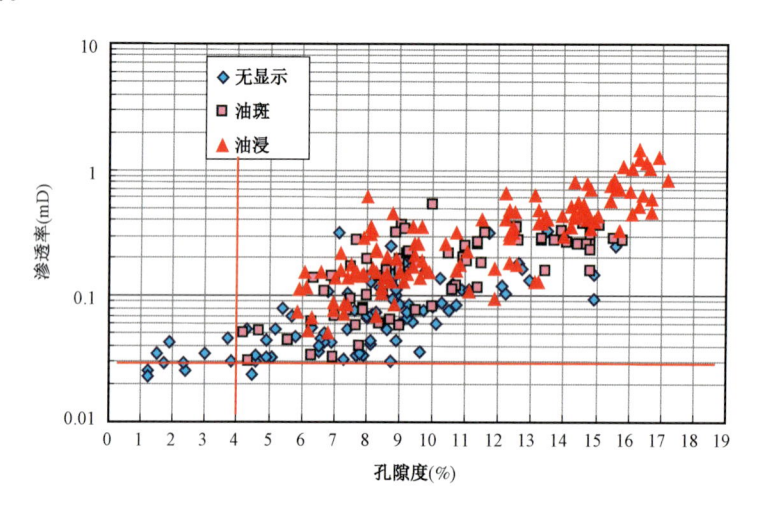

图 5-7 镇泾地区长 8 段不同含油产状岩心孔隙度与渗透率交会图

2. 鄂尔多斯盆地西峰地区长 8 段低孔渗砂岩现今含油物性下限

在研究西峰地区的物性下限时,为了保证结果的可靠性,同样利用两种方法综合确定了长 8 段储层的现今含油物性下限。

1) 试油数据统计

利用试油资料做出孔隙度及渗透率与含油产状关系图,在孔隙度及渗透率分布直方图上可以看出含油下限,从而得出储层临界含油孔隙度及渗透率。

图 5-8 是西峰地区长 8 油层组试油孔隙度和渗透率分布直方图,从图 5-8 中可以看出,油层孔隙度分布于 4%~15%,最小值 4.8%;含油水层孔隙度主要分布于 8%~12%;油水同层孔隙度主要分布于 7%~14%;油层渗透率分布于 0.1~1.5mD,最小值 0.025mD;含油水层渗透率主要分布于 0.2~1.3mD;油水同层渗透率主要分布于 0.2~0.8mD。因此,长 8 油层组的现今储层含油孔隙度下限为 4.8%,渗透率下限为 0.025mD。

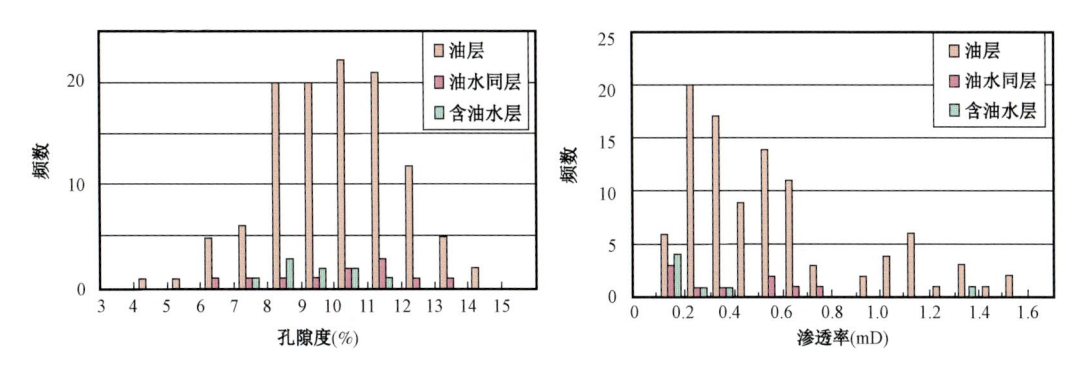

图 5-8　西峰地区长 8 油层组不同油层试油物性分布直方图

2) 录井数据统计

图 5-9 为西峰地区长 8 油层组不同含油产状岩心孔隙度和渗透率分布直方图,从图 5-9 中可以看出,长 8 油层组油浸岩心的孔隙度分布于 5.4%~13.2%,渗透率为 0.1~4.9mD;油斑岩心的孔隙度分布于 5.0%~12.3%,渗透率为 0.03~4.8mD;油迹岩心的孔隙度分布于 3.8%~8.9%,渗透率分布于 0.03~0.15mD。因此,长 8 油层组现今储层含油孔隙度下限为 5.0%,渗透率下限为 0.03mD。

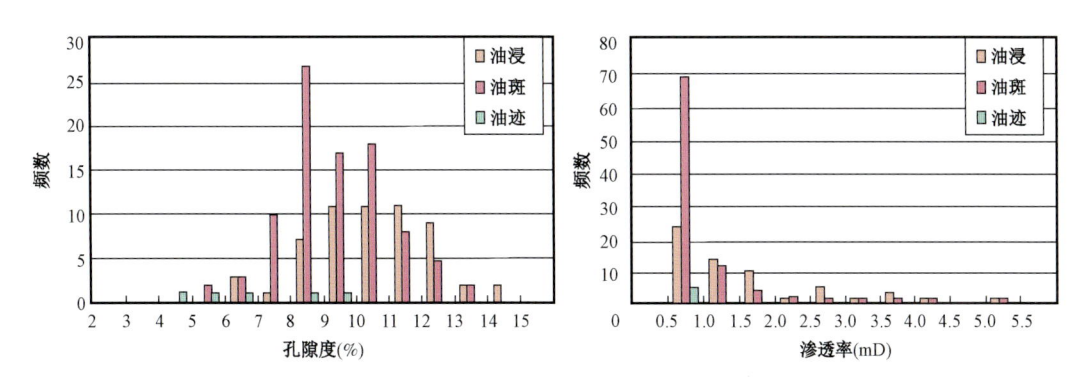

图 5-9　西峰地区长 8 油层组不同含油产状岩心物性分布直方图

综合以上两种分析方法,可以确定西峰地区长 8 油层组含油孔隙度下限约为 5.0%,渗透率下限约为 0.03mD。

3. 鄂尔多斯盆地姬塬地区长 4+5 段致密砂岩现今含油物性下限

试油数据最直接、准确的反应储层的产能状态。本研究选取姬塬地区油层、含油水层和油水同层三种试油数据进行统计,含油水层孔隙度分布于 2.6%~15.08%,渗透率分布于 0.01~3.07mD;油水同层孔隙度分布于 6.69%~13.81%,渗透率分布于 0.06~0.17mD;油层孔隙度分布于 4.7%~17.34%,渗透率分布于 0.02~3.8mD(图 5-10)。做出长 4+5 段不同产状岩心孔隙度和渗透率交会图(图 5-11)发现,长 4+5 油组现今储层含油孔隙度下限为 4.7%,渗透率下限为 0.02mD。

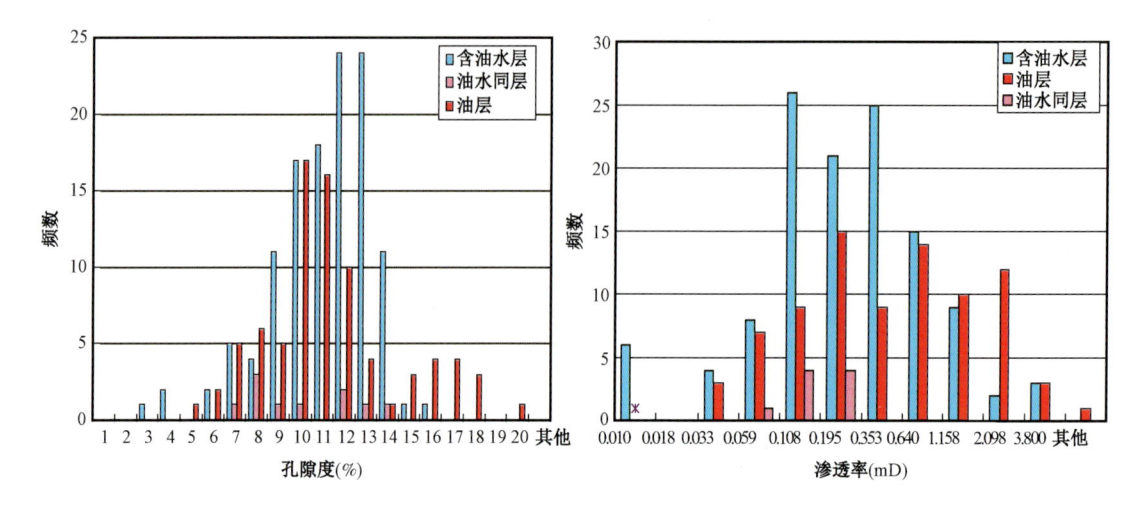

图 5-10 姬塬地区长 4+5 储层不同试油结果孔隙度与渗透率分布直方图

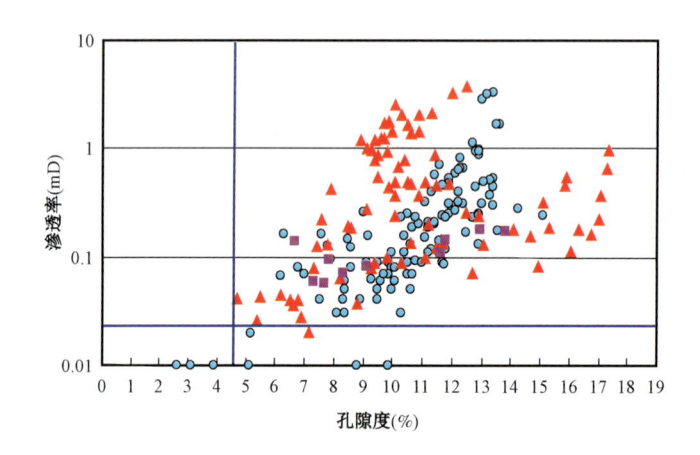

图 5-11 姬塬地区长 4+5 段不同试油结果孔隙度与渗透率交会图

4. 松辽盆地南部登娄库组致密砂岩现今含气物性下限

天然气在成藏方面与油存在明显的不同,所以天然气储层现今含气物性下限的确定方法亦不同于油。为了避免采用单一方法统计现今含油物性下限可能造成的误差,本书利用试气资料法和孔渗交会图法综合确定了储层现今含气物性下限。

1)试气数据统计

本研究选取长岭断陷登娄库组砂岩不同含气性储层进行统计分析,包括气层、气水层、水层和干层,认为气水层和气层为有效储层,发生过油气充注。本次研究一共统计了长岭断陷登娄库组 60 个试气层段,根据试气结果不同得出登娄库组岩心物性分布直方图(图 5-12 和图 5-13)和试气成果交会图(图 5-14)。

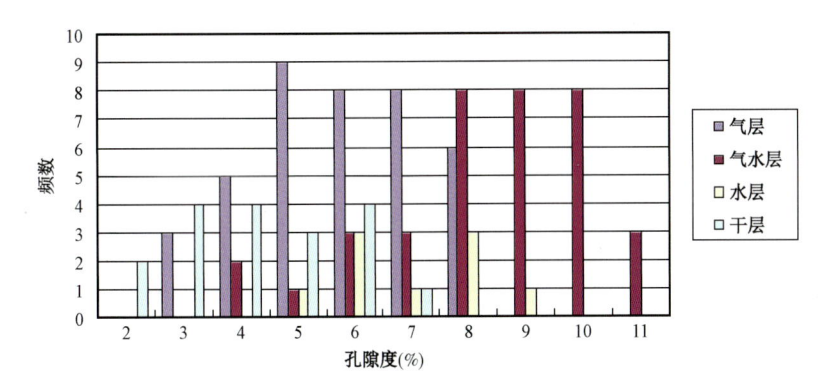

图 5-12　长岭断陷登娄库组试气结果测井解释孔隙度分布直方图

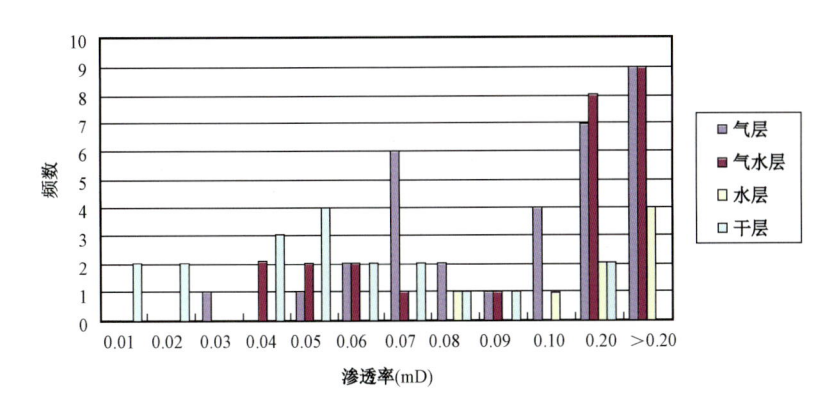

图 5-13　长岭断陷登娄库组试气结果测井解释渗透率分布直方图

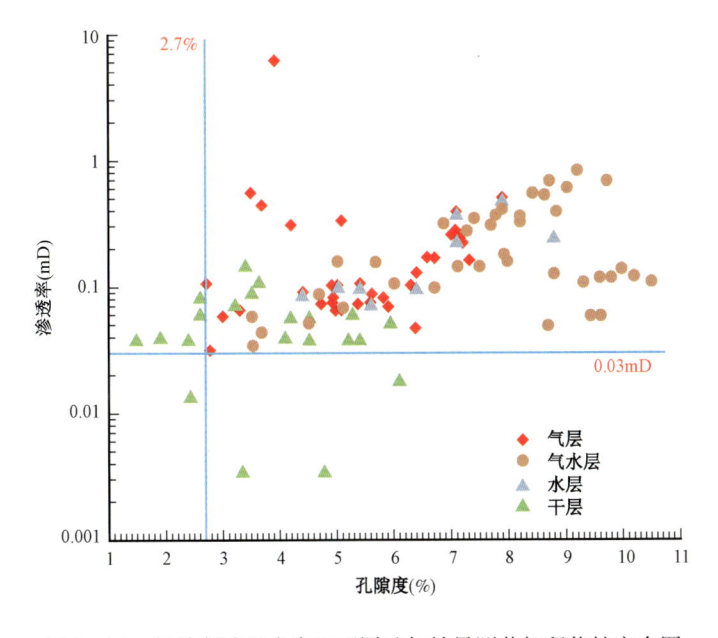

图 5-14　长岭断陷登娄库组不同试气结果测井解释物性交会图

根据直方图，可看出该区登娄库组干层孔隙度分布在1.9%～7%之间，渗透率分布在0.01～0.2mD之间；气水层孔隙度分布在3.5%～10.6%之间，渗透率分布于0.03～5mD；水层孔隙度分布在4.5%～9%之间，渗透率分布于0.08～5mD；气层孔隙度分布于2.7%～8%之间，渗透率在0.03～7mD之间。

从试气结果物性交会图上可以看出，试气结果越好，其储层物性就越好。通过长岭断陷登娄库组砂岩现今储层物性分析，认为该地区登娄库砂岩含气孔隙度下限为2.7%，渗透率下限为0.03mD。

2）孔渗交会图法

通过分析长岭断陷登娄库组砂岩储层实验室测试的孔隙度与渗透率数据发现，该区砂岩储层整体上孔渗相关性好，呈一定的指数关系，因此可根据孔渗关系图上渗透率突变点来确定有效储层下限。根据孔渗交会图该区登娄库组砂岩含气孔隙度下限为3%，渗透率下限为0.025mD（图5-15）。

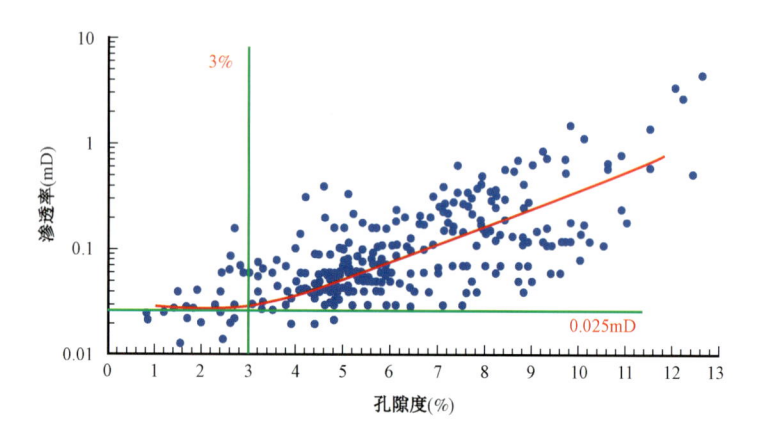

图5-15　孔隙度与渗透率交会图

根据以上两种方法确定出的储层含气物性下限，综合分析对比的基础上，确定出长岭断陷登娄库组储层含气孔隙度下限为2.7%，渗透率下限0.03mD。

二、成藏期砂岩储层临界孔隙度

由于油气充注后继续沉降才达到最大埋深，因而地层深埋导致了储层在成藏后被进一步压实，加上埋藏中后期成岩作用，孔隙度出现大幅度减小。因此成藏期储层物性与现今相比有很大的差别，现今的物性下限并不能代表成藏期的物性下限。但在地层埋藏条件下，储层现今的含油气物性下限与成藏期油气充注时储层临界物性之间有一定联系（刘震等，2012），可以在现今含油气物性下限的基础上，通过孔隙度剖面作图回推法来确定成藏期储层临界物性。

利用孔隙度剖面作图回推法来确定储层成藏期临界物性，首先利用孔隙度数据建立现今单井砂岩孔隙度剖面，在"将今论古"思想的指导下确定砂岩孔隙度演化趋势线。虽然在实际研究过程中地层抬升砂岩会产生孔隙度回弹量，但在抬升阶段时间因素仍使孔隙度减小，两者作用相互抵消。因此现今砂岩孔隙度剖面近似于最大埋深期，只要将现今孔隙度剖面沿着孔隙度演化趋势向上回推到成藏期，得到成藏期砂岩孔隙度值，通过计算求取从成藏期到最大埋深期砂岩孔隙度变化量，该变化量与现今储层含油气孔隙度下限值之和即为成藏期储层临界孔隙度值。

1. 鄂尔多斯盆地镇泾地区成藏期储层临界孔隙度

研究区构造简单,地层平缓,地层在沉降和抬升过程中物性变化规律相似,成藏期高孔渗地层深埋之后仍然具有相对高的孔隙度渗透率,而物性较差的部位在其后的孔隙度演化过程中物性一直相对较差。因此以现今储层含油物性下限为切入点,通过成藏后孔隙度变化量补偿,可求取成藏期油气充注临界物性。

由于成岩作用具有不可逆性,目的层最大埋深后没有经历明显的破坏性构造作用和成岩事件,现今孔隙度应该是地层处于最大埋深时形成的。因此,通过如下步骤恢复成藏期储层临界孔隙度。

第一步,建立最大埋深期孔隙度深度剖面。把现今孔隙度深度剖面归位到最大埋深时期,孔隙度减小演化过程与埋深有关,在半对数坐标系统中,正常趋势近似为一条直线。延长组长6段和长8段对应着两个次生孔隙发育带,孔隙度向右偏离正常趋势线(图5-16a)。

第二步,求取储层成藏后孔隙度变化量。镇泾地区长8段地层埋藏史研究表明,成藏后地层平均沉降了630m达到最大埋深(图5-17),这样将孔隙度与深度剖面沿着孔隙度减小的演化趋势线垂向上推630m,则为成藏期孔隙度剖面。成藏期与现今孔隙度差值 $\Delta\phi$ 为6.5%,即是成藏后地层孔隙度的变化量(图5-16b)。

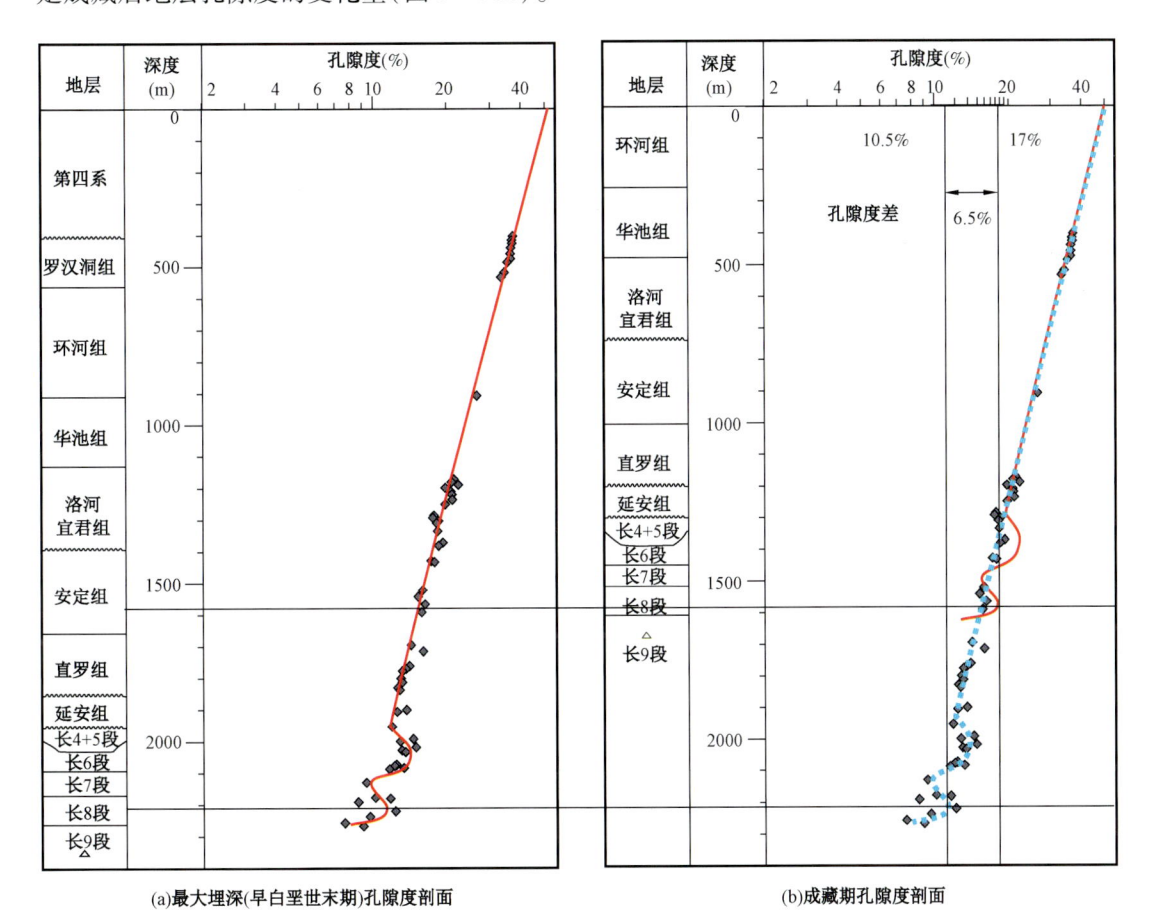

图5-16 镇泾长8段储层成藏后孔隙度变化量

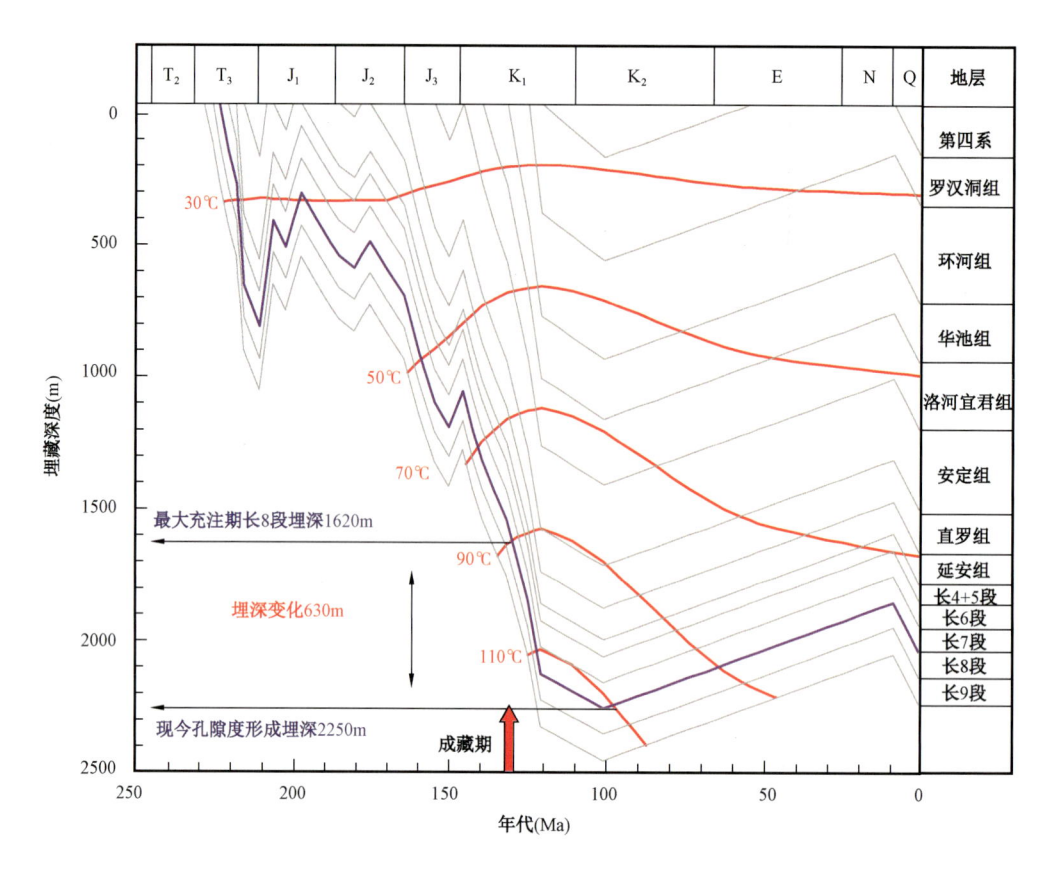

图 5-17 长 8 段成藏后最大埋深增量

第三步,对现今储层含油下限进行补偿校正。现今含油物性下限加 Δϕ 就是油气充注临界物性 ϕC,因此,镇泾地区长 8 段储层油气充注临界孔隙度为 10.5%。

2. 鄂尔多斯盆地西峰地区延长组致密砂岩成藏期储层临界孔隙度

西峰地区中生界烃源岩大量生、排烃时期为早白垩世末期,长 8 油层组油气的主成藏期为距今 120Ma。这一时期由于晚期燕山构造运动的影响,使盆地沉积速率持续增加,延长组持续沉降深埋。其中西峰地区延长组长 8 段砂岩储层从成藏期到最大埋深期平均埋深增加了 391m(图 5-18)。长 8 段砂岩储层在成藏期到最大埋深期这一持续沉降过程中,随着埋深的不断增加,压实作用和胶结作用持续使砂岩孔隙度减小。因此不能简单地将现今储层物性与成藏期砂岩储层物性等同起来,成藏期油气充注时的储层临界物性与现今砂岩储层的含油物性下限是两个完全不同的概念,但两者之间存在着一定的联系,可以通过现今储层含油物性下限来求取成藏期储层临界物性。

由于现今孔隙度可以近似于最大埋深期的孔隙度,因而可以依据现今孔隙度剖面,选取现今埋深为 1848m、孔隙度为 6% 的典型砂岩点沿孔隙度演化趋势向上回推 391m,得到该砂岩点成藏期埋深为 1457m 时,孔隙度为 11.8%,得到成藏期到最大埋深期砂岩孔隙度变化量为 5.8%,此变化量与之前统计得到的现今储层含油孔隙度下限 5% 之和 10.8%,即为鄂尔多斯盆地西峰地区长 8 段成藏期储层临界孔隙度(图 5-19)。

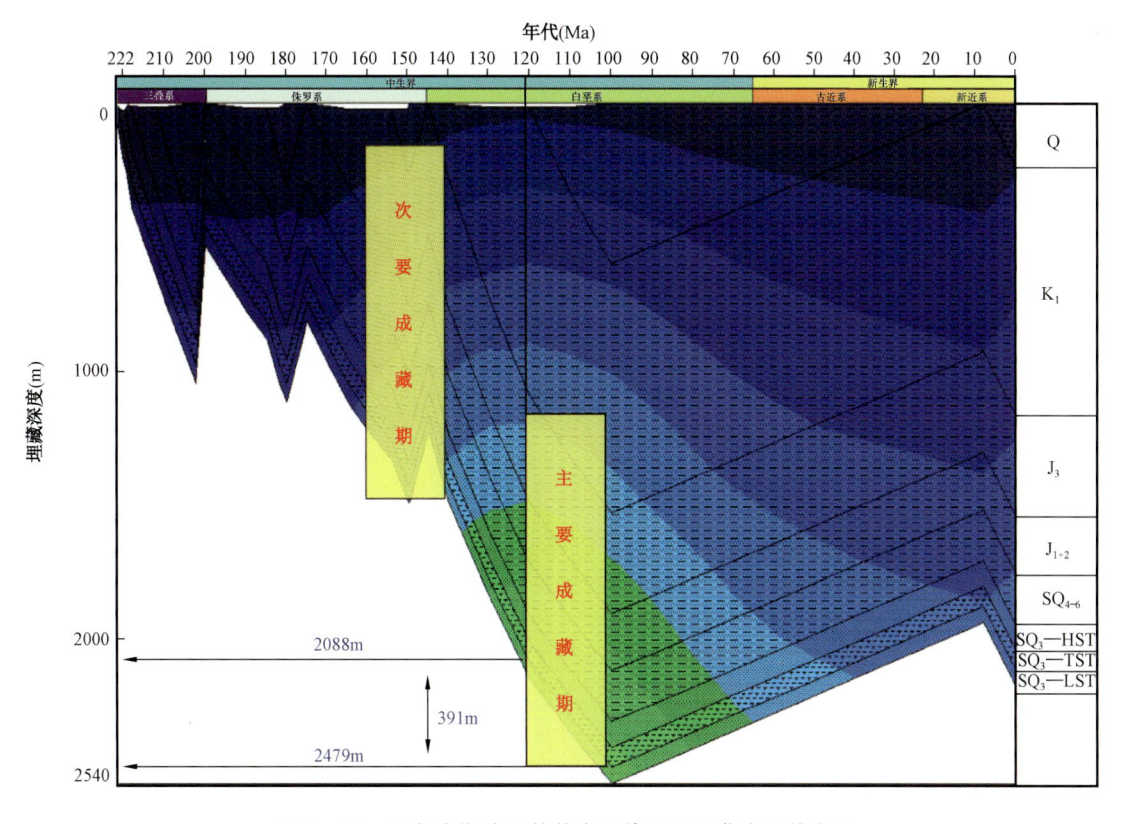

图 5-18 鄂尔多斯盆地某井中生代地层埋藏史及热史图

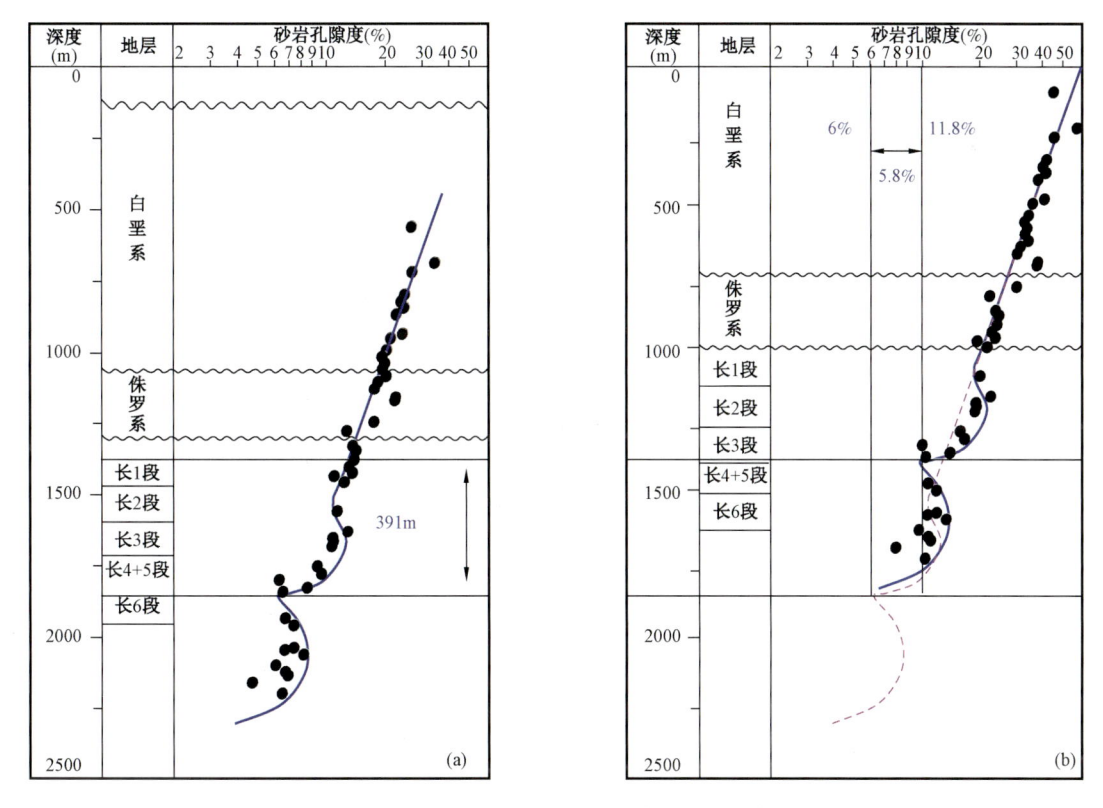

图 5-19 鄂尔多斯盆地某井现今(a)及主成藏期(b)孔隙度—深度剖面图

3. 松辽盆地长岭断陷登娄库组致密砂岩成藏期储层临界孔隙度

1）深洼带登娄库组临界孔隙度

深洼带选取了长深1井、长深1-2井、长深104井进行剖面回推计算孔隙度变化量,主要岩相为辫状河河道或河道间亚相,其中长深1井岩性为粉砂岩,长深1-2井为细砂岩,长深104井为粗砂岩,通过不同岩性岩相带的不同典型井进行回推,求取平均值从而减小误差。长深1井最大埋深深度与成藏期埋藏深度相差850m,将孔隙度剖面回推孔隙度变化量为4.2%;长深1-2井最大埋深与成藏期相差1100m,孔隙度变化量为5.8%;长深104井相差1110m,孔隙度变化量则为6.2%。三者平均值为5.4%。因此确定深洼带成藏期临界孔隙度为2.7% + 5.4% = 8.1%(图5-20至图5-22)。

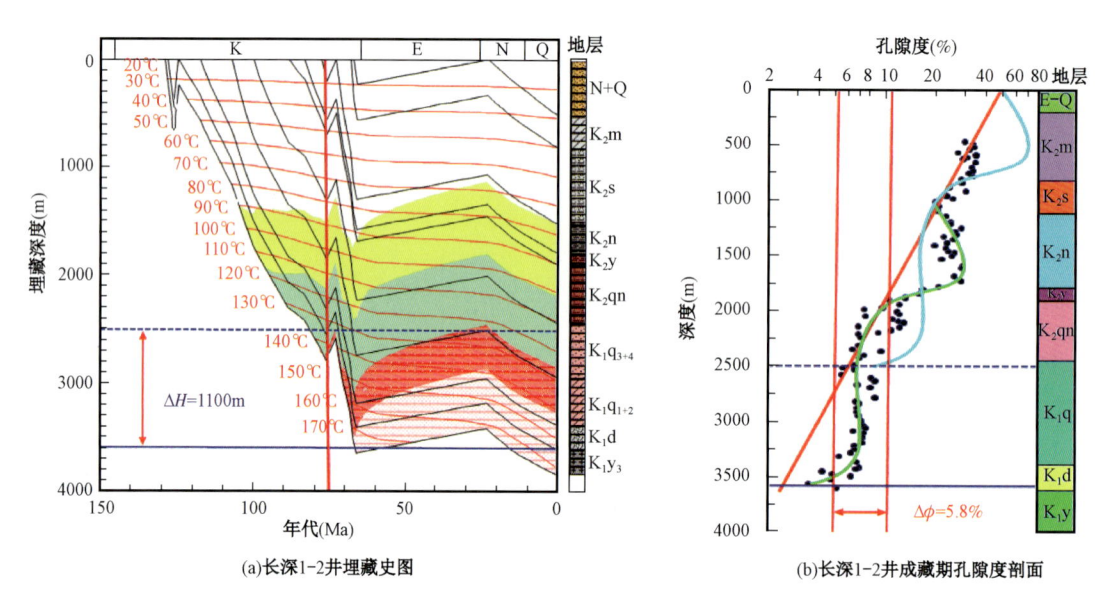

图5-20 长深1-2井成藏期孔隙度变化量示意图

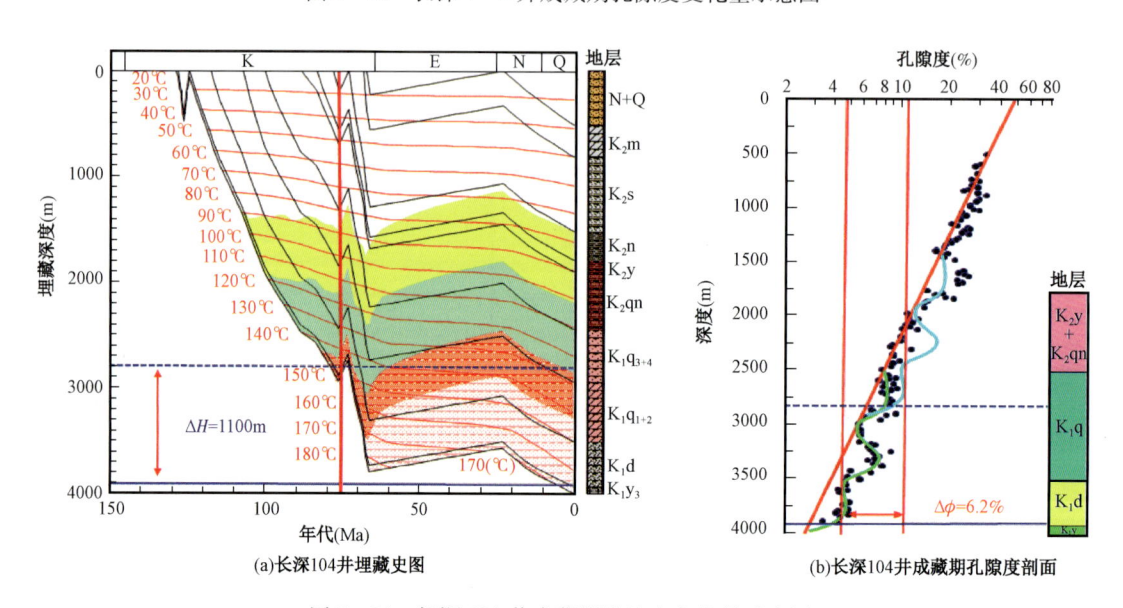

图5-21 长深104井成藏期孔隙度变化量示意图

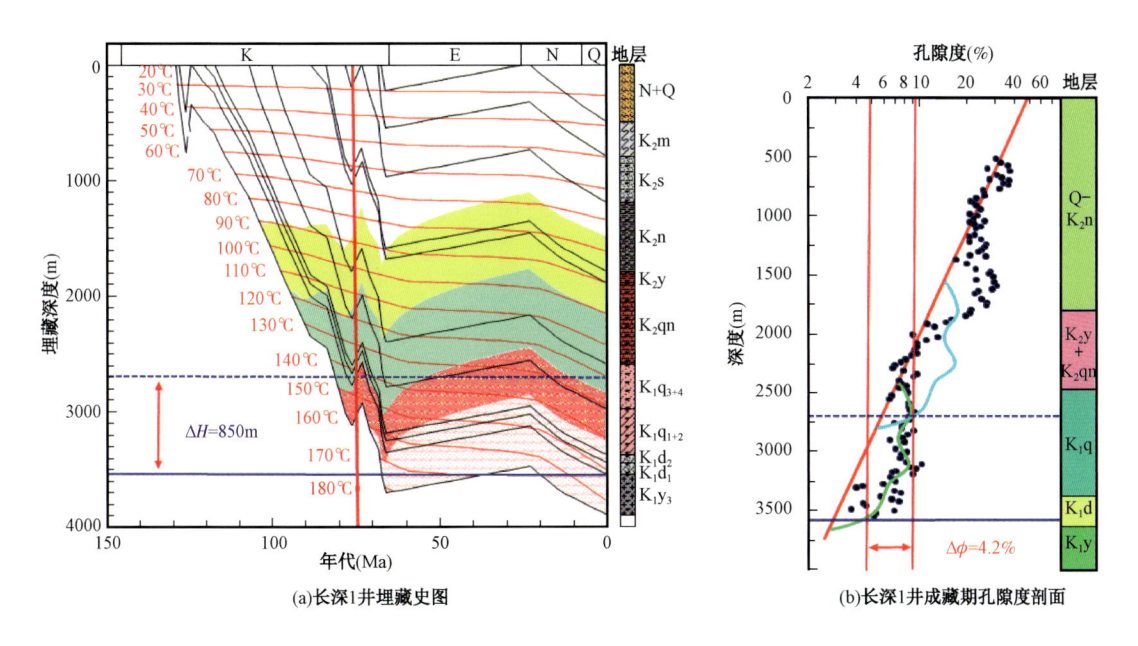

图 5-22 长深1井成藏期孔隙度变化量示意图

2）斜坡带登娄库组临界孔隙度

斜坡带选取了坨深6井、老深1井进行剖面回推计算孔隙度变化量，主要岩相为辫状河河漫滩亚相，两口井所取岩性均为蓝灰色粉砂岩，通过不同岩性岩相的典型井进行回推，求取平均值从而减小误差。坨深6井最大埋藏深度与成藏期埋藏深度相差600m，将孔隙度剖面回推到成藏期，孔隙度变化量为5.5%；老深1井最大埋深与成藏期相差1010m，孔隙度变化量为7.5%，二者平均值为6.5%，因此确定深洼带成藏期临界孔隙度为2.7%+6.5%=9.2%（图5-23和图5-24）。

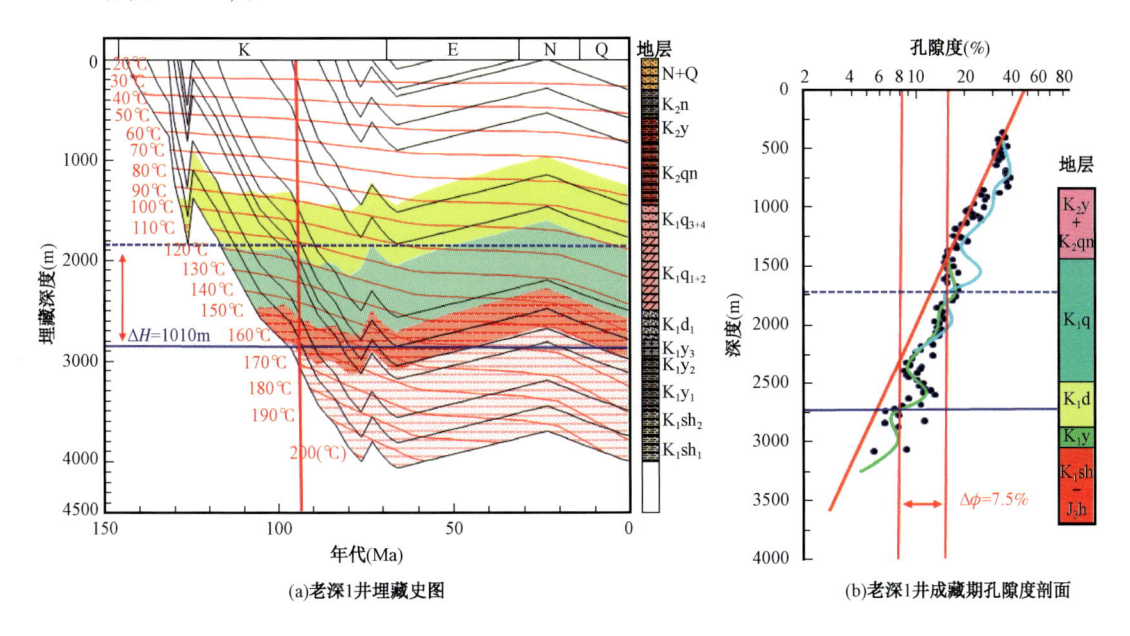

图 5-23 老深1井成藏期孔隙度变化量示意图

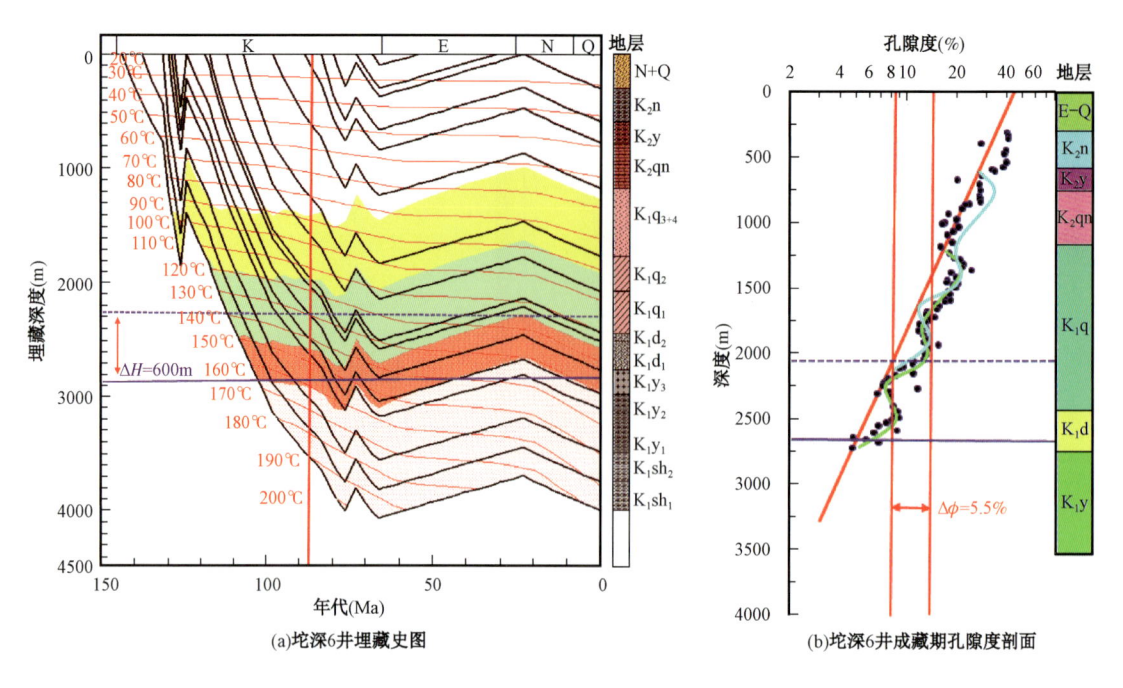

图 5-24 坨深 6 井成藏期孔隙度变化量示意图

3) 凸起带登娄库组临界孔隙度

凸起带选取了伏 12 井、伏 14 井进行剖面回推计算孔隙度变化量,主要岩相为辫状河河床亚相。其中伏 12 井岩性为砂砾岩,而伏 14 井岩性为细砂岩,通过不同岩性岩相的典型井进行回推,求取平均值从而减小误差。伏 12 井最大埋藏深度与成藏期埋藏深度相差 900m,将孔隙度剖面回推到成藏期,孔隙度变化量为 5%;伏 14 井最大埋深与成藏期相差 860m,孔隙度变化量为 5.3%;两者平均值为 5.2%。因此确定深洼带成藏期临界孔隙度为 2.7% + 5.2% = 7.9%(图 5-25)。

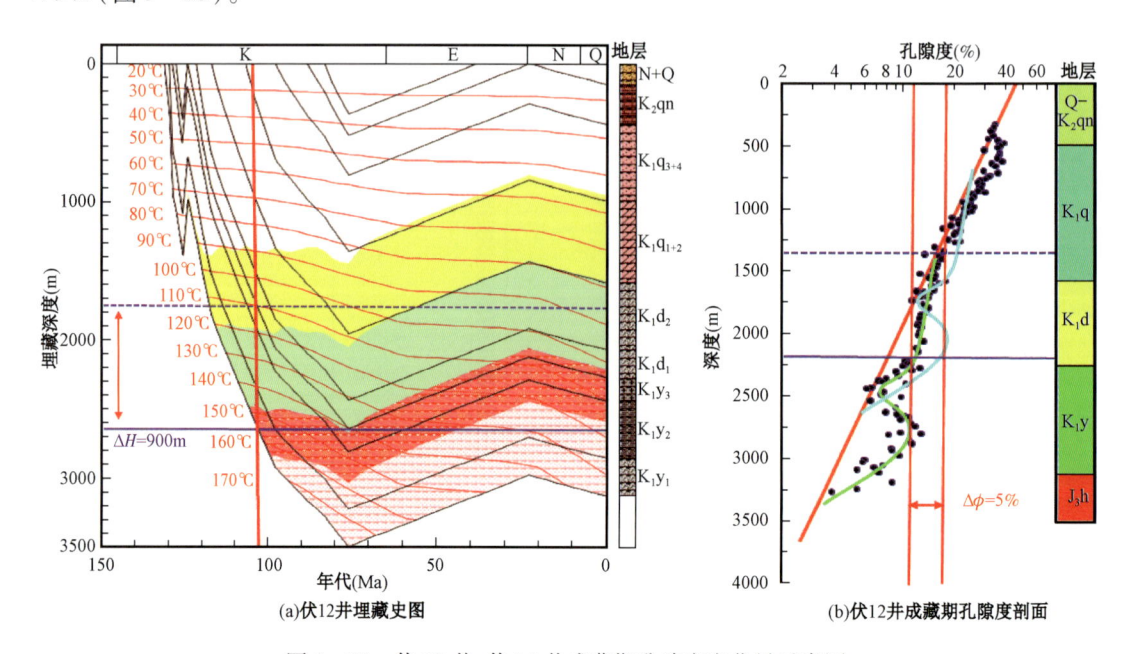

图 5-25 伏 12 井、伏 14 井成藏期孔隙度变化量示意图

(c) 伏14井埋藏史图

(d) 伏14井成藏期孔隙度剖面

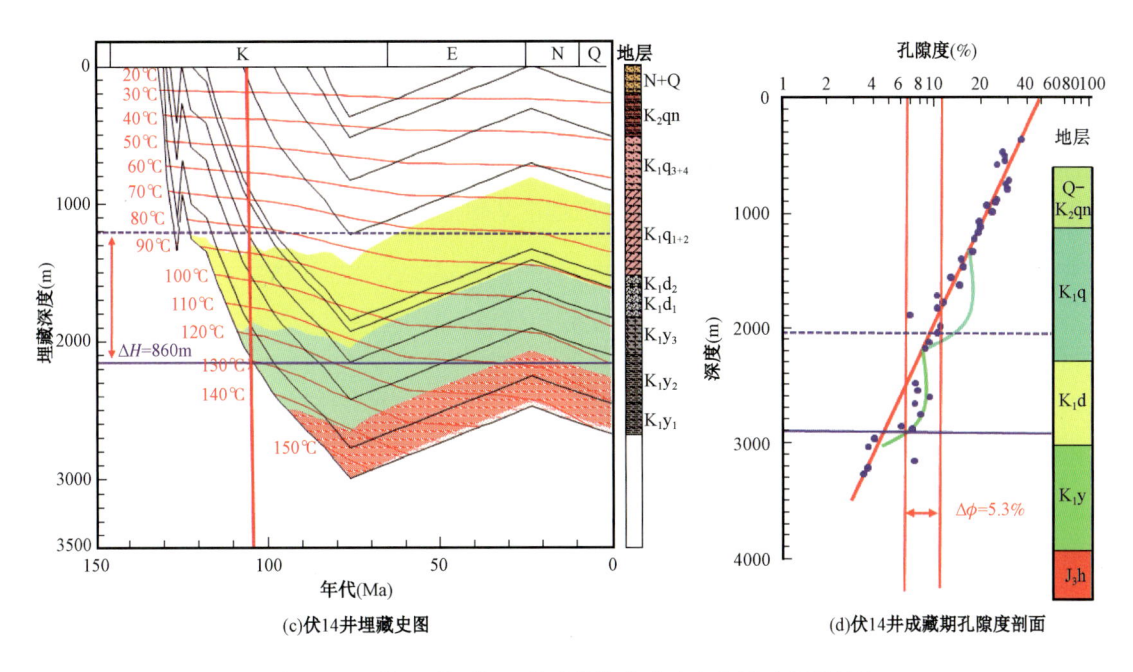

图 5-25 伏 12 井、伏 14 井成藏期孔隙度变化量示意图（续）

第三节 储层烃类充注的动力学方程

油气驱替地层水进入砂岩体储层，其实就是一个动力克服阻力的过程，因此只有动力大于阻力油气才能进入储层。当动力和阻力大小相等时，就处于一种平衡的临界充注状态，此时的动力可以理解为该地层条件下的油气充注临界动力。查明成藏动力条件及油气充注临界动力对砂岩体油藏的分布预测具有重要的指导意义。

一、烃类充注临界动力学方程构建

油气在三维空间内时刻保持着流动的趋势，其在地质历史时期的赋存状态、位置取决于其受力之间的平衡关系。沉积盆地中生于烃源岩中的油气通过初次和二次运移，最后在运移的动力和阻力达到平衡状态的圈闭中保存下来。随着隐蔽油气藏的勘探目标日益增多和勘探条件的日益复杂，定量的动力学研究已逐步成为石油地质学研究的重要方向。

鄂尔多斯盆地中生界油气层紧邻烃源岩，例如西峰地区长 8 油藏、安塞地区长 6 油藏和姬塬地区长 4+5 油藏。岩性圈闭一般与烃源岩层同期形成，并常常与烃源岩直接接触，油气以孔隙或裂隙作为通道，姬塬长 4+5 储层与烃源岩的距离不大，以断层和微裂隙作为油气运移的通道，直接充注进入生油岩内砂岩体或邻接的砂岩体聚集成藏。该过程也注定是一个动力克服阻力的过程，只有动力大于阻力时岩性圈闭才有可能成藏。本研究从宏观力学和微观力学相结合的角度对临界注入状态下的油柱进行力学分析，对比油气注入动力和阻力的大小，定量研究油气从烃源岩进入岩性圈闭动力条件，进而建立岩性圈闭油气注入动力学模型及其数学模型。本研究从充注地质模型出发，通过油气充注过程的受力分析，建立相应的数学模型。

1. 鄂尔多斯盆地西峰地区岩性圈闭油气充注动力模型

对于成熟的烃源岩,孔隙流体压力的增高导致烃源岩产生微裂缝,这些微裂缝与岩性圈闭的孔隙连接,则形成微裂缝孔隙系统(图 5-26)。当烃源岩内的驱动力大于岩性圈闭内阻力时,油气水通过微裂缝——孔隙系统向圈闭内注入。本研究所提出的岩性圈闭油气充注动力学数学模型就是基于这种烃源岩微裂隙排烃的理论基础上建立起来的。

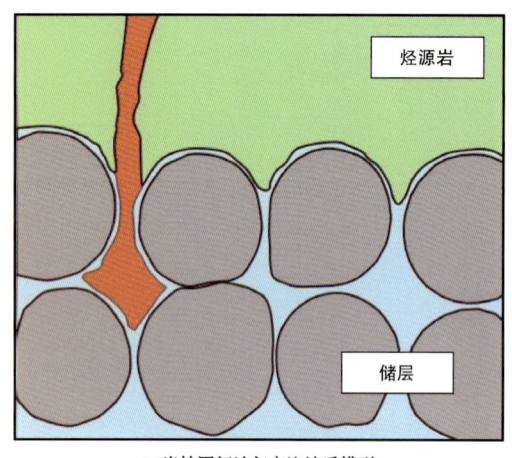

(a)岩性圈闭油气充注地质模型　　(b)油气充注受力分析

图 5-26　西峰地区岩性圈闭油气充注受力模式图(据刘震和梁全胜,2006,修改)

地层状态下油柱受到不同方向的力。垂向上主要包括烃源岩层和储层内的层压力和浮力、毛细管压力和摩擦力,其中摩擦力又可以分为表面摩擦力和内摩擦力;侧向上的力主要受到侧向压应力。若要保持烃源岩中的微裂缝长期开启,水平方向上侧向压应力和烃源岩层地层压力(即油柱孔隙流体压力)应相互平衡。如果油气要从烃源岩注入储层,垂向上动力应该大于阻力。

西峰地区长 8 段岩性圈闭成藏过程中,其动力主要为上覆烃源岩地层压力;阻力为下伏砂岩储层地层压力、油柱浮力、毛细管力,以及内摩擦力,油气能够充注的数学模型为:

$$P_{f烃源岩} > P_{f储层} + f_{浮力} + P_c + f_{摩擦力} \tag{5-1}$$

式中　$P_{f烃源岩}$——烃源岩孔隙压力;
　　　$P_{f储层}$——储层孔隙压力;
　　　$f_{浮力}$——储层内油柱浮力;
　　　P_c——储层毛细管力;
　　　$f_{摩擦力}$——储层孔隙内摩擦力。

2. 鄂尔多斯盆地姬塬地区岩性圈闭油气充注动力模型

根据姬塬地区近直立断层输导的特点(图 5-27),在垂向上,向上的力即动力包括断裂带地层压力、浮力;向下的力即阻力包括储层地层压力、毛细管力、摩擦力;侧向上的力主要为流体压力和围岩侧向压应力。刘震、梁全胜等(2006)对岩性圈闭初次运移过程中受力情况进行了深入研究。其计算结果显示,与浮力相比,对于 10m 油柱而言,内摩擦力远远小于浮力;对于油滴（微小油珠）而言，在强亲水情况下，内摩擦力与浮力可以抵消，一旦形成油柱，与浮力相比，内摩擦力几乎可以忽略不计（相差 10^{-6} 数量级）。与毛细管压力相比，内摩擦力要小于毛细管压力（相差 $10^{-4} \sim 10^{-6}$ 数量级），与毛细管压力相比，内摩擦力也可以忽略不计，同时，由于油气运移过程中，本地区发育近直立的高陡断裂，油柱不可能以很高的连续相运移，所以本次研究中将浮力省略。

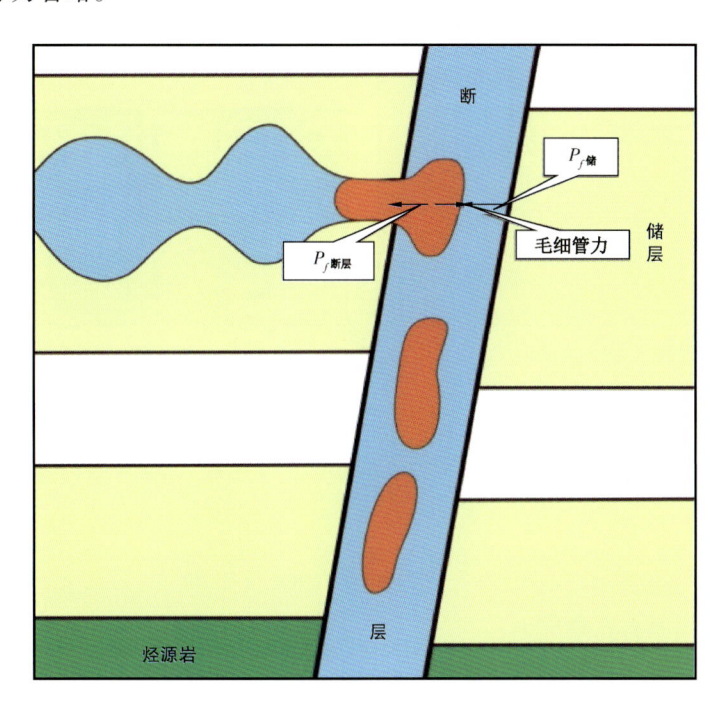

图 5-27　姬塬地区源外油气充注模型（据刘震和王中凡，2008，修改）

由于断层直接与烃源岩沟通，烃源岩中的地层压力能够迅速传递到断层中，所以断裂带中的地层压力可以认为与烃源岩层的地层压力相接近，因此，本次研究用烃源岩层地层压力来求取断裂带地层压力。

对于下生上储型油藏及以断层为通道的特点，油气充注的动力主要有断裂带地层压力和浮力，油气充注的阻力主要有储层的地层压力和毛细管力。油气能够充注的数学模型为：

$$P_{f断层} \geq P_{f储} + P_c \tag{5-2}$$

式中　$P_{f断层}$——断裂带地层压力；

$P_{f储}$——砂岩储层地层压力；

P_c——毛细管力。

3. 鄂尔多斯盆地安塞地区岩性圈闭油气充注动力模型

图 5-28 所示，在烃源岩在下、储层在上的情况下，油柱地层状态下受到不同方向的力。在垂向上，向上的力，即动力包括烃源岩层地层压力和烃源岩层毛细管压力；向下的力，即阻力包括储层地层压力、储层毛细管压力和摩擦力，如果油气要从烃源岩注入储层，垂向上动力应该大于阻力。

安塞地区长 6 油组岩性圈闭成藏过程中，动力主要为下伏烃源岩地层压力和烃源岩层毛

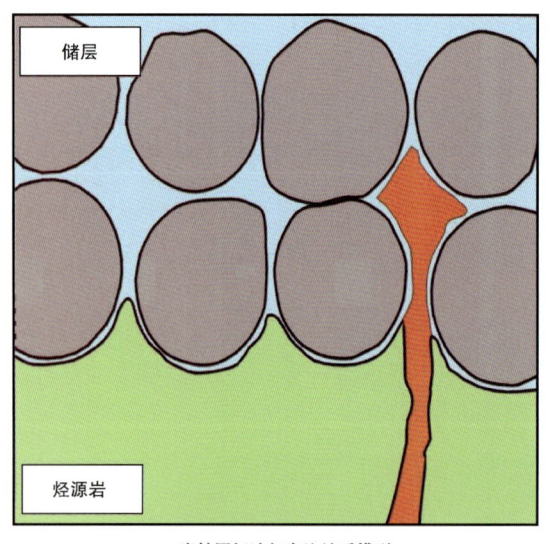

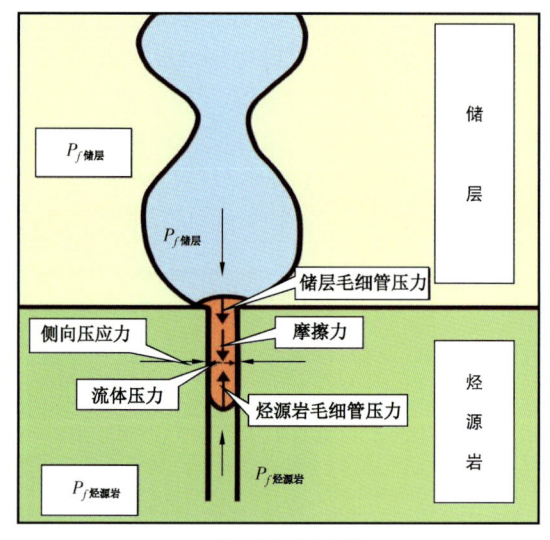

(a)岩性圈闭油气充注地质模型　　　　　　　　(b)油气充注受力分析

图 5-28　安塞地区岩性圈闭油气充注受力模式图(据刘震和梁全胜,2006,修改)

细管力;阻力主要为上覆砂岩储层地层压力、储层毛细管力以及内摩擦力。因此,建立烃类充注数学模型如下:

$$P_{f烃源岩} + P_{c烃源岩} > P_{f储层} + P_{c储层} \qquad (5-3)$$

式中　$P_{f烃源岩}$——烃源岩孔隙压力;
　　　$P_{c烃源岩}$——烃源岩内毛细管力;
　　　$P_{f储层}$——储层孔隙压力;
　　　$P_{c储层}$——储层毛细管力。

二、砂岩体成藏动力学参数分析

岩性圈闭烃类充注的临界动力方程构建好之后,就需要确定方程中的关键力学参数,这样才能将理论模型应用到油气成藏研究的实践中去。通过前面油气充注动力学模型的分析可知,油气充注过程中所受到的作用力主要包括地层流体压力、毛细管力和浮力。

1. 地层流体压力计算

地层压力是油气充注动力学模型里面重要的组成部分。烃类物质从烃源岩排出进入储层,一方面受到烃源岩内部流体压力的驱使,另一方面也受到储层内部流体压力的阻挡,只有充注的动力大于阻力时油气才可能进入储层内部聚集成藏。可以看出地层流体压力计算包括泥岩地层流体压力和砂岩储层流体压力。

地层流体压力采用改进的 Philippone 公式(刘震等,1993)计算,泥岩和砂岩声波速度参数不同因此分别建立对应的压力计算模型:

泥岩地层流体压力计算模型:

$$P_{f烃源岩} = \frac{\ln(V_{\max 泥岩}/V_{\text{int}泥岩})}{\ln(V_{\max 泥岩}/V_{\min 泥岩})} P_{\text{ov}} \qquad (5-4)$$

式中 $P_{f烃源岩}$——烃源岩内流体压力；

$V_{max泥岩}$——泥岩最大速度（骨架颗粒速度）；

$V_{int泥岩}$——泥岩层速度；

$V_{min泥岩}$——泥岩最小速度（孔隙流体速度）；

P_{ov}——地层上覆负荷压力。

砂岩地层流体压力计算模型：

$$P_{f储层} = \frac{\ln(V_{max砂岩}/V_{int砂岩})}{\ln(V_{max砂岩}/V_{min砂岩})}P_{ov} \tag{5-5}$$

式中 $P_{f储层}$——储层内流体压力；

$V_{max砂岩}$——砂岩最大速度（骨架颗粒速度）；

$V_{int泥岩}$——砂岩层速度；

$V_{min泥岩}$——砂岩最小速度（孔隙流体速度）；

P_{ov}——地层上覆负荷压力。

由地质模型分析可知姬塬地区

$$P_{f断层} = P_{f烃源岩}$$

2. 毛细管力求取

李明诚(2004)认为毛细管力既可以作为油气运移的动力,也可以作为油气运移的阻力,在地下亲水介质的多项流动中,毛细管压力对烃类的运移一般都表现为阻力。但有两种情况也可以作为油气运移的动力:一是在烃源岩与运载层接触的界面上,由于烃源岩一般是较细粒的沉积、孔喉比较小,而运载层一般是较粗粒的沉积、孔喉相对较大;二是在亲水烃源岩内部,由于孔喉两端毛细管曲率半径不同所产生的毛细管压力也不同,孔喉一端的毛细管压力大于孔隙一端,两者之差指向孔隙。

毛细管压力的大小取决于两种流体间的界面张力、毛细管半径和介质的润湿性,可用下式表示:

$$P_c = \frac{2\sigma\cos\theta}{\gamma} \tag{5-6}$$

式中 P_c——毛细管压力,N/m² 或 Pa；

σ——油、水界面张力,N/m²；

θ——润湿角（油、水界面与岩石孔壁间的夹角）,(°)；

γ——毛细管半径（即孔喉半径）,m。

由于西峰和姬塬地区缺少求取毛细管力相应的数据,采取鄂尔多斯盆地镇泾地区的研究成果。孔喉半径与孔隙度为指数关系（图5-29）,如下式：

$$\gamma = 0.012e^{0.3065\phi} \tag{5-7}$$

取 $\sigma = 30\text{dyn/cm} = 0.003\text{dyn/}\mu\text{m}, \theta_{润湿角} = 45°$,将式(5-7)化为下式：

$$P_c = \frac{43.275 \times 10^{-3}}{0.012e^{0.3065\phi}} \tag{5-8}$$

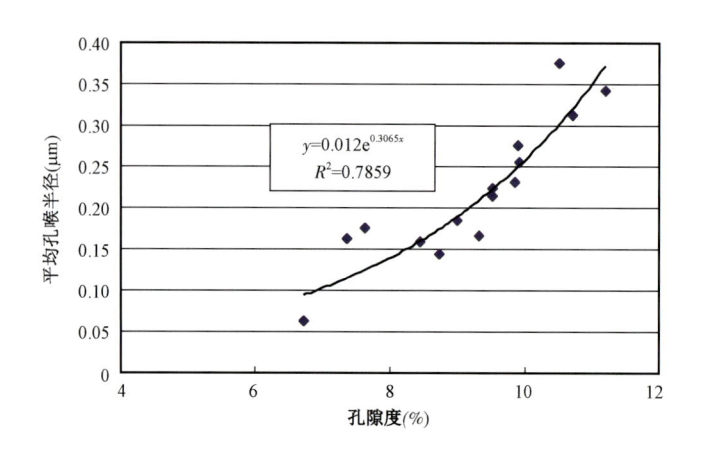

图 5-29　西峰、姬塬地区延长组储层储层孔喉半径与孔隙度交会图

据统计,安塞地区孔喉半径与孔隙度为指数关系(图 5-30),如下式:

$$\gamma = 0.0585 e^{0.3376\phi} \quad (5-9)$$

取 $\sigma = 30 \mathrm{dyn/cm} = 0.003 \mathrm{dyn/\mu m}$,$\theta_{润湿角} = 45°$,将式(5-9)转化为下式:

$$P_c = \frac{2\delta}{r}\cos\theta = 0.725237716 / e^{0.3376\phi} \quad (5-10)$$

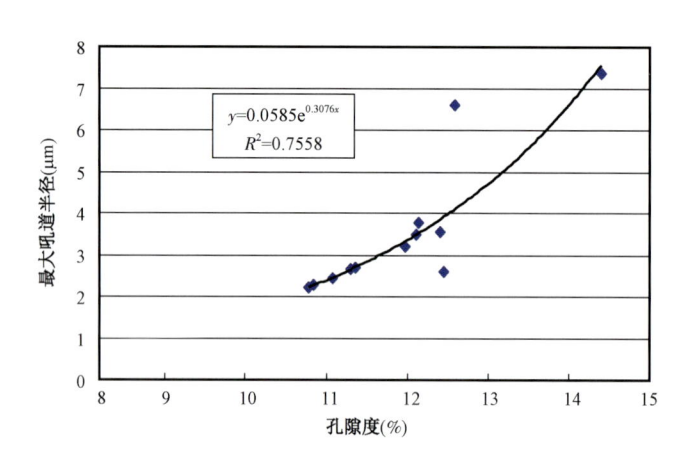

图 5-30　安塞地区延长组储层储层孔喉半径与孔隙度交会图

3. 浮力

当烃源岩向下或向下倾方向以游离相排烃时,浮力为油气运移的阻力,尽管浮力与毛细管力相比较小,但也是一种客观存在的力。浮力是由于油水密度差而产生的,如式(5-11):

$$F = \Delta\rho g h \quad (5-11)$$

式中　$\Delta\rho$——油水密度差,$\mathrm{kg/m^3}$;

g——重力加速度,$\mathrm{m/s^2}$;

h——油柱高,m。

值得注意的是,姬塬地区,由于油气运移过程中,本地区发育近直立的高陡断裂,油柱不可能以很高的连续相运移,所以本次研究中将浮力省略。

4. 古油气充注条件定量分析

油气充注是一个动态的过程,发生在油气的主成藏期。油气成藏后油藏受到了改造,油气充注的条件与现今实际状态存在很大的差异,要分析油气运移和聚集的实际情况应该恢复成藏期的油气充注环境及其相关要素。从现今油气充注条件研究的结果表明,影响油气充注的力主要包括泥岩内部的流体压力、砂岩内部的流体压力和毛细管力。砂岩和泥岩内部流体压力可以基于古砂泥岩孔隙恢复技术求取古地层速度,然后利用改进的Philippone公式来计算。毛细管力主要与孔喉半径有关,也可以通过古孔隙进行计算。综上分析,依托砂泥岩古孔隙恢复技术,在地层埋藏史和成藏期次的研究基础上可以计算出油气充注的古动力和古阻力。

第四节 储层烃类充注的物性—流体动力耦合关系

物性高于储层临界物性的储层,油气是否充注还要受充注动力因素的控制。对于成藏期物性一定的有效储层而言,恢复到成藏期油气充注动力,高于相应的临界充注动力的油气能够进入该储层,反之,无法进入储层。为此,刘震等(2014,2015)认为砂岩临界成藏解释图版定量地反映了储层物性(相)与临界充注压力(势)之间的耦合关系,如果能恢复成藏期的储层物性及充注动力,再结合临界成藏解释图版就能很好地解释现今储层的含油气性。

一、烃类充注需要考虑储层物性和充注动力两个因素

常规储层评价实质上也未考虑油气充注期的成藏条件。一方面没有考虑到成藏期的储层物性条件;另一方面也没有考虑到成藏的古动力条件。现今的储层物性是地质历史时期储层演化的结果,并不能反映成藏期的储层物性,因此用现今的储层物性条件来进行储层评价并不合理。只有恢复成藏期的储层物性才能较准确地进行储层评价。成藏期储层物性恢复是储层评价的基础。

油气充注受储层物性及成藏动力联合控制:油气能否注入储层存在着一个物性下限,即储层临界物性。物性低于储层临界物性的储层,油气无法充注;物性高于储层临界物性的储层油气是否充注还要受充注动力控制。常规储层评价并未考虑成藏的动力条件,因此不能合理地解释储层的含油性。朱家俊(2007)认为动力是油气成藏的关键,成藏动力低于成藏阻力,分散的有机质就无法聚集。由于砂岩体油藏特征的特殊性,目前国内外学者对其成藏动力研究方面存在很大分歧。有些学者认为毛细管压力或者砂—泥岩毛细管压力差是油气初次运移的动力(Magara,1975;Berg,1975;庞雄奇,2000;张云峰,2001;邹才能等,2005;陈章明,1998),有些学者认为源储地层压力差是油气初次运移的动力(万晓龙等,2003;郝芳,2003)。

二、石油充注的储层物性—流体动力耦合关系模拟实验

在低孔渗储层成藏过程中,流体渗流过程为非达西流,油气进入低渗透储层需要启动压力,该启动压力的大小及其影响因素是低渗透储层成藏动力研究的关键点和难点。本文为了研究石油充注的动力学特征设计了专门的石油充注模拟实验。

1. 实验目的及原理

1)实验目的

前者关于储层临界物性的研究成果显示,储层孔隙度渗透率达到一定条件油气才可能发

生充注。实际上储层临界物性只是储层成藏的极限值,它对应最大充注动力时储层捕获油气必须具备的最低孔渗性条件。实际地层中油气成藏动力并不处处相同,不同的充注动力对应着不同储层成藏最低物性条件。本实验通过模拟不同压力环境中石油充注过程,从而定量地研究充注动力和储层成藏物性之间的关系。

2)试验原理

本实验以目的层岩心为载体,通过向其内部注入石油来模拟地层中石油的充注过程。为了模拟实际地层压力状态,给岩心施加横向的轴压(相当于地层的侧向压力)和垂向的围压(相当于地层的垂向上覆负荷),样品在夹持器中的受力情况如图 5-31 所示。同一岩心,在不同的轴压和围压下,流体的注入压力不同。

本实验采用的岩样是直径 2.5cm,长度 4~6cm 的圆柱塞样,能模拟的最大围压为 P_w = 40MPa,轴压 P_z 由关系式 $P_z = P_w \cdot \gamma/(1-\gamma)$ 计算得到,γ 是动态泊松比,由纵横波速度确定。平流泵以极小的流量提供石油注入压力,为了保证稳定的压力需要通过中间容器向岩心中注入油。RLC 电桥用于监测油是否注入,一旦有油进入岩心,电阻值就会明显增加。同时,计量管中的液位会缓慢上升,通过测量一定时间内液位的增量和压力,就可以计算出流体的渗透率(图 5-32)。

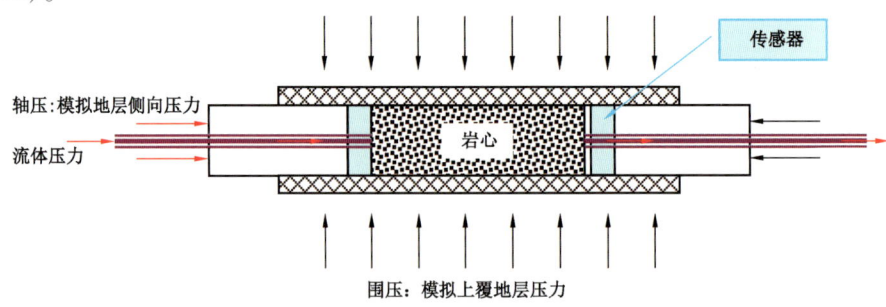

图 5-31 石油充注模拟实验中岩心在夹持器内受力示意图

实验过程自动监视,数据自动采集。为了保证压力测量精度,按测压范围分级使用压力检测仪,使流压在 0.006~0.040MPa 范围内的精度能达到 0.00004MPa,在 2.5MPa 时的精度达到 0.0025MPa,完全能满足对最小充注压力的测量。

2. 实验过程

1)实验流程

(1)将饱和好的岩样放入夹持器,同时加 5MPa 轴压和围压;打开平流泵,用饱和液驱替样品安装过程中进入的气体,同时测量水相渗透率;随后停泵。

(2)测量相同轴压和围压条件下的样品纵波和横波速度,计算泊松比和地层侧向压力(即实验中的轴压)。

(3)保持围压不变,调整轴压到指定值,用平流泵缓慢地增加流压,观察样品两端电阻的变化和计量管中液位的变化。如果电阻和液位都有增加,说明油已经注入样品,记录这时的流压;如果只有液位增加,电阻没有变化,说明油尚未注入样品,等电阻增加后,记录这时的流压。停掉平流泵,观察压力和流量的变化,计算水相渗流率,记录流压达到的稳定值。

(4)以 5MPa 的增量,再次增加轴压和围压。重复上述第(2)步,直至达到设计的地层上覆压力。

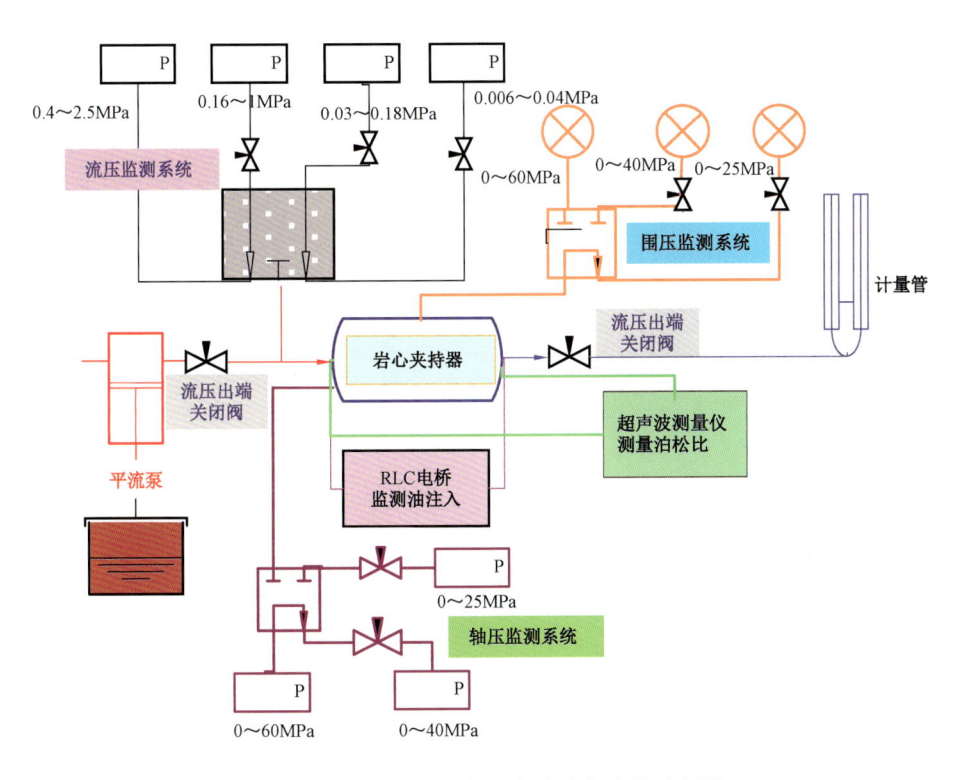

图 5-32 石油充注模拟实验设备连接示意图

(5)根据孔隙度和渗透率的大小,选择个别样品进行降压过程中的最小注入压力试验,围压选择 30MPa、20MPa、10MPa,根据泊松比计算相应的轴压(图 5-33)。

2)实验监测

烃类充注实验的起始充注围压为 5MPa,然后打开流压控制阀,逐步增加流压。开始阶段流压逐渐增加,计量管中液量基本不变,当流压增加到一定程度时,液量显著增加,电阻率明显增大,此时对应的流压即为该条件下的临界注入压力。然后围压增加 5MPa 进入下一轮充注实验直到围压达到 40MPa 结束。为了准确监测流体的注入压力,流体压力增加过程要非常缓慢,因此做一块样品的时间要达到数天。

由于样品自身的物性不同,充注过程也存在着差异。如果样品物性较好,充注过程中石油可以注满整块岩心,可测得的注入压力点也相对较多;如果样品比较致密,石油就很难注入岩心,或者能充注但测得的注入压力点很少(图 5-34)。

3. 实验结果分析

1)等效深度求取

实验中给岩心施加的围压相当于地层受到的有效应力,最小充注压力等效于油气充注时的临界充注压力,因此可以把围压转换为地层的等效埋藏深度,进而分析临界充注压力与埋深和物性之间的关系。

根据 Terzaghi 模型,上覆负荷压力等于有效应力和静水压力的和:

$$S = \sigma_e + P_f \qquad (5-12)$$

式中　S——地层上覆压力,MPa;

σ_e——地层有效应力,MPa;
P_f——流体压力,MPa。

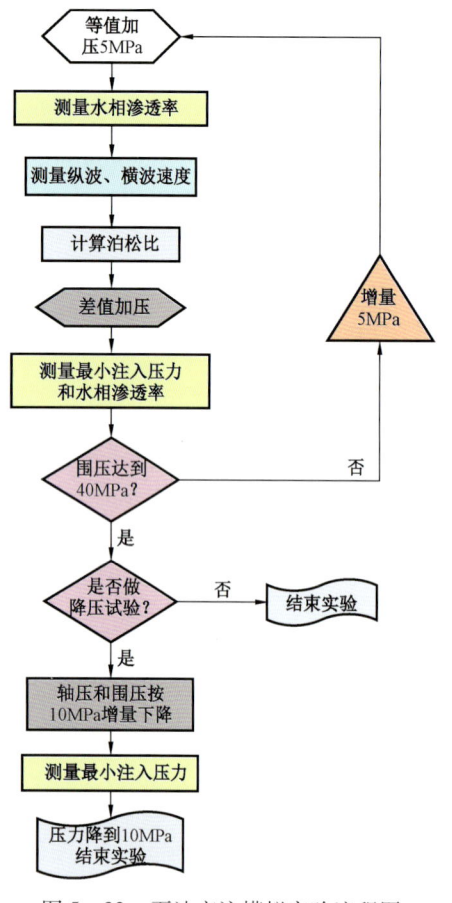

图5-33 石油充注模拟实验流程图

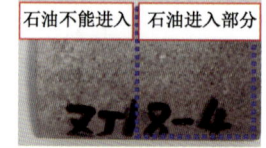

图5-34 砂岩岩心样品充注结果照片及典型结果展示

地层有效应力等效于实验中的围压,砂岩地层流体压力近似等效于静水压力:

$$P_f = \rho_w g h \tag{5-13}$$

式中 ρ_w——地层水密度,kg/m³;
　　　h——地层埋深,m。

上覆负荷 S 可以通过式(5-4)来求取,将计算出来的上覆负荷压力与式(5-5)一起代入式(5-4)可得到有效应力与等效埋深的关系式,即围压与等效深度之间的关系。

2)最小充注压力与埋深的关系

本次研究分别做了每块岩心最小充注压力与围压和埋深的交会图(图5-35),从图上可以看出最小充注压力随着埋深的增加而增大,说明地层随埋深加大需要更大的充注压力。

在围压为20~25MPa,对应等效埋深2000~2400m的位置存在一个拐点。拐点之上最小充注压力随着围压的增大平缓增加,增幅较小;拐点之下最小充注压力随围压的增加增幅变大。拐点处的埋深正好对应地层所经历的最大埋深,因此推测拐点之上主要是可压缩孔隙减小,流体在其内部流动性较好,超过最大埋深后岩心可压缩孔喉降到极限,因此部分骨架被压碎孔喉压塌造成孔隙阻塞,流体可流通性大幅度减小。同时也发现延安组石英砂岩的抗压性明显好于延长组的岩屑长石砂岩,没有出现明显的压力拐点(图 5-36)。

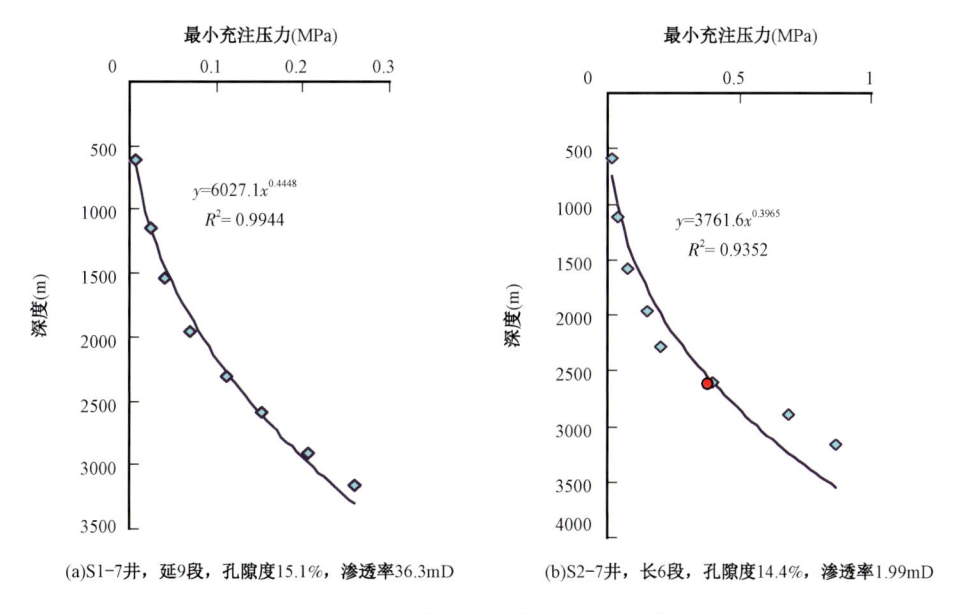

(a)S1-7井,延9段,孔隙度15.1%,渗透率36.3mD　　(b)S2-7井,长6段,孔隙度14.4%,渗透率1.99mD

图 5-35　典型岩心样品最小充注压力与埋深交会图

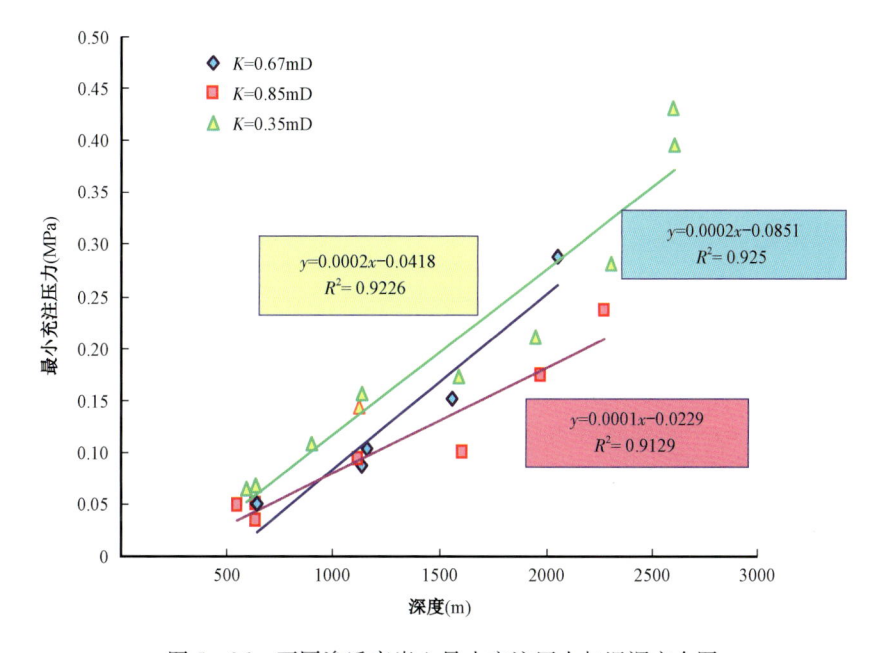

图 5-36　不同渗透率岩心最小充注压力与埋深交会图

为了定量研究最小充注压力与埋深的关系,本次研究选取了渗透率相同的数据做最小充注压力与埋深的单因素分析。从最小充注压力与埋深交会图可以看出,最小充注压力随着埋深的增加而增大(图 5-37)。

3)最小充注压力与孔隙度渗透率的关系

岩心孔隙度越大最小充注压力越小,且随埋深增加其变化率也越小,在埋深相同的情况下,最小充注压力总体上随孔隙度减小而增大,当岩心孔隙度小于 10.5% 时石油基本上不能注入岩心。也有部分岩心孔隙度与最小充注压力之间的变化规律不明显,说明孔隙度对最小充注压力有影响但不是主要控制因素(图5-37)。

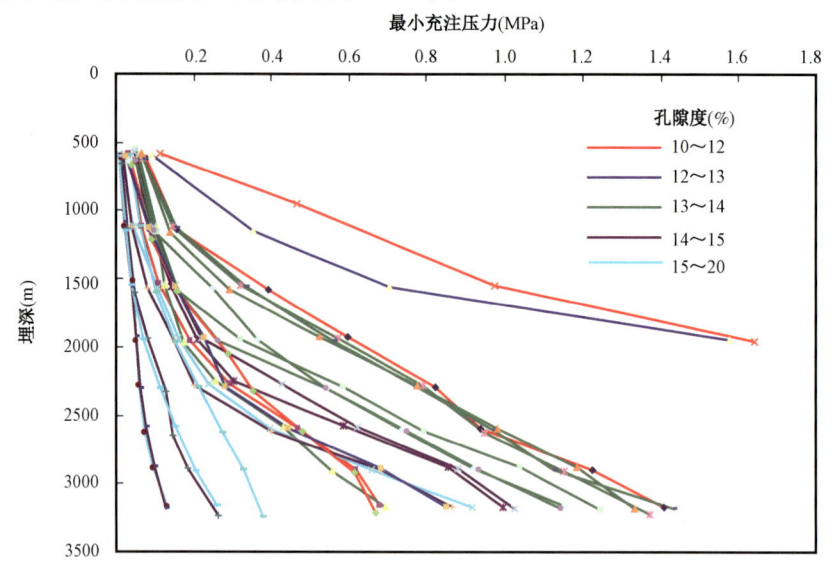

图5-37 最小充注压力与深度交会图(按孔隙度分级)

最小充注压力与渗透率相关性强,渗透率越小,最小充注压力越大且随埋深增长越快,当岩心渗透率小于0.34mD时石油无法注入。岩心孔隙度相同,渗透率越大最小充注压力越小;渗透率相同,孔隙度越大最小充注压力越小。总之最小充注压力与物性成负相关关系,渗透率是决定油气充注的主要控制因素(图5-38)。从最小充注压力和渗透率交会图上可以发现,随着上覆压力的增加,渗透率逐渐减小,而最小充注压力随着上覆压力逐渐增大,在渗透率为0.7mD左右时最小充注压力的变化率陡然增大。在半对数坐标体系中最小充注压力与渗透率成分段的直线关系,说明最小充注压力随渗透率增大呈对数减小(图5-39)。

4. 实验结论及应用

1)实验结论

通过对石油充注模拟实验的分析可以得出如下结论。

(1)同一砂岩样品,不同埋深情况下最小充注压力存在差异,最小充注压力随埋深的增加而增大,总体上呈线性关系。

(2)随埋深增加,不同物性砂岩样品最小充注压力的变化趋势具有相似性,也有一些差异:随着孔隙度渗透率的减小最小充注压力呈对数趋势增大,当孔隙度小于10.5%,渗透率小于0.34mD,石油基本上不能注入。

(3)相同埋深条件下,岩心物性不同,石油最小注入压力不同,物性越好最小充注压力越小,最小注入压力与渗透率之间呈对数关系。

(4)最小充注压力、埋深和物性三者是耦合的关系,充注压力需要和储层物性、埋深恰当的搭配才能发生油气充注,埋深浅、物性好的部位是有利的油气充注区。

2)实验应用

石油充注模拟实验研究结果表明最小充注压力受储层埋深和物性的双重控制,因此确定了地层的埋深和物性条件就可以求出相应的最小石油充注压力。对比最小充注压力和实际地层条件下油气的充注压力可判断研究目的层是否可以发生油气充注。

图 5-38 最小充注压力与深度交会图(按渗透率分级)

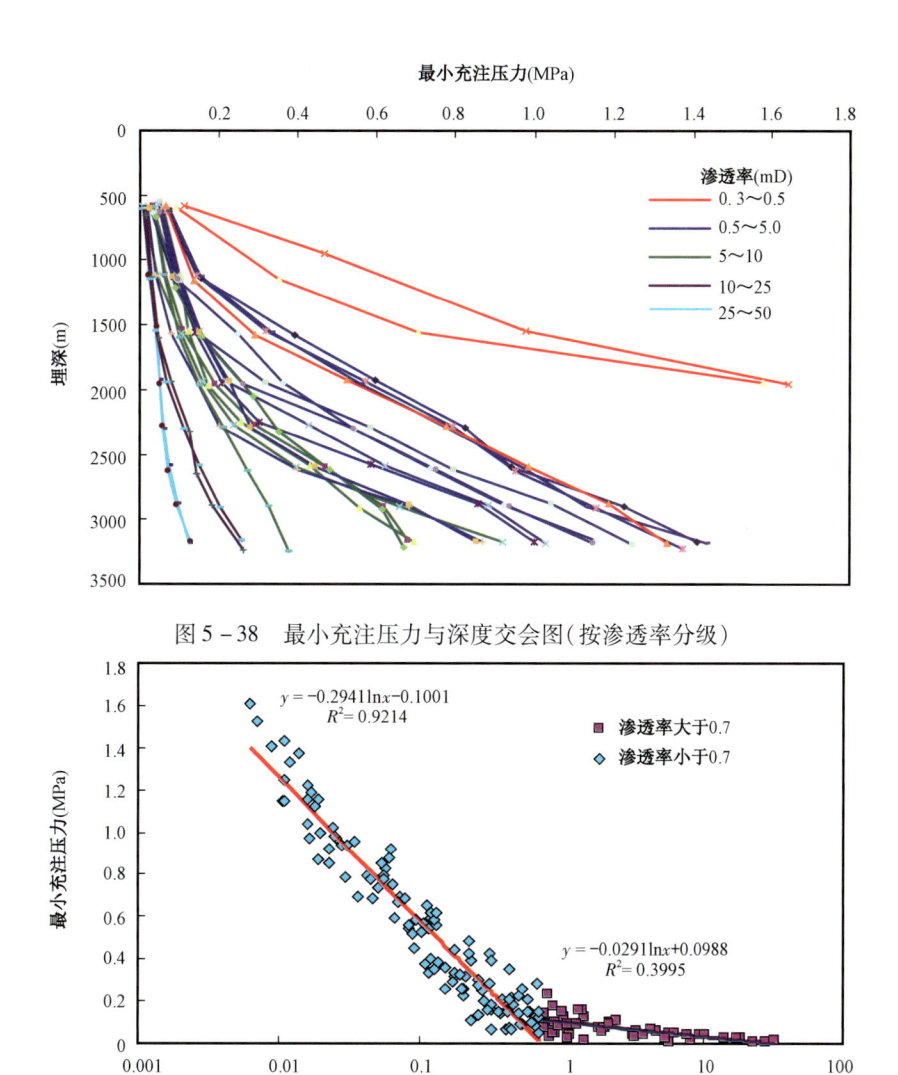

图 5-39 最小充注压力与渗透率交会图

(1)镇泾地区砂岩储层石油充注临界物性实验测定。

本文将充注岩样按孔隙度分级,分别拟合出最小充注压力与埋深的关系曲线,绘制石油最小充注压力与埋深孔隙度关系图版(图5-40)。通过古孔隙恢复技术求取成藏期地层的古孔隙度,在最小充注压力与埋深孔隙度图版上绘制其临界充注压力曲线,将成藏期埋深和充注压力在图版上投点。分析投点位置,在临界充注压力曲线上部表示成藏期实际充注压力大于临界充注压力油气可以充注(图5-41和图5-42),反之,如果投点在该曲线的下部则表示成藏期充注压力小于临界充注压力油气不能充注(图5-43)。

通过比较典型井主要储层成藏期的充注压力和临界充注压力的关系可发现,现今高产油层成藏期充注压力大大高于临界充注压力;低产井成藏期充注压力高于临界充注压力但相差较小;干层和水层成藏期的充注压力则小于临界充注压力。说明充注压力和临界物性控制着油气的充注成藏。油气最小充注压力与物性和埋深关系图版作为研究油气成藏动力机制的一种方法,不但可以用来解释现今油气成藏的动力学成因,也可以用来预测有利的油气充注区和富集带,优选勘探目标。

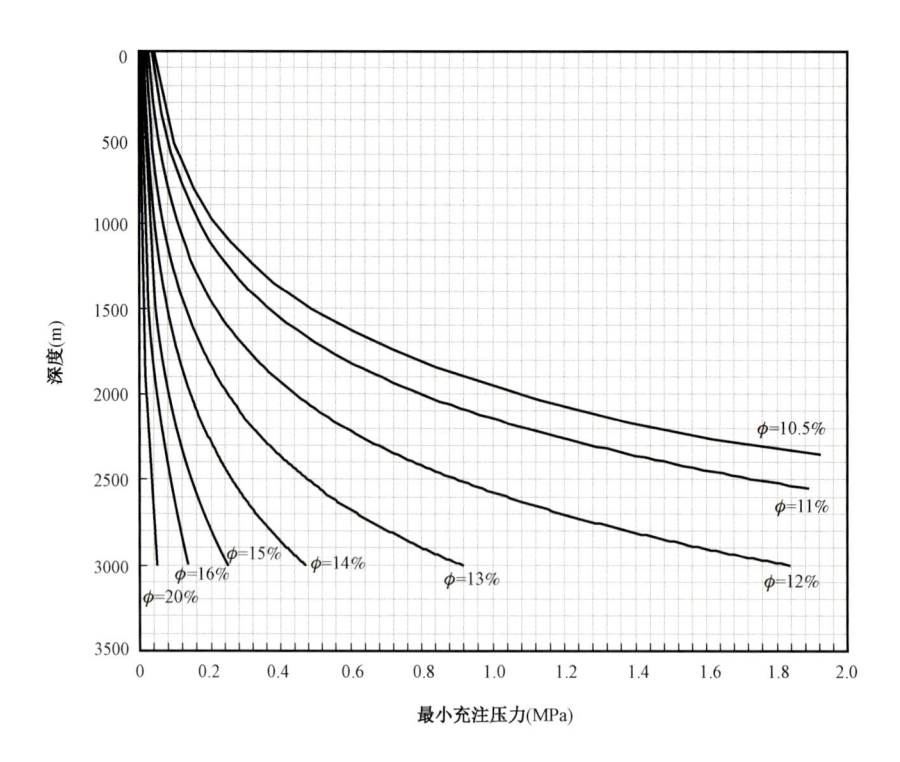

图 5-40　油气最小充注压力与孔隙度埋深关系图版

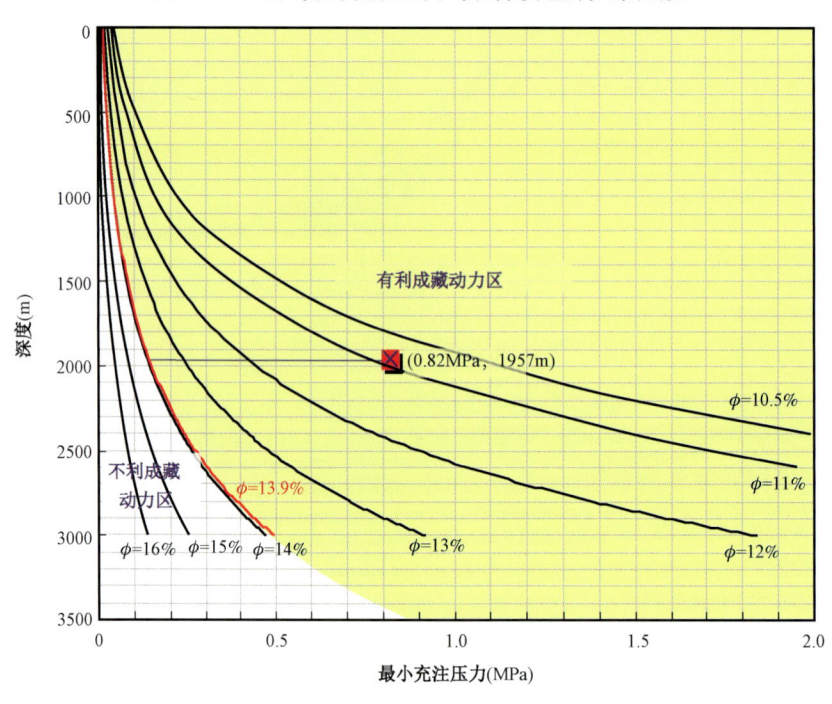

图 5-41　红河 1 井区长 8 油藏成藏期充注压力与临界充注压力关系图
（充注压力大于临界充注压力油气可以充注成藏）

（2）鄂尔多斯盆地延长组砂岩储层石油充注临界物性实验测定。

通过拟合大量不同孔隙度砂岩储层岩心样品在临界充注压力（突破压力）与埋深的关系曲线，可以建立砂岩储层物性—充注压力临界成藏解释图版（图 5-44）。从临界成藏解释图

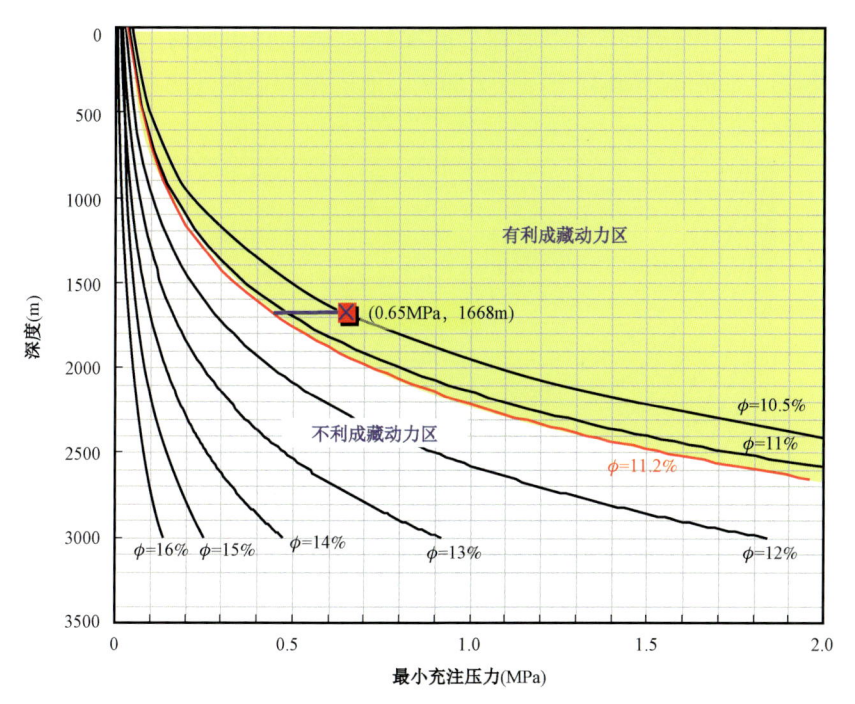

图 5-42　红河 37 井区长 8 油藏成藏期充注压力与临界充注压力关系图
（充注压力略大于临界充注压力油气充注成藏但圈闭充满度小）

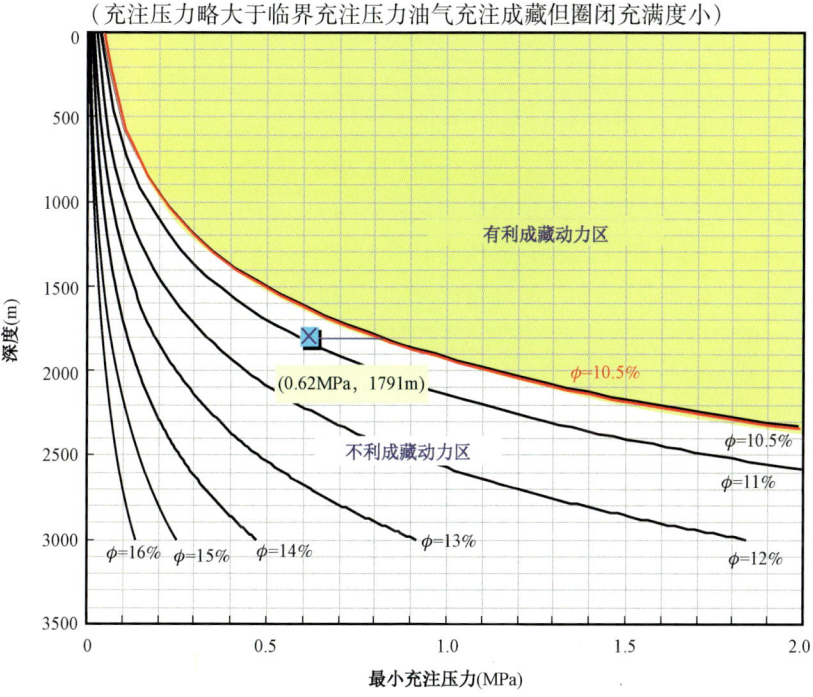

图 5-43　红河 3 井长 8 储层成藏期充注压力与临界充注压力关系图
（充注压力小于临界充注压力油气不能充注成藏）

版可以看出,鄂尔多斯盆地延长组砂岩储层当孔隙度小于 10% 时,石油不能充注进入砂岩储层为无效储层。孔隙度 10% 即为烃类充注实验测定的延长组砂岩储层临界孔隙度。

烃类充注实验的结果表明砂岩储层的物性以及埋深共同影响了临界充注压力（突破压

力),因此在明确了砂岩储层埋深和物性条件的基础上,就可以求取与之相对应的石油临界充注压力(突破压力),同时对比临界充注压力和实际地层条件下油气的充注压力可判断研究目的层是否能发生石油充注。

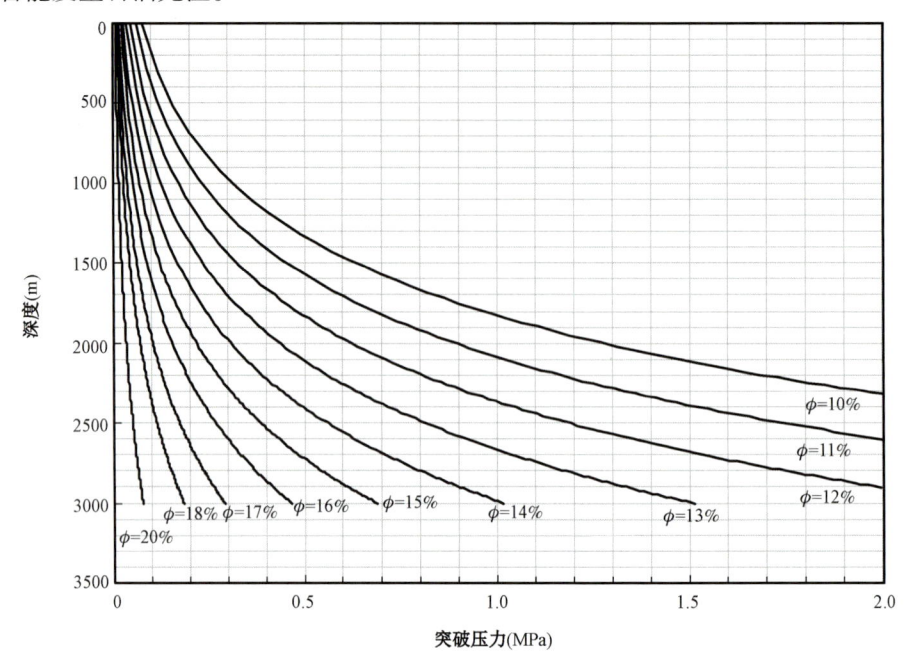

图 5-44　鄂尔多斯盆地延长组砂岩储层物性—充注压力临界成藏解释图版

西峰地区西 17 井长 8 油组 2144.8~2148.6m 深度段试油结果为产油 34.64t/d,储层现今孔隙度是 9.8%,恢复到成藏期砂岩孔隙度达到 16.9%,古埋深是 2184m,在烃类充注压力图版上绘制出该孔隙度下的烃类注入压力曲线(图 5-45),该孔隙度条件下 2184m 埋深处的注入压力是 0.12MPa。成藏期烃源岩地层压力转换到实验室条件下充注压力为 0.37MPa,由此可见,油气充注压力大于注入压力,油气可以充注,这也与现今的试油结果相符合。

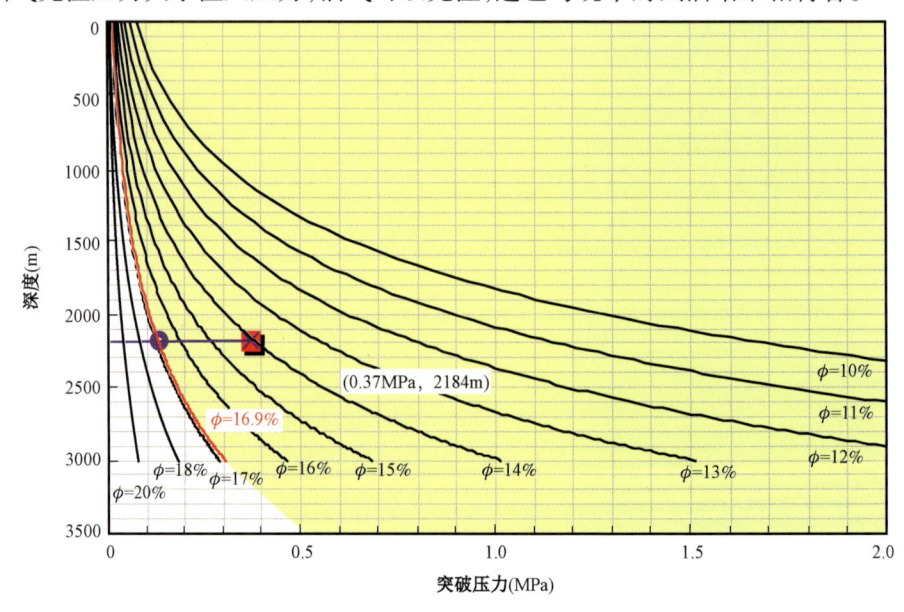

图 5-45　鄂尔多斯盆地西 17 井延长组砂岩储层物性—充注压力临界成藏解释图版

第五节 储层烃类充注的级差效应总结

砂岩储层的烃类充注表现为明显的级差效应。在现今储层物性和试油资料分析的基础上，结合成藏期古孔隙度、古压力恢复，首先将储层临界物性作为标准评价储层的有效性，从而根据成藏期储层物性的差别将其分为有效储层和无效储层两个大的级别；其次利用储层物性—流体动力耦合关系判别有效储层的含油性，进而依据成藏期烃类充注动力的差别将有效储层再次划分为两个级别：含油储层［源储压差大于临界充注压力（实验中也称为突破压力）］和不含油储层（源储压差小于最小充注压力）；最后利用成藏期孔隙度与临界孔隙度的差值以及储层含油程度的差别，将含油储层划分为三个级别：高含油好储层、中等含油储层、低含油差储层。

一、储层物性的级差效应——临界储层物性区分有效储层与无效储层

建立孔隙度演化模型，将储层孔隙度恢复到成藏期是进行储层动态评价的基础。恢复到成藏期储层物性，储层临界物性可以作为评价储层好坏的标准，高于储层临界物性的储层是油气充注的有效储层，反之，则是无效储层。

砂岩样品双轴承压充注实验模拟不同地层条件（围压和轴压）下石油进入砂岩样品的过程，从而测定石油进入砂岩样品所需要的临界注入压力，其中围压相当于上覆地层压力，轴压相当于侧向地层压力。将实验中的围压转换成埋深，可以得出砂岩样品在不同埋深条件下的石油充注临界压力。从不同物性砂岩样品临界注入压力随埋藏深度变化关系图上可以看出：相同物性砂岩样品，临界注入压力随埋深增加而增大；不同物性砂岩样品相同埋深条件下，物性越好，石油充注的临界注入压力越小。将不同孔隙度岩样石油充注条件下临界注入压力与埋深的关系曲线绘制在图版上，建立了安塞地区长 6 段储层临界成藏解释图版（图 5 - 46），划分出石油充注的有效储层和无效储层。

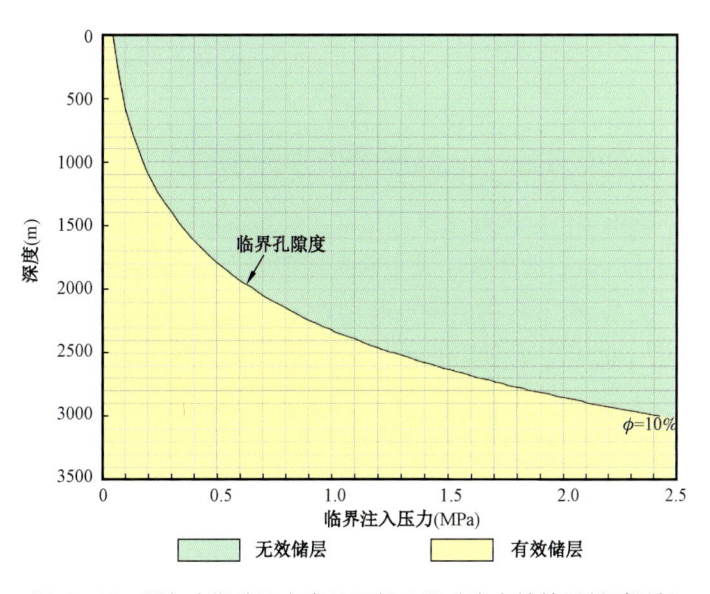

图 5 - 46　鄂尔多斯盆地安塞地区长 6 段砂岩有效储层判别图版

二、流体动力的级差效应——临界注入压力决定是否可以成藏

相—势耦合宏观上控制着油气藏的时空分布,微观上控制着储层的含油气性(庞雄奇,2007),储层物性—成藏动力耦合决定砂岩体储层能否成藏的理念和相势耦合控藏原理相似。在地质学中,相是指能够反映某种环境及形成这种环境过程的总和。应用到油气成藏中,相可以理解为油气成藏的介质条件。在一个含油气盆地中,"相"对油气的控制作用从宏观到微观可以分为4个不同的层次:构造相控油气作用、沉积相控油气作用、岩相控油气作用及岩石物理相控油气作用。对于近源油气藏来说,油气成藏的介质条件就是储层,而储层物性是反映储层介质属性的最好定量参数,即岩石介质的物理相。"势"是指流体所具有的能量,也即流体势。油气作为一种地层孔隙流体,其能否开始和继续运移,以及向哪个方向运移等都将受地下流体势分布的制约,而地下流体势又直接受制于地层压力的分布。油气运移驱替地层水进入储层,其实也是动力克服阻力的过程。用"势"来代表油气运聚的基本动力条件,用"相"来代表油气接收条件,则油气成藏的过程也就为"势"所代表的动力不断克服"相"所代表的阻力的过程(张善文,2006;王永诗,2007)。油气注入储层是相(储层物性)和势(充注动力)耦合的结果(王永诗,2007)。"相—势"耦合作用就是运移流体克服储层介质排替压力的过程,但不同尺度下,具有不同的控藏特征:砂体的沉积相类型控制着油气藏的形成与分布,砂体内部砂层组合及储层的非均质性控制着油水层的分布,储层的物性控制着油气的运移和聚集(马中良,2009)。相势耦合的概念很好地指导了隐蔽油气藏的勘探,它也能很好地解释近源低孔渗储层的含油气性。

砂岩临界成藏解释图版定量地反映了储层物性(相)与临界充注压力(势)之间的耦合关系,如果能恢复成藏期的储层物性及充注动力,再结合临界成藏解释图版就能很好地解释现今储层的含油气性。假设恢复出单井目的层段成藏期的孔隙度,在临界成藏解释图版(图5-47)上就可以绘制出该孔隙度下的临界注入压力曲线,再将成藏期的古埋深和古充注动力投在图版上,若所投的点在临界注入压力曲线上部,则表示古充注动力大于临界注入压力石油可以充注,若在临界注入压力曲线的下部,则表示古充注动力小于临界注入压力石油不能充注。

三、含油程度的级差效应——储层类型划分依据

本文以鄂尔多斯盆地镇泾—西峰地区长6—长8段低渗及致密砂岩储层为对象,采用减孔过程和增孔效应相互叠加的方法恢复成藏期古孔隙度,并分析试油资料中的关键参数与储层孔隙度之间的各种关系,提出利用成藏期孔隙度与临界孔隙度的差值($\Delta\phi$)评价储层含油程度的新方法。研究结果表明:成藏期的储层临界孔隙度可作为评价储层有效性的关键指标,而储层物性与临界充注动力之间的耦合关系可用来判别有效储层的含油气性,在此基础上依据砂岩孔隙度与含油程度的关系可确立储层含油等级。用该方法可将该区砂岩储层划分为低含油差储层(Ⅲ类)、中等含油储层(Ⅱ类)、高含油好储层(Ⅰ类)三类(图5-48)。

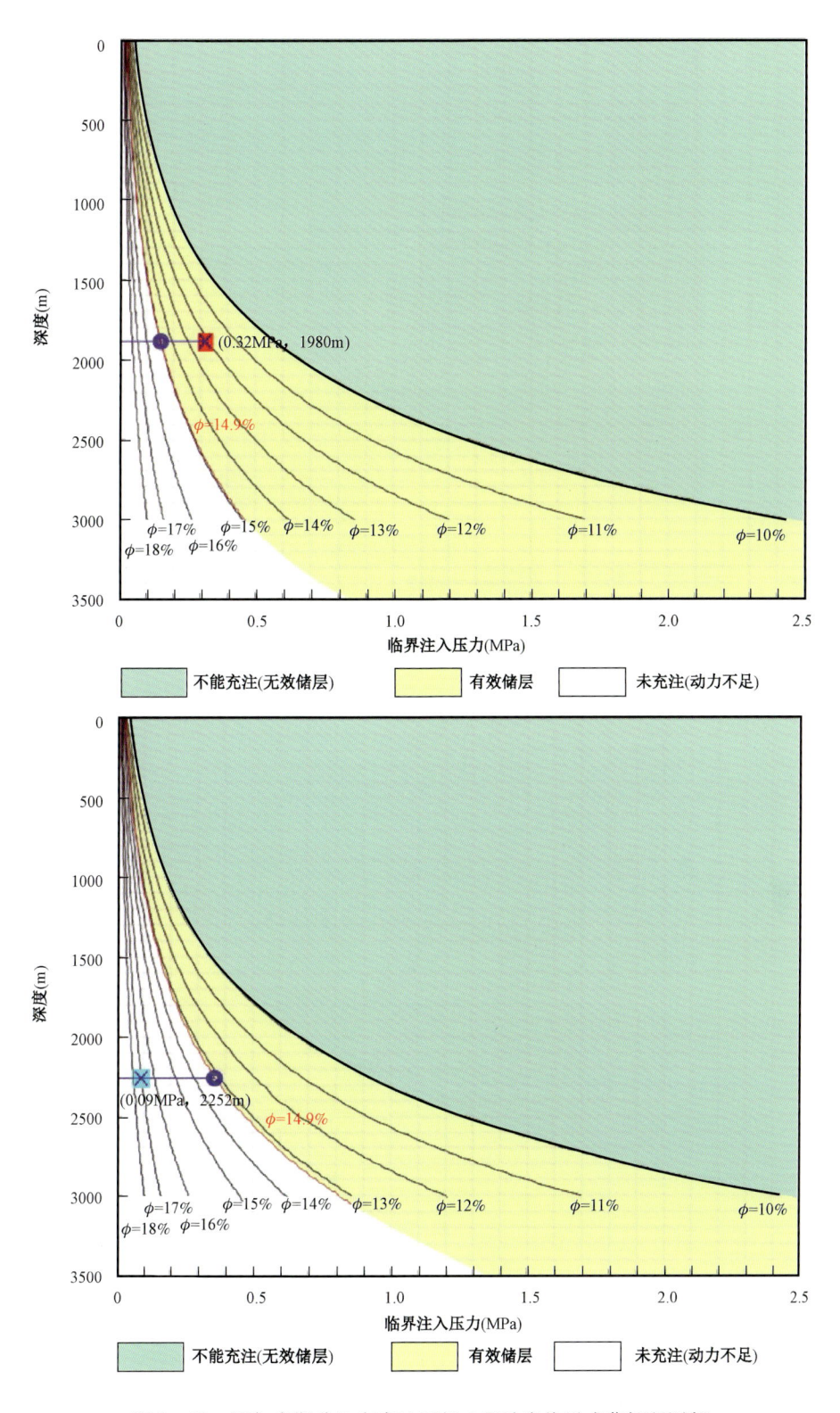

图 5-47 鄂尔多斯盆地安塞地区长 6 段砂岩临界成藏解释图版

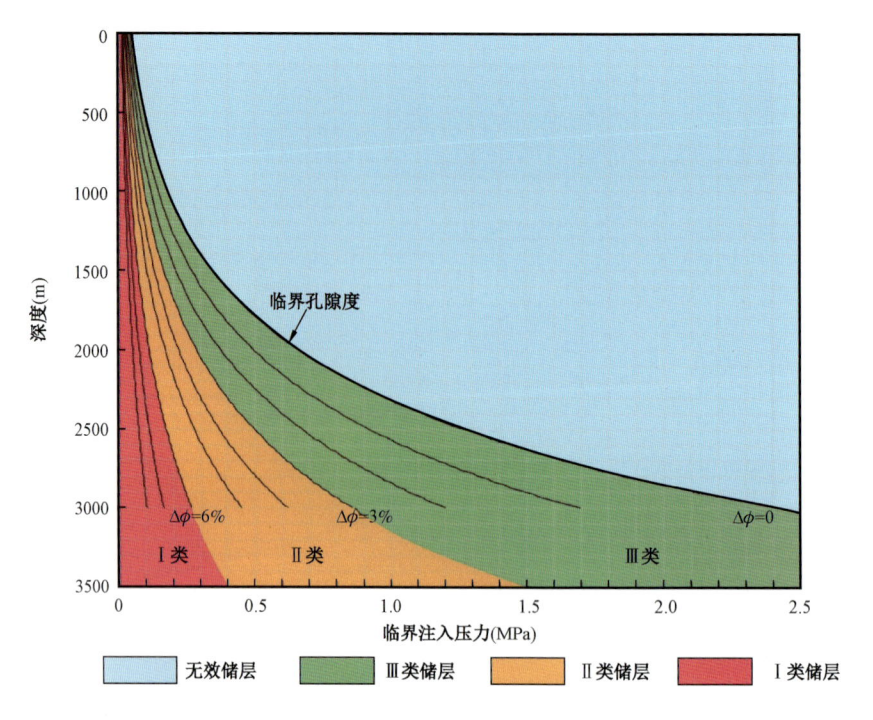

图 5-48 鄂尔多斯盆地安塞地区砂岩储层含油等级动态评价图版

第六章　成藏期后储层物性变化规律

现今发现的油气藏大多是地质历史过程中形成的。即便是所谓"晚期成藏"形成的油气藏也是在几百万年前形成的。地质历史中形成的油气藏经过漫长的时间至今,其储层性质是否有变化?如前文所示,由于前人认为深层压实作用很弱,且认为烃类侵位后胶结作用和溶蚀作用等化学反应停止或变得很弱,故可以总结得出,前人基本上认为成藏后储层物性变化不大。但是砂岩储层在油气充注进入成藏后仍要经历长时间的复杂演化,才能表现为现今的特征。对于油气成藏后砂岩储层演化的特征,成岩作用的影响是关键;而在这个过程中,压实作用、胶结作用和溶蚀作用对储层物性的影响需要进一步探索。本文结合"动态演化"的思路,以油气成藏为节点,在充填调研前人研究成果的基础上,宏观与微观、定性与定量等多种研究手段相结合,对成藏期后储层压实作用、胶结作用和溶蚀作用进行深入研究表明,成藏期后压实作用和胶结作用持续发生,溶蚀作用减弱,总体上仍呈减孔趋势。这些新认识对于合理认识和评价储层有至关重要的意义。

第一节　晚期机械压实作用

压实作用是指沉积物沉积后在其上覆水体或沉积层的重荷下,或在构造形变应力的作用下,发生水分排出、孔隙度降低、体积缩小的作用。在沉积物内部可以发生颗粒的滑动、转动、位移、变形、破裂,进而导致颗粒的重新排列和某些结构构造的改变。压实作用在沉积物埋藏的早期阶段表现得比较明显(Terzaghi 等,1996;Baud 等,2004;寿建峰等,2006;朱筱敏等,2008;Morad 等,2010)。

在沉积岩中,孔隙度随埋藏深度的增加总体上趋于逐渐减小。在中国的含油气盆地中,压实作用是砂岩储层孔隙体积减少的重要因素,甚至是主要因素(寿建峰,2005)。传统的观点认为,机械压实作用只发生在中浅层,到了深层机械压实作用就消失了(Agersborg 等,2011;Bernaud 等,2006;Giles,1997;Mondol 等,2007;Ramm 等,1992,1994)。但实际地质情况究竟符不符合传统的观点认识仍存在一定争议。且近几年来,学者们对储层成岩作用进行深入研究的时候,对于压实作用的关注却不多,往往只是进行一些简短、定性的描述和分析,没有展开深入的系统性的研究工作,对于压实发育的机理和规律的研究仍存在很大的空间(刘国勇,2005;寿建峰等,2006;操应长等,2011)。

一、砂岩压实作用的关键控制因素

石英砂岩的原始孔隙度为40%左右,在3000m深处其孔隙度降至10%~30%。在正常压实作用下,埋深每增加1000m,孔隙度将下降4%~8%。在压实过程中,一般的砂岩每立方米可以排出700L的水。碎屑岩沉积物在300m深处时,75%以上的水已经被排出,所排出的水是孔隙流体的主要来源之一。而孔隙流体中的矿物质离子,是后期化学成岩作用的物质基础,也就是说砂岩机械压实作用在成岩早期表现较为剧烈,成岩后期基本上不发生。同时,控制砂岩压实作用的因素有很多,总体上可以分为与沉积物本身有关的内因和与沉积物无关的外因两大类。其中内因包括:颗粒的成分、粒度、形状、粗糙度、分选性等;外因包括:埋深、埋藏过程、胶结类型及程度、溶解作用、异常高压等。

Selley(1978)研究了大量沉积盆地砂岩和泥岩孔隙度与埋深关系数据,编制了地层孔隙度与埋深的交会图。研究结果表明,无论是砂岩还是泥岩,其孔隙度都随埋深增加而逐渐降低,还发现浅部(约500m以内)地层孔隙度减小速度很快,到深部(3000m以下)孔隙度变化则相对较小。

20世纪30年代,Athy对泥岩压实过程做了深入研究后指出,正常压实条件下泥岩孔隙度与埋深呈指数关系,即泥岩孔隙度演化的Athy模型。这一原理此后一直被运用于泥岩(甚至砂岩)压实过程的研究。后来有学者研究指出埋深只是影响孔隙度演化的因素之一。Scherer(1987)研究指出,成岩作用与地层埋深和持续时间有关,Athy孔隙度预测经验公式只适用于胶结程度低或未胶结、无明显溶蚀作用、埋深超过500m、年龄超过3Ma和受构造作用力小的地层。1983年Siever研究指出很多地质作用及其影响都与时间和温度有关。1988年Schmoker发现砂岩孔隙度与成熟度之间是幂函数关系。1990年Bloch提出一般情况下砂岩孔隙度是其热史的函数。

贝丰(1983)在对含泥质砂岩和石英砂压实实验过程中发现,砂岩的压实过程符合以下规律。在同样的实验条件下,系统进行了不同含砂量黏土的压实实验。即在纯黏土中掺入同一粒级的石英砂(颗粒粒径为0.088mm),配备出不同比例的含砂黏土,含砂比例分别为0、20%、40%、60%、80%、100%。所得到的结果如图6-1所示。从图6-1中可见,不同含砂量黏土的孔隙度变化曲线介于纯黏土和石英砂之间,但偏离的程度各不相同。随着黏土中含砂量的增加,样品的原始孔隙度减小,最终压力大的孔隙度增大,反映出压实程度变差、剩余孔隙体积增大。但当黏土中含砂量一旦大于60%时,无论在什么压力范围内,孔隙度的最终值均会急剧升高,其压实特征更类似于纯石英砂的压实状态。

随后进行了砂(干石英砂)的压实模拟实验,采用各种粒级的商品石英砂再配以一定量的黏土作为胶结物及充填物,分别进行了纯砂、含泥砂、泥质砂的压实实验。图6-2是实验所得的粗、中、细、粉四个粒级的纯石英砂压实曲线。由图6-2可见,不同粒级的砂粒在上覆重荷作用下所产生的结果是不同的,颗粒越粗,其初始孔隙度越小。

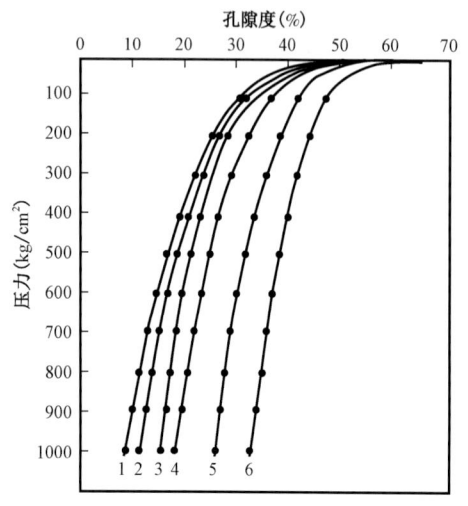

1—纯黏土;2—含砂20%的黏土;3—含砂40%的黏土;
4—含砂60%的黏土;5—含砂80%的黏土;6—纯石英砂

图6-1 不同含沙量黏土的压实曲线(据贝丰,1983)

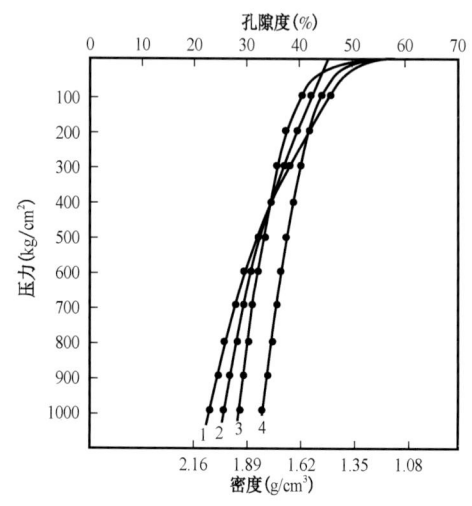

1—粗砂;2—中砂;3—细砂;4—粉砂

图6-2 纯石英砂岩的压实曲线(据贝丰,1983)

可以看出石英砂的压实阶段不如黏土压实明显,粗砂的孔隙度随压力的变化几乎呈一直线。而中砂、细砂、粉砂则具有黏土压实的某些特征。在 0~100 标准大气压的范围内,具有较大的压实幅度,而在 0~100 标准大气压以外,孔隙度几乎都有直线下降的趋势。初始压实阶段主要是砂粒颗粒的重新排列所造成的大幅度孔隙体积下降。而后来的压实阶段则是由于砂粒的局部破碎以及接触紧密所造成的孔隙体积下降所致。粗砂以这种机械破碎为主的影响表现得特别明显。

Pittman(1991)认为砂岩的成岩作用可以细分为物理成岩作用导致的压实和化学作用导致的压实。而物理压实则受到岩性的影响。为了证明砂岩岩性对压实过程的影响做了一系列的物理压实试验(图 6-3 至图 6-5),表明岩性对压实曲线的影响较大较大,特别是岩石的弹性和塑性特征。

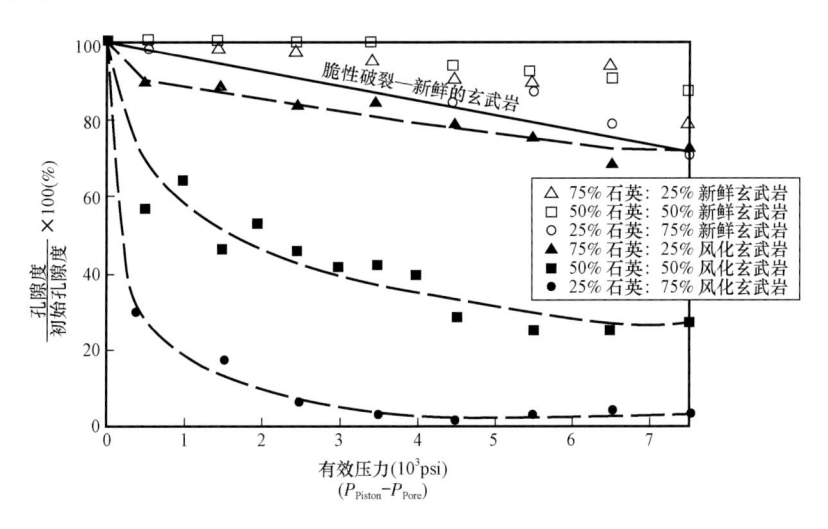

图 6-3 不同比例的石英和刚结晶的玄武岩(弹性)以及风化的玄武岩(塑性)孔隙度随着有效压力的变化趋势(据 Pittman,1991)

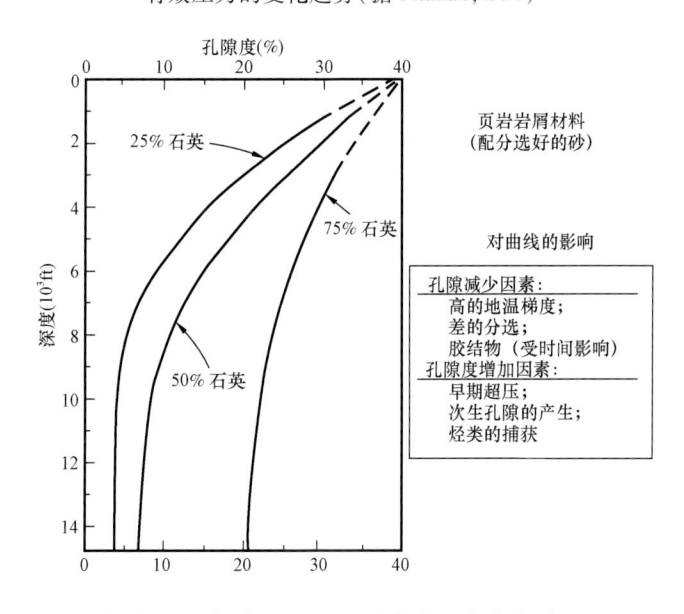

图 6-4 不同比例的石英颗粒和黏土混合物的压实曲线(据 Pittman,1991)

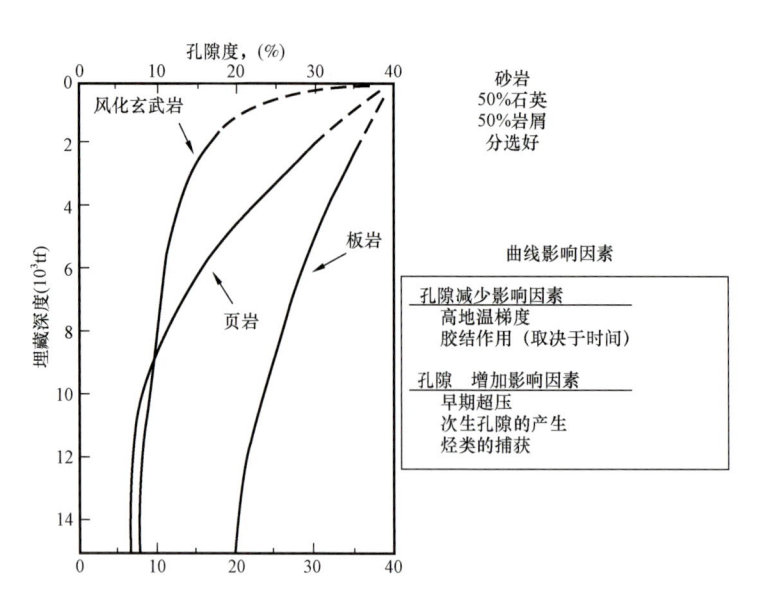

图 6-5 石英颗粒与塑性不同的颗粒等比例混合的压实趋势（据 Pittman, 1991）

Ostermeier(2001)对墨西哥湾的深水砂岩进行了压实研究,这一地区的砂岩主要是中新统、上新统和更新统的浊积砂岩,仅有轻度胶结或未胶结,通过压实试验和 CT 扫描成像研究了砂岩的孔渗与压实的关系(图 6-6 和图 6-7)。

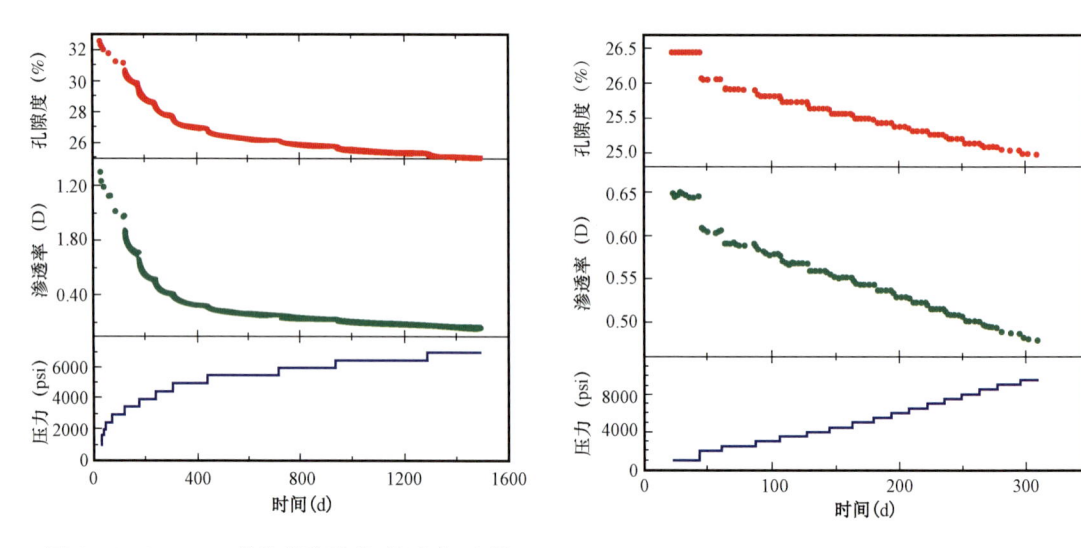

图 6-6　Q-E-2 样品的孔隙度、渗透率、有效平衡压力随时间的变化（据 Ostermeier, 2001）

图 6-7　B-P-2 样品的孔隙度、渗透率、有效平衡压力随时间的变化（据 Ostermeier, 2001）

油藏 A 和油藏 D 中的砂岩样品在相同的实验条件下表现出来很大的差异,最后证实 B-P-2 样品是人工制造的砂岩样品,所以笔者认为蠕变特性对砂岩的压实过程有很大的影响。

通过图 6-8 可以发现 Q-E-2(Prospect A)的蠕变特性最为明显,B-P-2(Prospect D)完全是弹性形变,孔隙体积压缩系数几乎没有变化。

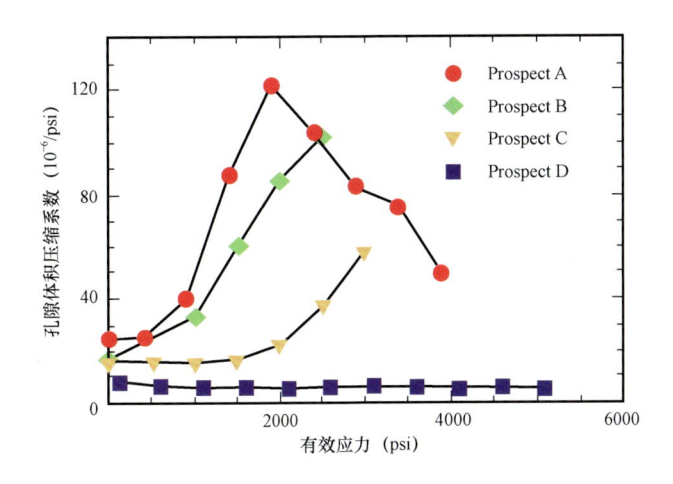

图6-8　不同 Prospect 的孔隙体积压缩系数随有效应力的变化趋势(据 Ostermeier,2001)

最终认为不同的颗粒形态(粒度、分选)、砂岩成分和所经历的地质时间是影响砂岩岩石特征的重要影响因素(图6-9)。

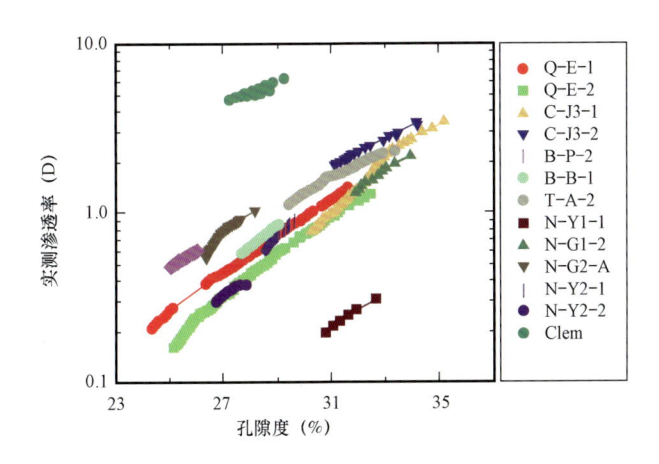

图6-9　不同样品的渗透率和孔隙度的关系(据 Ostermeier,2001)

Dudley(1998)研究了压力持续时间和墨西哥湾砂岩样品的应变关系,发现随着施加应力时间的延长砂岩的应变出现了波动式的应变(图6-10)。

同一种材料的岩石粒径小的压实系数大,而粒径大的压实系数小。把它转化到该实验,也就是说粒径小的岩块在压实过程中体积变化量大,而粒径大的体积变化量小(张连英,2006)。

Houseknecht(1987)通过砂岩压实作用和胶结作用对砂岩孔隙度降低相对重要性的对比,指出在决定最终孔隙度方面压实作用比胶结作用重要得多,强调在进行储层砂岩分析和埋藏成岩作用模拟时,必须结合对压实作用的评估。在压实过程中,渗透率、孔隙度随有效应力增大呈幂函数下降;孔径、油相相渗透率随有效应力增大呈线性下降;束缚水饱和度、残余油饱和度随有效应力增大呈指数增大(周文胜,2015)。砂岩压实作用减少岩石总体积发生在以下的4个过程中(按一般所接受的重要性顺序):颗粒重排、塑性变形、压溶以及脆性变形(Wilon 和 Stanton,1994)。

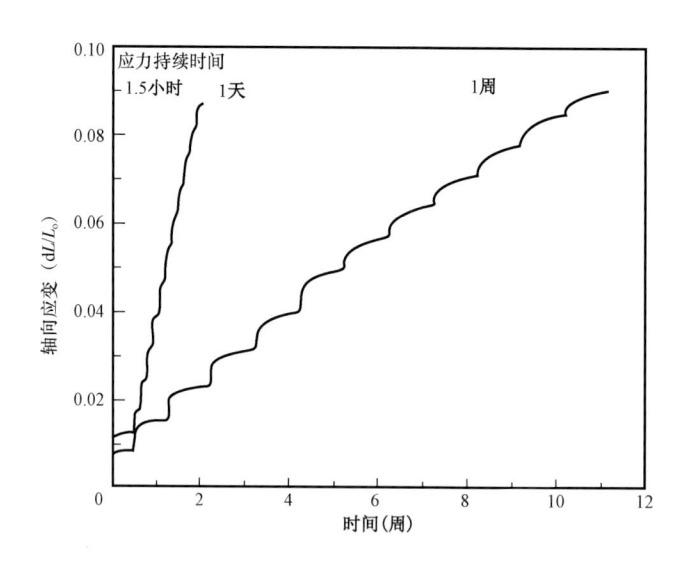

图 6-10　砂岩样品随不同压力持续时间的应变趋势（据 Dudley,1998）

寿建峰等(2006)根据砂岩成岩压实形成机制和控制因素的不同,将砂岩压实作用分为静岩压实效应、热压实效应、构造压实效应和流体压实效应。热压实效应是指地温场对成岩作用的影响不仅体现在水岩反应的类型和速率,如各种矿物的沉淀、转化以及压溶等,而且更重要的是显著加快了砂岩的压实进程。随着地层温度的升高,砂岩的压实量增加,或相应的孔隙度减小(图 6-11)。

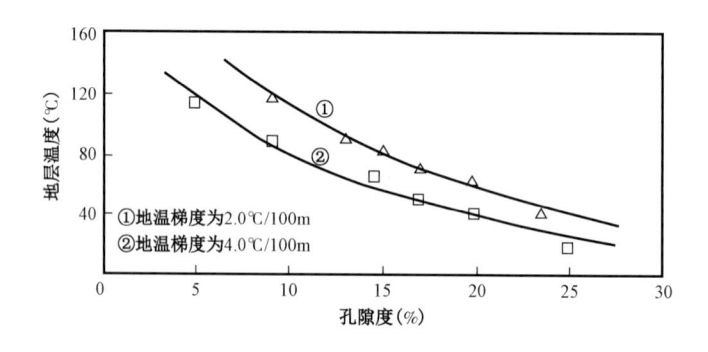

图 6-11　不同地温梯度地区地层温度与岩屑细砂岩孔隙度的定量关系（据寿建峰等,2006）

构造压实效应主要是指在中国西部挤压性油气盆地中的构造变形作用较强,尤其是喜马拉雅强烈的构造变形,无疑会产生岩石形变,构造变形强度越大,则压实效应越强;构造变形方式所引起的压实效应可以是多方面的,如侧向挤压、基底断块隆升等造成压实作用增强。对冲或反冲型变形(构造托举作用)可以减缓上覆的静岩压实效应(赵文智等,2005),而晚期构造推覆可以使下覆砂岩储层保持较高的孔隙度;同时,成岩演化早期发生的构造变形作用的压实效应增强。

流体压实效应是指煤系地层或酸性水成岩水介质环境在早成岩期的酸性流体很丰富,对砂岩碎屑颗粒产生较强的溶蚀,从而降低砂岩的抗压性,加快了后期压实进程。因此流体压实效应包含了化学(水岩反应)和物理(机械压实)两个作用过程。

二、砂岩压实模拟实验与晚期压实作用

刘国勇等(2006)模拟实验研究表明：在压实过程中,长石砂体孔隙度和渗透率的变化具有明显的分段性：在压实过程的初期出现了一个陡变带,随后出现了一个缓变带；实验数据分析表明：在压实过程中,孔隙度和承载压力之间存在良好的线性关系,孔隙度和渗透率之间存在良好的半对数关系,渗透率和承载压力之间存在良好的指数关系。这些关系的存在不因砂体成分的变化而改变。

模拟埋藏初期,孔隙度随承载压力的增加而大幅度减小,出现了一个陡变过程。这是因为在自然条件下,已经沉积的碎屑颗粒在压实的初期存在一个位置调整的过程。在这个过程中,碎屑颗粒主要有两种表现：刚性碎屑表面的脆性微裂纹及其位移和重新排列；碎屑颗粒的紧密填集随着外加压力的不断增加,压实作用会不断增强,长石碎屑颗粒会发生滑动、转动、位移、变形和破裂,进而导致颗粒的重新排列和某些结构构造的改变,达到一个位能最低的紧密堆积状态,在这个过程中就会出现一个孔隙度的陡变阶段。随着碎屑颗粒达到稳定堆积状态,当承载压力继续增加时,碎屑颗粒不会再发生以上变化,只是堆积的紧密程度进一步增加,孔隙度也只是慢慢减小,于是就出现了孔隙度的缓变带。当压力到达设定值以后,随着时间的推移,孔隙度仍然会减少,但幅度较小,这是由于时间因素对于压实有一定的影响,这也提醒我们在研究压实作用的时候应该充分考虑时间因素的影响(刘国勇等,2006)。

操应长等(2011)对青岛金沙滩和银沙滩、东营黄河口及潍坊马站河、胶南风河口等沉积区表层5~20cm处的现代沉积物进行压实模拟,表明以下三点。(1)正常压实条件下,孔隙度和渗透率随深度增加出现一个快速减小的过程,形成速变阶段；随后,压实作用逐渐减慢,形成缓变阶段,且沉积物分选越差,速变阶段和缓变阶段表现出来的差异越明显(图6-12)。孔隙度与渗透率呈指数关系(图6-13)。(2)在只经历机械压实的情况下,相同物源、相同分选的砂岩,颗粒粒度越粗,压实作用过程中,压实减孔率越小,最终保存的孔隙越多,砂岩渗透性越好；相同物源、不同分选、相近粒度的砂岩,分选越差,压实作用过程中,压实减孔率越大,最终保存的孔隙越少,砂岩渗透性越差。(3)在压实缓变阶段,分选好中砂岩相平均百米减孔量最小,其次为分选好细砂岩相和分选好粉砂岩相,再次为分选中等粗砂岩相,分选差含砂砾岩相平均百米减孔量最大。

通过对前人压实模拟实验的研究的调研表明,在砂岩进入中、深埋藏阶段后,孔隙度减小趋势虽然变缓慢,但是仍在不断的减小。

三、机械压实持续发生的证据

在大量调研前人研究成果的基础上,结合笔者近些年针对致密砂岩油气藏的研究工作发现,实际资料与深层压实终止论不符,在深部的致密砂岩中仍可见到砂岩压实现象。如图6-14所示,在线性坐标下孔隙度随埋深的增加表现为指数递减,当深层达到一定埋深后孔隙度变化很微弱,最终趋势是不再变化。但是同样的数据在半对数坐标下,表现为孔隙度随埋深的增加线性递减,且递减趋势一直存在。同样的,通过双轴承压模拟实验发现,随着上覆压力的增加,砂岩储层孔隙度一直表现为减小趋势(图6-15)。

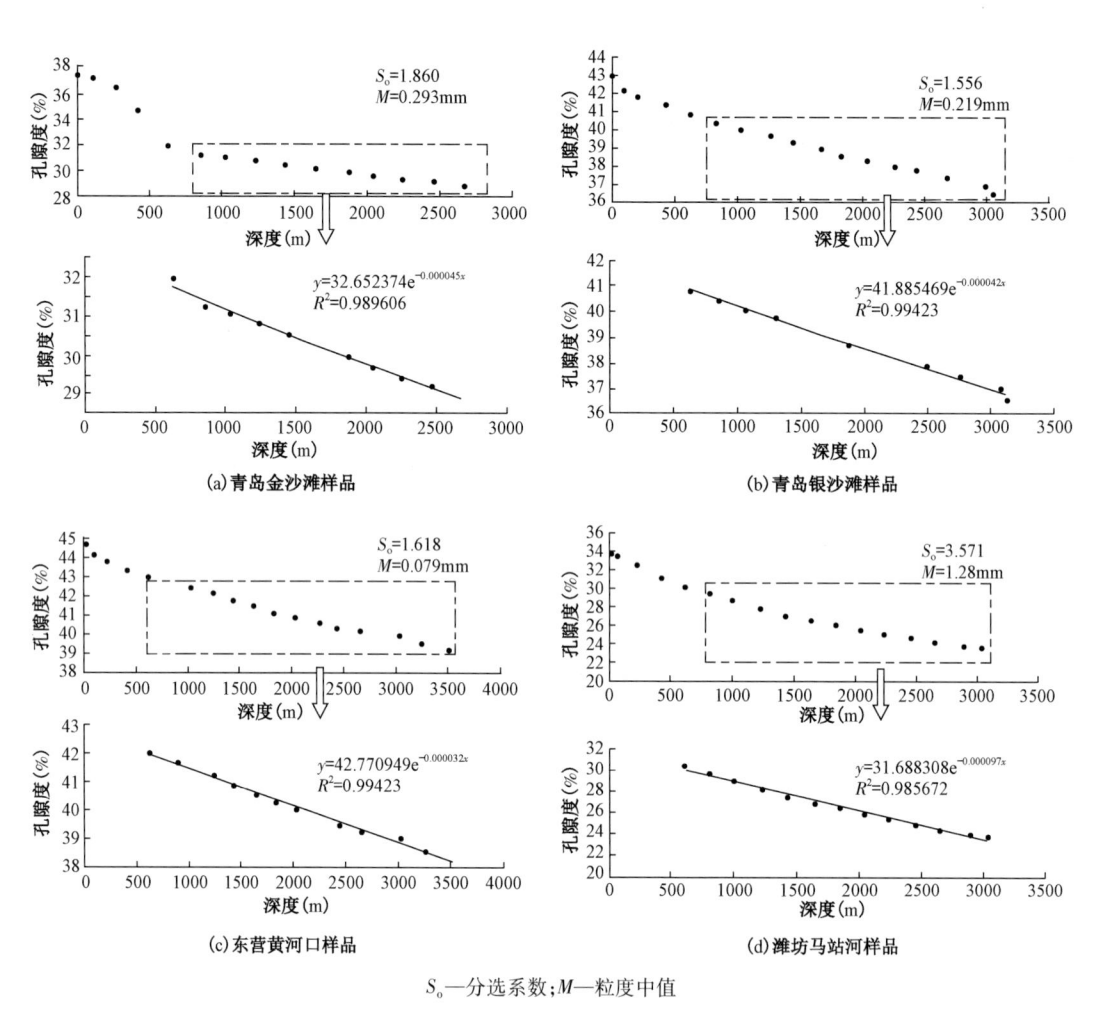

图 6-12　砂岩机械压实过程中深度与孔隙度关系图(据操应长等,2011)

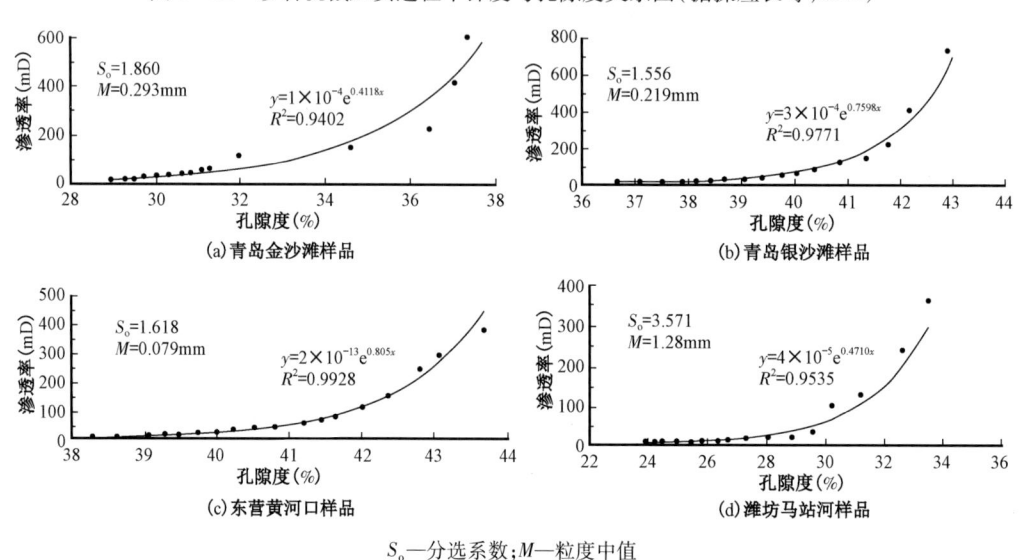

图 6-13　砂岩机械压实过程中孔隙度与渗透率的关系(操应长等,2011)

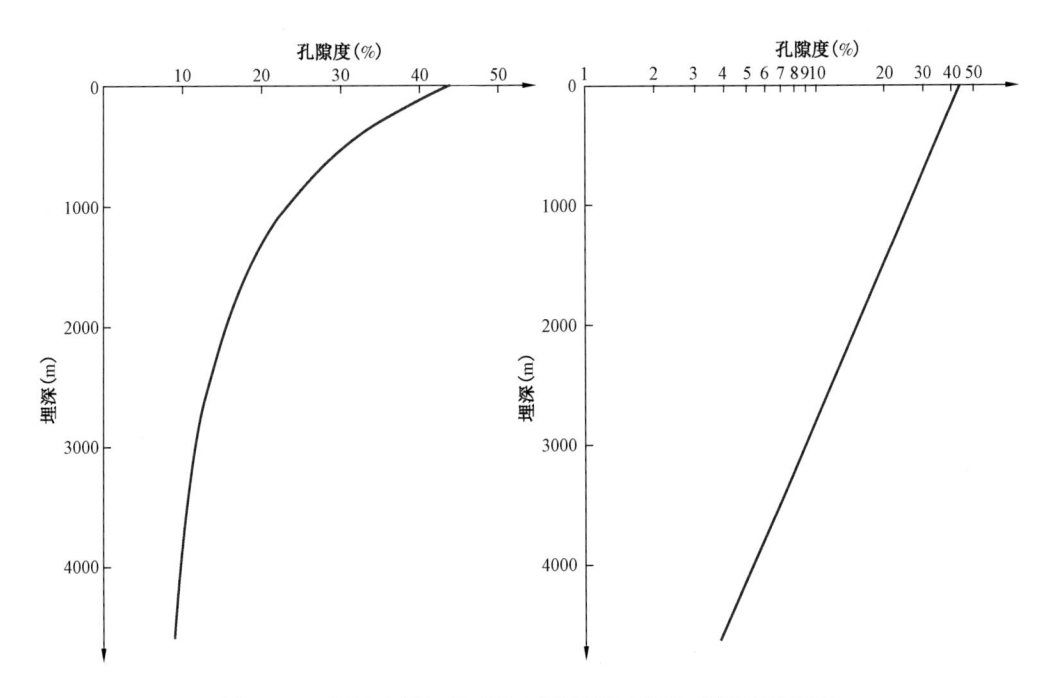

图 6-14 线性坐标与半对数坐标砂岩孔隙度—深度剖面对比

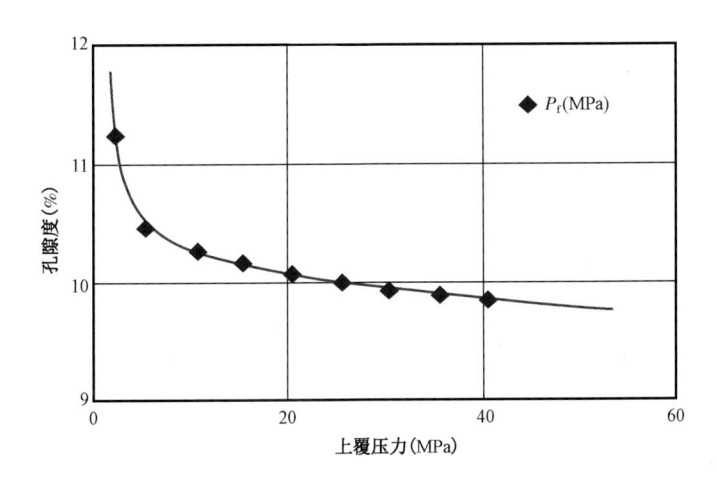

图 6-15 鄂尔多斯盆地延长组西 17 井孔隙度与上覆压力关系图

压实作用主要发生在沉积物埋藏的早期阶段,对埋深较浅的砂层作用十分明显,是储层物性变差的最主要的因素(图 6-16a 至 f)。鄂尔多斯盆地镇泾地区延长组砂岩的机械压实作用表现在:使颗粒发生压实定向,常见于岩屑含量较高的细砂岩与粉砂岩中,由于埋深增加,地层压力增大,使碎屑颗粒长轴(云母与长石等)近于水平方向定向排列;当砂岩中黑云母含量较高时(>4%),黑云母沿长轴方向定向排列形成明显的压实定向组构。使塑性颗粒压弯变形,如云母、泥岩岩屑、泥岩及灰泥内碎屑、黑云母和少量火山岩岩屑受压弯曲、伸长或被硬碎屑嵌入;使刚性颗粒被压裂,主要是石英、长石和花岗岩岩屑,当上覆压力超过颗粒抗压强度时,颗粒沿其薄弱面破裂,产生微细应力纹和裂缝(图 6-16g 和 h),部分石英呈现波状消光,以及长石、电气石等重矿物碎裂,并使碎屑颗粒间呈缝合接触甚至凹凸接触。

(a) 岩屑质细粒长石砂岩　　(b) 灰质岩屑细砂岩

(c) 岩屑细砂岩　　(d) 中细粒长石岩屑砂岩

(e) 泥质粉细砂岩　　(f) 长石细砂岩

(g) 长石中砂岩　　(h) 中细粒长石岩屑砂岩

图 6-16　鄂尔多斯盆地镇泾地区延长组砂岩压实作用镜下特征

(a) 黑云母挤压变形,长条状碎屑颗粒定向排列,红河 16 井,812m,单偏光,长×宽=0.125mm×0.094mm;(b) 方解石嵌晶及交代岩屑与杂基,红河 24 井,1804.08m,812,正交光,长×宽=0.125mm×0.094mm;(c) 岩屑及云母压弯变形,红河 26 井,2125.3m,长 8 段,单偏光,长×宽=0.125mm×0.094mm;(d) 泥质与千枚岩岩屑压弯变形,红河 24 井,1799.2m,长 8_1 亚段,单偏光,长×宽=0.125mm×0.094mm;(e) 黏土杂基长条状颗粒定向排列与压弯变形,ZJ5 井,2152m,长 8 段,单偏光,长×宽=0.125mm×0.094mm;(f) 含铁方解石填隙晚于石英次生加大,并阻止加大边生成,红河 101 井,2122m,长 8 段,正交光,长×宽=0.125mm×0.094mm;(g) 长石沿双晶纹压裂,早期方解石溶蚀残余,红河 101 井,2122m,长 8 段,正交光,长×宽=0.125mm×0.094mm;(h) 云母与千枚岩岩屑压弯变形,方解石交代碎屑,ST2 井,1722.3m,长 6 段,正交光,长×宽=0.125mm×0.094mm

致密砂岩储层镜下矿物颗粒表现出的特征能反映砂岩所经受的机械压实作用。本次研究通过镜下薄片的观察,分析了鄂尔多斯盆地延长组致密砂岩的机械压实作用特征。从埋藏深度、颗粒接触类型比例、塑性颗粒变形角度和长石颗粒变形破裂程度等方面对延长组致密砂岩储层机械压实作用强度进行了定量分级,可将机械压实作用划分为弱压实(Ⅰ级)、中弱压实(Ⅱ级)和中等压实(Ⅲ级)三类,特征如下。

(1)弱压实(Ⅰ级):延长组弱压实(Ⅰ级)主要变现为埋深小于1200m,颗粒点接触比例大于75%,线接触比例小于25%,无凹凸接触(图6-17a),塑性云母颗粒变形角度小于30°(图6-17b),无长石颗粒变形破裂现象。

(2)中弱压实(Ⅱ级):延长组中弱压实(Ⅱ级)主要变现为埋深1200~1700m,颗粒点接触比例50%~75%,线接触比例25%~50%,无凹凸接触(图6-17c),塑性云母颗粒变形角度30°~45°(图6-17d),可见长石颗粒变形为主(图6-17e)。

(3)中等压实(Ⅲ级):延长组中等压实(Ⅲ级)主要变现为埋深1700~2200m,点接触比例小于25%,线接触比例50%~75%,凹凸接触比例小于25%(图6-17f),塑性云母颗粒变形角度大于45°(图6-17g),可见长石颗粒破裂为主(图6-17h)。

(a)应1井,1163m,×5,单偏光

(b)塞129井,1142m,×10,单偏光

(c)塞193井,1539m,×10,单偏光

(d)镰34井,1356m,×20,正交光

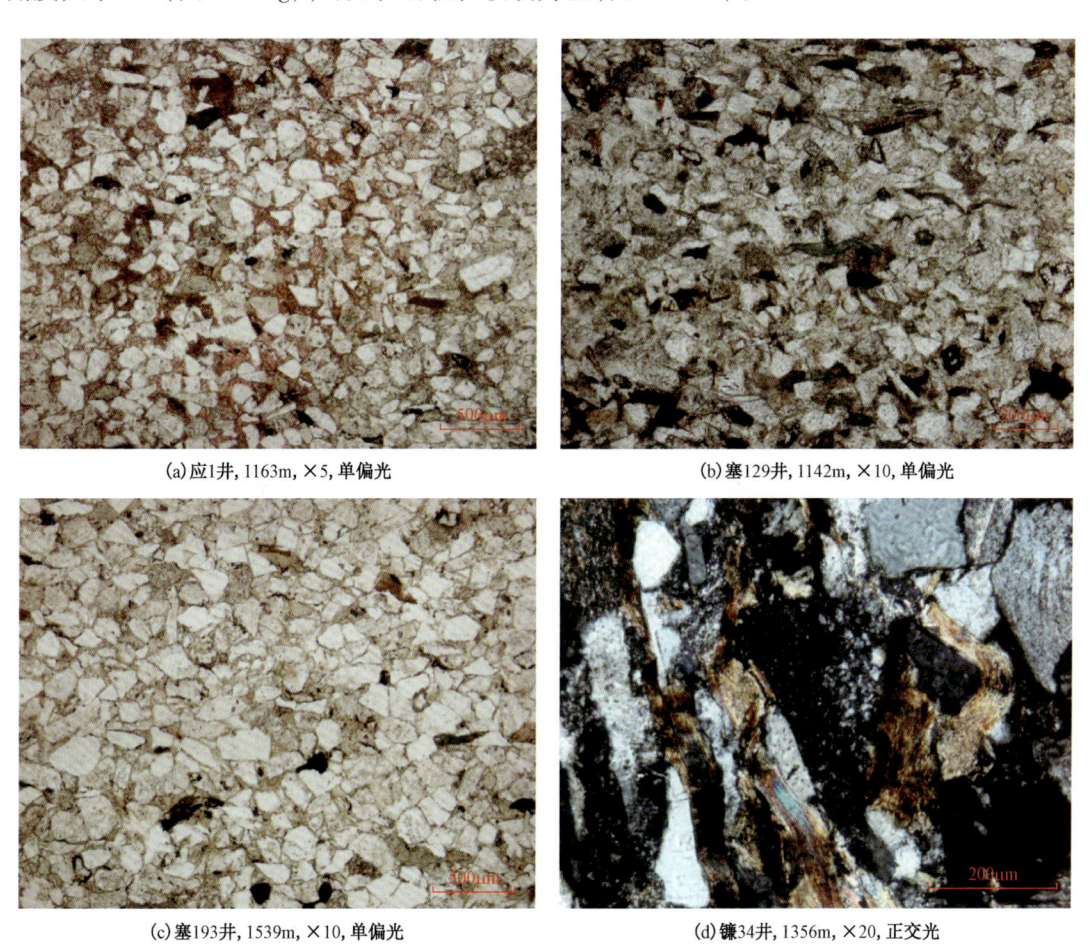

图6-17 鄂尔多斯盆地延长组致密砂岩机械压实作用镜下特征

(e) 塞404井,1280m,×20,正交光　　　　　　(f) 西33井,1996.5m,×5,单偏光

(g) 西128井,1987.55m,×10,单偏光　　　　　(h) 西180井,2112.1m,×20,正交光

图 6-17　鄂尔多斯盆地延长组致密砂岩机械压实作用镜下特征(续)

通过对延长组致密砂岩储层机械压实作用强度定量研究可以发现,随埋深的增加机械压实作用强度变大。由于机械压实作用是不可逆的,不存在深部成岩之后抬升浅保存可能;同时一定的埋深对应着特定的机械压实作用强度及特征,排除了浅部成岩深部保存的可能。因而研究表明机械压实作用一直存在于致密砂岩储层成岩过程中。

通过对松辽盆地长岭断陷登娄库组致密砂岩储层压实作用的薄片观察,也发现随埋深的增加机械压实作用强度变大的特征。当埋深小于1000m时,颗粒互相不接触,主要呈漂浮状镶嵌在填隙物中(图 6-18a 和 b);当埋深为 1000~2000m 时,颗粒呈点—线接触,并可见塑性颗粒微弱变形(图 6-18c 至 f);当埋深为 2000~3000m 时,颗粒呈线—凹凸接触,并可见塑性颗粒中等变形(图 6-18g 至 l);当埋深为大于3000m 时,颗粒呈凹凸接触,并可见刚性颗粒变形、裂缝(图 6-19)。

(a) 伏1井,880m,×5,单偏光

(b) 伏1井,880m,×5,正交光

(c) 颗粒点—线接触,伏11井,1644.2m,×5,单偏光

(d) 颗粒点—线接触,伏10井,1737.4m,×5,单偏光

(e) 塑性颗粒微弱变形,伏11井,1644.2m,×20,正交光

(f) 塑性颗粒微弱变形,伏10井,1737.4m,×5,正交光

图 6-18 松辽盆地长岭断陷登娄库组中浅层致密砂岩压实作用镜下特征

(g) 颗粒线—凹凸接触，老14井，2464m，×5，单偏光

(h) 线—凹凸接触，老9井，2527.5m，×5，正交光

(i) 线—凹凸接触，坨深1井，2347.7m，×5，单偏光

(j) 线—凹凸接触，老14井，2470.5m，×5，正交光

(k) 塑性颗粒中等变形，坨深1井，2115.2m，×10，正交光

(l) 塑性颗粒中等变形，老9井，2527.5m，×10，正交光

图6-18 松辽盆地长岭断陷登娄库组中浅层致密砂岩压实作用镜下特征（续）

(a) 颗粒凹凸接触,长深1-4井,3584.85m,×5,正交光

(b) 颗粒凹凸接触,长深108井,3623.7m,×5,正交光

(c) 凹凸接触,长深D1-2井,3513.85m,×5,正交光

(d) 凹凸接触,长深108井,3613.42m,×5,正交光

(e) 长石颗粒变形,长深108井,3607.8m,×10,正交光

(f) 长石颗粒变形,长深1-4井,3602.9m,×10,正交光

图6-19 松辽盆地长岭断陷登娄库组中深层致密砂岩压实作用镜下特征

(g) 长石颗粒破裂,长深1-4井,3585.1m,×20,正交光　　(h) 长石颗粒破裂,长深D1-2井,3510.35m,×10,正交光

(i) 裂缝,长深1-4井,3585.1m,×5,单偏光　　(j) 裂缝,长深1-4井,3585.1m,×5,正交光

图6-19　松辽盆地长岭断陷登娄库组中深层致密砂岩压实作用镜下特征(续)

第二节　晚期胶结作用

胶结作用是指从孔隙溶液中沉淀出的矿物质(胶结物)将松散的沉积物固结起来形成岩石的作用(朱筱敏等,2008)。胶结作用是沉积物转变成沉积岩的重要作用,也是使沉积层中孔隙度和渗透率降低的主要原因之一(纪有亮等,2009)。碎屑岩中的胶结作用主要分为硅质胶结物、碳酸盐岩胶结物、黏土矿物胶结物和硫酸盐胶结物四种。

前人对碎屑岩中胶结作用的研究已有大量成果。张兴良等(2014)对鄂尔多斯盆地高桥地区二叠系下石盒子组盒8段致密砂岩储层成岩作用的研究中,识别出碳酸盐胶结物、硅质胶结物和自生黏土矿物胶结物,并对其储层孔隙演化的影响运用统计学的方法进行定量评价。吕正祥等(2009)就川西须家河组致密砂岩储层成岩作用对优质储层形成机制的影响研究指出:发生在成岩作用早期的胶结作用就储层不会有负面影响,反而对原始孔隙有一定的保护作用;而中晚期发育的胶结作用对储层原生孔隙缺乏保护意义,有显著的负面意义。

王峰等(2014)对鄂尔多斯盆地陇东地区延长组长4+5油层组致密砂岩储层成岩作用的研

究表明,硅质胶结物含量小于4%时,与孔隙度和渗透率呈成正相关;当含量大于4%时,与孔隙度和渗透率呈负相关(图6-20)。碳酸盐岩胶结物含量小于30%时,与物性呈明显的负相关(图6-21)。自生黏土矿物胶结物对储层物性具有双重作用的影响(图6-22),一方面环边生长的绿泥石阻碍了孔隙水和颗粒的进一步反应,有效限制了石英的次生加大,利于原始孔隙的保存;另一方面,当绿泥石含量过高,呈片状或斑点状充填时,又会阻塞孔隙。这些研究都是传统上对胶结作用进行细化、分类研究,只考虑了储层的发育特征,并没有把储层演化与油气成藏结合起来。当油气充注时,有机质烃类是如何影响储层胶结作用的发育仍存在一定的争议。

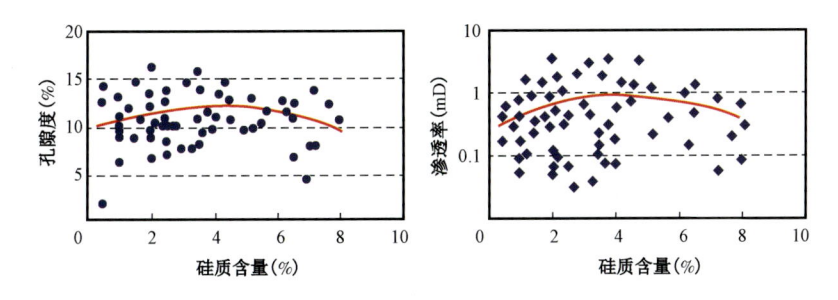

图6-20 延长组长4+5油层组砂岩硅质含量与孔渗关系(据王峰等,2014)

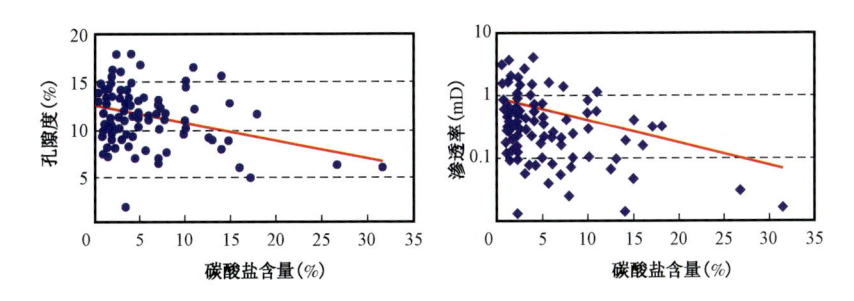

图6-21 延长组长4+5油层组砂岩碳酸盐岩胶结物含量与孔渗关系(据王峰等,2014)

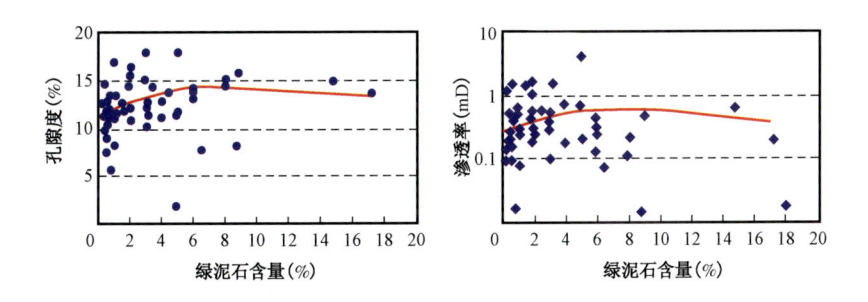

图6-22 延长组长4+5油层组砂岩绿泥石含量与孔渗关系(据王峰等,2014)

一、烃类侵位原理

油气充注进入储层之中,会引起孔隙介质流体性质及成分的改变。水—岩—油的三相反应系统替代了原本单一的水—岩反应系统。烃类流体在对孔隙水进行替换的同时也实现了矿物与例子之间的质量传递,从而控制了自生矿物的形成及矿物的交代和转化(王琪等,1998;罗静兰等,2006;袁东山等,2005,2007),并对储层致密化过程产生重要影响。

理论分析表明,碳酸盐岩矿物对孔隙流体介质中 pH 值和 CO_2 分压等地球化学条件非常敏感,pH 值的降低和 CO_2 分压的升高有利于碳酸盐岩胶结物的溶解,反之则有利于沉淀。早期油气充注的过程中,与烃源岩半成熟—低成熟的热演化过程同时形成的有机酸、甲烷、二氧化碳等进入储层中,造成孔隙介质流体的 H^+ 浓度升高和 pH 值降低,使早期碳酸盐胶结物得以溶解,反应如下:

$$CaCO_3 + 2H^+ \longrightarrow 2CO_2 + H_2O + 2Ca^{2+}$$

$$CaMg(CO_3)_2 + 4H^+ \longrightarrow 2CO_2 + 2H_2O + Ca^{2+} + Mg^{2+}$$

长石作为砂岩储层的骨架颗粒,其溶解形成的次生孔隙可提高砂岩储层的储集性能。由于生烃过程同时也是有机酸的主要释放过程,研究表明有机酸可能会在很大程度上促进长石的溶解。

随着成岩温度的继续升高,烃源岩逐渐成熟进入生油门限,油气开始大量充注。有机酸(主要是乙酸)的脱羧作用导致 CO_2 的大量释放。黏土矿物发生无序崩解,进入第二快速脱水高峰期,蒙皂石向伊/蒙混层转化速度加快,成岩流体中 Na^+、Ca^{2+}、Mg^{2+}、Fe^{3+} 和 Si^{4+} 的浓度进一步升高。蒙皂石连续向绿泥石转化并充填孔隙。长石等硅铝酸盐矿物进一步溶解。长石的溶解及蒙皂石向伊/蒙混层矿物转化使孔隙截止中游离的 Si 的浓度增加,在纤状环边绿泥石不发育的地方发生自生石英的沉淀并局部充填孔隙。在长石溶解的同时,溶液中钙离子浓度提高,可具交代长石结构,连生结构的方解石主要分布在长石等骨架颗粒溶解强烈的地方,此阶段沉淀的方解石胶结物具有相对高的铁含量。由于铝硅酸盐溶解对 pH 值的缓冲作用,碳酸盐溶解十分困难。长石的溶解和方解石的沉淀在该阶段交替进行。温度继续升高过程中 Mg^{2+}、Fe^{3+} 的富集加上温度效应,使成岩阶段早期沉淀的、富钙或无序的原白云石在该阶段调整结构与组成,形成稳定的含铁白云石及铁白云石。

$$CaCO_3 + xFe^{2+} \Longleftrightarrow Ca_xFe_xCO_3 + (1-x)Ca^{2+}$$

$$CaMg(CO_3)_2 + 0.36Fe^{2+} \Longleftrightarrow CaMg_{0.64}Fe_{0.36}(CO_3)_2 + 0.36Mg^{2+}$$

综上研究认为,烃类充注促进晚期铁方解石、铁白云石以及自生伊利石、绿泥石等充填孔隙黏土矿物和自生石英的沉淀,表明胶结物仍在进行。

二、晚期胶结物发育证据

史基安等(2003)研究发现油气充注后砂岩储层仍会发育晚期的碳酸盐胶结;笔者通过分析鄂尔多斯盆地镇泾地区长 8 段砂岩储层成岩序列发现,当油气充注之后砂岩仍可以发生石英和碳酸盐矿物的胶结作用(图 6-23)。本书以鄂尔多斯盆地延长组致密砂岩油藏为研究对象,通过镜下荧光分析发现石英次生加大边与烃类包裹体存在以下三种共生关系:石英次生加大边与石英颗粒之间可见残留沥青现象(图 6-23a 至 c)、石英次生加大边内部可见烃类包裹体(图 6-23d 至 f)、石英次生加大同时夹残留沥青和烃类包裹体(图 6-23g 至 i)。研究表明,在油气充注进入砂岩储层中成藏后,仍有胶结作用的发生。

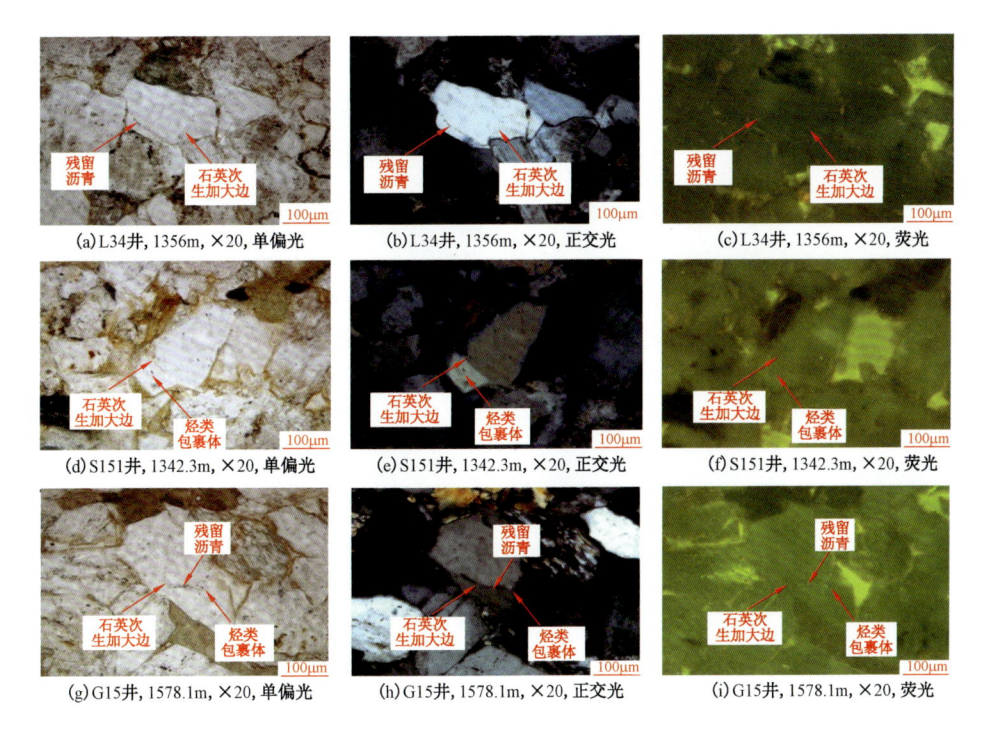

图6-23 鄂尔多斯盆地延长组砂岩储层石英次生加大与烃类包裹体关系图

胶结作用是导致砂岩减孔最主要的原因之一。延长组砂岩中常见的胶结物有自生黏土矿物、碳酸盐矿物、硅质胶结物和少量浊沸石等(图6-24至图6-27)。松辽盆地长岭断陷登娄库组致密砂岩储层中方解石胶结比较普遍(图6-28)

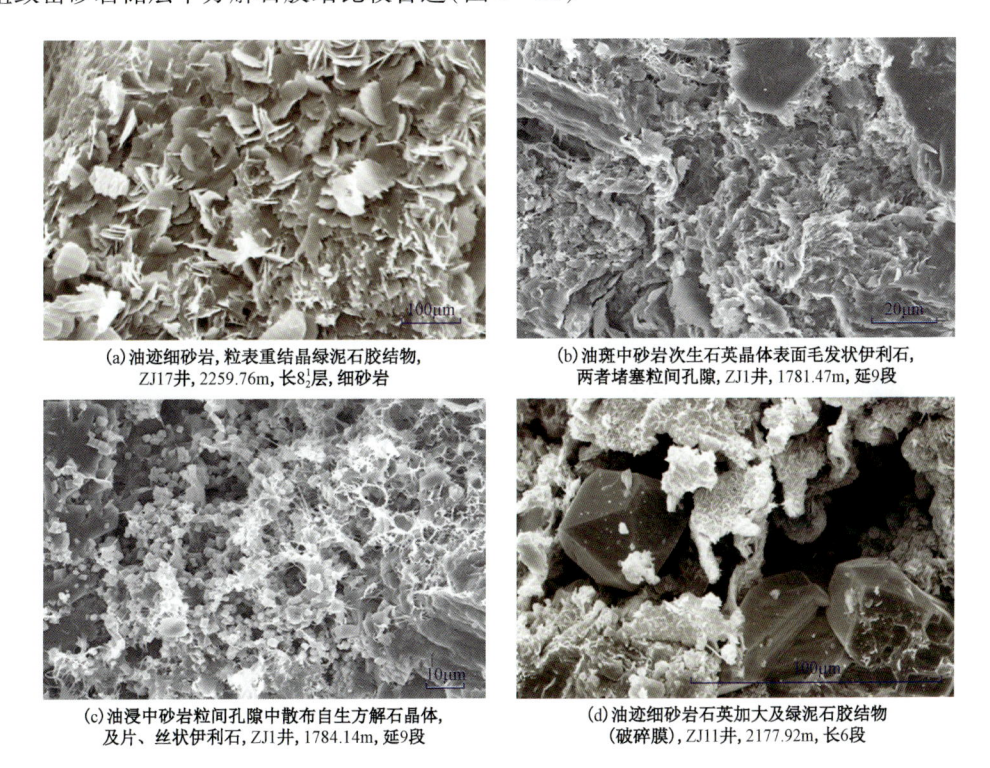

图6-24 鄂尔多斯盆地镇泾地区延长组低孔渗砂岩胶结作用镜下特征

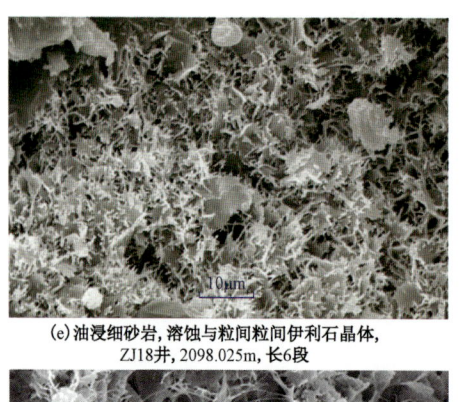

(e) 油浸细砂岩，溶蚀与粒间粒间伊利石晶体，
ZJ18井，2098.025m，长6段

(f) 油浸细砂岩，粒间片状伊利石及自生丝化，
ZJ18井，2097.725m，长6段

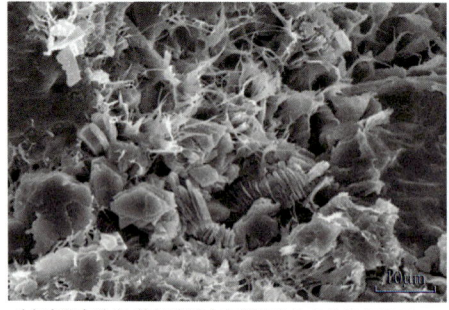

(g) 油斑中砂岩，粒间孔隙中充填单晶六方片状高岭石
及毛发状伊利石ZJ1，1781.5m，延9段

(h) 油迹细砂岩，长石粒内溶孔中高岭石晶体，
ZJ11井，2176.40m，长6段

图6-24　鄂尔多斯盆地镇泾地区延长组低孔渗砂岩胶结作用镜下特征（续）

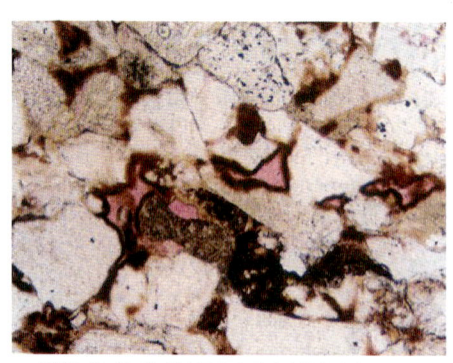

(a) 镇6井，长8段，剩余原生孔隙壁上的自生绿泥石膜
（被油染成褐色）（据陈占坤等，2006）

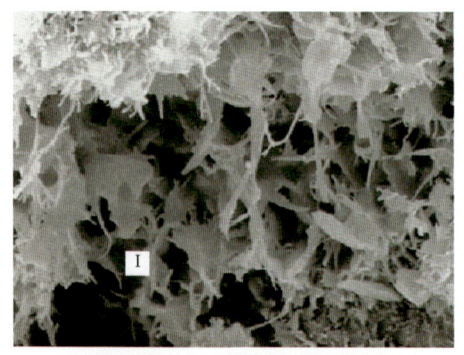

(b) 鳞片状伊利石(I)充填于孔隙内，X138井，
2137.2m（据陈占坤等，2006）

(c) 西13井，2135.368m，10×10，(-)，铁方解石充填孔隙
（据陈占坤等，2006）

(d) 庄19井，长8段，石英颗粒次生加大时岩石局部致密
（据陈占坤等，2006）

图6-25　鄂尔多斯盆地西峰地区延长组低孔渗砂岩胶结作用镜下特征

(a) 石英颗粒表面多形成次生加大边,或粒间充填的自生石英 (b) 书页状高岭石,元71井,长4+5₂段(据研究院内部资料,2007)
晶体,池15井,2221.14m,铸体,X75(−)(据王璟,2005)

图6−26 鄂尔多斯盆地姬塬地区延长组低孔渗砂岩胶结作用镜下特征

(a) W16-22井,长6段,绿泥石胶结(据西安石油大学,2009) 　　(b) 化413井,长6₁亚段,伊利石胶结,20(+)(据胡春华,2009)

(c) 化410井,长6₃亚段,石英次生加大边(据胡春华,2009) 　　(d) X40-22井,长6段,浊沸石胶结充填并发生溶蚀(据西安石油大学,2009)

(e) W12-23井,长6段,方解石胶结(据西安石油大学,2009) 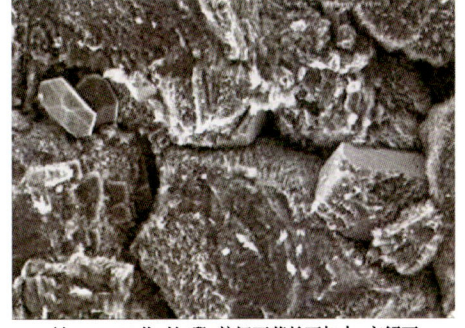　　(f) H165-23井,长6段,粒间石英长石加大,方解石胶结充填(据西安石油大学,2009)

图6−27 鄂尔多斯盆地安塞地区延长组低孔渗砂岩胶结作用镜下特征

(a)方解石胶结,伏1井,3502.6m,×5,单偏光　　(b)方解石胶结,长深108井,3613.42m,×10,正交光

(c)方解石胶结,长深D1-2井,3513.85m,×10,正交光　　(d)方解石胶结,伏10井,31737.4m,×5,单偏光

图6-28　松辽盆地长岭断陷登娄库组致密砂岩胶结作用镜下特征

鄂尔多斯盆地镇泾地区的交代作用主要表现为碳酸盐矿物和黏土矿物交代碎屑颗粒。包括方解石、(含)铁方解石、铁白云石对碎屑石英、长石及部分岩屑的交代,最普遍的是对岩浆岩岩屑的交代作用,其次是对长石的交代,对石英的交代作用不十分普遍(图6-29)。在薄片中可见方解石对各种碎屑颗粒均有交代作用,使颗粒边缘不规则,或交代物中残留有被交代矿物颗粒的外形,表现为长石颗粒边缘被方解石交代呈港湾状,石英颗粒的边部显示出较明显的齿状。这种交代作用发生于石英次生加大之后,因为见石英加大边被碳酸盐矿物交代现象。黏土矿物交代碎屑颗粒在成岩早期和晚期均存在(图6-30),普遍但对储层增加孔隙意义不大。

(a)长石岩屑中细砂岩,含铁方解石胶结物交代岩屑和长石及石英 　　(b)细粒长石石英砂岩,方解石胶结物充填孔隙并交代石英

图6-29　鄂尔多斯盆地镇泾地区延长组砂岩交代作用镜下特征

(a)红河1井,2184.5m,CH8,长×宽=0.125mm×0.094mm,正交光;(b)ZJ3井,1594m,延9段;长×宽=0.125mm×0.094mm,正交光

(a)岩屑质石英中细砂岩黏土对碎屑交代、铁方解石交代黏土与碎屑及粒内溶孔和微孔;
红河103井,1865.86m,长6段,长×宽=0.125mm×0.094mm,左图为正交光,右图为单偏光

(b)油浸中砂岩,溶蚀、伊利石交代石英,
石英次生加大;ZJ1井,1782.59m,延9段

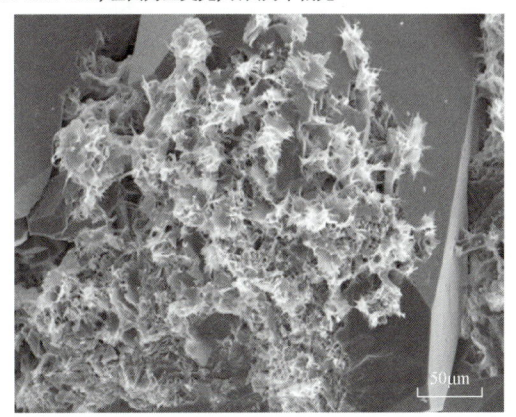

(c)油浸中砂岩,溶蚀、伊利石交代次生石英晶体;
ZJ3井,1581.26~1581.34m,延9段

图6-30 镇泾地区黏土矿物交代作用镜下特征

三、晚期胶结作用的减孔效应

在"将今论古"思想的指导下,可以通过现今孔隙度剖面特征来反映地质历史时期砂岩储层的孔隙度演化过程。本书选取裂谷型盆地东营凹陷牛庄洼陷 N6 井和克拉通型盆地鄂尔多斯镇泾地区 HH38 井为例(图 6-31),表征砂岩储层孔隙度演化特征。

从图 6-32 半对数孔隙度剖面可以看出,整体上砂岩孔隙度随埋深增加正比例减小。成岩作用在孔隙度剖面上表现出分段的特征从而与成岩阶段相对应。在浅部主要为机械压实作用使砂岩储层孔隙呈线性减小;在中浅层胶结作用开始出现并与压实作用一同致使砂岩储层孔隙度线性减小;在中深层因为有机酸的作用使可溶矿物溶解,砂岩储层孔隙度增大,孔隙度演化偏离之前的线性减小趋势,直到溶解作用消失。砂岩储层在压实作用和胶结作用的共同影响下才再次表现为孔隙度减小趋势。对比图 6-31a 和图 6-31b 砂岩孔隙度演化趋势发现,深层砂岩储层减孔趋势与中浅层砂岩减孔趋势或完全一致,或深层砂岩储层减孔趋势与中浅层砂岩减孔趋势平行,表现出整体偏移的特点。

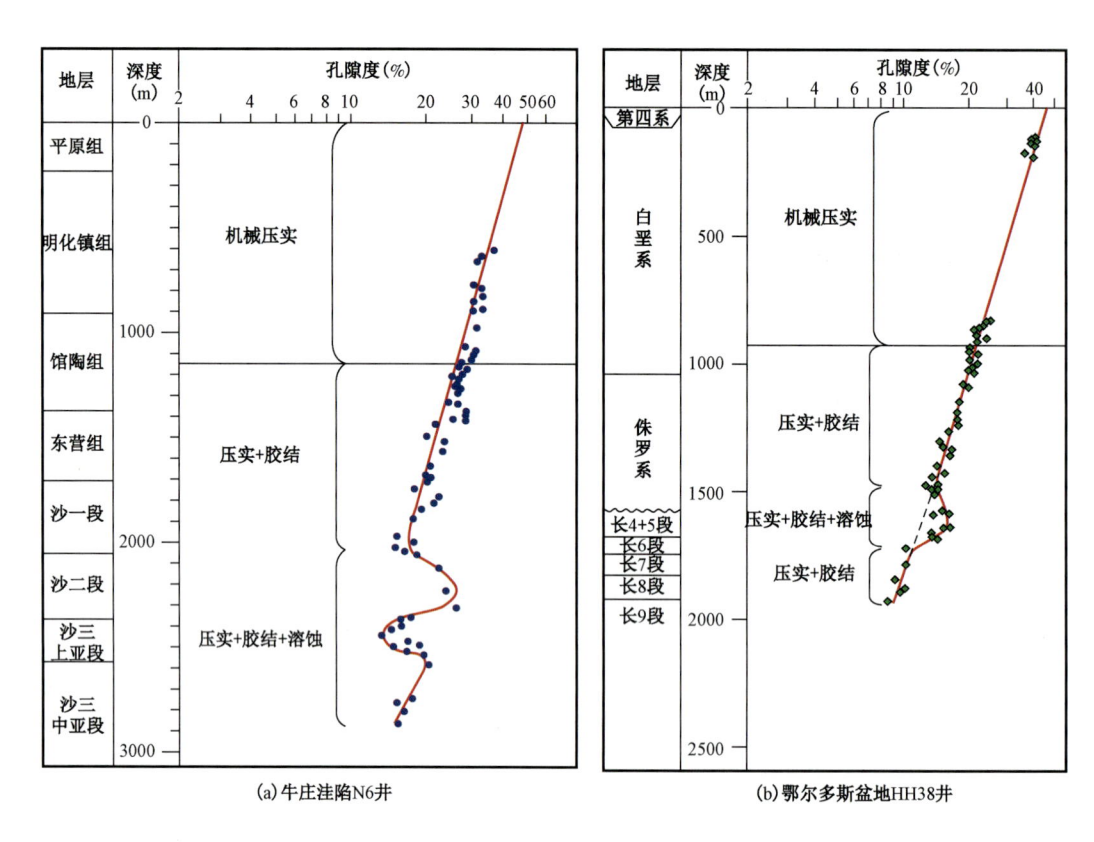

图 6-31 典型盆地单井现今砂岩孔隙度与深度关系剖面图

典型井孔隙度演化剖面特征表明,现今砂岩储层性质是原始沉积物经历一系列复杂成岩作用的结果。分析不同类型盆地砂岩储层孔隙度演化过程(图 6-32)发现,砂岩储层在演化过程中会经历早期的正常压实阶段、酸化增孔阶段和增孔后的压实阶段,不同阶段的孔隙度演化共同作用形成了现今的砂岩储层物性。现今砂岩储层物性的好坏不能完全等同于成藏期砂岩储层的物性,若简单对现今储层进行评价,则忽略了砂岩储层孔隙度演化所带来的变化,从而误导实际生产。因此,应综合考虑成藏期砂岩储层物性及成藏期之后砂岩储层所经历的成岩变化,对储层进行动态评价,才能更好地指导油气勘探与开发。

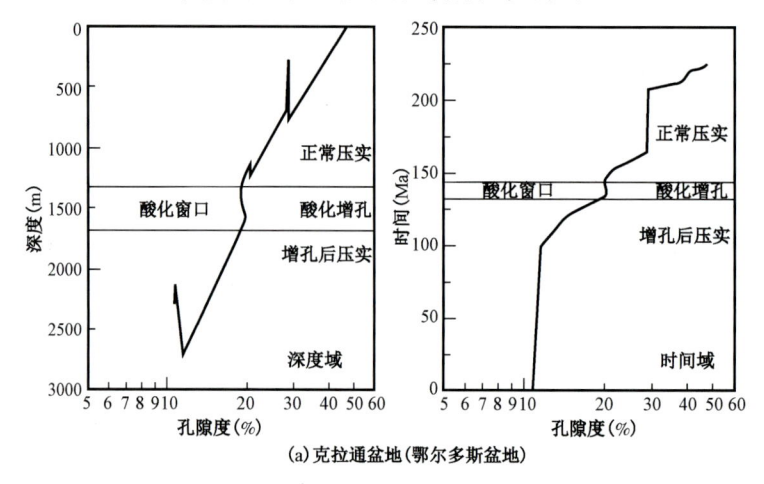

图 6-32 典型盆地单井单点砂岩储层孔隙度演化过程模拟

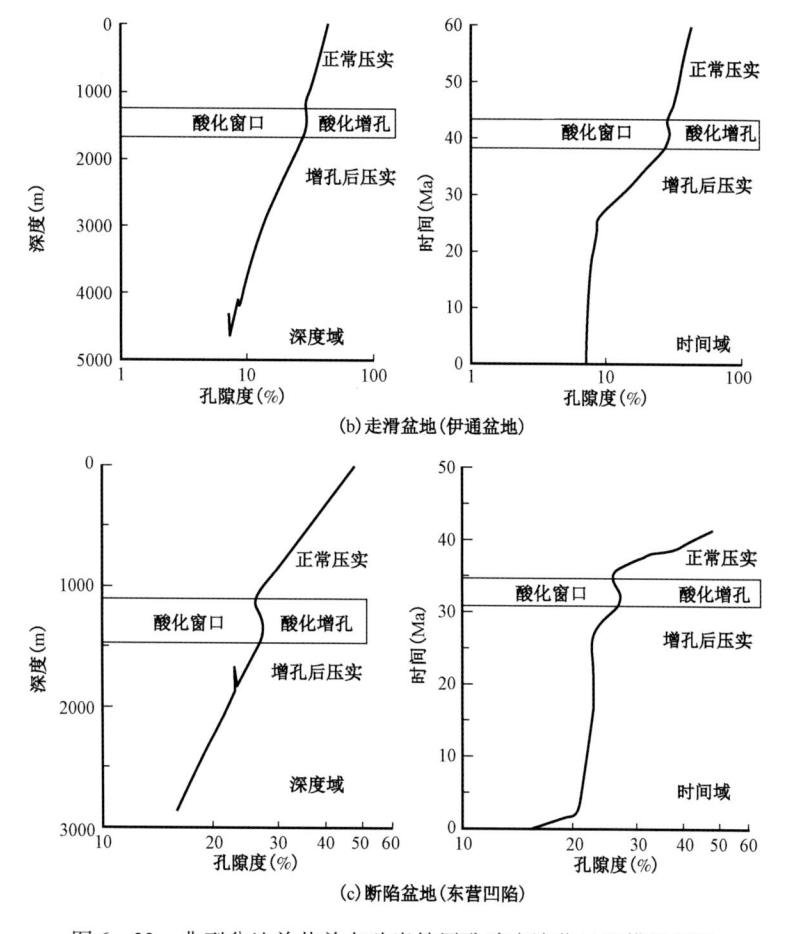

图 6-32 典型盆地单井单点砂岩储层孔隙度演化过程模拟(续)

第三节 晚期溶蚀作用

碎屑岩骨架颗粒在埋藏成岩过程中的溶解作用及其与碎屑岩储层中次生孔隙形成机制之间关系的研究,一直是储层领域关注的热点问题之一(Shimidt 等,1977;Bevan 等,1989;Rachel,2001;黄思静等,2003;祝海华等,2015;陈勇,2015)。有利孔隙的形成不仅与沉积作用、构造活动和表生作用有关,还与成岩过程中水—岩作用伴随的矿物溶解、沉淀有关(应凤祥等,2004)。前人研究多集中于在成岩早期或成藏期之前发生的溶蚀作用(邱隆伟等,2002;钟大康等,2006;杨晓萍等,2007;季汉成等,2007;远光辉等,2013;陈勇等,2015),对于成藏期后,储层的演化过程,尤其是对溶蚀作用的发生关注较少。本章节基于对前人研究的大量调研,对成藏期后,储层的溶蚀作用发育特征和形成机理进行分析和总结。

一、溶蚀作用发育机理

大量碎屑岩储层次生孔隙成因机制的研究表明,有机酸、CO_2酸性水和碱性孔隙水对矿物的溶蚀,是次生孔隙形成的主要机理。尤其是有机酸分布的地区,普遍存在矿物溶蚀和次生孔隙的发育,而且有机酸高浓度带对应次生孔隙的发育带(应凤祥等,2004)。在特定的成岩环境下,碎屑颗粒、胶结物及杂基组分都有可能经孔隙中溶蚀流体的溶解而形成次生孔隙。

前人对溶蚀机理的研究表明,让溶蚀机理按成岩流体类型划分为弱碳酸溶蚀、有机酸溶蚀和淡水溶蚀三类。袁珍等(2010)总结了溶解作用的 H^+ 来源(表 6-1)。根据被溶蚀矿物的类型主要分为石英溶解、长石溶解、碳酸盐溶解(陈勇等,2015)。本书主要阐述根据不同成岩流体性质对溶蚀作用机理的分类。

表 6-1 溶解形成机制(据袁珍等,2010)

pH 值降低的途径	反应机制
大气淡水、有机酸等都能产生 CO_2	$KAlSi_3O_8(钾长石) + 2CO_2 + 11H_2O \longrightarrow Al_2Si_2O_5(OH)_4 + 2K^+$ $CaCO_3 + CO_2 + H_2O \longrightarrow Ca^{2+} + 2HCO_3^-$ $CaAl_2Si_2O_8(钙长石) + CO_2 + 2H_2O \longrightarrow Al_2Si_2O_5(OH)_4 + 2HCO_3^- + Ca^{2+}$
有机质在大量生烃之前,会释放出大量的有机酸,干酪根可通过热降解脱去含氧官能团而产生有机酸,热演化也可以产生 CO_2	干酪根脱羧基(碱性条件下)可产生 CO_2:$[RCO_2H]$干酪根 $\Longleftrightarrow [RH]$干酪根 + CO_2 如果 CO_2 溶解于水:$CO_2 + H_2O \Longleftrightarrow H^+ + HCO_3^-$ $CaCO_3 + H^+ + HCO_3^- \Longleftrightarrow Ca^{2+} + 2HCO_3^-$ $KAlSi_3O_8 + 6H_2O + 2H^+ + 2HCO_3^- \Longleftrightarrow 3Si(OH)_4 + 2K^+ + Al(OH)^{2+} + 2HCO_2^-$
有机质在成岩作用阶段所产生的有机酸,电离后能够产生 H^+,能使酸溶性组分分解	有机质 $\longrightarrow$ 有机酸 $CH_3-C=O \longrightarrow H^+ + [CH_3-C=O]$ 　　　　　　　　　　　　　｜　　　　　　　　　｜ 　　　　　　　　　　　　　OH　　　　　　　　　O
黏土矿物的转化产生的氢离子(如下式)可降低孔隙水的 pH 值,导致酸溶性组分的溶解	伊利石 + $1.64Mg^{2+}$ + $1.89Fe^{2+}$ + $8.24H_2O \longrightarrow 0.8$ 绿泥石 + $0.6K^+$ + $1.37H_4SiO_4$ + $6.46H^+$ $4Fe^{2+} + 2Mg^{2+} + 3Al_2Si_2O_5(OH)_4(高岭石) + 9H_2O \longrightarrow Fe_4Mg_4Al_6Si_6O_{20}(OH)_{16}(绿泥石) + 14H^+$

1. 弱碳酸溶蚀机理

Shimidt 等(1977)在北海和加拿大北部的砂岩储层中发现次生孔隙,认为有机质演化过程中释放出的二氧化碳在一定的压力条件下在地层中形成弱碳酸,从而使砂岩中方解石胶结物发生溶解,形成次生孔隙。这一机理和有机质演化相结合,很好地解释了酸的来源,而且有机地球化学的研究也证实,在有机质演化过程中确有二氧化碳的析出,从而使这一成因机理在解释砂岩储层中方解石胶结物的溶蚀作用是得到完善。

2. 有机酸溶蚀机理

在深埋藏地层中,孔隙形成的另一重要机制是有机酸(羧酸)的溶解作用。20 世纪 80 年代末,人们普遍认为有机酸在地下岩石孔隙形成过程中有巨大作用。有以下三种原因。(1)沉积盆地中有机质热演化过程中因其脱羧基作用而有大量的有机酸生成,其生成时间主要在液态烃形成前。Carothers 等(1978)在对油田水的研究中发现,油田中一元羧酸、乙酸和丙酸的含量较高,而且有机酸在 100~200℃之间出现极大值,在 80~120℃之间有机酸浓度最高。(2)与碳酸相比,有机酸对各种矿物都有着更强的溶解能力;Bevan 等(1989)认为在 pH 值为 4,温度为 95℃时,缓冲的有机酸溶液可以使长石的溶解度提高 400%。(3)有机酸阴离子可以络合并迁移硅铝酸盐中的阳离子,在地下 Al 的溶解度通常极低,有机酸阴离子的络合作用可以解决 Al 的迁移,导致铝硅酸盐的溶解和地下孔隙率的增加;Sudam(1989,1993)和 Meshri(1986)等提出了有机酸的溶蚀作用机理,这一机理基于有机质在演化过程所形成的羧酸、酯、醚类衍生物,这些物质在孔隙溶液中具有极强的酸性,使得砂岩中不稳定的铝硅酸盐矿物发生溶解,形成次生孔隙。

3. 淡水溶蚀机理

碎屑岩经受地表大气水的淋滤作用主要发生在构造抬升或海平面下降造成的不整合面之下及大气水沿构造断裂带注入等区域。因遭受淋滤溶解作用会导致次生孔隙的广泛发育:(1)大气水驱动的地下水垂向或侧向大范围侵入流动,这种侵入深度最大可达地下 2km,地下水的大范围迁移是形成地下流体整体运动和热运动的重要机制;(2)大气水具有高的流速和相对低的温度,这种不饱和水的高速注入及低温条件下缓慢的反应速度,促进了开放系统的成岩作用,包括次生孔隙的形成;(3)碎屑岩中具有较高的可溶类矿物;(4)被溶蚀的物质可以随大范围的流体迁移带离溶蚀作用发生区,产生的溶蚀空间得以保存(杨晓宁等,2004)。

Englund 等(1980)根据地球化学分析,现代地下水在地下 100m 对于钠长石、斜长石、微斜长石和方解石都是不饱和的。Rachel(2001)对 Lower Congo 盆地 Albian Pinda 组砂岩储层研究表明,海平面的变化引起孔隙流体条件的改变,从而导致次生孔隙的发运状况与层序界面位置有关。黄思静等(2003)对鄂尔多斯盆地三叠系延长组分布于印支期不整合面之下的砂岩储层研究发现,岩石物性、长石溶蚀形成的次生孔隙、高岭石和长石含量的纵向变化等证据均表明,延长组砂岩储层次生孔隙发育机制与印支期暴露时间间隔中大气水的溶解作用相关。

二、晚期溶蚀发育特征

通过研究并结合大量调研表明,成藏期后储层溶蚀作用仍在继续发生,其发育机理主要包括有机酸溶蚀、深部热液溶蚀和断裂沟通不整合造成的碱性流体溶蚀。

1. 有机酸晚期溶蚀证据

自 Schmidt 和 Mcdonald(1977)提出碎屑岩储层成岩过程中形成次生孔隙理论一来,国内外学者对次生孔隙的识别、形成机理和分布规律的研究取得了一系列卓越成果(Carothers 等,1978;Surdam 等,1984,1989;Kawamura 等,1986,1987;朱筱敏等,2007;孟元林等,2008;张永旺等,2009)。Schmidt 和 Mcdonald(1977)提出有机质羧酸机制及 Merish(1986)有机酸溶蚀假说对碎屑岩储层成岩作用中溶蚀作用的研究提供了一个新的思路,认为烃源岩热演化可以释放大量短链有机酸,且有机酸供给氢离子的能力是碳酸的 6~350 倍,有机酸能够溶蚀大量长石和碳酸岩矿物,为储层提供规模性次生孔隙。

远光辉等(2013)对东营凹陷碎屑岩储层成岩过程中有机酸的溶蚀能力的研究可知:在烃源岩埋深达到 3500~4000m 时,烃源岩孔隙度仍然可达到 10%~15%,此时烃源岩仍可以排除有机酸,通过计算理论上的排酸效率为 60%,表明在深埋藏成岩环境下,仍有有机酸排除进入储层内。同时,对有机酸对硅酸盐矿物和碳酸岩矿物的溶解能力研究表明,对于长石等硅酸盐矿物,当烃源岩最大限度从生成有机酸且能够被有效排入储层时,溶蚀能力能够满足东营凹陷古近系储层中高岭石含量推算的储层中 12% 的长石被溶蚀所需酸液量的要求(张善文等,2007)。为了客观评价长石溶蚀对储层孔隙度的影响,应对比储层中长石溶蚀量与其溶蚀产物含量的大小关系表明(图 6-33),东营凹陷北带砂砾岩储层,在相对封闭的成岩环境中,由于几乎等体积的溶蚀副产物发生准原地沉淀,长石溶蚀作用只是将等体积的孔隙结构较好的原生孔转化为长石次生孔隙和自生黏土矿物微孔隙的过程,溶蚀之后,储层孔隙度变化不大,但渗透率降低(表6-2)。

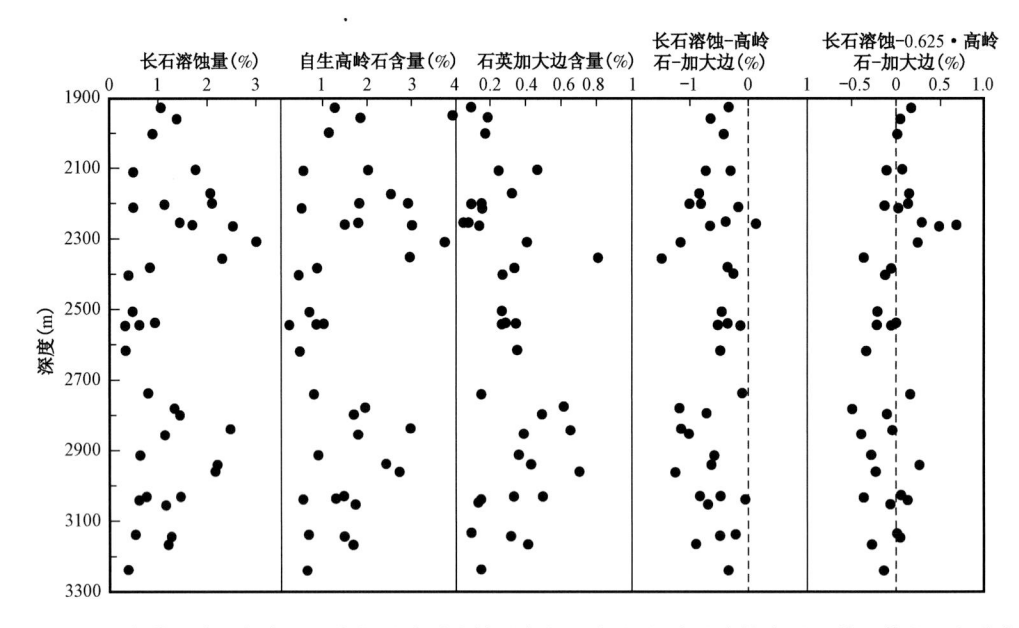

图6-33 东营凹陷北部古近系中深层砂砾岩储层中长石溶蚀量、溶蚀产物含量及其差值的垂向分布
(据远光辉等,2013)

表6-2 常温常压条件下不同矿化度乙酸溶液对方解石溶蚀实验数据表(据远光辉等,2013)

乙酸溶液体积(mL)	反应前乙酸溶液pH值	反应前方解石质量(g)	反应前方解石体积(cm³)	溶液/固体物质体积比	溶液矿化度(10⁻⁴)	Ca²⁺浓度(10⁻⁴)	反应后溶液pH值	反应后方解石质量(g)	反应后方解石体积(cm³)	方解石溶蚀质量(g)	体积变化量(%)	实验时间
500	3.97	30.010	11.11481	44.98502	0	0	6.29	29.718	11.0066	0.292	0.943	8天
500	3.93	30.012	11.11556	44.98199	20000	2000	7.11	29.856	11.05778	0.156	0.520	8天
500	3.98	30.006	11.11333	44.99105	80000	5000	6.82	29.952	11.09333	0.054	0.180	8天

在对碳酸岩矿物溶蚀的研究中表明,在缺乏不整合和断裂系统相对封闭的成岩环境中,长石大量溶解但碳酸岩颗粒和胶结物基本不溶蚀的现象较为普遍,其原因是在有机酸生成高峰期时,控制了地层水碱度,储层中二氧化碳分压较高,使得碳酸岩矿物倾向于沉淀而非溶蚀。同时高浓度的钙离子和镁离子含量也抑制了碳酸岩矿物的溶蚀,相关的水—岩反应实验也证明这点(王艳忠,2010)。

全球范围内多个油气田储层地层水中的有机酸浓度资料显示,90%以上的储层地层水中,有机酸浓度含量低于3000ml/L,中国的含油气盆地储层中,地层水有机酸浓度通常小于2500mg/L,其中东部盆地地温梯度较高,有机酸浓度高质分布在1500~3500m,西部盆地地温梯度相对较低,有机酸浓度高质分布在4500~6000m(图6-34)。基于以上数据进行理论推导计算表明:对于硅酸盐矿物地层流体的供给能力并不能满足储层中规模性溶蚀作用对流体需求的要求;对于碳酸岩矿物在缺少断层和不整合的情况下,发生规模溶蚀的概率较小。综上来看,晚期有机酸溶蚀在储层中对储层溶蚀的贡献并不大,只在局部发生。

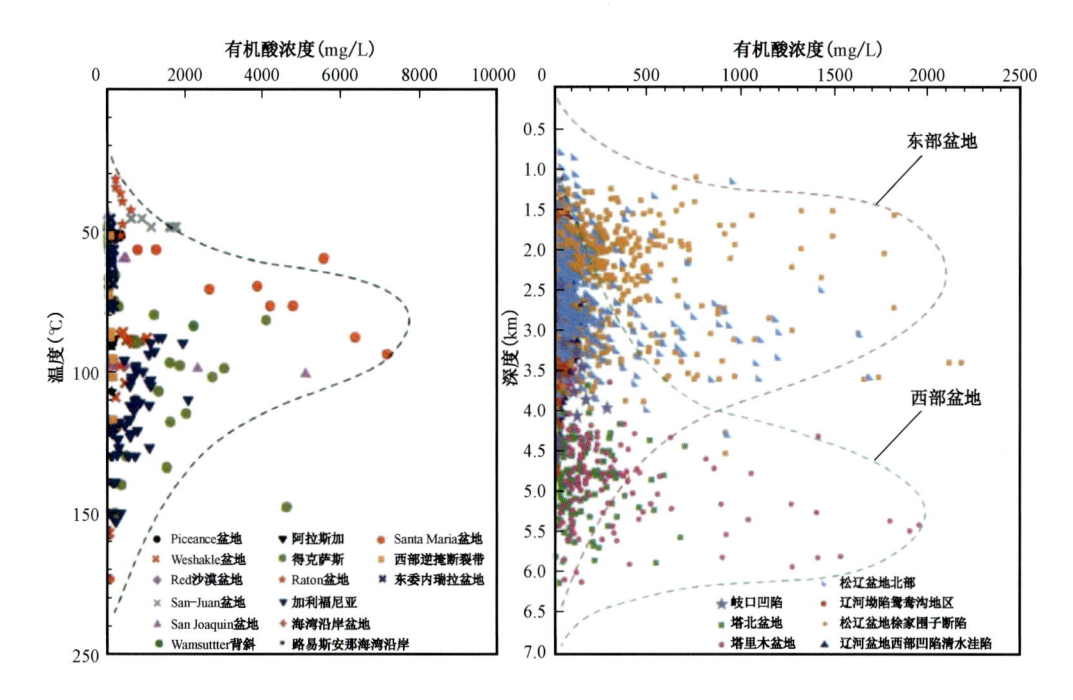

图 6-34 全球范围内多个含油气盆地储层地层水有机酸浓度分布特征(据 Surdam 等,1989;Fisher 等,1987;Kharaka 等,1986;MacGowan 等,1988;蔡春芳等,1997;孟元林等,2006,2011)

孟万斌等(2011)对川西中侏罗统致密砂岩的研究也表明,在断裂发育的情况下,下伏须家河组烃源岩层生烃过程中排出的有机酸沿断裂向上运移和沿断裂运移上来的烃类与储层中的氧化剂反应生成有机酸,使储层溶蚀发育的孔隙对次生孔隙的贡献最大。徐志强等(1997)通过对塔里木和冀中凹陷次生孔隙发育的对比研究表明,多套烃源岩层系热演化时间跨度的差异直接影响了深部储层的储集能力。

2. 深部热液溶蚀证据

近年来深部热液对储层成岩作用的影响的相关研究成为热点,但研究者们多集中于深部热液对碳酸岩储层成岩作用影响的研究(Sun,1995;金之钧等,2006;陈代钊,2008;刘树根等,2008;Sirat 等,2016),但对于深部热液对碎屑岩储层的影响研究较少。通过调研发现,深部热液(热水)对碎屑岩储层的影响普遍存在,并发育广泛。

李荣西等(2012)对鄂尔多斯盆地三叠系延长组砂岩钠长石化与热液成岩作用的研究表明,钠长石中含有大量原生的发亮黄色荧光的油气包裹体,表明其形成与油气充注几乎是同时的,激光拉曼特征表明钠长石为沉积成岩期形成的地温钠长石,而非来自岩浆岩或变质岩区的碎屑钠长石。稀土元素分析表明延长组钠长石为热液成岩作用产物,而在钠长石的形成同时与浊沸石溶解相伴随,碎屑岩储层中普遍发育浊沸石溶蚀而形成的次生孔隙(朱国华,1985)。

时志强等(2014)对塔里木盆地志留系热液碎屑岩储层研究中,岩石学证据表明志留系中发育基性侵入岩夹层、热液角砾岩、热炙烤现象和热液溶蚀孔洞。热炙烤主要表现为热褪色现象和沿裂缝的染黑现象。矿物学证据表明发育铁白云石—天青石—金红石—黄铁矿—地开石组合、磷铈矿—金红石—重晶石—白云石—黄铁矿组合和重晶石—磷灰石—黄铁矿—高岭石组合,这些岩性组合均表明热液流体活动的存在。高温热液流体对泥质岩及砂岩的物质重组影响很大，引发溶解作用和矿物沉淀。虽然有矿物沉淀，但是热液占主导地位，高岭石对长石的交代作用过程中，孔隙体积是增加的，热液溶蚀矿物也改善储层质量，使储层抗压实程度增强。热液对碎屑岩的溶蚀与热液白云岩储层相比，更为隐蔽，溶蚀产生的次生孔隙与有机酸大气水的溶解作用同时存在，不易区分，成岩期次上相互叠加，溶蚀程度上互相促进。

谢玉洪等(2016)对珠江口盆地文昌 A 凹陷高温砂岩储层研究表明，珠海组二段和三段埋藏深度大于 3400m，现今地温普遍高于 150℃，在此温度下有机酸已完全分解，晚期溶蚀主要与热液流体有关。研究区烃类运聚与中新世珠江口盆地右旋剪切加剧所导致的断裂复活有关。与构造岩浆活动相关的烃类充注最早发生在中新世中期，沟通基底的 6 号断裂带成为携带热液流体运移的通道。热液流体所携带的酸性流体包括下伏岩层热解或岩浆脱气作用形成的 CO_2、HCl、H_2S 等酸性挥发组分。这些酸性物质溶解在地层水中可促使热液流体—砂岩的水岩反应，导致不稳定矿物铝硅酸盐和碳酸盐胶结物的溶蚀而形成大量次生孔(图 6-35)。

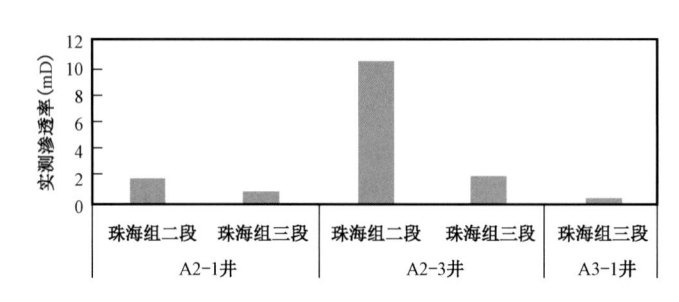

图 6-35 珠江口盆地文昌 A 凹陷 6 号断裂带不同井区渗透率对比直方图

刘超等(2015)对岩浆侵入作用对碎屑岩影响进行总结，岩浆侵入导致围岩发生塑性变形或破裂为后期的热液流体提供通道的同时也改善储层孔渗发育；岩浆侵入使碎屑颗粒破碎和溶蚀，与物理挤压作用造成次生裂缝改善储层物性不同，这种岩浆侵入挤压作用微观上对储层有破坏作用，促进矿物颗粒的缝合和压溶作用的发生。岩浆成因热液对溶蚀并搬运早期成岩自生矿物使其重新分配，同时也增强储层的非均质性。此外变形构造如杏仁构造的发育也促进储层物性的改善，使其大大提高。

3. 断裂沟通不整合导致碱性流体溶蚀证据

黄思静等(2003)对鄂尔多斯盆地三叠系延长组碎屑岩储层中大气水对其影响的研究表明，靠近不正面附近的岩石物性变好，孔隙度和渗透率增加；靠近不整合面附近有长石等铝硅酸盐溶解形成的次生孔隙增加；靠近不整合面附近的岩石中长石减少，高岭石增加。岩石物性在纵向上变化表现出靠近不整合面储层孔隙度和渗透率较高，同时越远离不整合面，储层孔隙度和渗透率呈逐渐降低的趋势(图 6-36)

丁晓琪等(2014)对鄂尔多斯盆地延长组碎屑岩风化壳研究表明，不整合面附近岩性疏松，钻井过程中容易发生钻井液漏失；高岭石和长石随深度的增加呈此消彼长的关系，自不整合面向下，随着埋深的增加，砂岩中长石含量有增多的趋势，而高岭石含量逐渐减低，砂岩的孔隙度自上而下也具有减小的趋势。总体趋势是随着深度的增加，溶蚀作用逐渐变弱(图 6-37)。

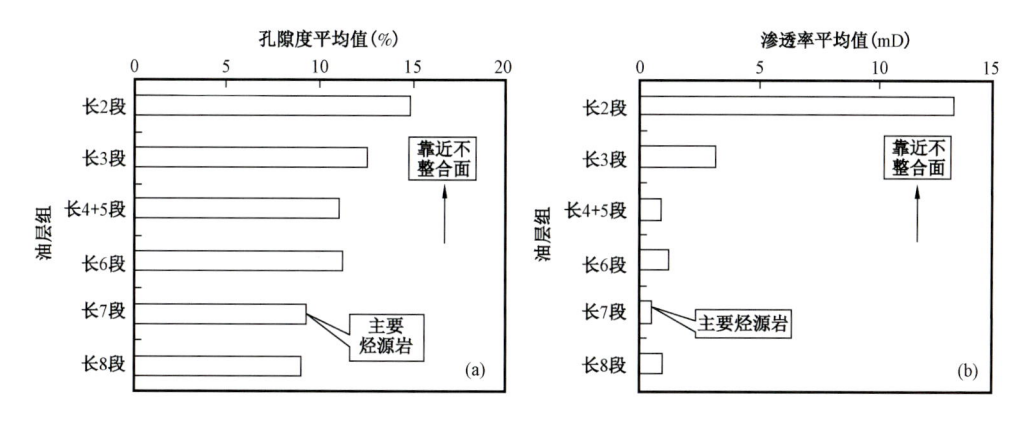

图 6-36 鄂尔多斯盆地三叠系延长组主要储层段孔隙度和渗透率纵向变化趋势

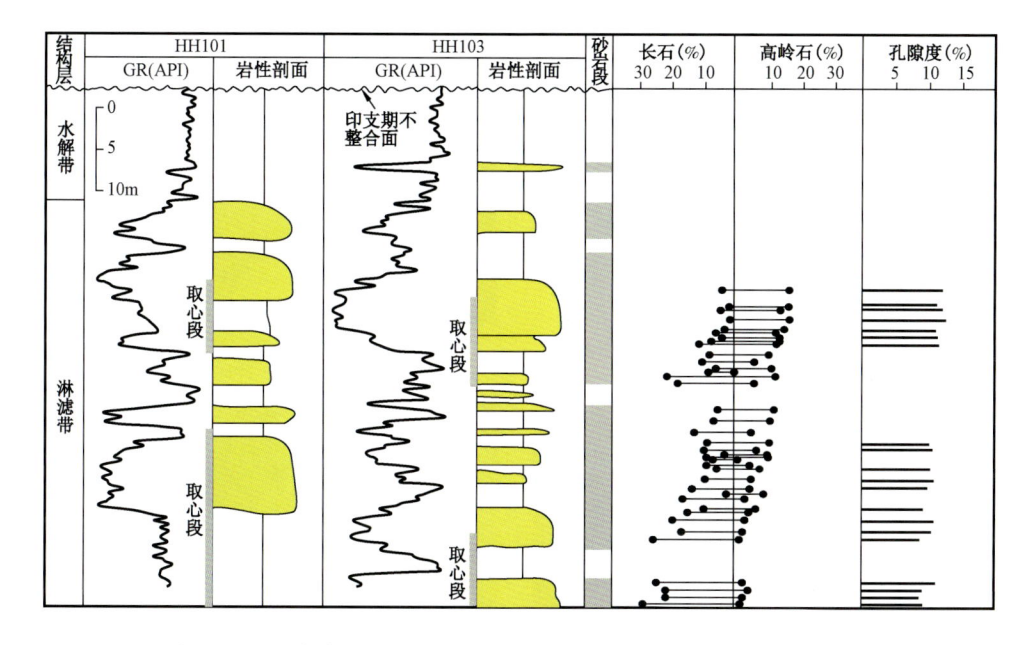

图 6-37 鄂尔多斯盆地延长组不整合面下长石与高岭石随深度变化图

胡海燕等(2009)对准噶尔盆地深层优质储层发育的研究表明,在侏罗系西山窑组顶部的砂岩中存在一个次生孔隙发育带,孔隙度和渗透率增大,这个此生带发育的位置位于侏罗系与白垩系之间的不整合面之下的半风化砂岩中,主要是受表生期大气淡水溶蚀淋滤形成。

三、晚期颗粒溶蚀证据

无论是在鄂尔多斯盆地延长组还是在松辽盆地长岭断陷登娄库组,溶解作用对改善砂岩储层的孔渗性起着决定性作用,主要表现为对格架颗粒的溶蚀以及对杂基、胶结物的溶蚀作用(图 6-38 和图 6-39),对形成储层十分有利。

鄂尔多斯盆地延长组中,镜下薄片观察表明,后期的方解石胶结物被溶蚀后被碎屑交代;遭受油浸的岩屑质石英砂岩中,长石沿节理发生溶蚀;长石和部分次生石英加大边遭受溶蚀;长石溶蚀后又被方解石交代;浊沸石溶蚀形成残余溶蚀孔等现象,均表明晚期溶蚀的发育(图 6-38)。松辽盆地长岭断陷登娄库组中,薄片观察发现,方解石胶结物中发育各类晶内和晶间溶孔(图 6-39)。

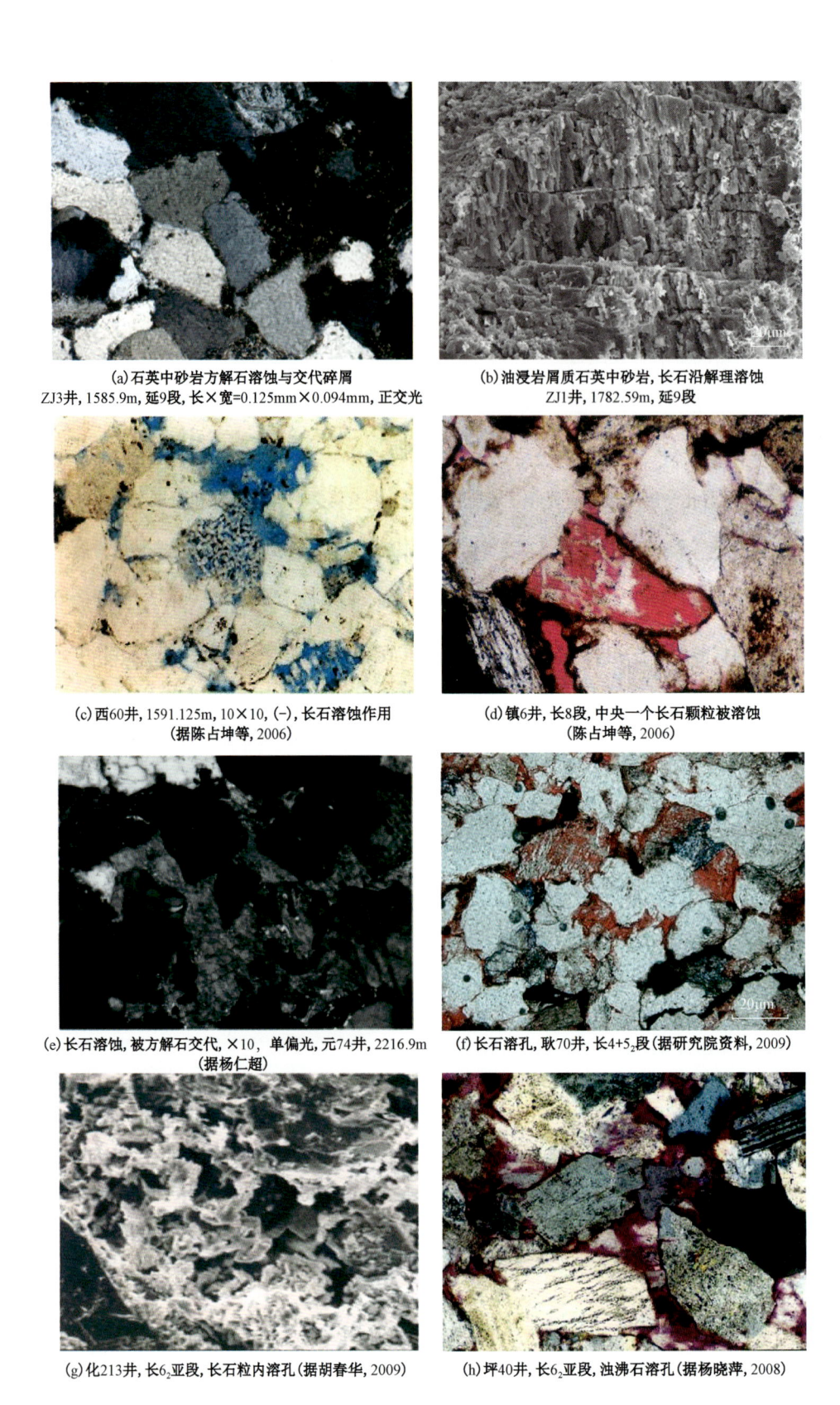

(a) 石英中砂岩方解石溶蚀与交代碎屑
ZJ3井,1585.9m,延9段,长×宽=0.125mm×0.094mm,正交光

(b) 油浸岩屑质石英中砂岩,长石沿解理溶蚀
ZJ1井,1782.59m,延9段

(c) 西60井,1591.125m,10×10,(-),长石溶蚀作用
(据陈占坤等,2006)

(d) 镇6井,长8段,中央一个长石颗粒被溶蚀
(陈占坤等,2006)

(e) 长石溶蚀,被方解石交代,×10,单偏光,元74井,2216.9m
(据杨仁超)

(f) 长石溶孔,耿70井,长4+5₂段(据研究院资料,2009)

(g) 化213井,长6₂亚段,长石粒内溶孔(据胡春华,2009)

(h) 坪40井,长6₂亚段,浊沸石溶孔(据杨晓萍,2008)

图6-38 鄂尔多斯盆地延长组低孔渗砂岩溶蚀作用镜下特征

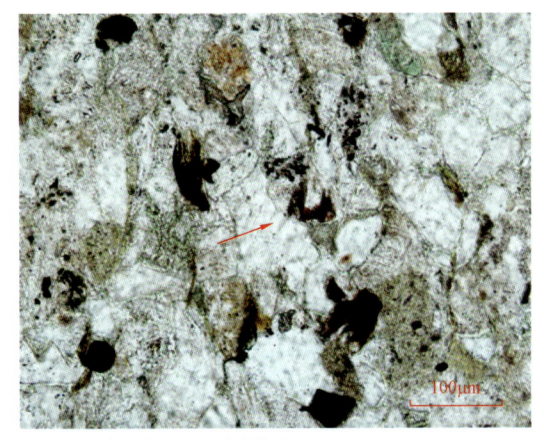

(a) 方解石胶结物溶孔, 老14井, 2470.5m, ×20, 左图为正交光, 右图为单偏光

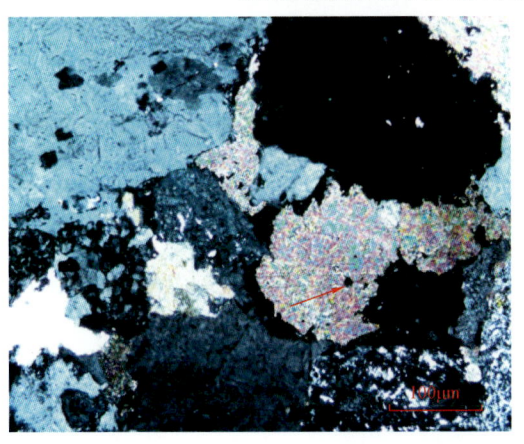

(b) 方解石胶结物溶孔, 长深1-2井, 3502.6m, ×20, 左图为正交光, 右图为单偏光

(c) 方解石胶结物溶孔, 长深1-4井, 3584.85m, ×20, 左图为正交光, 右图为单偏光

图6-39 松辽盆地长岭断陷登娄库组低孔渗砂岩溶蚀作用镜下特征

(d)方解石胶结物溶孔,长深1-4井,3602.9m,×20,左图为正交光,右图为单偏光

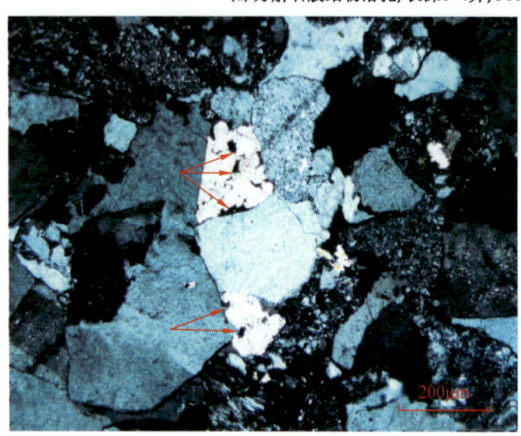

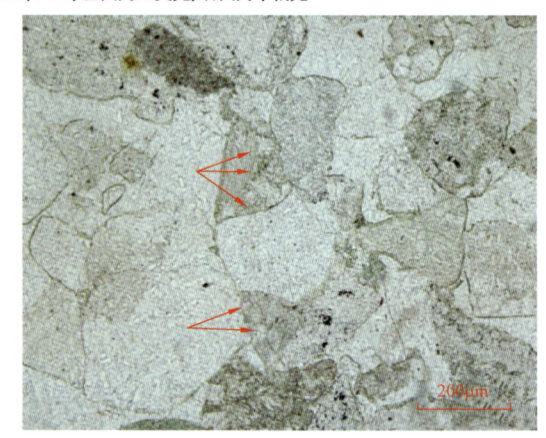

(e)方解石胶结物溶孔,长深108井,3625.3m,×10,左图为正交光,右图为单偏光

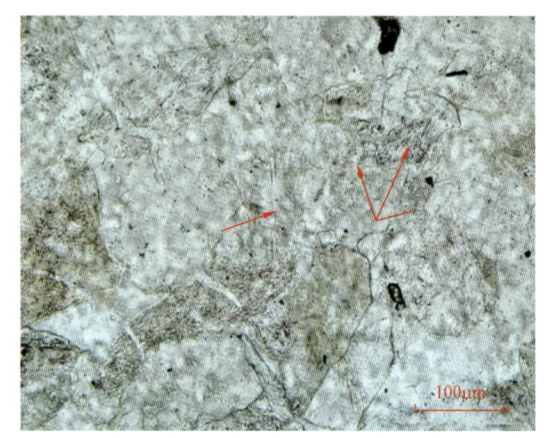

(f)方解石胶结物溶孔,长深1-4井,3602.9m,×20,左图为正交光,右图为单偏光

图6-39 松辽盆地长岭断陷登娄库组低孔渗砂岩溶蚀作用镜下特征(续)

四、油气充注后储层物性变化的综合效应

通过多种技术手段,并结合大量前人成果的调研表明,证实了随着深度的增加,在致密砂岩储层中,特别是在油气充注进储层后,仍存在机械压实现象。本次研究通过薄片观察、扫描电镜、阴极发光和包裹体等技术手段,证实在烃类侵位后,虽然较充注前胶结作用发育较为缓慢,但仍在发生,主要的胶结物有自生黏土矿物、碳酸岩胶结物、石英次生加大和少量浊沸石胶结物。在烃类侵位发育胶结物的同时,也伴随着干酪根未成熟—低成熟时,产生的有机酸对致密砂岩储层的溶蚀导致次生孔隙的发育。但总体来说,机械压实作用和晚期胶结作用导致的减孔效应强于有机酸导致的溶蚀作用产生的增孔效应,在油气成藏期后,致密砂岩储层总体上仍表现为减孔趋势。

小 结

(1)通过对砂岩压实作用控制因素和砂岩压实模拟实验的调研及分析,表明在油气充注后,砂岩在中晚成岩期仍继续发生压实减孔作用。

(2)通过多种技术方法并结合前人研究表明,在成藏期后,烃类进入储层胶结作用的发育并未完全停止,胶结减孔作用还在持续发生。

(3)成藏期后,随着有机酸的减少,致使砂岩储层有机酸增孔效应发生逐渐减缓,增孔量逐渐减小。

(4)总体来说,机械压实作用和晚期胶结作用导致的减孔效应强于溶蚀作用产生的增孔效应,在油气成藏期后,致密砂岩储层总体上仍表现为减孔趋势。

第七章　动态储层评价原理和评价参数

前人所采用的评价方法主要依据现今储层所表现出的不同特征而相应制定,不具有普遍适用性,且主要局限于对现今的砂岩储层进行评价,是一种"静态"的储层评价。储层评价的最终目的是通过对砂岩储层的评价,总结优质储层的分布规律进而指导钻前勘探和油藏开发,但由于砂岩储层在关键成藏期与现今之间仍经历了一个长时间的成岩作用,储层性质会随着时间和成岩作用的演化而一直变化,为一个"动态"的过程。成藏期被油气充注的砂岩储层,经过之后复杂的变化至今,其储集物性可能比成藏期不被油气充注的储层差(刘明洁等,2014),因此不能简单地针对现今储层进行"静态"评价,需要在考虑砂岩储层孔隙度演化的基础上对关键成藏期砂岩储层进行评价,即本书所提出的"动态"储层评价概念,才有可能从本质上抓住储层评价的核心问题。

本书提出的"动态储层评价"是指针对成藏期的储层质量进行储层评价,是相对于常规静态储层评价而言的。动态储层评价考虑到储层的演化特征,针对成藏期储层的优劣做出评价;同时,根据成藏动力学平衡原理,结合成藏期的古流体动力条件,对成藏期储层能否发生油气充注做出判断。该储层评价方法强调了储层的演化过程、成藏期的成藏条件及成藏过程在低孔渗储层评价中的重要性,因此说是动态的。

第一节　动态储层评价原理

本文提出的动态储层评价的原理由如下三个方面组成:(1)储层临界物性控制储层有效性;(2)临界充注动力决定有效储层的含油性;(3)过剩孔隙度(或成藏期古孔隙度)预测储层分类级别。

一、储层临界物性控制储层有效性

曾溅辉等(2000)通过实验模拟得出在不同充注条件下砂体孔隙度小于某一确定值时,油气不能充注。朱家俊(2007)提出油气在一定的运移动力条件下,能否进入圈闭中的储层,存在一个临界的孔隙度值。对于致密储层,现今储层含油物性下限并不能反映成藏期的储层物性下限。刘震等(2012a,2012b)提出用储层临界物性作为划分油气充注期有效储层和无效储层的标准。将储层孔隙度恢复到成藏期是进行储层动态评价的基础。恢复到成藏期储层物性,将储层临界物性作为评价储层好坏的标准,高于储层临界物性的储层是油气充注的有效储层(刘静静等,2014;蔡长娥等,2015)。

二、临界充注动力决定有效储层的含油性

物性高于储层临界物性的储层,油气是否充注还要受充注动力控制。对于成藏期物性一定的有效储层而言,恢复到成藏期油气充注动力,高于相应的临界充注动力的油气能够进入该储层,反之,无法进入储层(图7-1)。

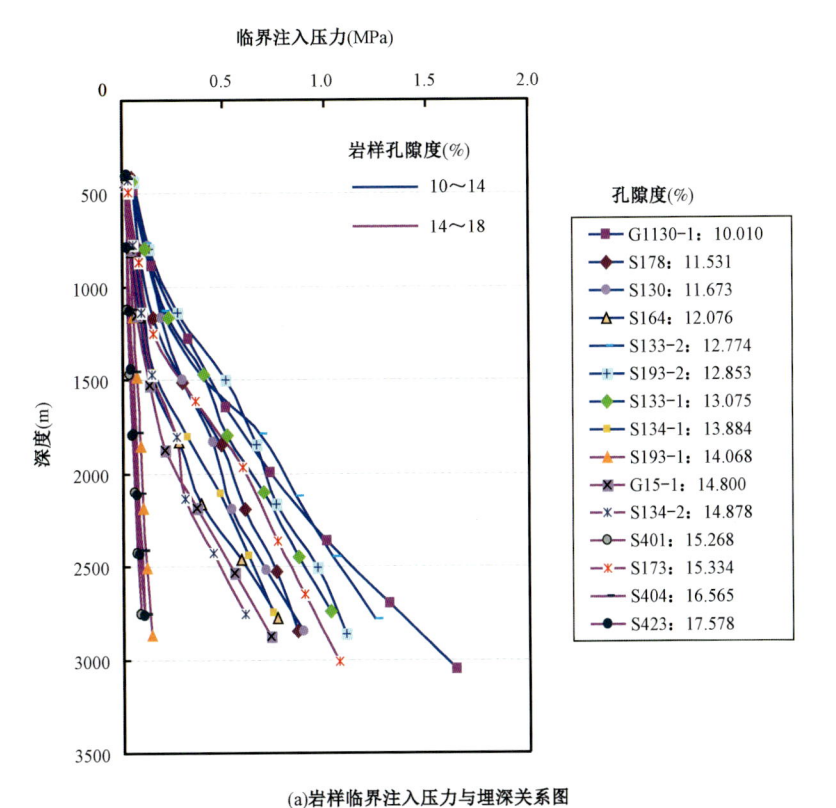

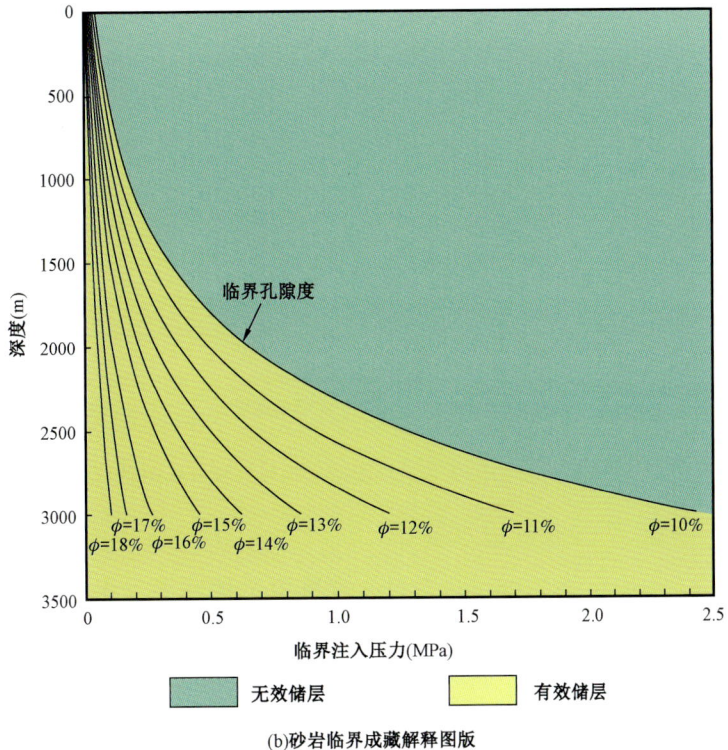

图7-1 安塞地区长6段岩样临界注入压力特征及砂岩临界成藏解释图版

研究发现砂岩临界成藏解释图版定量地反映了储层物性(相)与临界充注压力(势)之间的耦合关系,如果能恢复成藏期的储层物性及充注动力,再结合临界成藏解释图版就能很好地解释现今储层的含油气性。假设恢复出单井目的层段成藏期的孔隙度,在临界成藏解释图版上就可以绘制出该孔隙度下的临界注入压力曲线,再将成藏期的古埋深和古充注动力投在图版上,若所投的点在临界注入压力曲线上部,则表示古充注动力大于临界注入压力,石油可以充注,若在临界注入压力曲线的下部,则表示古充注动力小于临界注入压力,石油不能充注。该图版很好地解释了安塞地区长6段储层的含油性。

1. 实例1——丹49井长6段油层

安塞地区丹49井长6段1466~1471m深度段试油结果为产油4.34t/d,储层现今孔隙度是8.4%,恢复到成藏期砂岩孔隙度达到14.9%,古埋深是1890m,在成藏解释图版上绘制出该孔隙度下的临界注入压力曲线(图7-2)。在该孔隙度条件下1890m埋深处临界注入压力是0.15MPa。成藏期烃源岩地层压力转换到实验室条件下的充注动力为0.32MPa,转换后流体压力大于临界注入压力,石油可以充注,这与现今的试油结果相符合。

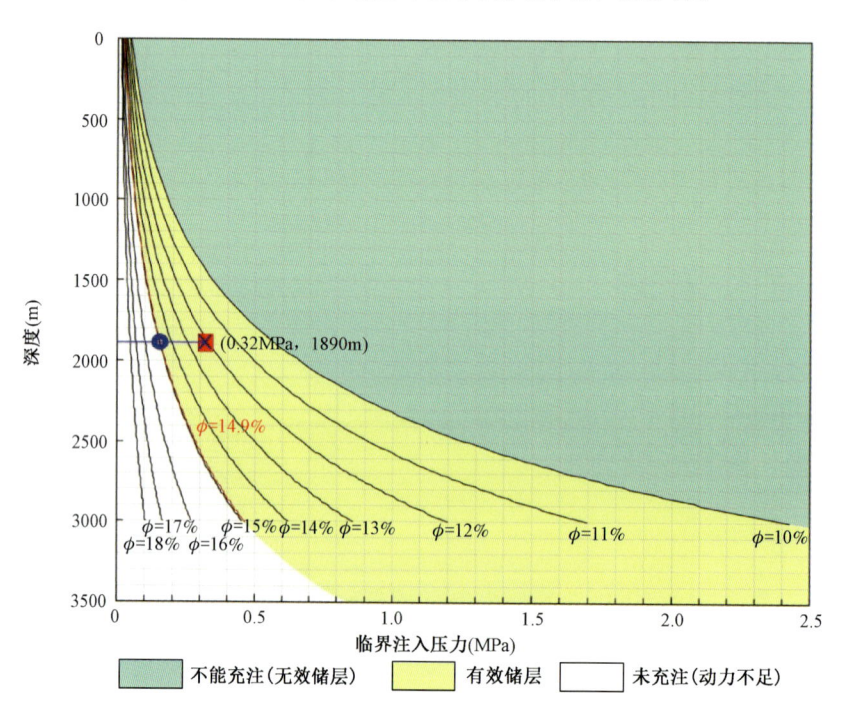

图7-2 丹49井长6段砂岩临界成藏解释图版

2. 实例2——新27井长6段水层

安塞地区新27井长6段2108.5~2111m深度段试油结果为水层,储层现今孔隙度是10.2%,恢复到成藏期砂岩孔隙度达到13.2%,古埋深是2252m,在烃类充注突破压力图版上绘制出该孔隙度下的临界注入压力曲线(图7-3)。在该孔隙度条件下2252m埋深处临界注入压力是0.38MPa。成藏期烃源岩地层压力转换到实验室条件下充注动力为0.09MPa,石油充注动力小于临界注入压力,石油不可以充注,这也与现今的试油结果相符合。

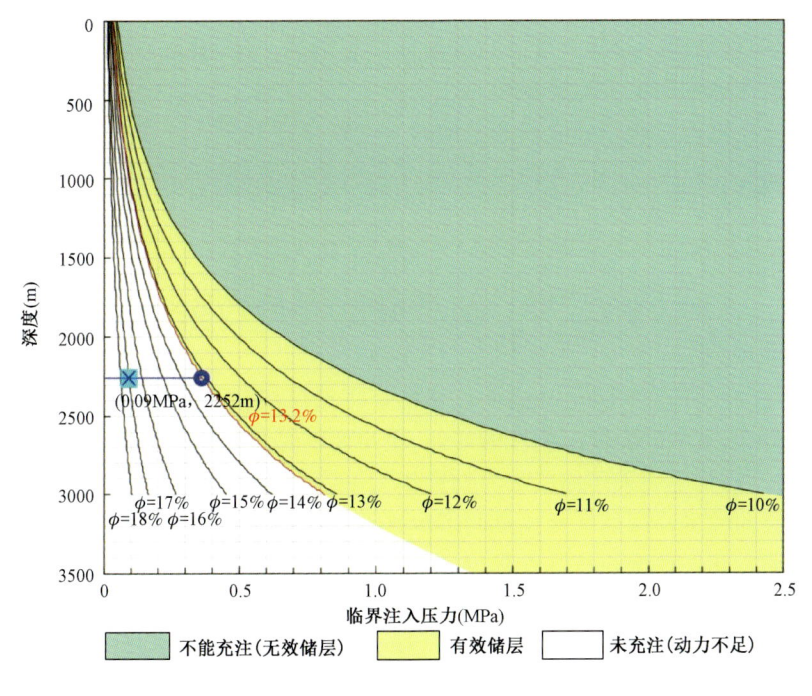

图 7-3　新 27 井长 6 段砂岩临界成藏解释图版

三、过剩孔隙度概念及储层级别划分

对于能够含油的有效储层,笔者提出了利用成藏期过剩孔隙度来动态评价储层质量的新方法并初步建立了相关评价指标体系。所谓成藏期过剩孔隙度,是指成藏期孔隙度与储层临界孔隙度的差值,可以用 $\Delta\phi$ 表示：

$$\Delta\phi = \phi_{成藏期} - \phi_{临界} \tag{7-1}$$

式中　$\phi_{成藏期}$——成藏期储层古孔隙度,%；

　　　$\phi_{临界}$——储层临界孔隙度,%。

虽然成藏期储层古孔隙度对油气成藏影响巨大,但是利用它来评价储层的含油程度存在很大的问题。西峰地区长 8 段储层临界孔隙度是 10%（刘震等,2014）,而镇泾地区长 8 段是 10.5%（潘高峰等,2011）。对于成藏期孔隙度为 10.3% 的储层而言,在西峰地区就是有效储层而在镇泾地区就不是能够高效充注的储层。然而采用成藏期过剩孔隙度这一参数就能避免类似的问题。虽然储层临界孔隙度是随着储层性质和烃类流体性质的变化而改变的（刘震等,2012）,但对于成藏期过剩孔隙度为 3% 的储层（在西峰和镇泾地区对应的成藏期孔隙度分别是 13% 和 13.5%）,无论在哪个地区都是油气可以高效充注的有效储层。过剩孔隙度反映的是成藏期储层物性高出临界物性的那部分孔隙空间,对油气的充注程度影响巨大。因此它更能反映成藏期储层质量的优劣,可作为储层动态评价的关键指标。与成藏期孔隙度相比,过剩孔隙度对于储层评价而言具有更加普遍的意义,更能从本质上反映成藏期储层物性与含油饱和度之间的关系。

质量好的储层一般具有很高的初始产能,表示储层初始产量的数据有初始含油饱和度、试油资料、米采油指数等。下面以试油资料为例来阐述动态储层评价的基本原理。试油资料中的指标主要有试油产油量(t/d)、试油产水量(m³/d)、试油产液量(m³/d)、试油产油率(%)等,而试油产油率是指同一储层中日产油量与日产液量的比值,最能反映储层的初始产能,因为它与储层初始含油饱和度关系最密切。

笔者采用减孔过程和增孔效应相互叠加的方法恢复成藏期古孔隙度,并分析试油资料中的关键参数与储层孔隙度之间的各种关系,最终提出利用成藏期过剩孔隙度来划分储层级别的新方案。

第二节 动态储层评价方案

与静态的储层评价方法不同,动态储层评价是将储层演化过程与成藏过程结合起来综合考虑,不仅要评价成藏期砂岩储层物性的好坏,更重要的是预测储层是否含油以及含油程度的高低。针对这一目标,笔者采用储层临界物性作为储层有效性评价的标准、用油气成藏期储层质量来评价储层的优劣并用油气充注量的多少来评价储层含油程度的高低。

为了阐明动态储层评价的具体方案,本次研究选取鄂尔多斯盆地西南地区长6、长7、长8段低渗及致密砂岩储层数据(共计18个数据点,表7-1)进行分析,恢复了这些储层成藏期的物性,并统计了相关参数与试油数据的关系。本文的储层物性参数采用孔隙度,储层的含油程度的表征则利用试油产油量(t/d)和试油产油率(即每天的试油产油量与试油产液量之比),比较而言,试油产油率更合适,因为它与储层含油饱和度关系密切。

表7-1 鄂尔多斯盆地西南地区延长组砂岩储层样品点孔隙度及相关数据

序号	井名	地区	层位	深度(m)	孔隙度(%)	主成藏期(Ma)	古埋深(m)	古孔隙度(%)
1	H101	镇泾	长6段	1918.6	11.55	130	1470.5	18.31
2	H101	镇泾	长6段	1923.5	13.39	130	1475.7	19.54
3	H1053	镇泾	长8段	2262.2	12.52	130	1669.8	16.30
4	H18	镇泾	长8段	2096.4	8.44	130	1680.9	14.86
5	H21	镇泾	长8段	1759.3	11.04	130	1445.2	16.13
6	H26	镇泾	长8段	2117.9	12.62	130	1641.9	16.63
7	H37	镇泾	长6段	1805.2	13.49	130	1462.2	16.74
8	H37	镇泾	长8段	2006.0	12.30	130	1676.0	15.76
9	Z25	镇泾	长8段	2267.3	13.02	130	1853.0	16.97
10	X17	西峰	长8段	2138.8	9.84	120	2184.1	16.91
11	Z20	西峰	长8段	1846.9	8.86	120	1945.3	16.68
12	L78	西峰	长7段	1797.9	10.21	120	1939.5	18.06
13	L78	西峰	长8段	1907.0	7.93	120	2052.1	15.33
14	G8	西峰	长7段	1780.2	10.27	120	1861.2	18.72
15	G10	西峰	长6段	1456.4	10.51	120	1536.8	19.88
16	G10	西峰	长7段	1496.4	10.16	120	1579.0	19.68
17	G10	西峰	长7段	1524.5	9.98	120	1608.9	19.41
18	N1	西峰	长8段	1493.5	11.14	120	1618.3	20.49

本书提出的动态储层评价方法对于致密油"甜点"预测也具有重要的指导意义。所用数据点的现今孔隙度都在15%以下,最大值13.49%,最小值7.93%,平均值10.96%。其中,孔隙度小于10%的致密砂岩样品(5个)约占样品总数(18个)的28%。实际上,致密砂岩储层既发育孔隙度小于10%的致密砂体也在局部发育孔隙度大于10%的低渗砂体(表7-2)。

表7-2 鄂尔多斯盆地西南地区延长组砂岩储层样品点试油资料

井名	地区	层位	试油井段(m)	产油量(t/d)	产油量(m³/d)*	产水量(m³/d)	产液量(m³/d)	产油率(%)
H101	镇泾	长6段	1918.5~1919.5	14.36	16.80	0	16.80	100.00
H101	镇泾	长6段	1922~1924	14.36	16.80	0	16.80	100.00
H1053	镇泾	长8段	2259~2264	2.28	2.67	3.43	6.10	43.74
H18	镇泾	长8段	2095.5~2097.5	2.30	2.69	8.98	11.67	23.02
H21	镇泾	长8段	1757~1760	6.14	7.18	7.05	14.23	50.45
H26	镇泾	长8段	2117~2124	14.90	17.43	0.21	17.63	98.82
H37	镇泾	长6段	1800.5~1802.0	3.01	3.52	1.50	5.02	70.12
H37	镇泾	长8段	1993~1999	0.29	0.34	1.02	1.36	24.89
Z25	镇泾	长8段	2263~2268	10.12	11.83	0.76	12.59	93.97
X17	西峰	长8段	2142-2146	34.64	40.75	0	40.75	100.00
Z20	西峰	长8段	1839.0~1847.5	13.30	15.65	0	15.65	100.00
L78	西峰	长7段	1797~1800	1.28	1.51	0.53	2.04	73.97
L78	西峰	长8段	1904.6~1909.0	0.66	0.78	1.64	2.42	32.13
G8	西峰	长7段	1769~1773 1781~1783	1.36	1.60	0	1.60	100.00
G10	西峰	长6段	1456.2~1462.2	2.81	3.31	1.20	4.51	73.37
G10	西峰	长7段	1499~1507	4.85	5.71	0	5.71	100.00
G10	西峰	长7段	1518~1520 1522.4~1524.4	4.85	5.71	0	5.71	100.00
N1	西峰	长8段	1449.2~1453.5	8.70	10.24	0	10.24	100.00

注:*为地面原油密度取值0.885g/cm³(参考鄂尔多斯盆地西南地区延长组多个油藏的数据)。

一、确立储层含油程度与动态储层评价参数的关系

储层含油程度研究是动态储层评价的第三个层次,评价对象是能够含油的有效储层。如前所述,首先通过临界物性判断出有效储层,其次根据临界成藏解释图版识别出能够充注油气的有效储层。然后再分析影响这类储层含油程度高低的因素。本节的目标就是要在含油饱和度与动态储层评价参数之间搭建一座桥梁。因此,笔者先找出反映储层物性的参数,再筛选与储层含油饱和度有关的指标,最后分析它们之间的关系。

通过储层试油资料和孔隙度关系交会图(图7-4),发现试油产油量和产油率与现今孔隙度的关系不明显(图7-4a和b),现今孔隙度和古孔隙度与试油产油量的关系也很复杂(图7-4a和c),而试油产油率与成藏期孔隙度具有高度的相关性(图7-4d)。这也说明静态储层评价方法不能有效地识别出致密砂岩储层的含油性,而储层动态评价能取得较好的效果。

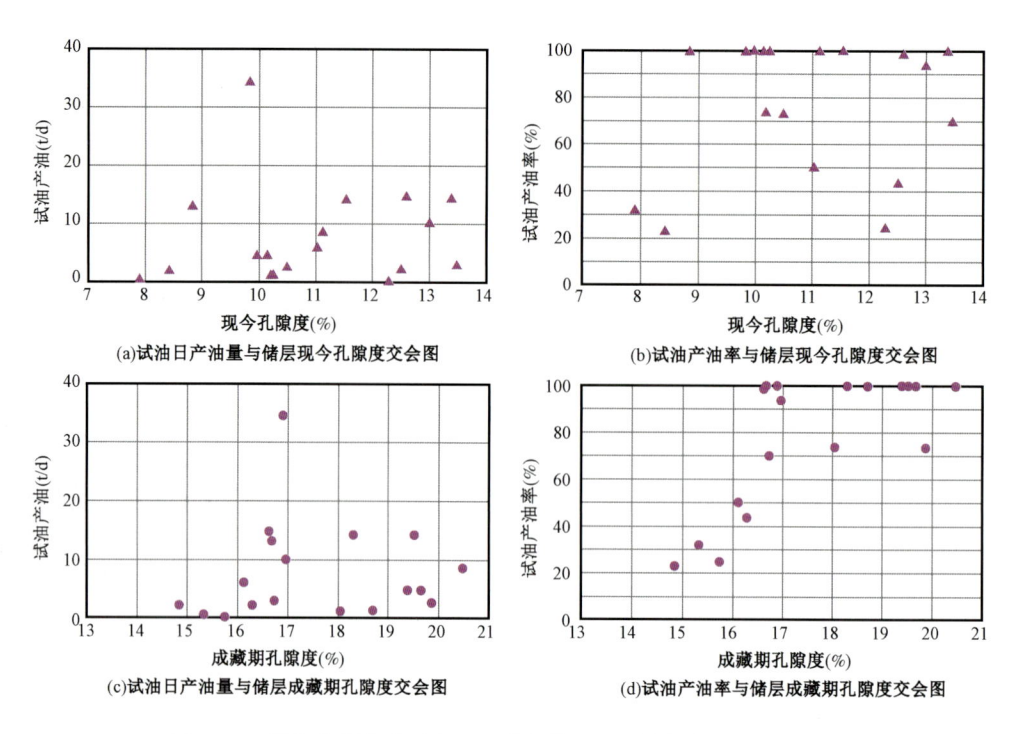

图 7-4 鄂尔多斯盆地西南地区砂岩储层试油数据与孔隙度交会图

根据动态储层评价思路绘制出试油产油率与成藏期过剩孔隙度之间的交会图(图 7-5),并用回归分析和分类评价两种方法分别进行相关性分析。研究表明回归分析的结果并不理想(图 7-5b 至 f),相关系数 R^2 均未超过 0.8;二次多项式相关系数最高($R^2=0.7221$),线性关系相关性最差($R^2=0.4866$);其他拟合关系介于两者之间。比较而言,分类评价方案效果较好(图 7-6)。

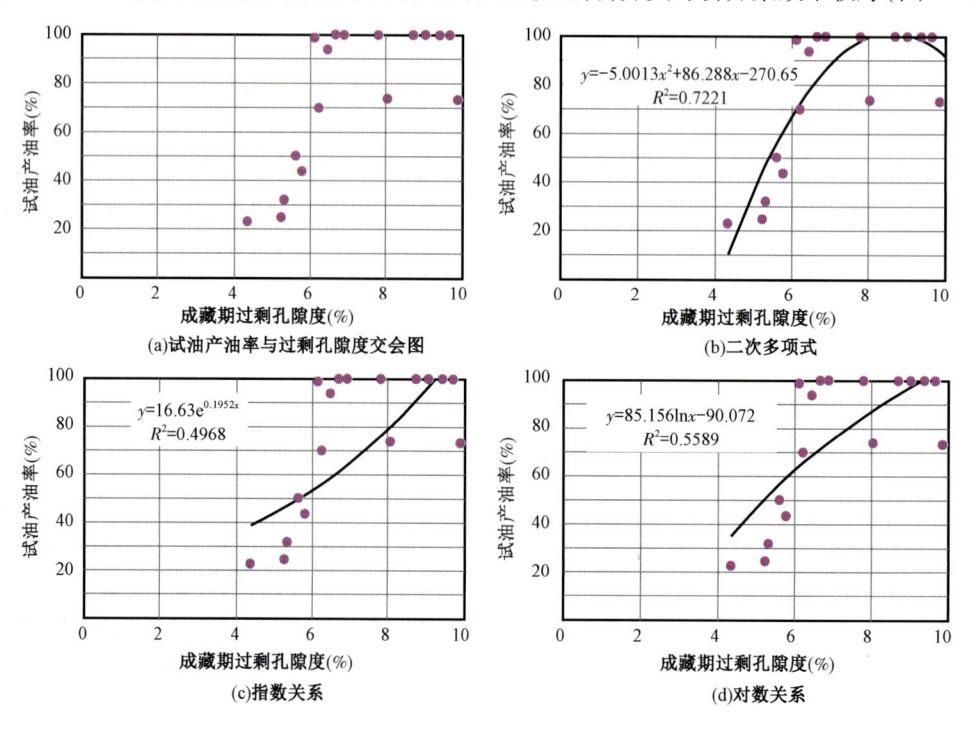

图 7-5 鄂尔多斯盆地西南地区砂岩储层试油产油率与过剩孔隙度的相关性分析

(e) 幂函数关系　　　　　　　　　　　　(f) 线性关系

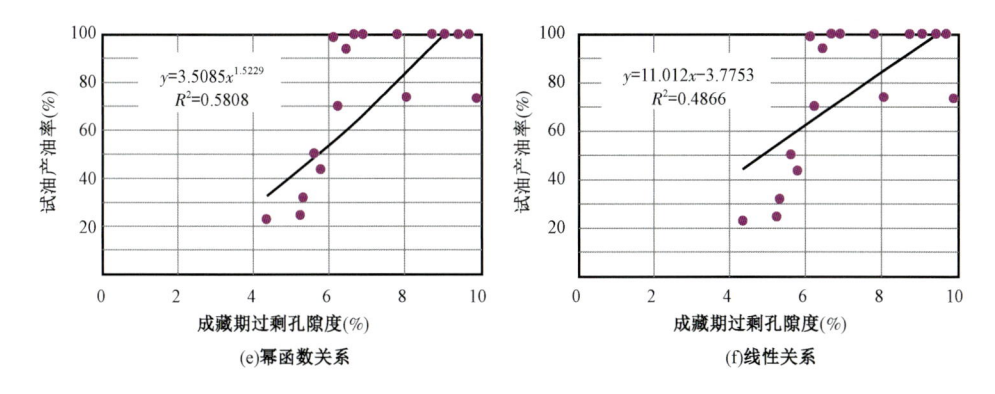

图 7-5　鄂尔多斯盆地西南地区砂岩储层试油产油率与过剩孔隙度的相关性分析（续）

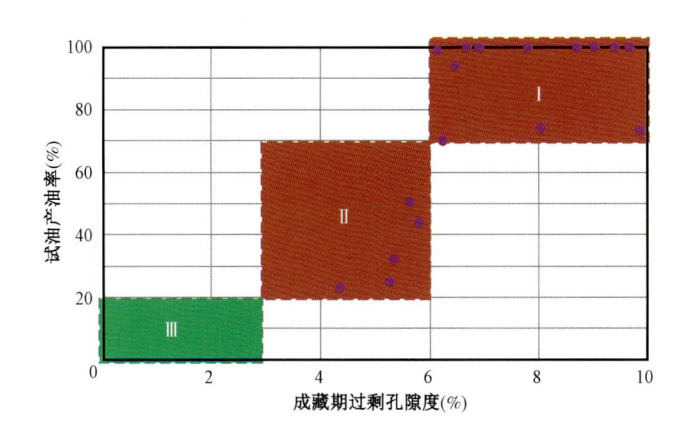

图 7-6　鄂尔多斯盆地西南地区长 6—长 8 段砂岩储层含油程度分类评价方案

二、动态储层评价方案的建立与验证

1. 鄂尔多斯盆地西南地区延长组动态储层评价方案

综合前面的研究成果，笔者根据储层试油产油率和成藏期过剩孔隙度将鄂尔多斯盆地西南地区长 6—长 8 段低渗及致密砂岩储层分为高含油好储层（Ⅰ类）、中等含油储层（Ⅱ类）、低含油差储层（Ⅲ类）三类（表 7-3）。

表 7-3　鄂尔多斯盆地西南地区长 6—长 8 段砂岩储层含油程度分类表

储层类别	过剩孔隙度 $\Delta\phi$ (%)	试油产油率 (%)
Ⅰ类高含油好储层	>6	70~100
Ⅱ类中等含油储层	3~6	20~70
Ⅲ类低含油差储层	<3	0~20

2. 安塞地区长 6 段动态储层评价试验

新建立的储层评价方案是否有效还需要进一步验证，为此将该方法应用于鄂尔多斯盆地安塞地区长 6 段储层的含油程度评价中。在安塞地区总共选取 9 个样品点（表 7-4），孔隙度范围介于5%～12%之间,其中有6个样品点属于致密砂岩油储层(孔隙度小于10%)。成藏期过剩孔隙度的计算需要先恢复成藏期古孔隙度和确定储层临界孔隙度。对于安塞地区长6段砂岩储层,临界孔隙度为10.2%(刘静静等,2014)。从试油产油率与成藏期过剩孔隙度关系交会图上可以看出(图7-7):1个点落在Ⅰ类储层的范围内、4个点为Ⅱ类储层、3个点属于Ⅲ类储层、1个点为异常值,符合率达到89%。该异常点的出现很可能跟天然裂缝的发育有关。研究表明本文针对鄂尔多斯盆地西南地区长6—长8段低渗及致密砂岩储层建立的储层含油程度动态评价方案在安塞地区长6段得到较好的验证。

表7-4 鄂尔多斯盆地安塞地区长6段砂岩储层样品点数据

序号	井名	试油产油率(%)	孔隙度(%)	成藏期孔隙度(%)	过剩孔隙度(%)	储层类别
1	P2	1.02	6.85	10.66	0.46	Ⅲ类
2	S165	59.65	9.49	14.74	4.54	Ⅱ类
3	S165	0.32	5.97	10.99	0.79	Ⅲ类
4	S229	55.74	8.54	15.43	5.23	Ⅱ类
5	D49	100.00	8.45	14.93	4.73	异常值
6	D49	100.00	11.17	16.64	6.44	Ⅰ类
7	D49	0.29	7.15	12.45	2.25	Ⅲ类
8	X8	65.79	11.93	15.60	5.40	Ⅱ类
9	X8	65.79	11.38	14.95	4.75	Ⅱ类

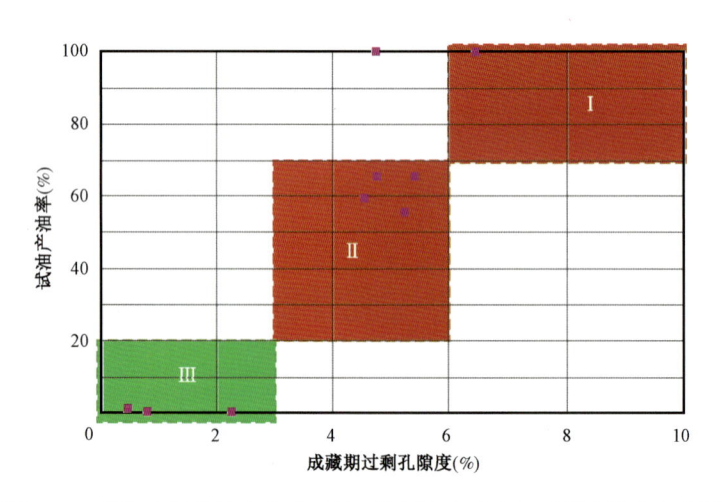

图7-7 鄂尔多斯盆地安塞地区长6段试油产油率与过剩孔隙度交会图

第三节 动态储层评价流程

动态储层评价是考虑储层演化过程,通过分析成藏期砂岩储层物性的好坏,来对储层进行评价。首先在古孔隙度恢复的基础上,通过成藏期储层临界物性这一参数的求取,来直接判断储层是否为有效储层;其次利用储层物性—流体动力耦合关系判别有效储层的含油性;最后利用成藏期古孔隙度与储层含油程度的关系,划分储层的分类级别。综合以上考虑,笔者提出了动态储层评价的总体流程和详细的具体评价流程。

一、动态储层评价总体流程

为了提高动态储层评价的实用性,笔者也提出了相对简单的总体评价流程。即5步法:第1步,利用试油法和录井法统计现今储层含油物性下限;第2步,确定成藏期储层的临界孔隙度;第3步,利用砂岩分段效应模拟方法恢复砂岩古孔隙度演化;第4步,确定成藏期砂岩储层的过剩孔隙度值($\Delta\phi = \phi_{成藏期} - \phi_{临界}$);第5步,利用过剩孔隙度与试油产油率关系图版划分储层含油级别。具体评价流程见图7-8。

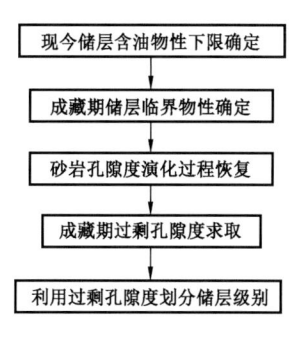

图7-8 动态储层评价总体流程图

二、具体评价流程

按照动态储层评价的基本原理,笔者提出了非常详细的具体评价流程,包括三大部分九个步骤(图7-9):第一部分包括步骤①到③,主要目的是判断砂岩储层的有效性,判断的标准是储层临界物性;第二部分包括步骤③到⑥,主要任务是判别砂岩储层是否含油,判别的参数是临界充注动力;第三部分包括步骤⑥到⑨,也是本书重点阐述的内容,主要是根据已建立的砂岩储层含油程度划分方案对研究区内的含油储层进行分类评价,对于成藏期能高效充注的储层而言,成藏期过剩孔隙度的大小就可以用来预测含油程度的高低,其中Ⅰ类高含油好储层便是致密油"甜点"的发育位置。

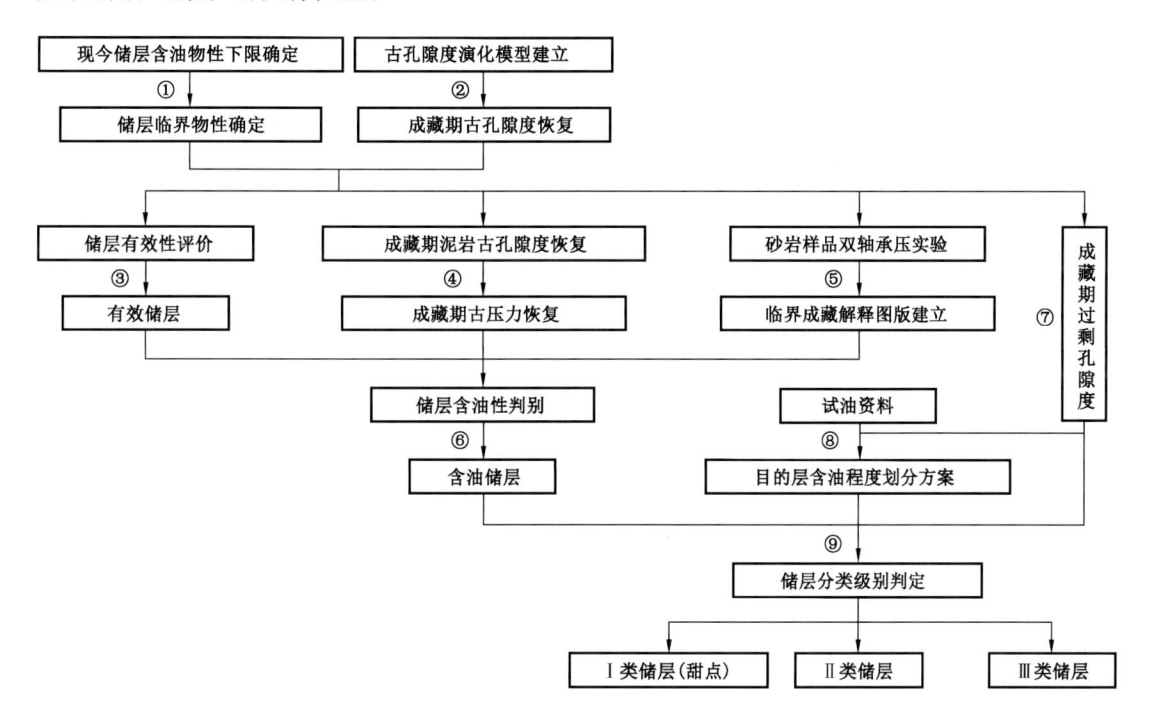

图7-9 动态储层评价详细流程图

第八章 应用实例一——鄂尔多斯盆地延长组低孔渗及致密砂岩动态储层评价

鄂尔多斯盆地延长组低孔渗砂岩储层表现出自相矛盾的特点。一方面,按照行业储层评价标准,延长组的砂岩基本为低孔低渗砂岩,大多为四级和五级储层,部分储层致密,为非储层;另一方面,近十年来的勘探开发表明,延长组探明近 $20 \times 10^8 t$ 的石油储量,延长组称为国内少有的低孔渗油气富集层位。

显然,鄂尔多斯盆地延长组长石岩屑砂岩储层的评价存在严重的漏洞。关键问题在于经典的储层评价依据本身就没有考虑成藏的因素,反过来建立的储层评价标准又要去指导油气勘探,当然会出现尖锐的矛盾。

由于常规储层评价使用的孔隙度、渗透率和孔隙结构等静态参数只是对储层现今特征的表征,没有认识到砂岩含油气性取决于成藏期储层性质的优劣,仅仅对现今砂岩储层进行静态评价存在明显不足。然而动态储层评价是在油气成藏机理和成藏过程研究的基础上考虑储层演化过程,通过分析成藏期砂岩储层物性的好坏来对储层进行评价。首先在古孔隙度恢复的基础上,通过成藏期储层临界物性判断储层是否为有效储层;其次利用储层物性—流体动力耦合关系判别有效储层的含油气性;最后利用成藏期古孔隙度与储层含油程度的关系,划分储层的分类级别。本书提出的动态储层评价新方案首先在鄂尔多斯盆地延长组砂岩储层中得到应用并获得成功,发现多个新的含油富集区块。

第一节 地质概况及储层特征

鄂尔多斯盆地北以阴山、大青山及狼山为界,南至秦岭,西起贺兰山、六盘山,东到吕梁山,总面积 $32 \times 10^4 km^2$。地理上横跨陕、甘、宁、蒙、晋五省(区),位于东经 $106°20'—110°30'$,北纬 $34°—41°30'$,盆地内沉积岩厚度 $5000 \sim 10000m$(图8-1)。其大地构造位置属华北地台西部,为克拉通边缘坳陷盆地。盆地基底为太古宙、元古宙变质岩结晶基底,其上有古生代、中生代、新生代盖层沉积,具明显的二元结构。

一、构造特征及构造演化过程

鄂尔多斯盆地是一个稳定沉降、坳陷迁移的多旋回克拉通盆地,原属大华北盆地的一部分,中生代后期逐渐与华北盆地分离,并演化为一大型内陆盆地。盆地有双层结构,基底由太古宇及古元古界的变质岩构成,在平面上可分为三大部分。盖层为中—新元古界和下古生界的海相碳酸盐岩层、上古生界—中生界的滨海相及陆相碎屑岩层。新生界仅在局部地区分布。三叠纪总体为一西翼陡窄、东翼宽缓的不对称南北向矩形盆地。盆地边缘断裂褶皱较发育,而盆地内部构造相对简单、地层平缓。盆地内无二级构造,三级构造以鼻状褶曲为主,幅度较大、圈闭较好的背斜构造不发育。盆地自中生代以来,长期稳定发展,后期构造变动微弱,构造圈闭不发育,主要以岩性油气藏为主。根据盆地基底性质、现今构造形态及特征,可划分为伊盟

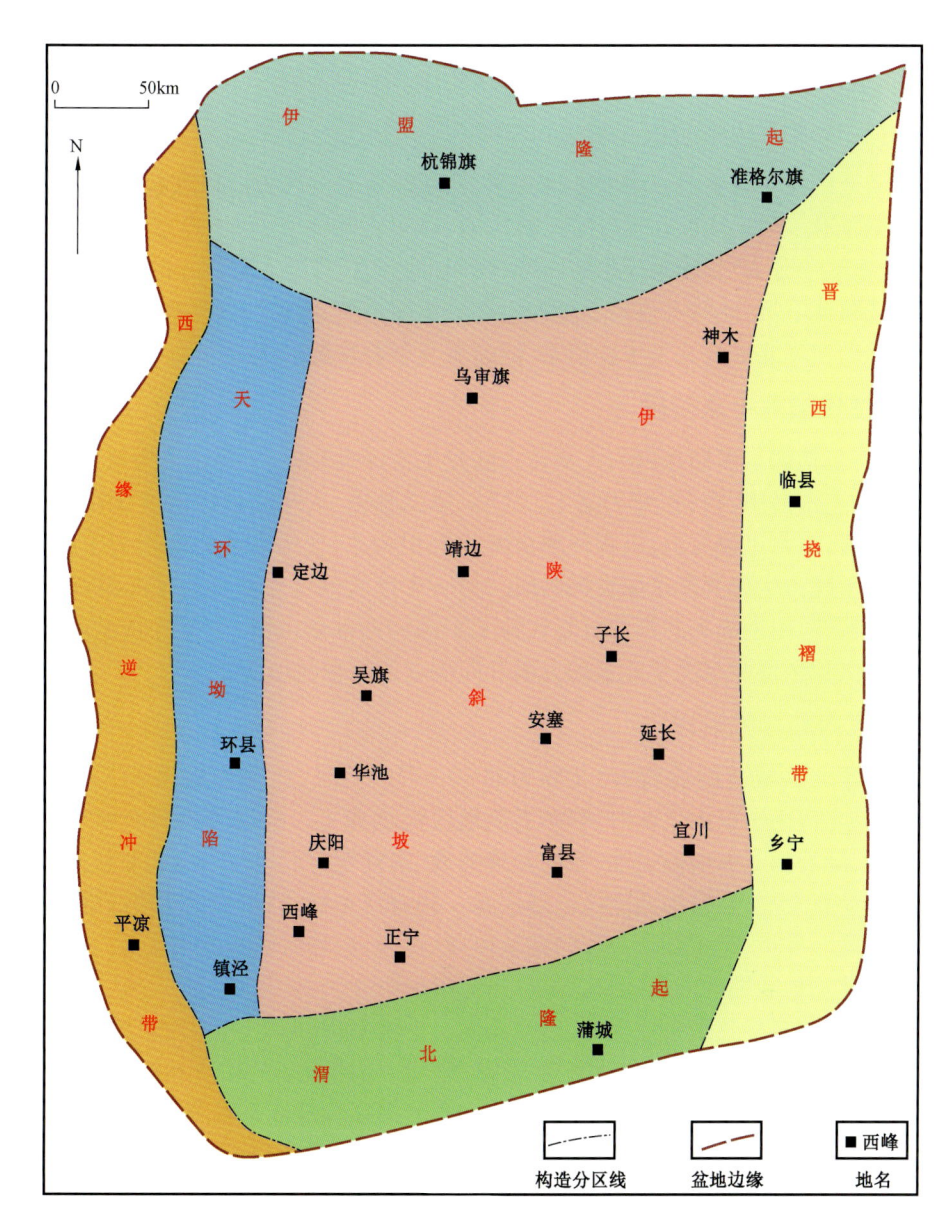

图 8-1 鄂尔多斯盆地构造单元图（据杨俊杰，2002）

隆起、渭北隆起、晋西挠褶带、伊陕斜坡、天环坳陷及西缘逆冲带六个一级构造单元（杨俊杰，2002）。

鄂尔多斯盆地构造演化可大致划分为五大阶段，即：中—新元古代拗拉谷阶段、早古生代浅海台地阶段、晚古生代滨海平原阶段、中生代内陆坳陷阶段、新生代盆地周边断陷阶段。本次研究的目的层段—延长组主要位于中生代内陆盆地阶段。

1. 中—新元古代拗拉谷阶段

华北克拉通在晚太古代就已形成了三叉裂谷，曾于五台运动关闭后固结，至古元古代复活、发展形成内陆支裂谷。中元古代—新元古代，贺兰拗拉谷由桌子山经贺兰山向海源张开，水体北浅南深，沉积物北粗南细，地层北薄南厚。早古生代，该区拗拉谷再度活动，至中寒武世,海水已遍布贺兰拗拉谷并波及鄂尔多斯广大地区。中奥陶世为类复理式沉积,其中贺兰山、罗山、香山一带常见重力滑塌堆积,预示着该拗拉谷的即将消亡。

2. 早古生代浅海台地阶段

鄂尔多斯地区在早古生代以升降运动为主,期间经历了三次海进和海退,经过寒武纪毛庄组和徐庄组的演化,鄂尔多斯古陆与阿拉善古陆、吕梁古陆分开,到了晚寒武世,吕梁古陆下沉,鄂尔多斯古陆一分为二,出现了伊盟古陆、庆阳古陆与阿拉善古陆同在的局面。早奥陶世,鄂尔多斯地区整体下沉,此时不仅南、北贯通,海域范围扩大,为广阔的陆表海沉积。奥陶纪末期的加里东运动使华北地区缺失了志留系、泥盆系及下石炭统沉积。

3. 晚古生代滨海平原阶段

晚古生代,包括鄂尔多斯在内的大华北古陆发生了巨大变化,主要表现为地理环境由海过渡为陆、地质构造由海中"台"过渡为陆上"盆"。早二叠世,大华北地区的变化在鄂尔多斯地区变得异常明显,海水迅速后退,沉积环境由海相沉积为主,变为以陆相沉积为主,从此,鄂尔多斯地区进入了晚古生代滨海平原发展阶段。另一个巨大的变化就是石千峰组沉积时,地壳发生了巨大的调整,由南部和北部的沉降代替了东部和西部的沉降,中部古隆起走向消亡,标志着鄂尔多斯沉积区逐步与大华北盆地分离并向独立的沉积盆地演化。

4. 中生代内陆坳陷阶段

早三叠世华北盆地范围比较大,北界为北京—阴山南缘,西界为银川—宝鸡,南界为西安—许昌,东界至济南—杨山。此时,鄂尔多斯地区仍承袭了二叠纪的沉积面貌,为滨浅海沉积。中三叠世,随着扬子海向南退缩,仅在盆地的西、南发育有西秦岭浅海和北祁连浅海,并且西部古陆开始孕育发展,在盆地西南缘的地层有一些海泛夹层,鄂尔多斯西南缘陆相沉积的特征更加明显。晚三叠世,扬子陆块与华北陆块碰撞、拼合,秦岭海槽和北祁连海向西南退缩,秦岭崛起。大华北盆地收缩并向西迁移,形成了晋陕盆地。

早侏罗世,鄂尔多斯盆地再度隆升,遭受剥蚀。中侏罗世,海水已从中国大陆的东部退去,所剩的海域只有西藏的羌塘—唐古拉海槽。晚侏罗世,中国大陆的构造和沉积作用发生了巨大变化,在鄂尔多斯地区表现为盆地规模缩小,即鄂尔多斯盆地缩至晋陕大峡谷以西。早白垩世,鄂尔多斯地区是中国大陆仅存的大型沉积盆地,范围向西达河西走廊—潮水地区和准噶尔地区。

5. 新生代盆地周边断陷阶段

燕山运动第四幕使盆地本部上升隆起,缺失上白垩统,古近系—新近系沉积分布较局限。在盆地边缘发育形成多个新生代的断陷盆地,如河套、银川、汾渭等地堑。

二、目的层地层特征

1. 主要地层

鄂尔多斯盆地有中—新元古界、下古生界碳酸盐岩、上古生界滨海及海陆过渡相至陆相碎屑岩沉积和中生界陆相碎屑岩沉积,新生界只有局部地区分布。其中鄂尔多斯盆地上三叠统延长组是我国陆相三叠系中出露最好、研究最早、发育比较齐全的层型剖面,也是本次研究的目的层系。根据岩性特征分为五段,即T_3y_1、T_3y_2、T_3y_3、T_3y_4、T_3y_5。再根据其岩性、电性及含油性,将五段对应划分为10个油层组(长1—长10),各段与油层组对应关系及岩性特征见表8-1。

表8-1 三叠系延长组地层简表(据李文厚等,1999)

系	组	段	厚度(m)	油层组	岩性
三叠系	延长组	第五段 T_3y_5	100~200	长1油层组	为一套深灰绿色粉砂质泥岩与泥质粉砂岩、细砂岩互层,局部夹薄煤层
		第四段 T_3y_4	100~250	长2油层组	为一套灰绿色中—细粒砂岩夹灰黑色粉砂质泥岩,是盆地延长组重要的储层之一
				长3油层组	
		第三段 T_3y_3	120~400	长4+5油层组	为一套砂泥岩互层;长7油层组在盆地南部发育"张家滩"页岩,是盆地的主要生油层;长4+5油层组以泥页岩为主,既是生油层也是较好的区域盖层
				长6油层组	
				长7油层组	
		第二段 T_3y_2	100~200	长8油层组	以湖相沉积为主的砂泥岩沉积;长8油层组相对较粗,是重要的储油层;长9油层组以泥页岩为主,习称"李家畔"页岩,是延长组重要的生油岩之一
				长9油层组	
		第一段 T_3y_1	100~300	长10油层组	为灰绿色、浅红色长石砂岩夹暗紫色泥岩及粉砂岩,砂岩为沸石胶结,呈麻斑结构

1)延长组第一段(T_3y_1)

第一段即长10油层组。为河流、三角洲及部分浅湖相沉积,盆地东部主要为灰绿、浅红色长石砂岩夹暗紫色泥岩及粉砂岩;西南部除崆峒山一带缺失外,其余地区为灰绿色细粒长石砂岩、中粒砂岩的不等厚互层夹薄层浅灰色粗砂岩及深灰色泥岩。北部厚度不足百米,南部厚300m左右。

2)延长组第二段(T_3y_2)

包括长9、长8油层组,是以砂泥岩为主的湖相三角洲沉积。分布特点为:西南缘细而厚,东北部粗而薄(至尖灭),上部细砂岩相对较多,在陇东地区形成工业油层(长8油层组)。盆地南部广泛发育暗色泥页岩或油页岩,表现为高电阻;盆地东部葫芦河以北到窟野河地区油页岩分布稳定,习惯称为"李家畔页岩",成为地层划分对比的重要标志。北部厚度100m左右,南部厚度200m左右。

3)延长组第三段(T_3y_3)

包括长7油层组、长6油层组和长4+5油层组。除盆地西南部地区局部剥蚀外,其余广大地区均有分布。盆地南部顶底均以厚层黑灰色泥岩为主,底部尤其发育,习称"张家滩页岩"(长7油层组),是区域地层对比的重要标志层。西南部为黄绿、灰绿色砂岩,崆峒山一带为紫红、灰紫色砾岩夹紫红色砂岩条带,习称"崆峒山砂岩";东部为灰绿色细砂岩、灰黑色泥页岩互层,砂岩向上厚度增大。电性上表现为视电阻率曲线呈梳状,底部油页岩呈薄—厚层状高阻段(即长7油层组),自然电位曲线形态平直,砂岩部分呈倒三角形偏负特征。盆地北部厚120m,往南厚度渐增为300~350m。

4)延长组第四段(T_3y_4)

包括长3油层组和长2油层组。除盆地南部及西南部被剥蚀外,其余地区均有分布。岩性单一,主要为浅灰、灰绿色中—细粒砂岩夹灰黑色、蓝灰色粉砂质泥岩,砂岩呈巨厚块状,泥质、灰质胶结,具微细层理。电性特征明显,视电阻率呈细齿状,自然电位呈箱状或指状。厚度 100～250m。

5) 延长组第五段(T_3y_5)

即长1油层组。马坊—姬原—庆阳—正宁—马栏一线以西全部剥蚀,庆阳—华池一带仅分布在"残丘"上。盆地东部大理河一带保存最全:下部为含煤的砂、泥岩构成的韵律层,植物化石丰富;中部为浅灰色中—厚层粉细砂岩与深灰色粉砂质泥页岩互层,夹薄煤层及泥灰岩,泥岩中含多种动物化石;上部为浅灰色块状硬砂质长石砂岩与含可采煤层的黑灰—灰绿色粉砂质泥岩、泥质粉砂岩;顶部为油页岩,含特有的水生节肢动物化石。从电性特征来看,视电阻率呈幅度不大的锯齿状,自然电位为负偏形态,厚层段呈箱状,薄层段呈梳状。由于上覆的区域不整合发育,剥蚀作用较强,地层厚度变化较大(0～120m)。

2. 层序地层格架

本项目的三级层序格架采用郭彦如、刘震等(2006)的划分方案,将延长组地层划分为六个三级层序,每个三级层序又可以划分为三个体系域:低位域、湖扩域和高位域,体系域的划分方案又参照鄂尔多斯分院的研究成果。具体的层序地层格架特征如下:

1) 层序一(SQ1)

该层序基本对应于长10油层组,厚度是南厚北薄,从几十米至几百米变化很大;底界面是延长组与下伏中三叠统纸坊组的侵蚀不整合面。

低位+湖侵体系域相当于长10油层组中下部,低位域剖面上体现为进积或加积的沉积韵律;湖侵体系域主要是退积式沉积韵律。最大湖泛面出现于三角洲前缘—前三角洲—浅湖亚相中,由灰黑色泥岩、粉砂质泥岩组成,测井曲线以高伽马和低自然电位为特征。高位体系域是向上变浅的加积式和进积式沉积韵律。

2) 层序二(SQ2)

该层序对应于长9油层组和长8油层组下部,厚度从几十米至二百多米,南厚北薄。底界面为长9油层组与下伏长10油层组的整合接触界面,为岩性、岩相转换面。

低位体系域相当于长9油层组下部,剖面沉积韵律为加积和进积式;湖侵体系域相当于长9油层组中上部,主要是加积或退积式沉积韵律,最大湖泛面对应于"李家畔页岩",为浅湖—半深湖亚相沉积,由灰黑色泥岩及油页岩组成。高位体系域相当于长8油层组下部,为向上变浅的加积和进积式沉积韵律。其顶部与SQ3之间为较明显的区域型冲刷面。

3) 层序三(SQ3)

鄂尔多斯盆地延长组单井层序地层划分该层序大致包括长8油层组上部、长7油层组及长6油层组下部,厚度从几十米至三百米不等,是一个限定良好的三级层序,也是为众多学者所共同认可的一个三级层序。层序顶底边界分别由长6油层组和长8油层组三角洲沉积底部块状砂岩组成,长6油层组中部和长8油层组下部均是三角洲大规模向盆地内推进形成的进积序列。长8油层组块状砂岩段的顶面代表区内发生的第一个重要湖侵面(首次湖泛面),最大湖泛面出现于发育灰黑色泥岩及油页岩的深湖亚相中。

低位体系域厚度不大,垂向沉积韵律呈加积或进积式。湖侵体系域由整个长7油层组构成,厚度非常大,湖侵时间长,剖面韵律为退积式。高位体系域由向上变浅的加积型与进积型沉积韵律构成。

4) 层序四(SQ4)

该层序大致相当于长6油层组上部、长4+5油层组以及长3油层组下部,厚度从几十米至300多米。底界面为长6油层组内部的冲刷界面,顶界面为岩性岩相、沉积韵律转换面。

低位体系域厚度较大,剖面上为加积和进积沉积韵律。湖侵体系域主要是加积或退积式沉积韵律,长4+5油层组大段灰黑色泥岩、粉砂质泥岩沉积在盆地内分布较广泛,代表了最大湖泛面沉积,为三角洲前缘—浅湖亚相沉积类型。高位体系域为向上变浅的加积、进积沉积韵律。

5) 层序五(SQ5)

该层序大致相当于长3油层组上部和长2油层组下部,厚度从几十米至100多米。底界面为长3油层组内部的岩性岩相、沉积韵律转换面。

低位体系域厚度不大,为加积和进积的沉积韵律。湖侵体系域主要是厚度不大的水进式三角洲平原分流间洼地或少量前缘分流间湾组成的退积韵律。最大湖泛面属于三角洲平原分流间洼地和前缘分流间湾微相沉积,由深灰色泥岩、粉砂质泥岩组成。高位体系域由三角洲平原分流河道与分流间洼地、含煤沼泽微相交互沉积组成,发育向上变浅的加积或进积沉积韵律。

6) 层序六(SQ6)

该层序大致相当于长2油层组上部和长1油层组。其底界面为岩性岩相、沉积韵律转换面。顶界面为三叠系与侏罗系之间的侵蚀不整合界面,晚三叠世末受到印支运动的影响,使本区不均一抬升在延长组顶面形成了沟谷纵横、阶地层叠、残丘起伏、坡凹蔓延的古地貌形态,造成长3油层组以上地层遭受不同程度的剥蚀,相当一部分地区的层序六(SQ6)被剥蚀。

三、沉积体系特征

鄂尔多斯盆地上三叠统延长组划分出东北、西南两大沉积体系,分别由冲积扇沉积体系、河流沉积体系、三角洲沉积体系、湖泊沉积体系组成。扇三角洲、辫状河三角洲和浊积扇主要分布于盆地的西缘,曲流河三角洲主要发育于盆地的北部、东部及东南部地区。

1. 沉积体系分布特征

长10油层组沉积时期鄂尔多斯盆地已具雏形,长轴呈北西—南东向伸展,中心区域为浅湖亚相,在湖盆的东西两岸发育着三角洲前缘亚相、向外推则演变为三角洲平原亚相及冲积平原。浅湖区主要分布于定边—华池—富县—安塞—靖边范围内。

长9油层组沉积时期,盆地下沉速度明显加大,盆地南部全部被湖水淹没,长10油层组沉积时期的所有三角洲沉没水下,湖岸线大范围向外推移,湖盆面积大规模扩大。深湖相主要位于定边—吴旗—志丹—直罗—马栏—长武—宁县—太白—华池范围之内。

长8油层组的沉积是在长9油层组的基础上,盆地进一步坳陷扩大的过程。西部和西南部因地处剧烈沉陷带,辫状河入湖后即成为辫状河三角洲的水下分流河道,由于湖底坡度陡,局部地区很快又演化为浊积扇。而北部和东部坡度很缓,以大型曲流河三角洲沉积为主。长8油层组沉积时期,湖盆的深湖区已经有了相当的规模,分布在吴旗—志丹一带,呈北西—南东不对称展布,湖盆边缘发育两大三角洲体系,即东北三角洲体系和西南辫状河三角洲体系。湖盆西北缘还发育盐定三角洲,东南缘发育黄陵浊积扇,但规模均不大。

长7油层组沉积时期,盆地基底在长8油层组沉积时期湖盆的基础上继续下沉,达到了延长组湖盆发育的鼎盛时期。东北三角洲沉积体系分化出志靖三角洲和安边三角洲;西南水下沉积体系仍由镇原—庆阳、合水—正宁和环县三角洲组成,东南黄陵浊积扇继续存在,而西北缘的盐池—定边三角洲已经消失。

长6油层组沉积时期盆地基底开始抬升,湖盆开始收缩,沉积作用加强,周边各种三角洲迅速进积,整个湖盆从此步入逐渐填平、收敛,直至最后消亡的历程。此时,半深湖区仅限于环县—华池—直君—富县—志丹—姬源所限定的范围内,呈北西—南东向不对称展布。该期沉积物源具多方向特点而且主次分明。东北方向的物源最为重要,形成了由安塞三角洲、志靖三角洲和安边三角洲组成的东北三角洲沉积体系;西南物源次之,由环县、镇原—庆阳及合水—正宁等辫状河三角洲组成西南沉积体系。另外,东南黄陵及西北盐定地区还分别发育规模较小的黄陵浊积扇和盐定三角洲。

长4+5油层组沉积时期是继长7油层组沉积时期之后又出现的一次较大的湖侵期。本期浅湖分布范围较长6油层组沉积时期有所扩大,仍为北西—南东走向,湖盆周边三角洲仍继承长6油层组沉积时期的特征,东北为安塞三角洲、志靖三角洲和安边三角洲,西南为环县辫状河三角洲、镇原—庆阳辫状河三角洲和合水—正宁辫状河三角洲。西北缘的盐定三角洲和东南部的黄陵浊积扇较长6油层组沉积时期大为收缩。

长3油层组沉积时期沉积作用再次加强,开始了又一次全区性的三角洲建造,各个地区的三角洲均明显地向湖心推进,湖盆水体大规模收缩,浅湖亚相仅分布在华池—正宁—富县一带。湖盆边缘三角洲从各个方向进入湖盆,主体仍为东北的安塞三角洲、志靖三角洲和安边三角洲,西南为环县辫状河三角洲、镇原—庆阳辫状河三角洲和合水—正宁辫状河三角洲,西北的盐定三角洲向湖心推进明显,前缘与安边三角洲前缘交会到了一起,东南缘的黄陵浊积扇此时已经演化为黄陵三角洲。在东北三角洲沉积体系以北,发育曲流河沉积,主河道在乌审旗以东地区,向北直到依金霍洛旗的广大地区,辫状河沉积发育。

长2油层组沉积时期,由于地壳大幅抬升,湖盆收缩加剧。东北的安塞三角洲、志靖三角洲和安边三角洲以及西部的盐定三角洲、环县三角洲都已平原化,向北在横山—榆林一带广泛发育曲流河沉积,榆林以北,辫状河发育。西南部长2油层组地层由于印支运动的影响,大多遭受剥蚀。

2. 沉积体系纵向演化特征

鄂尔多斯盆地延长组为一个由水进—水退序列构成的完整沉积旋回,长9—长7油层组沉积时期为湖进阶段,湖盆逐渐扩大,水体逐渐加深,纵向上沉积物由粗变细。其中长7油层组沉积时期达到最大。长6—长1油层组沉积时期为水退阶段,虽有反复,但总体上水体逐渐变浅,湖盆逐渐缩小直至消亡。纵观盆地沉积体系演化过程,清楚表明盆地经历了长8油层组沉积时期形成、长7油层组沉积时期扩展、长6油层组沉积时期萎缩、长4+5油层组沉积时期再扩展、长3油层组沉积时期和长2油层组沉积时期再萎缩的演变过程。盆地沉积体系的演变,在纵向上构成了三套(长8至长7、长6至长4+5、长3+长2至长1)储盖组合,从而奠定了盆地延长组长8、长6、长4+5、长3油层组主要勘探目的层形成的地质基础。

四、储层基本特征

储层类型影响储层的物性特征,不同储集相、不同岩石学成分的砂岩,其储层物性会有很明显的差别。以下将从岩石学特征、砂岩孔隙特征及物性特征三方面来分析储层类型特征。

1. 岩石学特征

1)西峰地区长8储层

研究区砂岩主要为一套湖泊三角洲相砂体。以中—细粒砂岩为主,其次为少量粉砂岩。长8储层砂岩以长石质岩屑砂岩为主,岩屑质长石砂岩次之(图8-2)。其中长石质岩屑砂岩体积分数占63.4%,岩屑质长石砂岩体积分数占36.6%(于波,2008)。

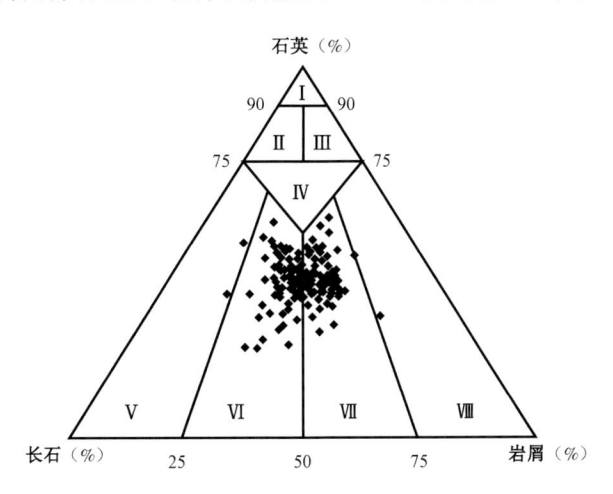

图8-2 西峰地区长8储层砂岩分类图(据于波,2008)

从砂岩的粒度组成看,长8储层砂岩的粒级以细—中粒占绝对优势,粒径范围多在0.13~0.4mm之间,大粒径一般为0.5~0.6mm,最大可达0.9mm。通过岩石学、扫描电镜和X-射线衍射分析,西峰油田长8储集砂岩填隙物主要由绿泥石、高岭石、水云母、方解石及硅质组成,偶见铁白云石、泥铁质等,长8储集砂岩的填隙物总量为13.5%。

2)姬塬地区长4+5储层

姬塬地区长4+5储层砂岩颜色多为浅灰色、灰色、浅灰绿色。薄片粒度分析表明,姬塬地区延长组长4+5油层组储层以细砂岩占绝对优势,细砂平均体积分数为(84.61%),其后依次为黏土(10.02%)、粉砂(2.83%)和中砂(2.54%)。

岩石薄片鉴定表明:长$4+5_2$储层碎屑组分中,石英体积分数为22.8%~26.9%;长石体积分数为39.3%~49.6%;岩屑体积分数为8.5%~10.7%(表8-2)。该区储层岩石类型主要为长石砂岩,其次为岩屑长石砂岩,少量长石岩屑砂岩(图8-3)。砂岩矿物成分成熟度指数Q/(F+R)[(石英/(长石+岩屑)]平均为0.48,矿物成分成熟度较低,反映沉积物搬运历史不长。

表8-2 姬塬地区长$4+5_2$储层砂岩碎屑组分统计表(据研究院内部资料,2009)

区块	层位	石英(%)	长石(%)	岩屑(%) 火成岩屑	变质岩屑	沉积岩屑	合计	其他(%)	填隙物(%)
耿63—耿143	长$4+5_2$储层	26.9	39.5	2.3	6.7	1.2	10.2	9.4	13.3
铁边城北		24.8	48.2	2.8	4.1	1.7	8.5	6.1	12.4
吴仓堡		22.8	49.6	2.4	5.2	1.3	8.8	6.8	12.1
耿63—耿43		26.4	39.3	2.6	5.7	2.5	10.7	3.9	16.8
姬塬地区平均		25.8	43.5	2.5	5.5	1.8	9.7	6.0	14.1

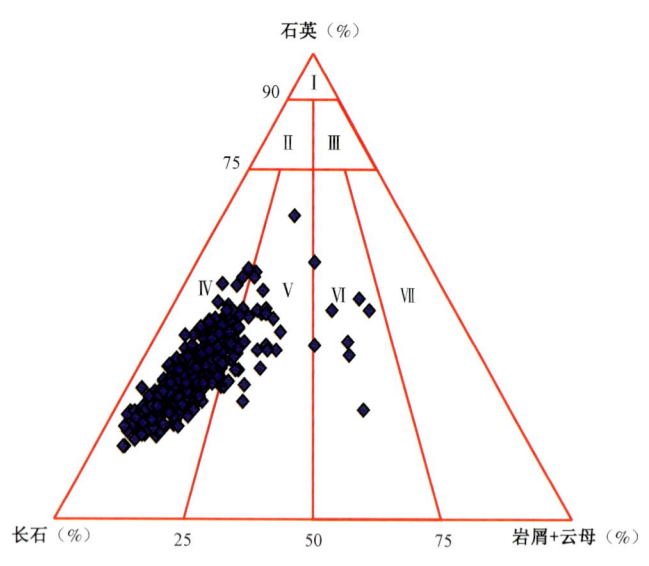

图-3 姬塬地区长4+5₂油层组砂岩分类图（据研究院内部资料，2009）

Ⅰ—石英砂岩；Ⅱ—长石石英砂岩；Ⅲ—岩屑石英砂岩；
Ⅳ—长石砂岩；Ⅴ—岩屑长石砂岩；Ⅵ—长石岩屑砂岩；Ⅶ—岩屑砂岩

岩屑类碎屑主要成分为变质岩岩屑、火成岩岩屑和沉积岩岩屑。填隙物中以碳酸盐、泥质、硅质为主。碳酸盐中以铁方解石（5.8%）为主。黏土 X - 射线衍射分析表明，泥质中绿泥石和高岭石所占比例最大（比例为1.6%和1.8%），其后依次为水云母（平均比例1.7%），硅质含量也较高，平均比例为1.3%（表8-3、图8-4、图8-5）。

表8-3 姬塬地区长4+5₂储层填隙物组分统计表（据研究院内部资料，2007）

区块	层位	高岭石	水云母	绿泥石	方解石	铁方解石	铁白云石	硅质	长石质	其他	合计	样品数
耿63—耿143	长4+5₂储层	1.5	1.1	1.8	0	5.2	0	1.0	0.3	2.4	13.3	12
铁边城北		2.7	1.3	0.9	0.2	5.3	0.3	1.6	0.1	0	12.4	23
吴仓堡		1.9	1.8	0.8	0	5.1	0	1.7	0.3	0.5	12.1	11
堡子湾—马家山		0.8	1.6	0.1	0	8.5	0.3	1.3	0.2	4.0	16.8	91
姬塬地区平均		1.8	1.7	1.6	0.5	5.8	0.2	1.3	0.2	1.0	14.1	291

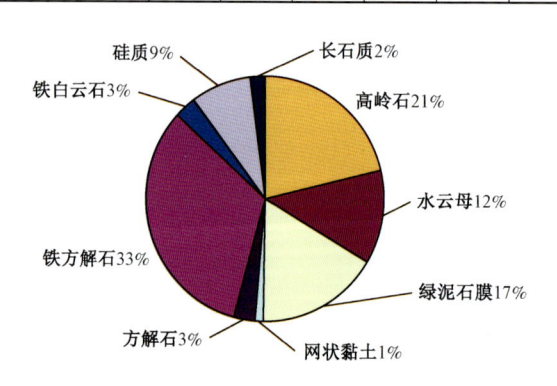

图8-4 姬塬地区长4+5₂储层填隙物组分统计饼状图（据研究院内部资料，2007）

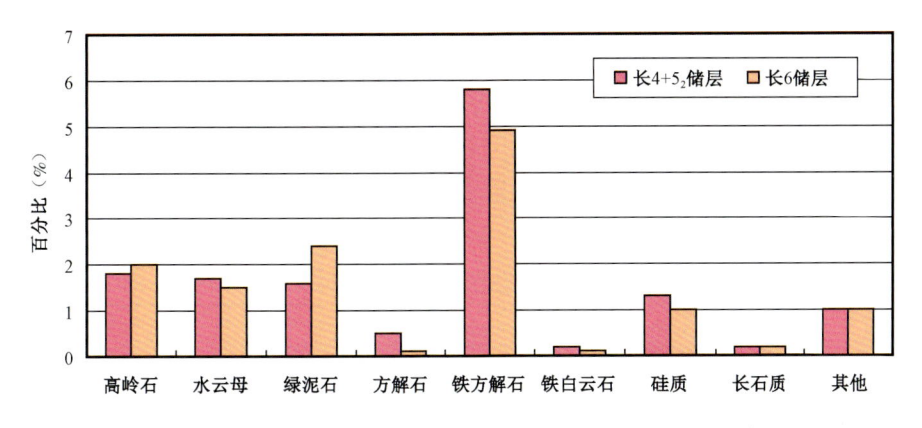

图 8-5 姬塬地区长 4+5₂ 储层填隙物组分柱状图（据研究院内部资料，2007）

3）安塞地区长 6 储层

根据安塞地区岩心薄片鉴定结果，该区长 6 储层主要为一套灰绿色中—细粒岩屑质长石砂岩，碎屑物长石含量 48.08%~51.9%；石英含量 19.18%~21.44%，云母含量 5.59%~9.08%；碎屑总量 87.47%~90.06%（表 8-4）。从岩心分析（表 8-4）及（图 8-6）都可以看出，长 6 储层具有高长石、低石英特点。

表 8-4 安塞油田王窑、候市、杏河长 6 储层碎屑成分含量数据分布表（据宋子齐，2002）

井区	陆源碎屑(%)			
	长石	石英	云母	总量
王窑	51.90	21.44	5.59	88.21
候市	48.08	19.18	9.08	87.47
杏河	50.47	20.11	7.94	90.06
全区	50.24	20.29	7.28	88.54

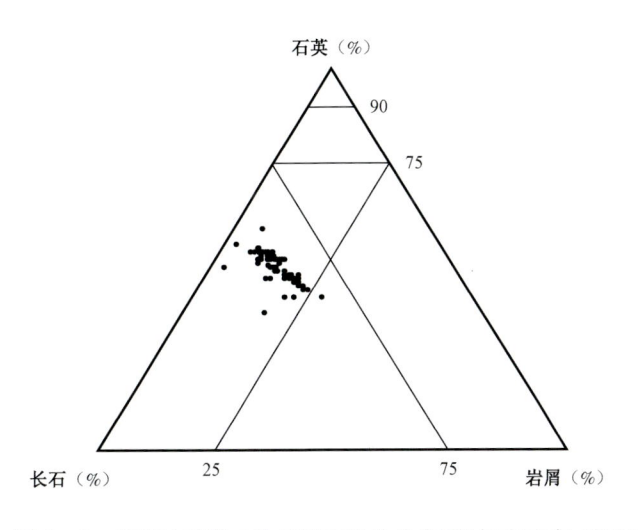

图 8-6 安塞油田长 6 油层岩石组分分类图（据宋子齐，2002）

该区主力储层长 6 油层的胶结物类型复杂多样，主要有绿泥石、浊沸石、水云母、方解石、硅质、长石质、混层黏土等。其中以绿泥石、浊沸石和方解石最为重要。

长6储层胶结物和长2储层相比,含量变化相对较小,含量在9.94%~12.59%之间,平均11.5%。胶结物主要以薄膜型次生绿泥石为主,含量5.86%~7.95%,平均6.32%;浊沸石含量0.78%~2.06%,平均1.77%;方解石含量1.32%~1.83%,平均1.39%;硅质含量0.50%~1.10%,平均0.81%;长石质含量0.27%~1.16%,平均0.78%。从胶结物含量的百分比看,杏河区含量9.94%较小,候市区含量达到12.59%,王窑区含量11.44%处于平均值区域(表8-5)。

表8-5 安塞油田南部长6油层胶结物含量数据分布表(据宋子齐,2002)

井区	胶结物(%)							
	绿泥石	水云母	方解石	硅质	长石质	混层黏土	浊沸石	总量
王窑	7.95	0.19	1.83	0.50	0.27	0.28	0.78	11.44
候市	5.86	0.67	1.55	1.10	1.01	0.20	2.06	12.59
杏河	5.97	1.05	1.32	0.97	1.16	0.85	1.29	9.94
全区	6.32	0.71	1.39	0.81	0.78	0.44	1.77	11.50

2. 砂岩孔隙特征

1) 西峰地区长8储层

孔隙按成因可划分为原生孔隙和次生孔隙。在成岩过程中,经压实胶结及压溶等作用,原生孔隙将逐渐减少;与此同时,可溶性碎屑颗粒和易溶胶结物随着埋深增加发生溶解和交代作用,从而促成碎屑岩中次生孔隙的发育。西峰油田长8储层孔隙类型以粒间孔、长石溶孔、岩屑溶孔、微孔等为主,并见有少量的裂缝,面孔率为1.1%~19.1%,平均值3.98%(图8-7)。

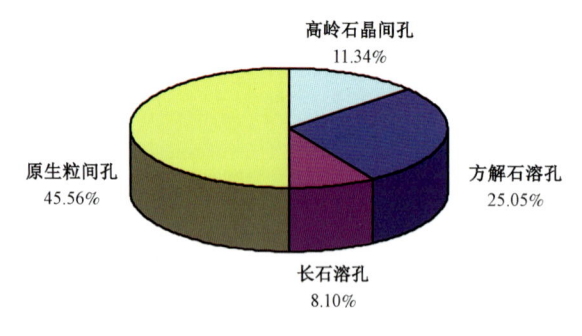

图8-7 西峰地区长8储层孔隙类型分布饼状图

2) 姬塬地区长4+5储层

砂岩孔隙按成因可分为原生孔隙及次生孔隙两大类,按产状可分为粒间孔、粒间溶孔、长石溶孔、岩屑溶孔、晶间孔。粒间孔和晶间孔属于原生孔隙,其余属次生孔隙。长4+5$_2$储层主要以粒间孔和长石溶孔为主,粒间溶孔次之,孔隙组合一般以粒间孔和溶孔—粒间孔为主(表8-6、图8-8)。

表8-6 姬塬地区长4+5$_2$储层孔隙组合统计表(据研究院内部资料,2009)

区块	层位	孔隙组合(%)						
		粒间孔	粒间溶孔	长石溶孔	岩屑溶孔	晶间孔	面孔率	样品数
耿63—耿143	长4+5$_2$油层组	1.42	0	0.92	0.18	0.03	2.55	12
铁边城北		2.02	0	1.22	0.22	0.11	3.61	53
吴仓堡		1.22	0	0.79	0.09	0	2.10	11
堡子湾—马家山		1.13	0	1.88	0.33	0.09	3.47	28
姬塬地区平均		1.45	0	1.20	0.21	0.06	3.29	104

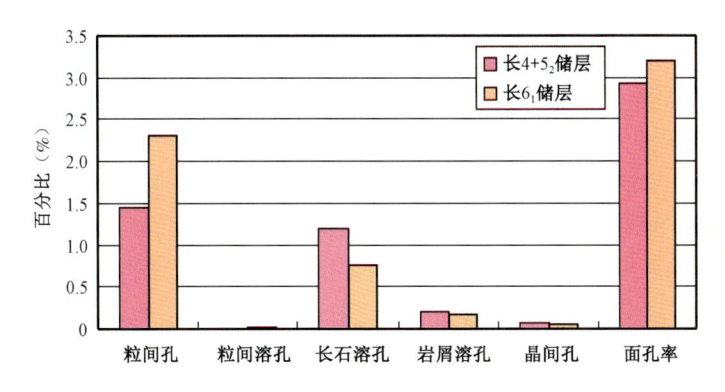

图 8-8 姬塬地区长 $4+5_2$ 储层孔隙组合柱状图(据研究院内部资料,2009)

3)安塞地区长 6 储层

安塞地区长 6 储层储集空间主要为孔隙,渗滤空间有喉道和裂缝。孔隙按成因可分为原生孔隙、次生孔隙和微裂缝三大类。

经安塞油田杏河、候市、王窑长 6 油藏铸体薄片统计和上述分析看出,长 6 油藏孔隙类型为原生粒间孔和岩石溶孔,总面孔率 6.65%~7.61%。其中,原生粒间孔面孔率 4.26%~5.59%,占总面孔率 64.15%~71.53%;浊沸石溶孔面孔率 0.84%~1.19%,占总面孔率 11.04%~17.45%;长石溶孔面孔率 0.45%~0.85%,占总面孔率 7.01%~12.38%;岩屑溶孔 0.27%~0.35%,占总面孔率 3.23%~4.04%(表 8-7)。

表 8-7 安塞油田南部长 6 储层孔隙类型数据分布表

井区	总面孔率	粒间孔(%) 面孔率	粒间孔(%) 占总孔	长石溶孔(%) 面孔率	长石溶孔(%) 占总孔	岩屑溶孔(%) 面孔率	岩屑溶孔(%) 占总孔	浊沸石溶孔(%) 面孔率	浊沸石溶孔(%) 占总孔
王窑	6.82	4.33	65.30	0.85	12.38	0.27	3.23	1.19	17.45
候市	6.65	4.26	64.15	0.45	7.01	0.27	4.04	0.93	13.98
杏河	7.61	5.59	71.53	0.62	8.33	0.35	3.86	0.84	11.04
全区	6.75	4.28	62.66	0.60	9.02	0.27	3.56	1.24	20.80

由此可见,该区油田储集空间以原生粒间孔为主,其次为浊沸石溶孔、长石溶孔和岩屑溶孔,但各区分布不均匀(图 8-9)。

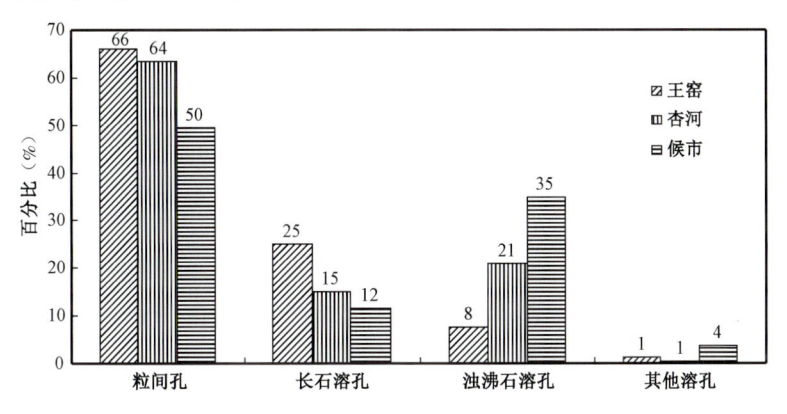

图 8-9 安塞油田南部不同区块孔隙类型分布图

总体来说,安塞地区长 6 油组储层储集空间始终是以原生粒间孔和浊沸石次生溶孔发育为主要特征。安塞油田长 6 油藏原生孔隙和次生孔隙分布,依次为原生粒间孔、浊沸石溶孔、长石溶孔、晶间孔、岩屑溶孔及可见微孔。

3. 物性特征

1) 西峰地区长 8 储层

西峰油田长 8 储层物性特征如图 8 - 10 所示,平均孔隙度约为 10%,平均渗透率约为 1mD。长 8 油层孔隙度平面分布受沉积相控制,表现出砂岩主体带孔隙度高,向两侧降低。油层平均孔隙度 10.1%。

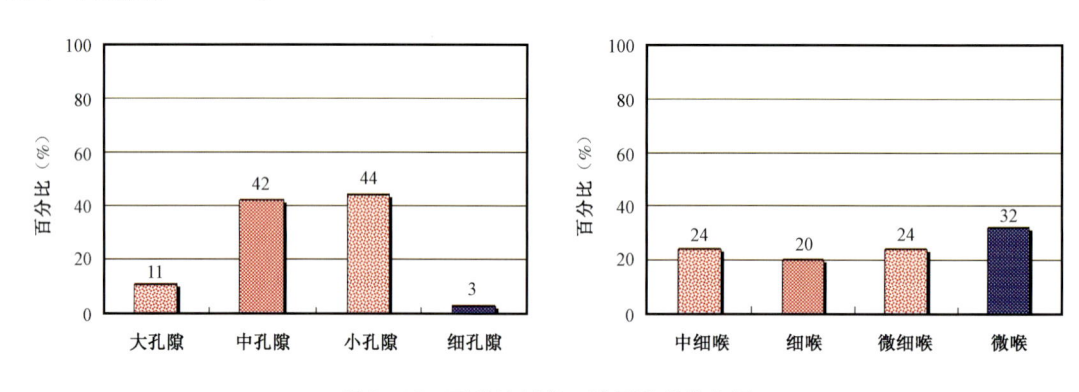

图 8 - 10 西峰油田长 8 储层孔喉分布图

2) 姬塬地区长 4 + 5 储层

研究区储层物性整体上呈现出低孔($\phi < 10\%$)、低渗($K < 0.5\text{mD}$)的特征,属于低孔低渗油气储层。

本次通过样品的常规物性分析,表明姬塬地区长 $4 + 5_2$ 油层组砂岩储层孔隙度为主要集中在 10% ~ 12% 的区间,平均孔隙度为 10.82%,长 $4 + 5_2$ 油层组砂岩储层渗透率主要集中在 0.5 ~ 1mD 之间,平均渗透率 0.51mD(图 8 - 11 和图 8 - 12)。

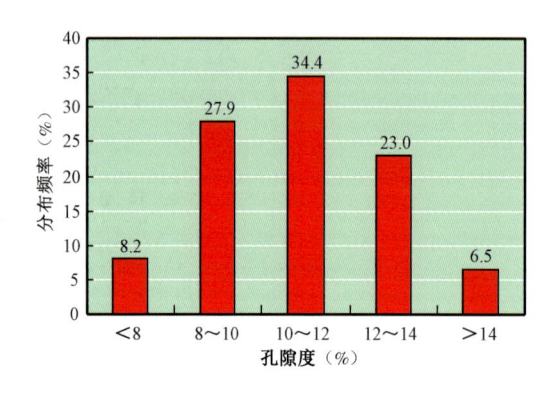

图 8 - 11 姬塬油田长 $4 + 5_2$ 储层孔隙度分布频率图

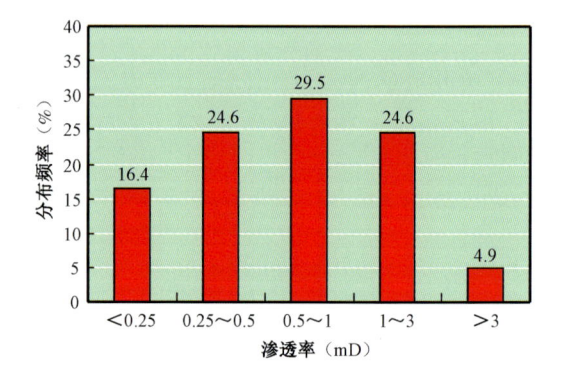

图 8 - 12 姬塬油田长 $4 + 5_2$ 储层渗透率分布频率图(据研究院内部资料,2007)

3) 安塞地区长 6 储层

安塞长 6 储层岩心分析空气渗透率最大 14.3mD,最小 0.01mD,主要在 0.1 ~ 2.0mD 之间,占分析样品的 60% 以上(图 8-13);孔隙度最大 18.2%,最小 7.1%,平均孔隙度 12.4%,主要在 10%~15%,占分析样品的 60% 以上(图 8-14)。

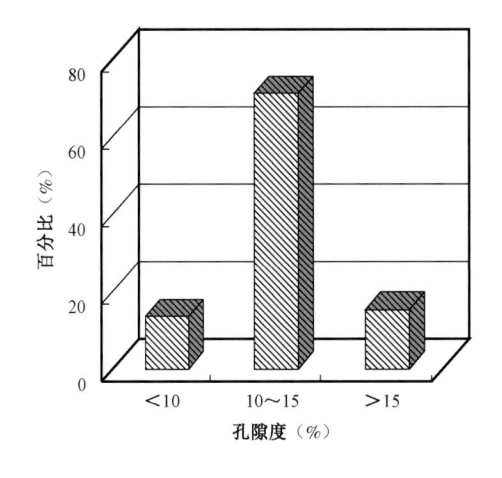

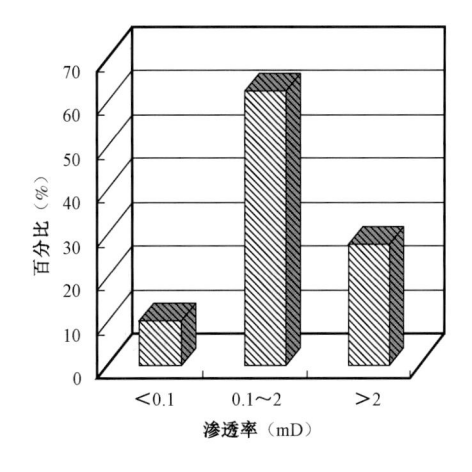

图 8-13 安塞油田长 6 油层孔隙度大小分布图　　图 8-14 安塞油田长 6 油层渗透率大小分布图

第二节　动态储层评价方案

本书以鄂尔多斯盆地三叠系延长组致密砂岩油藏为研究对象,针对低孔渗及致密砂岩储层评价及成藏主控因素等问题,重点研究成藏期储层临界孔隙物性和烃源岩的临界充注压力,通过对致密砂岩油藏的动态分析,运用成藏动力学数值模拟及石油临界充注条件实验模拟对砂岩体成藏过程进行定量研究,明确致密砂岩油藏的形成过程。然后根据储层临界物性划分出有效储层,再依据烃类充注模拟实验所确定的有效储层临界充注压力建立砂岩储层临界成藏解释图版,并以图版为依据判断储层的含油气性。同时,以孔隙度为切入点,确定砂岩储层致密化过程与成藏的耦合关系,分析砂岩物性动态参数与储层含油丰度之间的关系,建立鄂尔多斯盆地延长组动态储层评价方案,并利用该方案预测新的有利区带和指导下一步的油气勘探。

笔者针对上述研究目标采用了如下思路开展具体研究工作。

首先,以低孔渗砂岩体油藏精细解剖为出发点,查明各油藏的类型、成藏条件和成藏特点;在统计砂岩油气藏现今储层含油气物性下限的基础上,结合成藏期次分析,求取低孔渗及致密砂岩油藏在成藏期的储层临界物性。

其次,将低孔渗储层物性演化过程作为动态分析的关键环节,根据不同地区的埋藏过程恢复主要成藏期的地层古孔隙度,在临界物性研究的基础上进行砂岩体圈闭窗口形成条件和形成期次分析;同时在泥岩古孔隙度恢复的基础上,恢复泥岩在成藏期的古动力,分析油气充注受力状态,进而建立砂岩油气充注临界动力学方程。

再次,对低孔渗砂岩储层进行烃类充注临界条件的实验测定,从实验角度分别对之前得到的储层临界物性和烃源岩临界动力进行验证和校正,并建立低孔渗砂岩储层物性—充注压力临界成藏解释图版。一方面,建立砂岩孔隙度演化模型并恢复到成藏期储层物性,将储层临界物性作为评价储层好坏的标准,高于储层临界物性的储层是油气充注的有效储层;另一方面,对于成藏期物性一定的有效储层而言,恢复到成藏期油气充注动力,将相关数据投影到临界成藏解释图版中进行观察,高于相应的临界充注动力的油气能够进入该储层,反之,无法进入储层。

接着综合低孔渗砂岩储层埋藏史、孔隙度演化史、油气充注史、烃源岩热演化史和生烃史等成藏关键要素分析,明确砂岩储层致密过程及成藏过程。在此基础上分析含油储层的物性与试油数据之间的关系,选取成藏期古孔隙度、过剩孔隙度和试油产油率作为动态储层评价的关键参数,建立西峰、姬塬和安塞三个地区延长组低孔渗砂岩动态储层评价方案,并在镇泾地区验证新方案的合理性。最后全面分析低孔渗砂岩的致密过程和成藏过程,预测出有利的层系和区带并指出新的勘探方向。本节着重介绍其中的动态储层评价部分。

一、储层有效性判断

本书以安塞地区长6段为例阐述鄂尔多斯盆地延长组低孔渗砂岩有效储层的判断方法。对于埋深较浅、成岩作用较弱、未致密化的常规储层来说,现今储层含油物性下限与储层临界物性差别不大,可以用现今储层含油物性下限来表示储层临界物性(刘震,2012)。对于低孔渗—特低孔渗储层来说,成藏以后,由于受到成岩作用、继续沉降或构造抬升等多种因素的影响,储层特征及物性发生了很大变化,现今储层含油物性下限并不能反映成藏期的临界物性,但两者之间存在着一定的联系。

1. 现今储层含油物性下限确定

综合分析试油和岩心录井数据的基础上利用孔渗交会法,确定安塞地区中生界延长组长6段储层的含油物性下限。

1)岩心录井分析法

通过统计分析安塞地区长6段111块岩心含油产状及常规实验室分析物性数据(图8-15),确定出该地区长6段储层含油孔隙度下限为4%,渗透率下限为0.01mD。

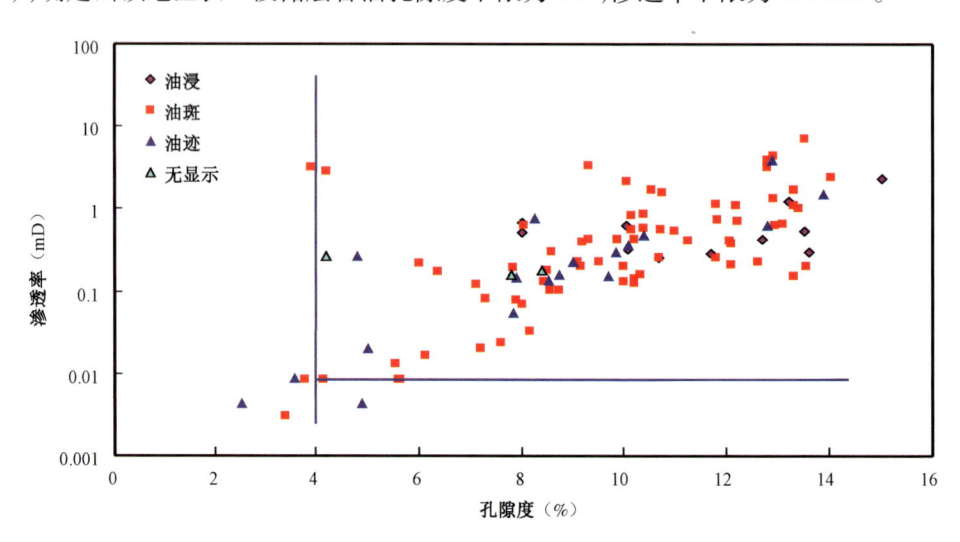

图8-15 安塞地区长6段储层不同含油产状岩心物性交会图

2)试油结果分析法

试油获得数据对于反应储层产能最直接也最准确。但试油资料也有一定的局限性:其一,对于一口井射孔试油的测试往往局限于很有限的层段,其纵向连续性差;其二,储层射孔改造之后物性得到改善,它反映的储层物性相比之下会偏大;其三,储层射孔改造试油的层段是连续的,其间可能包括了夹层和储层,而整个试油层段实际上可能由油层、水层、干层组成,但它们在试油结果里面难以得到全面的体现。因此将试油结果和测井解释物性结合综合分析安塞地区长6段储层试油物性下限。通过统计分析安塞地区长6段129个试油层段及所对应的测井解释物性分析数据(图8-16),确定出该地区长6段储层含油孔隙度下限4%,渗透率下限0.01mD。

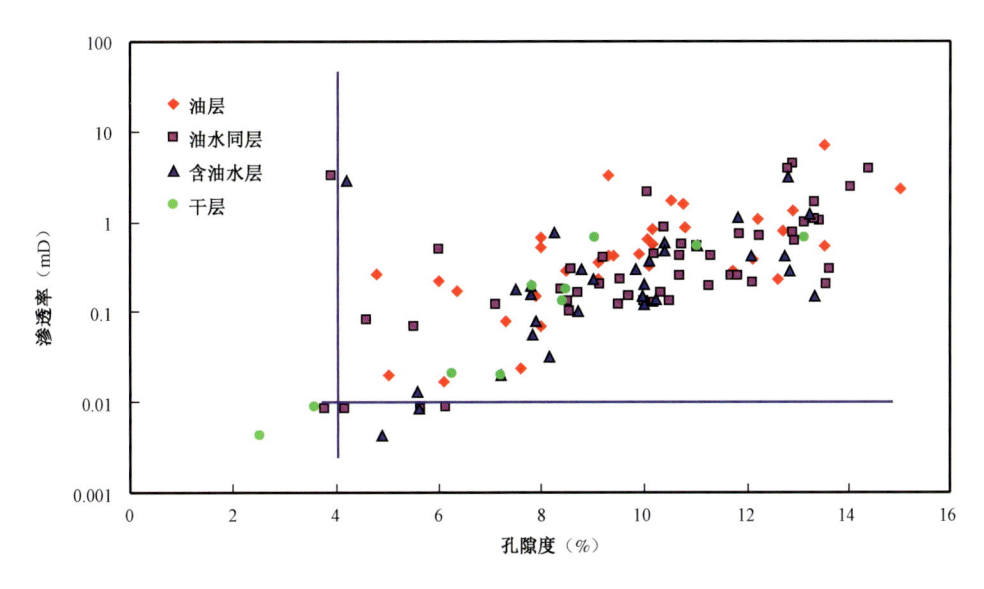

图8-16 安塞地区长6段储层不同试油结果测井解释物性交会图

2. 储层临界物性确定

成藏期储层临界物性致密化以后表现为现今储层含油物性下限,因此可以通过现今储层含油物性下限结合成藏后孔隙度的演化历史来恢复成藏期油气充注的储层临界物性。储层临界孔隙度确定关键的一点就是要确定出油气大量充注以后储层孔隙度的变化量,再加上现今储层含油孔隙度下限即可得出储层临界孔隙度。刘震(2012)在现今储层含油孔隙度下限确定的基础上,利用孔隙度剖面上推法计算孔隙度的变化量,最终确定出安塞地区长6段储层的临界孔隙度是10.2%。由于地层抬升,砂岩地层孔隙度回弹性较小,该方法假设现今砂岩孔隙度剖面是其在最大埋深(100Ma)时形成的,即现今孔隙度剖面就是最大埋深时期的孔隙度剖面,因此,将现今孔隙度剖面沿着正常趋势向上推至成藏期(118Ma)的位置,读出目的层的孔隙度即是成藏期孔隙度值。目的层成藏期孔隙度与现今孔隙度差值即是油气充注后储层孔隙度的变化量,该方法的关键是确定出成藏期到最大埋深时期目的层埋深了多少。利用孔隙度剖面上推法计算孔隙度的变化量比较容易实现,但是该方法操作过程中人为因素较大。

利用第四章提出的孔隙度恢复方法建立了安塞地区长6段储层的孔隙度演化模型来确定油气充注后孔隙度的减小量。为了消除偶然因素的干扰,采用多井求平均值的方法确定储层成藏(118Ma)后孔隙度的变化量(表8-8)。通过求平均值确定出安塞地区成藏后储层孔隙度减小了6.3%,则安塞地区长6油层组成藏期储层石油充注临界孔隙度是10.3%。该方法考虑到了成岩作用对储层物性的影响,并且通过数值模拟的方法确定出储层孔隙度的变化量,较为精确。

表 8-8　安塞地区单井长 6 段储层石油充注后孔隙度变化量表

井名	现今孔隙度(%)	成藏期孔隙度(%)	孔隙度变化量(%)
丹 40	7.5	12.33	-4.83
剖 4	14.0	19.98	-5.98
陕 128	10.0	15.83	-5.83
陕 132	10.5	19.30	-8.50

另外,通过砂岩样品双轴承压充注实验确定出安塞地区长 6 段储层的临界孔隙度约为 10%,临界渗透率约为 0.3mD。

3. 有效储层与无效储层划分

建立孔隙度演化模型,将储层孔隙度恢复到成藏期是进行储层动态评价的基础。恢复到成藏期储层物性,储层临界物性可以作为评价储层好坏的标准,高于储层临界物性的储层是油气充注的有效储层,反之,则是无效储层。笔者通过砂岩样品双轴承压充注实验也证明了安塞地区长 6 段储层石油充注确实存在一个物性下限(参见第七章第一节)。

二、有效储层含油气性分析

相—势耦合宏观上控制着油气藏的时空分布,微观上控制着储层的含油气性(庞雄奇,2007),储层物性—成藏动力耦合决定砂岩体储层能否成藏的理念和相—势耦合控藏原理相似。在地质学中,"相"是指能够反映某种环境及形成这种环境过程的总和。应用到油气成藏中,"相"可以理解为油气成藏的介质条件。在一个含油气盆地中,"相"对油气的控制作用从宏观到微观可以分为 4 个不同的层次:构造相控油气作用、沉积相控油气作用、岩相控油气作用及岩石物理相控油气作用。对于近源油气藏来说,油气成藏的介质条件就是储层,而储层物性是反映储层介质属性的最好定量参数,即岩石介质的物理相。"势"是指流体所具有的能量,也即流体势。油气作为一种地层孔隙流体,其能否开始和继续运移,以及向哪个方向运移等都将受地下流体势分布的制约,而地下流体势又直接受制于地层压力的分布。油气运移驱替地层水进入储层,其实也是动力克服阻力的过程。用"势"来代表油气运聚的基本动力条件,用"相"来代表油气接收条件,则油气成藏的过程也就为"势"所代表的动力不断克服"相"所代表的阻力的过程(张善文,2006;王永诗,2007)。油气注入储层是"相"(储层物性)和"势"(充注动力)耦合的结果(王永诗,2007)。"相—势"耦合作用就是运移流体克服储层介质排替压力的过程,但不同尺度下,具有不同的控藏特征:砂体的沉积相类型控制着油气藏的形成与分布,砂体内部砂层组合及储层的非均质性控制着油水层的分布,储层的物性控制着油气的运移和聚集(马中良,2009)。相势耦合的概念很好地指导了隐蔽油气藏的勘探,它也能很好地解释近源低孔渗储层的含油气性。

本文依据第七章第一节提出的砂岩临界成藏解释图版定量地分析有效储层的含油气性。首先恢复出单井目的层段成藏期的孔隙度,在临界成藏解释图版上就可以绘制出该孔隙度下的临界注入压力曲线,再将成藏期的古埋深和古充注动力投在图版上。若所投的点在临界注入压力曲线上部,则表示古充注动力大于临界注入压力,石油可以充注;若在临界注入压力曲线的下部,则表示古充注动力小于临界注入压力,石油不能充注。该图版很好地解释了鄂尔多斯盆地延长组低孔渗砂岩储层的含油性(参见第七章第一节)。

三、含油储层分类级别划分

第七章第一节提出了利用成藏期过剩孔隙度来动态评价储层质量的新方法,此处笔者将该方法应用到整个鄂尔多斯盆地延长组低孔渗砂岩储层的评价中,并取得良好的效果。

1. 评价参数选择

在含油饱和度与动态储层评价参数之间搭建一座桥梁是动态储层评价的重要部分。为了研究储层物性参数与储层含油饱和度之间的关系,笔者选取鄂尔多斯盆地南部的西峰、西北部的姬塬和东北部的安塞三个地区延长组砂岩的储层数据(共计34个数据点,图8-17)进行分析,计算了这些储层数据点成藏期过剩孔隙度,统计了它们与试油数据的关系并探讨了它们之间的规律。具体概念参见第七章第一节相关论述。经过对比研究,发现现今孔隙度与试油的产油量、产液量以及产油率的关系不明显(图8-18至图8-20),而成藏期孔隙度和过剩孔隙度与试油产油率具有高度的相关性(图8-21)。这也说明静态储层评价方法不能有效地识别出砂岩储层的含油性,而储层动态评价能取得较好的效果。

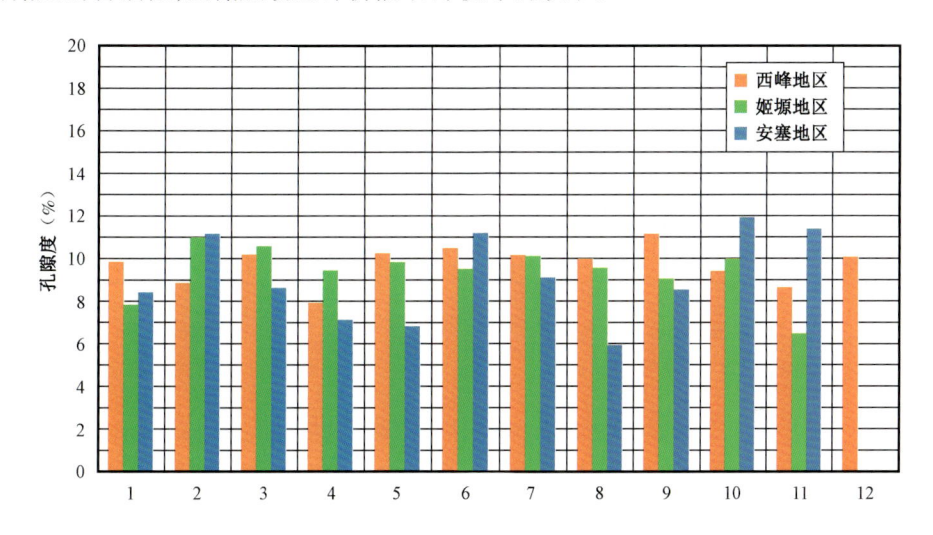

图8-17 所用数据点现今孔隙度分布柱状图

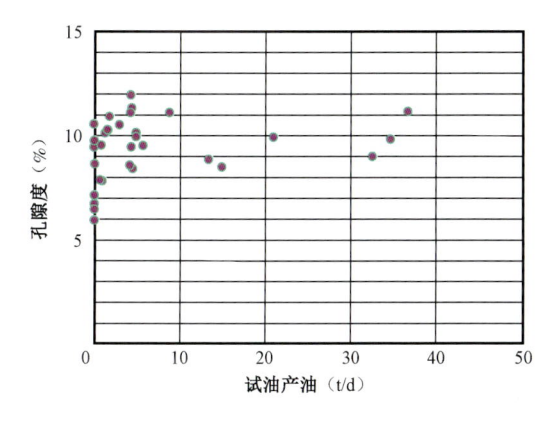

图8-18 鄂尔多斯盆地延长组储层孔隙度与试油产油量

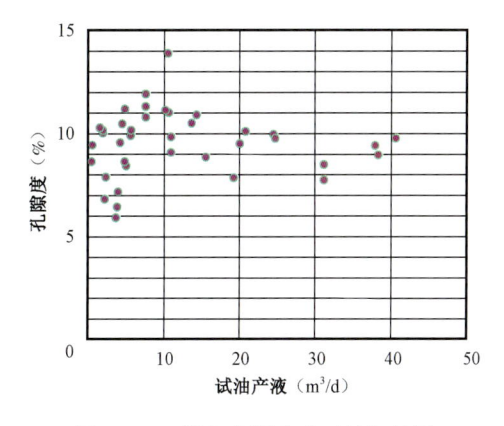

图8-19 鄂尔多斯盆地延长组储层孔隙度与试油产液量

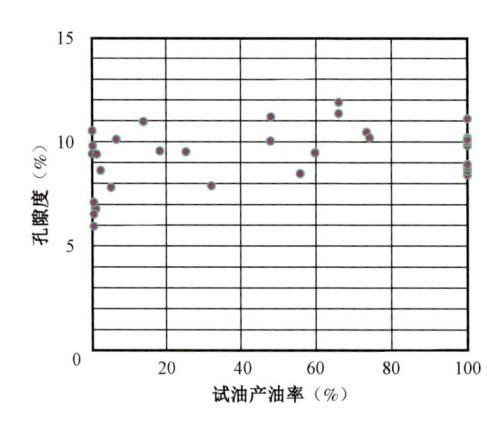

图 8-20 鄂尔多斯盆地延长组储层孔隙度与试油产油率

(a) 成藏期孔隙度与试油产油率交会图

(b) 成藏期过剩孔隙度与试油产油率交会图

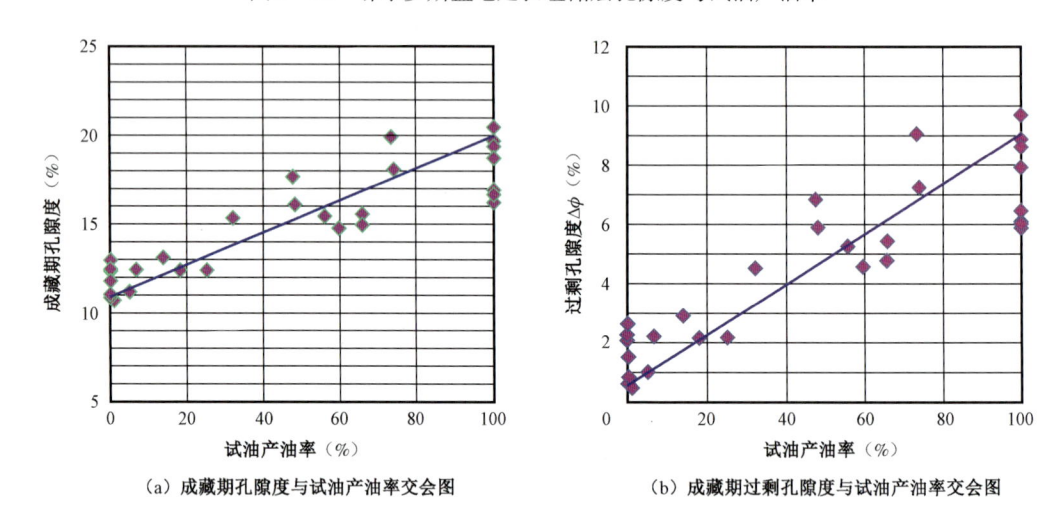

图 8-21 鄂尔多斯盆地延长组储层初始产能与成藏期孔隙度的关系图

成藏期过剩孔隙度反映的是成藏期储层物性高出临界物性的那部分富余的孔隙空间。因此在确定储层动态评价指标体系时认为过剩孔隙度能反映储层质量的优劣,是储层动态评价的关键指标。在确立评价方案的时候将成藏期储层孔隙度等作为辅助的评价参数。

2. 划分方案确立

与常规储层评价不同,本书依据动态评价参数来划分含油储层的分类级别。根据过剩孔隙度、储层试油产油率,以及成藏期孔隙度,将鄂尔多斯盆地延长组砂岩储层分为优质储层(Ⅰ类)、中等储层(Ⅱ类)、差储层(Ⅲ类)三类(图 8-22 和表 8-9)。它们的成藏期过剩孔隙度分别是大于6%、3%~6%和小于3%,试油产油率分别介于70%~100%、30%~70%、0~30%之间。其中,第Ⅰ类为勘探重点对象,因为它在成藏期储层物性最好,能够使油气大量充注,故含油程度最高。

表 8-9 鄂尔多斯盆地延长组储层动态评价分类表

储层类别	成藏期孔隙度(%)	过剩孔隙度 $\Delta\phi$(%)	试油产油率(%)
Ⅰ类优质储层	>16.5	>6	70~100
Ⅱ类中等储层	13.5~16.5	3~6	30~70
Ⅲ类差储层	10.4~13.5	0~3	0~30

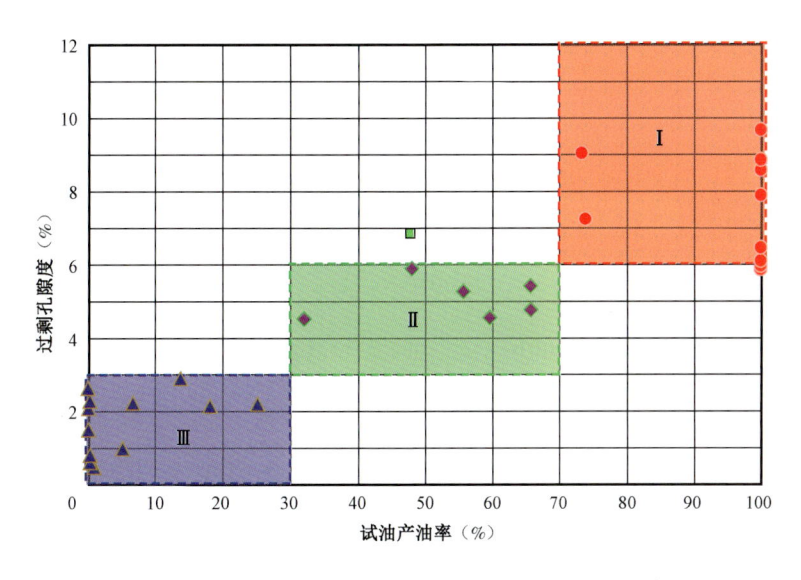

图 8-22　鄂尔多斯盆地延长组储层动态评价新方案

3. 划分方案验证

新建立的储层级别划分方案是否有效还需要进一步验证,如果该方案是合理的,难么它将适用于鄂尔多斯盆地延长组其他地区;如果动态评价方法是正确的,那么它也可以在其他盆地获得成功的应用。为此将该新方案应用于鄂尔多斯盆地镇泾地区长 6 段和长 8 段储层的含油程度评价中。研究结果表明,动态评价新方案在镇泾地区延长组得到较好的验证(图 8-23 和表 8-10)。8 个样品点有 7 个符合,1 个不符合,符合率达到 87.5%。由此可见,新建立的储层级别划分方案非常合理,能够应用于鄂尔多斯盆地延长组低孔渗砂岩储层评价中。

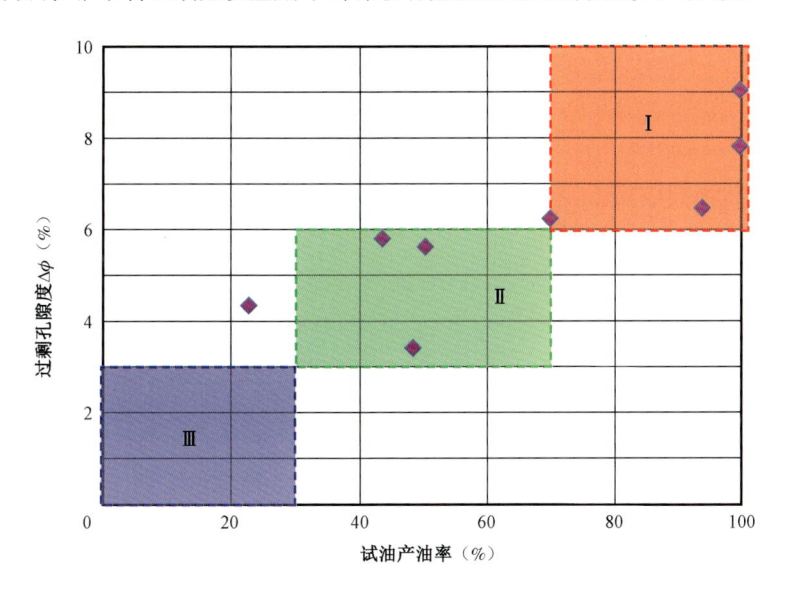

图 8-23　储层动态评价新方案在镇泾地区延长组的验证结果

表 8-10　储层动态评价新方案在镇泾地区延长组的验证结果列表

序号	井号	层位	储层类型
1	HH1	长8油层组	Ⅱ类
2	HH101	长6油层组	Ⅰ类
3	HH101	长6油层组	Ⅰ类
4	HH21	长8油层组	Ⅱ类
5	HH37	长6油层组	Ⅰ类
6	ZJ25	长8油层组	Ⅰ类
7	HH1053	长8油层组	Ⅱ类
8	HH18	长8油层组	不符

第三节　动态储层评价应用效果分析

以动态储层评价理论为指导，在延长组成岩过程和成岩期次、低孔低渗油藏孔隙动力学和低孔渗砂岩储层评价预测等方面的应用取得重要进展。研究过程中紧密结合生产，在延长组中下部长 4+5 段、长 6 段和长 8 段新发现多个富油区块，拓展了中生界石油勘探领域，有效地指导了油田石油勘探部署。

一、有利岩性油藏发育新区块预测

鄂尔多斯盆地中生界岩性油藏成藏主控因素分析的基础上，结合流体动力、输导系统及有效圈闭研究成果，对有利岩性油藏发育新层系以及新区带（或块）预测。

1. 岩性油藏成藏主控因素分析

油气形成与分布受各种地质因素控制，每一项因素都不能独立于其他因素而存在，只有在时空积极有效的配置下才能形成有利的油气聚集。不同大地构造背景、不同类型的盆地及其不同演化过程又造成了各种地质因素作用的差异性。根据岩性圈闭成藏控制因素分析，提出了鄂尔多斯盆地中生界岩性油藏分布具有"三元成藏"特征，即成藏期孔隙度、圈闭窗口和流体动力是岩性圈闭油气成藏的主要控制因素。

通过以西 17 油藏为例对鄂尔多斯盆地延长组低孔渗砂岩油藏进行成藏要素的动态分析，总结出延长组砂岩油藏具有单一的动态成藏模式，即先充注储层后致密。其成藏过程为（图 8-24）：西 17 油藏圈闭从 142Ma 开始形成，之后一直持续到现今，圈闭发育具有形成时间早、持续时间长的特征，为后期油气的充注创造有利条件。油藏整体经历了两期成藏，分别为 130Ma 的早期成藏和 120Ma 的第二期成藏。长 7 主力烃源岩的生油期在早白垩世中期，此时烃源岩地层压力表现为高幅超压，因而圈闭处于有利的充注动力窗口内，有利于油气充注进入砂岩储层；同时砂岩在油气充注之前进入酸化窗口产生大量次生孔隙，为油气的顺利充注提供有利的储集空间，成藏期砂岩储层孔隙度达到 18%，大于储层临界孔隙度；油气进入圈闭后地层持续沉降，构造活动平缓有利于油气的保存。

1）成藏期孔隙度与储层临界物性

岩性油藏储集砂体内部的储集物性是控制油气充注决定因素，只有当储集物性达到一定的临界值时，来自外部的油气才能进入到储集砂体中。烃源岩生成的油气沿输导体系运移至

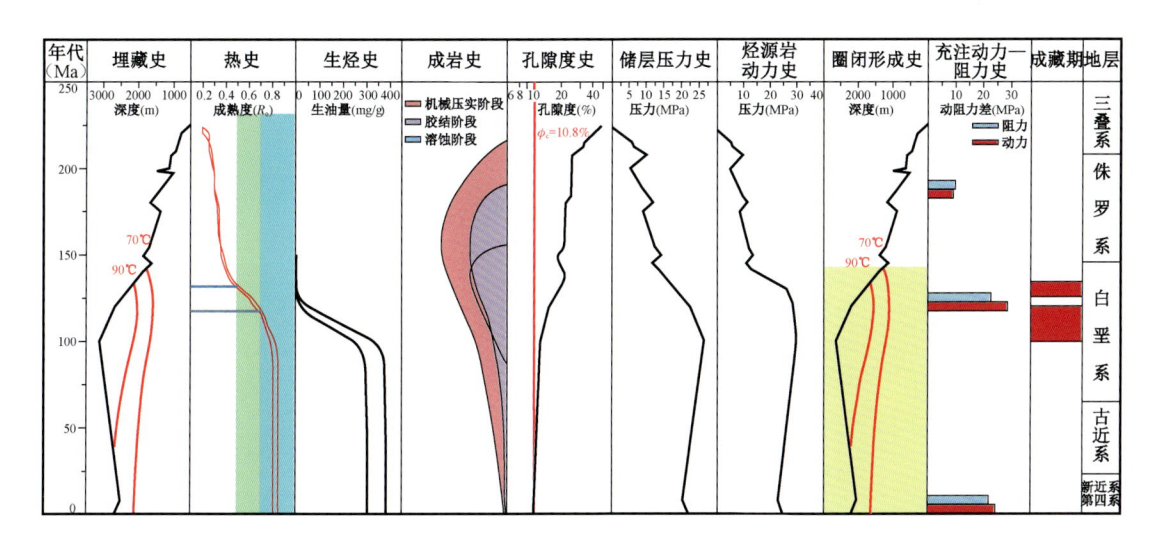

图 8-24 西 17 井长 8 油藏形成要素演化综合图

有利聚集部位,但是具体的成藏部位应该由储层本身物性特征决定。在前面的研究中,对成藏期储层临界物性做了详细研究。研究发现鄂尔多斯盆地中生界发现的岩性油气藏明显受储层物性特征控制。由表 8-11 可以看出,出油井的出油层位在成藏期时的孔隙度均大于储层临界孔隙度,而落空井成藏期时的储层孔隙度在储层临界孔隙度附近。这说明鄂尔多斯盆地成藏期时储层临界物性是控制油气能否成藏的重要因素。

表 8-11 鄂尔多斯盆地试油结果与临界孔隙度关系图

试油结果	地区	井名	层位	成藏期孔隙度(%)	与临界孔隙度关系
出油井	西峰	西 17	长 8 储层	15.97	>临界孔隙度
		西 20	长 8 储层	13.31	>临界孔隙度
		庄 20	长 8 储层	16.71	>临界孔隙度
		剖 12	长 8 储层	15.80	>临界孔隙度
	姬塬	耿 73	长 4+5 储层	17.095	>临界孔隙度
		耿 44	长 4+5 储层	13.85	>临界孔隙度
		元 83	长 4+5 储层	11.92	>临界孔隙度
		白 249	长 4+5 储层	15.55	>临界孔隙度
		黄 20	长 4+5 储层	12.13	>临界孔隙度
		池 40	长 4+5 储层	14.67	>临界孔隙度
		A8	长 4+5 储层	12.57	>临界孔隙度
	安塞	剖 2	长 6 储层	12.73	>临界孔隙度
		丹 40	长 6 储层	11.50	>临界孔隙度
		丹 49	长 6 储层	15.44	>临界孔隙度
		丹 21	长 6 储层	16.79	>临界孔隙度
		沿 35	长 6 储层	17.45	>临界孔隙度
		塞 229	长 6 储层	13.20	>临界孔隙度
		塞 165	长 6 储层	14.31	>临界孔隙度
		新 11	长 6 储层	13.70	>临界孔隙度

续表

试油结果	地区	井名	层位	成藏期孔隙度(%)	与临界孔隙度关系
落空井	西峰	安深1	长8储层	9.67	<临界孔隙度
		黄深1	长8储层	10.35	<临界孔隙度
		葫90	长8储层	11.35	>临界孔隙度
		庆37	长8储层	10.31	<临界孔隙度
	姬塬	演16	长8储层	13.25	>临界孔隙度
		黄25	长4+5储层	9.47	<临界孔隙度
		耿8	长4+5储层	10.05	<临界孔隙度
		耿34	长4+5储层	9.68	<临界孔隙度
		耿36	长4+5储层	10.38	<临界孔隙度
	安塞	新10	长6储层	12.37	>临界孔隙度
		新27	长6储层	10.58	>临界孔隙度
		高19	长6储层	10.09	<临界孔隙度
		陕128	长6储层	12.89	>临界孔隙度
		陕51	长6储层	11.42	>临界孔隙度

2)圈闭窗口演化

本次研究通过综合对比成藏期和现今岩性圈闭形成条件,结合主要研究区块岩性圈闭形成和演化过程,概况了两种岩性圈闭形成演化模式,即早期形成—后期持续发育型、早期形成—后期消亡型。

(1)早期形成—后期持续发育。

通过岩性圈闭形成条件的组合分析和演化过程发现,现今长4+5油层组次生孔隙非常发育,次生增孔幅度达到10%左右(图8-25)。

长4+5油层组在晚侏罗世末以前由于泥岩孔隙度普遍大于18%,泥岩盖层的物性封闭能力还不能达到有效封闭油气的条件,遮挡能力差,不能形成有效岩性圈闭。

第一期,从晚侏罗世开始,随着地层埋深逐渐加大,泥岩进一步被压实孔隙度大幅度减小在埋深达到1000m左右泥岩孔隙度被压缩到15%~17%,对应的泥岩排替压力增大到0.5MPa以上,形成有效的物性封闭盖层。这一阶段砂岩的孔隙度为15%~17%,处于有效储层阶段,岩性圈闭形成的储盖条件具备,圈闭开始形成。侏罗纪末姬塬地区经历过一次地层抬升,工区地层在安定组之上遭受剥蚀达250多米,泥岩盖层在这一过程中遭到破坏失去遮挡能力,长4+5油层组的第一期岩性圈闭发育过程结束。

第二期,早白垩世后研究区地层再次深埋,泥岩再次被压实重新形成遮挡能力。此时长4+5储层埋深达到2100m,同时早白垩世中期的区域性热事件使得地层温度大幅上升,泥岩开始排酸生烃并发育超压。在有效的输导体系的沟通下,长7烃源岩排出的有机酸性水在超压作用下进入长4+5储层,储层含有的可溶矿物被有机酸溶蚀,形成次生孔隙,到早白垩世末中期次生溶蚀作用对储层的孔隙贡献达到5%~10%。在白垩纪中期开始石油大量充注进入储层,油气的侵位和超压的存在抑制了胶结和压实作用,储层的有效性一直保持到现今。

现今长4+5油层组次生溶蚀孔发育,储层含油性好的井位其圈闭演化过程属于此类,如黄3井、耿73井和白249井等。

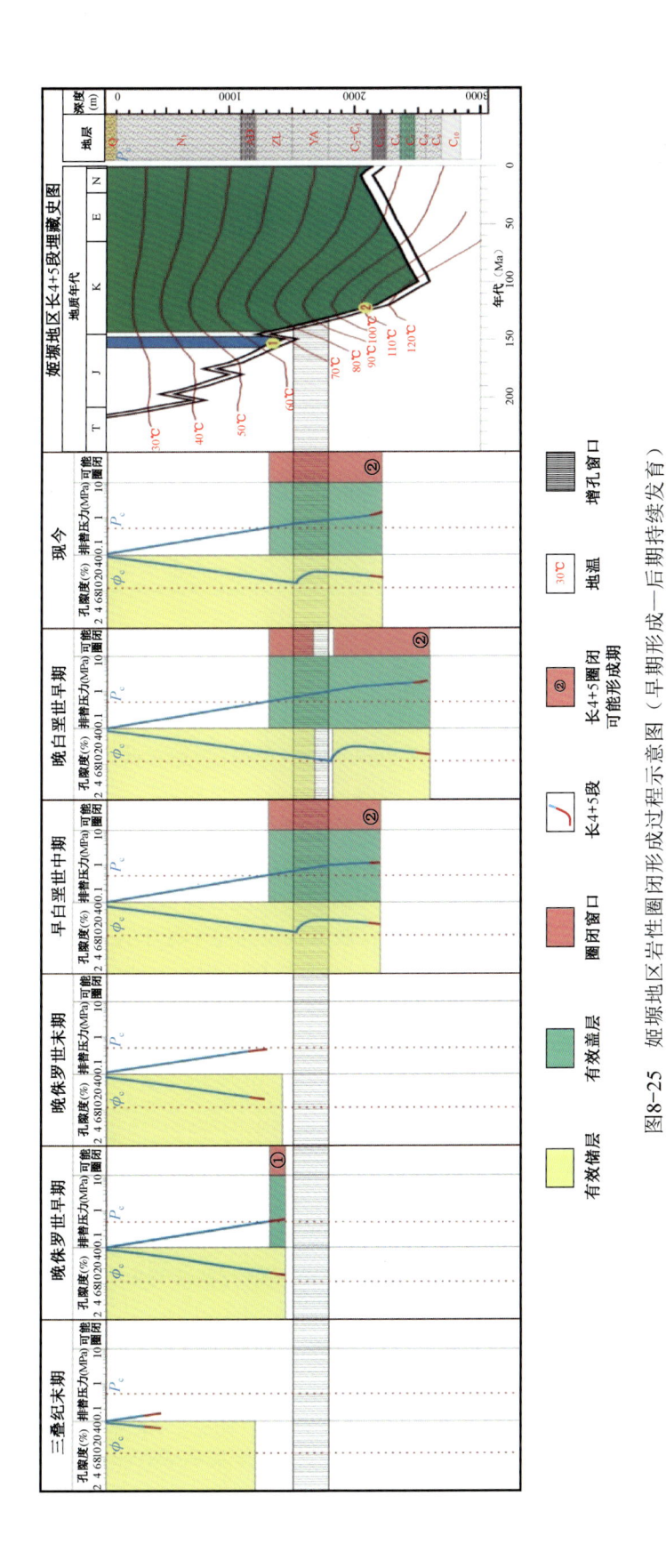

图8-25 姬塬地区岩性圈闭形成过程示意图（早期形成—后期持续发育）

(2)早期形成—后期消亡。

通过对比岩性圈闭形成条件的组合分析和演化过程发现,现今长8储层埋深大于2200m,且次生孔隙不发育的井段经历这种单窗口的演化模式(图8-26)。

长8油组在晚侏罗世末以前由于泥岩孔隙度普遍大于18%,泥岩盖层的物性封闭能力还不能达到有效封闭油气的条件,遮挡能力差,不能形成有效岩性圈闭;从晚侏罗世到早白垩世后期随着地层埋深逐渐加大,泥岩进一步被压实,孔隙度大幅度减小(在埋深达到1000m左右泥岩孔隙度被压缩到15%~17%),对应的泥岩排替压力增大到0.5MPa以上,形成有效的物性遮挡盖层。这一阶段砂岩的孔隙度为16%~19%,处于有效储层阶段,岩性圈闭形成的储盖条件具备,圈闭开始形成。由于缺乏输导体系早期油气没有大量充注,次生孔隙不发育,到早白垩世末期储层因为压实和胶结作用变得相当致密,孔隙度小于10.8%,地层孔隙度小于油气充注的临界孔隙度而无法形成有效储层,自此长8段地层的岩性圈闭发育中止。

分析部分井现今的孔隙度剖面发现长8油层组的次生孔隙不发育,储层含油性差,试油结果为干层或低产水层,其圈闭演化过程属于此类,如里69井和葫90井。

根据各地质历史时期有效储层、盖层组合分析,该类型长6油层组岩性圈闭窗口可能经历过两次形成演化过程,其演化过程如下(图8-27)。

① 中侏罗世以前,长6油层组泥岩孔隙度普遍大于18%,泥岩盖层的物性遮挡能力达不到有效盖层封闭条件,不能形成有效岩性圈闭。

② 晚侏罗世随着地层埋深逐渐加大,泥岩物性封堵满足岩性圈闭形成条件,有效岩性圈闭开始形成;之后地层继续埋深,储层物性随埋深加大变差,到某一深度储层物性低于临界物性,有效岩性圈闭消亡,此次圈闭只是短时间消亡。

③ 晚侏罗世末期地层进入酸化窗口,由于次生增孔作用使储层物性变好,储层物性好于临界物性,有效岩性圈闭再次形成,一直持续发育到早白垩世中期。

④ 早白垩世中期之后地层快速持续沉降,储层物性随着埋深的增加迅速减小,以至于储层物性低于临界物性,有效圈闭再次消亡,现今长6油层组也不处于有效岩性圈闭窗口内。

此类圈闭窗口演化模式油气早期充满度低,后期圈闭受到改造储层物性较差,该类演化模式的井多属于现今有油气显示但远离油区的井且现今长6油层组不处在有效圈闭窗口内,如丹49井、丹40井、丹21井和沿35井。

3)流体动力

西峰、姬塬和安塞地区长7段泥岩成藏期地层压力平面分布与油藏关系如(图8-28至图8-30)所示:西峰长7段泥岩地层古压力整体在28~42MPa之间,地层古压力分布呈现西北高、东南低的特点,长8油藏都分布在长7段地层压力相对高值区及高值区向低值区过渡的区域;安塞地区长7段泥岩地层古压力整体在17~28.5MPa之间,分布呈现由西南部向东北部渐渐降低的格局,长6油藏都分布在长7段地层压力相对高值区及高值区向低值区过渡的区域,沿着压力减小的方向展布;姬塬地区长7段泥岩地层古压力地层古压力整体在25~35MPa之间,地层古压力分布呈现中部西北—东南向偏高,而两侧偏低的格局,姬塬、铁边城长4+5油藏主要分布在长7储层泥岩成藏期压力较大的部位。

总体来看,整个盆地长7段泥岩地层古压力在17~42MPa之间,东北地区压力比较小,盆地中部地区,即整个盆地的凹陷部位古压力值较高,这主要长7段泥岩的厚度和分布相关。从主力油藏的分布来看,油藏一般都分布在古压力值较高的部位和高压向低压过渡的区域。

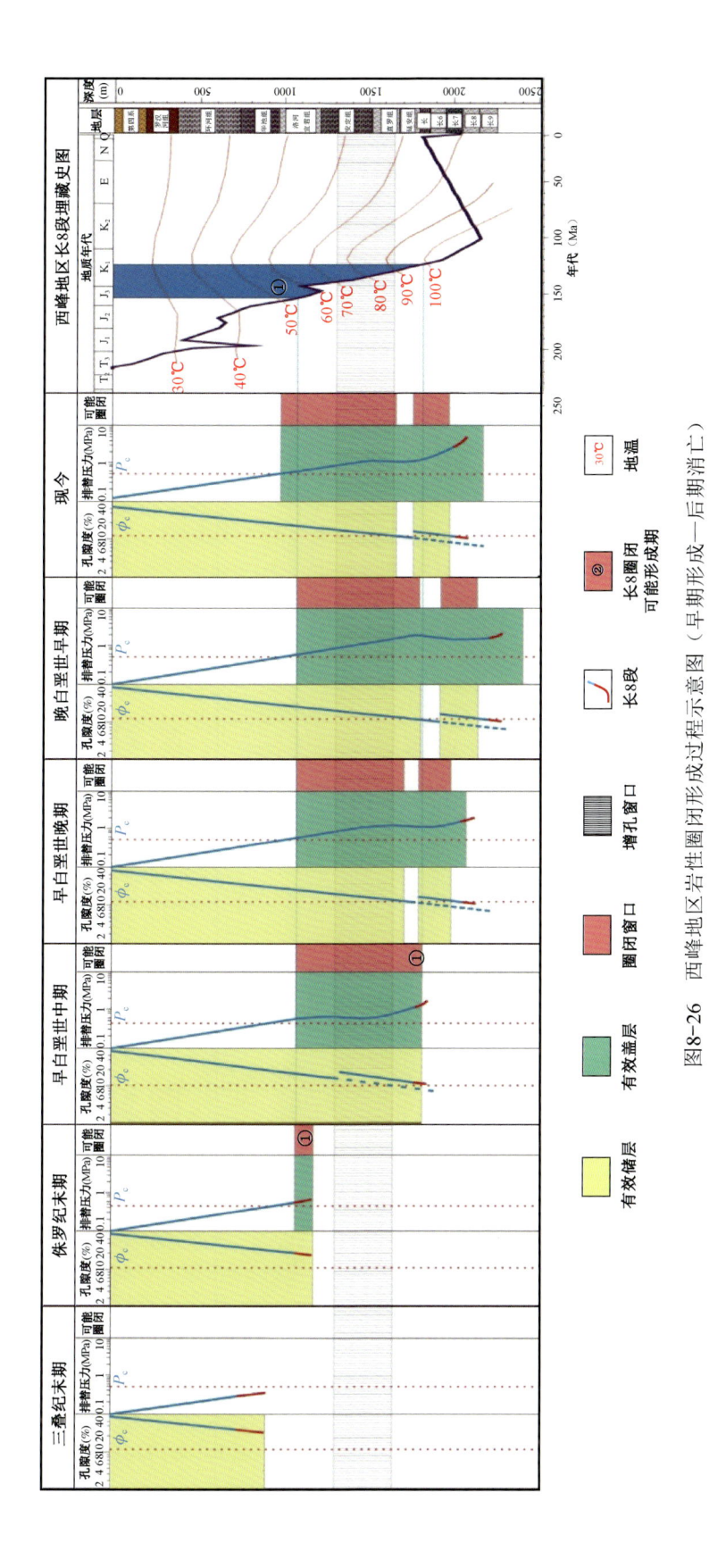

图8-26 西峰地区岩性圈闭形成过程示意图（早期形成—后期消亡）

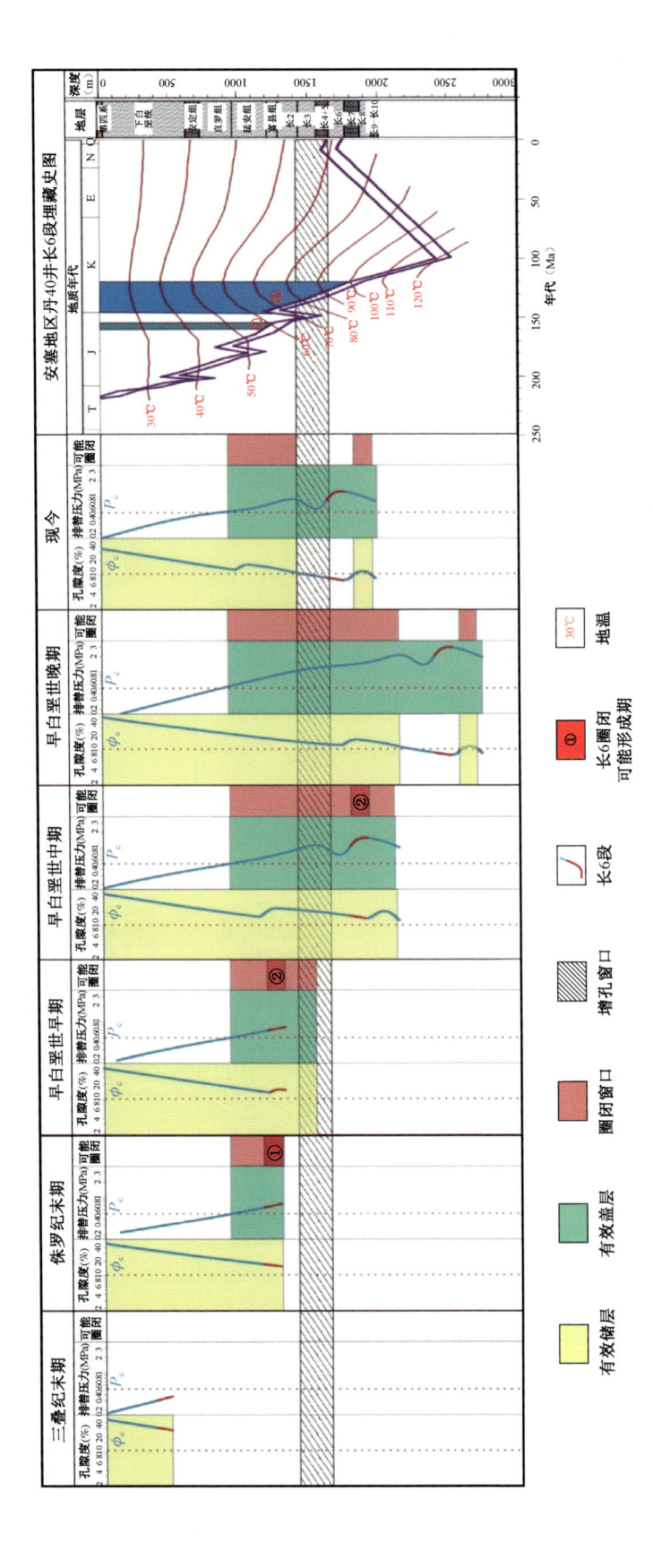

图8-27 安塞地区岩性圈闭形成过程示意图（早期形成—后期消亡）

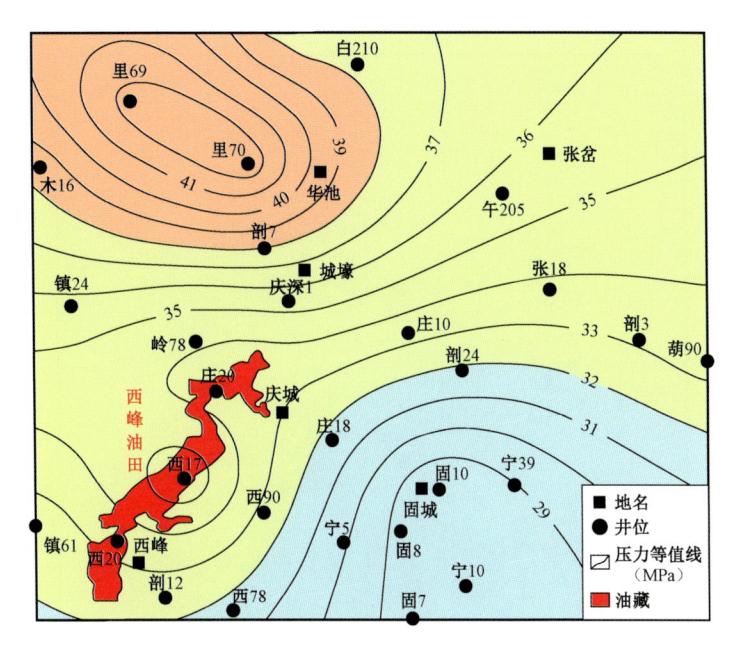

图 8-28 西峰地区长 7 段泥岩成藏期压力与长 8 油藏叠合图

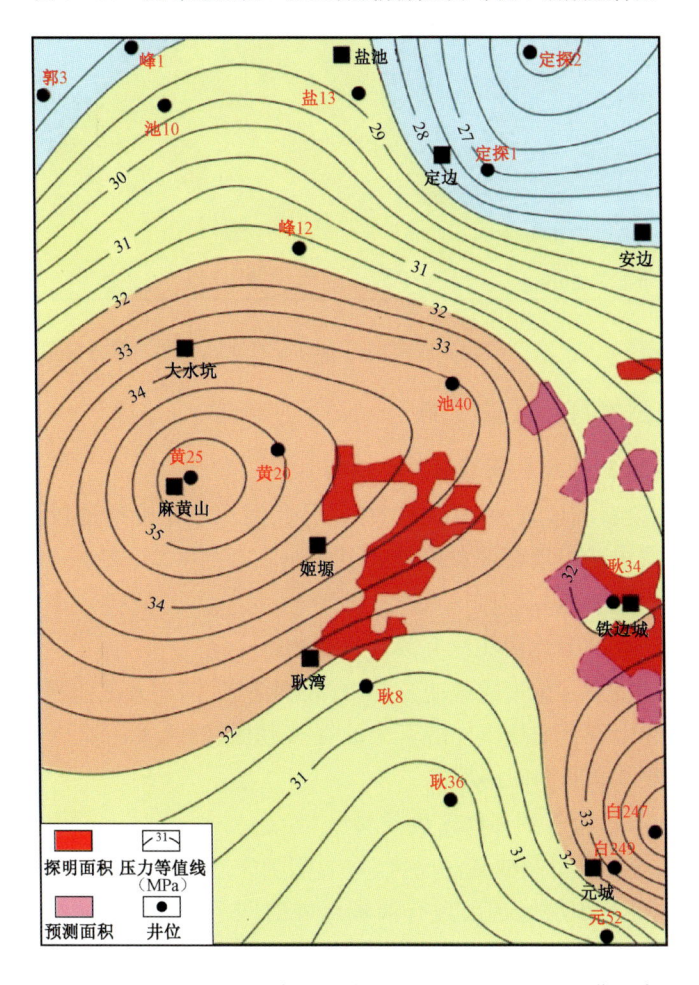

图 8-29 长 7 段泥岩成藏期压力与姬塬地区长 4+5 油藏叠合图

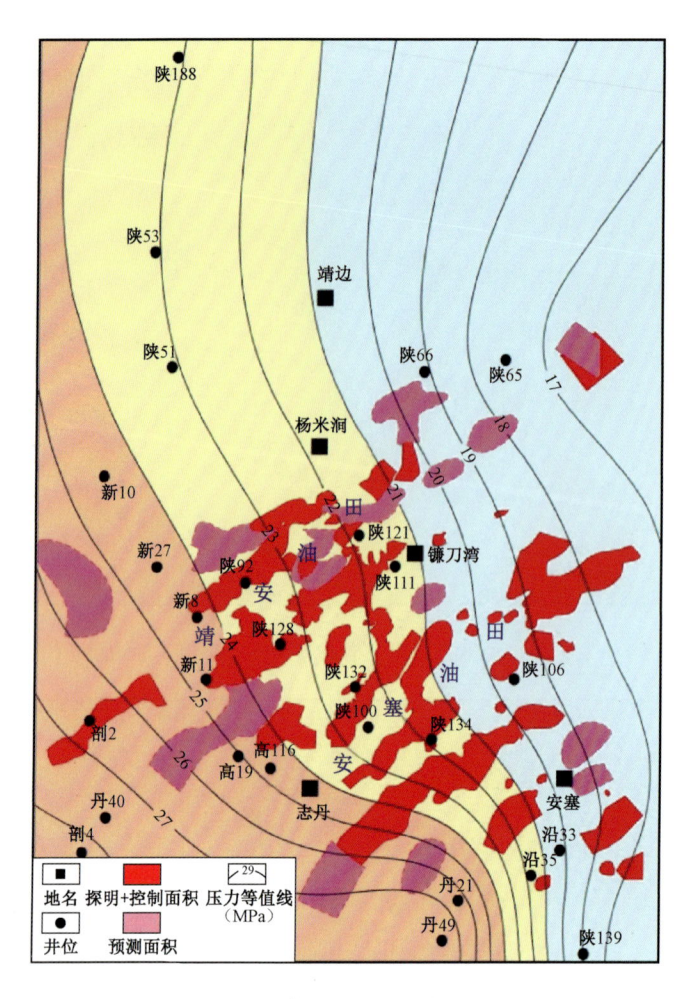

图 8－30　长 7 段泥岩成藏期压力与安塞地区长 6 油藏叠合图

2. 有利岩性油藏发育新区块预测

1) 西峰地区长 8 段岩性油气藏有利区块预测

将西峰地区长 8 段有利成藏动力区、有效圈闭区、河道及汇流通道等油气主控、富集因素叠合在一起，在长 8 段优选出现有油藏以外的三个油气有利区块（图 8－31）：合水地区、岭 78 井区附近和剖 13 井东部地区。

2) 姬塬地区长 4+5 段岩性油气藏有利区块预测

将姬塬地区延长组长 4+5 段成藏动力区、有效圈闭区、河道及汇流通道等油气主控、富集因素叠合在一起，优选出现有油藏以外的五个油气有利区块（图 8－32）：黄 35 井区、耿 73 井区、安 72 井区、新 4 井区和庙沟西部地区。

3) 安塞地区长 6 岩性油气藏有利区块预测

将安塞地区延长组长 6 有利成藏动力区、有效圈闭区、河道及汇流通道等油气富集主控有利因素叠合在一起，长 6_1 小层优选出现有油藏以外的四个油气有利区块（图 8－33a）：陕 66 井区、高 15 井区西南、丹 49 井区东、镰刀湾东北；长 6_2 小层优选出现有油藏以外的三个油气有利区块（图 8－33b）：高 15 井区西、丹 49 井区北、镰刀湾东北。

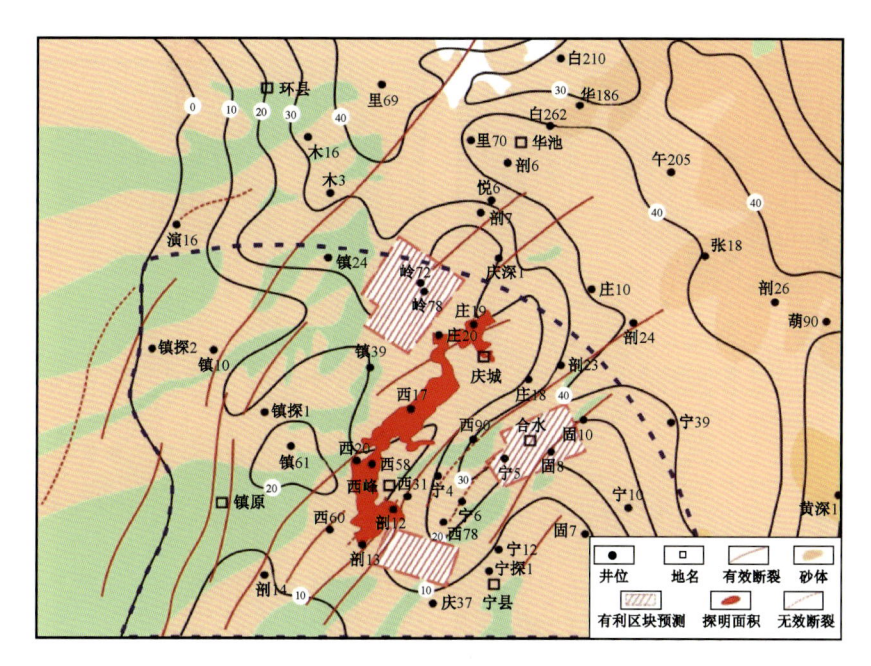

图 8-31 西峰地区长 8 段有利区块预测图

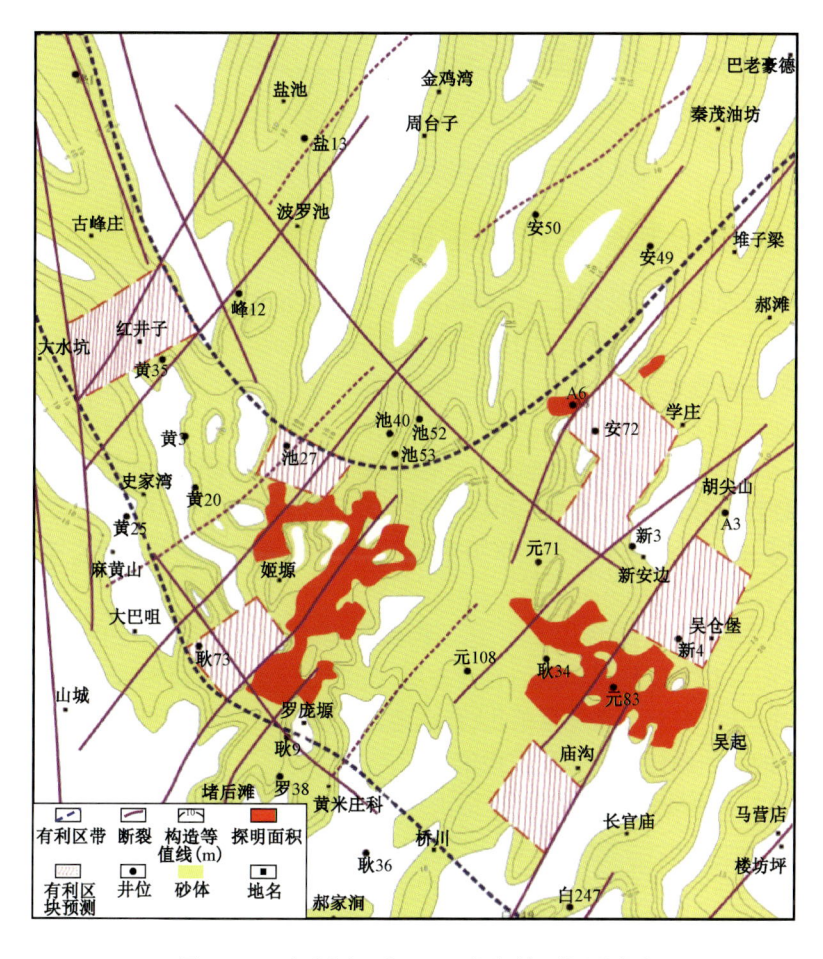

图 8-32 姬塬地区长 4+5 段有利区块预测图

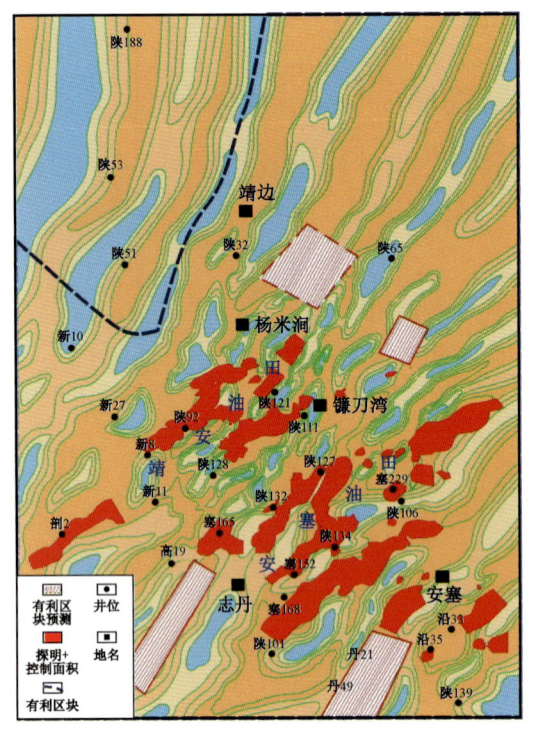

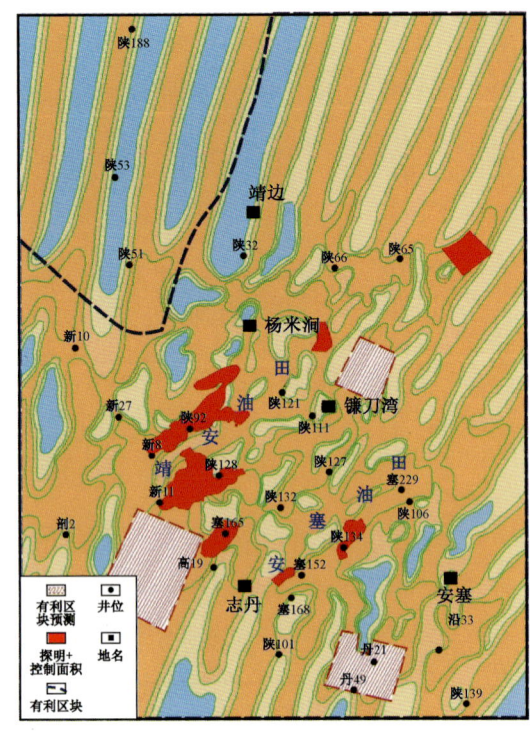

(a) 安塞地区长6_1小层　　　　　　　　(b) 安塞地区长6_2小层

图 8-33　安塞地区长 6 段有利区块预测图

二、鄂尔多斯盆地延长组有利勘探目标区预测

通过深化分析安塞、姬塬、西峰三个低孔渗油田储层演化规律,提出油藏形成的储层临界物性下限为10%左右,发现油藏致密化的主要原因是压实成岩作用,指出成藏期优质储层区,发现成藏后储层逐渐致密。

根据盆地动态储层评价新成果,预测了 12 个有利勘探目标区。在西峰地区长 8 段提出 3 个有利目标区,姬塬地区长 4+5 段提出 6 个有利目标区,安塞地区长 6 段提出 3 个有利目标区。这些有利勘探目标区经过 2009—2011 年的钻探,在西峰地区的里 47 井区、合水井区以及姬塬地区的黄 70 井区、黄 32 井区、耿 88 井区、胡 149 井区和元 149 井区等 7 个目标区发现新的含油富集区。

该成果提供了一种新的找油思路。这一勘探新思路为盆地东北沉积体系华庆地区长 6 段、长 8 段 $(6\sim8)\times10^8$t 储量规模区的石油勘探,西北沉积体系姬塬地区长 8 段近 4×10^8t 储量规模区的石油勘探,西南沉积体系镇北、合水地区长 8 段近亿吨储量规模区(合计 12×10^8t 三级石油储量)的石油勘探发现奠定了理论基础。

该研究成果具有重要的应用价值,取得了可观的社会效益及经济效益。

第九章 应用实例二——北非阿尔及利亚 HBR 区块致密石英砂岩动态储层评价

由于研究区目前的储层评价体系为静态评价,储层评价结果不完全适用于储层勘探阶段的评价优选,工区低孔渗储层的优与劣需要动态分析,并需要考虑油气成藏期次与储层油气充注临界物性的高低这一问题。结合动态储层评价的研究思路,恢复储层古孔隙度,并考虑成藏期时的充注动力,对研究区储层进行动态评价,优选出五个储层有利目标。

第一节 地质概况及储层特征

一、地质概况

HBR 区块位于阿尔及利亚的东北部,靠近突尼斯的西南边界。区块在构造位置上处于哈西迈萨伍德隆起上,面积为 5377.97 km^2,地表为沙漠覆盖(图 9–1)。区块有 16 口探井,新采集的二维地震测线 23 条,约 666km,新采集处理三维地震 1586.6km^2。

自 2011 年 10 月 27 日钻探第一口探井以来,共有 9 口探井发现了油气,预计 2P 地质储量可达 10×10^8 bbl,油气勘探前景良好。

勘探的主要问题是工区构造平缓,圈闭难以识别,且储层总体致密,甜点预测困难,常规油气评价难以实施。

二、储层发育特征

1. 储层岩石学特征及成岩作用

1)TAGI 段岩石学特征

三叠系 TAGI 段储层主要为石英砂岩,包括长石石英砂岩及岩屑石英砂岩。其中石英含量高,多为 85.9%~100%,平均 98.6%;长石含量 0~2.4%,平均 0.4%;岩屑 0~10%,平均 1.4%。储层碎屑颗粒为细—中粒,分选中等—较差,次棱角状。岩屑主要为沉积岩岩屑和火成岩岩屑,少量变质岩岩屑。

TAGI 段储层填隙物组分含量变化较大,多为 0.33%~30%,平均 12.3%。其中主要是胶结物,杂基含量很少,杂基多不足 0.5%。胶结类型以孔隙式胶结、接触式胶结为主,接触关系主要为点—线状。胶结物主要为硅质、泥质(含量为 1.6%~33.8%)、硬石膏(含量为 9.9%~30.3%)、白云石(含量为 0.1%~15.2%)及铁白云石,其中硅质在不同井之间含量变化较大,含量为 22.6%~70.1%。这主要受泥质胶结物的影响,泥岩常以环边的形式胶结石英颗粒,因此阻止了石英胶结物的发育。胶结物中,黄铁矿(0~1.5%)、磁铁矿(0~22.0%)及铁白云石(0~2.6%)含量较低。泥质胶结物主要为伊利石和绿泥石,含量分别为 64.4% 和 35.6%。

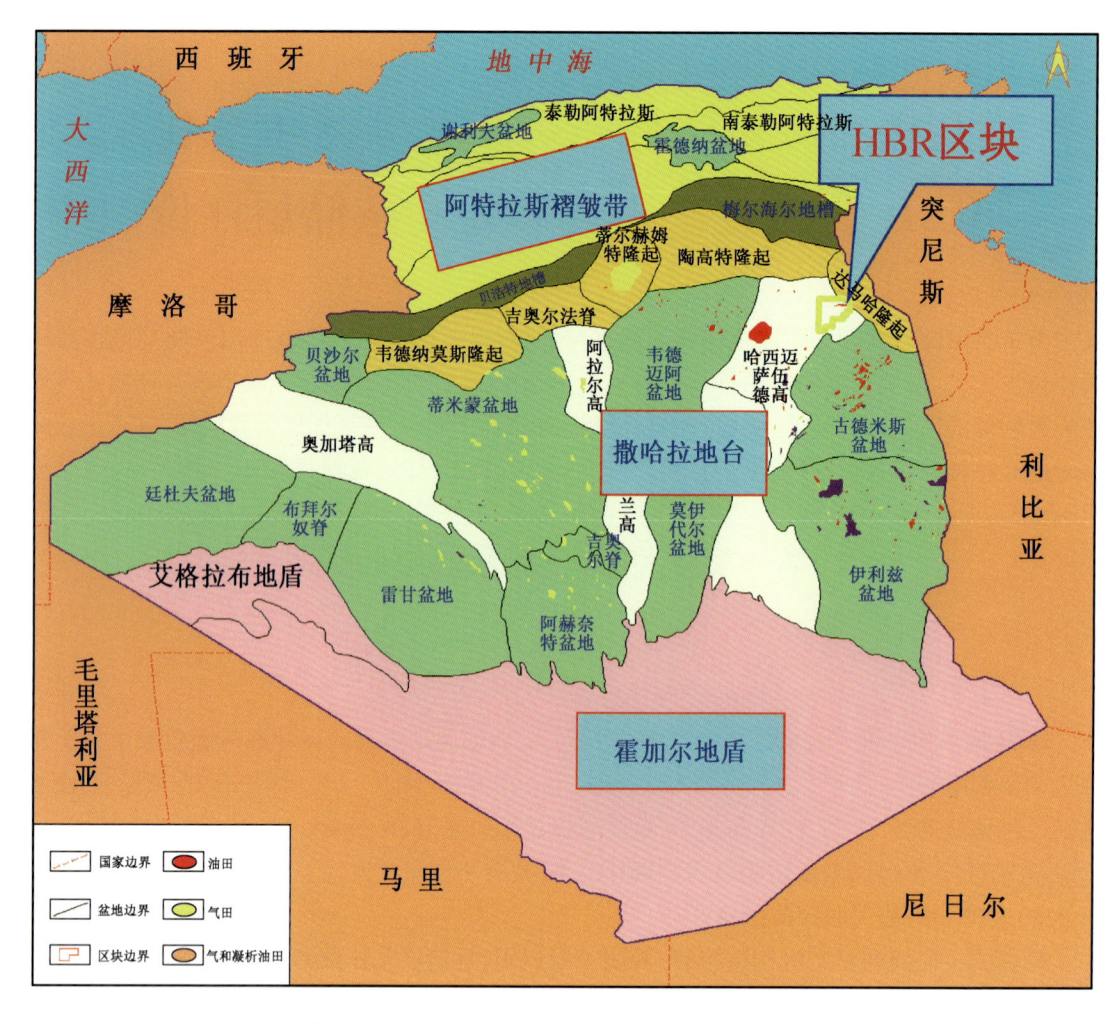

图9-1 北非阿尔及利亚HBR区块位置及地质概况

2)奥陶系储层岩石学特征

奥陶系储层主要为石英砂岩及少量长石石英砂岩。碎屑成分中石英含量83.3%～100%,平均98.4%;长石含量0～15.2%,平均1.3%,主要以钾长石为主,偶见斜长石;岩屑含量较低,多为0～1.5%,平均0.3%,主要为火成岩岩屑和沉积岩岩屑,少量变质岩岩屑和云母。奥陶系储层碎屑颗粒主要为细粒,分选中等—较好,次棱角状—次圆状。

奥陶系储层填隙物组分总体含量变化较大,多为1.2%～30%,平均13.1%。其中主要是胶结物,杂基含量很少,杂基多不足0.5%。胶结类型以孔隙式胶结、接触式胶结为主,接触关系主要为点—线状。储层胶结物主要是石英次生加大(含量为79.95%～89.7%)、泥质(含量为9.69%～64.32%)、白云石(含量为0～32.87%),其次是硬石膏(含量为0～1.5%)及黄铁矿(含量为0～1.56%)等胶结物。其中泥质胶结物在奥陶系石英砂岩中主要以伊利石为主,含量占泥质胶结物的23.5%～56.4%,以丝片状、丝絮状包裹颗粒表面并充填粒间孔隙。I/S含量占泥质胶结物的23.1%～44.1%,高岭石含量占泥质胶结物的5.1%～48.6%。绿泥石含量较低,多数不含。

2. 储层孔隙结构、类型、物性特征

1) 三叠系 TAGI 段储层孔隙及物性特征

TAGI 段储层面孔率多为 1.0%~7.7%,平均 3.3%,孔隙主要为残余粒间孔,次生溶孔及少量的微孔隙。在 SMRE-1 井中分别为 2.89%、2.89% 及 0.26%,裂缝性孔隙含量不足 0.8%。TAGI 油层段孔隙度多分布在 6.0%~15.0% 之间,平均孔隙度 9.9%,主体分布在 6%~13% 之间;渗透率 1~530.3mD,主体分布在 1~200mD 之间,平均 77.8mD。储层主要为特低孔、低孔—中低渗型储层,以及特低孔—特低渗型储层,较好的中孔—中高渗型储层少见。

对试油数据统计发现:干层孔隙度分布范围在 1%~11% 之间,渗透率分布在 0.05~1mD 之间;水层孔隙度主要分布于 5%~11%,透率分布于 0.8~1.072mD;产油层孔隙度呈多峰分布于 5%~12%,渗透率分布呈多峰分布于 0.3~2.00mD。统计结果表明:储层物性越好,其含油级别较高的几率也越大,说明物性对于储层的含油气性有明显的控制作用。孔隙度小于 5.3%,渗透率小于 0.3mD 则没有明显的含油特征,因此确定这两个值为从试油数据得到的储层含油孔隙度和渗透率下限(图 9-2 和图 9-3)。

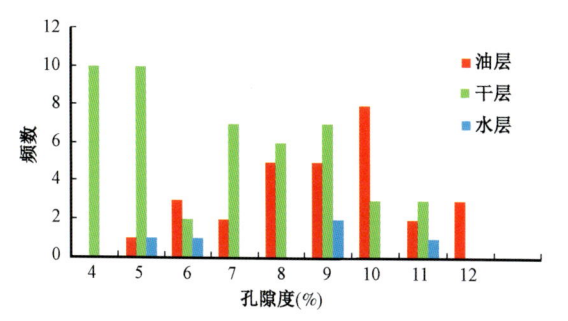

图 9-2 TAGI 储层孔隙度分布直方图

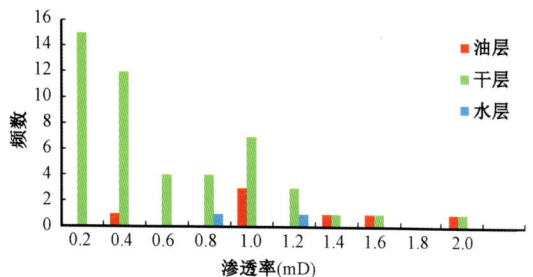

图 9-3 TAGI 储层渗透率分布直方图

按照试油结果可以将储层划分为油层、水层、干层三个级别,根据试油解释结果绘制孔隙度—渗透率交会图,然后再依据试油情况确定有效储层的含油物性下限。确定出该地区 TAGI 储层含油孔隙度下限 5.3%,渗透率下限 0.3mD(图 9-4)。

2) 奥陶系储层孔隙及物性特征

奥陶系储层普遍已进入晚成岩作用阶段,因此孔隙发育不好,而且连通性差。储层面孔率多为 1.3%~8.0%,平均 4.7%,孔隙主要为残余粒间孔、次生溶孔及少量的微孔隙。孔隙度分布范围为 6%~15%,主体分布在 6%~13% 之间,平均 7.7%;渗透率 0.01~100mD,主体分布在 1~50mD 之间,平均 12.6mD。储层主要为特低孔—特低渗型储层,其次为低孔—特低渗型,较好的中孔—中高渗型储层少见。

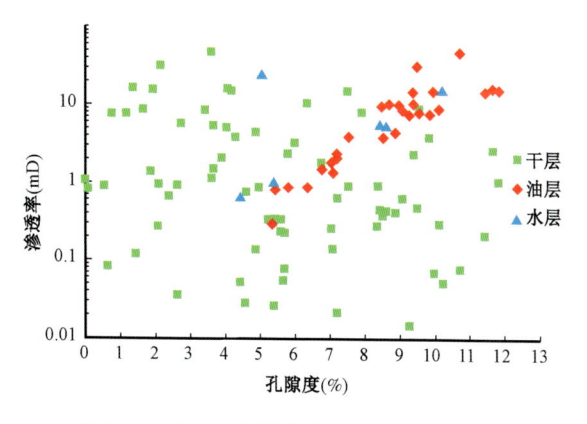

图 9-4 TAGI 储层孔隙度—渗透率交会图

对试油数据统计发现:干层孔隙度分布范围在 1%~10% 之间,渗透率分布在 0.2~1mD

之间;水层孔隙度主要分布于4%~11%,透率分布于1.5~2.0mD;产油层孔隙度呈多峰分布于5%~8%,渗透率分布呈多峰分布于0.2~1.8mD。统计结果表明:储层物性越好,其含油级别较高的几率也越大,说明物性对于储层的含油气性有明显的控制作用。孔隙度小于5.1%,渗透率小于0.2mD则没有明显的含油特征,因此确定这两个值为从试油数据得到的储层含油孔隙度和渗透率下限(图9-5和图9-6)。

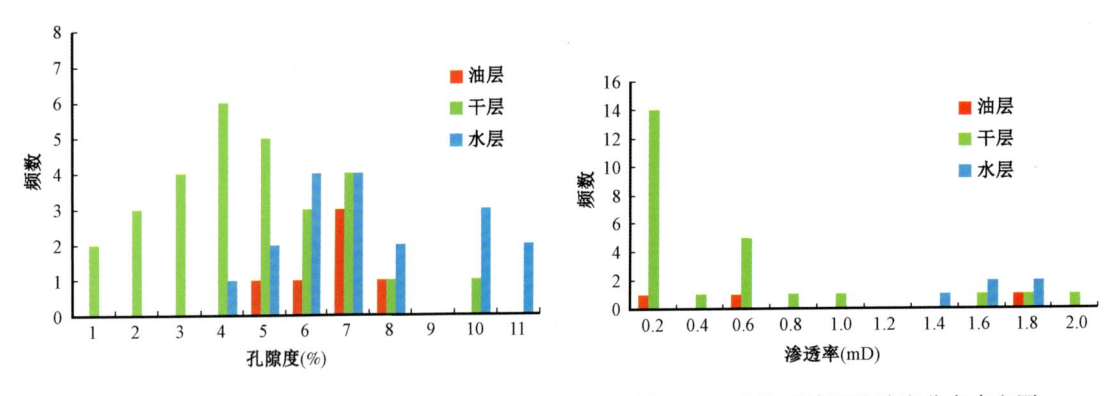

图9-5 奥陶系储层孔隙度分布直方图

图9-6 奥陶系储层孔隙度分布直方图

按照试油结果可以将储层划分为油层、水层、干层三个级别,根据试油解释结果绘制孔隙度—渗透率交会图,然后再依据试油情况确定有效储层的含油物性下限。确定出该地区TAGI储层含油孔隙度下限5.1%,渗透率下限0.2mD(图9-7)。

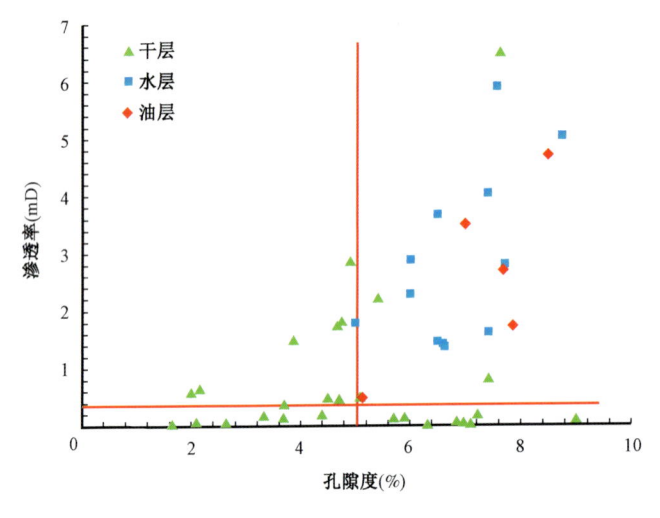

图9-7 奥陶系储层孔隙度—渗透率交会图

第二节 动态储层评价方案

本次研究,针对现有的静态储层评价体系存在的漏洞,结合研究区实际地质情况,运用本书提出的动态储层评价方法,对研究区进行砂岩孔隙演化、储层临界物性确定、地层埋藏史分析和古孔隙度恢复等研究,最终建立适用于本研究区的动态储层分级评价方案。

一、现有评价体系存在漏洞

现今常规储层评价主要是在明确了构造背景和沉积相发育的基础上,通过岩矿测试、薄片观察、岩心物性分析并结合测井物性资料,分析储层质量控制因素,进而明确优质储层的展布规律。前人尽管从不同的角度对储层评价提出了很多新的方法,但本质上还是对储层现今特征的描述及评价,是一种"静态"的储层评价方案(表9-1),只能反映现今储层的特征却不能很好地表征成藏后储层发生的一系列变化,同样也不能准确地反映关键成藏期砂岩储层性质,不能把握住储层评价的本质。

表9-1 储层评价方案

厚度(m)		孔隙度(%)		渗透率(mD)	
$H \geq 10$	特厚层	$\phi \geq 30$	特高孔	$K \geq 2000$	特高渗
$5 \leq H < 10$	厚层	$25 \leq \phi < 30$	高孔	$500 \leq K < 2000$	高渗
$2 \leq H < 5$	中厚层	$15 \leq \phi < 25$	中孔	$50 \leq K < 500$	中渗
$1 \leq H < 2$	薄层	$10 \leq \phi < 15$	低孔	$10 \leq K < 50$	低渗
$H < 1$	特薄层	$5 \leq \phi < 10$	特低孔	$1 \leq K < 10$	特低渗
		$\phi < 5$	超低孔	$0.1 \leq K < 1$	超低渗
				$K < 0.1$	非渗

常规储层评价是针对现今储层特征进行评价,这种方法已经不能适用于成藏后储层特征发生变化的低孔渗储层。常规储层评价也未考虑到油气充注期的成藏条件,因此不能合理地解释储层的含油气性。大量的勘探结果表明,常规储层评价认为储层较差不能含油气的储层发现了油气,并获得了工业油气流,而常规储层评价认为储层较好能含油气的储层反而未发现油气,这就说明常规储层评价并不能很好地解释储层的含油气性。主要因为常规储层评价依据与成藏无关,未考虑时间等成藏因素,储层的含油气性并不仅仅由储层特征来决定,还受控于成藏的动力条件。

对低渗透砂岩储层或致密储层研究发现,聚集油气的有效储层与不被油气充注的非有效储层之间没有严格的界限,甚至存在现今孔隙度分布与油气展布不一致的现象。若在这种情况下仍采用静态的常规储层评价方法对砂岩储层现今特征进行表征,则不能有效的分辨有效储层和非有效储层,甚至产生错误的结论而误导实际的勘探与开发。

砂岩是否含油取决于成藏期油气是否充注进入聚集成藏,成藏期之后砂岩储层发生了一系列复杂的变化演变成现今的特征,由于成岩作用的影响,现今的储层特征并不能等同于成藏期的储层性质,对现今储层进行评价不能抓住储层评价的核心。只有将砂岩储层物性恢复至成藏期,依据成藏期砂岩储层物性对储层动态评价,才能更好地指导油气的勘探与开发。

目前随着油气田勘探开发的不断深入,在已发现的石油探明地质储量中,低孔渗储量占相当大的比例。低孔渗储层越来越引起石油勘探家的重视,其不同于常规储层,现今的储层特征并不能反应成藏期的储层特征,用常规储层评价的方法进行储层评价存在一定的问题,因此只有考虑到成藏期及其以后储层的演化过程才能客观地进行储层评价。

刘震等(2005,2007)在对二连盆地和柴西南地区岩性圈闭进行研究时,基于岩心及试油资料提出了储层临界物性的概念,临界物性是指成藏期油气进入储层所需要的最小储物性。

"储层含油物性下限"是在现今经济、技术条件下可采储层的最小有效孔隙度和最小渗透率。"储层临界物性"被定义为在一定地层压力条件下,油气能进入储层所需的最小孔隙度及渗透率,这与前人提出的"有效储层下限""有效储层含油下限"不同。它是一个历史性的参数,是主成藏时期所对应的油气充注临界物性,反映了油气成藏效果的下限。

油气的运移和聚集是一个动态的过程,成藏相关的各个要素在地史时期内相互影响、相互制约、不断调整,最终形成现今的油气系统。油气充注发生在成藏时期,充注成藏期之后,由于受到成岩作用以及构造作用等多种因素的影响,储层的含油特征与物性发生了很大变化,相对应的油气充注临界物性与现今的储层含油物性下限之间也就不能对等了。但储层现今的含油物性下限与油气充注临界物性之间还是有着必然的联系,储层临界物性是现今储层能否成藏含烃的原因之一,现今储层含油物性下限是储层临界物性经历成藏期后一系列复杂地质历史过程的一个反映。因此,对于埋深较浅、成岩作用较弱、未致密化的常规储层来说,现今储层含油物性下限与储层临界物性差别不大,可以用现今储层含油物性下限来表示储层临界物性。对于低孔渗—特低孔渗储层来说,成藏以后,由于受到成岩作用、继续沉降或构造抬升等多种因素的影响,储层特征及物性发生了很大变化,现今储层含油物性下限并不能反映成藏期的临界物性,但两者之间存在着一定的联系。

本次研究求取临界孔隙度的方法是采用现今孔隙度下限与成藏期至今孔隙度变化量相加得到。

二、砂岩孔隙度演化模型及致密储层成因机理

1. 压实作用是致密储层形成的主要成因

近年来,随着致密砂岩油气藏研究的不断深入,亟须明确致密砂岩储层致密化机理,从而更好地利于致密砂岩油气藏的勘探与开发。机械压实作用通常被理解为中浅层砂岩所经历的主要成岩作用,而深层的机械压实作用长期以来被人们所忽视。

长期以来,很多人认为机械压实作用只发生在中浅层,到了深层机械压实作用就消失了。但是实际上在砂岩孔隙度与埋深图上可以看到深层仍然存在减孔现象,而且深层减孔趋势与中浅层减孔压实趋势重合。传统认识压实具有消亡线,深层没有压实,但在对数坐标上孔隙度—深度关系图上可看出,虽然随着埋深加大,孔隙度减小同时孔隙度减小量也越小,但孔隙度减小率却不小。

通过本工区内目地层(深层)的镜下薄片观察发现,在深层存在压实现象,说明深层仍然存在压实作用。而深层主要由压实作用和胶结作用共同导致减孔(图9-8)。通过对镜下薄片的观察发现本工区溶蚀作用不明显(图9-9)。

从半对数孔隙度剖面可以看出,整体上砂岩孔隙度随埋深增加正比例减小。成岩作用在孔隙度剖面上表现出分段的特征从而与成岩阶段相对应,在浅部主要为机械压实作用使砂岩储层孔隙呈线性减小,在中浅层胶结作用开始出现并与压实作用一同致使砂岩储层孔隙度线性减小。由于本工区溶蚀作用不发育,所以中深层砂岩储层在压实作用和胶结作用的共同影响下仍表现为孔隙度减小趋势。深层砂岩储层减孔趋势与中浅层砂岩减孔趋势或完全一致,或深层砂岩储层减孔趋势与中浅层砂岩减孔趋势一致。

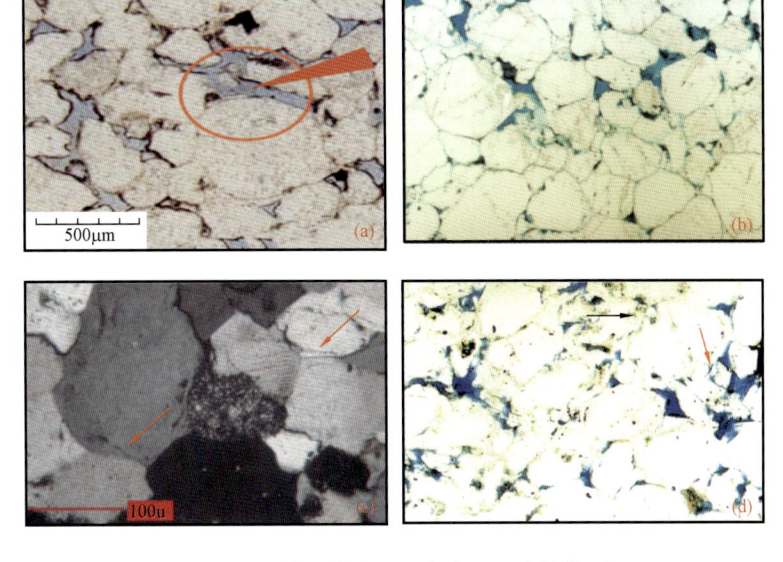

图 9-8 镜下薄片的压实作用和胶结作用

图 9-9 镜下薄片特征

2. 建立砂岩孔隙度演化模型

沉积岩孔隙度随埋藏深度的增加总体上趋于逐渐减小。1978 年,Selley 研究了大量沉积盆地砂岩和泥岩孔隙度与埋深关系数据,编制了地层孔隙度与埋深的交会图。研究结果表明,无论是砂岩还是泥岩,其孔隙度都随埋深增加而逐渐降低,还发现浅部(约 500m 以内)地层孔隙度减小速度很快,到深部(3000m 以下)孔隙度变化则相对较小。实际地层条件孔隙度受埋深和地层年代双重控制,在相同地层孔隙度随埋藏时间加长减小,在相同埋藏时间条件下,埋深越大,孔隙度越小(图 9-10)。

20 世纪 30 年代,Athy 对泥岩压实过程做了深入研究后指出,正常压实条件下泥岩孔隙度与埋深呈指数关系,即泥岩孔隙度演化的 Athy 模型。这一原理此后一直被运用于泥岩(甚至砂岩)压实过程的研究。后来有学者研究指出埋深只是影响孔隙度演化的因素之一。Scherer

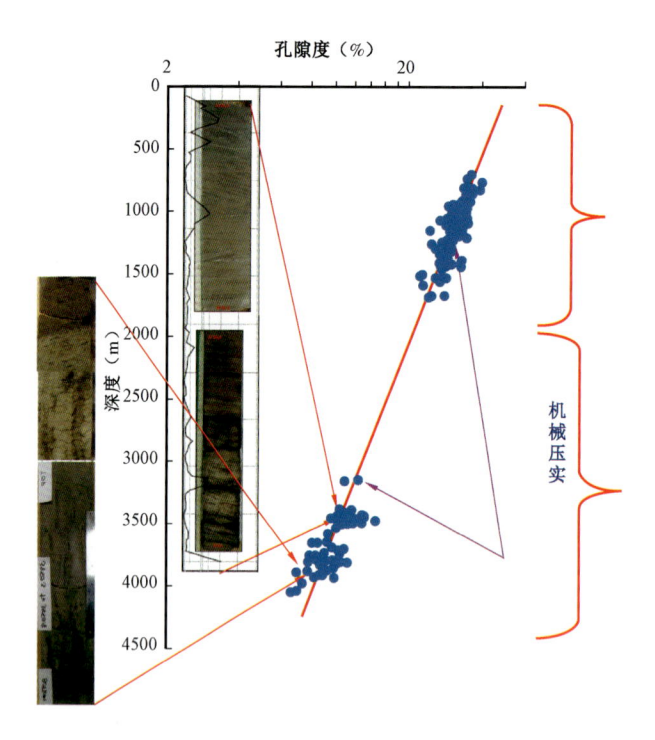

图9-10 北非阿尔及利亚HBR区块多井孔隙度—深度关系图

(1987)研究指出,成岩作用与地层埋深和持续时间有关,Athy孔隙度预测经验公式只适用于胶结程度低或未胶结、无明显溶蚀作用、埋深超过500m、年龄超过3Ma和受构造作用力小的地层。1983年Siever研究指出很多地质作用及其影响都与时间和温度有关。1988年Schmoker发现砂岩孔隙度与成熟度之间是幂函数关系。1990年Bloch提出一般情况下砂岩孔隙度是其热史的函数。

刘震等(1997)研究指出泥岩孔隙度与其热史之间存在着幂函数关系。这些学者的研究成果表明孔隙度的演化是时间和埋深的双重函数。因此,刘震等于2007年提出了孔隙度与时间和埋深的双元函数模型:

$$\phi = Az + Bt + Czt + \phi_0 \tag{9-1}$$

式中 ϕ——特定时间和埋深对应的岩石孔隙度,%;
z——埋深,m;
t——埋藏时间,Ma;
ϕ_0——沉积孔隙度,%;
A、B、C——经验系数。

砂岩孔隙度减小缘于压实和胶结作用。HBR区块地层以细砂岩为主,因此选取细砂岩地层建立孔隙度剖面,分析细砂岩地层的孔隙度演化过程。

从单井孔隙度深度剖面图上看出,机械压实阶段与其下的机械压实加胶结作用阶段,砂岩孔隙度随深度的变化趋势相同,在半对数坐标系内近似于一条直线。贝丰等通过实验发现干黏土和石英随着压力增加,孔隙度会逐渐减小。在埋深达到1000m后砂岩孔隙度变化逐渐变小;同时,从该深度开始,自生矿物开始大量出现,胶结作用逐渐增强,而胶结作用出现也是岩石可压缩性减小的原因之一。在HBR区块深部地层的压实和胶结作用引起的孔隙度减小效应正好与上部机械压实效应一致,在半对数坐标系统内近似于一条直线。基于以上分析,砂岩孔隙度减小的全过程可以用同一个模型模拟。

本研究中砂岩孔隙度减小模型采用时间、深度双元函数模型。首先,获取砂岩的孔隙度与深度数据,通过插值确定其对应的地质年代;然后,按照双元函数模型,拟合砂岩孔隙度与时间和深度之间的函数关系式。

本文统计工区内的7口井125个纯砂岩地层孔隙度、埋深和埋藏的时间数据,做多元回归分析,得出回归的TAGI储层孔隙度演化双元函数:

$$\phi = 49.00677 - 0.0072 \cdot z - 0.04875 \cdot t - 0.00006 \cdot t \cdot z \qquad (9-2)$$

式中 ϕ——地层孔隙度,%;
t——距今地质年代,Ma;
z——埋深,m。

从双元函数也可以看出研究区砂岩地表孔隙度为49%,孔隙度随着深度和时间的增加逐渐减小,孔隙度随深度的变化率大于随时间的变化率,双元函数模型与实际地质条件下孔隙度演化趋势吻合。对比测井解释孔隙度和双元函数模型预测孔隙度,发现两者相关程度高,误差小,说明双元函数模型可靠。

同理,统计工区内的7口井150个纯砂岩地层孔隙度、埋深和埋藏的时间数据,由于地层抬升,分段做多元回归分析,得出回归的奥陶系储层孔隙度演化双元函数:

$$\phi = \frac{50.0068 - 0.0074 \cdot z - 0.00175 \cdot t - 0.000002 \cdot t \cdot z \quad (t<220\text{Ma}, z<1000\text{m})}{59.73177 - 0.00588 \cdot z - 0.04875 \cdot t - 0.000006 \cdot t \cdot z \quad (t>220\text{Ma}, z>1000\text{m})}$$

$$(9-3)$$

式中 ϕ——地层孔隙度,%;
t——距今地质年代,Ma;
z——埋深,m。

3. 模拟砂岩孔隙度减小过程

利用双元函数模型,可以模拟砂岩孔隙度减小过程,TAGI层段以MAS-1井TAGI段砂岩孔隙度减小过程为例(图9-11):

(1)在208.3Ma时埋深达到663m,孔隙度减小到43%;
(2)208.3—146Ma之间地层持续深埋,孔隙度持续下降到25%;
(3)146—65Ma地层持续深埋,孔隙度持续下降到10%;
(4)65—25Ma之间地层抬升,孔隙度下降到8.8%;
(5)25—现今地层快速深埋,孔隙度下降现今正常趋势下的7.2%,孔隙度演化结束。

奥陶系以MAS-1井奥陶系砂岩孔隙度减小过程为例(图9-12):

(1)在390Ma时埋深达到998m,孔隙度减小到42%;
(2)390—290Ma之间地层抬升,孔隙度下降到39%;
(3)290—220Ma之间地层稳定,孔隙度变化小;
(4)220—65Ma地层快速深埋,孔隙度下降现今正常趋势下的9%;
(5)65—25Ma之间地层抬升,孔隙度下降到7.5%;
(6)25—现今地层快速深埋,孔隙度下降现今正常趋势下的6.5%,演化结束。

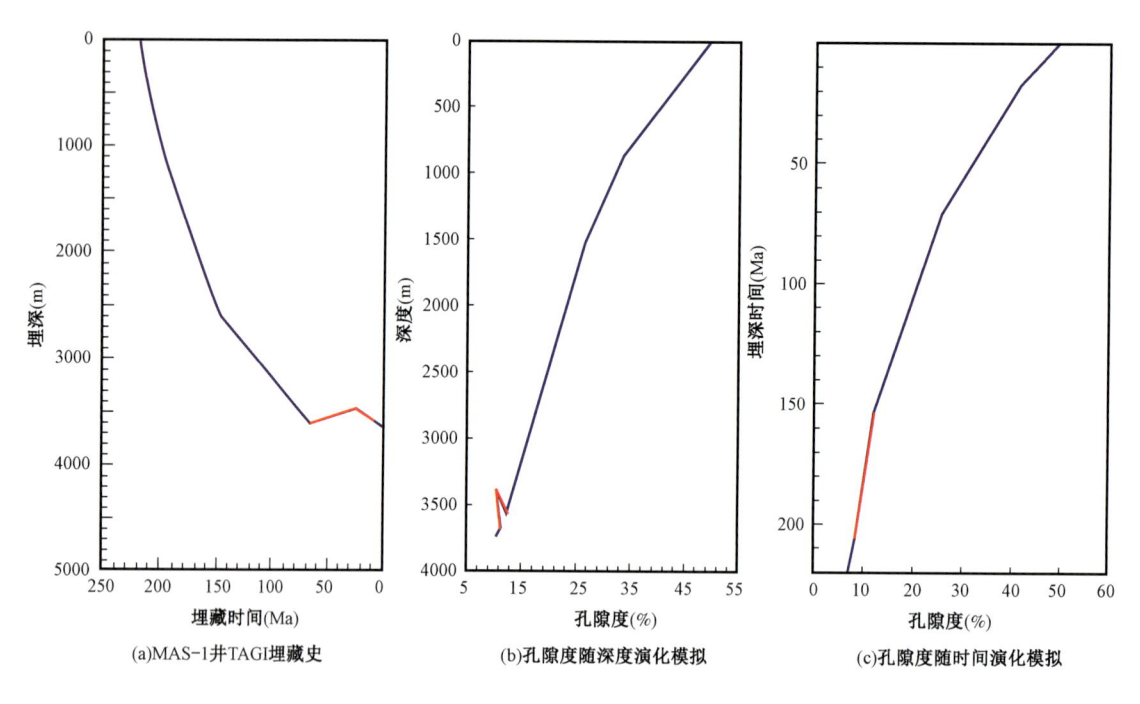

图 9-11　北非阿尔及利亚 MAS-1 井 TAGI 段单点孔隙度演化模拟

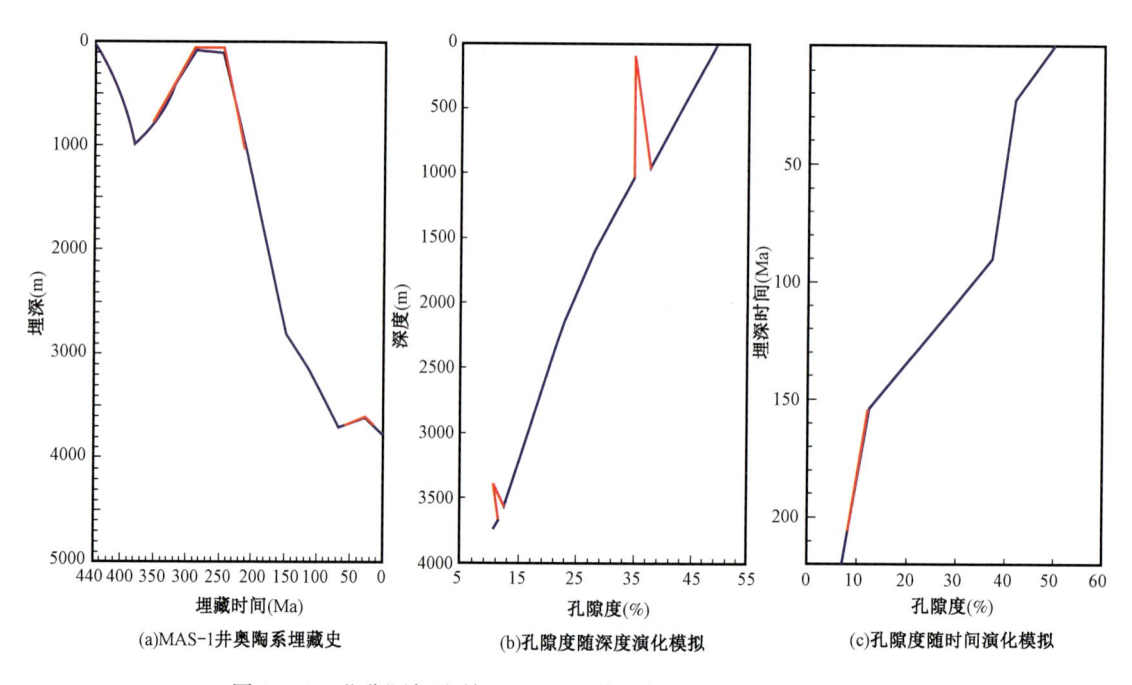

图 9-12　北非阿尔及利亚 MAS-1 井奥陶系单点孔隙度演化模拟

三、确定储层临界物性

对于致密储层来说,油气充注以后,由于受到成岩作用、继续沉降或构造抬升等多种因素的影响,储层特征及物性发生了很大变化,虽然现今储层含油物性下限并不能反映成藏期的临界物性,但两者之间存在着一定的联系。成藏期储层临界物性致密化以后表现为现今储层含油物性下限,因此可以通过现今储层含油物性下限结合成藏后孔隙度的演化历史来恢复成藏期油气充注的储层临界物性。储层临界孔隙度关键的一点就是要确定出油气大量充注以后储层孔隙度的变化量,再加上现今储层含油孔隙度下限即可得出储层临界孔隙度。

根据经典石油地质学理论,烃源岩达到主生烃期时才能大量生成油气,然后排出。油气藏形成的时间只能晚于主成烃期,因此根据烃源岩中有机质演化的地质、地球化学资料,确定主生烃期,并把这个时间作为油气藏形成的最早时间,这就是根据烃源岩的主生烃期来确定油藏的形成时间。

根据泰国合作资料,分析可得,志留系烃源岩主生烃期为距今110Ma左右,根据主生烃期确定成藏期,故油藏成藏期为距今110Ma左右(图9-13)。

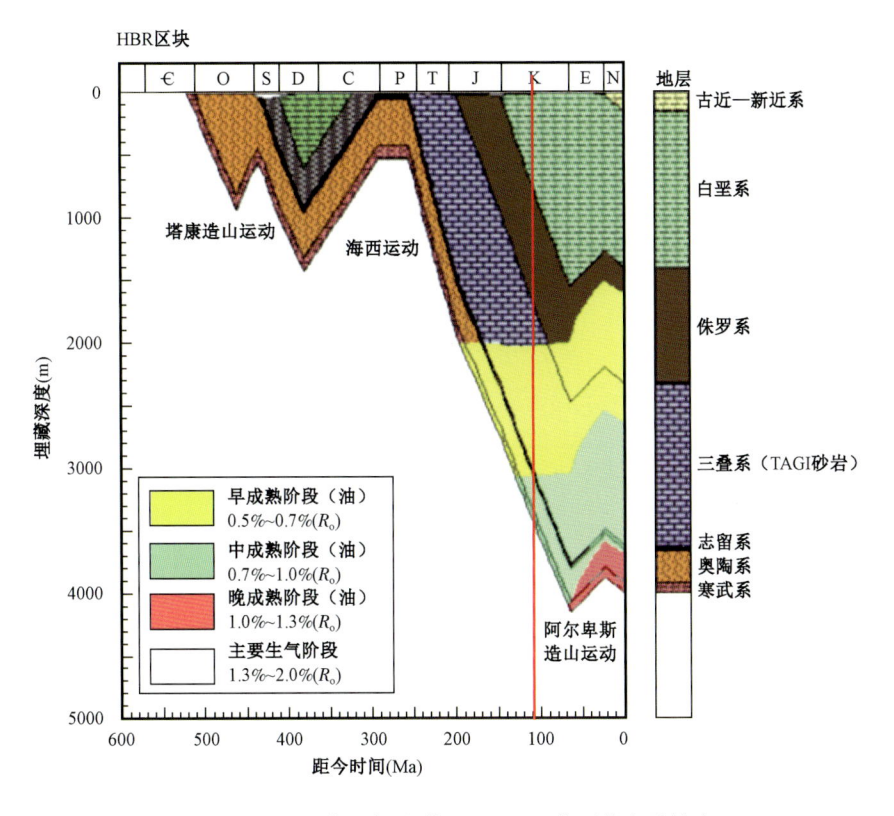

图9-13 北非阿尔及利亚RBT-1井埋藏史及热史

HBR区块TAGI砂岩储层从成藏期到最大埋深期平均埋深增加了670m。TAGI砂岩储层在成藏期到最大埋深期这一持续沉降过程中,随着埋深的不断增加,压实作用和胶结作用持续使砂岩孔隙度减小。因此不能简单地将现今储层物性与成藏期砂岩储层物性等同起来,成藏期油气充注时的储层临界物性与现今砂岩储层的含油物性下限是两个完全不同的概念,但两者之间存在着一定的联系,可以通过现今储层含油物性下限来求取成藏期储层临界物性。

利用孔隙度剖面上推反演法确定储层临界物性。首先,需要先建立砂岩孔隙度剖面,通过砂岩孔隙度剖面确定出正常压实段压实趋势线。由于地层抬升砂岩地层孔隙度回弹性较小,现今砂岩孔隙度可以看成是在最大埋深时形成的,因此假设现今孔隙度是在最大埋深时候形成的,把现今孔隙度剖面沿着正常压实趋势向上推到油气充注期的位置,读出目的层的孔隙度认为是目的层成藏期的孔隙度值。成藏期与现今孔隙度值的差就是成藏后孔隙度减小量,现今储层含油孔隙度下限值加上成藏后孔隙度减小量就可以得到储层烃类充注临界孔隙度值。

选取最大埋深为3810m、孔隙度为11.8%的典型砂岩点沿孔隙度演化趋势向上回推670m,得到该砂岩点成藏期埋深为3140m时,孔隙度为16%,得到成藏期到最大埋深期砂岩孔隙度变化量为4.2%,此变化量与之前统计得到的现今储层含油孔隙度下限(5.3%)之和为9.5%,即为北非阿尔及利亚HBR地区SAB-1单井区成藏期储层临界孔隙度。

利用趋势回推法,分别在两个目地层8口典型井区作了临界孔隙度推算(图9-14),为消除误差,得到一个平均值,定为其储层临界孔隙度值(表9-2和表9-3),成藏期TAGI储层临界孔隙度为9.6%,成藏期奥陶系储层临界孔隙度为9.2%。

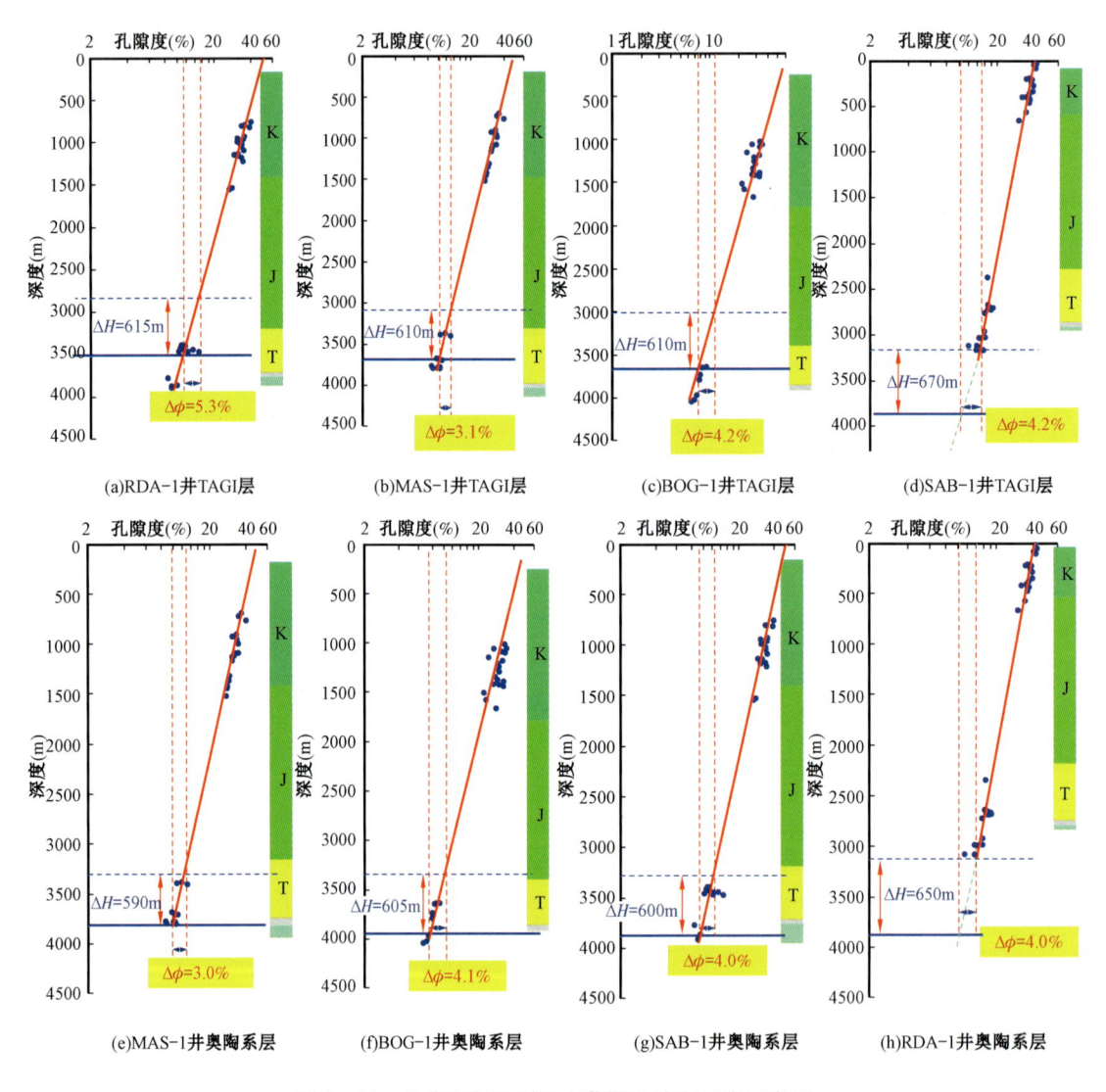

图9-14 北非阿尔及利亚成藏期孔隙度回溯示意图

表9-2 多井TAGI段储层临界孔隙度统计表

井名	深度变化量（m）	孔隙度变化（%）	单井区临界孔隙度（%）	TAGI储层临界孔隙度（%）
SAB-1	670	-4.2	9.5	
RDA-1	615	-5.3	10.6	
MAS-1	610	-3.1	8.4	
BOG-1	610	-4.2	9.5	9.6
SMRE-1	700	-5.4	10.7	
ROS-1	670	-4.3	9.6	
OGB-1	660	-4.0	9.3	
SMR-1	600	-3.5	8.8	

表9-3 多井奥陶系储层临界孔隙度统计表

井名	深度变化量（m）	孔隙度变化（%）	单井区临界孔隙度（%）	奥陶系储层临界孔隙度（%）
SAB-1	650	-4.0	9.1	
RDA-1	600	-4.0	9.1	
MAS-1	590	-3.0	8.1	
BOG-1	605	-4.1	9.2	9.2
SMRE-1	690	-5.2	10.3	
ROS-1	600	-4.0	9.1	
OGB-1	590	-3.7	8.8	
SMR-1	590	-3.4	8.5	

四、地层埋藏史分析

根据泰方合作资料，得到奥陶系剥蚀量为390m，泥盆系—二叠系剥蚀量为910m，古近—新近系剥蚀量为260m，以此为基础，通过Basinmod进行埋藏史恢复。做出10口井埋藏史（图9-15和图9-16）。分别对比TAGI层段和奥陶系储层的埋藏史在工区平面上的变化。可以看出TAGI段储层埋藏史最大埋深变化与现今储层顶部埋深趋势一致（图9-17），TAGI段储层埋藏历史时期最大埋深由东南向四周逐渐增大（图9-18）；奥陶系储层埋藏史最大埋深变化与现今储层顶部埋深趋势一致（图9-17），奥陶系储层埋藏历史时期最大埋深由东南向西北逐渐增大（图9-18）。埋藏史的不同导致了古孔隙度的不同。

五、恢复成期期古孔隙度

通过各井埋藏史和成藏时间，能对应出成藏时TAGI层段及奥陶系储层的埋深，代入孔隙度演化双元函数模型，算出成藏期古孔隙度。成藏期TAGI层段孔隙度分布在18.2%~20.9%之间，均大于成藏期TAGI段储层临界孔隙度9.6%，为有效储层；成藏期奥陶系层孔隙分布在17.6%~18.6%之间，均大于成藏期奥陶系储层临界孔隙度9.2%，为有效储层（表9-4）。

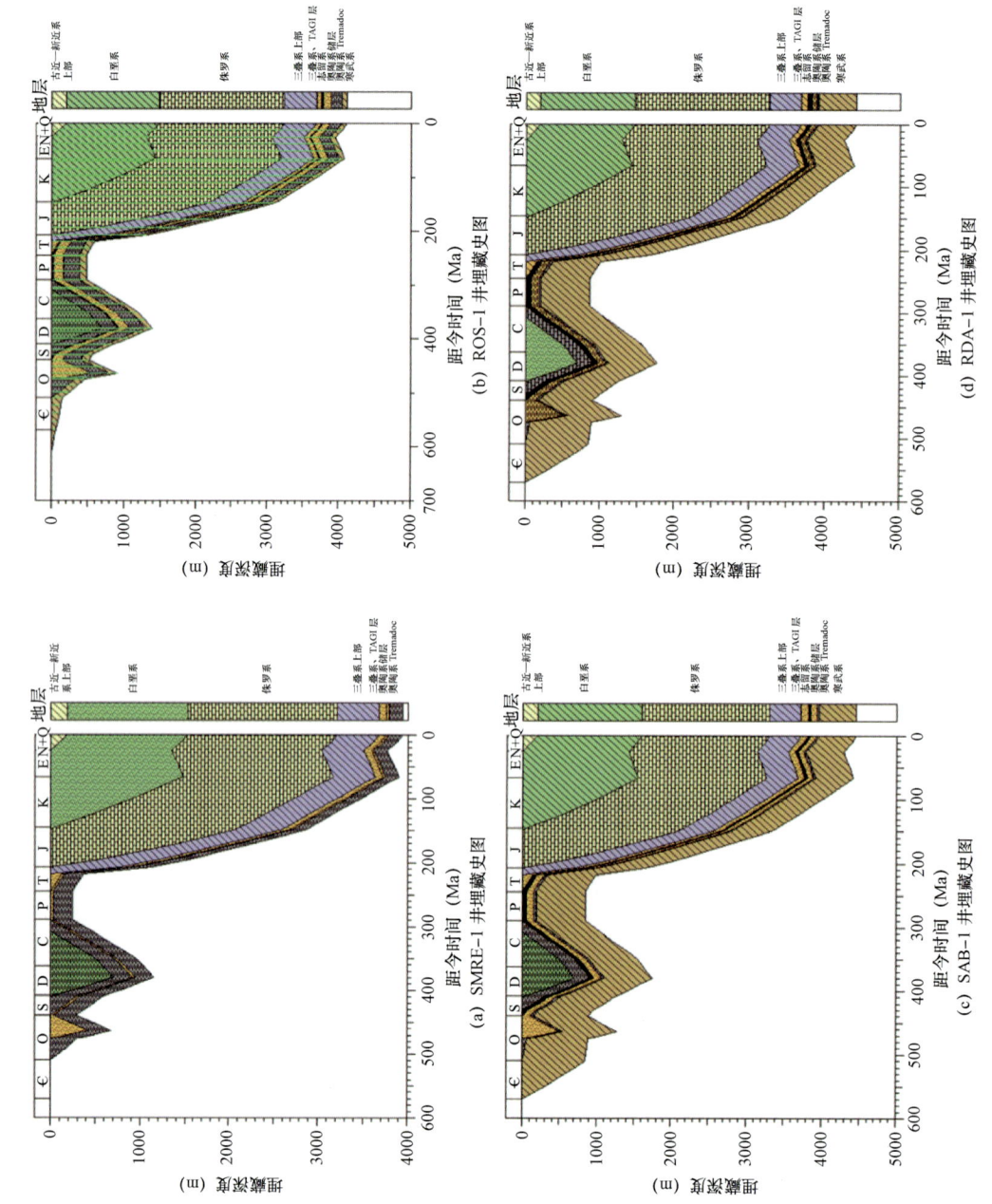

图9-15 北非阿尔及利亚HBR地区地层埋藏史图

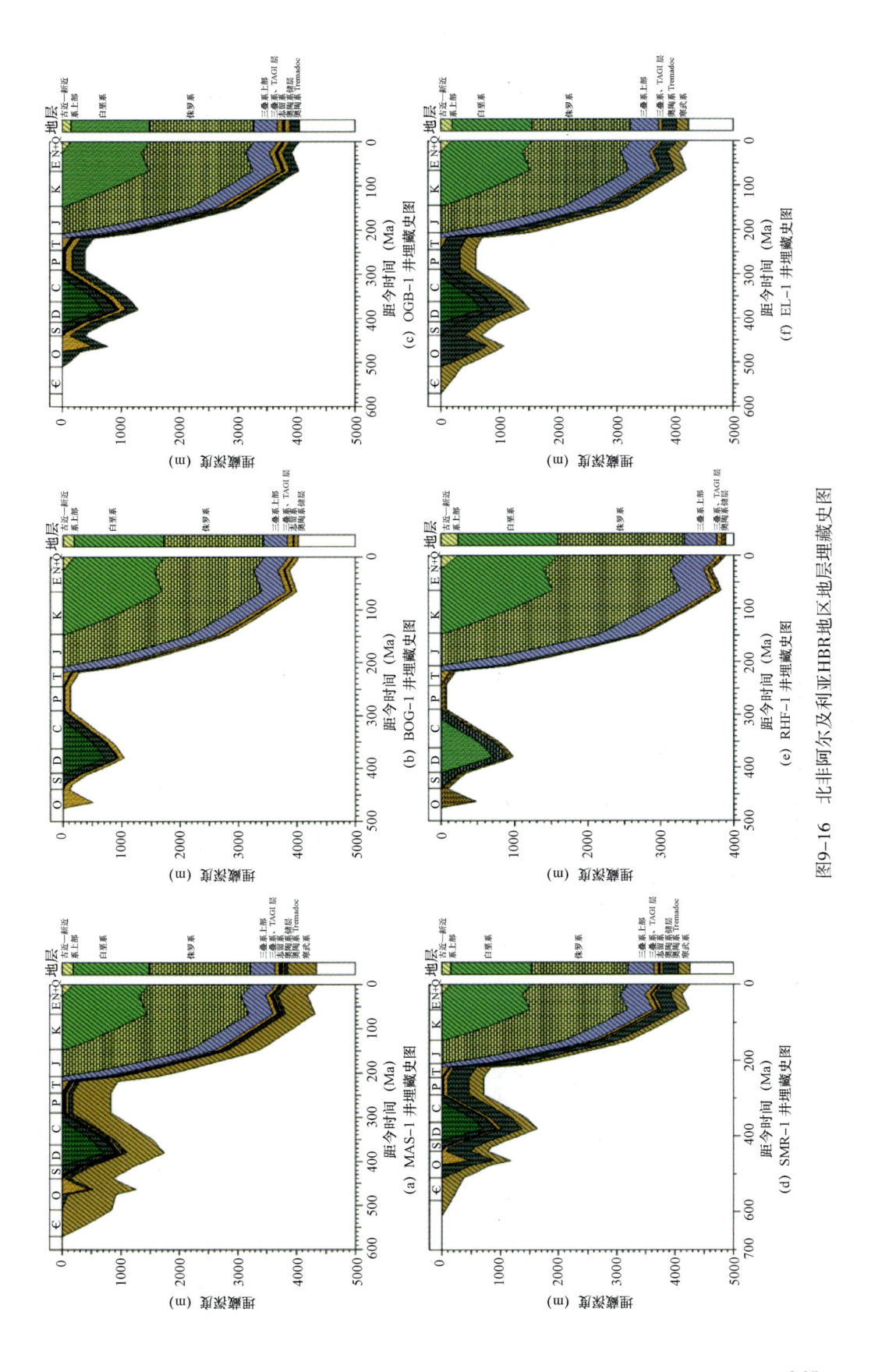

图9-16 北非阿尔及利亚HBR地区地层埋藏史图

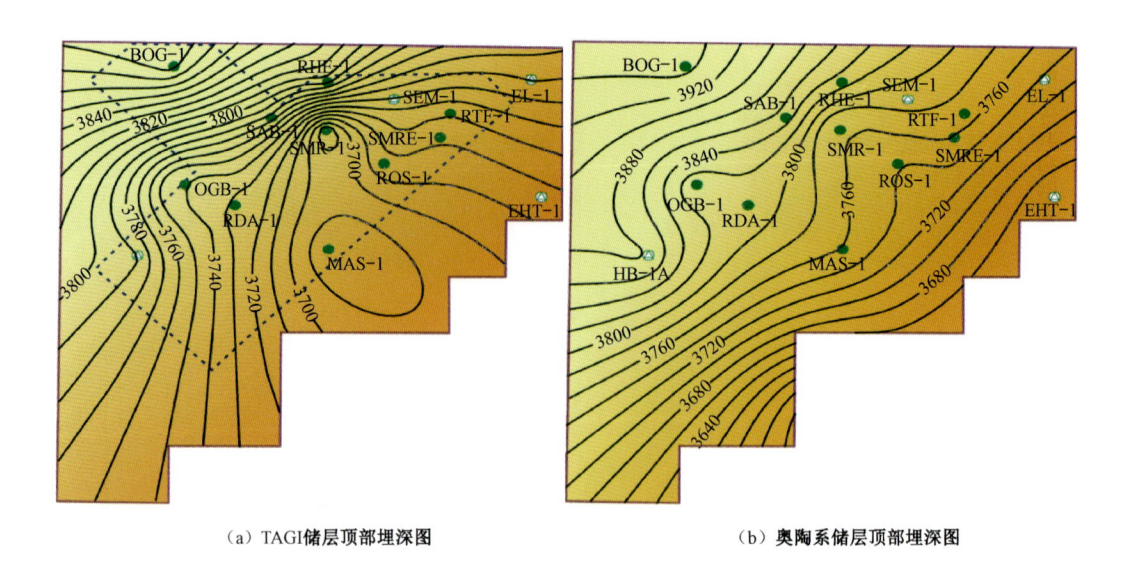

(a) TAGI储层顶部埋深图 (b) 奥陶系储层顶部埋深图

图9-17 北非阿尔及利亚 HBR 地区顶部埋深图

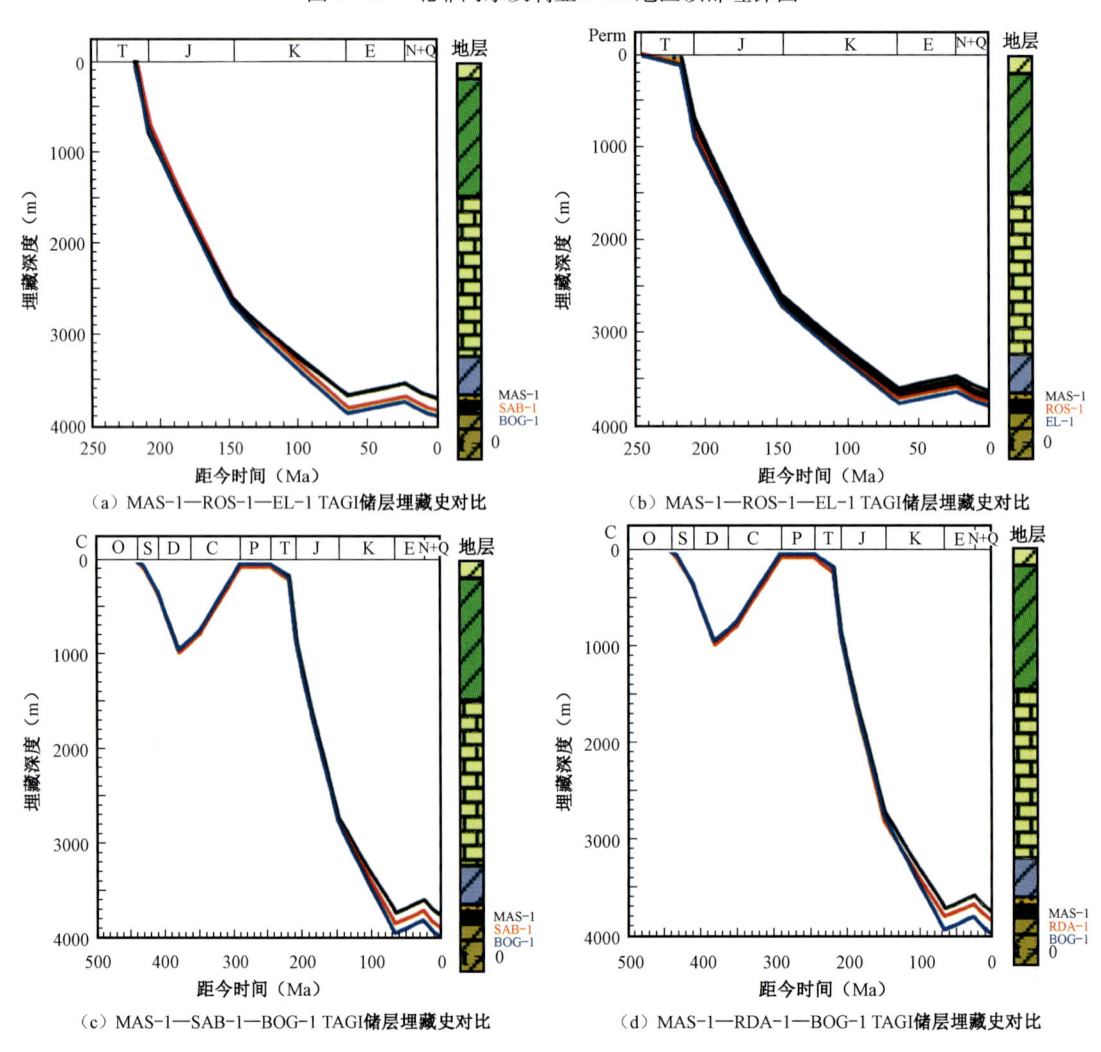

(a) MAS-1—ROS-1—EL-1 TAGI储层埋藏史对比 (b) MAS-1—ROS-1—EL-1 TAGI储层埋藏史对比

(c) MAS-1—SAB-1—BOG-1 TAGI储层埋藏史对比 (d) MAS-1—RDA-1—BOG-1 TAGI储层埋藏史对比

图9-18 北非阿尔及利亚 HBR 地区 TAGI 段储层埋藏史对比图

表9-4 多井成藏期古孔隙度统计表

层位	井名	成藏期埋深(m)	成藏期孔隙度(%)	现今孔隙度(%)
TAGI段储层	SAB-1	3180	18.6	9.2
	SMRE-1	3140	19.0	9.6
	RDA-1	3100	19.3	8.4
	MAS-1	2900	20.9	10.0
	BOG-1	3050	19.7	8.3
	OGB-1	3240	18.2	9.3
	SMR-1	3150	18.9	8.4
	RTF-1	3130	19.0	8.3
奥陶系储层	SAB-1	3310	17.6	8.1
	SMRE-1	3200	18.4	9.4
	RDA-1	3260	18.0	9.1
	MAS-1	3190	18.6	9.7
	BOG-1	3250	18.1	7.4
	OGB-1	3250	18.1	8.8
	RHF-1	3210	18.4	8.8
	SMR-1	3250	18.1	8.9

六、建立动态储层评价分级方案

储层动态评价用储层临界物性作为储层评价的标准,用油气成藏期储层的质量来评价储层的优劣,并用油气充注量的多少来评价储层含油级别的高低。首先,利用录井和试油两种方法确定砂岩储层现今含油物性下限;根据砂岩孔隙度减孔趋势回溯成藏期孔隙度变化量,将储层现今含油气孔隙度下限与成藏期孔隙度变化量之和定义为储层临界孔隙度。同时,利用双轴承压石油充注实验发现砂岩孔隙度小于储层临界孔隙度时,石油难以快速充注;认为成藏期孔隙度低于临界孔隙度的砂岩储层难以发生油气大规模充注,被视为无效储层,反之,则为有效储层。其次,利用过剩孔隙度划分有效储层的级别。将过剩孔隙度定义为成藏期古孔隙度与储层临界孔隙度之差,发现过剩孔隙度与采油指数的高度相关性,并利用这种对应关系划分不同级别储层类型,形成储层动态评价新体系。

本书运用低孔渗储层动态评价流程,即5步法:第1步,利用试油法和录井法统计现今储层含油物性下限;第2步,确定成藏期储层的临界孔隙度;第3步,利用砂岩分段效应模拟方法恢复砂岩古孔隙度演化;第4步,确定成藏期砂岩储层的过剩孔隙度值;第5步,利用过剩孔隙度与试油产油率关系图版划分储层含油级别。

本书提出了利用过剩孔隙度来动态评价储层质量的新方法并初步建立了相关评价指标体系。所谓过剩孔隙度,是指成藏期孔隙度($\phi_{成藏期}$)与临界储层孔隙度的差值,可以用 $\Delta\phi$ 表示: $\Delta\phi = \phi_{成藏期} - \phi_{临界}$。质量好的储层一般具有很高的初始产能,表示储层初始产量的参数主要有试油产油量(t/d)、试油产水量(m^3/d)、试油产液量(m^3/d)、试油产油率(%)等,而试油产油率是指同一储层中日产油量与日产液量的比值,最能反映储层的初始产能,因为它与储层初始含油饱和度关系最密切。

经过对比研究,发现现今孔隙度与试油的产油量、产液量以及产油率的关系不明显(图 9-19 和图 9-20),而成藏期孔隙度和过剩孔隙度与试油产油率具有高度的相关性(图 9-21 和图 9-22)。这也说明静态储层评价方法不能有效地识别出砂岩储层的含油性,而储层动态评价能取得较好的效果。把孔隙度回复到成藏时期,拉大了孔隙度的差别,更有利评价级别划分(图 9-23)。

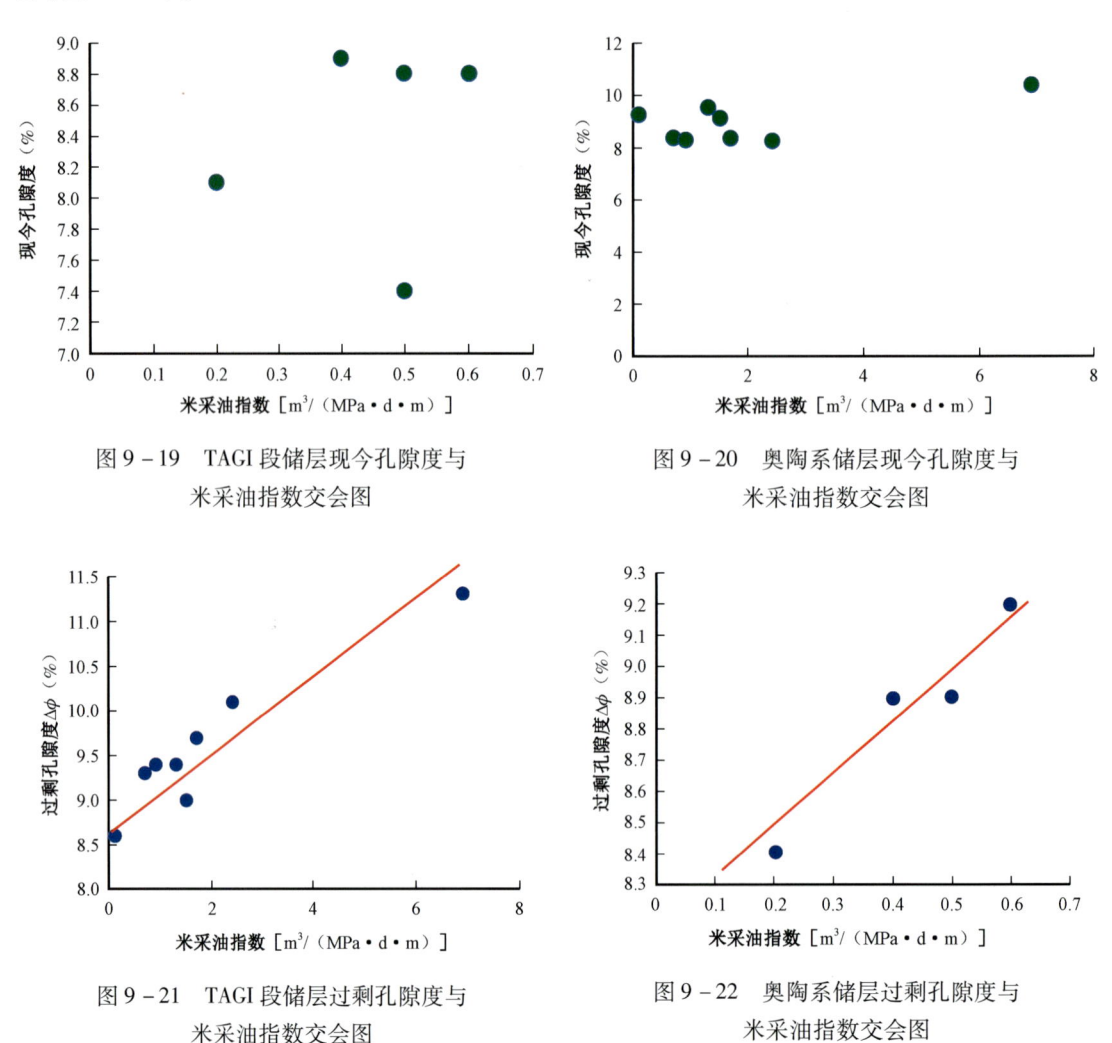

图 9-19 TAGI 段储层现今孔隙度与米采油指数交会图

图 9-20 奥陶系储层现今孔隙度与米采油指数交会图

图 9-21 TAGI 段储层过剩孔隙度与米采油指数交会图

图 9-22 奥陶系储层过剩孔隙度与米采油指数交会图

在确立评价方案的时候将储层过剩孔隙度等作为辅助的评价参数。根据过剩孔隙度、储层米采油指数,将 HBR 地区 TAGI 砂岩储层分为最优储层(Ⅰ类)、优质储层(Ⅱ类)、较优储层(Ⅲ类)三类(图 9-24 和表 9-5),奥陶系储层分为最优储层(Ⅰ类)、较优储层(Ⅱ类)两类(图 9-25 和表 9-6)。

表 9-5 TAGI 段储层动态划分方案

储层类别	过剩孔隙度 $\Delta\phi$(%)	米采油指数[m³/(MPa·d·m)]
Ⅰ类最优储层	>10.5	>3
Ⅱ类优质储层	10~10.5	2~3
Ⅲ类较优储层	0~10	<2

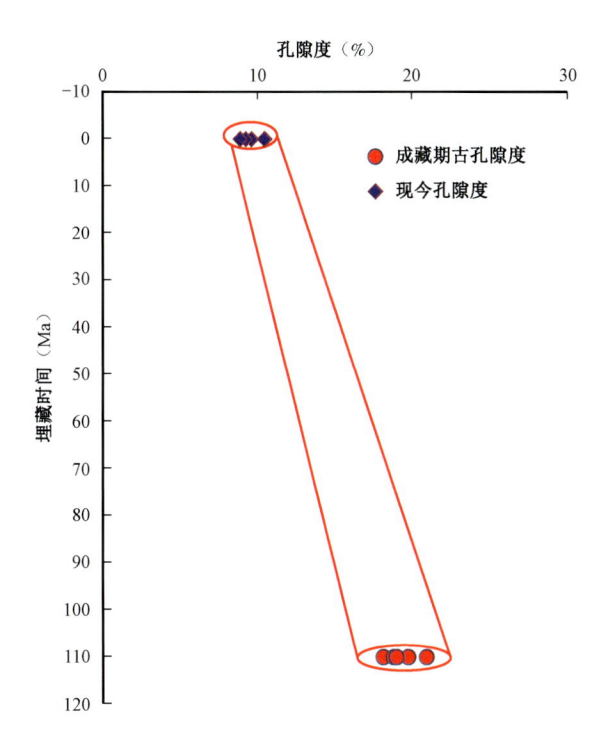

图 9-23 北非阿尔及利亚 TAGI 段储层古孔隙度与现今孔隙度对比图

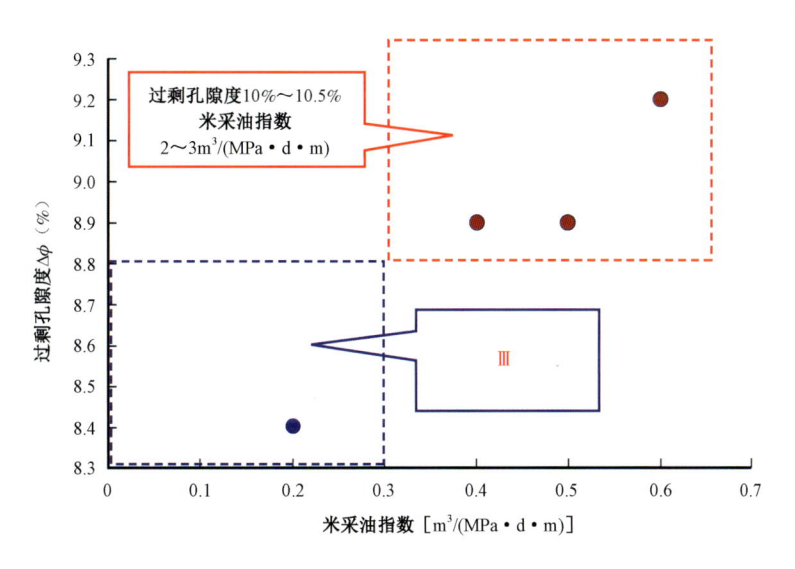

图 9-24 奥陶系储层动态评价分级图

表 9-6 奥陶系储层动态划分方案

储层类别	过剩孔隙度 Δφ(%)	米采油指数[m³/(MPa·d·m)]
Ⅰ类最优储层	>8.8	>0.3
Ⅱ类较优储层	0~8.8	<0.3

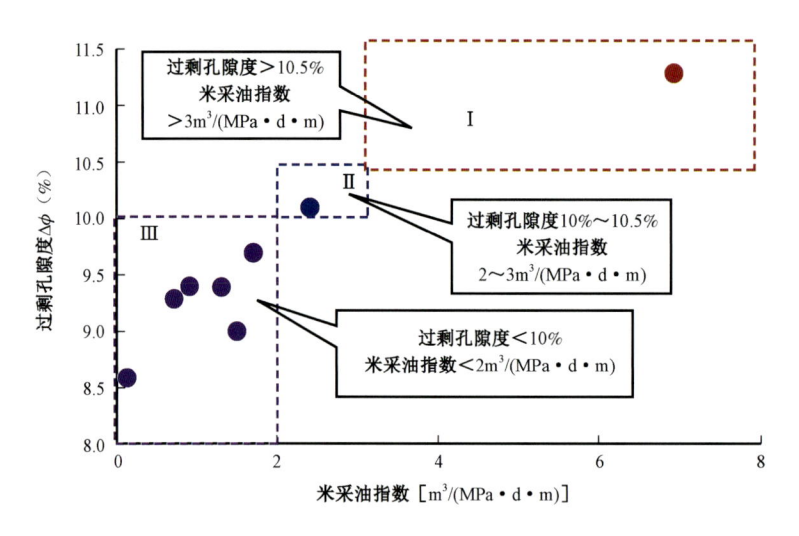

图 9-25 奥陶系储层动态评价分级图

第三节 应用效果分析

在运用动态储层评价方法,结合地球物理手段对北非 HBR 地区 TAGI 层段和奥陶系进行有利目标预测,共优选出五个有利目标。

一、TAGI 段储层有利目标 A

TAGI 段储层有利目标 1 位于 MAS 井区南部(图 9-26),该区主要受东南物源影响,砂体发育。南部发育两条南西—北东向大断层,裂缝发育。在过剩孔隙度平面图上可看出 MAS 井区南部过剩孔隙度大,物性好,评价级别高。故定为有利目标。

二、TAGI 段储层有利目标 B

TAGI 段储层有利目标 B 位于 BOG 井区东部(图 9-26),该区砂体较为发育,砂体厚度均大于 25m。东部发育南西—北东向断层,裂缝发育。在过剩孔隙度平面图上可看出 BOG 井区过剩孔隙度较大,物性较好,评价级别较高。故定为有利目标。

三、奥陶系储层有利目标 A

奥陶系储层有利目标 A 位于 BOG 井区东部(图 9-27),该区砂体较为发育,砂体厚度均大于 30m,最大超过 60m。东部发育南西—北东向断层,裂缝发育。在过剩孔隙度平面图上可看出 BOG 井区过剩孔隙度较大,物性较好,评价级别较高。故定为有利目标。

四、奥陶系储层有利目标 B

奥陶系储层有利目标 B 位于 RHF 井区(图 9-27),该区砂体较为发育,砂体厚度均大于 30m。东部发育两条南西—北东向大断层,裂缝十分发育。在过剩孔隙度平面图上可看出 RHF 井区过剩孔隙度较大,物性较好,评价级别较高。故定为有利目标。

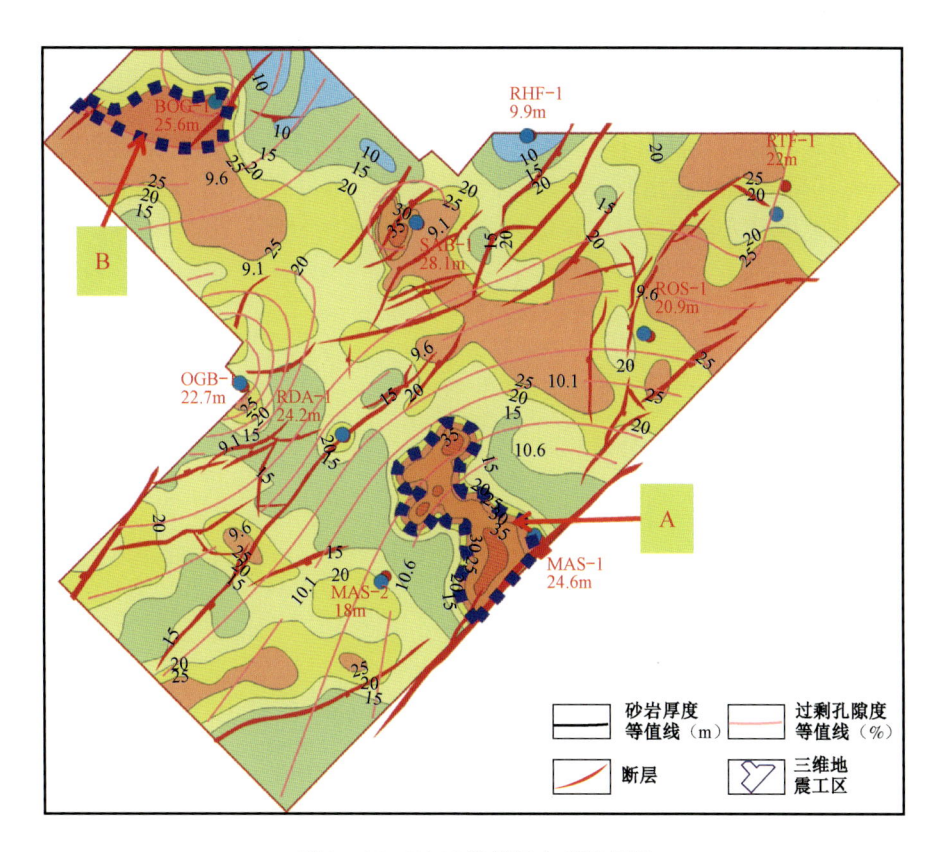

图 9-26 TAGI 段储层有利目标图

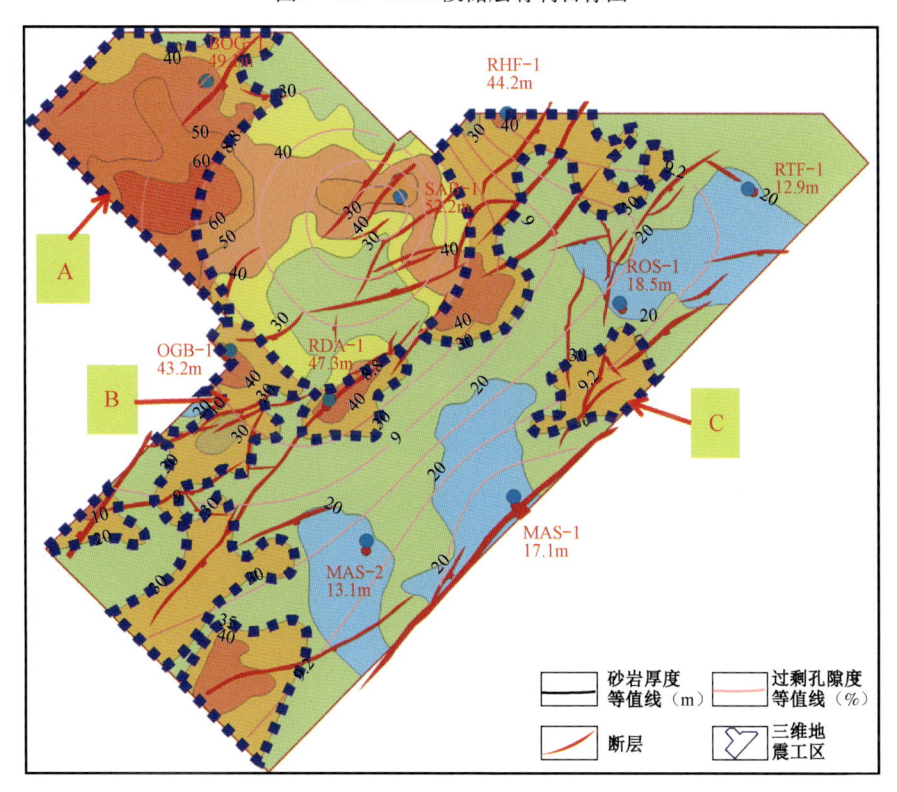

图 9-27 奥陶系储层有利目标图

五、奥陶系储层有利目标 C

奥陶系储层有利目标 C 位于 ROS-1 井南部砂体(图 9-27),该区砂体较为发育,砂体厚度均大于 30m。东部发育多条南西—北东向断层,裂缝十分发育。在过剩孔隙度平面图上可看出该区过剩孔隙度较大,物性较好,评价级别较高。故定为有利目标。

第十章　其他应用实例——伊通盆地和牛庄洼陷

常规储层评价使用的孔隙度、渗透率和孔隙结构等静态参数只是对储层现今特征的表征，没有认识到砂岩含油气性取决于成藏期储层性质的优劣，仅仅对现今砂岩储层进行静态评价存在明显不足。针对静态评价体系的不足，通过运用动态储层评价的思路，分别对伊通盆地和牛庄洼陷进行储层临界物性研究，储层古孔隙度恢复和成藏期时充注动力的研究，最终优选出有利储层目标，并取得良好应用效果。

第一节　伊通盆地西北缘深层砂岩储层评价

前人研究认为伊通盆地深层砂岩孔渗较低，储层较为致密，较难形成优质储层，但最近新钻探成果表明，在深层仍有较大潜力。本次研究运用本书提出的动态储层评价的思路和方法，对伊通盆地西北缘深层砂岩储层进行评价，取得了突破性的认识和良好的效果。

一、利用储层临界物性评价储层有效性

1. 现今储层含油物性下限确定

本书在结合研究工区的测井资料、岩心录井资料和试油数据的基础上，利用含油产状法和试油资料法综合确定了储层现今含油物性下限。含油产状法是综合利用录井、测井等资料，建立取心井岩心含油级别、试油结果和岩心物性三者之间相互关系，确定现今储层含油物性下限。伊通盆地岔路河断陷录井显示级别较低，出油层位录井显示多为荧光，本书将录井显示含油级别为荧光同时又有油气显示的岩心认为发生过油气充注，因此将荧光（油气显示）级别作为本地区统计含油物性下限。通过统计分析岔路河断陷西北缘双二段储层岩心含油产状及物性数据，确定出该地区双二段储层含油孔隙度下限为 4.7%，渗透率下限为 0.22mD（图 10-1）。

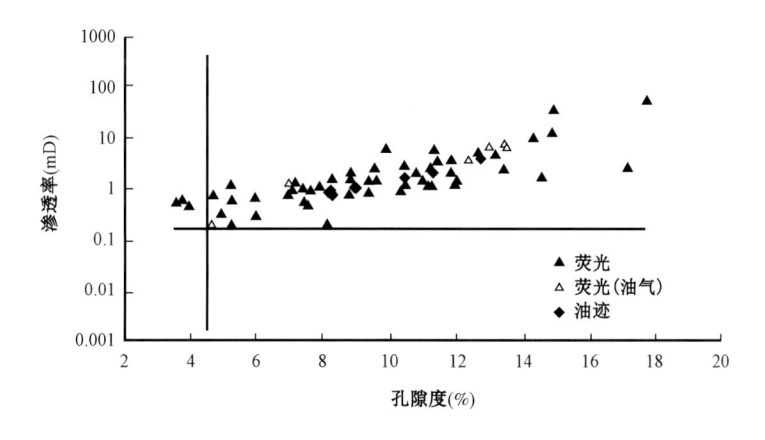

图 10-1　伊通盆地岔路河断陷双二段储层不同含油产状岩心物性交会图

试油资料法是通过试油测试结果,按照不同的流体性质(油、气、水)进行划分,将试油结果为油层或气层的孔隙度和渗透率加以统计,确定物性下限的另一种方法。本书统计不同试油类别的总层数为42层,其中干层、水层、气层和油层的总计试油层数分别为7层、6层、25层和4层。试油数据统计得出,岔路河断陷双二段油层孔隙度下限为4.0%,渗透率下限为0.09mD(图10-2)。

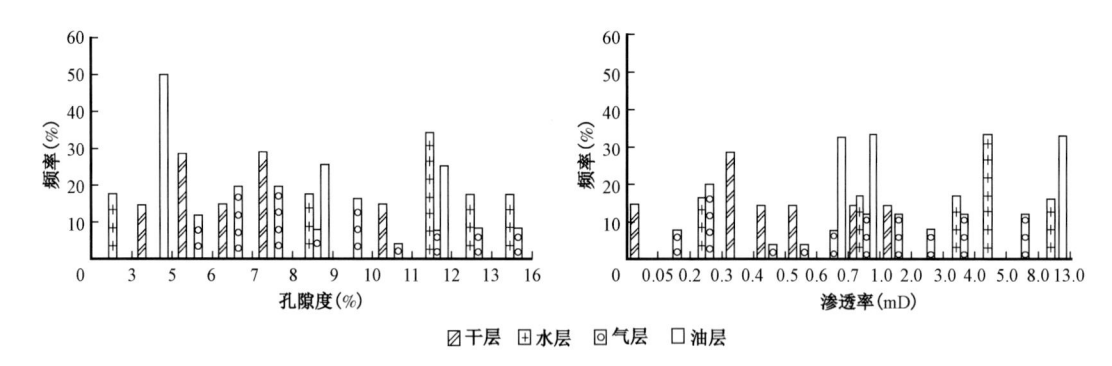

图10-2 伊通盆地岔路河断陷双二段不同试油结果层的孔隙度和渗透率分布直方图

根据含油产状法和试油资料法确定储层现今含油物性下限的结果,对其结果求取平均值最终确定双二段现今储层孔隙度下限为4.4%,渗透率下限为0.16mD。从统计结果可以看出,现今储层物性下限远低于低孔特低渗储层下限,储层达到致密储层条件。

2. 砂岩储层临界物性确定

油气充注后,由于机械压实、胶结交代作用导致储层物性变差,因此储层现今含油物性下限并不代表油气充注临界物性,但现今储层含油物性下限与油气充注临界物性之间有着必然的联系(刘震等,2012)。成藏期储层物性恢复是储层动态评价的基础,本书在现今储层含油孔隙度下限的基础上,结合孔隙度剖面回推法、孔隙度演化数学模型求取成藏期孔隙度与现今孔隙度差值,从而确定成藏期储层临界孔隙度;同时结合砂岩烃类充注临界物性实验测定了成藏期储层临界物性。

1)孔隙度剖面回推法

由于地层抬升,砂岩地层孔隙度回弹性较小。该方法假设现今孔隙度剖面是其在最大埋深时形成的,即现今孔隙度剖面是最大埋深时期的孔隙度剖面。在现今储层含油物性下限的基础上,结合成藏后孔隙度的变化量来确定成藏期油气充注的储层临界孔隙度。确定储层临界孔隙度最为关键的一点是确定油气充注后储层孔隙度的变化量。而要确定油气充注后储层孔隙度变化量,就要确定从成藏期到最大埋深期地层埋深的增加量。研究区埋藏史图上可以看出成藏期(32Ma)到最大埋深期双二段持续埋深了1100m(图10-3),因此将现今孔隙度剖面沿正常趋势向上推1100m,得到成藏期孔隙度—深度演化剖面(图10-4);对比成藏期孔隙度与现今孔隙度确定孔隙度减小量 $\Delta\phi$ 为6.5%;最后,根据现今含油孔隙度下限值(4.4%),补偿上成藏后孔隙度变化量(6.5%)得出成藏期油气充注临界孔隙度为10.9%。利用孔隙度剖面回推法计算孔隙度的变化量较容易实现,但该方法实施过程中人为因素较大。

2)孔隙度演化数学模型

本文利用(潘高峰等,2011)提出的砂岩孔隙度演化数学模型,综合考虑建设性和破坏

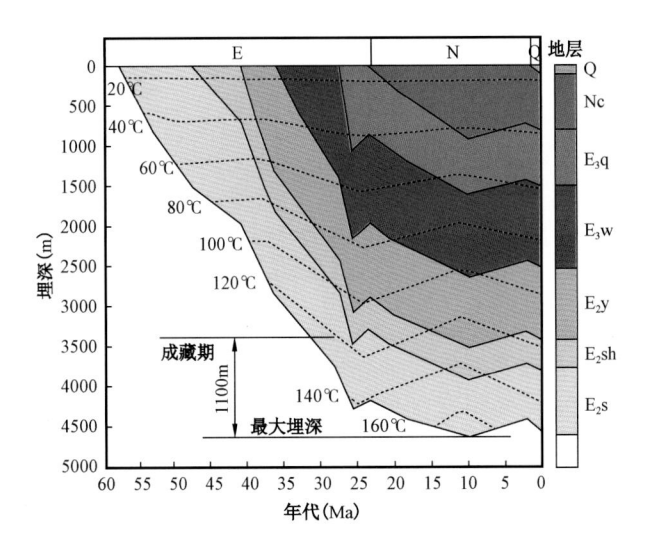

图 10-3 伊通盆地岔路河断陷双阳组地层埋藏史

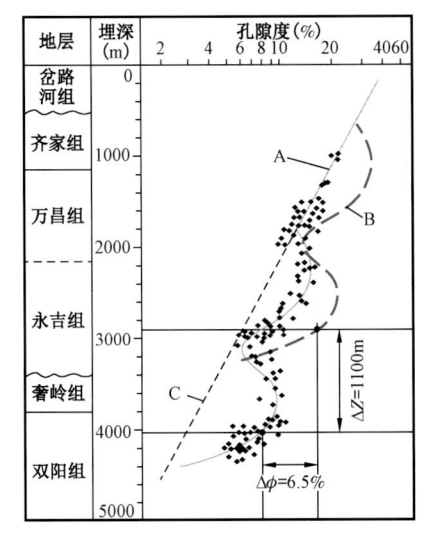

图 10-4 砂岩压实曲线回推法确定成藏后孔隙度变化量

性成岩作用,恢复了地质历史过程中砂岩孔隙度演化的整个过程,通过建立伊通盆地岔路河断陷西北缘双二段储层的孔隙度演化模型确定了油气充注后孔隙度的变化量。孔隙度演化过程可以分解为减孔作用和增孔作用两个过程,减孔作用过程主要包括压实和胶结作用过程,增孔作用过程主要指次生溶蚀作用,两者叠加构成总孔隙度演化过程。孔隙度减小是缘于地层的压实和胶结作用,若目的层上部压实和下部压实、胶结综合作用阶段对孔隙度变化的影响效应具有继承性和一致性,减孔过程是一个连续的指数模型。因此可以把浅部纯压实作用模型向下延伸来作为孔隙度减小模型。通过统计砂岩地层孔隙度、埋深和年代数据,做多元回归分析,得出回归的双元函数即孔隙度减小模型。

(1)减孔模型。

$$\phi = 48 - 0.01209 \cdot t - 0.12278 \cdot Z + 0.0000352 \cdot t \cdot Z \quad (10-1)$$

式中 ϕ——地层孔隙度,%;
t——距今地质年代,Ma;
Z——埋深,m。

(2)增孔模型。

$$\phi_s = \begin{cases} 0, t \geq t_1; \\ -\dfrac{2\Delta\phi}{\Delta t^3}t^3 + \dfrac{3\Delta\phi}{\Delta t^2}t^2, t_1 \geq t > t_2 \\ \Delta\phi, t \leq t_2 \end{cases} \quad (10-2)$$

式中　ϕ_s——溶蚀形成的孔隙度,%;

　　　t——距今地质年代,Ma;

　　　Δt——进入酸化窗口的时间,Ma;

　　　$\Delta \phi$——现今增孔幅度,%;

　　　t_1——地层温度首次达到70℃的时间,Ma;

　　　t_2——地层温度首次达到90℃对应的时间,Ma。

减孔过程和增孔过程叠加构成总孔隙度演化模型,孔隙度减小的过程从沉积初期持续至今。

利用上述公式的砂岩孔隙度演化模型,结合地层埋藏史和热史,可以恢复现今地层在任一时间点上的孔隙度。以岔路河断陷三口井(昌43井、昌40井和昌27井)双二段储层为例,通过重建砂岩孔隙度演化数学模型,确定双二段储层在成藏期(32Ma)的孔隙度;利用测井和试油资料确定现今孔隙度,成藏期孔隙度减去现今孔隙度,得到双二段成藏后孔隙度的变化量。为了消除偶然因素的干扰,采用多井求平均值的方法确定双二段储层成藏后孔隙度的变化量(表10-1)。

表10-1　岔路河断陷西北缘双二段储层石油充注后孔隙度变化量

井名	成藏期孔隙度(%)	现今孔隙度(%)	孔隙度变化量(%)
昌43	15.6	8.3	7.3
昌40	11.6	4.7	6.9
昌27	16.2	10.5	5.7

岔路河断陷西北缘双二段储层成藏后孔隙度减小了6.6%,则双二段储层成藏期石油充注临界孔隙度为11%。该方法考虑了成岩作用对储层物性的影响,并且通过数值模拟的方法确定了储层孔隙度的变化量,较为精确。

3)砂岩烃类充注临界物性实验法

砂岩样品来自伊通盆地西北缘伊60井和星32井,共取得11块岩心样品,其中1块有水平裂缝,未做充注实验,最终制备合格的样品10块。砂岩烃类充注临界物性实验通过模拟不同地层条件(围压和轴压)下石油进入砂岩样品的过程,从而测定石油进入砂岩样品所需要的临界注入压力。其中围压相当于上覆地层压力,轴压相当于侧向地层压力。将实验中的围压转换成等效埋深,通过实验可以测得砂岩样品在不同等效埋深条件下的临界注入压力。砂岩样品孔隙度越大,临界注入压力越小;当岩心孔隙度小于10.1%时,充注压力增加到最大值(本次实验最大围压可达40MPa)也检测不到石油注入岩心,因此得出伊通盆地西北缘双二段储层临界孔隙度为10.1%。

3. 有效储层与无效储层的划分界限确定

储层临界物性可以作为评价成藏期储层好坏的标准,高于储层临界物性的储层是油气充注的有效储层;反之,则是无效储层。通过砂岩烃类充注临界物性实验也证明了伊通盆地西北缘双二段储层石油充注确实存在一个物性下限。将成藏期不同孔隙度岩样石油充注条件下临界注入压力与埋深的关系曲线绘制在图版上,建立了伊通盆地西北缘双二段储层临界成藏解释图版,依据实验确定的储层临界孔隙度(10.1%)划分出石油充注的有效储层和无效储层(图10-5)。

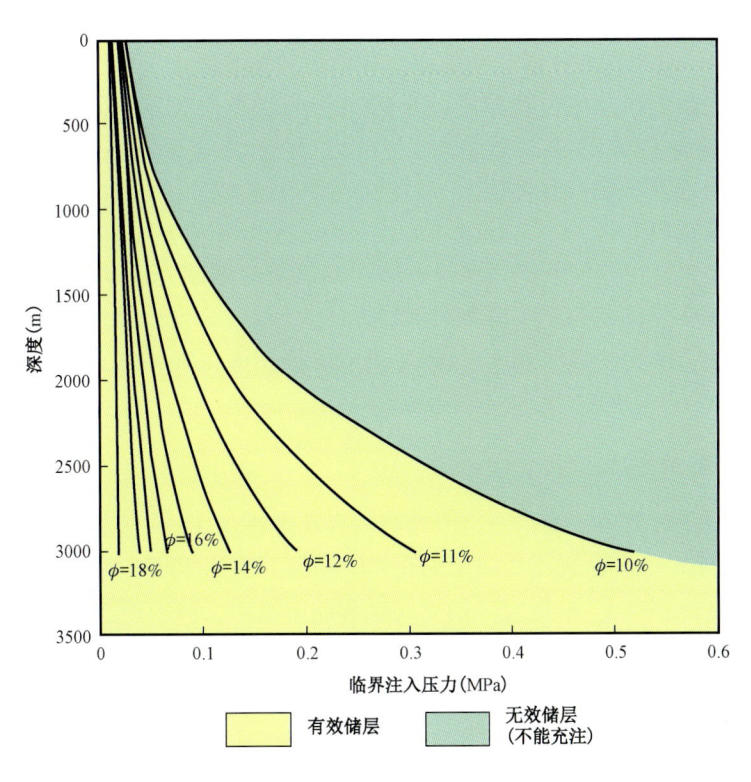

图 10-5 伊通盆地双二段砂岩不同孔隙度储层临界成藏解释图版

二、物性—动力耦合分析储层含油性

实验室模拟条件相比于真实地层条件下石油充注的尺度,无论是地层厚度还是石油注入时间,都相对小得多,因此实验室岩心样品石油充注所需要的临界注入压差也相对小得多。因此将地层条件下试油段单砂体厚度对应的地层压力转换成实验室条件下岩心样品长度对应的流体压差,然后将成藏期的埋深、孔隙度和转化后的流体压差投影在成藏解释图版上进而判断石油能否充注。本书采用改进的 Philippone 公式,利用泥岩孔隙度求取地层声波速度,通过建立速度与压力的关系,求取地层压力。

砂岩临界成藏解释图版定量反映了储层物性与临界充注压力之间的耦合关系。通过孔隙度演化数学模型恢复单井目的层双二段成藏期古孔隙度和古埋深,在成藏解释图版上绘制该古孔隙度下的临界注入压力曲线;成藏期烃源岩地层压力转换到实验室条件下的古充注动力,将古充注动力和古埋深投在成藏解释图版上,若该点投在临界注入压力曲线的上部,表示古充注动力大于临界注入压力石油可以充注,若在临界注入压力曲线的下部,则表示古充注动力小于临界注入压力石油不能充注。砂岩临界成藏解释图版为砂岩成藏临界条件研究提供了实验依据。

伊通盆地岔路河断陷西北缘昌 43 井双二段 4034.4~4063.3m 深度段试油结果为产油 21.6t、气 $1.503 \times 10^4 m^3$,现今孔隙度为 8.3%。通过孔隙度演化数值模拟恢复成藏期孔隙度为 15.6%,古埋深为 2356m,在成藏解释图版上绘制出古孔隙度(15.6%)下的临界注入压力曲线。成藏期烃源岩地层压力转换到实验室条件下的古充注动力为 0.2MPa,将成藏期的古充注动力和古埋深(0.2MPa,2356m)投在成藏解释图版上,该点位于临界注入压力曲线的上部,石油可以充注,这与现今的试油结果相符合。

伊通盆地岔路河断陷西北缘昌40井双二段4700.6~4731.2m深度段试油结果为干层,现今孔隙度为4.7%。利用孔隙度演化数值模拟确定成藏期孔隙度为11.6%,古埋深为2547m,在临界成藏解释图版上绘制出古孔隙度(11.6%)下的临界注入压力曲线。成藏期烃源岩地层压力转换到实验室条件下的古充注动力为0.11MPa,将成藏期的古充注动力和古埋深(0.11MPa,2547m)投在成藏解释图版上,该点位于临界注入压力曲线的下部,石油不能充注,这也与现今的试油结果吻合。

通过分析伊通盆地岔路河断陷西北缘典型井双二段成藏期充注动力和临界注入压力,得出现今高产油气层在成藏期的充注动力大于临界注入压力,而现今勘探证实为干层或者水层在成藏期的充注动力小于临界注入压力,因此成藏解释图版证实油气充注受控于充注动力和临界物性。

三、勘探效果及意义

利用孔隙度演化数值模拟确定双二段储层临界孔隙度为11%,恢复单井临界孔隙度对应的成藏期埋深(表10-2),确定成藏期烃类充注的埋深下限为2600m;在岔路河断陷西北缘双阳组古构造图恢复的基础上,根据前人研究成果和油田资料,确定有利沉积相和砂体发育范围(图10-6中虚线范围),结合古埋深下限(图10-6中实线范围),埋深小于2600m且砂体发育的部分则确定有效储层分布范围(图10-6)。可以看出,岔路河断陷西北缘双二段有效储层分布范围广,表现为有利的储集条件。

表10-2 岔路河断陷西北缘关键井临界孔隙度对应的成藏期埋深

层位	井号	储层临界孔隙度(%)	临界孔隙度对应成藏期埋深(m)	平均值(m)
双二段	昌43	—	2748	—
	昌40	11	2701	2600
	昌34	—	2360	—

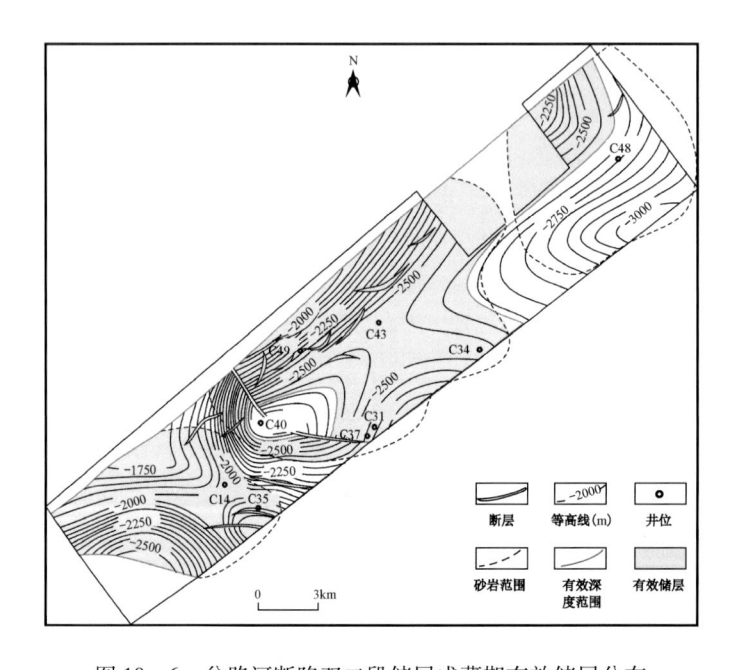

图10-6 岔路河断陷双二段储层成藏期有效储层分布

虽然伊通盆地西北缘深层储层现今物性差,部分储层出现致密化现象。然而,利用储层临界物性新思路评价得出深层储层成藏期储层物性好,实为常规储层。储层动态评价认为伊通盆地西北缘有效储层分布范围广,利于油气充注成藏。储层动态评价能够了解地质历史过程中油气成藏真实条件和油气成藏过程,能更合理、准确地评价有效储层分布范围,对油田勘探及目标预测具有重要指导意义。

针对西北缘深层储层成藏期为常规储层,现今储层出现致密化现象,认为西北缘深层储层可能蕴含丰富的致密气资源;近期内西北缘大多数探井钻探效果不理想,可以考虑重新试油或者采用致密储层压裂开采技术,提高勘探开发效果,以期获得重大发现。

第二节　东营凹陷牛庄洼陷沙三段储层评价

针对东营凹陷牛庄洼陷沙三段储层成岩演化过程认识不明和物性演化规律认识不清等问题,运动动态储层评价的思路和方法,对东营凹陷牛庄洼陷沙三段储层深化研究和认识,取得良好效果,并最终提出两个有利目标。

一、储层临界物性的确定

1. 现今储层含油下限

本次研究在综合分析试油和岩心录井数据的基础上,利用孔渗交会法和含油产状法(潘高峰等,2011a;金博等,2012;郭彦如等,2012;刘震等,2012)确定现今储层含油物性下限。

1)试油数据统计

通过统计沙三中亚段的试油及孔渗数据,由油层、水层和干层的孔隙度和渗透率交会图(图10-7)可以看出,沙三中亚段油层孔隙度主要分布在3.5%~25.8%之间,渗透率主要分布在0.09~386.9mD之间;水层孔隙度主要分布在2.2%~26.1%之间,渗透率主要分布在0.05~644.4mD之间;干层孔隙度主要分布在3.7%~23.8%之间,渗透率主要分布在0.04~221.7mD之间。沙三中亚段储层物性与油气关系极其复杂,孔渗高并不一定表现为油层,有可能是水层甚至是干层,孔渗低的也有可能为油层,同样的孔渗数据可以表现为油层、干层或水层,这正好验证了前文所提到牛庄沙三中亚段储层存在的两个问题。当孔隙度小于3.5%,渗透率小于0.09mD时储层没有明显的含油气特征,因此这两个值为从试油数据得到的现今储层含油气物性下限。

2)录井数据统计

沙三中亚段录井数据表明,储层主要表现为富含油、油浸和荧光三种产状,通过绘制孔隙度与渗透率交会图(图10-8)显示,沙三中亚段富含油砂岩孔隙度主要分布在6.5%~22.4%之间,渗透率主要分布在0.24~24.22mD之间;油浸砂岩孔隙度主要分布在3.5%~24.9%之间,渗透率主要分布在0.1~386.91mD之间;荧光砂岩孔隙度主要分布在15.3%~21.3%之间,渗透率主要分布在2.13~19.3mD之间。不同含油产状的砂岩物性数据没有严格的界限,富含油砂岩物性可表现为低值,荧光砂岩物性可表现为高值。当孔隙度小于3.5%,渗透率小于0.1mD时储层没有明显的含油气特征,因此这两个值为从录井数据得到的现今储层含油气物性下限。

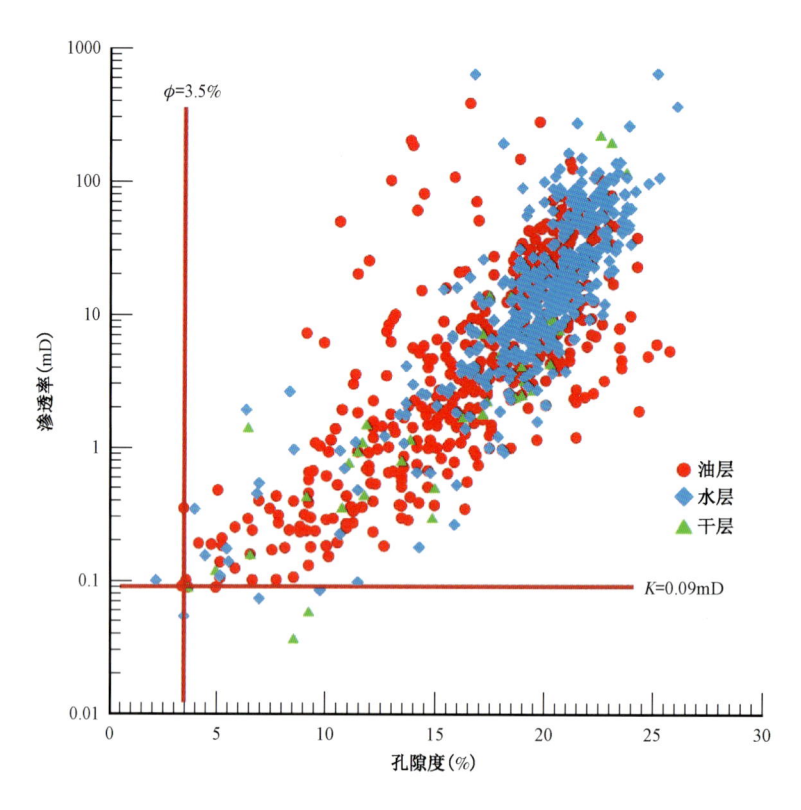

图 10-7 沙三中亚段不同试油结果储层孔隙度与渗透率交会图

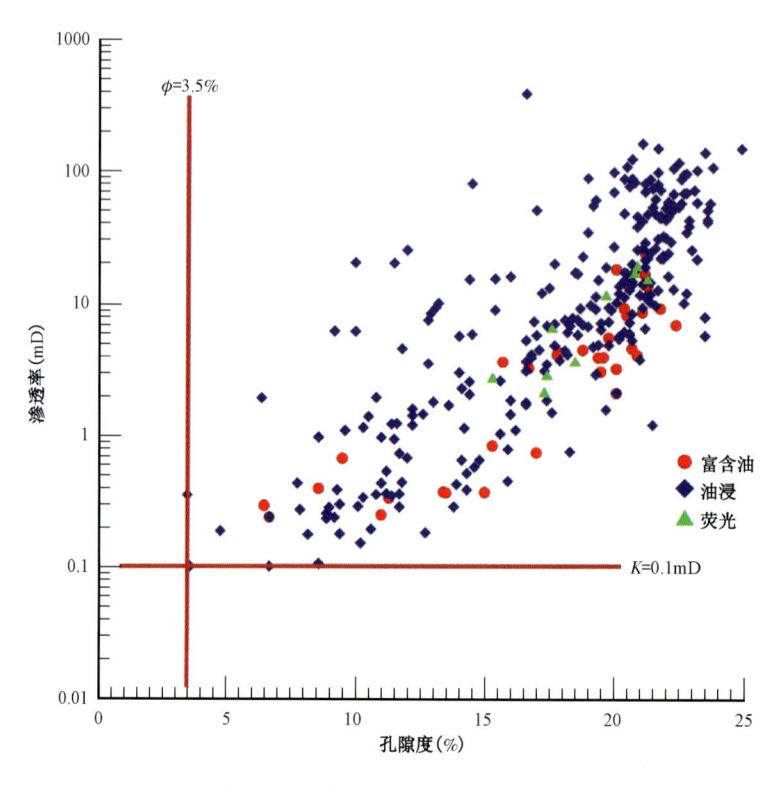

图 10-8 沙三中亚段不同录井结果储层孔隙度与渗透率交会图

综合分析试油数据和录井数据所得到的现今储层含油气下限,确定牛庄洼陷西部地区现今储层含油下限孔隙度为 3.5%,渗透率为 0.095mD。

2. 成藏期储层临界物性

由于沙三中亚段岩性油气藏成藏后经短暂抬升随即持续沉降,至今达到最大埋深,现今砂岩孔隙度可近似认为最大埋深期时的孔隙度,因而可选取典型井制作现今孔隙度深度剖面即得到最大埋深期孔隙度剖面。由于成藏期之后储层沉降一定深度达到最大埋深,因而可以将最大埋深期的孔隙度深度剖面沿孔隙度演化趋势向上回推该深度数值,得到成藏期孔隙度深度剖面(潘高峰等,2011a;郭彦如等 2012;刘震等,2012)。

成藏期孔隙度与现今孔隙度的差值即为成藏后储层孔隙度变化量,该变化量与现今储层含油气物性下限之和即为成藏期的临界物性。

本次研究共选取了五口典型井进行临界物性的计算,以牛 6 井为例进行说明。

由牛 6 井埋藏史热史图(图 10-9)可知,牛 6 井在抬升末期的 25Ma 进入成藏期,之后短时间的抬升继而持续沉降,在现今达到最大埋深,从成藏期至最大埋深期共沉降了 1108m。选取现今孔隙度为 12.7% 的点沿孔隙度深度剖面回推 1108m,得到其成藏期的孔隙度 24.7%,则由成藏期至最大埋深期孔隙度变化量即为两者之差 12%(图 10-10)。

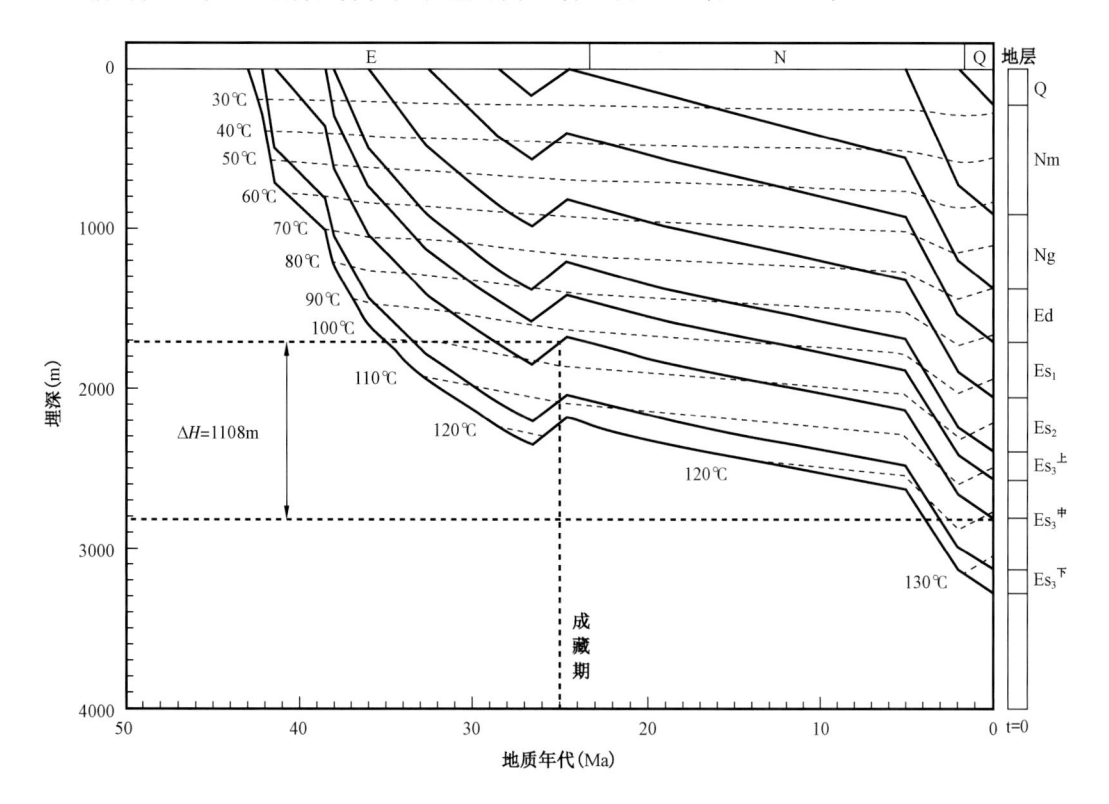

图 10-9 牛 6 井埋藏史及热史图

取所选五口井孔隙度变化量平均值 10.4%(表 10-3),确定牛庄洼陷西部地区沙三中亚段储层成藏期临界物性为渗透率 13.9%。

图 10-10　牛庄洼陷西部地区沙三中亚段储层成藏后孔隙度变化量

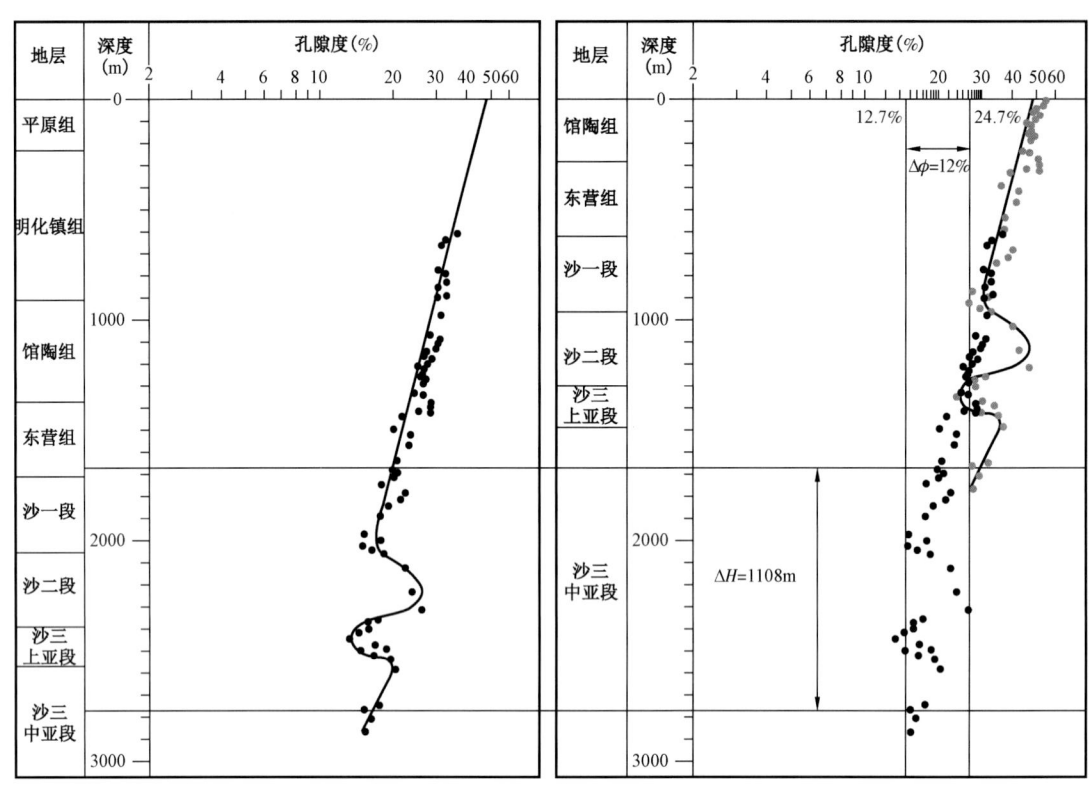

表 10-3　研究区典型井成藏期到最大埋深期孔隙度变化量

井名	孔隙度减小量(%)	平均值(%)
牛 117	10.4	
牛 7	10.1	
牛 8	9.7	10.4
牛 5	10.0	
牛 6	12.0	

二、成藏期古孔隙度恢复

前人对东营凹陷及牛庄洼陷成藏期进行了系统的研究：邱楠生等(2000)、蒋有录等(2003)、朱光有等(2004)、祝厚勤等(2007)的研究表明牛庄洼陷沙三中亚段最早的成藏期为东营组沉积末期—馆陶组沉积早期(25Ma)，本文主要恢复东营组沉积末期—馆陶组沉积早期成藏阶段的古孔隙度。

古孔隙度恢复一直是难点,孟元林等(2003)、潘高峰等(2011b)、渠冬芳等(2012)分别从不同方面用不同的方法对古孔隙度进行恢复。本次主要采用潘高峰等(2011b)、郭彦如等(2012)的古孔隙度恢复方法,以现今孔隙度剖面特征为切入点,以效应模拟为原则,将地层孔隙度演化过程分解为减孔作用和增孔作用两个方面,两者叠加构成总孔隙度演化过程,最后以现今孔隙度为约束条件结合总孔隙度演化过程得出成藏期古孔隙度。本书以牛 117 井为例,取现今埋深2902m,孔隙度为15.9%的点,分别从时间和埋深两方面对古孔隙度进行了模拟（图10-11）。

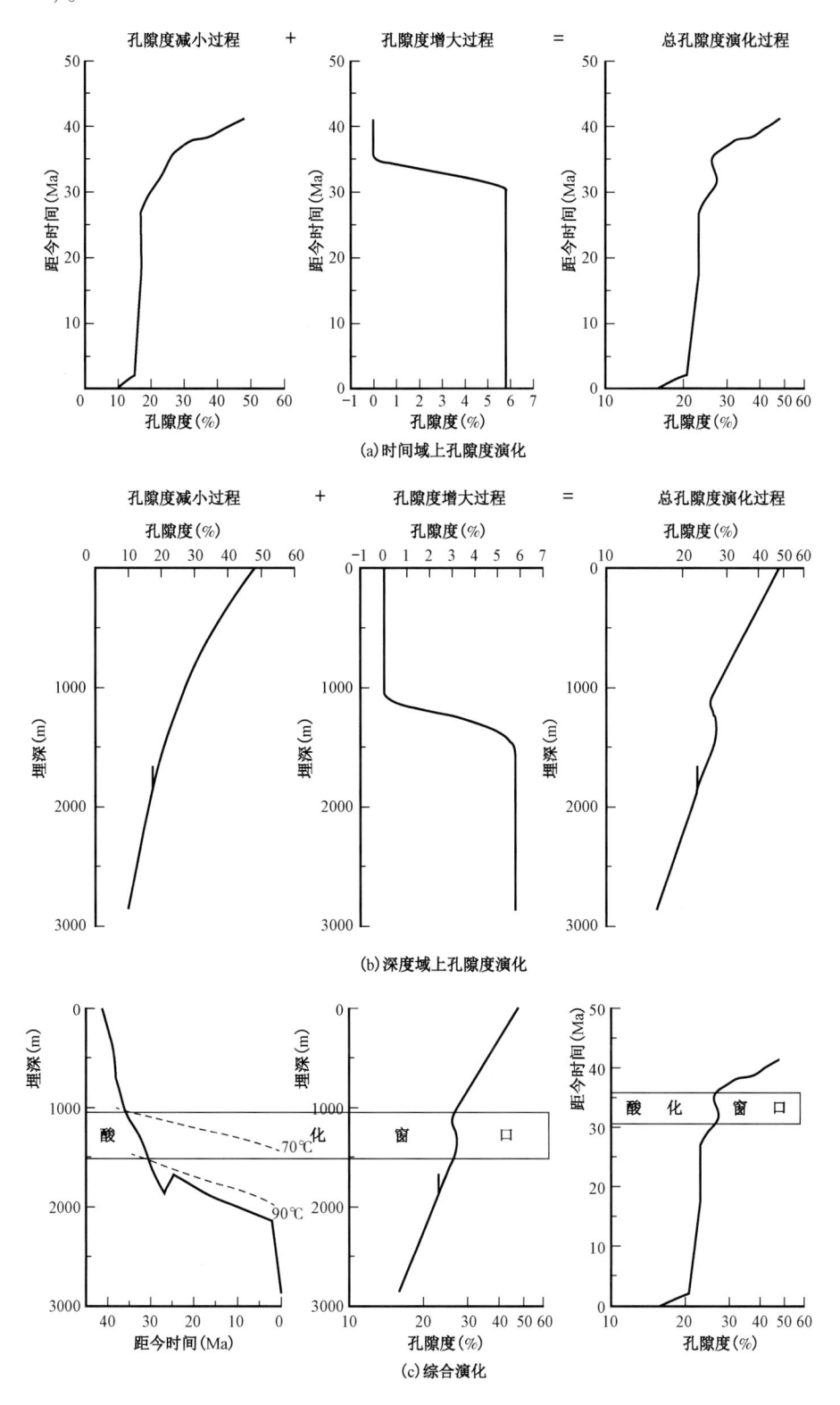

图10-11 牛117井砂岩孔隙度演化过程模拟

(1) 沙三中亚段地层从距今 42.1Ma 开始沉积,原始沉积孔隙度为 48%;

(2) 此后地层持续沉降,在 35.7Ma 时(沙二段沉积时期)埋深达到 1049m,机械压实作用导致孔隙度减小到 26.5%;

(3) 35.7—30.4Ma,地温处于 70~90℃酸化窗口内,有机酸溶液溶蚀可溶矿物形成次生溶蚀孔隙,到 30.4Ma 油气大量充注时次生溶蚀孔隙达到 5.8%,同时由于埋深持续增加,压实作用和胶结作用使孔隙度减小了 6.2%,因此总孔隙度减小了 0.4%,达到了 26.1%;

(4) 30.4—26.6Ma,地层持续沉降,埋深为 1876.9m,同时地层发生胶结作用和压实作用,孔隙度下降为 22.7%;

(5) 26.6—24.5Ma,地层抬升,深度小于之前经历过的最大埋深,所以深度对孔隙度没有影响,但上覆压力始终存在,时间效应持续作用,孔隙度减小很微弱;

(6) 24.5—现今地层持续沉降在现今达到最大埋深,在压实作用和胶结作用影响下,孔隙度减小了 6.8%,下降到现今正常趋势下的 15.9%,孔隙度演化结束。

牛庄洼陷西部地区在沙三中亚段主要发育六期三角洲,它们在地震剖面上有能够通过削蚀、上超、下超、顶超等地震反射终止关系识别出来(图 10-12)。其中 T_4、T_6 为沙三中亚段的顶底,T_5^1、T_5^2、T_5^3、T_5^4、T_5^5 分别对应六期三角洲砂层组的分界面。由于牛庄洼陷主力产油层段顶面为 T_5^3 和 T_5^4,本次研究分别挑选 26 口井和 28 口井恢复了 T_5^3 顶面和 T_5^4 顶面的古孔隙度(表 10-4)。

表 10-4 牛庄洼陷西部地区典型井成藏期古孔隙度数据

井名	T_5^3 顶面古孔隙度(%)	T_5^4 顶面古孔隙度(%)	井名	T_5^3 顶面古孔隙度(%)	T_5^4 顶面古孔隙度(%)
牛 101	24.52	23.60	史 136	—	21.16
牛 106	22.81	22.03	史 114	20.38	18.40
牛 107	21.69	21.17	牛 19	24.14	23.90
牛 111	21.68	20.99	牛 24	23.01	21.23
牛 16	22.21	21.77	史 13	20.05	19.10
牛 26	21.84	21.06	河 3	23.70	22.79
牛 33	22.30	21.54	牛 103	22.69	22.62
牛 34	21.93	21.56	史 128	24.14	21.16
牛 6	23.72	22.66	史 131	—	23.29
牛 89	21.63	20.93	牛 1	23.58	21.90
牛 18	23.20	21.84	牛 35	22.39	21.60
牛 7	20.30	19.30	牛 116	20.24	19.80
河 139	19.59	19.46	牛 876	23.80	22.41
河 134	18.84	18.33	牛 250	22.41	21.55

2011—2012 年期间,本成果在伊通盆地深层低孔渗储层评价中得到推广。近年来,关于伊通盆地储层研究侧重于储层特征、储层物性控制因素和成岩作用等方面;而未考虑储层演化和成藏条件,并没有系统研究成藏过程中的储层物性对油气成藏的影响。伊通盆地现今储层表现为低孔特低渗特征,常规的储层评价方法不能真实地反映成藏期储层物性的好坏。近期内伊通盆地岔路河断陷西北缘大多数探井钻探效果不理想,并没有获得重要发现,如何落实好有利相带和储层是西北缘油气勘探亟待解决的问题。

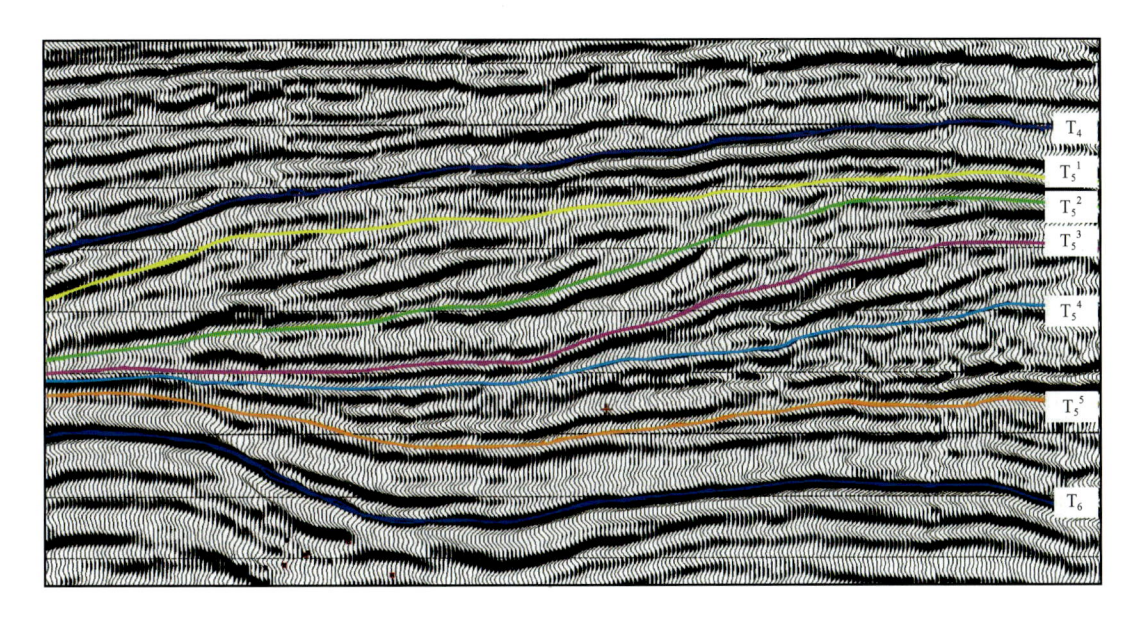

图 10 – 12 牛庄洼陷西部地区沙三中亚段砂层组划分

三、成藏期古孔隙度与储层临界物性控制油气分布

1. 成藏期储层古孔隙度与储层临界物性的关系

由表 10 – 4 可知,不论史 128、牛 106、牛 107、牛 34、牛 35、河 3、牛 876、牛 24、牛 101、牛 6、牛 19、牛 1、牛 16 等油井还是牛 250、牛 111、牛 116、牛 7、牛 111、牛 114、河 134、河 139、牛 33 等失利井,在成藏期古孔隙度均大于临界物性 13.9%。表明牛庄洼陷西部地区沙三中亚段储层在成藏期均达到油气充注要求,均具备油气充注的条件。

2. 成藏期储层古孔隙度与分布的关系

分析主要出油层段顶面 T_5^3 和 T_5^4 成藏期古孔隙度等值线与油气藏分布关系(图 10 – 13 和图 10 – 14)可知,在成藏期古孔隙总体表现为东高西低,油气藏分布区与失利区存在明显的界限。

其中 T_5^3 顶面油井古孔隙度分布范围为 21.93% ~ 24.52%,失利井古孔隙度分布范围为 18.84% ~ 23.2%,油藏区主要分布在古孔隙度等值线大于 22% 的区域。T_5^4 顶面油井古孔隙度分布范围为 21.16% ~ 23.9%,失利井古孔隙度分布范围为 18.33% ~ 21.84%,油藏区主要分布在古孔隙度等值线大于 20.6% 的区域。由此可以看出在相似的断裂输导条件下,沙三中亚段岩性油气藏主要分布在成藏期古孔隙度高值区,成藏期古孔隙度在一定程度上控制了油藏的分布。

3. 油气成藏与油气运移优势通道关系分析

油气运移优势通道是指油气在二次运移过程中无外来干扰情况下自然流经的通道,是输导系统的非均质性、能量场的非均一性和流体流动等多种因素共同作用的结果。优势通道是油气优先选择运移的路径,可以是断层、不整合面以及高孔渗的输导层,处于优势通道上的圈闭利于油气充注富集形成油气藏。

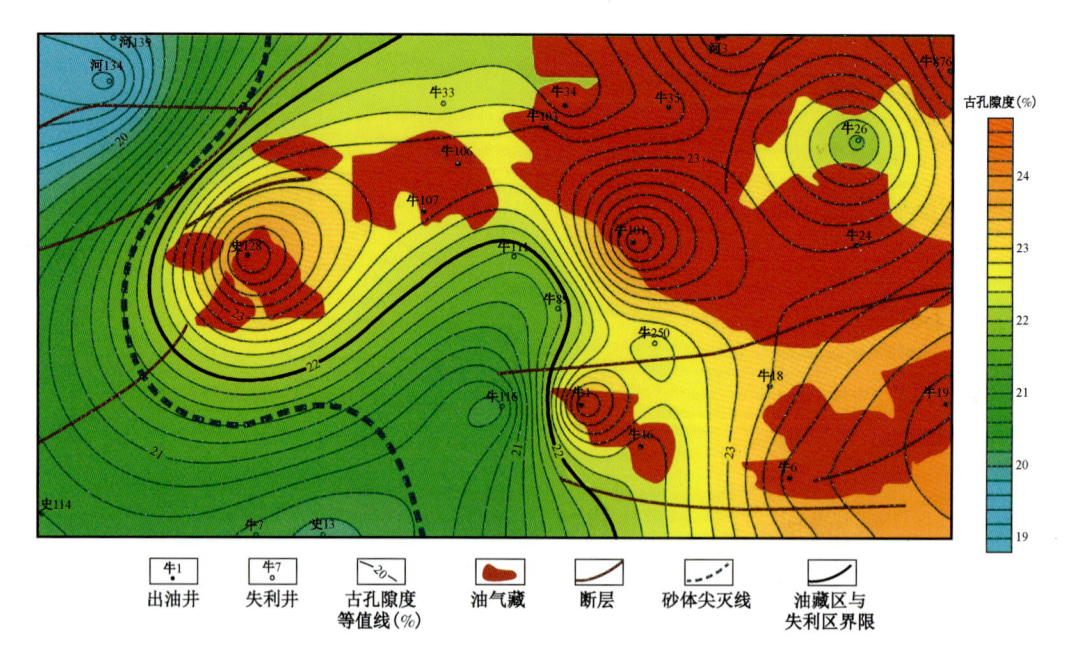

图10-13 牛庄洼陷西部地区沙三中亚段中下部顶面古孔隙度与油藏分布关系图

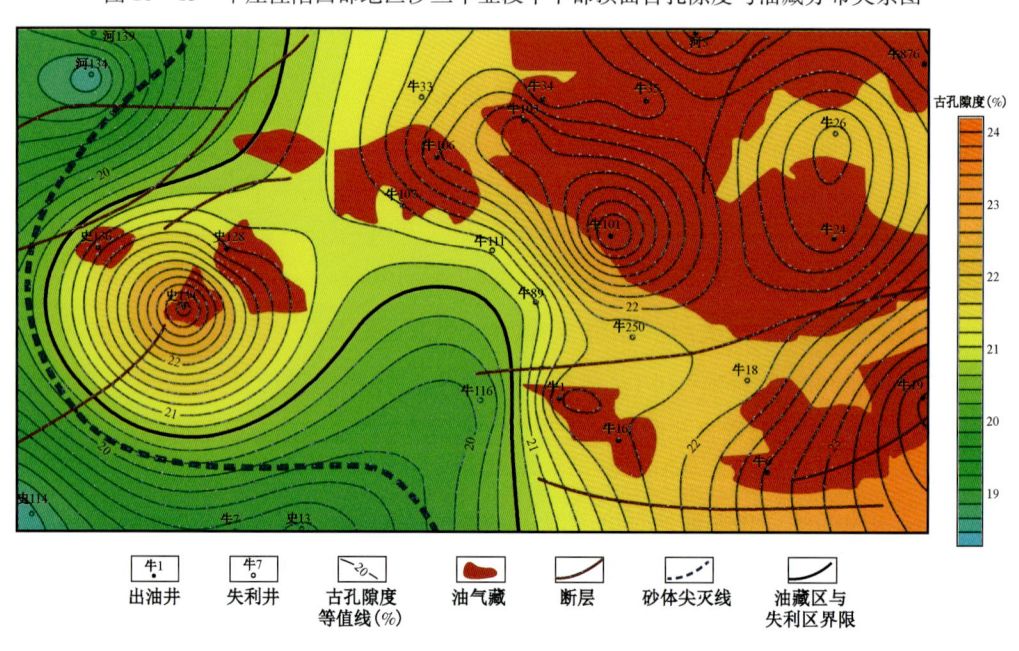

图10-14 牛庄洼陷西部地区沙三中亚段下部顶面古孔隙度与油藏分布关系图

由成藏期储层古孔隙度与临界孔隙度关系,结合主要出油层段古孔隙度展布与岩性油藏分布关系分析可得,牛庄洼陷西部地区沙三中亚段砂岩储层在成藏期因孔渗性结构分布差异形成级差优势,进而产生了优势运移通道。虽然成藏期砂岩都具备油气充注的条件,但是因油气倾向于阻力小的方向运移,导致沙三中亚段岩性油藏主要分布于成藏期高孔渗砂岩中。由于东营三角洲自东向西进积,使得成藏期古孔隙度表现出由东向西逐渐变低的趋势。处于同一能量场的源储系统时,油气总是沿物性较好的优势通道方向运移至相对高孔隙带成藏和富集,表现出受成藏期储层物性级差控制的特点(图10-15)。

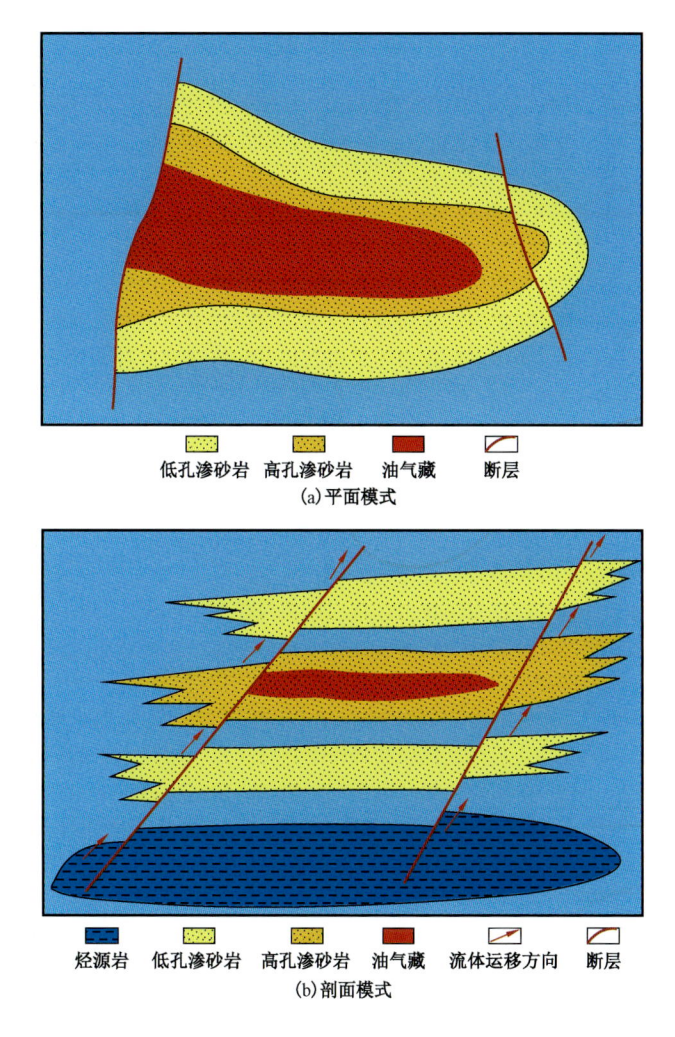

图 10-15　牛庄洼陷西部地区沙三中亚段油气运移优势通道与级差优势关系模式图

四、勘探效果及意义

（1）本书采用效应模拟原则模拟孔隙度演化过程，以现今孔隙度为约束条件，恢复了牛庄洼陷西部地区沙三中亚段储层在东营组沉积末成藏期的古孔隙度。在此基础上结合现今含油气孔隙度下限 3.5%，确定牛庄洼陷西部地区沙三中亚段储层成藏期临界孔隙度为 13.9%。比较油井和失利井成藏期古孔隙度与临界物性的关系可知，成藏期不论油井还是失利井其古孔隙度均大于临界物性，砂岩具备油气聚集的条件，失利原因不是物性不好。成藏后埋藏过程中孔隙度变化量的差异，导致现今物性与含油性不一致。

（2）主要产油层段沙三中亚段中下部顶面和沙三中亚段下部顶面古孔隙度高值带与油藏分布高度一致表明，油气藏主要分布在成藏期砂岩储层高古孔隙度带中，成藏期砂岩古孔隙度影响了油气的分布。处于相同断层输导而现今孔隙度与含油性不完全一致的牛庄洼陷西部地区沙三中亚段砂岩储层，因成藏期古孔隙度级差形成了油气优势运移通道，油气通过优势运移通道聚集在高孔隙带中，从而控制了油气的分布。

参 考 文 献

Andreas Riiger,等.马玉春,译.1998.用 AVO 方法检测裂缝:解析基础和实用解[J].国外油气勘探,10(4):41-44.
安劲松,王振奇,周凤娟.2011.准噶尔盆地车排子地区侏罗系低渗砂岩储层孔隙结构特征及影响因素[J].地质调查与研究,(01):47-52.
白斌,朱如凯,吴松涛,等.2013.利用多尺度 CT 成像表征致密砂岩微观孔喉结构[J].石油勘探与开发,(03):329-333.
贝丰,王允诚.1985.沉积物的压实作用与烃类的初次运移[M].北京:石油工业出版社.
贝丰,王允诚,程同锦,等.1983.砂和泥的压实模拟[J].成都地质学院学报.02:82-95+13.
毕明威,陈世悦,周兆华,等.2015.鄂尔多斯盆地苏里格气田苏 6 区块盒 8 段致密砂岩储层微观孔隙结构特征及其意义[J].天然气地球科学,10:1851-1861.
蔡长娥,刘震,邓守伟,等.2015.伊通盆地西北缘深层储层动态评价[J].中国矿业大学学报,44(1):116-124.
蔡进功,张枝焕,朱筱敏,等.2003.东营凹陷烃类充注与储集层化学成岩作用[J].石油勘探与开发,30(3):79-83.
蔡玥,熊琦,李勇,等.2014.低渗透砂岩储层孔隙结构对储层质量的影响——以鄂尔多斯盆地姬塬地区长 8 油层组为例[J].岩性油气藏,05:69-74.
操应长,姜在兴.2002.渤海湾盆地埕岛东斜坡地区东三段油气成岩成藏模式[J].矿物岩石,22(2):64-68.
操应长,王健,刘惠民,等.2009.东营凹陷南坡沙四上亚段滩坝砂体的沉积特征及模式[J].中国石油大学学报(自然科学版),33(6):5-10.
操应长,蒽克来,王健,等.2011.砂岩机械压实与物性演化成岩模拟实验初探[J].现代地质,25(6):1152-1158.
曹青.2013.鄂尔多斯盆地东部上古生界致密储层成岩作用特征及其与天然气成藏耦合关系[D].西北大学.
曹耀华,张年富,林金凤,等.1998.深部储集层孔隙保存的岩石力学实验[J].新疆石油地质,(05):44-45.
陈冬霞,庞雄奇,姜振学.2002.透镜体油气成藏机理研究现状与发展趋势.地球科学进展,17(6):871-872.
陈冬霞,庞雄奇,邱桂强.2008.砂岩透镜体成藏动力学过程模拟与含油气性定量预测[J].地球科学(中国地质大学学报),33(1):83-90.
陈冬霞,庞雄奇,邱楠生,等.2004.砂岩透镜体成藏机理[J].地球科学(中国地质大学学报).29(4):483-487.
陈凤喜,刘海峰,张彦琳,等.2008.变差函数在辫状河沉积砂岩储层规模预测中的应用[J].重庆科技学院学报(自然科学版),(01):9-11.
陈荷立.1995.油气运移研究的有效途径[J].石油与天然气地质,16(2):126-130.
陈欢庆,曹晨,梁淑贤,等.2013.储层孔隙结构研究进展[J].天然气地球科学,24(2):227-237.
陈欢庆,丁超,杜宜静,等.2015.储层评价研究进展[J].地质科技情报,34(5):66-74.
陈金妹,谈萍,王建永.2011.气体吸附法表征多孔材料的比表面积及孔结构[J].粉末冶金工业,02:45-49.
陈凯,刘震,潘高峰,等.2012.含油气盆地岩性圈闭成藏动态分析——以鄂尔多斯盆地西峰地区长 8 油藏为例[J].新疆石油地质,04:424-427.
陈蓉,田景春,王峰,等.2013.鄂尔多斯盆地高桥地区盒 8 段砂岩储层评价[J].成都理工大学学报(自然科学版).40(1):8-14.
陈世加,杨国平,路俊刚,等.2010.沥青充填对储集层储集性能的影响——以准噶尔盆地三台——北三台为例[J].新疆石油地质,(04):341-343.
陈莹莹.2015.四川盆地广安地区须家河组石油地质特征研究[D].西南石油大学.
陈永峤,于兴河,周新桂,等.2004.东营凹陷各构造区带下第三系成岩演化与次生孔隙发育规律研究[J].天然气地球科学,15(1):68-74.
陈章明,张云峰,韩有信.1998.透镜状砂岩体聚油模拟实验及其机理分析[J].石油实验地质,20(2):166-170.
崔琳.2014.鄂尔多斯盆地西部上古生界致密砂岩储层的控气性研究[D].西安石油大学.
代金友,张一伟,熊琦华,等.2003.成岩作用对储集层物性贡献比率研究[J].石油勘探与开发,30(4):56-57,73.
代诗华,罗兴平,王军,等.1998.火山岩储集层测井响应与解释方法[J].新疆石油地质,19(6):465-469.

戴勇.2007.致密碎屑岩储层裂缝地震预测与评价方法研究[D].成都理工大学.
邓攀,陈孟晋,高哲荣,等.2002.火山岩储层构造裂缝的测井识别及解释[J].石油学报,23(6):32-37.
邓秀芹.2011.鄂尔多斯盆地三叠系延长组超低渗透大型岩性油藏成藏机理研究[D].西安:西北大学.
杜春国,邹华耀,邵振军,等.2006.砂岩透镜体油气藏成因机理与模式[J].吉林大学学报,36(3):370-376.
范俊佳,周海民,柳少波.2014.塔里木盆地库车坳陷致密砂岩储层孔隙结构与天然气运移特征[J].中国科学院大学学报,(01):108-116.
范宜仁,黄隆基,代诗华.1999.交会图技术在火成岩岩性和裂缝识别中的应用[J].测井技术,23(1):53-56.
傅诚德.2001.鄂尔多斯深盆气研究[M].北京:石油工业出版社:60-73.
高峰.2013.准噶尔盆地白家海凸起西山窑组一段低渗储层地质成因及优质储层分布规律[D].中国地质大学(北京).
高辉,宋广寿,孙卫,等.2007.储层特低渗透成因分析与评价——以安塞油田沿25区块为例[J].地球科学进展,(11):1134-1140.
高建军,孟元林,张靖,等.2005.鸳鸯沟地区沙河街组三段沉积微相对成岩作用的影响[J].地学前缘,12(2):60.
高永利,张志国.2011.恒速压汞技术定量评价低渗透砂岩孔喉结构差异性[J].地质科技情报,04:73-76.
高志军,李浪,吴庭.2009.聚类分析在砂岩储层评价中的应用——以王集油田东区为例[J].石油地质与工程,23(5):64-65,68.
高志前,樊太亮,李岩,等.2006.塔里木盆地寒武系—奥陶系烃源岩发育模式及分布规律[J].现代地质,20(1):70-76.
葛新民.2013.非均质碎屑岩储层孔隙结构表征及测井精细评价研究[D].中国石油大学(华东).
龚建洛,张金功,黄传卿.2013.砂岩透镜体油气藏成藏机理研究[J].地下水,35(6):226-229.
关利群,屈红军,胡春花,等.2010.安塞油田H区长6油层组储层非均质性与含油性关系研究[J].岩性油气藏,22(3):26-30,37.
郭少斌,黄磊.2013.页岩气储层含气性影响因素及储层评价——以上扬子古生界页岩气储层为例[J].石油实验地质,(06):601-606.
郭彦如,刘化清,李相博,等.2008.大型坳陷湖盆层序地层格架的研究方法体系——以鄂尔多斯盆地中生界延长组为例[J].沉积学报,03:384-391.
郭彦如,刘俊榜,杨华,等.2012.鄂尔多斯盆地延长组低渗透致密岩性油藏成藏机理[J].石油勘探与开发,04:417-425.
郭迎春,庞雄奇,陈冬霞,等.2012.川西坳陷中段须二段致密砂岩储层致密化与相对优质储层发育机制[J].吉林大学学报(地球科学版),42(2):21-32.
韩成,高翔,王瑾轩,等.2012.吐哈盆地致密砂岩储层测井评价方法[J].吐哈油气,(01):1-7.
韩晓渝,包强.1995.测井孔洞综合概率法在资阳地区震旦系储层评价中的应用[J].钻采工艺,18(4):44-46.
郝乐伟,王琪,唐俊.2013.储层岩石微观孔隙结构研究方法与理论综述[J].岩性油气藏,05:123-128.
何东博,应凤祥,郑浚茂,等.2004.碎屑岩成岩作用数值模拟及其应用[J].石油勘探与开发,06:66-68.
何光明.1993.分形理论在裂缝预测中的尝试[J].石油物探,32(2):1-13.
何小胡,刘震,梁全胜,等.2010.沉积地层埋藏过程对泥岩压实作用的影响[J].地学前缘,04:167-173.
何琰.2011.基于模糊综合评判与层次分析的储层定量评价——以包界地区须家河组为例[J].油气地质与采收率,(01):23-25.
何雨丹,毛志强,肖立志,等.2005.核磁共振T_2分布评价岩石孔径分布的改进方法[J].地球物理学报,48(2):373-378.
何自新.2003.鄂尔多斯盆地构造演化与油气[M].北京:石油工业出版社:1-50.
胡海燕.2004.油气充注对成岩作用的影响[J].海相油气地质,9(1-2):85-89.
胡明毅,李士祥,魏国齐,等.2006.川西前陆盆地上三叠统须家河组致密砂岩储层评价[J].天然气地球科学,17(4):456-458,462.
胡雪涛,李允.1999.获得精细数值模拟流动参数的新方法——微观网络模拟[J].西南石油学院学报,04:26-29.

胡勇,朱华银,万玉金,等.2007.大庆火山岩孔隙结构及气水渗流特征[J].西南石油大学学报(自然科学版),29(5):63-65,89.

胡志明.2006.低渗透储层的微观孔隙结构特征研究及应用[D].中国科学院研究生院(渗流流体力学研究所).

黄江荣,靳军,刘河江.2008.准噶尔盆地车排子地区侏罗系层序地层研究与勘探潜力分析[J].中外能源,(05):42-47.

黄思静,侯中健.2001.地下孔隙率和渗透率在空间和时间上的变化及影响因素[J].沉积学报,02:224-232.

黄思静,郎咸国,兰叶芳,等.2011.储层孔隙度—渗透率关系曲线中的截止孔隙度与储层质量[J].成都理工大学学报(自然科学版),06:593-602.

黄易,秦启荣,范存辉,等.2012.权重评价法在火山岩储层评价中的应用:以中拐五八区石炭系火山岩储层为例[J].石油地质与工程,26(3):25-27,31.

吉利明,邱军利,夏燕青,等.2012.常见黏土矿物电镜扫描微孔隙特征与甲烷吸附性[J].石油学报,33(2):249-256.

纪友亮.1996.油气储层地质学[M].东营:中国石油大学出版社.

贾承造.2012.关于中国当前油气勘探的几个重要问题[J].石油学报,(S1):6-13.

贾芬淑,沈平平,李克文.1995.砂岩孔隙结构的分形特征及应用研究[J].断块油气田,01:16-21.

贾培锋,杨正明,肖前华,等.2015.致密油藏储层综合评价新方法[J].特种油气藏,(04):33-36.

姜培海.2000.渤海湾域隐蔽油气藏成藏机理研究[J].复式油气田,(3):1-5.

姜延武,尹桂林,孔郁琪,等.2001.人工神经网络系统在储层评价中的应用[J].录井技术,12(2):8-12.

姜在兴,等.2002.沉积学[M].北京:石油工业出版社:132.

焦堃.2015.煤和泥页岩纳米孔隙的成因、演化机制与定量表征[D].南京大学.

解习农,李思田,王其允.1997.沉积盆地泥质岩石的水力破裂和幕式压实作用[J].科学通报,(20):2193-2195.

解习农,刘晓峰.2000.超压盆地流体动力系统与油气运聚关系[J].矿物岩石地球化学通报,19(2):103-108.

解习农,刘晓峰,胡祥云,等.1998.超压盆地中泥岩的流体压裂与幕式排烃作用[J].地质科技情报,17(4):60-64.

景成,蒲春生,周游,等.2014.基于成岩储集相测井响应特征定量评价致密气藏相对优质储层——以SULG东区致密气藏盒8上段成岩储集相为例[J].天然气地球科学,25(5):657-664.

康永尚,沈金松,谌卓恒.2009.现代数学地质[M].北京:石油工业出版社:101-118.

赖锦,王贵文,信毅,等.2014.库车坳陷巴什基奇克组致密砂岩气储层成岩相分析[J].天然气地球科学,(07):1019-1032.

兰叶芳,黄思静,吕杰.2011.储层砂岩中自生绿泥石对孔隙结构的影响——来自鄂尔多斯盆地上三叠统延长组的研究结果[J].地质通报,30(1):134-140.

李海燕,岳大力,张秀娟.2012.苏里格气田低渗透储层微观孔隙结构特征及其分类评价方法[J].地学前缘,(02):133-140.

李红南,毛新军,胡广文,等.2014.准噶尔盆地吉木萨尔凹陷芦草沟组致密油储层特征及产能预测研究[J].石油天然气学报,36(10):40-44.

李建林,徐国盛,严维理,等.2008.川东沙罐坪气田石炭系储层裂缝识别与预测[J].天然气工业,28(11):49-52,58.

李明诚,单秀琴,马成华,等.2007.砂岩透镜体成藏的动力学机制[J].石油与天然气地质,28(2):209-215.

李明诚.2004.石油与天然气运移[M].北京:石油工业出版社:50-64.

李珊,孙卫,王力,等.2013.恒速压汞技术在储层孔隙结构研究中的应用[J].断块油气田,04:485-487.

李善军,肖承文,汪涵明,等.1996.裂缝的双侧向测井响应的数学模型及裂缝孔隙度的定量解释[J].地球物理学报,39(6):845-852.

李松,胡宗全,尹伟,等.2011.镇泾地区延长组油气成藏主控因素分析[J].西南石油大学学报(自然科学版),02:79-83,12.

李潍莲,刘震,王伟,等.2012.镇泾地区延长组八段低渗岩性油藏形成过程动态分析[J].石油与天然气地质,06:845-852.

李武广,杨胜来,邵先杰,等.2011.变差函数在储层评价及开发中的应用:以杨家坝油田为例[J].地质科技情报,30(4):83-87.

李亚男.2014.页岩气储层测井评价及其应用——以川南地区为例[D].中国矿业大学(北京).

李耀华.2000.准噶尔盆地南缘储层特征及评价[J].天然气勘探与开发,23(2):1-6.

李运振,刘震,郭彦如,等.2012.鄂尔多斯盆地延长组层序地层特征[J].山东科技大学学报(自然科学版),04:26-36.

李振铎.1999.鄂尔多斯盆地上古生界深盆气勘探研究新进展[J].天然气工业,19(3):15-17.

李振泉,侯健,曹绪龙,等.2005.储层微观参数对剩余油分布影响的微观模拟研究[J].石油学报,06:69-73.

李正文,李琼,唐建明.2000.油气储集层线性与非线性联合预测方法技术及应用研究[J].石油物探,39(2):15-23.

李中锋,何顺利,杨文新.2006.砂岩储层孔隙结构分形特征描述[J].成都理工大学学报(自然科学版),33(2):203-208.

李忠,李惠生.1994.东濮凹陷深部次生孔隙成因与储层演化研究[J].地质科学,29(3):267-275.

李忠,寿建峰,王生朗.2000.东濮凹陷砂岩储层成岩作用及其对高压致密气藏的制约[J].地质科学,01:96-104.

廖明光,巫祥阳.1997.毛管压力曲线分析新方法及其在油气藏描述中的应用[J].西南石油学院学报,19(2):5-9.

林景晔,门广田,黄薇.2004.砂岩透镜体岩性油气藏成藏机理与成藏模式探讨[J].大庆石油地质与开发,23(2):5-7,38.

林景晔.2004.砂岩储集层孔隙结构与油气运聚的关系[J].石油学报,01:44-47.

林雄,田景春.1998.非构造油气藏国内外研究现状及发展方向[J].岩相古地理,18(4):65-66.

林玉保,张江,刘先贵,等.2008.喇嘛甸油田高含水后期储集层孔隙结构特征[J].石油勘探与开发,35(2):215-219.

刘成林,朱筱敏,朱玉新,等.2005.不同构造背景天然气储层成岩作用及孔隙演化特点[J].石油与天然气地质,29(6):746-753.

刘呈冰,史占国,李俊国,等.1999.全面评价低孔裂缝一孔洞型碳酸盐岩及火成岩储层[J].测井技术,23(6):457-465.

刘国勇,刘阳,张刘平.2006.压实作用对砂岩储层物性的影响[J].西安石油大学学报(自然科学版),04:24-28,41,112.

刘吉余,李艳杰,于润涛.2004.储层综合定量评价系统开发与应用[J].物探化探计算技术,(01):33-36.

刘吉余,彭志春,郭晓博.2005.灰色关联分析法在储层评价中的应用:以大庆萨尔图油田北二区为例[J].油气地质与采收率,12(2):13-15.

刘静静,刘震,潘高峰,等.2014.鄂尔多斯盆地安塞地区长6段低孔渗储层动态评价[J].地质科学,01:131-146.

刘克奇,徐俊杰,杨喜峰.2005."权重法"在东濮凹陷卫城81断块沙四段储层评价中的应用[J].特种油气藏,12(1):46-48,55.

刘丽丽,赵中平,李亮,等.2008.变尺度分形技术在裂缝预测和储层评价中的应用[J].石油与天然气地质,29(1):31-37.

刘明洁,刘震,刘静静,等.2014.鄂尔多斯盆地上三叠统延长组机械压实作用与砂岩致密过程及对致密化影响程度[J].地质论评,03:655-665.

刘明洁,刘震,刘静静,等.2014.砂岩储集层致密与成藏耦合关系——以鄂尔多斯盆地西峰—安塞地区延长组为例[J].石油勘探与开发,02:168-175.

刘明洁,刘震,王标,等.2014.成藏期砂岩孔隙度对油气分布的控制作用——以东营凹陷牛庄洼陷沙三中亚段岩性油藏为例[J].地质科学,49(1):147-160.

刘伟,窦齐丰.2003.成岩作用与成岩储集相研究:科尔沁油田交2断块区九佛堂组(J_3jf)下段[J].西安石油学院学报(自然科学版),18(3):4-9.

刘泽容,杜庆龙,蔡忠.1993.应用变差函数定量研究储层非均质性[J].地质论评,(04):297-301.

刘震,代建春,张万选.1995.利用改进型DIVA方法对LD构造进行储层评价的尝试[J].石油物探,34(4):

53-58.

刘震,黄艳辉,潘高峰,等.2012.低孔渗砂岩储层临界物性确定及其石油地质意义[J].地质学报,86(11):1815-1825.

刘震,梁全胜,肖伟,等.2005.内蒙古二连盆地岩性圈闭早期形成和多期形成特征分析[J].现代地质,19(3):403-408.

刘震,刘静静,王伟,等.2012.低孔渗砂岩石油充注临界条件实验——以西峰油田为例[J].石油学报,06:996-1002.

刘震,刘明洁,李潍莲,等.2015.地层孔隙动力学[M].北京:石油工业出版社.

刘震,邵新军,金博,等.2007.压实过程中埋深和时间对碎屑岩孔隙度演化的共同影响[J].现代地质,21(1):125-132.

刘震,邵新军,金博,等.2007.压实过程中埋深和时间对碎屑岩孔隙度演化的共同影响[J].现代地质,01:125-132.

刘震,武耀辉.1997.泥岩压实程度与热成熟度关系分析[J].地质论评,43(3):290-296.

刘震,赵阳,金博,等.2006.沉积盆地岩性地层圈闭成藏主控因素分析[J].西安石油大学学报(自然科学版),04:1-5,111.

刘震,朱文奇,孙强,等.2012.中国含油气盆地地温—地压系统[J].石油学报,01:1-17.

刘震,朱文奇,夏鲁,等.2013.鄂尔多斯盆地西峰油田延长组长8段岩性油藏动态成藏过程[J].现代地质,04:895-906.

刘忠群,高青松,张健.2001.大牛地气田山西组储层孔隙结构特征[J].天然气工业,S1:53-55,7.

柳益群.1995.陕甘宁盆地东部上三叠统含油长石砂岩的成岩特点及孔隙演化[J].沉积学报,14(3).

龙玉梅.2002.鄂尔多斯盆地坪北油田上三叠统延长组成岩作用及孔隙结构[D].西北大学.

卢蜀秀,阎荣辉,袁晓明.2012.苏里格气田南部地区盒8段气藏储层特征及主控因素研究[J].天然气勘探与开发,03:1-4,81.

吕成福,陈国俊,杜贵超,等.2010.酒东坳陷营尔凹陷下白垩统储层孔隙特征及其影响因素研究[J].沉积学报,03:556-562.

罗静兰,刘小洪,林潼,等.2006.成岩作用与油气侵位对鄂尔多斯盆地延长组砂岩储层物性的影响[J].地质学报,(05):664-673.

罗静兰,刘新社,付晓燕,等.2014.岩石学组成及其成岩演化过程对致密砂岩储集质量与产能的影响:以鄂尔多斯盆地上古生界盒8天然气储层为例[J].地球科学(中国地质大学学报),05:537-545.

罗静兰,魏新善,姚泾利,等.2010.物源与沉积相对鄂尔多斯盆地北部上古生界天然气优质储层的控制[J].地质通报,29(6):811-820.

罗文军,彭军,杜敬安,等.2012.川西坳陷须家河组二段致密砂岩储层成岩作用与孔隙演化——以大邑地区为例[J].石油与天然气地质,02:287-295+301.

罗蛰潭,王允诚.1986.油气储集层的孔隙结构[M].北京:科学出版社.

马旭鹏.2010.储层物性参数与其微观孔隙结构的内在联系[J].勘探地球物理进展,03:216-219,152.

毛丹凤.2012.储层地震预测技术及其应用[D].长江大学.

孟祥水,何长春,郭玉芬.2003.核磁共振测井在致密含气砂岩储层评价中的应用[J].测井技术,27(z1):1-4.

孟元林,高建军,牛嘉玉,等.2006.扇三角洲体系沉积微相对成岩的控制作用——以辽河坳陷西部凹陷南段扇三角洲沉积体系为例[J].石油勘探与开发,33(1):36-39.

孟元林,黄文彪,王粤川,等.2006.超压背景下黏土矿物转化的化学动力学模型及应用[J].沉积学报,04:461-467.

孟元林,姜文亚,刘德来,等.2008.储层孔隙度预测与孔隙演化史模拟方法探讨——以辽河坳陷双清地区为例[J].沉积学报,05:780-788.

孟元林,王志国,杨俊生,等.2003.成岩作用过程综合模拟及其应用[J].石油实验地质,02:211-215.

潘保芝,闻桂京,吴海波.2003.对应分析确定松辽盆地北部深层火成岩岩性[J].大庆石油地质与开发,22(1):7-9.

潘高峰,刘震,胡晓丹.2011.镇泾长8砂岩古孔隙度恢复方法与应用[J].科技导报,03:34-38.
潘高峰,刘震,赵舒,等.2011b.鄂尔多斯盆地镇泾地区长8段致密砂岩油藏成藏孔隙度下限研究[J].现代地质,25(2):271-279.
潘高峰,刘震,赵舒,等.2011.砂岩孔隙度演化定量模拟方法——以鄂尔多斯盆地镇泾地区延长组为例[J].石油学报,02:249-256.
庞雄奇,陈冬霞,姜振学,等.2007.隐伏砂岩透镜体成藏动力学机制与基本模式[J].石油与天然气地质,28(2):216-228.
齐宝权,杨小兵,张树东,等.2011.应用测井资料评价四川盆地南部页岩气储层[J].天然气工业,(04):44-47.
秦红,戴琦雯,袁文芳,等.2014.塔里木盆地库车坳陷东部下侏罗统煤系地层致密砂岩储层特征[J].东北石油大学学报,(05):67-77,9.
邱隆伟,姜在兴,陈文学,等.2002.一种新的储层孔隙成因类型——石英溶解型次生孔隙[J].沉积学报,04:621-627.
邱隆伟,周涌沂,高青松,等.2013.大牛地气田石炭系—二叠系致密砂岩储层孔隙结构特征及其影响因素[J].油气地质与采收率,20(6):15-18,22.
裘怿楠,薛叔浩,等.1994.油气储层评价技术[M].北京:石油工业出版社.
屈红军,马强,高胜利,等.2011.物源与沉积相对鄂尔多斯盆地东南部上古生界砂体展布的控制[J].沉积学报,29(5):825-832
渠冬芳,姜振学,刘惠民,等.2012.关键成藏期碎屑岩储层古孔隙度恢复方法[J].石油学报,03:404-413.
R h lander,李光云,陈冬梅.2000.通过模拟砂岩压实作用和石英胶结作用预测孔隙度[J].国外油气勘探,12(2):127-142.
Ronit Strahilevity,等.伊墁坦,译.用P波AVO进行裂缝探测.SEG第65届年会论文集[M].北京:石油工业出版社162-165.
任培罡,夏存银,李媛,等.2010.自组织神经网络在测井储层评价中的应用[J].地质科技情报,29(3):114-118.
任征平,保珠,钱建中.1996.东海西湖凹陷南端砂岩储层特征及其控制因素[J].海洋地质与第四纪地质,(01):69-76.
邵维志,丁娱娇,刘亚,等.2009.核磁共振测井在储层孔隙结构评价中的应用[J].测井技术,33(1):52-56.
施辉,刘震,潘高峰,等.2013.沉积盆地碎屑岩地层孔隙度演化模型分析——以鄂尔多斯盆地延长组为例[J].地质科学,03:732-746.
石彬.2008.鄂尔多斯盆地姬塬地区延长组油气成藏特征研究[D].长安大学.
石广仁.2007.蒙皂石转化伊利石的数值模拟——溶解沉淀模型与化学动力学模型[J].沉积学报,25(5):693-700.
史基安,王金鹏,毛明陆,等.2003.鄂尔多斯盆地西峰油田三叠系延长组长6—长8段储层砂岩成岩作用研究[J].沉积学报,21(3):373-380.
寿建峰,张惠良,沈扬,等.2006.中国油气盆地砂岩储层的成岩压实机制分析[J].岩石学报,(08):2165-2170.
寿建峰,朱国华.1998.砂岩储层孔隙保存的定量预测研究[J].地质科学,32(2):244-250.
寿建峰,朱国华,张惠良.2003.构造侧向挤压与砂岩成岩压实作用——以塔里木盆地为例[J].沉积学报,21(1):90-95.
宋土顺,刘立,于森,等.2012.灰色系统理论关联分析法在储层评价中的应用——以延吉盆地大砬子组2段为例[J].断块油气田,19(6):714-717.
宋子齐,谭成仟,王建功,等.1997.储层定量评价指标和权系数研究[J].测井技术,(05):49-53.
宋子齐,王瑞飞,孙颖,等.2011.基于成岩储集相定量分类模式确定特低渗透相对优质储层——以AS油田长6-1特低渗透储层成岩储集相定量评价为例[J].沉积学报,(01):88-96.
苏俊磊,孙建孟,王涛,等.2011.应用核磁共振测井资料评价储层孔隙结构的改进方法[J].吉林大学学报(地球科学版),41(增刊1),380-386.
隋风贵.2005.浊积砂体油气成藏主控因素的定量研究[J].石油学报,26(1):55-59.
孙风华,陈祥,王振平.2004.泌阳凹陷安棚深层系成岩作用与成岩阶段划分[J].西安石油大学学报(自然科学版),19(1):24-27.

孙海涛,钟大康,刘洛夫.2010.沾化凹陷沙河街组砂岩透镜体表面与内部碳酸盐胶结作用的差异及其成因[J].石油学报,31(2):246-252.

孙军昌,周洪涛,郭和坤,等.2009.复杂储层岩石微观非均质性分形几何描述[J].武汉工业学院学报,03:42-46.

孙龙德,邹才能,朱如凯,等.2013.中国深层油气形成、分布与潜力分析[J].石油勘探与开发,(06):641-649.

孙雄,马宗晋,洪汉净.1996.初论"构造流体动力学"[J].地学前缘,3(3):138-144.

孙义梅,杨春峰,陈程,等.2001.相干技术的参数选择及其效果分析[J].石油地球物理勘探,36(5):640-645.

唐海发,彭仕宓,赵彦超.2006.大牛地气田盒2+3段致密砂岩储层微观孔隙结构特征及其分类评价[J].矿物岩石,26(3):107-113.

唐骏,王琪,马晓峰,等.2012.Q型聚类分析和判别分析法在储层评价中的应用:以鄂尔多斯盆地姬塬地区长8储层为例[J].特种油气藏,19(6):28-31.

田建锋,刘池洋,王桂成,等.2011.鄂尔多斯盆地三叠系延长组砂岩的碱性溶蚀作用[J].地球科学(中国地质大学学报),01:103-110.

涂乙,谢传礼,刘超,等.2012.灰色关联分析法在青东凹陷储层评价中的应用[J].天然气地球科学,23(2):381-386.

万晓龙,邱楠生,张善文,等.2004.岩性油气藏成藏的微观控制因素探讨——以东营凹陷牛35砂体为例[J].石油与天然气地质,15(3):261-265.

万永清.2011.吐哈盆地致密砂岩微观孔隙结构评价方法研究[J].吐哈油气,02:101-105.

王国亭,何东博,王少飞,等.2013.苏里格致密砂岩气田储层岩石孔隙结构及储集性能特征[J].石油学报,04:660-666.

王化爱,钟建华,杨少勇,等.2009.柴达木盆地乌南—绿草滩地区下油砂山组滩坝砂岩特征与储层评价[J].石油地球物理勘探,44(5):597-602.

王建东,刘吉余,于润涛,等.2003.层次分析法在储层评价中的应用[J].大庆石油学院学报,27(3):12-14.

王捷,关德范.1999.油气生成运移聚集模型研究[M].北京:石油工业出版社:198-199.

王菁,刘震,朱文奇,等.2012.鄂尔多斯盆地姬塬地区长7段泥岩古孔隙度恢复方法研究[J].现代地质,02:384-392.

王俊琴.2007.储层地震预测技术应用研究[D].中国地质大学(北京).

王宁,陈宝宁,翟剑飞.2000.岩性油气藏形成的成藏指数[J].石油勘探与开发,27(6):4-5.

王鹏,赵澄林.2002.柴达木盆地北缘地区第三系成岩作用[J].西安石油学院学报(自然科学版),17(4):1-5.

王强,赵兴华,谢传礼,等.2014.改进的层次分析法在碎屑岩储层评价中的运用[J].重庆科技学院学报(自然科学版),(04):38-42.

王瑞飞,陈明强,孙卫.2008.鄂尔多斯盆地延长组超低渗透砂岩储层微观孔隙结构特征研究[J].地质论评,(02):270-277.

王瑞飞,沈平平,宋子齐,等.2009.特低渗透砂岩油藏储层微观孔喉特征[J].石油学报,04:560-563,569.

王文涛.2008.地震储层评价与预测的贝叶斯反演方法研究[D].中国地质大学.

王祥,刘玉华,张敏,等.2010.页岩气形成条件及成藏影响因素研究[J].天然气地球科学,21(2):350-356.

王新洲,宋一涛,王学军.1996.石油成因与排油物理模拟[M].东营:石油大学出版社:209-224.

王永生.2012.深井超高温钻井液技术综述[J].中国高新技术企业,(32):129-131.

王尤富,凌建军.1999.低渗透砂岩储层岩石孔隙结构特征参数研究[J].特种油气藏,6(4):25-39.

王域辉.1993.分形在石油勘探开发中的应用.地质科技情报[J],12(1):101-104.

王允诚,杨宝星,黄仰洲.1981.砂岩储集岩的分类与评价[J].石油实验地质,04:293-298.

王允诚.1980.油气储层评价[M].北京:石油工业出版社:5-82.

王振奇,张昌民,侯国伟,等.2002.安棚深层系扇三角洲低渗致密砂岩储层综合评价[J].江汉石油学院学报,24(3):1-6.

卫生平,潘建国,谭开俊,等.2012.地震储层学研究的"四步法"及其应用——以准噶尔盆地裂隙式喷发火成岩地震储层学研究为例[J].岩性油气藏,24(6):10-16.

魏虎,任大忠,高飞,等.2013.低渗透砂岩储层微观孔隙结构特征及对物性影响——以下寺湾油田柳洛峪区块长2油藏为例[J].石油地质与工程,02:26-29,138.

魏钦廉,郑荣才,肖玲,等.2009.阿尔及利亚438b区块三叠系SerieInferiere段储层平面非均质性研究[J].岩性油气藏,02:24-28.

魏小东,张延庆,曹丽丽,等.2011.地震资料振幅谱梯度属性在WC地区储层评价中的应用[J].石油地球物理勘探,46(2):281-284.

魏漪,赵国玺,周雯鸽,等.2011.模糊数学方法在长庆油田低渗透储层综合评价中的应用[J].石油天然气学报,(01):60-62.

文龙,刘埃平,钟子川,等.2005.川西前陆盆地上三叠统致密砂岩储层评价方法研究[J].天然气工业,(S1):49-53.

吴健,胡向阳,梁玉楠,等.2015.北部湾盆地高放射性储层地质成因分析与评价[J].特种油气藏,(1):79-83.

吴诗勇,马利明,易金,等.2010.萨北储层微观孔隙结构随机重建及评价[J].安徽理工大学学报(自然科学版),01:1-4.

伍泽云,陈振标,王晓光,等.2009.自适应BP神经网络技术在超低渗储层分类中的应用[J].测井技术,33(6):544-549.

武春英,韩会平,蒋继辉,等.2008.模糊数学法在储层评价中的应用:以鄂尔多斯盆地白于山地区延长组长4+5油层组为例[J].地球科学与环境学报,30(2):156-160.

武文慧,黄思静,陈洪德,等.2011.鄂尔多斯盆地上古生界碎屑岩硅质胶结物形成机制及其对储集层的影响[J].古地理学报,13(2):193-200.

夏学领,蒙华军,郭少斌.2009.灰色系统理论关联法在储层评价中的应用——以葡北油田部分井为例[J].内蒙古石油化工,(03):120-123.

肖丽华,高煜婷,田伟志,等.2011.超压对碎屑岩机械压实作用的抑制与孔隙度预测[J].矿物岩石地球化学通报,30(4):400-406.

徐同台,王行信,张有瑜,等.2003.中国含油气盆地黏土矿物.北京:石油工业出版社:37-84.

许宏龙,刘建,乔诚,等.2015.灰色关联分析法在双河油田储层评价中的应用[J].油气藏评价与开发,(5):17-21.

闫建萍,刘池阳,马艳萍.2009.成岩作用与油气侵位对松辽盆地齐家—古龙凹陷扶杨油层物性的影响[J].沉积学报,(02):212-220.

杨斌,刘晓东,徐国盛,等.2010.川东沙罐坪石炭系气藏测井储层评价[J].物探化探计算技术,32(1):35-40.

杨波,高清祥,杨杰.2010.聚类分析法在城壕油田西259井区长32储层分类评价中的应用[J].石油天然气学报,(06):22-26.

杨飞.2011.利用分形模拟研究储层微观孔隙结构[D].中国石油大学.

杨红梅,王继伟,藏晓华,等.2012.变尺度分形技术在西峰油田白马中区裂缝预测中的应用[J].科学技术与工程,(33):8826-8831.

杨建,陈家军,杨周喜,等.2008.松散砂粒孔隙结构、孔隙分形特征及渗透率研究[J].水文地质工程地质,03:93-98.

杨锦林,呙长艳,胡宗全.1998.测井解释储集层孔隙结构与含油气性[J].天然气工业,18(5):36-39.

杨俊杰.2002.鄂尔多斯盆地构造演化与油气分布规律[M].北京:石油工业出版社:50-56.

杨正明,姜汉桥,李树铁,等.2007.低渗气藏微观孔隙结构特征参数研究——以苏里格和迪那低渗气藏为例[J].石油天然气学报(江汉石油学院学报),29(6):108-119.

杨正明,张英芝,郝明强,等.2006.低渗透油田储层综合评价方法[J].石油学报,27(2):64-67.

姚泾利,陈世加,路俊刚,等.2013.鄂尔多斯盆地胡尖山地区长7储层特征及影响因素[J].石油实验地质,02:162-166,173.

姚泾利,楚美娟,白嫦娥,等.2014.鄂尔多斯盆地延长组长8-2小层厚层砂体沉积特征及成因分析[J].岩性油气藏,06:40-45.

姚泾利,邓秀芹,赵彦德,等.2013.鄂尔多斯盆地延长组致密油特征[J].石油勘探与开发,02:150-158.

姚泾利,段毅,徐丽,等.2014.鄂尔多斯盆地陇东地区中生界古地层压力演化与油气运聚[J].天然气地球科学,05:649-656.

姚泾利,黄建松,郑琳,等.2009.鄂尔多斯盆地东北部上古生界天然气成藏模式及气藏分布规律[J].中国石油勘探,01:10-16,2.

姚泾利,唐俊,庞国印,等.2013.鄂尔多斯盆地白豹—华池地区长8段孔隙度演化定量模拟[J].天然气地球科学,01:38-46.

姚泾利,王怀厂,裴戈,等.2014.鄂尔多斯盆地东部上古生界致密砂岩超低含水饱和度气藏形成机理[J].天然气工业,01:37-43.

姚泾利,王克,宋江海,等.2007.鄂尔多斯盆地姬塬地区延长组石油运聚规律研究[J].岩性油气藏,03:32-37.

姚泾利,王琪,张瑞,等.2011.鄂尔多斯盆地华庆地区延长组长6砂岩绿泥石膜的形成机理及其环境指示意义[J].沉积学报,01:72-79.

姚泾利,王琪,张瑞,等.2011.鄂尔多斯盆地中部延长组砂岩中碳酸盐胶结物成因与分布规律研究[J].天然气地球科学,06:943-950.

叶礼友,钟兵,熊伟,等.2012.川中地区须家河组低渗透砂岩气藏储层综合评价方法[J].天然气工业,(11):43-46.

殷艳玲,孙志刚,王军,等.2015.胜利油田致密砂岩油藏微观孔隙结构特征[J].新疆石油地质,(06):693-695.

尹伟,胡宗全,李松,等.2011.鄂尔多斯盆地南部镇泾地区典型油藏动态解剖及成藏过程恢复[J].石油实验地质,06:592-596.

尹伟,郑和荣,胡宗全,等.2012.鄂南镇泾地区延长组油气富集主控因素及勘探方向[J].石油与天然气地质,02:159-165.

尤源,牛小兵,辛红刚,等.2013.国外致密油储层微观孔隙结构研究及其对鄂尔多斯盆地的启示[J].石油科技论坛,01:12-18,66.

于雯泉,李丽,方涛,等.2010.断陷盆地深层低渗透天然气储层孔隙演化定量研究[J].天然气地球科学,03:397-405.

于兴河,李胜利.2009.碎屑岩系油气储层沉积学的发展历程与热点问题思考[J].沉积学报,5(27):880-895.

于兴河,李顺利,杨志浩.2015.致密砂岩气储层的沉积—成岩成因机理探讨与热点问题[J].岩性油气藏,(01):1-13.

余德平,曹辉,王咸彬.1998.相干数据体及其在三维地震解释中的应用[J].石油物探,37(4):75-79.

袁波,杨俊生,杨怀宇.2009.成岩作用效应模拟的应用[J].中国石油大学学报(自然科学版),(02):1-6.

袁东山,张枝焕,朱雷,等.2007.油气聚集对石英矿物成岩演化的影响[J],岩石学报,23(9):2315-2320.

袁珍,李文厚,郭艳琴.2011.鄂尔多斯盆地东南缘延长组石油充注对砂岩储层成岩演化的影响[J].高校地质学报,17(4):594-604.

远光辉,操应长,贾珍臻,等.2015.含油气盆地中深层碎屑岩储层异常高孔带研究进展[J].天然气地球科学,(01):28-42.

远光辉,操应长,杨田,等.2013.论碎屑岩储层成岩过程中有机酸的溶蚀增孔能力[J].地学前缘,20(5):207-219.

运华云,赵文杰,刘兵开,等.2002.利用T_2分布进行岩石孔隙结构研究[J].测井技术,26(1):18-21.

曾溅辉.1998.东营凹陷岩性油气藏成藏动力学特征[J].石油与天然气地质,19(4):326-329.

曾联波,李忠兴,史成恩,等.2007a.鄂尔多斯盆地上三叠统延长组特低渗透砂岩储层裂缝特征及成因[J].地质学报,81(2):174-180.

曾联波,漆家福,王成刚,等.2008a.构造应力对裂缝形成与流体流动的影响[J].地学前缘(中国地质大学(北京),北京大学),15(3):292-298.

张超谟,陈振标,张占松,等.2007.基于核磁共振T_2谱分布的储层岩石孔隙分形结构研究[J].石油天然气学报,29(4):80-86.

张程恩,潘保芝,刘倩茹.2012.储层品质因子RQI结合聚类算法进行储层分类评价研究[J].国外测井技术,(04):11-13.

张创.2013.低渗砂岩储层孔隙结构特征及孔隙演化研究[D].西北大学:96-112.

张创,孙卫,高辉,等.2014.基于铸体薄片资料的砂岩储层孔隙度演化定量计算方法——以鄂尔多斯盆地环江地区长8储层为例[J].沉积学报,02:365-375.

张航,谢传礼,高俊,等.2015.基于三标度法的层次分析法在储层分类评价中的应用[J].重庆科技学院学报(自然科学版),(06):30-32.

张惠良,张荣虎,杨海军,等.2014.超深层裂缝—孔隙型致密砂岩储集层表征与评价——以库车前陆盆地克拉苏构造带白垩系巴什基奇克组为例[J].石油勘探与开发,02:158-167.

张吉昌.1996.储层构造裂缝的分形分析.石油勘探与开发[J].23(4):65-68.

张金亮,常象春,王世谦.2002.四川盆地上三叠统深盆气藏研究[J].石油学报,03:27-33+7.

张金亮,司学强,梁杰,等.2004.陕甘宁盆地庆阳地区长8油层砂岩成岩作用及其对储层性质的影响[J].沉积学报,22(2):225-233.

张立强,纪友亮,马文杰,等.1998.博格达山前带砂岩孔隙结构分形几何学特征与储层评价[J].石油大学学报(自然科学版),(05):32-34.

张立强,纪友亮,尚刚,等.2001.吐哈盆地中三叠统辫状河三角洲砂体储集性及控制因素[J].石油大学学报(自然科学版),25(4):5-9.

张凌云,徐炳高.2009.用层次分析法定量评价百色盆地致密储层[J].国外测井技术,172:46-48.

张龙海,周灿灿,刘国强,等.2006.孔隙结构对低孔低渗储集层电性及测井解释评价的影响[J].石油勘探与开发,33(6):671-676.

张琴,朱筱敏.2008.山东省东营凹陷古近系沙河街组碎屑岩储层定量评价及油气意义[J].古地理学报,10(5):465-472.

张荣虎,姚根顺,寿建峰,等.2011.沉积、成岩、构造一体化孔隙度预测模型[J].石油勘探与开发,02:145-151.

张胜斌,刘震,金博,等.2012.苏北盆地高邮凹陷古近系岩性油藏形成特征及分布规律[J].天然气地球科学,01:99-105.

张胜斌,刘震,徐涛,等.2014.岩性油藏动态解剖方法研究——以苏北盆地高邮凹陷马33油藏为例[J].天然气地球科学,07:1052-1057.

张曙光,石京平,刘庆菊,等.2004.低渗致密砂岩气藏岩石的孔隙结构与物性特征[J].新疆地质,04:438-441.

张松扬.2010.大牛地气田致密砂岩储层测井评价[J].石油物探,(04):415-420.

张文正,杨华,李剑锋,等.2006.论鄂尔多斯盆地长7段优质油源岩在低渗透油气成藏富集中的主导作用:强生排烃特征及机理分析[J].石油勘探与开发,33(3):289-293.

张晓明.2012.自然伽马能谱测井在玉北地区碳酸盐岩储层评价中的应用[J].国外测井技术,190:35-36,39.

张云峰,付广,于建成.2000.砂岩透镜体油藏聚油机理及成藏模式[J].断块油气田,7(2):12-14.

赵晨阳,杜禹,蔡振东,等.2015.国外页岩气储层测井评价技术综述[J].辽宁化工,44(4):473-478.

赵澄林,张善文,袁静.1999.胜利油区沉积储层与油气[M].北京:石油工业出版社:98-99.

赵虹,党犇,康晓燕,等.2014.低渗油藏中相对高渗储层特征及其主控因素——以鄂尔多斯盆地志丹地区上三叠统延长组长10为例[J].地质通报,33(6):933-940.

赵佳楠,陈永进,姜文斌.2013.松辽盆地南部白垩系青山口组页岩气储层评价及生储有利区预测[J].东北石油大学学报,(02):26-36.

赵杰,姜亦忠,王伟男,等.2003.用核磁共振技术确定岩石孔隙结构的实验研究[J].测井技术,27(3):185-188.

赵靖舟,付金华,姚泾利,等.2012.鄂尔多斯盆地准连续型致密砂岩大气田成藏模式[J].石油学报,33(1):37-52.

赵俊峰,纪友亮,陈汉林,等.2008.电成像测井在东濮凹陷裂缝性砂岩储层评价中的应用[J].石油与天然气地质,(03):383-390.

赵伦,赵澄林,涂强.1998.酒东盆地营尔凹陷碎屑岩储层成岩作用特征研究[J].江汉石油学院学报,04:14-18.

赵文智,邹才能,谷志东,等.2007.砂岩透镜体油气成藏机理初探[J].石油勘探与开发,34(3):273-283.

郑浚茂,庞明,等.1989.碎屑储集岩的成岩作用研究[M].北京:中国地质大学出版社:53-59.

郑浚茂,应凤祥.1997.煤系地层(酸性水介质)的砂岩储层特征及成岩模式[J].石油学报,04:19-24.

郑璇,赵军龙,许建涛,等.2013.神经网络技术在储层分类评价中的应用[J].陕西煤炭,(02):63-66.

钟大康,朱筱敏,张琴.2004.不同埋深条件下砂泥岩互层中砂岩储层物性变化规律[J].地质学报,76(6):863-871.

钟大康,朱筱敏,等.2007.初论塔里木盆地砂岩储层中SiO_2的溶蚀类型及其机理[J].地质科学,42(2):403-414.

周丽梅,李德发,刘文碧.1999.大丘构造组储层孔隙结特征及储层评价[J].矿物岩石,19(2):47-51.

周守信,徐严波,李士伦,等.2004.致密泥质砂岩储层的物性预测方法及应用[J].天然气工业,(01):40-43.

周文胜,熊钰,徐宏光,等.2015.疏松砂岩再压实作用下的物性及渗流特性[J].石油钻探技术,43(4):118-123.

周勇,纪友亮,张善文,等.2011.胶莱盆地莱阳凹陷莱阳组低渗透砂岩储层特征及物性控制因素[J].石油学报,32(4):611-620.

朱宝峰,曾小江,何乃琴,等.2009.试井曲线与物探资料相结合的储层评价技术[J].油气井测试,18(5):20-22.

朱春俊,王延斌.2011.大牛地气田低渗储层成因及评价[J].西南石油大学学报(自然科学版),33(1):49-56.

朱光有,张水昌,陈玲,等.2009.天然气充注成藏与深部砂岩储集层的形成——以塔里木盆地库车坳陷为例[J].石油勘探与开发,(03):347-357.

朱国华.1982.成岩作用与砂层(岩)孔隙的演化[J].石油与天然气地质,(03):195-203.

朱国华,裘怿楠.1984.成岩作用对砂岩储集层孔隙结构的影响[J].沉积学报,2(1):1-17.

朱国华.1985.陕甘宁盆地西南部上三叠系延长统低渗透砂体和次生孔隙砂体的形成[J].沉积学报,3(2).

朱伟,顾韶秋,曹子剑,等.2013.基于模糊数学的滨里海盆地东南油气储层评价[J].石油与天然气地质,34(3):357-362.

朱筱敏,李亚辉,张义娜,等.2011.苏北盆地东南部泰州组砂岩储层孔隙类型及有利储层评价[J].地球科学与环境学报,33(3):246-252.

朱筱敏,米立军,钟大康,等.2006.济阳坳陷古近系成岩作用及其对储层质量的影响[J].古地理学报,8(3):295-305.

朱筱敏,孙超,刘成林,等.2007.鄂尔多斯盆地苏里格气田储层成岩作用与模拟[J].中国地质,(02):276-282.

祝海华,钟大康,姚泾利,等.2015.碱性环境成岩作用及对储集层孔隙的影响——以鄂尔多斯盆地长7段致密砂岩为例[J].石油勘探与开发,01:51-59.

祝海华,钟大康,张亚雄,等.2014.川南地区三叠系须家河组致密砂岩孔隙类型及物性控制因素[J].石油与天然气地质,(01):65-76.

卓勤功.2006.断陷盆地洼陷带岩性油气藏成藏机理及运聚模式[J].石油学报,27(6):19-23.

邹才能,贾承造,赵文智.2005.松辽盆地南部岩性—地层油气藏成藏动力和分布规律[J].石油勘探与开发,32(4):125-130.

邹才能,陶士振,侯连华,等.2014.非常规油气地质学[M].北京:地质出版社.

邹才能,朱如凯,白斌,等.2011.中国油气储层中纳米孔首次发现及其科学价值[J].岩石学报,(06):1857-1864.

邹才能,朱如凯,吴松涛,等.2012.常规与非常规油气聚集类型、特征、机理及展望——以中国致密油和致密气为例.石油学报,02:173-187.

Abushanab M A, Hamada G M, Oraby M E, Abdelwaly A A, 2005. DMR technique improves tight gas sand porosity. Oil & Gas Jr. Dec. :12-16.

Aghighi M A, Rahman S S. 2010. Horizontal permeability anisotropy: Effect upon the evaluation and design of primary and secondary hydraulic fracture treatments in tight gas reservoirs[J]. Journal of Petroleum Science and Engineering,74:4-13.

Agut R, Levallois B, Klopf W. 2000. Integrating core measurements and NMR logs in complex lithology. SPE paper 63211, SPE Annual Technical Conference and Exhibition, Dallas Texas, 1-4 Octobor.

Barker C. 1980. Primary migration the importance of water organic mineralmatter interactions in the source rock [M]. Tulsa, Oklaho-ma: AAPG Studies in Geology:1-13.

BergR R. 1975. Capillarypressures in stratigraphic traps[J]. AAPG Bulle-tin,59:939-956.

Bloch S. 1991. Empirical prediction of porosity and permeability in sandstone[J]. AAPG Bull,75(7):1145-1160.

Bloch S, Lander R H, Bonnell L. 2002. Anomalously high porosity and permeability in deeply buried sandstone reservoirs: Origin and predictability[J]. AAPG Bulletin, 86(2): 301 – 328.

Caswell Silver. 1973. Entrapment of petroleum in isolated porous bodies[J]. AAPG Bull., 57(4): 726 – 740.

Charlotte Vinchon, Dennis Giot, Fabienne Orsag Sperber, etc. 1996. Changesin reservoir quality determined from thediagenetic evolution of Triassic and Lower Lias sedimentary successions (Balazuc borehole, Ardeche, France)[J]. Marine and petroleum geology, 13(6): 685 – 694.

Cordell R J. 1977. How oil migrates in clastic sediments[J]. World Oil, 184(1): 97 – 100.

Dubost F X, Zheng S Y, Corbett P W M. 2004. Analysis and numerical modelling of wireline pressure tests in thin – bedded turbidites[J]. Journal of Petroleum Science and Engineer – ing, 45: 247 – 261.

Dudley II J W. 1998. Measuring Compaction and Compressibilities in Unconsolidated Reservoir Materials by Time – Scaling Creep [J]. SPE Reservoir Evaluation and Engineering, 1(5): 430 – 437.

Du Rouchet J. 1981. Stress fields – a key to oil migration[J]. AAPG Bul – letin, 65(1): 74 – 85.

Edword D Pittman. 1992. Relationship of porosity and permeability to various parameters derived from mercury injection – capillary pressure curves for sandstone[J]. AAPG Bulletin, 76(2): 191 – 198.

Ehrenberg S N. 1995. Measuringsandstone compaction from modal analyses of thin sections: how to do it and what the results mean. Journal of Sedimentary Research, 65: 369 – 379.

Hazlett R D. 1997. Statistical characterization and stochastic modeling of pore networks in relation to fluid flow [J]. Mathematical Geology, 29(4): 801 – 822.

Houseknecht D. W. 1987. Assessing the relative importance of Compaction Processes and Cementation to Reduction of Porosity in Sandstones[J]. AAPG Bulletin, 71(6): 633 – 642.

Houseknecht D W. 1988. Interganular pressure solution in four quartzose sandstones[J]. Journal of Sedimentary Petrology, 58: 288 – 246.

Johnson R H. 1920. The cementation process in sandstones[J]. AAPG Bulletin, 4: 33 – 35.

Keith W S, Robert M C, John W R. 2004. Factors controlling prolific gas production from low – permeability sandstone reservoirs: implications for resource assessment, prospect development, and risk analysis[J]. AAPG Bulletin, 88(8): 1083 – 1121.

Lawrence Ferdinand Athy. 1930. Density, porosity, and compaction of sedimentary rocks [J]. American Association of Petroleum Geologists Bulletin, 14(1): 1 – 24.

Levorsen A I. 2001. Geology of petroleum[M]. Tulsa, Oklahoma: The APG Foundation: 234.

Leythaeuser D, SchaefenR G, Yuekler A. 1982. Role of diffusion in primary migration of hydrocarbons[J]. AAPG Bulletin, 66(4): 408 – 429.

Li Chao – Liu, Zhou Can – Can, Li Xia, et al. 2010. A novel model for assessing the pore structure of tight sands and its application[J]. Applied Geophysics, 7(3): 283 – 291.

Liu Z. 1997. Reservoir Seismic Stratigraphy[M]. Beijing: Geolog – ical Publishing House: 192 – 205(in Chinese).

Lundegard P D. 1992. Sandstone porosity loss a"big picture" view of the importance of compaction[J]. Journal of Sedimentary Petrology, (62): 250 – 260.

Lundegard P D. 1991. Sandstone porosity loss – A "big picture" view of the importance of compaction. Journal of Sedimentary Petrology, 62: 250 – 260.

MacBeth C, Stammeijer J, Omerod M. 2006. Seismic monitoring of pressure depletion evaluated for a united Kingdom continentalshelf gas reservoir[J]. Geophysical Prospecting, 54: 29 – 47.

Macgregor D C. 1996. Factors controlling the destruction or preservation of giant light oil field[J]. Petroleum Geoscience, (2): 197 – 217.

Magara Kinji. 1978. Compaction and fluid migration: practical petro – leum geology[M]. Amsterdam: Elsevier Scientific Publishing Company.

Magara K. 1975. Reevalution ofmontmorillontile dehydration as cause of ab – normal pressure and hydrocarbon migration [J]. AAPG Bulletin, 59: 292 – 302.

Malcolm K J. 1994. Oil and gas traps,aspects of their seismostratigraphy mor - phology and development [M]. Oklahoma:John Wiley&Sons:26 - 30.

McAullife C D. 1979. Oiland gasmigration - chemicaland physical con - straints[J]. AAPG Bulletin,63(5):767 - 781.

McCulloh K E,Dibeler V H. 1976. Enthalpy of formation of methyl and methylene radicals of photoionization studies of methane and ketene[J]. Journal of Chemical Physics,4(11):4445.

Oren P E,Bakke S. 2002. Process based reconstruction of sandstones andpredictions of transport properties [J]. Transport in Porous Media,46(2/3):311 - 343.

Philip H N. 2009. Pore - throat sizes in sandstones,tight sandstones and shale[J]. AAPG Bulletin,(3):329 - 340.

Pittman E D,Duschatko R W. 1970. Use of Pore Casts and Scanning Electron Microscope to Study Pore Geometry [J]. Petrology,40(4):1153 - 1158.

Pittman E D,Larese R E. 1991. Compaction of lithic sands:experimental results and applications [J]. Bull Am Assoc Pet Geol,75(8):1279 - 1299.

Pittman E D,Larese R E. 1991. Compaction of lithicsands:experimental results and applications [J]. AAPG Bulletin, 75:1279 - 1299.

Porter E W,James W C. 1986. Influence of pressure,salinity,temperature and grain size on silica diagenesis in quartzose sandstones[J]. Chemical Geology:67 - 81.

Pytte A M,Reynolds R C. 1989. The thermal transformation of smectite to il - lite. // Thermal History of Sedimentary Basins. New York:Springer - Verlag:133 - 140.

Quentin J Fisher,Martin Casey, M Ben Clennell, et al. 1999. Mechanical compaction of deeply buried sandstones of theNorth Sea[J]. Marine and Petroleum Geology,16:605 - 618.

Quiblier J A. 1984. A new three - dimensional modeling technique for studying porous media[J]. Journal of Colloid and Interface Science,98(1):84 - 102.

Ramm M,Bjorlykke K. 1994. Porosity/depth trends in reservoir sandstones:Assessing the quantitative effects of varying pore - pressure,temperature history and mineralogy,Norwegian shelf data[J]. Clay Minerals,29:475 - 490.

R M Ostermeier. 2001. Compaction Effects on Porosity and Permeability:Deepwater Gulf of Mexico Turbidite [J]. Journal of Petroleum Technology,53(2):68 - 74.

Robinson R B. 1966. Classification of Reservoir Rock by Surface Texture[J]. AAPG,50(3).

Rossi C,Goldstein R H,Marfil R,etc. 2001. Diagenetic and oil migration history of the Kimmeridgian Ascla Formation,Maestrat Basin,Spain[J]. Marine and petroleumgeology,18:287 - 306.

Saemi M,Ahmadi M,Varjani A Y. 2007. Design of neural networks using genetic algorithm for the per - meability estimation of the reservoir[J]. Journal of Petroleum Science and Engineering,59:97.

Schmidt V,McDonald D A. 1979. Texture and Recognition of Secondary Porosity in Sandstones[J]. Special Publications:209 - 225.

Schmidt V,McDonald D A. 1977. The role of secondary porosity in sandstone diagenesis[J]. AAPG Bulletin,61(8): 1390 - 1391.

Schmoker J. 1988. Sandstone porosity as function of thermalmaturity[J]. Geology,16(11):1007 - 1010.

Selley R C. 1978. Porosity gradients inNorth Sea oil - bearing sandstones[J]. Journal of the Geological Society of London,135:119 - 132.

Selley R C. 1978. Porosity gradients in North Sea oil - bearing sandstones[J]. Journal of the Geological Society of London,135:119 - 132.

Selley R C. 1978. The geology of Olduvai Gorge. A study of sedimentation in a semi - arid basin[J]. Palaeogeography, Palaeoclimatology,Palaeoecology,24(4):382 - 383.

Shafiei A,Dusseault M B,Zendehboudi S,et al. 2013. A new screening tool for evaluation of steam flooding performance in naturally fractured carbonate reservoirs[J]. Fuel,108:502 - 514.

Siever R. 1983. Burial history and diagenetic reaction kinitics[J]. AAPG Bull,67(4):684 - 691.

Smith J E. 1973. Shale Compaction [J]. SPE Journal,(13)1:12 - 22.

Stainforth J G. 1990. Primary migration of hydrocarbons by diffusionthrough organic matter networks, and its effect on oil and gas generation[J]. Organic Geochemistry, 16(1):1-3.

Walderhaug O. 1996. Kinetics modeling of quartz cementation and porosity loss in deeply buried sandstones reservoirs [J]. AAPG Bulletin, 80(5):731-745.

Wood J R, Byres A P. 1994. Alteration and emerging methodologies in geochemical and empirical modeling [A]. Reservoir Quality Assessment and Predictation in Clastic Rocks. SEPE Short Course 30:395-400.

Xie X N, Li S T, Dong W L, et al. 1999. Overpressure development and hydrofracturing in the Yinggehai Basin [J]. South Chona Sea Journal of Petroleum Geology, 22(4):437-454.